アイタペ
ウェワク
セピック河
ラム河
ボギア
カルカル島
バガバグ島
中央山脈
ビスマーク山脈
マダン
ロング島
ハーゲン
ハーゲン山 3999
ウイルヘルム山 4267
歓喜嶺 3886
フェニステル山脈
サラワケット山脈
カイアピット
カイナンツ
ナザブ
ラエ
サラモア
ナッソウ湾
ワウ
ブルドック
ケレマ
プラリ河
ポートモレスビー
ダル
バンクス

マッカーサーと戦った日本軍

―ニューギニア戦の記録

田中宏巳

奥の稜線が日本軍が最もポートモレスビーに迫ったとされるイオリバイワ。手前草地が豪軍の砲撃陣地オアーズコーナー。

避暑地の趣のココダ。これから険しいスタンレー山脈がはじまる。

後退する日本軍の半分が渡河できず、河の右側（西岸）を海岸へと逃避したクムシ河。

マクドナルド農場にある豪兵が地球の裏側・日本を突き刺すオブジェ。

マーカム河と、米豪軍降下部隊が進出したナザブ平原。

日本軍が追い詰められ幾つもの部隊が全滅したブナ。

戦後日本では、太平洋戦争について非常に多くのことが文章化された。おのれの戦争体験をまとめた作品の多寡は、生き残った将兵の多さに比例しているように思われる。また戦後、体験者だけでなく戦記作家や戦史家が、あれが戦局の転換点であったと思われる戦いについて関係者に聞き取りを行ない、各種文書類等と照らし合わせて多くの作品を発表した。その数は膨大な量にのぼり、国民の戦争に対する知識の集積とイメージ作りに重要な働きをした。真珠湾攻撃、ミッドウェー海戦、ガダルカナル戦、インパール戦、レイテ戦等を扱った戦記類がその代表的例だが、これらをもとにして、戦後日本人の太平洋戦争史が出来上がったと見ても大過ないであろう。

どこの国でもそうだが、戦後、国家が戦史を編纂し公刊する。五年程度で出すところもあれば、十年後、二十年後、あるいは百年以上も後に出す国もある。そのため公刊戦史が国家を代表する戦争史の原形になることもあれば、ならないこともあるのが実態である。一般読者である国民の間では、専門的調査研究に基づく戦争史よりも、直接・間接の伝聞・伝承、戦争写真や体験記を載せた新聞・雑誌の記事、戦場・戦争体験記・回顧談等出版物、ラジオ・映画等メディアによって流された戦争ニュースが広く普及し、これから得た戦争の話の方に関心、興味が向けられているようである。

こうした戦争史の中で、戦闘の規模や戦場の広さ、戦闘期間や犠牲者の多寡等に比して、取り上げられ方がきわめて少ないのがニューギニア戦である。日本政府の公式戦史といえる防衛庁編纂の戦史叢書のうち、ニューギニア戦について触れているのは数十巻にも上り、いかにニューギニア戦が広範囲にかかわる戦闘であったかを物語っている。しかしながら、一般日本人だけでなく研究者にしても、ニューギニア戦に対する関心は驚くほど低いのが実情である。

なぜ日本における関心が低いのだろうか。実は高い関心を寄せるのが当然と思われる米陸軍でも低い。ただ米空軍は、ニューギニア戦が空軍独立の一契機であったと受け止めているのか高い関心を示し、米軍内でも温度差があるようである。オーストラリアや米空軍を除き、日本やアメリカにおいてニューギニア戦について低い関心しか持たれていない理由は、マッカーサーの個人的人気の程度、太平洋の戦いが海軍の戦いであるとする思い込みが関係しているらしいという以外、はっきりしていない。

ニューギニア戦に関する和文資料は、国内にわずかに残った以外、今後見つかる可能性はほとんどない。オーストラリアからもこれ以上出てくる可能性はない。米国内にまだ残るＡＴＩＳ資料の中から、ニューギニアに関する和文資料が見つかる可能性は否定できないが、昭和三十七、八年頃まで米議会図書館にあったＡＴＩＳ資料は、資料の汚れと読みにくさゆえにハワイで焼却されたといわれる。米公文書館には、今日でも時たま一級資料が見つかり新聞ニュースになるが、その大部分は、ＷＤＣ（Washington Document Center）機関が日本国内の陸海軍主要機関の保存資料を接収したもので、作戦関係主体のＡＴＩＳ資料とは性格が異なる。ニューギニア戦に関するＡＴＩＳ資料がどこかに紛れ込んでいる可能性はあるが、その量はしれたものであろう。したがって今後は、しっかり保存されているアメリカ及びオーストラリア側の英文資料を中心にして研究を進めるべきであろう。

防衛研究所が所蔵するニューギニア戦に関する公式資料の多くは、戦後復員省の手によって編纂されたもので、関係者の記憶に基づくか持ち帰ったメモが根拠になっている。戦史叢書が編纂された昭和三十年代から四十年代の頃までは、運良く復員できた指揮官クラスが生存し、備忘録や覚書き、プライベートな日記類を本人や家族の諒解を得て閲覧することができた。だが戦史叢書の編纂終了とともに、プライベートな資料の多くは遺族に返還され、寄託されたものは当時よりずっと少ない。今では関係者の多くが他界し、以前のようにこれら資料を利用するのが困難になっている。

戦史叢書の編纂が進んでいた頃と比較して良くなっているのは、ニューギニア戦の体験者によって回想記や戦記類が刊行されていることである。著者の多くは、作戦計画や機密情報に接することができない階級出身だが、指揮官にはない視点から地形の特徴、部隊の食糧事情や健康状態、行動中の事件などを詳細に描写し、資料的価値の高い作品が少なくない。また前述のようにアメリカやオーストラリアの資料が利用しやすくなり、資料館等による調査支援は昔とは比較にならないほどよくなった。そのおかげで互いの研究者間の交流も促進され、啓発されることが少なくない。

何よりも、戦史叢書の編纂の頃には夢物語に近かった現地調査が、いとも簡単にできるようになったことである。成田からパプアニューギニアの首都ポートモレスビーまで、直行便を使えば六時間半足らずである。直接戦跡を訪ね歩くことによって、文書資料の欠落を現地調査が補ってくれるようになった。日本軍が残した要図を手掛かりに、その辺りの場所を歩けば、戦闘のイメージが沸々とわき上がり、戦史の記述を再構成することができる。しかも最近では、インターネットで衛星写真のサービスが見られるようになり、海岸・河・山の位置関係や、日本軍が進んだルートの追跡、戦時中に日本軍や米軍が建設した飛行場の痕跡を探すこともできる。調査の手法を変えれば、文書資料に代わる新資料を入手する道が残されている。

生存者が少なくなったのは確かだが、日本だけでなく、ニューギニアにもオーストラリアにも生存者がまだ残っており、交通が便利になったおかげでこの人達に対する聞き取りもできるようになった。ニューギニアには、日本軍将校が教師役をつとめた青空学校で教えられ、日本の唱歌や軍歌をよどみなく歌い続ける老人に何度か会った。ニューギニアの家族制度の下では、祖父や父の体験が子や孫の世代に細部に至るまで克明に伝承され、祖父の記憶が曖昧になると即座に子や孫が補ってくれる光景に何度か出くわした。文字のない古代における伝承法を彷彿とさせる場面であった。日本人に比べ平均寿命が短いニューギニアで戦争体験を聞き出すのはむずかしいと思っていたが、将校の名前まできちんと伝承され、聞き取りの不自由がないことに驚かされた。

このように研究環境や条件は決して悪くなっていない。和文の一次資料の不足を現地調査や生存者の回想が補ってくれるばかりでなく、月日の経過にともなってニューギニア戦との時間的距離ができ、客観的かつ科学的に分析することができるようになった。十分な文書資料によって当時の状況が再現できるにこしたことはないが、なくても方法はいくらもあるものである。戦いから六十年以上も経た今日、細部の描写よりも、ニューギニア戦の流れを把握し、流れを作った背景や原因を明らかにすること、またニューギニア戦が太平洋戦争の中でどのような位置を占めていたのか検討すること、こうした課題に目を向けるべきではないかと考えている。

日本では、開戦に至る経緯と終戦およびその後の占領政策に関する研究が盛んで、政治史や近代史の研究者が非常に沢山の成果をあげてきた。しかし開戦と終戦の間、つまり煙管の筒の部分である戦争そのものを取り上げる研究者は少ない。戦争を対象にするのは「戦史」で、それは政治学や歴史学を専攻する研究者のやることではないとでも考えているのか、手をつけようとしない。戦闘が繰り返される戦争の部分を扱う「戦史」は、軍事に携わっている者が実学として、また戦記物の作家やジャーナリストが読者の需要にこたえて取り上げてきたにすぎない。このように太平洋戦争の戦いの部分を研究者がほとんど手掛けてこなかったということは、歴史の一環に太平洋戦争を位置づける作業がまだ終了していないことを物語っている。いずれにしろ戦闘部分を研究者が避ける日本社会の特異な現象によって、戦争部分を飛び越す歪んだ歴史が成立している危惧を払拭できないでいる。

どれが原因と決めつけられないまでも、様々な力が働いて形成された「太平洋戦争」の流れを検証も批判もしないできたために、大きな骨組みの中ではあまり意味のない戦いが過大に、重大な意味を持つ戦いが過小に扱われ、何も是正されないまま今日に至っている。いうまでもなくその一つがニューギニア戦であり、無関心と過小評価は目に余る。本書は、歴史学的手法によって、まず太平洋戦争の中で最も長い戦闘になったニューギニア戦のはじめから終りまでを正確に描き、ついでニューギニア戦と周囲の戦いとの関係とニューギニア戦が周囲に与えた影響、太平洋戦争という大きな戦争の中でニューギニア戦がしめる位置づけ、さらにニューギニア戦を通して見えてくる太平洋戦争の構造を明らかにするのが目的である。そしてニューギニア戦を取り上げることは、従来の「太平洋戦争」に対する検証をやり直すことであり、その骨組みの見直しを迫るものであると考えている。

今日の経済の激しい営みにともなう社会構造の変化はニューギニアにも波及し、長い間、奥地に逼塞していた山の民が海岸部に流出して治安が多少悪化したが、大部分のニューギニアの人々は純朴で誠実である。広い国土に少ない人口のおかげで、かっての戦争の痕跡を今に止めるニューギニアは、野外の戦争資料館といっても過言でない。そのためニューギニア戦の研究では、フィールドワークが重要な要素になり、これなくしては新展開を望むことはできないであろう。

しかし南洋の激しい降雨がつくり出す鉄砲水によって全国を結ぶ鉄道も道路もなく、また沿海航路も発達していない。遠隔地を結んでいるのは航空路線だけで、飛行場に着くと、悪路を四WDで目的地に行くほかない。そんなニューギニアで凡庸な私が幅広い調査活動ができたのは、丸谷元氏の協力のおかげである。氏は誰とでも話ができる人なつこく真摯な人柄、頑健な体と面倒を厭わない行動力の持ち主である。一ヶ月以上にわたるハードな調査旅行を可能にしてくれたのはすべて丸谷氏のおかげで、彼なくして現地調査と本書の完成はなかったといっても過言でない。いくら感謝してもし過ぎることがない。

またAWMのスティーブン・ブラッド氏は、オーストラリア側資料の調査を骨惜しみせずにやってくれた。彼から教えられたことは極めて有益で、本書の執筆にとって大きな助けになった。またAWM戦史部長ピーター・スタンリー氏とピーター・ランディー氏は、私の調査研究がしやすいように、いつも行き届いた気配りをしていただいた。

畏友影山好一郎氏は、いつも私の調査活動について深い理解を示し、多くの助言を与えてくれただけでなく、私の話を辛抱強く聞いてくれた。所属していた防衛大学校図書館の館員も嫌な顔一つせず資料を探してくれたし、コピーも手伝ってくれた。古書店軍学堂の店主望月昭義氏は、見たい資料があるとすぐに取り寄せ、作業に支障がないようにしてくれたが、その図書に対する正確な知識と手早い手配にはいつも驚かされたもので、本書の完成には欠かせない一人であった。お世話になった方々に一々感謝を述べていたら数ページにもなりそうなので、紹介できなかった方々のお名前を載せさせていただき、感謝の言葉に代えさせていただく。

田村恵子、ピエール・明美、ハンク・ネルソン、ジョン・コーツ、故エドモンド・ガソ、リチャード・パイプ、

坂口太助、板倉真央、賀部祥史、ニューギニア航空社長島田謙三、山本高英、岩橋幹弘、大坂敏子、長谷川可偉、荒木紫乃、山近貴美子、五十嵐 憲、諸永京子

（すべて敬称略）

最後に、この拙文を出版するにあたりご尽力いただいたゆまに書房の荒井秀夫社長及びスタッフの方々に厚くお礼申し上げます。

目次

目次

凡例

一、原則として、引用文中の旧漢字は新漢字に改め、かな遣いはそのままとした。カタカナ書きのものは、地名等を除きひらがなに改めた。なお、句読点を補ったものがある。

二、本文中の引用資料の紹介は、著者、書名、頁数のみに止めた。出版社、刊行年については、巻末の参照資料一覧を参照していただきたい。

三、地名については、概ね日本軍資料で使われていたものを利用した。一九七〇年代にパプアニューギニア政府地理局が刊行した十万分の一の地図で照合できた地名についてはできるだけ現在の表記を付記した。

四、河川の表記について、実際に見た印象をもとに、地図上でも大河といえる流れを「河」、小さな流れを「川」とした。ただしすべての河川を調査したわけでなく、多くは十万分一の地図をもとに判断した。

五、本文中に現存されている方の氏名が登場するが、敬称を省略した。

第一章　なぜニューギニア戦を取り上げるのか

昭和十九年九月半ば、ニューギニア中部北岸のホーランディア（現ジャヤプラ）が面するフンボルト湾と、アドミラルティー諸島のマヌス島及びロスネグロス島が面するシアドラー湾（Seeadler Harbour）に米軍の大型上陸用舟艇、駆逐艦や護衛駆逐艦、輸送艦などが続々と集まってきた。マヌス島とロスネグロス島の間には、狭い川と錯覚しそうな狭い水路があり、その水路にも小型船艇が多数入り込み、船体の整備やら荷物の出し入れの作業で騒々しくなった。

マヌス島やロスネグロス島の海岸や少し奥に入った椰子林の木陰には米軍の野戦用テントが林立し、上半身裸の若い米兵たちが談笑したり、銃器を手入れしたり、力比べをしたりして、急に賑やかになった。米軍から現地人部落の指導者たちに、米兵の中には気の荒い者が多いので、現地人はあまりテントに近づかぬようにという連絡があった。強者《つわもの》達とはいえ、レイテで日本兵と命を遣り取りする明日の命がしれない緊張感にさいなまれ、気をまぎらすために暴力を振う危険性があったのである。兵隊達は長い間ニューギニアで激戦を経験してきた米第六軍所属の精鋭で、ちょっとした気配にも即座に反応する過敏な最前線の戦闘兵であった。

シアドラー湾を見下ろす丘の上には、六つのベッドルームを持つ南西太平洋司令官マッカーサー元帥用の宿舎が、今も完全な形で保存されている。現地人の住居に比べれば立派だが、米本土の家と比較すればみすぼらしいつくりである。米軍がこの島を占領したのは十九年三月のことである。二年近くもニューギニア戦を戦ってきたマッカーサーにとって、アドミラルティー諸島は一分でも一秒でも早く辿りつきたい島であったが、頑強に戦い続ける日本軍のためにどうしても手が届かなかった。彼にすればまだ二、三ヶ月先のことと諦めていたのが、連合艦隊司令長官古賀峯一が全ラバウル航空隊をトラック島に移してくれたお陰で空の脅威がなくなり、棚からぼた餅が落ちるように米軍の手に落ちた。あたかも日本海軍がプレゼントをマッカーサーに送ったようなものであった。

アドミラルティー諸島に達すると、ニューギニア全土を見渡せるばかりでなく、フィリピンまで何も遮るものがない海面すなわちビスマルク海を押さえられる。マッカーサーにとって、ニューギニア戦の勝利とフィリピン進攻作戦の実現を約束されたことを意味した。フィリピンのコレヒドール島を追われて以来、一日でも早くフィリピンに戻ることを希求してきたマッカーサーにとって、アドミラルティー諸島の獲得により、ようやく比島進攻作戦に目途が立ち、実施時刻表を作成できる段階にたどり着いたのである。宿舎のデッキからシアドラー湾を埋め尽くす艦艇を見て、マッカーサーは至極うれしそうだったと、私がインタビューした地元の古老がマラリア熱に冒されながら述懐してくれた。おそらくシアドラー湾を見下ろす宿舎から、フィリピンの風景と己の部隊が上陸する光景を想像していたにちがいない。マッカーサーには、もう一つの出撃基地であるホーランディア近郊のセンタニ湖畔にも瀟洒な建物があった。ホーランディアは、ニューギニア島北岸のほぼ真ん中に近い蘭印側に位置した要地である。マスコミから贅沢だとして手厳しい批判を浴びたが、ここで陸海空の三者が議論を重ね、レイテ上陸作戦の全体計画が練り上げられた。シアドラー湾の宿舎が休養用とすれば、センタニ湖の建物はオフィス兼用住宅であり、ここでは休息もままならなかった。

マッカーサーの軍団がニューギニア戦で勝利を確定したのは十九年八月で、この時点でやっとフィリピンに向かう道が開かれた。マッカーサー軍をここまでニューギニアに縛りつけてきたのは、日本陸軍の第十八軍の敢闘である。安達二十三《はたぞう》中将に率いられた第十八軍は、ニューギニア上陸時から補給不足に苦しみ、島嶼戦において不可欠な海軍艦艇の協力をほとんど受けられなかったにもかかわらず、マッカーサーの米豪軍と堂々渡り合ってきた。またこれほど長い間、最前線を維持し続けた戦場もほかにない。負けたとはいえ、強大なアメリカを相手にして四年近い太平洋

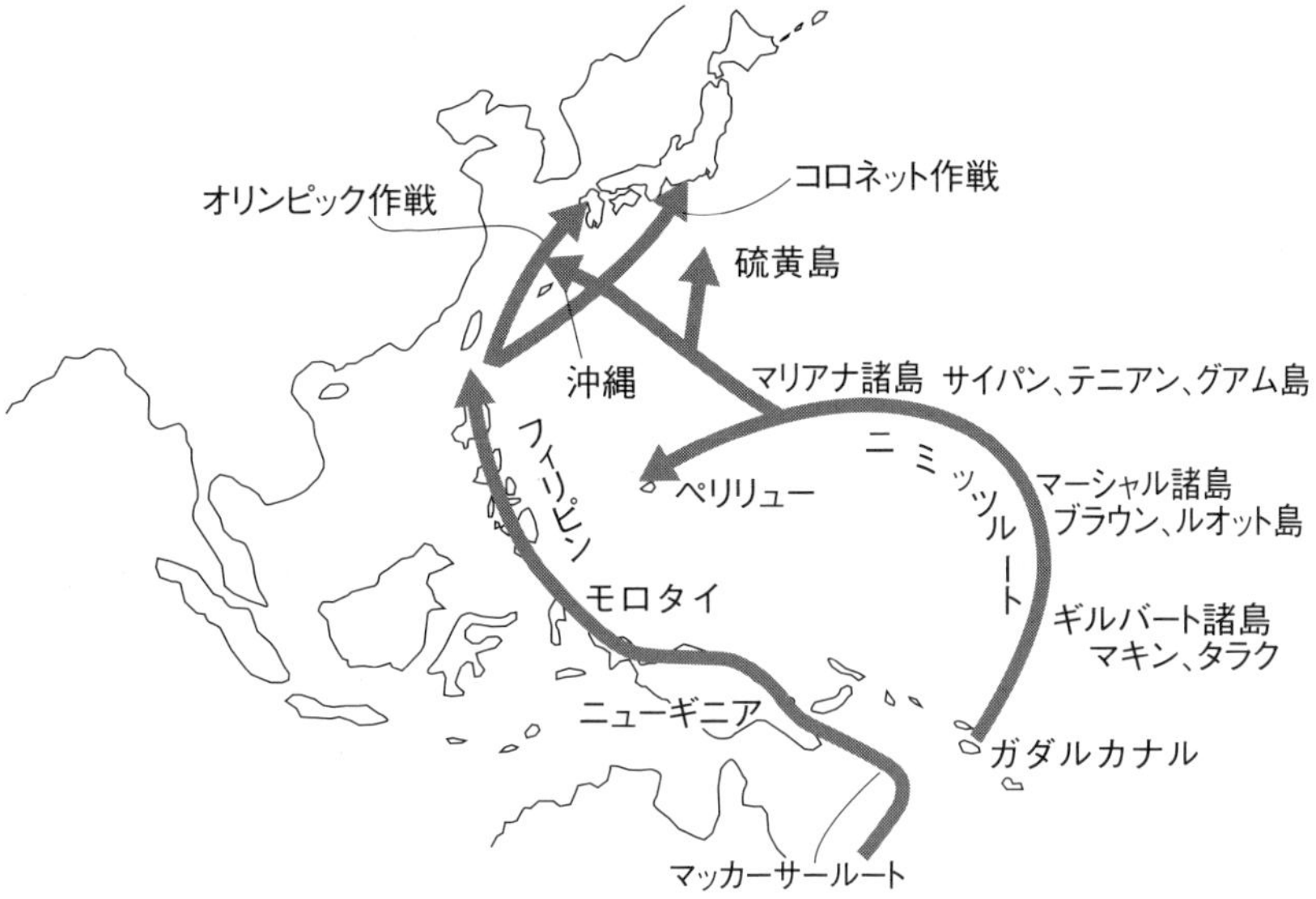

マッカーサーとミニッツの進攻路

戦争を日本が戦ったことを、日本人の誇りとする人達もいるが、その多くを、ニューギニア戦における第十八軍の頑張りに負っていることに気付く日本人は極めて少ない。

戦後日本の中で、ニューギニア戦や第十八軍に対する評価がほとんど聞かれない一因は、米海軍との戦いを中心軸にして太平洋戦争を見る傾向が強く、陸軍が単独で戦った戦場を異例と見るからであろう。日米双方ともに、太平洋の戦いが海軍の戦いであるという先入観が強く、陸軍を通して太平洋戦争を見る視点が欠落している。それ故、まずミッドウェー海戦後に米海兵隊がガダルカナル島で反攻を開始し、続いてニミッツの米海軍がギルバート諸島、マーシャル諸島の要地を奪取し、マリアナ海戦に勝利後、サイパン島やテニアン島を奪取し、次いでパラオのペリリュー・アンガウルに上陸し、レイテ戦・フィリピン戦ののち、硫黄島および沖縄戦に上陸し、日本の敗北が決定的になった云々の「太平洋戦史」が成立してきた。

こうした構成の戦争史には二つの問題点がある。一つは昭和十八年末にギルバート諸島のマキン・タラワ島の

フィリピン・セレベス・ニューギニア位置図

戦いがあるにせよ、十八年がほぼ抜け落ちているに等しいこと、二つ目はフィリピンに進攻してきたのは、パラオからの米海軍ではなく、ニューギニアのマッカーサーの部隊であった理由について説明がつかないことである。

ガダルカナル戦と三次にわたるソロモン海戦とその他の諸海戦が行なわれた十七年が終ると、日米海軍ともにその後遺症に悩む停滞期となり、両海軍が前面に立つ戦闘が影をひそめた。それならば休息のために戦闘停止になり、束の間の平和が訪れたかというと、海軍の停滞期に日本軍が恐れていた消耗戦が激化し、夥しい数の航空機が消耗していった。開戦前に予想だにしなかった島嶼戦の中で、脇役であったはずの日・米豪の陸軍部隊が前面に出て戦闘を交え、両陸軍機が乱舞する意外な展開になったのである。その主戦場がニューギニアであった。

昭和十九年九月十五日、米第十一軍団はハルマヘラ諸島の北端に位置するモロタイ島に上陸した。同島の防備が薄いという情報に基づくものであったが、フィリピンからわずかに四百八十キロ、指呼の間に臨む位置にあり、フィリピン進攻作戦における航空隊の発進基地としてどうしても獲得しておきたかった島である。マッカーサーも、定宿にしていた巡洋艦「ナッシュビル」に乗って上陸作戦を見に行っているほどで、同島に対する彼の執心振りがうかがえる。意表を衝いた上陸作戦が成功し、わずか四十四人の損害を出しただけで作戦は成功した。

占領と同時に米陸軍工兵隊が上陸し、大規模な飛行場建設に着手した。フィリピン爆撃を任務とする長距離爆撃が可能なB24爆撃機が優に百三、四十機を収容できる息を飲むほど広大な大飛行場であった。この飛行場のすぐ南側には、長距離爆撃機を護衛する戦闘機用の飛行場も同時並行で建設された。やはり百機以上もの戦闘機が駐機できる規模であった。米軍の航空戦力が短期間に飛躍的に進展したことを物語っている。

マヌス島からロスネグロス島にかけて集結した米軍と豪軍、ホーランディアのフンボルト湾に集結した米軍は、十月十五日早朝からつぎつぎと出航し、間もなくあれほど沢山いた艦艇が一隻も見えなくなった。しかしフンボルト湾には大型輸送艦の船団が頻繁に出入し、陸上の物資集積場の山を切り崩しては搭載し、また出航するという慌しさがしばらく続き、フィリピン進攻の出撃基地になったニューギニアが、作戦の後方支援機能も果たしていることを物語っていた。マヌス島・ロスネグロス島とホーランディアのフンボルト湾を出撃したのは、南西太平洋軍に所属するクルーガー中将の第六軍とアイケルバーガー中将の第八軍で、これを空から援護するのが、モロタイ島や西部ニューギニア西端のサンサポールの飛行場から出撃するケニーの第五空軍、海上援護をするのがキンケイドの第七艦隊であった。いずれもマッカーサーが長いニューギニア戦の過程で手塩にかけて育てた精鋭で、フィリピン進攻軍はマッカーサー軍団の総繰り出しであった。

サイパン島陥落後に東条英機に代わって首相の座についた小磯国昭は、フィリピン戦に関する談話の中で、レイテ戦を皮切りにはじまった戦いを「太平洋における天王山」と呼んで移動可能な全兵力を投入することを決めた。しかし天王山といいながら、フィリピン戦がはじまったのは昭和十九年十月十七日、早くも二月三日にはマニラ市内に米軍が進入し、同市陥落でほぼ大勢が決した。わずか三ヶ月半である。あまりに呆気ない敗北であった。ニューギニア戦に比べれば、マッカーサーにとってフィリピンの戦いは掃討戦のように思えたにちがいない。

こうしたフィリピン戦を見るにつけ、昭和十九年十月まで米軍をフィリピンに行かせなかったニューギニア戦の意義を考えないではいられない。防衛庁（当時）防衛研究所戦史室が編纂した百二巻の戦史叢書では、ニューギニア戦に関する記述はおそらく三十巻以上の中に見ることができ、その扱いは非常に大きい。また服部卓四郎を中心に編纂された『大東亜戦争全史』でも、ニューギニア戦に関する記述は多い。ニューギニア戦の規模と長さが、最低でもこうした多くの記述を必要とさせたのであろう。しかしこれだけ頁を割いても、太平洋戦争全体の中でのニューギニア戦の役割、位置づけについて、まだ歴史的評価が下されていないに等しい。

マッカーサーがニューギニアをフィリピン進攻作戦の出撃拠点にし、後方支援基地にしたのも、これまでの戦いの流れを見れば当然の選択であり、米太平洋艦隊司令官ニミッツ元帥隷下の米海軍に頼らず、陸軍の力で進攻しようとすればこうした選択になるほかなかった。はじめマッカーサー自身は、ニューギニア戦をフィリピンに行くための前哨戦と位置づけていた。しかし掃討戦のようなフィリピン戦を目の当たりにすると、大きく認識を変えたのではないかと思われる。彼の回想録やウィロビーの『マッカーサー戦記』を見ても、ニューギニア戦の期間の長さ、激しさ、日本軍に与えた打撃、この間のマッカーサー軍の戦力増強等に関する記述が主体になっており、フィリピン戦後になると、ニューギニア戦を前哨戦とする考え方を完全に捨て去っていた。

米軍にとって重要でも、日本側から見ると重要でない場合もないわけではないが、仮にニューギニア戦の次にフィリピン戦が来るという単純な時系列的意味で前哨戦と位置づけただけでも、その意味は大きくなる。しかし戦後の日本では、フィリピン進攻の米軍を中部太平洋の方からでも来たとでも考えているのか、前哨戦という認識すらもないのが実情である。外の戦況とは無縁の日本軍と米豪軍の戦いというのが、日本人一般のニューギニア戦に対する認識であり、それゆえほとんど関心がない。今日に至るまでニューギニア戦のはじまりから終りまでを一つの歴史として描く基本的作業すらも放置されている。

マッカーサーと彼の軍を取り上げる理由はほかにもある。本土上陸作戦を命令されたのは、日本を含む極東を担当戦域とした海軍のニミッツでなく、フィリピンまでしか担当しなかった陸軍のマッカーサーであったことである。日本の降伏が早まったことによって上陸作戦は実行されなかったが、太平洋戦争の勝利者として日本に降り立ったのはマッカーサーであった。日本占領にはマッカーサーの陸軍の力が必要であったのが主たる理由であろうが、日本軍の戦力を打破する上で最も大きな功績があったのはマッカーサーであったという認識がアメリカ国内にあったことの現われであるとも考えられる。となれば彼が最も長く戦ったニューギニア戦に、どうしても目を向けないわけにいかなくなる。

日本軍の敗北は、南太平洋の島嶼戦における敗北によって決定づけられた。島嶼戦の主戦場がニューギニアであったことは、否定しようもない歴史的事実である。地図を俯瞰すれば、フィリピン戦も島嶼戦と捉えるのもあながち強引な解釈とも思えない。前述の通り東条英機首相のあとを引き継いだ小磯国昭首相は、フィリピン戦を「太平洋における天王山」と位置づけたが、フィリピン戦こそ最後の島嶼戦であるいう意味ならば、正にその通りである。日本軍は、フィリピン戦に派遣可能な兵力をすべて投入した。だが中央の期待にもかかわらず、日本軍はニューギニアから出撃してきたマッカーサーの軍団にまたたく間に踏みつぶされてしまった。敗北の一因は、フィリピン戦の直前まで延々と続いたニューギニア戦において、飛行機も大砲も機関銃も使い果たしてしまったことにあるが、ニューギニア戦について無関心な日本人には、こうした関連を思いつかない。

本書は、ニューギニア戦を太平洋戦争の中の正しい位置に据え付けることを目標に、ニューギニア戦のあらましを描き、疑問点や欠落部分の補填をしながら、ニューギニア戦の客観的全体像を摑むことにある。幾つかの戦闘の連続であるニューギニア戦を一本の流れとしてまとめ、陸海軍が内包する諸問題とニューギニア戦との関係、太平洋戦争におけるニューギニア戦の歴史的意義を考えることに主眼を置いている。

第二章　なぜニューギニア戦は起こったのか

（一）日本軍の攻勢

全ニューギニアは日本の面積の二倍もあり、同島の太平洋岸と東京との距離はおよそ五千キロである。面白いことに、シンガポールからも約五千キロである。メルカトール式地図では、ニューギニアを頂点にして日本とシンガポールを結んでできる三角形が二等辺三角形になるとはとても思えない。この事実を戦争を指導した陸海軍の指揮官たちがどう捉えたのか非常に興味深いところだが、おそらく当時の多くの日本人は、同じ南方の熱帯にあるシンガポールとニューギニアがこれほど遠いとは思ってもみなかったにちがいない。ニューギニアだけでなく、さらにその左にあるソロモン諸島は、ユーラシア大陸及びその近辺の住人からみて、まさに「絶南」「極南」というべき地の果て、南の果て、にふさわしい地であった。それだけに大陸の発展の影響を受けず、原始時代とさして変わらない未開地として取り残されてきたのである。

帝国主義時代、カイザーのドイツ帝国がニューギニア及びその周辺に進出してきた。このことは、さすがの英仏もこの未開地には手を付けなかったことを示している。世界中を市場として飲み込んだイギリス中心の資本主義経済も、ニューギニアやソロモンにはそっぽを向き、商品を売りつけたり資本を投下する気にもならなかったのであろう。資本主義経済にとって魅力がなければ、関係国間の軍事的摩擦も生じないのが帝国主義の原理である。前もって軍事情報を収集しておくのが平時の軍人がなすべき使命だが、経済だけでなく軍事的にもまったく価値を有しないと判断されたのか、ニューギニアやソロモンに関する軍事情報の蒐集は見向きもされてこなかった。

第一次大戦におけるドイツの敗北後、この地はイギリスの植民地になり、その管理を同じ大英帝国の一員であるオーストラリアが受け持った。オーストラリアにとってニューギニアは一衣帯水の地であり、自国の辺境として、またこんなところに侵攻してくる物好きな国があるはずがないのだが、万一そうした勢力が現れた場合、ニューギニアはオーストラリアの外壁として安全保障に重大なかかわりを持つかもしれないと考え、若干の監視要員を各地に配置するようになった。

だがニューギニアで金が発見されて以来、かって自国内でたびたび経験したゴールドラッシュが小規模ながらこの地でも起き始め、第一次大戦後しばらくの間、海岸部に留まってきたオーストラリア人たちは新しい交通手段である飛行機を使ってジャングル奥深く分け入り、峻厳な渓谷の中で金を探し回り、この地を一攫千金を夢見る地へと変貌させた。

太平洋戦争がはじまり、日本軍の南下が現実化してみると、日露戦争直前の日本にとっての朝鮮半島のように、国防の脅威を受け止める防波堤として重要性を有していることが明らかになった。同国の安全保障にとって、ニューギニアやソロモンが欠かせない価値を有することを確認させたのである。

日本の対英宣戦布告によって、大英帝国に代わる英連邦の一員となっていたオーストラリアも自動的に交戦相手になった。英連邦の下でオーストラリアは独立国になったとはいえ、英豪間を頻繁に往来する両国所属の人、豪軍が自国の財産として管理するイギリス植民地、豪軍に対する指揮権を有する英軍、といったようにイギリスとオーストラリアの間には境界線が引けない所属、組織制度、財産が幾らでもあった。対英戦のはずが、場所によって対英豪戦になり、対豪戦になったが、戦況の進展にともない最前線で戦うことが多くなった豪軍は日本軍にとって侮りがたい相手になった。英軍にとって植民地の争奪戦にすぎない太平洋方面の戦争が、豪軍にとっては国土に迫る危機との戦い、つまり国土防衛戦であったのである。

日本側から見て、ニューギニアやソロモンを戦場にした原因は海軍にある。シンガポールから南方戦線を眺める陸軍には、遠すぎるこの地域は攻勢終末点の外であり、軍事的価値もないと思われた。前述のように、日本本土からニューギニアまでの距離と、シンガポールからニューギニアまでの距離はほとんど同じとあっては、早く大陸問題に決着をつけたい陸軍が、部隊をニューギニア方面に進める必要性を感じなかったことは容易に頷ける。陸軍にすれば、シンガポールを中心に南方資源地帯を確保すれば今次大戦の目的は達成されたのであり、何を好んで僻遠のニューギニアやソロモンまで出掛けていく必要があるのかと考えたにちがいない。

これに対して海軍や連合艦隊にはトラック島から南太平洋を見る習性があり、シンガポールの陸軍や東京の大本営とは違った目で「南方」を見ていた。トラック島から南方千キロにはラバウルのあるニューブリテン島があり、同島から海峡一つ隔ててニューギニアがあり、海軍は陸軍とはちがって、ニューギニアやソロモンを比較的近い距離にある島々と見ていたのである。

大本営や陸軍の「南方」は、開戦の口実になった自存自衛を可能にする南方資源地帯つまりマレー半島から蘭領インド（現インドネシア）の地域を指していたはずだが、連合艦隊司令部のそれは、南方資源地帯だけでなくトラック島の南方つまりニューギニアからソロモン諸島の地域をも含んでいた。「資源」だけに焦点を絞れば陸軍の解釈が正しく、目処がつけば大陸問題の決着に戻りたい願いは大本営の中で了解されていたはずである。大事な説明をしない癖のある海軍にとって、南方資源地帯を確保するといったら、この外周に当たる地域を安全地帯として押さえることまで含み、ニューギニア及びソロモンへと歩み出すことが了解されていると考えられた。

開戦直前の作戦計画に海軍が執拗に主張し、計画に挿入されたのがラバウル攻略であった。これがニューギニア及びソロモンに踏み込む元凶である。昭和十六年十一月五日に裁可された「対米英蘭戦争帝国海軍作戦計画」の第十一項には、南洋群島方面における第四艦隊を基幹とする部隊の作戦要領として、「開戦初頭に陸軍と協同して瓦無島（グアム島）を、次で機を見て『ラバウル』を占領す」と、グアム島を占領したのちにラバウル占領が計画されていた。これにはなぜグアムついでラバウルを攻略するのか、その目的が明らかにされていない。強いて上げれば、前文に「東亜に於ける米国、英国及蘭国の主要なる根拠地を攻略して南方要域を占領確保し且敵艦隊を撃滅して終極に於て敵の戦意を破摧するに在り」とあるぐらいで、ラバウル攻略の具体的目的に触れていない。

ところが主担当でもない陸軍の「帝国陸軍全般作戦計画」には、明快にその目的が謳われているのである。すなわち第五項に

瓦無島及ビスマルク諸島に対する作戦目的は先ず瓦無島を攻略して次でビスマルク諸島の航空基地を占領して南洋群島方面に対する敵の脅威を封殺するに在り南海支隊及第四艦隊を基幹とする部隊は作戦初頭瓦無島を攻略し次で南海支隊は瓦無島の守備を陸戦隊と交代し機を見て陸海軍協同してラバウルを占領し航空基地を獲得す

とあり、敵の航空基地を攻略して空からの脅威を排除するのが作戦目的であるというのである。つまりラバウル攻略作戦は、いわば空からの脅威となるべき要素を排除するという消極的攻勢を目的に立案されたもので、大きな構想の一環に位置づけられた作戦ではなかった。敵の飛行場が見つかれば、その都度攻略作戦を立てて実施する、これが南方作戦をして泥沼化させる主原因となったが、その起源がラバウル攻略作戦にあったといってもおかしくない。

ラバウル攻略は、右の海軍作戦計画にあるようにグアム島攻略が前提である。グアム島は、日本の南方進出にアメリカが東側から打ち込んだクサビのようなものであり、どうしても抜き取っておかなければならなかった。攻略を命じられたのは第四艦隊司令官井上成美《しげよし》中将と、陸軍は四国の第五五師団第五五歩兵団長で南海支隊指揮官をつとめる堀井富太郎少将である。こうした場合、一人の指揮官の下に陸海軍を置く一元化が兵理だが、兵理が通用しない日本の陸海軍では、その都度、中央や現地で協定を結んで作戦の基本線を決め、協定にしたがって陸海軍が別々に作戦する方法をとった。二つの国家がそれぞれ派遣した軍のようなものである。

昭和十六年十一月十四、五日、岩国基地で結ばれた中央協定には、第一項に「開戦初頭グアム島を攻略し機を見て

ラバウル・ケビアン位置図

ラバウルを攻略し航空基地を獲得す」とあり、「帝国陸軍全般作戦計画」と同じく航空基地獲得のためにラバウル攻略を企図することが確認されている。南海支隊が乗った輸送船団は小笠原母島に集合し、十二月十日午前二時過ぎグアム島に上陸作戦を行なった。午前中に島内要地を占領、午後にはアガニア市にあるグアム政庁を占領、米海軍守備隊も降伏した。

支隊は政庁舎に司令部を置き、中央協定にある予定を変更してグアム島を拠点にしてラバウル攻略の準備に入った。作戦準備が終了すると、支隊長堀井少将はトラック島の軍艦「香取」に赴き、第四艦隊司令長官井上及び直接護衛艦隊指揮官志摩清英少将と現地協定を行った。統一司令部を作らず、協定に基づき陸海軍がそれぞれに作戦する二頭指揮体制は、一方的に作戦が展開した緒戦では弊害も問題にならず、以後もこの方法を続けることになった。

昭和十七年一月八日、グアム政庁の支隊司令部において、支隊長からラバウルの東・西飛行場を攻略する旨の命令が下達された。東飛行場はラバウル市街のはずれにあり、シンプソン湾に面する火山の麓にあった。西飛行場は内陸に入った台地の上にあり、連合艦隊司令長官山本五十六が最後に飛び立った飛行場である。ラバウルを守備するのは豪軍で、オーストラリアが間近にあることを実感させる。

すでに一月四日からトラック島の飛行場から海軍機が出撃し、十四日には第一航空艦隊の空母「赤城」「加賀」「瑞鶴」「翔鶴」から百機以上が出撃し、ラバウルばかりでなくニューアイルランド島北端のケビアンにも空爆が行われ、制空権を手中に収めた。ラバウルを守備していたのは、豪陸軍スキャンラン大佐の指揮する第二三旅団第二二大隊の二個中隊のほか、第一七対戦車砲隊など合わせた千四百名ほどで、グアム島よりずっと大きな兵力で待ちかまえていた。ほかに二十数機の航空機があったが、これらは海軍機の波状攻撃によって全て撃破された。

十四日にグアム島アプラ港を出港した南海支隊は、二十二日深夜から上陸を開始し、二十三日午前中までにラバウル市街及び東飛行場を占領した。ブナカナウの西飛行場に向かった大隊主力はジャングルの中で方向を見失い、夜が明けてからようやく中央高地上に出た。この台上でラバウル方面から退却中の豪軍と遭遇し、戦闘が行なわれる一方で、爆弾百個で爆破され、穴だらけになった西飛行場を攻略した。台上で遭遇した豪軍はジャングルに後退して抵抗を続けたが、一月末から二月六日にかけ、ページ総督以下約一千名が順次投降してきた。ラバウル攻略に平行して、ニューアイルランド島のケビアンを空襲し、二十二日深夜に舞鶴特別陸戦隊を主力とする海軍南洋部隊が上陸した。豪軍は飛行場を爆破したのち、細長いニューアイルランド島を東の方向に逃走し、二十三日、日本軍はケビアンを無血占領した（戦史叢書『南東方面海軍作戦〈1〉』一一二頁）。

グアム島でも、ラバウル及びケビアンでも、後述するミルン湾でも、進攻部隊は深夜に上陸している。戦争中及び戦後、艦艇が上陸地点に猛砲撃を行なったのち、白昼堂々上陸してくる光景に日本人は米軍の凄さを感じたが、米軍も戦争の半ば頃までは日本軍と同様に夜間にこっそり上陸するのが普通であった。艦艇に上陸地点の砲撃を命じるのは、誇り高い海軍に対する侮辱であるというのが各国海軍の反応であったようだ。艦砲が上陸地点を猛砲撃する、空母艦載機が上陸部隊を直接援護する、といった作戦が取られるまでには、時間をかけた意識改革が必要であった。日本海軍の飛行機も上陸地点近くの軍事施設に空爆を加えているが、地上部隊を直接支援する攻撃をしなかった。上陸作戦に合わせて砲撃を加え、飛行機が敵を叩くという発想が海軍になければ、上陸作戦は危険が大きくなり、比較的安全な夜間に上陸するほかなかったのである。日本兵は暗闇でもよく見えるというのは、何ら科学的根拠がない。夜間上陸作戦では上陸地点を見誤り、上陸作戦が失敗するか、以後の作戦計画を狂わすことが珍しくなかった。

ラバウル、ケビアン攻略は、トラック島に対する敵航空機の脅威を除去するための飛行場占領が目的であった。しかし占領すると海軍は、航空基地を整備する方針を立て、早速改修に着手した（「第十八戦隊戦時日誌」防研所蔵）。ラバウルでは、まず破壊の少なかった東飛行場を整備して戦闘機の離発着を可能にさせ、ついで滑走路進入路上の樹木を伐採し、滑走路を拡張して中型攻撃機も使用できるようにした。西飛行場は土質が軟弱で、地面の高低差が大きく、土を入れ大きな輾圧をかける必要があった。海軍第七設営班のほか、各部隊から合計一千名の作業員を出させ、陸軍工兵隊にも手伝ってもらい、大急ぎで滑走路の強化とエプロンの拡張を進めるとともに、海岸の荷揚場から飛行場のある台地に至る道路の整備も大急ぎで進められた。

西飛行場は、進入路が山の頂界線にあり、霧が発生しやすい欠陥もあったが、爆撃機の離発着基地として重要な役割を負った。またケビアンの飛行場は爆破されたものの損害は軽微で、二、三日の補修作業で戦闘機が離発着できるようになったが、附属施設が何もないため、当初不時着飛行場として使用することにした（「第十八戦隊戦時日誌」）。のちになるとケビアンの町を取り囲むように拡張に継ぐ拡張が行われ、一つの飛行場に三つの滑走路を有する南洋方面最大の規模にまでなった。

新しい飛行場の取得は新たな作戦へと発展する。整備が進んだ飛行場に航空隊が進出すると、敵の脅威を除去するという目的が設定され、新たな進攻作戦が生み出される。最初に東飛行場に進出したのは海軍千歳航空隊の九六式艦上戦闘機四機で、その後の進出は緩慢だった。四月になると、海軍第二十五航空戦隊（二十五航戦）、緒戦の勝利の立役者である台南航空隊（台南空）、陸上攻撃機（陸攻）からなる第四航空隊、水上機隊の横浜航空隊が相次いで進出した。「ラバウル航空隊」というのは、二十五航戦を中核とするラバウルの各飛行場に展開した海軍航空隊の総称で、固有の部隊名ではない。本書では、馴れ親しんだラバウル航空隊の呼称を使うことにしたい。のちに陸軍航空隊も進出するが、これも含めて呼ぶ場合もある。

ラバウル航空隊の出現は、海軍の活動範囲を著しく広げた。二月十七日、待望の零戦が配備されて千キロ以上も先の攻撃が可能になり、早速、ニューギニアのポートモレスビーやオーストラリア東北端ホーン島に対する攻撃が行われた。この頃、大本営の幕僚間の論争において、海軍省及び軍令部の強い後押しを受けた海軍側参謀は、アメリカの対日反攻の最大拠点であるオーストラリアを攻略すべしという積極論を主張するようになり、ラバウル航空隊の活動もこうした積極論を反映していたことは疑いない（服部卓四郎『大東亜戦争全史』二九二－三頁）。

海軍の主張は、アメリカに反攻基地となりうるオーストラリアを与えないことを論拠にしているが、本心は守勢に回ると不利になることをおそれ、開戦以来の攻勢を休まずに続け、オーストラリアであろうがどこであろうがどんどん進むべきというものであった。連続攻勢主義といわれる考えである（戦史叢書『南太平洋陸軍作戦〈1〉』一二三頁）。海軍が当面の目標としたオーストラリア進出の実現のためには、その前に横たわるニューギニアに拠点を設ける必要がどうしても出てくる。この頃からニューギニアが話題になる背景がここにあり、海軍は陸軍に報告することなく同島に拠点確保の既成事実をつぎつぎと造った。こうして開戦時にはまったく考慮されなかったニューギニアが、海軍によって作戦の枠内へと包摂されていった。

南太平洋方面における海軍が、攻勢終末点といった兵理などを完全に無視していたことは、蘆溝橋事件後の中国大陸における陸軍の暴走に引けを取らない。延伸するほど兵站線の維持が難しくなるが、維持可能の長さは国力に比例する。ラバウルまで伸ばした兵站線が国力に見合うものか否か、海軍には考慮する態度が著しく欠けていた。陸軍にしても大差なかったというのが一般的見方だが、南太平洋における戦いでは海軍が主導権を持っていただけに、海軍にこうした科学的認識がなかったことが、部隊を派遣した陸軍を大いに苦しめることにつながった。アメリカの国力を知らなかった陸軍が戦後批判にさらされたように、日本の国力を無視した海軍も同じく批判されなくてはならない（森本忠夫『マクロ経営学から見た太平洋戦争』一〇五頁）。

ラバウルから以遠は、地球上に残された数少ない秘境であるがゆえに、戦争する上で最低限の必需品である地図及び地誌もなく、暗中模索の戦いにならざるをえなかった。それでもやるのは無謀というほかない（戦史叢書『南太平洋陸軍作戦〈1〉』一一八－一二五頁）。陸地の海岸線さえわかれば戦いができると考える海軍は、内陸部の地形には関心がなかったといってよい（田中宏巳「敗戦にともなう地図資料の行方」『外邦図研究ニューズレター』No.３所収平成十七年三月　八三－九二頁）。

海軍がオーストラリア進攻論を強く主張するため、二月十六日に杉山参謀総長は永野軍令部総長に対して、陸軍中央の考え方を紹介して釘を刺した。

> 南方第一段作戦終了後の作戦指導に関しては…………濠洲対策は重要なるものなるが、之が決定は特に慎重を期し度と考へあり、即ち濠洲は英米の対日反撃の最大拠点と思考せらるるが故に、其の反撃を封殺することは必要なるも、濠洲全般を処理するの方策なくして其の一部に作戦するときは、必ずや其の正面に消耗戦を惹起し、之が因となりて逐次無計画に拡大する作戦となりうるなる全面戦に陥る虞大なるを以て、濠洲全般処理の方策立たざる中は、一部の攻略作戦を差控うる必要ありと考へあり　（「作戦関係重要書類綴」防研所蔵）（筆者句読点）

オーストラリアの重要性は陸軍もよく承知しているが、無計画に進攻することは消耗戦、長期戦に発展する危険性が大で、きちんとした計画に基づいてやるべきだというのである。一見計画的な海軍が、その行動が無計画的に過ぎて、これには陸軍も危険を感じていたことがうかがわれる。

この一方で二月九日から三月四日にわたって行なわれていた陸海軍参謀間の会議においても、陸軍参謀本部は海軍のオーストラリア進攻計画に猛烈に反対した。

濠洲はその広袤中国本土の約二倍に匹敵し、人口約七〇〇万を算し陸上交通決して便利ではない。日本軍をしてこれが攻略を企図する場合、…………兵要地理的困難性と相俟つてその作戦は容易ならぬものとなることを予期しなければならぬ。…………今遽かに海上四〇〇〇浬を隔てた濠洲に進攻するが如きは、極めて放漫な作戦であつて、明かに日本の国力の限度を越えるものと断ずべきである。凡そ戦争において最も戒しむべきは、武力戦の攻勢限度が自己の有する力を超越し、敵の策源に近く攻勢の挫折を招くことである。濠洲攻略案の如きは、正にこの戦史の訓へる危険を冒すものと謂うべきである。

（『大東亜戦争全史』一九二－三頁）

陸軍がこうした合理的かつ科学的な判断を中国戦線でもしていれば、あのような泥沼にのめり込むことはなかったにちがいない。南方は海軍の担任地域で、陸軍は海軍の手伝いをする気楽な立場にあり、中国戦線で見せた「英霊」などに対する思い入れや気負いに煩わされず、冷静な判断ができたのであろう。陸軍としては、南方資源地帯を獲得し、長期不敗の自活態勢を確立したのち、開戦当初の計画にしたがって中国問題の解決に当たるため、新たな作戦を取止め、一日も早く中国戦線に復帰したかった。海軍の計画に反対したのは、合理的判断に基づく結論であるとともに、開戦時の方針に沿って進みたいという側面もあった。

緒戦の勝利で弾みのついた海軍には、日本の国力と海軍の戦力とがどこまで積極的作戦が可能か、冷静に判断する姿勢が失せ、国土から少しでも戦線を遠ざけ、敵地に接近することばかりを考え、中国大陸において強硬策を繰り返してきた陸軍と五十歩百歩であるといっても過言でなかった。海軍に対して国力を越えていると叱責する陸軍とは、

（一）　日本軍の攻勢

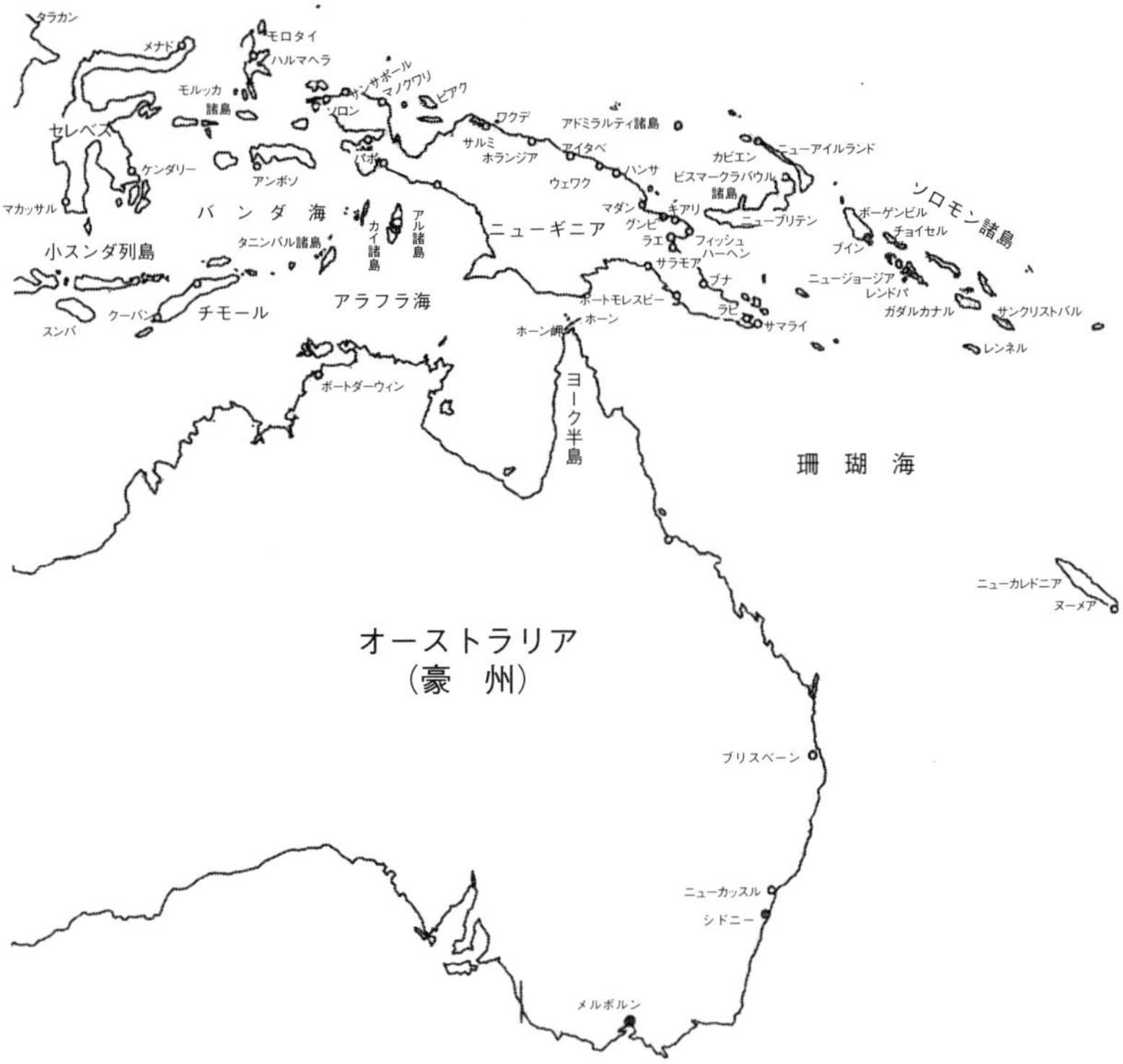

ニューギニア・オーストラリア位置図

目くそ鼻くその喩えにも似ており、我を忘れて目先の獲物ばかりに飛びつくところは、陸海軍ともまったく共通していた。

　このように海軍は、ラバウルをさらなる南方進出の通過点ぐらいにしか考えなかったが、同地を占領されたオーストラリアは違っていた。これまでの南方資源地帯をめぐる日本軍と連合軍との戦闘は、いわば欧米植民地支配者と日本との植民地争奪戦という側面がないわけでなかった。連合軍側の防禦準備が後れていたこともあって、本国がドイツの軍事的圧力に窮していた植民地宗主国は、淡泊な戦闘を行なっただけで、戦略的後退の道を選んだ。南方資源地帯をめぐる植民地宗主国と日本の戦闘が、長期化する要因はどこにも見当たらない。

しかし南方資源地帯の外郭に位置するラバウルのあるニューブリテン島やニューアイルランド島、ニューギニア島は違った。オーストラリアには「ニューギニア学」と呼ぶ分野があるが、その性格は日本のかっての「満鮮学」に似ている。日露戦争直前、一衣帯水の関係にある朝鮮半島は日本の生命線といわれ、これにロシアが進出の動きを示したことが開戦の原因になったが、オーストラリアとニューギニアやニューブリテン等との関係もそれに非常に似ている。つまりニューギニアやソロモン諸島は、オーストラリアと一衣帯水の関係すなわち同国の独立と安全に直接かかわる位置にあり、これらの地の喪失はオーストラリアにとって死活問題と受け止められた。ラバウル以降の戦いは、同国にとって国土防衛戦そのもので、これまでの植民地をめぐる戦いとは本質的に違っていた。

一九一九（大正八）年、オーストラリアのヒューズ首相が下院において、

> 豪州の安全はビスマルク、東部ニューギニア、ソロモン、ニューヘブライズ、ニューカレドニアの各諸島の保持にかかっており、ニューギニアを保有するものがわが国を保有する。
>
> （戦史叢書『南東方面海軍作戦〈1〉』一二〇－一二一頁）

と演説し、オーストラリアにとってニューギニアやソロモンはまさに生命線であり、この地域を守ることは国土を守ることであるとしている。この第一次大戦直後の認識は、外圧が北方からしかこない同国の地政学的環境から、第二次大戦においても変わることがなかった。単純な戦線の拡大ぐらいにしか考えなかった海軍、わけても連合艦隊司令部には、進攻する地域の社会的文化的違いを察知するセンスが欠如していた。

日本軍の攻略直後から、ラバウルは連続して米豪軍の空爆を受けるようになった。これ以上の進出を許さない米豪側の強い意志の現れであったが、海軍はお構いなしに戦線拡大を考えた。オーストラリア進攻計画をめぐる激しい中央での陸海軍の論争のあと、海軍は表面上進攻計画を断念し、ニューギニアを目指す方針に転換した（『大東亜戦争

全史』二九三頁）。

論争の結果、オーストラリア進攻を断念するが、ニューギニア攻勢への準備を進める、とする矛盾に満ちた方向付けが了解されたごとくである。というのはこの問題は正式な会議の議題ではなく、いわば廊下の立ち話、事務折衝中の話題として議論されたもので、ある方向を目指す空気を醸成したといった程度であるからだ。しかしニューギニアに行くという論理は、ニューギニアを最終目的地にする意味とは考えられないだけに、海軍の企図は少しも変っていなかったといえなくもない。

第一段作戦終了後の作戦指導につき検討した大本営陸海軍部は、その後の戦争全局を左右することになる、次のような極めて重大な方針を決定した。

一　大本営は英領「ニューギニア」及「ソロモン」群島各要地の攻略を企図す

二　南海支隊長は海軍と協同し成るへく速に右要地を攻略すへし

（「大海指第四十七号」、「大陸命第五百九十六号」）

ラバウルまで進んだ日本軍に対して、すでにこれまでとは違う兆候が出始めていたにもかかわらず、強硬論はそんなことにはお構いなしであった。このまま突き進めば、南方資源地帯を奪い合う植民地再分配戦争を、オーストラリアの防衛ラインであるニューギニア及びソロモンをめぐる同国の国土防衛戦に転換させるおそれがあった。つまり太平洋戦争の流れを根本的に変える境界線上にあったことを、大本営はまったく認識しえなかったのである。

ニューギニアに上陸して戦うのは、グアム、ラバウルを攻略してきた陸軍の南海支隊で、当然ながら同支隊にも以後の戦いが異質のものになる認識はなかった。敵基地を叩き防衛線を外に遠ざけるのが日本のためと信じていた海軍も、相手にも譲れない防衛線があることを考えてみるべきであった。井本熊男が「ラバウルは濠州防衛の警戒陣地と

東部ニューギニア地図

も見るべき要衝」と述べているように（『作戦日誌で綴る大東亜戦争』一一三頁）、ラバウルの線から先は、まさにオーストラリアの防衛線であり生命線であった。英蘭の植民地であるマレー半島や蘭印では淡泊な戦いをしてきた連合軍も、ソロモン・ニューギニアに迫るにつれて、これまでとは戦闘に対する姿勢が変わってきたことに、もう少し繊細な目で分析する必要があった。

十七年一月二十九日に、すでにニューギニアとソロモンに対する作戦実施に当たり、陸海軍中央協定が結ばれている。作戦目的として、

> 英領「ニューギニア」東部ノ要地及「ソロモン」群島ノ要地ヲ攻略シテ濠洲本土トノ連絡ヲ遮断スルト共ニ濠洲東部北方海域ヲ制圧スルニ在リ

と、まるでオーストラリア進攻も視野に入っているかのような内容で、再び陸海軍間に論争が起きる可能性をはらんでいた。オーストラリアの外郭陣地となっているニューギニアとソロモンを攻略し、同国の周辺海域を制圧するというのだから、まさにオーストラリアの外堀と内堀を埋めることをねら

ったようなものである。

しかしこの時点では、マッカーサーはまだフィリピンのバターン半島で日本軍との戦闘を指揮しており、オーストラリアが反攻作戦の基地になる動きはなかった。米豪連絡が現実化し、日本軍の南下の障碍になっていない時機であり、それでもオーストラリア周囲の海域まで進出しようというのは、同国を連合軍から離脱させるか、直接支配する意図を海軍が有していたか、のいずれかであるとしか思えない。

作戦方針は、ニューギニアのラエとサラモアを攻略してポートモレスビーに進攻し、他方ソロモンではツラギを攻略し飛行場を獲得するというもので、まだガダルカナル島進出案は登場していない。ポートモレスビー攻略は開戦前の大本営作戦計画にはなく、ラエやサラモアも含めて勢いのあるうちにどんどん前進する、守勢に転じてはならない、という攻撃精神が作戦計画を支配していた時期であった。そして協定は、最後にラエ、サラモア、ツラギを海軍の担当範囲に、ポートモレスビーを陸軍の担当と決めている。ラエ、サラモア、ポートモレスビーはニューギニア、ツラギはソロモンだから、おかしな担当範囲の設定である。珊瑚海海戦以前の段階では、ポートモレスビーを海上から攻略する計画であったはずで、尚更ポートモレスビーだけを陸軍の担当とするのはおかしい。場当たり的戦争遂行の中ではこうした齟齬は珍しくなかった。

海軍の南洋部隊指揮官井上成美は、中央協定に基づきSR作戦と呼称するサラモア・ラエ攻略作戦の準備に着手した。目的を「サラモア及びラエを攻略し、所在の敵を撃滅するとともに、なるべくすみやかに航空基地を設定」とし、作戦に投入される第六水雷戦隊、海軍第二十四航空戦隊、陸軍南海支隊との間でそれぞれ作戦協定を結び、上陸作戦を三月初旬と決めた（『戦史叢書『南太平洋陸軍作戦〈1〉』一〇七－一一八頁）。三月五日、ラバウルを出港したSR攻略部隊は、ニューブリテン島を南回りで目的地に接近、八日、定石通り真夜中に豪雨をついてサラモアとラエに上陸し、周辺を掃討したのち、それぞれ所在の飛行場を占領した。この飛行場は豪軍のものでなく、ニューギニア各地にあった開拓用の飛行場であったと思われる。

はじめてニューギニアに上陸し橋頭堡を築いた日本軍であったが、これまでとは様子が変わっていた。上陸して間もなく夜が明けると、早速米軍機が飛来し、輸送船に被害が出た。二五航戦が上空警戒を行なっていたが、間歇的警戒では不充分であった。十日になるとB17重爆撃機やロッキードP38戦闘機が頻繁に飛来し、さらに珊瑚海側にいた米空母レキシントンとヨークタウンを飛び立った艦載機もオーエンスタンレー山脈（以後スタンレー山脈と称す）を越えて襲来し、輸送船や駆逐艦が攻撃され、「横浜丸」「天洋丸」「金剛丸」「第二玉丸」が相次いで沈没、ほかに九隻の艦船が被弾し多くの死傷者を出した（ロナルド・H・スペクター著・毎日新聞外信グループ訳『鷲と太陽』上　一八五－六頁）。

開戦以来、日本軍が受けた最大の被害であったが、中央も現地司令部もこれを重大視せず、例外的にやられた話など聞きたくないという態度であった。攻撃を受け被害を出した艦船から出された報告書も、米軍機の攻撃の拙劣さを指摘するのみで、繰り返し攻撃してくる戦力を正しく評価するものはなかった（戦史叢書『南太平洋陸軍作戦〈1〉』一一八－一二五頁）。開戦以来、押されっぱなしであった連合軍も、ニューギニアでは反撃できる力のあることを示したが、日本側にそれを見抜く指揮官がいなかった。

米軍機の襲来は、ニューギニアの制空権獲得がむずかしいこと、制空権を完全に確保しないまま進攻作戦が開始されたことを物語っていた。事態の深刻さを理解しない南洋部隊指揮官及び大本営は、いかに制空権を奪取するか、制空権をとれない時はどうするか、何も具体策を持たなかった。サラモア・ラエ上陸作戦は、これから終戦まで続くニューギニア戦の緒戦に過ぎなかったが、緒戦でも制空権が確保されていなかったのである。後述するようにニューギニア戦の特徴は、最初から最後まで制空権が取れない中で行なわれたことだが、ニューギニア戦が苦戦の連続であった理由は、こうした事情下で作戦が強行されたことにあった。

サラモア・ラエに引き続いてポートモレスビー攻略作戦を実施するのが当初の計画はあったが、今回は見送られた。ニューギニアを東回りして珊瑚海に出てポートモレスビーを襲うMO作戦には空母が不可欠であったが、その都合がつかなかったことが理由であった。しかし連合艦隊としてはできるだけ早く実施する方針であった。

　これまでの戦況を破竹の勢いと自画自賛した海軍は、十七年四月十六日に「大東亜戦争第二段作戦　帝国海軍作戦計画」を上奏し、直ちに裁可された。内容は当然行け行けの積極策である。陸軍に反対されたオーストラリア進攻案については、総則の第十二項の（二）の（イ）項に「基地航空部隊及機動部隊を以て濠洲東岸及北岸要地に在る敵兵力軍事諸施設を撃砕し敵の反撃作戦を封ず」と、オーストラリアに対して進攻作戦以外のことはすべてやることを謳っている。続く第一章の六項に「濠洲に対する作戦特に米濠間の遮断作戦を強化しその屈服を図る」、十二項の（二）に、「濠洲に対しては米英との遮断作戦を強化すると共に濠洲方面敵艦隊を撃滅し其の屈服を促進す」と、総則のトーンと違い間接的に締め上げることで屈服させるとしている。

　ところが（二）の（ハ）に、

　支那事変解決するか又は対蘇関係緩和せる情勢となりたる後、諸般の情勢之を許せば濠洲攻略作戦を企図することあり

と、大陸の情勢が好転したらオーストラリア攻略作戦を実施するつもりであると明記している。陸軍がオーストラリア攻略作戦に猛反対したのは大陸問題の解決を優先したためであり、それが解決すれば陸軍もオーストラリア進攻に反対しないであろうと、海軍側が読んでいたことを物語る。あまりに独善的な読みだが、こうした姿勢で米豪軍の出方を予想されてはたまらない。

　海軍があくまでニューギニア進攻作戦、ポートモレスビー攻略作戦を執拗に主張し続ける理由を的確に説明することはできない。組織に一旦定着してしまった考えを転換させるのは容易ではない。参謀等が議論し、調整してまとめて上げてきた計画を、軍令部総長や連合艦隊司令長官がひっくり返そうものなら、組織に大波乱が起こるのは不可避

で、正式な手続きを経た計画は内容に関係なく生き残ることが多い。だから一旦出された計画は、陸軍との折衝の結果取り下げられても、部内で計画が徹底的に踏みにじられないかぎりは、しばし息をひそめても、いずれ頭をもたげるのである。

(二) マッカーサー軍の反攻

日本を仮想敵国とするアメリカの対日戦略の構築は、日露戦争前後から着手され、明治四十一年、表向き日本政府の招待で米艦隊（ホワイトフリート）が太平洋を渡り、日本を親善訪問したときにかなり具体化された。「オレンジ計画」と呼ばれた対日戦計画は、太平洋を渡った米艦隊がフィリピンを根拠地として戦う戦略を骨格とするものであった。だが実際に日本との戦争がはじまったとき、果たしてフィリピンが米艦隊の来航まで持ちこたえられるか否かという議論が巻き起こり、オレンジ計画に関する論争が絶えなかった。

ノモンハン事件が起こった昭和十四年六月、アメリカはオレンジ計画を棄ててレインボー計画に転換した。オレンジ計画は純守勢的性格であったのに対して、どちらかといえばレインボー計画は攻勢的性格を強めている。計画は第一から第五まで策定され、第三はオレンジ計画とほぼ同様で、第五が第二次大戦中のアメリカの基本戦略になった。第五のレインボー計画は、ヨーロッパにおける戦いが成功を収めるまで、太平洋においては守勢を維持するというものであった（高木惣吉『私観太平洋戦争』七九－八一頁）。

レインボー計画に従えば、ヨーロッパでの戦争がすむまで太平洋方面は現状の維持につとめ、増援は期待できないことになる。フィリピンの米軍は、ヨーロッパの戦争が終るまで、増援軍なしに持ちこたえなければならなかった。日米開戦後、日本軍の怒濤の南進が成功し、蘭領インド（現インドネシア）が降伏しても、そのはるか後方に位置するフィリピンの米比軍がバターン半島、コレヒドール要塞で持ちこたえた。フィリピンの米軍が降伏するのは五月六日で、ちょうどポートモレスビー攻略を目指すＭＯ作戦の真っ最中で、二日後に珊瑚海海戦が発生する。ＭＯ作戦が実施された頃こそ日本の占領地域が最も膨張した頃で、この頃までフィリピンの米軍は持ちこたえていたわけである。

三月十一日にマッカーサー一行はコレヒドールを脱出し、Ｂ17爆撃機でポートダーウィン南方のバチェラーフィールドに到着した。そのとき記者団から談話を求められたマッカーサーは、

……〔オーストラリアに来た―筆者注〕目的は、私の了解するところでは、日本に対する米国の攻勢を準備することで、最大の目標はフィリピンの救援にある。私はやって来たが、また私は帰る。

（ダグラス・マッカーサー著・津島一夫訳『マッカーサー大戦回顧録』上　八四頁）

と語っている。マスコミの手で強調された「また私は帰る」（"I shall return."）のニュアンスは、オーストラリアにいる米軍を連れてすぐにフィリピンに戻り、米艦隊の来航まで日本軍の猛攻を凌ぎ、それから攻勢に出るといったもので、あくまでレインボー戦略に沿った発言であった。しかしオーストラリアに来てみると、待機していたのはわずかばかりの米軍と豪軍一個師団のみで、マッカーサーはひどくがっかりし、フィリピンを去ったことを後悔した（Ｃ・ウィロビー著・大井篤訳『マッカーサー戦記』Ｉ　一一一頁）。早期にフィリピンに戻れないマッカーサーに対して、ルーズヴェルトは三月三十日付で彼を南西太平洋軍総司令官に任命したが、彼が指揮する軍は米軍というよりも豪軍に近いものになった。

十七年三月八日、日本軍がニューギニアのラエとサラモアを占領し、オーストラリア本土に進攻して来るのも時間の問題と考えられるようになった。大英帝国さらに英連邦の一員として、英軍が出兵したときには必ず出兵し、不敗の歴史を築いてきたオーストラリアは、日本軍以上に戦闘経験が豊富で、近代戦思想についての理解も日本よりずっと深かった。しかし未だかってない危機に直面するとは夢にも思わなかったのか、正規軍三個師団を独ロンメル軍と

攻防を続ける北アフリカ戦線の英軍の下に派遣していた。まとまった兵力のない豪軍統合参謀本部は、最悪の場合には、ニューギニアを放棄し、オーストラリア北部地域で焦土戦術をとり、ブリスベーン以南を死守する計画を準備していた。

メルボルンに本拠を構えたマッカーサーは、手許に幾らも戦力がないにもかかわらず、豪軍首脳に攻勢に転じる必要を訴え、消極的なオーストラリア本土戦でなく、ニューギニアでの攻勢を取るように説いた（マッカーサー『マッカーサー大戦回顧録』上　九六－八頁）。彼の回顧録でも、ウィロビーの『マッカーサー戦記』でも、スタンレー山脈で日本軍を食い止めるように説得したとしているが、メルボルンにいる頃にはまさか日本軍がスタンレー山脈の大冒険をやるなどとは想像もできなかったにちがいない。おそらくスタンレー山脈云々は、ポートモレスビー戦体験後の発想であろう。南西太平洋軍参謀長サザーランドも、日本軍の冒険を信じる理由はどこにもないと考えていたと述懐しており（スペクター『鷲と太陽』上　二三〇頁）、マッカーサー司令部は、ニューギニアでの戦いが切迫するとは思っていなかった。

十七年五月初旬、日本軍は海上からポートモレスビー上陸を目指すMO作戦に踏み切った。七日、ポートモレスビー上陸作戦を支援するため、珊瑚海に進出した空母「瑞鶴」「翔鶴」を中核とする機動部隊と、空母「ヨークタウン」「レキシントン」を擁する米機動部隊とが遭遇し、いわゆる珊瑚海海戦が起こった。航空機だけが敵艦隊に肉薄し、互いの艦船は一度も相手を見ないという史上初の空母機動部隊間の海戦であった。機動部隊間の戦闘では、「レキシントン」を失った米軍側に対して、「翔鶴」大破の被害を受けただけの日本軍側の優勢勝ちであったが、上陸作戦の方は、上陸部隊輸送船団の護衛に当たっていた軽空母「祥鳳」が米艦載機に撃沈され、中止せざるをえなくなった。MO作戦はポートモレスビー攻略が目的だから、上陸作戦の中止はMO作戦全体の失敗を意味した。上陸作戦の中止は、ポートモレスビーだけでなくオーストラリアが日本軍の進攻から救われる一方、米豪軍にニューギニアで反攻する機会を与えた。

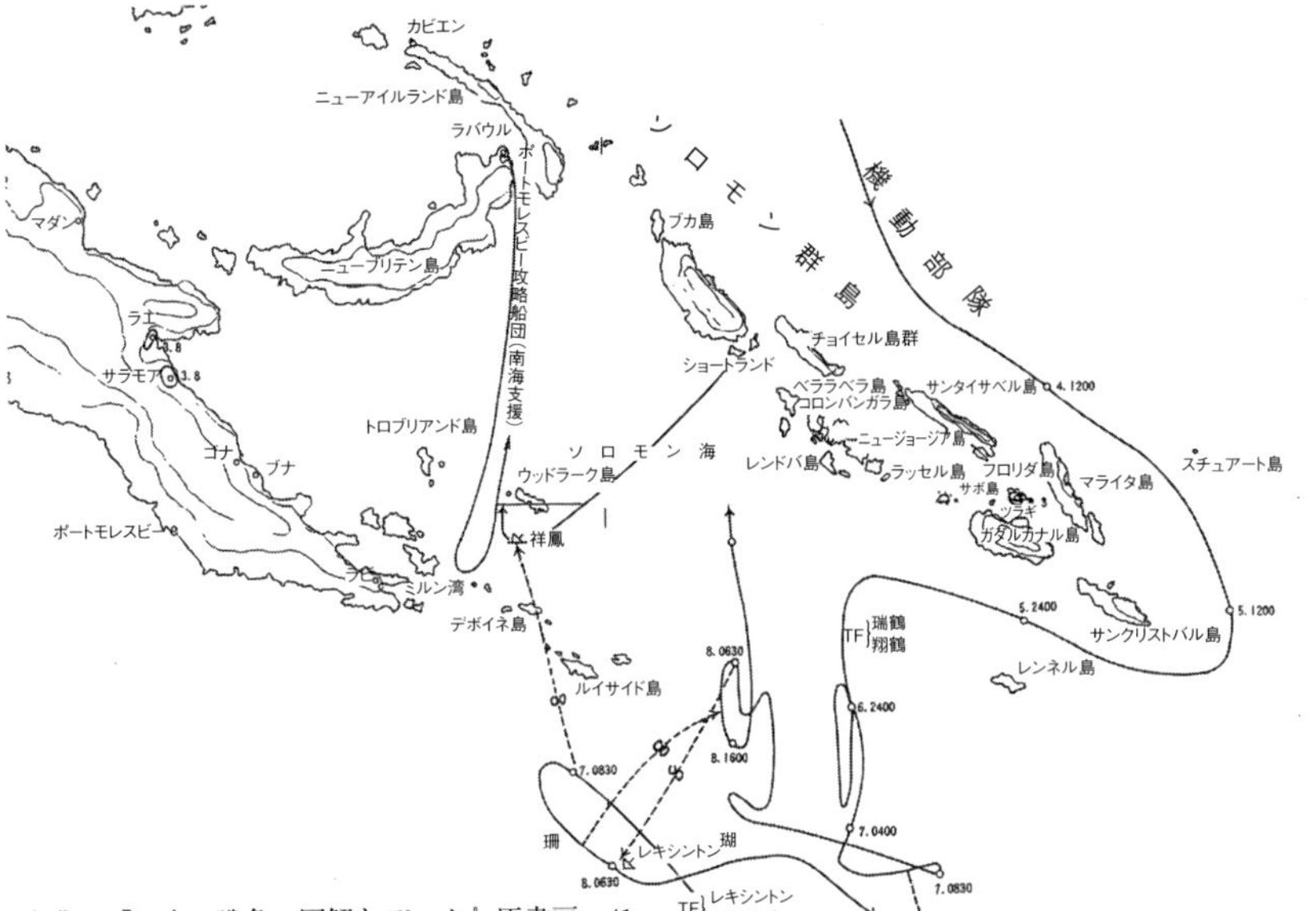

出典：『日本の戦争―図解とデータ』原書房 p.41

珊瑚海海戦概略図

この初物づくしの海戦は、空母機動艦隊の戦闘に不可欠な戦訓を多数提供してくれた。だが、米海軍がこれらを精査して艦隊陣形や戦法を大幅に改めたのに対して、日本海軍は珊瑚海海戦から何も学ぼうとせず、作戦の失敗をすべて第四艦隊と第五航空戦隊の能力にあると決めつけ、従来の戦法にまったく手をつけなかった。いわゆる日本海軍の「驕り症候群」といわれるものである（千早正隆『日本海軍の驕り症候群』三〇一－一二頁）。一ヶ月後のミッドウェー海戦において、米海軍が大勝利を獲得し、日本海軍が惨敗した原因の多くは、珊瑚海海戦の戦訓に対する態度と対策の実施の如何にあった。

珊瑚海海戦が展開されていた五月八日、マッカーサーはルーズヴェルトに対して、オーストラリア防衛のために、よく訓練された三個師団、空母二隻を中核とする機動部隊、一千機の航空機を要求した。米側の戦略的勝利を知っていれば、違った内容になったと思われるが、それはともかくとして、この時点ではオーストラリア防衛が先決で、まだ攻勢作戦を立案する環境ではなかった。

ミッドウェー海戦の直後、マッカーサーは要求量を減らした兵力の確保を条件として、ラバウル奪回を目標とする作戦計画を提案したが、統合参謀本部会議は輸送船が不足していることを理由にこれを却下した（保科善四郎ほか『太平洋戦争秘史』一五四－五頁）。しかし一方で同会議は、従来の方針を変えて攻勢に出る必要性を認め、七月五日に偵察機が日本軍のガダルカナル島飛行場建設を察知すると、ガダルカナル島（以後ガ島と略す）の奪取を海軍のゴームレー提督に命令した。マッカーサーにはラバウル、ニューギニア、ニューアイルランド接続地域の攻略を命じたが、彼がさきに提案した計画の追認に近い内容であった。しかし統合参謀本部には、この地域での包括的作戦計画もなければ、この地域を対日戦の反攻線にする構想もなかった。

ラバウル攻略に関する作戦命令を受けたマッカーサーは、南西太平洋軍司令部をメルボルンからブリスベーンに移し、ポートモレスビーに前進指揮所を設置した。ニューギニアで攻勢を取る布石であるとともに、ブリスベーンが最前線ではないこと、最前線は同国本土外にあることを印象づけ、オーストラリア人を安心させ奮い立たせるのが狙いであった。

歴史には意外な展開がつきものである。日本軍はマッカーサーのオーストラリアへの後退と同国からの反撃を予想できなかったが、アメリカ側も想像していなかったらしい。マッカーサーをフィリピンからオーストラリアに脱出させ、南西太平洋軍の司令官に命じた米大統領ルーズヴェルトは、この時点でオーストラリアからの反攻を準備してもよさそうだが、オーストラリアへの日本軍の進攻を食い止めることぐらいしか考えていなかった。マッカーサーの作戦案によって、はじめてワシントンにオーストラリアを根拠地とする反撃の方法があることを気づかせたが、実際にオーストラリアが反攻の拠点になったのは、マッカーサーの頑固な性格にアメリカ政府が引きずられたこと、苦境に立つオーストラリアがマッカーサーを全面的に後援したこと、の結果であった（『マッカーサー戦記』Ⅰ　一三八－九頁）。ソロモンを含むニューギニアを日・米豪軍の激突場にした原因は、日本海軍の攻勢主義とマッカーサーの頑固な性格にあったとしてもおかしくないであろう。

当初、マッカーサーの下にアメリカから送られてくる兵員及び武器弾薬は微々たるものであったというのが、彼の口癖である。七月二十八日、ブレット中将と交代したジョージ・C・ケニー少将と部下のホワイト・ヘッドが着任し、南西方面の航空部隊の再編に取り掛かった。一方で北アフリカに出征中であった豪軍一個師団が帰国し、またアメリカから後述する二個師団が四月、五月に相次いで到着し、攻勢作戦に必要な戦力が形成されつつあった。また司令部の第三部長スティーブン・J・チェンバリン中将、第四部長レスター・D・ウィトロック少将等、そして何度も突破口を開いてマッカーサーを助けたロバート・アイケルバーガーなどが相次いで着任し、マッカーサーの反攻態勢が徐々に整っていった。

ニューギニアへの進攻作戦を実施するためには、兵力の集結は無論のこと、武器弾薬、糧食衣服等軍需品の調達も欠かせない。日本では、本土とニューギニア・ソロモン間五千キロ余の長すぎる補給線についてはしばしば論議の的になるが、米本土とニューギニア・ソロモン間は二倍以上も遠いにもかかわらず、国力があるから大きな問題ではないという思い込みが行きわたっているのか、ほとんど問題にされたことがない。また日本が中国大陸での戦争を続けながら太平洋での戦争にも当たる構図と、米国がナチス・ドイツとの戦争を優先しながら太平洋での戦争にも従事する構図とは非常によく似ていたが、アメリカの国力からすればさしたる問題ではないと思われてきた。

しかし日本が東シナ海を通じて大陸の部隊に補給する苦労と、アメリカがUボート一杯の大西洋を通してヨーロッパに物資を送る苦労との間には大きな開きがあり、また南太平洋の戦線との距離も日本の二倍以上の負担を背負っていた。戦後の日本では、アメリカは何でも国力で大きな苦労を乗り越えてきたようにいわれるが、この結論はあまりに性急過ぎる。戦争という非常時にもアメリカ人の創意工夫の精神が発揮され、補給問題を解決している実態に日本人は目を向けるべきである。

マッカーサーは回顧録の中で、アメリカが生産した一割を下回る量しか太平洋戦線に回してこなかったと強い憤懣を露わにしている（マッカーサー『マッカーサー大戦回顧録』上　一一三頁）。一方、スペクターは、「オーストラリア側面とその交通連絡網を守るために、昭和十七年一月から三月末までの間に、八万の部隊が南西太平洋に向かって出発したが、それは同時期にヨーロッパ向けに送られた部隊の約四倍であった。四二年末までに、合計二九万の陸軍部隊が太平洋地域に配備される予定もくまれていた」（『鷲と太陽』上　一七六頁）と、マッカーサーと正反対のことをいっている。実際の状況を見ると当時の南西太平洋方面の米軍は兵力不足に悩まされ、豪軍の応援があって戦線維持ができている状態にあり、十八年後半になってようやくこの悩みから解放された。

この時期のアメリカは南太平洋で運用する船舶が不足し、米本土から三、四ヶ月以上もかけないと戦地に到着しなかった。兵站線は、必要な量を、必要とされる時期に集積できなければ使命を果たしたことにはならない。マッカーサーが太平洋に回してもらえないと騒ぐのはジェスチャーだけではなかった。ハワイから五千キロ、米本土から一万キロも離れた南西太平洋方面で消耗をともなう陸上・航空戦を行うことは、この時期のアメリカには荷が重すぎたのである。

日本の指揮官は陸大や海大で教えられた以上のことができなかった。思考力を養い応用力を培う教育を受けてきた英米の指揮官には、思いもかけない着想や発想を打ち出す能力にすぐれていた。輸送力不足に頭を痛めていた米陸軍省からも極力現地資源を利用せよとの指示があり、マッカーサーをはじめ米軍の指揮官達が思いついたのが、最前線に近いオーストラリアの産業を活用することであった（『マッカーサー戦記』Ⅰ　一二四頁）。

高い教養を有する労働力、豊富な資源、圧倒的食糧生産力に恵まれたオーストラリアの泣き所は、国内市場が小さく、海外市場が遠いために、潜在的生産能力を発揮できないことであった。日本軍の現地調達主義と大差ないように見えるが、日本軍の場合は単なる現地物資の搾取的吸い上げであったが、米軍のそれは遙かに建設的、創造的なものであった。南西太平洋軍司令部は、米本土から専門家を呼んで現地産業に対する積極的な遊休設備の利用と技術指導を行ない、交通システムや流通機構の整備にまで手を貸した（『マッカーサー戦記』Ⅰ　一二四－六頁）。米軍がオーストラリアにおいて調達した主要産品の概要について、ウィロビーは次のように述べている。

一九三九年のオーストラリアの肉類の罐詰の生産高は約六〇〇〇トンにすぎなかったが、一九四四年のそれは一二万トンとなった。野菜罐詰では一九三九年のものは非常に限られた特定の種類にすぎなかったが、一九四三—四四年には、西南太平洋戦域の諸部隊は野菜の補給を他から受ける必要がなくなった。一九四四年にマッカーサーは二二万五〇〇〇ボード・フィートの木材を使ったが、それはオーストラリア資源のうちから引き出したものだった。これはゆうにリバーティー船四〇隻に相当するものである。マッカーサーはまた約一万八〇〇〇台の車輌を現地で調達することができた。………アメリカ本国がヨーロッパに対する補給のため資源に無理をしていた時にあたって、マッカーサーは、一〇〇万足の靴と、数十万組の毛布と、三〇万個の自動車タイヤとを、オーストラリアから調達した。マッカーサー軍の使ったブリキの約六割は現地で生産され、毛織布は全量を、航洋船は五〇隻以上を、小型船舶は数百隻を、オーストラリアから供給された。…………航空戦の勝利を可能ならしめた燃料タンクもオーストラリアで調達するほかなかった。

（『マッカーサー戦記』Ⅰ　一二五—六頁）

ウィロビーによれば、一九四二（昭和十七）年の六ヶ月間、南西太平洋戦域で消費したあらゆる物量のうち、六十五％あるいは七十％がオーストラリア産品であったと述べている。マッカーサーの回顧録も、「私は、米国から得たよりは多い量の補給物資を隣接の南太平洋地域に与えた。だから実質的な負担という点では、私の南西太平洋地域は自給自足を維持したことになる。」（『マッカーサー大戦回顧録』上　一一七頁）と誇らしげである。未開のニューギニアには農産物も工業製品もなく、まったく現地で得るものがなかった日本軍とは雲泥の差を生じた。マッカーサーのいう「隣接の南太平洋地域」が、ガダルカナル島を含むソロモン諸島であることは疑いない。

また数百隻の小型船舶とは、ニューギニア・ソロモン方面とオーストラリアとの間を往復して軍事物資を補給して回った七、八百トンの輸送船のことで、これに米軍はどれだけ助けられたか知れない（『マッカーサー大戦回顧録』上　一一七頁、『マッカーサー戦記』Ｉ　一二四頁）。またオーストラリアとニューギニアの距離を詰めるためにも、オーストラリア国内の交通線をできる限り北に延ばす必要があり、工兵隊隊長ヒュー・ケイシー将軍は、ブリスベーン以北の港湾を深くして一万トン級リバティー船でも出入港可能とし、またそれに合わせて南部からの舗装道路を延長した。この結果、東海岸に近い南部の生産地と北部の輸送基地のある港湾とが一本の道路、大型船の沿岸航路で結ばれ、軍事物資が迅速にブリスベーン以北に輸送されるようになった。

ポートモレスビーを拠点とする反攻態勢を準備するためには、飛行場の整備を急ぎ防空態勢の強化が欠かせなかった。八月十九日までに、ケイシーの部隊と徴用されたオーストラリア人とによって重爆用一、中爆用一、戦闘機用二の合わせて四つの飛行場を短期間に完成させた（『マッカーサー戦記』Ｉ　一四七頁）。これに並行し、輸送機で兵員や緊急物資をニューギニアに送り込み、また傷病兵を還送させたり、損傷した航空機をオーストラリアで修理するため、ケイシーは北部のタウンスビル、クランカリー等の地区に飛行場の整備を急いだ。

だがニューギニアの拠点ポートモレスビーには満足な船着き場がなく、その上、まだ船舶の確保もむずかしかったので、出来上がったばかりの飛行場を使って空輸することになった。十七年九月十五日から始められた大規模空輸作戦によって、米第一二六連隊がブリスベーンから送り込まれた。こうした空輸作戦はヨーロッパでは珍しくなかったが、太平洋戦域ではこれが最初であったといわれる。第一二六連隊は、ニューギニアに派遣された最初の米軍歩兵部隊であった（戦史叢書『南太平洋陸軍作戦〈１〉』三八三頁）。

日露戦争の際、ロシア軍は単線のシベリア鉄道を使って六千キロも離れたヨーロッパロシアから兵員補充や物資補給をしなければならなかったが、日本軍は広島宇品から遼東半島に、あるいは佐世保から朝鮮半島南端の鎮海に輸送するだけでよかった。ニューギニアと日本本土とは五千キロ、オーストラリアとニューギニアとはケアンズから八百五十キロ、木曜島から五百キロに過ぎず、太平洋戦争においては日本軍がロシア軍の立場に、米豪軍が日本軍の立場

（二）　マッカーサー軍の反攻

オーストラリア・ニューギニア間輸送路

になってしまったのである。日本兵は、米豪軍の豊富な糧食や贅沢な生活用品の装備を羨ましがったが、それがアメリカの生産力ではなく、智恵から生み出されたものであることを考えもしなかった。日本軍がニューギニア・ソロモンで直面した苦戦は、五千キロも離れた戦場に進出したという以上に、米豪軍が千キロ以内に生産と補給の大根拠地を作り上げたことに原因があった。

　現地調達を単純な搾取行為にしか頼ることができなかった日本軍と、現地で生産することを現地調達とした米軍との違いは、発明王エジソンや自動車王フォードのような創意工夫で名をなした人物を生んだ国民性と、文明開化の下で欧米文化をひたすら模倣し、摂取能力の如何によって人物評価してきた国民性との違いに根ざしているように思えてならない。学校教育で学んだ通りのことをすればよいと考え、独創することを忌み嫌うか、評価しようとしない日本社会の体質と、個人の独創性や創造力に高い価値を認め、革新的アイデアでも利点があればこれを評価するアメリカ社会の企業精神との相違が、何が起こるかわからない戦争において、さらに大きな格差を生み出すことにつながったのではないだろうか。

オーストラリアで軍事物資を調達する米軍の方法は、補給の点で有利になったというだけでなく、ほかに大きな意味を持っていた。オーストラリアを後方支援基地とすることによって、米軍の反攻時期を昭和十八年後半としていた日本軍中央部の予測を大幅に覆すことを可能にしたのである。マッカーサー軍が自給自足の域に近づいたおかげで、本国からの補給物資の到着を当てにせずに攻勢作戦を計画し、可能と判断した時に必要な作戦を実施できるようになったからである。

マッカーサーや彼の参謀らの努力による兵站問題の解決は、反攻作戦の早期化だけでなく、日本がもっとも嫌がる消耗戦につながった。開戦時、日本側は米軍の反攻を昭和十八年後半と予想していたが、ある意味ではこの予想は正しかった。アメリカのもの凄い物量が南西太平洋戦域に届きはじめたのが昭和十八年後半で、本来ならこの時期から反攻がはじまるところであった。ところがアメリカ人の智恵と創意工夫が、反攻開始を一年以上も早めたのだから、日本軍の計画が狂ったのもやむえない。

補給問題を解決したマッカーサーにとって、反攻作戦のために残された課題は航空隊の整備にあった。マッカーサーの航空隊はジョージ・ブレット中将の指揮下にあり、戦闘機二四五機、重爆撃機六二機、中爆撃機七〇機、軽爆撃機五三機、輸送機三六機、その他五機の五一七機というまずまずの戦力であった（戦史叢書『南太平洋陸軍作戦〈1〉』三八四頁）。だがこれらの航空機には開戦後に米本土から投入されたものはほとんどなく、日本軍の攻勢を受けてフィリピン等から逃れてきたいわば寄せ集めで、航空隊という呼び方はふさわしくなかった。だがこの航空隊は、ラバウルが一月下旬に攻略されるとただちに活動を開始し、連日のように空襲をかけ、日本海軍航空隊との間で早くも航空消耗戦を展開した（戦史叢書『南太平洋陸軍作戦〈1〉』七二―八七頁）。

前述のように七月二十八日にジョージ・ケニー少将に交代すると、この航空隊は急速に変貌した。いずれも少々型が古いだけでなく、整備不良と部品不足のため、満足に飛べる飛行機は一五〇機程度と見積もられた（『鷲と太陽』上　一九六－七頁）。しかしオーストラリアの優れた技術者の応援を受けて徹底した整備を行うことにより、稼働機が二四七機（内戦闘機一七五）へと増え（Samuel Milner, *Victory in Papua*　一〇三頁）、稼働率も一挙に二倍以上の五〇％に高まった（『マッカーサー戦記』Ｉ　一三四頁）。航空隊の戦力は配備機数より、こうした稼働率の高低で見積もるべきものである。新型機の配備がないにもかかわらず高い稼働率を達成し、飛行場の完成と相俟って、ケニーは西南太平洋軍航空隊の戦力を二倍、三倍に飛躍させた。

ラバウルの海軍航空隊は、昭和十七年六月十六日にポートモレスビーに対する積極的航空作戦を開始したが、ケニーは八月二十三日からの対ラバウル大規模空襲でこれに応えたのである。日米双方にとって、ラバウル上空で空中戦を展開するのは両海軍機でなく、日本側が海軍機、米軍側が陸軍機であったことは、まったくの予想外であった。マッカーサーのオーストラリアからの反攻が、米陸軍航空隊の活動につながったことは述べるまでもあるまい。

十七年二月下旬にポートモレスビーの重爆用飛行場が完成し、工兵隊の増援部隊及び高射部隊が四月末にポートモレスビーに送られ、さらに周囲での飛行場建設が進捗し、大航空根拠地らしい態勢ができつつあった（戦史叢書『南太平洋陸軍作戦〈1〉』三八一頁）。ついで米陸軍第四一師団が四月初旬にメルボルンに、五月初旬には第三二師団も到着し、アデレードにあった豪陸軍第七師団と合わせ、反撃に必要な戦力が集まった（*Victory in Papua*　一二四頁）。なお米第三二及び四一師団は九月五日に着任した第一軍団司令官アイケルバーガー少将の指揮下に入り、第一軍団を編成した。

五月十五日、豪第一四旅団がポートモレスビーに進出し、八月になると日本軍のココダ進出を受けて豪第七師団の第二一、第二五旅団が急派された。一方、珊瑚海海戦の教訓からニューギニア東南端のミルン湾に飛行場を建設することになり、七月上旬には豪第七旅団（民兵）、八月二十一日には第十八旅団がミルン湾に到着した。

この直後の二十五日に、日本軍もミルン湾に海軍陸戦隊を派遣した。また同じ頃、陸軍南海支隊がブナ・バサブアの海岸からココダを経由し、ポートモレスビーに対する陸路進攻を開始した。これまで日本軍は連合軍の戦備不十分と意表を衝く作戦によって勝利を続けてきたが、ニューギニアにおいてはじめて米豪軍が待ち構える前線に向かって進攻することになった。太平洋の戦場で主役を演じることはないと考えられていた日・米豪の陸軍が、激突する事態が刻々と近づきつつあった。

なお本書は、敗戦が確定するまで延々と続くニューギニア戦を四期に分けることができると考えて時代区分した。第一期ではポートモレスビー攻略戦を、第二期では最も激しかったサラモア、ラエ、フィンシュハーヘンの戦いを、第三期ではマダンからウェワクまでの後退作戦を、第四期ではアイタペ戦と敗戦までの戦いをそれぞれ中心にして、ニューギニア戦の全体像を描きながら、太平洋戦争における位置づけと歴史的意義を論述することとしたい。

第三章　第一期ニューギニア戦

日本軍の攻勢と豪軍主力の連合軍の反撃

（一）米豪連携の遮断と珊瑚海海戦

占領地域が拡大の一途を辿った昭和十七年前半、停滞すれば不利になり、あくまで攻勢に専心しなければという海軍の連続攻勢主義に沿って、グアム、ラバウル、ニューギニア北岸へと南下してきた次の目標に、オーストラリアが出てきた。

対米戦における連続攻勢主義ならば、主敵である米本土に向かって行けばよさそうなものだが、海軍はハワイを攻略し米主力艦隊を誘致して撃滅する艦隊決戦の企図はあっても、米本土上陸を爪の垢ほども考えたことはなかった。アメリカがはじめから日本本土進攻を目的に対日戦を練っていたことを考えれば、日本ははじめから対米戦勝利を諦めていたのかもしれない。威勢のいい裏には、勝ちを捨て講和で決着を付ける消極姿勢を覗かせており、ビクビクしながら戦争していたに違いない。

海軍のオーストラリア進攻論に対して陸軍は、大陸国であるオーストラリアに進攻すれば、中国戦線と同じ泥沼にはまるのではないかと恐れた。陸軍の見積もりでは十二個師団、一五〇万トンの輸送船が必要とされたが、オーストラリアはわずか人口七百万とはいえ、マッカーサーも驚いた高率の徴兵・徴用によって（『マッカーサー回顧録』上一一六頁）、進攻する日本軍の数倍の兵力をつくりつつあり、最終的には百万人を越える動員を行なった。仮に作戦が実施されれば、オーストラリア大陸の地形からしても大陸全体への戦いに発展する公算が大きく、中国戦線以上の苦戦に陥ることは不可避であったろう。陸軍としては、十二個師団もの兵力は、関東軍か支那派遣軍を大幅に縮小でもして抽出しなければ編成困難であり、開戦目的であった南方資源地帯をおさえ長期不敗態勢を実現する折角の好機を自ら放棄するようなもので、到底受け入れがたかった（戦史叢書『南太平洋陸軍作戦〈1〉』一二三頁）。

日露戦争以来、陸軍の北進論と海軍の南進論とが日本の国防政策や対外政策を混乱させる一大原因となってきた。緒戦の連戦連勝のあと、第二段作戦を決めなければならない段階になって、海軍は積極攻勢策、陸軍は開戦時の合意である長期持久態勢と、これまた正反対の方針を主張した。日露戦争後に「北進南進論」などとわけのわからない妥協ができたが、太平洋戦争までは直接の影響がなかった。しかし開戦後のこの時期に、「攻勢持久策」などという意味不明の戦争方針を立てるわけにはいかない。しかし陸海軍が対等で、両者の主張が食い違いどちらも引き下がらないとき、一方を採用し他を落とす権限をもったチェアマン不在の統帥権システムにおいては、両者の主張をそのままくっつけるか、実施に順番をつけるぐらいの解決法しかなかった。

昭和十七年一月十日の大本営政府連絡会議で当面の施策が検討され、「南方作戦の進捗、英米との交通遮断等対濠重圧の態勢を強化しつつ濠州を英米の覊絆より離脱せしむるに努む」ことを決め、実行の担当を海軍部と定めた（「大本営政府連絡会議議事録」）。海軍にすればオーストラリア進攻作戦計画を推進する根拠を得たようなものだが、指導大綱をめぐって陸軍との対立が深まり、三月四日の三時間にわたる陸海軍局部長会議において陸軍側が、「攻勢の限界ということについては、篤と留意ありたい。軍事力及び国力の限界を越えた作戦の窮極の運命は悲惨という外はない。陸軍は支那事変において、既にこの誤りを犯している。」（戦史叢書『南太平洋陸軍作戦〈1〉』一二五頁所収「田中新一少将手記」）と、自らの非を率直に認めた上で説得に努めた。この結果、海軍もついに折れ、オーストラリアに進攻する意志のないことを表明するほかなかった。

しかし部局長会議を受けて合意に達した「今後採ルヘキ戦争指導ノ大綱」の第一項を見ると、またしても抜け道が用意されていた。

英を屈服し米の戦意を喪失せしむる為引続き既得の戦果を拡充して長期不敗の政戦略態勢を整へつつ機を見て積極的方策を講す

と、相も変わらず陸軍の長期持久策と海軍の積極攻勢策という相反する方策を盛り込みながら、海軍としては宿願を果たそうという企図をのぞかせている。どうして大綱の同じ項目の中に、正反対の方策を盛り込んで平気でいられるのか、あまりの杜撰さに言葉もない。

陸海軍の異なる方針を一列に並べる日露戦争以後の伝統は、太平洋戦争中でも変わることがなかったのである。とはいえ積極論と消極論が対立したとき、積極論に引きずられるのが歴史の通例だから、結局は積極論の海軍が消極的な陸軍を引っ張ることになる。ポートモレスビー攻略方針が常に次期作戦計画に載ってくるのは、海軍内でオーストラリア進攻案が完全に消えないからであった。これまでの経緯から、ポートモレスビーに到達すれば、珊瑚海とオーストラリア本土とをただ眺めているだけではすまない。ポートモレスビーを占領すれば、オーストラリア本土からの爆撃を受けることは百パーセント確実で、これがオーストラリア本土の爆撃と進攻への口実になるはずであった。ラバウルを攻略した翌日から絶えず空爆を受け、ポートモレスビーから飛来した爆撃機にやられたとして攻略作戦計画が立案されたように、同じ論理が繰り返されるに違いなかった。なお最初にラバウルを爆撃したのはポートモレスビーから飛来した飛行機でなく、空母「レキシントン」から発進した艦載機であった（戦史叢書『南太平洋陸軍作戦〈1〉』五〇頁）。

この直後の「命令」の第一項に「英領『ニューギニア』及『ソロモン』群島各要地に攻略を企図す」とニューギニアへの進攻が指示され、これを実現するために策定された陸海軍中央協定の作戦方針に、「陸海軍協同して為し得る限り速に『ラエ』及『サラモア』附近を攻略し、……為し得れば陸海協同して『ポートモレスビー』を攻略す」と、ニューギニア北岸のラエとサラモアを取ったあと、南岸の要衝ポートモレスビーを衝くというのである。連日のようにラバウルが米軍機の空爆を受けている情勢下において、攻撃能力のあるなしに関係なく、発進基地を奪取したいと考えるのは致し方のないところだが、発進基地をポートモレスビーと決めつけたのは作為的との誹りを免れない。日本軍の急速な進攻が続いていた時期には、攻略目標をろくに検討もせずに決めていたが、ポートモレスビーは海軍の深謀遠慮の一環として攻撃目標のリストに加えられた。

三月八日、南海支隊所属の陸軍第一四四連隊第二大隊は堀江正少佐を指揮官として、深夜に上陸作戦を行い、ラエ及びサラモアを無血占領した。グアム島、ラバウルを攻略した南海支隊の一部は、今度はニューギニア進攻作戦に投入されたのである。しかし十日早朝から午後にかけて米陸軍機及び海軍艦載機の波状攻撃を受け、前述したように輸送船四隻が沈没、他の輸送船や護衛の駆逐艦も被害を受け、無傷なのは数隻に過ぎず、開戦以来、最大の被害になった。その後も連日のように爆撃を受けたが、飛来する飛行機は米軍機だけでなく、豪軍航空隊の英国製ホーカーハリケーン機なども見られた。ラバウルの海軍航空隊もこれに対抗してポートモレスビー爆撃を敢行したが、豪軍機が米軍機以上に果敢な迎撃を行い、海軍航空隊の損耗がじわじわ増えた。こうした米豪軍側の変化、とくに豪軍の敢闘は、マレー半島や蘭印を含む南方資源地帯をめぐる戦いには見られなかったものである。

このような戦況にもかかわらず、ラエ・サラモアの奪取後にポートモレスビーを衝く陸海軍の協定にしたがって、実施計画の策定が進められた。サラモアからラバウルに帰還した堀江部隊の報告を受けた南海支隊長は、これまでと違う様子に不安を感じ、三月二十日、予定されている海路モレスビー攻略作戦計画について意見具申した（「南東太平洋方面関係電報綴」）。

次期作戦に方りては、陸上基地航空部隊の戦力を更に増強するの外、新に有力なる航空母艦を協力せしめ、之か万全を期する様中央協定の際考慮せられ度尚第四艦隊所属航空母艦祥鳳のみにては十分ならさるへし開戦から四ヶ月余、日本軍の連勝が続く中で、海軍の護衛態勢にこれほどケチをつけた例はない。「祥鳳」は艦載機二八機の改装軽空母で、相手を見くびったかのような海軍の計画に強い懸念を抱いていた証左であろう。後述のように連合艦隊は「祥鳳」に敵機をおびき寄せる囮役を期待し、輸送船団の護衛に役立つとは考えていなかった。

次の攻略目標が成り行き的にポートモレスビーと決まっていく過程で、関係機関は粛々と準備を進めた。陸海軍の共同作戦といいながら、統一司令部を設置できないため、現地の陸海軍は横睨みで日程調整をしながら、それぞれの準備作業を進めた。作戦の多くは井上成美中将の第四艦隊が担うので、同艦隊司令部を中心に準備が行なわれたが、それでも陸軍南海支隊の上陸作戦を指揮する声はまったく聞かれなかった。島嶼戦の様相を帯びるにしたがって、陸海空軍が緊密に協力し合う必要性がますます高まったが、こうした陸海軍の並立方式は戦闘の妨げになるだけであった。

陸軍の懸念を伝えられた海軍は、インド洋作戦に従事している「翔鶴」「瑞鶴」から成る第五航空戦隊を第四艦隊につけることにした。インド洋作戦には空母五隻が投入されていたが、連合艦隊はその中の「翔鶴」「瑞鶴」をポートモレスビー攻略作戦へ分派することを決めたのである。もし五隻を回していれば大勝はまちがいなかったとされるが、こうした分派措置こそ連戦連勝に酔いしれていた海軍の驕りの一端であった（半藤一利ほか『日本海軍戦場の教訓』一二〇－一頁）。第五航空戦隊が第四艦隊に合流するのは四月二十日頃の見込みで、そうなるとポートモレスビー攻略作戦は五月初旬あたりになる見通しとなった。

陸海軍中央協定に基づき第四艦隊が策定した作戦目的は、

陸軍南海支隊と協力「ポートモレスビー」を又海軍にて「ツラギ」及「ニューギニア」東南要地を攻略確保し航空基地を設定して対濠洲方面航空戦を強化す右作戦に引続き一部兵力を以て「ナウル」「オーシャン」を急襲攻

略し燐鉱資源を確保す　　　　　　　　　（戦史叢書『南太平洋陸軍作戦〈1〉』九九頁）

というもので、これら目的を実現するために遂行される作戦全体をMO作戦と呼んだ。ツラギはガダルカナル島に近いフロリダ島にある根拠地で、ポートモレスビーとは若干離れており、またナウル、オーシャンは南太平洋にあり、ポートモレスビー攻略のついでに攻撃できる位置関係にはない。一般にMO作戦といえば、ポートモレスビー攻略作戦のように理解されるが、それは正確ではない。ただし本書では、混乱をさけるため「ポートモレスビー攻略の作戦」の意味で使うことにしたい。

第四艦隊司令部の判断に基づき、ポートモレスビー攻略作戦は五月十日と決まった。南海支隊を十一隻の輸送船に乗せたポートモレスビー攻略部隊、これを援護するポートモレスビー援護部隊、そして攻略部隊を間接援護するポートモレスビー機動部隊の三つが作戦に直接間接に参加する部隊で、四月二十九日から順次トラックとラバウルを出撃した。これに合わせて基地航空隊である第五空襲部隊（第二十五航空戦隊）が出撃を繰り返して米豪航空隊と激しい航空戦を続け、五月四日頃にはポートモレスビー所在の敵機はほぼ制圧したと判断されるに至った。これで上陸作戦に対する脅威は一掃されたと判断され、予定通りに行なわれる上陸作戦を待つのみとなった。

ところが五月四日、ツラギが米機動部隊艦載機の攻撃を受け、進出直後の横浜航空隊の飛行艇と艦船に大きな被害があり、米機動部隊がソロモン諸島の近海にいることが確実になった。井上第四艦隊司令長官は攻略部隊を後退させ、「翔鶴」「瑞鶴」のMO機動部隊に追跡を命じ、同部隊は急ぎ珊瑚海に進入した。七日早朝、米艦載機がポートモレスビー攻略部隊と援護部隊を発見し、軽空母「祥鳳」に攻撃を集中した。米軍機が囮の「祥鳳」に集中している隙に、横合いから日本の艦載機が米空母に突入するのが連合艦隊作戦参謀黒島亀人の作戦であったが、各部隊との連絡が取れない間に、囮の「祥鳳」は、一人として離艦しようとしない乗員を乗せたまま艦首から沈没した。レイテ作戦をはじめ、日本海軍には非常に複雑精緻な作戦を立案する傾向があったが、予想外の事態が生じやすい戦場では、単純明快な作戦が望ましかった。

八日午前、ＭＯ艦隊と米機動部隊を進発した双方の艦載機が、それぞれ相手の空母攻撃に向かった。日本機は九時二十分頃から「レキシントン」「ヨークタウン」に、他方米軍機は八時五十分頃から「翔鶴」に攻撃を開始し、「瑞鶴」はスコールの中に隠れて攻撃を免れた。集中攻撃を受けた「翔鶴」には爆弾命中三発、至近弾八発を受けて飛行甲板がめくり上がり、飛行機の離発着が不可能になった。しかし魚雷命中がなかったのと、ダメージコントロールが効果を上げたことにより沈没を免れ、さいわい全速力航行ができたため、北方に離脱することができた。

一方米軍の方は、「ヨークタウン」に爆弾一発命中、「レキシントン」に爆弾二発と魚雷二発が命中、それでも両艦とも航行を続け、飛行機の収容には支障なかった。しかし「レキシントン」は被弾から一時間半後にガソリンガスが大爆発し、夕方六時頃駆逐艦によって処分された。その夜、第五航空戦隊（五航戦）司令官原忠一は、「瑞鶴に収容せる両艦搭乗員の総合戦果」として「『サラトガ』型撃沈（確認）、『ヨークタウン』撃沈確実と認む」と報告している。日本海軍の二隻の空母は、内地に帰投して半年近い修理を受け、その間、戦力にならなかったのに対して、「ヨークタウン」は離脱に成功したのち徹夜の突貫工事を受け、一ヶ月後のミッドウェー海戦に参加し、日本機動部隊の殲滅に重要な役割を果たしている。航空機及び搭乗員の損失は日本側の方がはるかに多く、日本海軍が味わった最初の挫折になったのである。

空母機動部隊間の海戦は、いわば飛行機という長槍による差し違えの戦闘である。長槍の持ち手は敵の姿を見ることがなく、戦果の確認は帰還するパイロットの報告が頼りであった。飛行機からの視認に基づく戦果の判定はむずかしく、高速で飛び交う空中戦の最中、もしくは敵艦からの激しい対空砲火という条件下で、戦果を確実に判定するにはパイロットの冷静な判断力と、百戦錬磨の実績からくる余裕が不可欠であった。米軍は飛行機にカメラを取り付けて誤判を防止したが、日本軍には何の措置もなかった。戦果の判断を見誤ることが次の作戦に大きく影響する事実を、このとき日本海軍は知るよしもなかった。海軍はパイロットの報告を鵜呑みにした上に、捏造した戦果を国民に流したが、そのツケは結局自分に降りかかってくるのである。

世界最初の空母機動部隊間の海戦であった珊瑚海海戦は、未知の戦訓を山のように残した。索敵機を増やし綿密な索敵が必要であること、艦隊上空には護衛機を配備し周密な防禦弾幕を展開すること、艦隊陣形は空母を中心に編成すること、空母を一箇所に集めないこと、雷撃時における超低空飛行の危険が少ないことなど、従来気づかなった数々の戦訓を残した。だが連合艦隊司令部は、米機動部隊を撃破できなかった理由を五航戦の未熟のせいにし、ミッドウェー海戦前にこれら戦訓の検証を行わなかった。このときにミッドウェーの敗戦が決まったともいわれる（富永謙吾『定本・太平洋戦争』上巻　一一七頁）。

ポートモレスビー攻略部隊は、米機動部隊発見の報告を受けた南洋部隊指揮官（第四艦隊司令長官）からラバウル方面へ退避せよとの電令を受けた。九日午前、南洋部隊指揮官はMO作戦延期を決定し、ついで午後、連合艦隊司令部はポートモレスビー攻略作戦の第三期（七月以降）への延期を発令した。このあと第三期の前にミッドウェー海戦があり、海軍が惨敗を喫したため、海路からのポートモレスビー攻略作戦も自然沙汰止みとなった。

海軍はMO作戦の開始以前、米豪連絡遮断を目的としてフィジー、サモアを攻略するF・S作戦を検討し準備したが、珊瑚海海戦の詳細を知らされなかった陸軍は、F・S作戦に参加する百武晴吉中将を司令官とする第十七軍を編成し、ポートモレスビー攻略部隊の中核をなしていた南海支隊もその隷下に入れていた。だがミッドウェー海戦の敗北によってF・S作戦は、二ヶ月間延期されたのちに中止になった。基地航空隊が弱体な日本軍にとって、空母機動部隊による制空権と制海権の獲得が不可欠であったが、珊瑚海、ミッドウェーの二度にわたる空母機動部隊が受けた手痛い打撃は、それまで見境なく続けてきた攻勢作戦も不可能にした。

ミッドウェー海戦敗北の歴史的意義は、海軍がそれまで空母機動部隊を先頭に進めてきた連続攻勢を中止し、海軍陸戦隊、陸軍部隊を主戦力に島づたいに進出する方針、いうなれば島嶼戦に転換したことであった。ミッドウェー海戦敗北は、攻勢から守勢への転換ではなく、攻勢手段の変更をもたらした。いわば島嶼戦は、空母機動部隊による攻勢が困難になった状況の中から生起した新しい戦闘形態であった。

（二）　ポートモレスビー陸路攻勢決定に至る経緯

ＭＯ作戦の準備中の十七年三月頃、南海支隊司令部で検討されていたポートモレスビー攻略案には、次の三つがあった。第一　陸路山越案、第二　舟艇機動案、第三　船団による正規の上陸作戦案であった。舟艇機動案とは、ニューギニア北岸から、夜間上陸用舟艇を使って海岸づたいに東端を回ってポートモレスビーに進攻する案で、のちにニューギニアおける部隊の移動にこの方法が多用された（戦史叢書『南太平洋陸軍作戦〈1〉』九一頁）。堀井富太郎支隊長が三人の大隊長に意見を求めたところ、二人までが陸路山越案を支持した。これに対して堀井支隊長は舟艇機動案を主張し、糧秣弾薬の携行法、機動中の炊事法等の研究が行われた。その後、海軍が有力な機動部隊による護衛を約束したため、第三の正規上陸作戦案に落ち着き、ＭＯ作戦の発動に至ったという経緯があった（前掲戦史叢書　一〇四頁）。

ミッドウェー海戦敗北直後の六月七日、大本営海軍部はＦ・Ｓ作戦の二ヶ月延期を決定するとともに、ポートモレスビー作戦については、「すみやかに陸路から攻略することの能否について研究する」ことを決めている（前掲戦史叢書　一五六頁）。Ｆ・Ｓ作戦の目標であったフィジー、サモア攻略をさっさとあきらめた海軍だが、なぜかポートモレスビーについてはあきらめず、つぎつぎにあたらしい計画案を出してきた。

ついで十三日、海軍軍令部は「当面の作戦指導方針」を決定しているが、その第三のＭＯ作戦の項に、

成る可く陸路より攻略を実施することとし準備完成次第速に開始す情況に依り陸路進撃の中途より海路攻略に転換することとあり　　（「作戦関係重要書類綴」）

とあり、六月七日の方針よりも一歩踏み込んで、陸路進攻を実施する方向を打ち出した。海軍がこれほどポートモレスビー攻略にこだわる理由について、七月七日に大本営海軍作戦課が同陸軍作戦課に提示した文書がよく表している。

目下「ニューギニヤ《ママ》」方面航空戦は全く消耗戦となり特に七月初頭以降敵は『モレスビー』に相当大なる航空兵力（爆撃機四〇機内外と判断）を集中して盛んに反撃し来り我方消耗も漸増の傾向にありて『モレスビー』は万難を排して最も迅速に之を攻略するの要ある………

（「作戦関係重要書類綴」所収「F作戦を此の際一時取止むるの已むを得ざるに至りたる理由」）

文書によれば、敵航空戦力の脅威を取り除くのが、ポートモレスビーをうかがう理由としている。陸路進攻によって航空機の脅威を排除する考えは、航空戦の劣勢を陸上戦闘で相殺することでもある。敵航空戦力を味方航空戦力で撃つのが正攻法だが、それが開戦からわずか半年で困難になったのは、日本の航空戦力がいかに脆弱なものであったかを物語っている。ポートモレスビーを奪取すると、次ぎにオーストラリア本土から飛来する航空機の攻撃を受けるのは必定で、この論理には際限がない。

七月十一日に大本営海軍部が同陸軍部に示して了解を得られた南東方面の作戦方針に、

（一）　F作戦は当分の間之を取止め、第十七軍及第八艦隊を以て、為し得る限り速に「モレスビー」を攻略すると共に、英領「ニューギニア」一帯の残敵を徹底的に掃討し、所要の地点に更に航空基地を設営整備して、対濠洲航空作戦の地歩を有利にし、且敵の企図することあるべき奪回作戦に対する反撃態勢を強化し、此の間F作戦の準備研究を進む（中略）

（二）「ニューギニア」「ソロモン」の一線を確保して更に南方への進出を企図する為には、所要の地点に飛行場を整備すると共に、有力なる陸軍部隊駐屯し敵に対し睨みを効かす…………（傍線筆者）

とあり、（二）の傍線部分の内容から察して、海軍の中には、ニューギニアの南方すなわちオーストラリアへの進出を未だにあきらめていない意見が残っていたことを物語る（戦史叢書『南東方面海軍作戦〈1〉』三七〇頁）。

三月四日に開かれた陸海軍局部長会議の際に、オーストラリア進攻計画を引っ込めない海軍に対して陸軍が条理を尽くして説得し、海軍の局部長クラスもようやく納得したはずであった。しかし海軍指導部全体が完全にあきらめたわけでなく、事情が変わればまた頭をもたげるおそれがあった。

もし海軍に自力で作戦を遂行する能力があれば、制度上、陸軍の反対があっても実行できたはずである。だがオーストラリア大陸での作戦は陸軍主体になるため、陸軍が同意しないかぎり実施不可能であった。さりとて海軍が計画を廃棄しないかぎり、いつまでも議題として残ることになる。局部長会議で計画を取り下げたのは情勢不利と判断したからで、情勢が変わればまた再提出するつもりであったにちがいない。意志決定機能に曖昧な余地があってはならない戦争という非常時に、計画案を金庫から何度も出し入れしながら、最後に目的を達する官僚的手法を軍人が続けるのは感心しない。政治的問題であればまだしも、ことは作戦に関する問題であり、一旦答えが出たものを繰り返すのは軍事音痴の仕儀である。

十四日に行われた戦時編制改正にともない、海軍は第四艦隊の担任区域を二分し、ポートモレスビー攻略戦の一翼を担う専門艦隊として、巡洋艦「鳥海」「天龍」「龍田」、駆逐艦三隻、潜水艦五隻、六個根拠地隊、三個設営隊等からなる第八艦隊を新たに編成した。基地航空隊や陸上部隊との連携ができていれば侮れない戦力だが、それができていなければ弱小艦隊である。ポートモレスビー陸路進攻作戦が実施されるとき、ラバウルとニューギニアとの補給線、ラエ・サラモアと進攻軍の上陸地点となるブナ・パサブア間の補給線の確保が、艦隊の当面の任務になるはずであった。

戦時編制改正に伴い連合艦隊の兵力部署が発令されたが、第八艦隊の任務として、「陸軍と協同（主として陸路より）ポートモレスビー攻略、ニューギニアの戡定」（「連合艦隊電令作第一八一号」）とあるので、ポートモレスビー攻略が主任務になるが、陸路進撃だけでなく、海路もありうる曖昧な表現になっており、いかにも場当たり的作戦で戦線を拡大してきた海軍らしい。

七月十日に行なわれた永野軍令部総長と杉山参謀総長との会談で、永野からポートモレスビーの航空戦が消耗戦化しつつある実情を説明された杉山は、「敵方の現地では、モンスーン後、日本軍が陸上からモレスビーに来攻すると噂しているとのことだ。陸路進攻するとすれば、部隊の編制、装備その他の改編をやらねばならない。早く決める必要がある。」と答えている（戦史叢書『南太平洋陸軍作戦〈1〉』一六四－五頁）。杉山の意図は、陸路進攻案に傾いている情勢下でも、まだ海軍にある海路進攻の動きに釘を刺すことにあった。

陸軍は五月十八日に南海支隊や青葉支隊を隷下に置く第十七軍を新設しているが、任務はＦ・Ｓ作戦とＭＯ作戦の実施であった。しかし珊瑚海海戦でいずれの作戦も棚上げされ、ＭＯ作戦の代替作戦であるポートモレスビー陸路進攻案が浮上しつつあったので、当面の任務はこの案の具体化であった。百武晴吉司令官をはじめとする司令部首脳が東京を出発したのはミッドウェー海戦の最中で、離日前に検討した作戦計画はすべて日本軍の非常に有利な情勢を背景にして立案されたものであったから、旅の途中で敗北の報を聞いた百武らは皆愕然とした。

六月初旬のミッドウェー海戦直後、海軍は早々とポートモレスビー陸路攻略の方針を明らかにしているが、陸路作戦を担当する陸軍側にこれに反発する動きは見られなかった。つまり陸軍内部には、海路が駄目なら陸路進攻をやるしかなく、それは既定の方針ではないかという空気だったのであろう。当時福岡にいた百武司令官らに、東京から追いついた参謀本部の井本熊男から、海軍の情報によればポートモレスビー陸路攻略を可能にする作戦路と思われるものがあるらしいので、この作戦路について調査して貰いたいとの話があった（前掲戦史叢書　一六七頁）。

海軍の情報というのは、偵察した海軍機がニューギニア北岸からポートモレスビーのある南岸に通じる山道らしきものを発見したという報告であった。珊瑚海海戦後、ラバウルにあった海軍第八根拠地隊や陸軍南海支隊も情報収集につとめ、道があるらしいとの結論に達していた（前掲戦史叢書　一七一頁）。東西に広がるニューギニアには、中央部を横に走る幾つもの山脈が連なっている。山脈の北側つまり太平洋側は鬱蒼たるジャングルに覆われ、南側つまり珊瑚海側は樹木がまばらで背の高い草で覆われた草原に似ており、対照的な景観を見せている。空を覆う樹木があれば下には草がなく、樹木がなければ背の高い草が自由にのびるニューギニアは、上空から地面がまともに見えることは稀である。飛行機による上空からの道路発見の情報については、どこまでも怪しまねばならない。

第十七軍司令官百武中将一行は、六月十四日、今度はフィリピンのマニラで大本営陸軍参謀竹田宮から参謀総長指示を受取った。それによれば、

一　第十七軍司令官は………英領「ニューギニア」北岸より陸路「ポートモレスビー」を攻略する作戦に関し現地海軍と協同して速に研究するものとす

二　前項研究の為一部を以て海軍と協同し適時「マンバレ」河沿岸地区を占領せしむるものとす

とあり、モレスビー陸路進攻計画に必要な研究に当たるようにというもので、井本熊男から伝えられた話を具体化したものであった。この調査活動を「リ号研究」と呼んだ。最前線の戦場調査には、部隊を直接入れる強行偵察があるが、その前段階である調査活動が計画されたことは、まだ未知なる問題が多かったことを示している。この状態では、陸軍としても作戦遂行を命じることができなかったことは想像に難くない。

竹田宮は、おそらく十九世紀頃のものと思われる英人探検家の記録を紹介しながら、ポートモレスビーに至る道路の存在について述べている。普通、作戦軍が編成されると、作戦の必需品である兵要地誌、地図、収集された諸資料

などが作戦軍司令部に交付される（吉原矩『南十字星』一一頁）。それが前世紀の探検記録しか見つからないのであれば、情報不足を理由に作戦を中止してもおかしくない。だが当時の雰囲気では、とても「できません」と答えられるものではなかったと、井本熊男は述べている。（井本熊男『作戦日誌で綴る大東亜戦争』一四五頁）調査研究の段階では、まだやるかやらないか答えが出ていないはずで、その時になって計画を覆せばいいではないかと思いがちである。しかし日本の組織では、調査研究の着手は実質的に計画のゴーサインであり、何かあった場合に備えて事前にやるべきことはやったかたちを残し、責任を追及されても逃げられるようにしておくのが、組織に身を置く者の知恵であった。

十九世紀の探検家が歩いた道と、近代の大軍の行軍に使われる道とを同列視している陸軍中央、その背後にいる海軍の感覚には唖然とさせられる。近代戦では完全装備の本隊が進攻したあとを、補給品を満載した車列か、補給品を背負った輜重兵の列が往来を繰り返す。作戦用道路には、こうした補給に耐えられる道路であることが求められ、道路があるかないかではなく、どの程度の道路であるかが関心の対象にならなければいけない。世界の秘境の一つであるニューギニアに軍活動に耐えられる道路があるはずもなく、この島に大軍を入れて作戦を行なうことは、探検家の冒険よりもはるかに危険な行為であった。

「リ号研究」について井本熊男は、「研究（リ号作戦）によって、それが可能であることが判明した後に着手すべきことは第十七軍に示された」（『作戦日誌で綴る大東亜戦争』一四四－五頁）と、さも研究結果次第で中止もありえた如きニュアンスで述べているが、日本軍がそれほど融通性のある判断をし、臨機応変に行動したとは考えられない。

第一線の戦闘部隊に対する作戦命令を、調査結果次第で出すか出さないか決めるのは乱暴極まりない。戦争という中での現場の騒擾、矢継ぎ早に指示を出し、将兵の士気を盛り上げなければならない現場指揮官の立場に立ってみると、調査次第で決める中央のやり方は苛つかせるばかりであった。

戦場における強硬偵察は、中国戦線で地図作製を行なった多田部隊などがしばしば行なったといわれるが、大本営陸軍部や参謀本部の参謀達が思い描いていた「リ号作戦」が、中国戦線での強硬偵察の経験を参照していたとすれば大きな思い違いである。中国では道路や川がどこに通じ、山の向こうに何という町や村があるぐらいのことを知った上で、より正確な地理情報や軍事情報を蒐集するために行った。しかしニューギニアでは道の存在も不確かで、仮に道があってもどこに通じているか、渓流はどこから流れてくるか、山や川の名前はなにか、確かな地理情報がまったくなかった。ポートモレスビーに確実に行く進路がわからないのだから、強硬偵察の際に設定される偵察限界線もポートモレスビーの市街地附近に設定し、同地にたどり着けるか確認しなければならない。行軍の距離と日数が不明のままでは、部隊に必要な食糧・医薬品・弾薬等の数量を見積もれず、担送する人員数も割り出せない。それでは、科学的合理的な進攻作戦計画を建てることはできない。

調査費がつけば計画が承認されたも同じというのが日本の官公庁の慣行で、正式決定も近いと解釈される。さきに計画の実施を決めておきながら、半ば手続きあるいは儀式として、後付の調査研究を行なうのは珍しいことではなく、報告書がこの流れを止めるものであってはならないという暗黙の了解が組織にある。大本営が示した「リ号研究の要領」の細項に、「MO作戦要領を変更するや否やは第十七軍司令官の報告に基き大本営に於て決定するものとす」とあることからもうかがわれるように、調査はポートモレスビー陸路進攻の是か非かを明らかにするかではなく、作戦計画通りやれるか否か、変更の必要があればどこを修正するかの資料を得るのが目的であった。

六月二十八日から陸軍の二式陸偵が海軍の零戦の護衛を受けながら、陸路があると思われる四つの地域をしらみつぶしに調査した。偵察の結果は、海岸からスタンレー山脈の麓の要衝ココダまでは平坦で自動車通行可能道路があるが、ココダから入る山岳地帯については密林に覆われ道路の存在の確認ができなかった。制空権が万全でない中での航空偵察はこれ以上困難で、担当した第五空襲部隊指揮官は、海岸部のブナからココダまでの占領を意見具申して、暗に陸上偵察への切り替えを求めた（戦史叢書『南東方面海軍作戦〈1〉』三九〇－一頁）。

ニューギニアの傾斜地の険しさは、日本の山での経験からは想像がつかない。急峻の場合、日本ではたいがい岩が露出しているから突出部に摑まれるが、ニューギニアでは急峻が滑りやすい粘土質の土で覆われ、しかも雨を含んで滑り台に近い。日本の北アルプスは尾根伝いに縦断できるために人気が高いが、南アルプスの方は、頂上から次の頂上に行くためには、一旦下まで降りて川を渡り、また登らねばならないことが多い。ニューギニアの山は南アルプス型である。激しい急登と急降を繰り返し、川は雨による増水のために渡れないことが多い。まさしく秘境にふさわしい。

　飛行機偵察の欠点は地肌の斜度がわからないことで、激しい傾斜地でも上から見ると平坦地と錯覚しやすい。道路の有無ばかりが取り沙汰されて、スタンレー山脈の山容について分析しなかったのは、ニューギニアの山が作戦を不可能にするほど険しいことをまったく知らなかった証左であろう。鍛え抜かれた日本の陸軍戦士であれば、スタンレー山脈のアップダウンぐらいは克服できるとしても、この山脈の中で作戦活動と継続的補給までもやるというのは正気の沙汰ではない。ニューギニアでは、河川の増水で橋や道路が流されるのは日常的現象で、それでも現地人は流されても流されてもまた作り直す自然との闘いを繰り返してきた。海上輸送がむずかしければ陸上輸送に替えればよいと中央も現地司令部も考えていたらしいが、ニューギニアの自然の猛威を甘く見過ぎていたことは疑いない。

　地上からの本格的調査は、ニューカレドニア攻略を担当する南海支隊に代わって、ポートモレスビー攻略作戦の任務を与えられた青葉支隊が行なうことになっていた。だが南海支隊はラバウルにあったが、青葉支隊はまだ遠いフィリピン・ダバオにあったため、この任務が南海支隊に回ってきた。六月三十日、ダバオの第十七軍司令部に呼び出された堀井南海支隊長は、陸路進攻について意見を求められた。部内に堀井が作戦に消極的であるとの噂があり、その態度を改めさせるのが呼び出した狙いでもあった。五月のMO海路進攻作戦を命じられた経歴を持つ堀井は、陸軍の中で誰よりもこのコースについてよく調べており、傾聴に値する見識を持っていた。

　堀井によれば、北岸のブナとポートモレスビーの図上距離二二〇キロ、実際距離三六〇キロの行程で、「問題は補給の確保であって、自動車道があれば問題はないが、駄馬道すらないと思われる現況では、人力担送によらなければならない」と前置きし、第一線が一日に必要とする糧食だけを計算し、これを海岸のブナから前線に担送するために必要な人員数を割り出し、その確保と担送者の糧食を考慮すると容易でないことを縷々述べ、最後に「ブナから自動車道が推進されぬ限り陸路進攻は不可能であろう」と結んでいる（戦史叢書『南太平洋陸軍作戦〈1〉』一七四－五頁）。しかし日本ではどこへでも徒歩で行くのが常識で、列強といわれた先進国家の中で自動車の普及が著しく遅れ、未だモータリゼーションを経験していなかった。そのため日本軍には、トラックによる兵員輸送を当たり前とする先進諸国の常識が通用しなかった。フィリピンのバターン半島における米比軍捕虜の徒歩移動も、こうした日本軍の常識の下で行なわれたもので、のちにそのことが戦犯として追及されようとは誰一人として考えなかった。日露戦争後から日本陸軍に精神主義が注入され、そのために科学技術の進歩に背を向けることが多くなったが、トラック輸送の立遅れもそうした一つであった（戦史叢書『大本営陸軍部〈1〉』二六七頁）。

三百六十キロの作戦計画を日本に置き換えれば、日本本土で一番幅の広い部分に位置する南アルプス南端から北へ縦断し、次ぎに八ヶ岳連峰を北上し、最後に北アルプスの穂高岳から槍岳、薬師岳、立山を通って剣岳に達し、黒部渓谷をくだって日本海に至るようなものである。純粋な登山活動であればできなくはないが、作戦を行なう連隊規模以上の大軍が、五十キロを越す食糧や武器弾薬を担ぎ、敵の攻撃を警戒しながら前進するとなれば、無謀かつ不可能という結論の出るのが当然である。

大本営も第十七軍司令部も、方針を否定する報告を望んでいなかったのはいうまでもない。いまは「リ号研究」が作戦遂行の駄目を押しになることだけを期待した。部隊が現地に入り、要所要所を占領しながら行なう調査と正式に行われる進攻作戦とが違っているかのようにいうのは、地図を見ながら書類作りをしている大本営の参謀たちの空言である。いつ攻撃されるかもしれない戦場で調査を続ける部隊の張りつめた空気は、いつでも撤退できる態勢でなく、いつでも敵陣に突入していく態勢にあった。完全装備で送り出された将兵は、調査を終えて撤退するなどとはつゆも考えなかったのである。

ダバオからラバウルに戻った堀井支隊長は、独立工兵第十五連隊長横山与助を指揮官とする先遣隊を派遣することにした。七月十四日に堀井が横山与助に下した命令は、援護線の占領、道路の偵察、道路の補修、軍需品の集積の四つで、調査と進攻作戦に必要な準備をすることであった。調査と進攻準備は、一方は決心のための資料作成、他方は決行になった場合に備えた準備だが、現地にとってどっちつかずの指示は迷惑千万である。あとで準備してなかったと批判されるのがいやだから、曖昧な表現にして、暗に進攻の準備を促していたのであろう。

いつの間に議論の絶えなかった道路の有無は棚上げとなり、道路の実情を調査し、必要な場合には道路幅を広げ橋を架けるなどの改修を施すことと、進攻部隊のために軍需品の集積を行程のどこに置くのがいいかといった問題に関心が変わった（戦史叢書『南太平洋陸軍作戦〈1〉』一七八－九頁）。調査目的が可否の判断でなく、実施に備えての問題点のチェックに転じたわけである。戦史叢書も、横山先遣隊の任務について「陸路進攻の能否についての偵察部隊というよりは、むしろ陸路進攻のための先遣部隊と見做すべきものであった」（右同一七九頁）と解釈している。文書上では偵察であっても、撤退方針も盛り込まれていない計画は、どのみち陸路進攻の現地準備へと変わり、進攻の時期をいつにするかだけが残った。

翌十五日、ダバオの第十七軍司令部に大本営陸軍参謀の辻政信が到着した。辻の使命は、F・S作戦が完全に中止されたことを伝えるためであった。F・S作戦中止の経緯、海軍側の実情を説明したあと、辻は、

東部ニューギニア方面の航空消耗戦を有利に遂行するため、モレスビー攻略はなるべくすみやかに実行するを要する。本件陛下の御軫念も格別である、そこで大本営は「リ」号研究の結果を待たず、この大命によって第十七軍に対しモレスビー攻略を命ぜられたものである。（戦史叢書「南太平洋陸軍作戦〈1〉」一八〇頁）

と、衝撃的な話をした。

前述の十四日、堀井支隊長は横山工兵隊長に「リ号研究」に関する指示を出したばかりであった。辻参謀は、中央の方針が決定し、現地部隊は「リ号研究を中止し、ポートモレスビー攻略作戦を開始しなければならない」と、さも正式な命令の伝達であるかのように強い調子で堀井に話した。もともと調査結果次第で進攻作戦を中止するつもりなどなかったにしても、やるべき調査をきちんとしてから進攻準備に入るのが常識だが、辻は「これを否定せよ」というのである。常識を無視していいなどと士官学校でも陸大でも決して教えないことだが、陸大出身者の天井知らずのエリート意識がここまで増長させたのかもしれない。

軍隊という世界では、何事も黒か白かはっきりさせなければ気が済まないところがあり、中間の灰色的措置は部隊運用に混乱を招くとして嫌われる。連日生死を賭けた戦いをしている最前線の部隊にとって、灰色的措置は中途半端な措置に通じ、部隊を極度の危険に陥れかねなかった。ところが「リ号研究」と進攻作戦準備を並行させておいて、調査結果で決めようという大本営の方針は、まさに灰色的措置そのものであった。これを大本営から派遣されてきた辻がぶち壊し、灰色状態に決着をつけ、解答を出したのだから皮肉なものである。

第十七軍の参謀達は、七月二十五日に届いた大本営陸軍作戦課長服部卓四郎の電報によって辻の独断を知った。東京に確認の電報でも打つべきであったという意見があるが、「陛下の御軫念」といわれては、一片の疑心を抱いてならないのが当時の軍隊であった（井本熊男前掲書　一四五頁）。辻の話を大本営の内示と受け止めた百武司令官は、十八日にポートモレスビー攻略の軍命令を発していたのである。二項に、

南海支隊は速かに「ブナ」附近に上陸し「ブナ」－「ココダ」道を急進してＭＯ及附近飛行場を攻略すべし

と、作戦目的まで明らかにしている。ココダからポートモレスビーに飛んでいるのは、ココダから先の偵察ができず、まったく未知の空間のままだからだ。この未知なる空間に送り出されるのは探検家ではない。完全装備の作戦部隊で

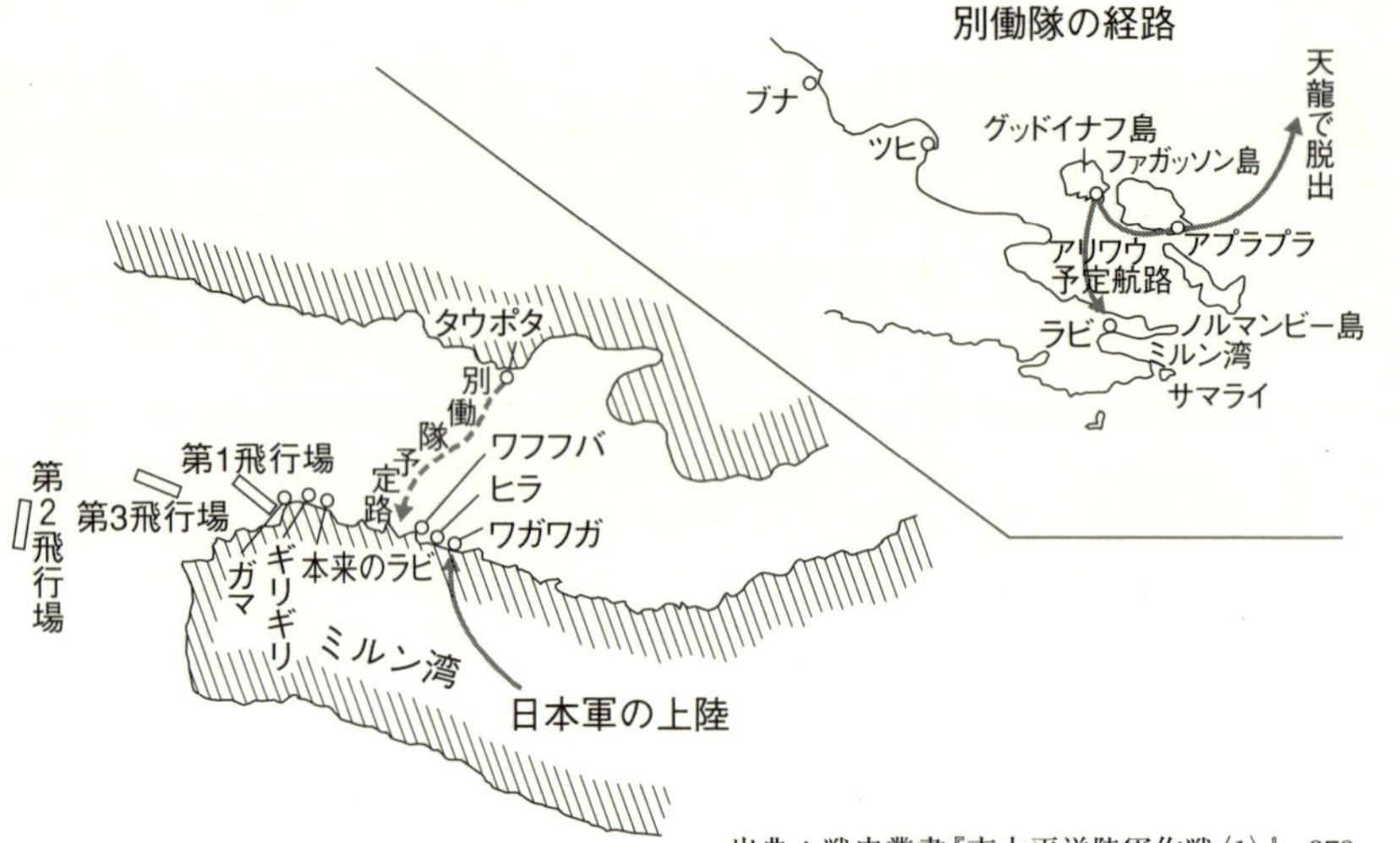

出典：戦史叢書『南太平洋陸軍作戦〈1〉』p.378

ミルン湾戦概略図

あった。

辻の独断は、調査と進攻準備を並行して行なう動きを一つに集約しただけとして不問にふされた。マッカーサーは作戦中の指揮官に敢闘精神がないという理由だけで、何人もの将軍の首を切ったが、日本軍では抗命行為を働いた僅か数人が処分されただけで、ほとんど処分されていない。武士の情けなどと時代錯誤の甘やかしが行なわれ、思い切りの悪い作戦指揮が日本軍の特徴にまでなった。

(三) ミルン湾の戦い

ポートモレスビー攻略作戦を開始するに当たり、新設の第八艦隊は、ニューギニア東南端に楔状に入り込んでいるミルン湾の入り口を掣肘するサマライ島を、陸戦隊を使って攻略する計画を立てていた。ポートモレスビー海路攻略作戦の復活、あるいは陸路攻略に備え、海上の補給路を確保するためには、ニューギニア東端の占領と周辺の海域の制圧が是が非でも必要であった。

しかし飛行偵察によって、ミルン湾奥の日本側がラビと呼んでいた地点の近くに二箇所の飛行場のあることが判明し、ポートモレスビー攻略作戦に対して予想される側面から受ける脅威を事前に排除する必要が生じた。ニューギニア東端を回って日本軍の上陸地点であるブナ方面に向かう敵の海路進撃を阻止することを当面の理由に、急遽ラビに陸戦隊を派遣することになった。

敵航空基地の無力化は、敵航空隊の破壊まで含むため、味方航空隊が行なうのが最善である。しかしポートモレスビー攻略作戦も然り、日本軍はこれを地上軍を送ってやろうというのである。定期的な空爆がもっとも堅実な方法と考えられるが、空爆に自信が持てなかったのか、あるいは地上軍の消耗には気に止めない体質があったのか、陸軍も海軍もすぐに地上軍の派遣を考慮する傾向があった。敵飛行場を空爆し破壊しても、すぐに敵が舞い戻る可能性があり、占領後、継続的に守備隊を置く必要を考慮すると、最初から陸上部隊を送った方がよいと考えたのかもしれない。

航空戦力がラバウルに集中し、ラバウルから離れれば離れるほど、航空戦力の威力が低減するのが日本側の弱点であった。ミルン湾はラバウルから遠く、上陸する陸戦隊を援護するのは容易ではなかった。豪軍飛行場は、波もなく静寂に包まれたミルン湾の奥に建設されていた。日本軍が飛行場のある地として思い込んでいたラビは、今日、漁業や林業で栄え、保養地でもあるこの地方の中心都市アロタウから十五分ほど湾に沿って東に行った郊外の小部落で、豪軍が建設した第一飛行場から十二キロほどの距離にあった。

六月二十五日、豪軍守備隊がポートモレスビーから進出、二十九日には米陸軍工兵隊も進出し、アロタウ周辺に三つの飛行場の建設に着手し、七月上旬には豪歩兵第七旅団がオーストラリア本土のタウンスビルから進出した。この地の戦略的重要性を見抜いたマッカーサー司令部のとった処置であった。日本軍は第三と第一の飛行場の存在を把握していたが、少し離れた山の陰に隠れた第二飛行場について気づいていなかったらしい。第三飛行場は爆撃機用で、主に米国製B25軽爆撃が使用した。第一飛行場は豪軍のキティーホーク戦闘機（P40）用で、また第二飛行場は山に近く、気流も不安定でパイロットに嫌われたというが、避難所として恰好の位置にあった。

作戦準備を進めたのは、藤田類太郎少将麾下の第七根拠地隊であった。はじめミルン湾の入り口に当るサマライ島を攻略する計画であったが、ラビに飛行場の建設が確認されたため目標をラビに切り替えた。作戦計画は、第十八戦隊司令官松山光治少将を攻略部隊指揮官とし、呉鎮守府第五特別陸戦隊（司令林鉦次郎中佐以下六一二名）、佐世保鎮守府第五特別陸戦隊の一部（藤川薫大尉以下一九七名）、第十設営隊の一部（指揮官新島技師以下三六二名）がラビ近くに上陸し、飛行場を占領する。これと同時に、ポートモレスビー攻略作戦の上陸地であるブナに待機中の佐世保鎮守府第五特別陸戦隊主力（司令月岡中佐以下三五二名）を別働隊とし、大発七隻で半島北岸のタウポタ（Taupo-ta）付近に上陸させ、半島を縦断し背後からラビを襲う手はずであった。

ニューギニアのジャングルと険しい山岳地形を無視した行動は、ニューギニア戦の中で幾度となくみられた。未知の戦場でありながら、中国大陸での経験則だけで推し量る癖に起因していた（近代戦史研究会「日本の近代と戦争六ｌ軍事技術の立ち遅れと不均衡」七八頁）。

松山少将麾下の軽巡「天龍」「龍田」二隻、駆逐艦「浦風」「谷風」「浜風」三隻、駆潜艇二隻から成る第十八戦隊は、十七年八月二十四日朝、攻略部隊を乗せた輸送船「南海丸」「畿内丸」とともにラバウルを出港した。これに合わせ、二十三日と二十四日、ラバウルを根拠地とする海軍第二十五航空戦隊が第三飛行場を攻撃しているが、なぜか第一飛行場には手をつけていない。そのため豪軍戦闘機は無傷のままであった。二十五日夕刻ミルン湾に進入した攻略部隊は、午後十時半、闇夜の中で上陸に成功した（田中兼五郎「パプアニューギニア地域における旧日本陸海軍部隊の第二次大戦間の諸作戦」一五ｌ七頁）。

しかし日本軍がラビと思い込んでいたのは、飛行場から十数キロ東の今日のワフフバ辺りであったらしい。ところが深夜の上陸であったため、さらに東のワガワガ辺りに上陸してしまった。このため飛行場を攻撃するには十四、五キロも西進しなければならなくなった。こうした齟齬が作戦を困難にする一因になった。上陸地点を誤ったことを知った攻略部隊は、怪しげな地図を頼りに海岸の一本道に沿って西に進撃を開始し、まもなく攻略部隊を迎え撃つ豪軍第六一大隊との間で戦闘がはじまった（John Coates, *An Atlas of Australia's Wars*　八四ｌ八六頁）。

八月二十六日早朝、上陸地点が豪軍戦闘機の爆撃と機銃掃射を受け、揚陸してあった弾薬や糧食の大半を失った。攻撃を行なったのは、第一飛行場の第七十五、七十六飛行中隊所属のＰ40キティーホーク機である。Ｐ40は攻略部隊にも攻撃を繰り返したので、やむなく部隊はジャングル内に退避して身を隠したが、この間、頼みの友軍機は一度も姿を見せなかった（戦史叢書『南太平洋陸軍作戦〈1〉』三六一―三七八頁）。

日本側は豪軍戦闘機を少なくとも三十機と数えたが、オーストラリア側の資料では二十機にも満たない。日豪陸上部隊が向かい合う戦線から飛行場までの距離は十数キロしかなく、飛行時間にして数分である。物理的には、一日に数十回の反復攻撃が可能であり、仮に六、七機でも、各機が六、七回の飛行をすれば、延べ機数にすると四十、五十機にもなる。日本機は近くても三百キロ離れたブナから片道一時間、遠くは八百キロ以上も離れたラバウルから三時間近くかけて飛来しなければならなかったから、一日に一回程度飛行できればいい方で、途中の天候が悪ければ数日間の飛行中止も珍しくなかった。

ガ島戦及びポートモレスビー攻略戦の対応に負われる航空隊は、遠方のミルン湾まで攻撃機を派遣する余裕がなかった。その上、無理を押して航空隊を派遣しても、悪天候を理由に何度も途中で引き返し、ミルン湾の部隊を援護できなかった。ソロモン海からニューギニアにかけて毎日のように低気圧が発生するが、遠距離を飛行する分だけ悪天候に出くわす確率が高くなった。

ガ島戦が苦境に立った十一月十六日、東条英機は陸相として参謀本部作戦課長の服部卓四郎大佐に対して、次のような叱責をしている。

> 距離を無視している。東京からラバウルまで五千キロ、ラバウルからガ島までは東京、下関間の距離がある。もっと飛行場を前に出せ。そこに補給基地を進めよ。……ガ島の三万人を餓死させたら統帥部は重大な責任があるぞ。
>
> （井本熊男『作戦日誌で綴る大東亜戦争』二二一頁）

日本軍の飛行場は遠すぎて航空機の威力を引き出せないから、もっと前線に近づけろ、というのが東条の叱責である。ニューギニア戦でもガ島をはじめとするソロモン戦でも、日本軍機は米豪軍機よりはるかに遠い距離から飛来しており、そのために配備機数の割に威力を発揮できず、それが日本軍苦戦の一因になっている実情を、東条は的確についていた（「第十八戦隊詳報」）。

第一次大戦後、世界各国の陸軍航空隊は、前線の近くに飛行場を設定し、友軍を援護する戦術思想の実現に取り組んできた。日本の陸軍航空隊も米豪陸軍航空隊もその流れの中で努力してきたはずである。前線に近い飛行場が利用できれば、天候に左右されることも少なく、反復攻撃が可能であり、機数の不足をカバーできるだけでなく、何より肝心なのは地上戦に航空機も参戦できることであった。米豪陸軍は、ニューギニアにおいてもこの戦術思想の実践につとめているが、日本軍にはそのために必要な総合的施策が欠けていた（『偕行社記事』第八二八号　昭和十八年九月号所収「航空戦戦備充実の重要性」二－六頁）。

前線と飛行場が離れ過ぎていた日本機の出撃回数は少ないだけでなく、通報を受けて離陸しても、前線ではじまった戦闘に間に合わないため、同じ場所で同一時間に地上軍と協同して戦闘することは稀であった。地上と上空から同時攻撃すれば大きな戦果が期待できるが、地上軍と異なる時間に敵に攻撃を加えても、与えるダメージが少ない上に、貴重な弾薬の無駄遣いになるだけである。

後述する昭和十八年一月二十五日のワウの戦いでも、「遠くラバウル航空隊も一日だけ参加することになっていたが、惜しや一日のずれが出来てしまった。どうしたことか、友軍機は総攻撃の翌日ワウ飛行場に殺到したのであった」（飯塚栄地『パプアの亡魂　東部ニューギニア玉砕秘録』四三頁）と肝心の総攻撃の日に飛来できず、戦況に無関係の日に無駄玉をまき散らしたのだが、こうした事例がたびたび発生した。ニューギニア戦において、航空隊の攻撃が効果を上げない大きな要因はこの点にあり、逆に米豪軍が日本軍を圧倒するのは、戦場に隣接した飛行場を離発着する航空機がリアルタイムで地上戦に参加し、地上軍との一体作戦を実現したことが大きかった。

ラビを目指す日本軍を阻止した米豪軍は、マッカーサーが派遣した豪サイリル・A・クロウズ少将麾下の豪第七及び第十八旅団で、「フォール・リバー作戦軍」と呼ばれた（『マッカーサー戦記』Ⅰ　一五三頁）。兵力は豪軍二個旅団七、四二九名、米軍工兵隊と高射砲隊一、三六五名、航空部隊六六四名の合計九、四五八名、P40の一個中隊にのぼり、装備にもすぐれている強力な部隊であった（戦史叢書『南東方面海軍作戦〈1〉』六一一－二頁、*An Atlas of Australia's Wars*　二三〇頁）。日本軍の攻勢に備えた防禦部隊というより、戦力の充実に取り組んできたマッカーサーが攻勢作戦に着手するために派遣した部隊という性格を有していた。

夕暮れとともに、日本軍は海上戦力で豪軍に対抗した。第十八戦隊の駆逐艦数隻がミルン湾に入り、ギリギリ（Gili gili）北西方の第三飛行場辺りに艦砲射撃を加えた。日本軍の海陸協同作戦は、しばしば日本軍を困惑させた無線交信の不調により連絡が取れず、豪軍の反撃力を払拭するに至らなかった。日本海軍陸戦隊と豪軍第六一大隊との戦闘に、豪第二、十、十二大隊が加わり、戦闘は混戦模様になったが、日本軍の突撃作戦が豪軍を一時後退させ、ウイットン（Whitton）川を越えることに成功した。後退した豪軍は、二十七日午後、第六一大隊が日本軍の攻撃を食い止めている間に第二、十、十二大隊を日本軍の背後に回らせたが、実際に現れなかったところをみると、途中で中止されたものと思われる。

豪軍を後退させた日本軍は、深夜豪軍に降伏を要求したが無視された。勝負がつかないうちの降伏要求は、マレー半島や蘭印の戦闘で見られたが、ミルン湾でも劣勢に立たされた敵は戦意を喪失してすぐに降伏すると思い込んでいた。ガ島戦が始まった直後でもあり、まだ日本軍は敵が本腰を入れた時の手強さを知らない。翌日から日本軍の常識では考えられないほど猛烈な銃砲撃や空襲が加えられ、攻撃を受けている間は手も足も出せなかった。とくに日本兵を驚かしたのは、豪軍兵が腰だめの姿勢で自動小銃を乱射し、弾雨を浴びせてきたことである。一発たりとも無駄にしないようにしっかり照準を定め、一発ごとに全神経を集中する射撃を教え込まれた日本兵には、タマをばらまく射撃など想像もつかなかったのである。
二十六日夜から二十七日にかけての戦闘が失敗に終ったと判断した第八艦隊司令長官の三川軍一中将は、呉鎮守府第三特別陸戦隊（司令矢野中佐以下五六七名）と横須賀鎮守府第五特別陸戦隊の一部（吉岡中尉以下二百名）にラビ増援を命じた。この増援部隊には陸戦隊にとって虎の子の二両の戦車がつけられ、海軍のこの戦いにかける執念を感じさせた。

増援部隊は二十九日夜、ナパタパ（Napatapa）村近くのヒラ（Hira）海岸に上陸し、直ちに西進を開始し先遣部隊と合同した。翌三十日の日没後から行動し、三十七ミリ砲を備えた戦車を先頭に前進し、ギリギリ（Giligili）付近で敵主陣地に迫った。三十日朝、戦車の一台が豪軍機の攻撃を受けて破壊され、もう一台がガマ（Gama）川の深みにはまり動けなくなった。この間、陸戦隊の先頭は第三飛行場の東端まで辿り着いたが、猛烈な集中砲撃を受けて、八十三名の戦死者を出して後退した。闇夜でも機銃掃射や迫撃砲の猛射を受けて身動きが取れなくなっただけでなく、連日の雨で泥土に突っ込んだままの足が炎症を起こし、動けなくなった兵士が相次いだ。この戦闘中の砲撃にはじめて米陸軍砲兵隊が参加し、ミルン湾の対岸から日本軍に砲撃を加えている。この日の激戦地が、日本軍のもっとも西進した地点になった（渡辺哲夫『海軍陸戦隊ジャングルに消ゆ』所収「哨戒艇乗組清水盈行軍医中尉の回想」二〇五頁）。

呉鎮守府第五特別陸戦隊の林司令が戦死し、各部隊の損害も増大したため、やむなく各隊はヒルナ付近まで後退し、陣を構えたが、日本軍を上回る兵力と想像を越えた激しい火力によって、豪軍の圧力は強まる一方であった。さらに豪軍機の攻撃は片時も止まることがなく、日本軍が暗闇をついて出撃してくることがわかると、夜間も飛行して銃撃を加えるようになった。第一飛行場を発進する豪軍機の跳梁にまかせる日本側に、第一飛行場を艦砲射撃や空爆する作戦案が飛び出してもおかしくないが、何故かこうした動きはなかった。

第八艦隊司令部は、安田義達大佐以下の横須賀鎮守府第五特別陸戦隊員一三〇名をラビに増援に向かわせる一方、航空隊を発進させたが、悪天候に遮られ日本軍を援護できたものは幾らもなかった。九月二日夕方、呉鎮守府第三特別陸戦隊から第八艦隊司令長官宛に「最悪の場合に陥れり、一同従容として陣地を死守す、皇国の大捷と閣下各位の御武運長久を祈る」（「第二十五航空戦隊司令官山田定義日記」）の最終的電報があり、第八艦隊司令部は第十八戦隊司令官に増援中止とラビの敵陣地猛撃を打電した。

九月三日の夜、ミルン湾に進入した第四駆逐隊「嵐」は、矢野呉鎮守府第三特別陸戦隊司令を含む負傷者の収容に成功し、司令副官の報告からワガワガの線で対抗しているが、アヒオマ（Ahioma）の線まで後退せざるをえないほど苦境に立たされていることが明らかになった。矢野司令はそのままラバウルに戻ってしまったため、藤川大尉が指揮を代行し、進退を決する困難な判断をまかされた。

現地部隊の一部には安田部隊の来援を希望する声もあったが、副官の報告は、安田部隊が来ても「如何とも致し難き情況にして全員引揚を熱望」し、中隊長は全部戦死、小隊長の生存者も三、四名のみである。また「重傷者の殆ど全部は自決」し、敵は包囲態勢を執りながら攻撃してきているので、いずれ全滅は免れない、という極めて悲観に満ちた内容であった（「第十八戦隊詳報」）。

この報告に接した松山第十八戦隊司令官は、上陸部隊の全員収容と作戦の中止を決意した。九月五日夜、「天龍」及び哨戒艇三四号、三八号は、総員一、三一八名（うち戦傷三一一名含む）の収容に成功した。上陸した総人員一、九四三名であったから、収容に成功した者を差引くと、未帰還六一六名になる。未帰還者の内訳は戦死三一一名、行方不明三〇五名で、ほかに捕虜九名があったといわれるが、これを加えると上陸した人員を上回ってしまうので、おそらく戦死者と行方不明者に重複があったと考えられる。あるいは狭い海岸線部分の戦場で行われた戦闘にしては行方不明が多すぎ、行方不明者に誤りがあるのかもしれない。しかしわずか数日の戦闘で、ほぼ三分の一も失っていることからしても、豪軍の反撃がいかにすさまじかったかを想像させる。

ミルン湾の奥で、第三飛行場をめぐって日豪軍の戦闘が続いていた頃、第一上陸部隊と前後して、ミルン湾とは反対側の北部海岸のタウポタに上陸し、半島を縦断して背後からラビを衝く予定であった月岡中佐の率いる別働隊はどこにいたのであろうか。大発七隻に分乗した別働隊は、八月二十四日午前五時、ニューギニアのブナを出発した。艦艇の護衛もなく、航路一帯の制空権も確保されていなかった。どう考えても無謀な行動である。危険を避けるためには夜間航行をとるのが常識だが、別働隊は敢えて昼間に航行した。グッドイナッフ島南端の入江に仮泊していた二十五日午前十時、ミルン湾の第一飛行場を発進した豪七五飛行中隊のキティーホーク十二機の銃爆撃を受けて、大発全部を沈められ、糧食弾薬や無線機も失った。

このため別働隊は、ロビンソン・クルーソー同様に孤島に取り残された。しかし戦争中であり、しかも重要任務を帯びている途中であったから、南洋の島でのんびりというわけには行かなかった。カヌーを使った伝令が二回送られ、九月九日、二回目が運良くブナに辿り着いた。翌日深夜、第三十駆逐隊司令の指揮する「弥生」「磯風」が救出のためラバウルを出港したが、十一日正午頃、米軍のB17、B25の爆撃を受けて「弥生」が沈められ、救出作戦は不成功に終った。

九月二十二日、「弥生」の内火艇を救助し、その報告から他の乗員がミルン湾に近いノルマンビー島の北東岸に漂着していることがわかり、二十六日夜、「磯風」「望月」によって、漂着者は無事収容された。他方、グッドイナッフ島の別働隊は、絶えず現れる敵航空機の偵察攻撃によって負傷者を出し、救出隊の接岸がますます困難になった。十月になって伊号潜水艦が接岸に成功し、傷病者の収容と糧食・医薬品の補給、大発の引渡しに成功した。

十月二十三日、豪軍と思われる敵軍約三百人がグッドイナッフ島に上陸し、別働隊に対する包囲を開始した。別働隊は、夜の間に密かに大発で隣のアガッソン島南東岸のアプラプラに脱出し、二十六日夜、二百六十一人が第十八戦隊司令官松山少将の指揮する「天龍」に収容された。二ヶ月に及ぶ漂流と孤島暮らしにようやく終止符が打たれた。

昭和十七年はまだ米潜水艦隊の活動が低調で、敵航空機だけが脅威であったが、それでも日本側の作戦はことごとく封じられる結果になった。十七年は零戦を主力とする海軍航空隊がもっとも活躍した年であったが、ラバウルから数百キロも離れると、その威力は半減し、米豪軍航空隊の勝手放題とでも言いたくなるような跳梁を許した。このため敵航空隊の活動を封じない限り、これ以上の戦線の拡大は無論のこと、この地域における戦線の維持すら困難であることが明らかになった。

ミルン湾の作戦は、同時進行中のガダルカナル作戦及びポートモレスビー攻略作戦に強く影響されながら行なわれた。目標とする敵飛行場が海岸から近く、まだ制海権が日本側にあったことなどの好条件によって、ミルン湾における勝算の可能性は小さくなかった。しかし海軍陸戦隊の攻撃が阻止された原因は、豪軍の持てる全火力を投入する現代的火力戦によって日本軍の得意とする突撃戦法を封じ込められたこと、制空権が豪軍側にあることを生かして地上軍と航空機とが緊密に連絡を取り合い、空陸一体の立体戦によって、白日の下では身動きすらできなくされてしまったことにある。この後、マッカーサーは制海権を強化するにつれ、海上からも火力を加える三軍一体戦へと発展させ、不敗の戦術を完成していく（マッカーサー『マッカーサー大戦回顧録』上　一二三頁）。

（四）　ポートモレスビー攻略作戦とガダルカナル島戦

南海支隊に編入された第四一連隊第二大隊の小岩井光夫少佐は、フィリピンからラバウルへ向かう船中でニューギニアの兵要地誌を見たいと思ったが、関係資料は皆無であった。ラバウルからニューギニアに出撃する準備に忙しい最中に、南海支隊のある参謀から洋半紙一枚のガリ版刷り地図（要図）を貰ったが、ココダから先はまっさらだったので尋ねたところ、調査ができていないので不明という説明だった（小岩井光夫『ニューギニア戦記』四八－九頁）。前述のように日本では、調査に入るというのは計画の実行を意味し、調査が中断されようが調査結果が否定的内容であろうが、それにはお構いなしで作戦計画が進展していくことが珍しくない。

八月十六日朝、ラバウルに上陸した小岩井は、直ちに第十七軍司令部に出かけたが、そこではじめてガダルカナル戦の話を聞いた。七月はじめ、海軍は陸軍に知らせず海軍設営隊をガ島に送り、飛行場の設営作業に着手し、順調に進んで一ヶ月後に滑走路が完成した。ところがその直後の八月七日に、バンデクリフト司令官麾下の米第一海兵師団が上陸し、たちまちわずかな海軍陸戦隊と設営隊とをけちらかし、飛行場を奪取したが、日本軍の反応は鈍かった。米軍の企図が読めなかったことと、ポートモレスビー攻略作戦に夢中だったからである（前掲『鷲と太陽』上　二四〇頁）。

これに対して米軍は、南太平洋方面司令官ロバート・ゴームレー海軍少将が担当する「任務Ⅰ」と呼ばれる南部ソロモン諸島攻略作戦「ウォッチタワー」が発動され、ガ島の北にあるフロリダ島の小島ツラギ島を主目標に、八月一日行動開始と定められていたが、ガ島に日本軍が飛行場建設の情報が入ったので、ついでにこれも攻略目標に加えることになった。米軍側もガ島が日米の一大決戦場になるなどと予想しなかった。昭和十八年まで出番はないといわれていた米海兵隊司令官バンデクリフトは出撃を命じられびっくりしたというから、日本側の米軍反攻十八年説は必ずしも甘い推測ではなかったのである。

ガ島上陸部隊を支援する米艦隊は七月二十五日にフィジー諸島の小島コロ島に集結したが、空母機動部隊を率いるフレッチャー中将と上陸作戦を指揮するターナー少将との間で支援期間をめぐる激論があり、結局フレッチャーが主張する二日間に決まった。したがって米上陸部隊は、三日目からは空母艦載機の援護を受けられなくなるわけである。八月七日、米海兵隊はツラギ、ガブツ、タナンボゴの各島とガ島の飛行場を一斉に攻略し、フレッチャーの機動部隊は予定通り九日に戦場を去った。

フィリピンのダバオにあった百武中将の第十七軍司令部が、辻中佐を伴ってラバウルに着いたのは七月二十四日であった。二十八日に、中央と現地においてポートモレスビー攻略に関する協定がそれぞれ結ばれた。陸海軍が協同して作戦目的を達すべきことがうたわれているが、作戦に当たる第八艦隊は、南海支隊主力による陸路ポートモレスビー攻撃作戦に呼応して、南海支隊の一部を海路を利用してポートモレスビー附近へ上陸させる案を再び主張し、海軍の発言力確保に余念がなかった。

二十一日午後から夜にかけて、すでに横山先遣隊と佐世保第五特別陸戦隊がブナからゴナにかけて上陸作戦を行ない、一部が上陸地点をまちがえたが、恐れていた米豪軍の反撃もなく、物資の揚陸も順調に終えた。この時、マッカーサーの司令部はメルボルンからブリスベーンに移動中で、米海軍の情報機関が日本軍のブナ上陸をつかんでいたが、対応策を講じる余裕がなかった（戦史叢書『南太平洋陸軍作戦〈1〉』一九六頁）。しかし翌二十二日早朝から米軍は反撃に転じ、米陸軍機が「綾戸山丸」を擱座させ、駆逐艦「卯月」にも損傷を与えた（『鷲と太陽』上　一三〇－一頁）。

上陸を終えた横山部隊が急進したギルワーソプターポポンデッタの道は、周囲がまばらな樹木と背の高い草に覆われているが、全体に平坦な地形である。スタンレー山脈に近づくと次第に勾配がついてくるが、それを除けば起伏は少ない。ラミントン火山の降灰か地下に埋蔵する資源によるかして、ジャングルに勢いがなく、見渡す限り大平原のように見える。途中幾筋もの川がスタンレーの方から海岸の方向に流れ、交通の障碍になっているが、その中で最も大きな川がクムシ河である。山から海までの距離が日本の河川と同様に近く、川原とその中を流れる川の景色も日本の川を思わせる。二〇〇七年秋の直下型大地震で川筋がすっかり変わってしまったが、筆者が訪ねたときは、さいわいにも第二次大戦時の頃と何も変わっていなかった。

クムシ河に限らずニューギニアの河川の特徴は、海までの距離の近さに比例して勾配が強く、山に雨が降ったあとの増水のスピードが異常に早い。橋が少ないニューギニアでは、毎日のように川の流れを渡らなければならないが、まごまごすると濁流に呑み込まれてしまうことがよくある。頻繁に大雨が降り頻繁に増水を繰り返す雨期には、一週間、半月も渡河できないことがめずらしくない。

横山隊は米豪軍機の白昼攻撃にさらされ続け、夜間に活動するほかなくなった。七月二十七日から行われた第二次輸送作戦は、米豪軍機の攻撃を受け甚大な被害を出した。台南海軍航空隊が船団直衛に任じたが、間隙を衝いてくる米豪軍機の攻撃を阻止できなかった。日本軍機は、先述したように遠方の飛行場から飛行してくるため、どうしても

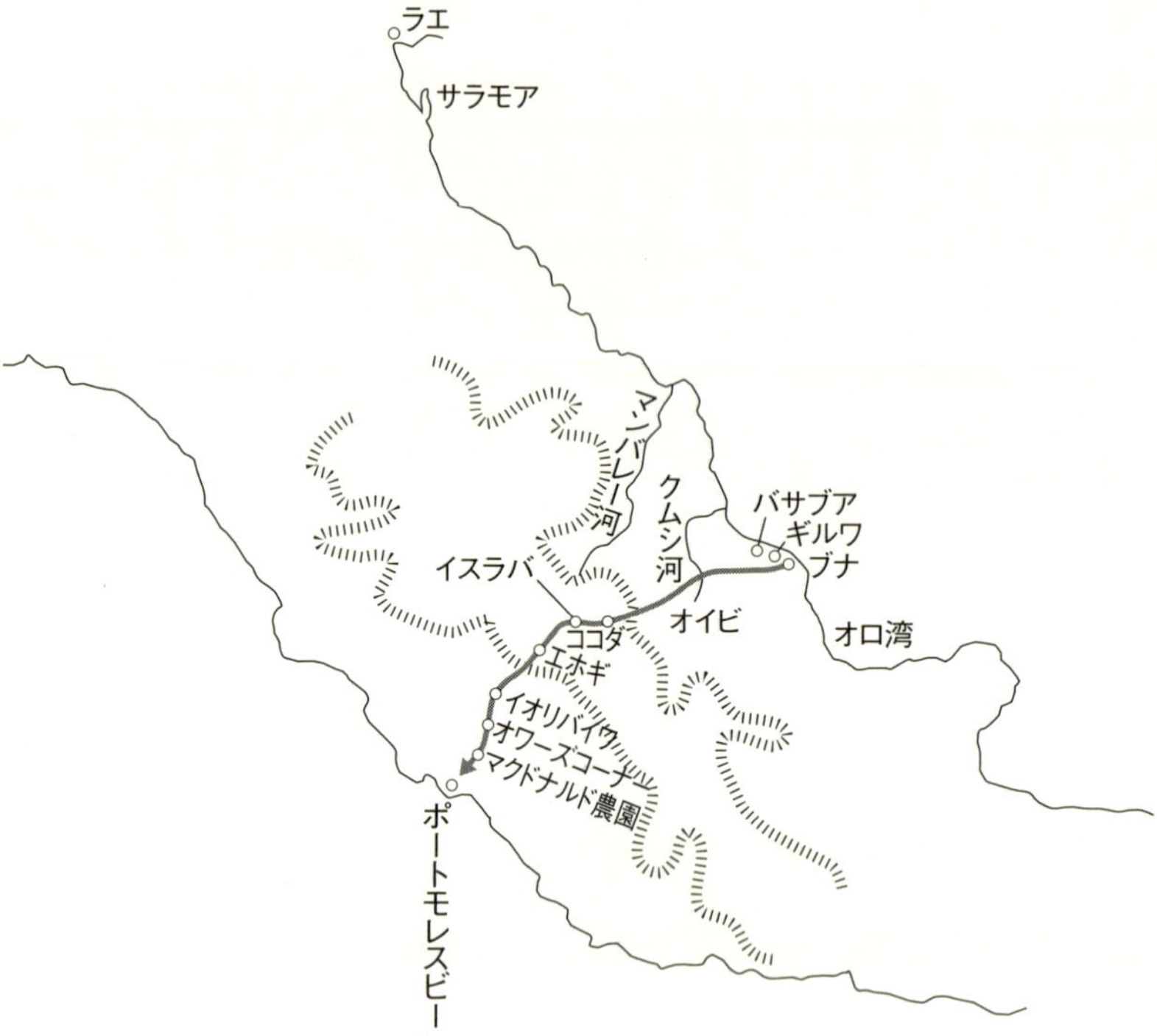

ブナ・ココダ・ポートモレスビー概念図

船団護衛及び上陸軍援護に当たる時間に限りがあり、また交代機を切れ目なく飛来させる能力にも限りがあり、航空機が上空にいない時間ができてしまうのは避けられなかった。

横山隊は七月二十九日にココダを占領した。後方の準備態勢を見ないまま突進した横山隊長からラバウルに寄せられた報告は、サンボ・ココダ間の自動車道化可能、ココダまで四日、ポートモレスビーまで八日、計十二日分の糧秣を携行すれば、ポートモレスビーを一気に攻略できるというおそろしく楽観的な内容であった（戦史叢書『南太平洋陸軍作戦〈1〉』一九九頁）。

横山の報告は、彼がココダに入る二日前にラバウルに届いているから、ブナの海岸とココダ間のほぼ中間のサンボを少し過ぎたあたりでまとめられたと思われる。ココダから先を知らない横山が明記したポートモレスビーまでの具体的日数は、現地人の話を鵜呑みにしたものらしい。日頃から日数を数えることをしない現地人の話の信憑性も確かめず、ココダまでは平坦地で、そこから先は急峻の山岳地帯に入るという地理的条件を勘案しない乱暴な報告である。裸同然の身軽さ、しかも単独で行動する現地人と、五十キロを越える荷物を担ぎ、部隊ごとに集団で行動する日本兵とが、同じ速さで歩けない条件を一切無視している。横山は工兵科所属だから科学的研鑽を十分積んでいるはずだが、報告作成の過程をみると、まったく科学的姿勢が欠如している。科学教育と日常生活における科学的姿勢とが、直接関係しないことの一例である。

この横山の報告は、地誌情報がほとんどないまま進められようとしている陸路進攻作戦に不安を抱く第十七軍参謀部を喜ばせた。それまで慎重な態度をとり続けてきた第十七軍司令部は、これを契機に前向きに転じるが、眉唾に近いこうした報告を安易に鵜呑みにする心理は、作戦が不可能であると中央にいいにくい現場の複雑な立場に起因している。

ココダを占領した横山隊は、豪兵捕虜を得て米豪軍の配備情況等を聞き出している。その中にポートモレスビー周辺には、モリス大将麾下の米豪印軍二万人展開、ポートモレスビーには歩兵六個大隊がいるという情報があった。第十七軍参謀部は、十二日間でポートモレスビーに行ける話にはすぐ飛びついたが、ポートモレスビーには二万以上もの軍がいる話には信憑性がないという態度を取った。情報を信じるか信じないかは、受け手にとって好都合か不都合かが大きく左右することがよくわかる。

関係者の中でもっとも冷静であったのが、堀井富太郎南海支隊長である。堀井は後方の支援体制の強化を求めていた。第十七軍参謀部も後方と兵力の強化を求める堀井の意見を受入れ、前引の小岩井が所属する第四一連隊をダバオから招致し、南海支隊の兵站に当たらせる計画を立てた（戦史叢書『南太平洋陸軍作戦〈1〉』一〇〇頁）。

ところが突然大本営から、南海支隊主力のポートモレスビー進攻作戦を延期し、ブナ飛行場整備を急がせる指示があり、海軍設営隊の輸送が優先されることになった。八月六日、ブナ飛行場の急速設営のために、第十四・第十五設営隊が三隻の輸送船に分乗しラバウルから出港したが、その直後に米海兵隊のガ島上陸があり、船団はラバウルに引き返し、ブナ飛行場建設はすでに上陸している第十五設営隊の一部にまかせることになった。第八艦隊はガ島に突入させる陸軍部隊の派遣を強く求め、暗に南海支隊主力の転用を迫ったが、これには第十七軍も横山部隊の孤立をおそれて応じなかった。この案に代わってグアムから内地に帰還途上の一木支隊、パラオにいる川口支隊のガ島派遣が決まった。ニューギニア戦とガ島戦の二正面作戦を強いられた第十七軍の苦悩がはじまる第一歩であった。

八月十二日、ポートモレスビー攻略作戦と米軍のソロモン諸島への来攻が重なる深刻な事態を前に、陸海軍中央は「情勢に応する東部『ニューギニヤ』『ソロモン』群島に関する陸海軍中央協定」を結んだ。第一項の「作戦方針」に主方針が述べられ、「ポートモレスビー」攻略作戦を既定計画に基き速やかに遂行すると共に、「ソロモン」海戦の戦果を利用し陸海軍協同して速やかに「ソロモン」群島の要地を奪回する、とされた。ニューギニアとソロモン諸島とで、陸海軍協同して作戦目的を達成する完全な二正面戦を中央が是認する内容である。

中央では陸海軍参謀が文書をかわすだけですむが、現場では何もかも違う陸海軍部隊が、それぞれの縄張りを死守しながら協同作戦をやるのは容易なことではない。軍人は日頃から訓練が大事として様々な演習を繰り返してきたが、陸海軍の協同作戦を目指した演習などめったにやったことがなかった。それぞれ所属する国家が違うのではないかと思えるほど異なっていた陸海軍が、訓練もなしにいきなり協同作戦をするなど無謀に等しい。

十二、三の両日、第十七軍司令部では一木支隊のガ島派遣について研究を続けたが、席上、二見秋三郎参謀長は「わが海軍の援護が十分期待できない時期において、一木支隊の如き小兵力を派遣しても価値がないと思う。……海軍に対する徳義と積極先制の見地からは、即時一木支隊を派遣したい所であるが、その先遣には不安がある。」（戦史叢書『南太平洋陸軍作戦〈1〉』二八九―二九〇頁所収「鼓動記及び回想録」抜粋）と述べ、大本営の協同作戦方針を間接的に批判した。しかし十七軍の参謀たちの中にも積極攻勢を主張するものが多く、彼等は二見の意見に納得せず、早期派遣を求めた。やむなく二見は海軍第十一航空艦隊参謀長酒巻宗孝少将を訪ね、ガ島偵察の印象について聞いた。

海軍の偵察は自分に都合のいい報告が多いが、酒巻の話もまた「土人を残し白人大部分引揚げたるものならん」などと、飛行機からは視認できないことを、さも確認したかのような内容であったが、二見もやむなくこの説明で納得することにし、一木支隊の派遣にしぶしぶ同意した。二見の慎重な姿勢は上層部に嫌われ、間もなく左遷させられてしまう。

十八日の夜、日本軍の最初の反撃作戦である一木支隊一部によるガ島上陸が行なわれた。九百人余の先遣隊は、陸軍の伝統的戦法である暗夜の白兵戦に敵なしと信じ、後続部隊の到着を待たずに二十日から翌二十一日早朝にかけて突撃を繰り返し、二万人近い米軍の集中砲火と戦車の壁に阻まれ、短時間のうちに蹴散らされた。生き残った百数十人はタイボ岬に逃れ、救援を待った。

続く一木支隊第二梯団と横須賀第五特別陸戦隊、川口支隊の輸送作戦は、大発、小発五、六十隻を使って目立たないように島伝いにガ島に行く方法を取ったが、米軍機の執拗な攻撃を受け、ガ島に着いたのは三分の一にも満たなかった。この結果を受け、次の輸送作戦には高速の駆逐艦、哨戒艇が使われ、いわゆる「鼠輸送」が試みられたが、駆逐艦等が相次いで沈没損傷し、上陸も成功、失敗を繰り返した。

こうした情況に鑑み、百武ら第十七軍司令部は「もし奪回不能ならば、別の案を考える必要があるかもしれない（ガ島放棄）」（井本熊男前掲書　一六一頁）旨を大本営に上申した。第十七軍司令部としては、ポートモレスビー攻略戦もかかえ、同時にガ島戦を遂行する二正面戦は、両線戦で敗北する事態を憂慮しなければならなかった。

日本軍内では、こうした意見は一般的に消極的と非難されがちである。これに対して未だに連戦連勝の余韻が残っていた大本営は、二正面戦を回避するどころか、むしろ積極的攻勢主義を現場に迫っている。大本営陸軍部の参謀達は、両戦線とも海軍の戦場であり、陸軍は海軍の強い要請でやむなく手助けしているだけで、海軍がやめると言いださない限り陸軍の方からは言えないと、他人の判断待ちという態度を取った（井本熊男前掲書　一六一頁）。本来、二正面戦の危険は陸上戦闘における現象で、軍艦が自由に、融通無碍に行動する海軍には理解されにくい。それだけに陸軍の参謀達は、二正面戦のもつ危険性を海軍側に説明しなければならなかった。それを危険だからやめようと自分の方から言い出すのは立場が悪いという理屈は、いかにも面子をかけた駆け引き、あるいは政治的遣り取りに明け暮れる中央の官僚達と変わらない。

中央で戦況を見ている大本営の参謀達には、勝ち戦の時こそ負け戦のときのことを考えるくらいの先行性がなくてはならない。それが陸大を優秀な成績で卒業した超エリートたる所以であろう。だが日本のエリートは勝ち戦のときにはさらに勝つことを考え、負け戦のときには少しでも負けまいと考える。中央の参謀達は、大所高所から戦況を観察し、戦況の流れを把握し、戦いの枠組みを構想し、それに合った戦術、戦闘法への転換をはかり、戦いの趨勢に沿いながら、先を読んで軍や兵器を配置する戦争指導の根幹に従事するのが本来の任務である。しかし現場より中央の方が破竹の勢いに酔いしれ、兵理の原則を忘れるようでは、指導部の責任など果たせない。

軍首脳の責務は、直面している戦争の歴史的意義と目標を明らかにし、どのように戦うべきかの哲学を打ち出すことである。軍の総指揮を取る陸軍参謀総長及び海軍軍令部総長は、こうした歴史観や哲学を示しさえすれば、責任の大半を果たしたことになるが、太平洋戦争における杉山元も永野修身も何一つ語ることができなかった。中央の杉山や永野だけでなく、南方軍総司令官寺内寿一にしても同じで、マッカーサーと異なるのはこの点にあった。参謀総長や軍令総長から何も出てこないので、参謀連としては無為無策のままに時の流れにまかすか、独善的あるいは情勢無視の戦争指導に走るほかなかったともいえるかもしれない。

思いがけない米軍の反攻と大本営の大局の見誤りとによって、日本軍は二正面戦を推し進めることにした。相手の国力や戦力、味方の戦力の現状が一番わかっている中央部が、二正面作戦の危険を回避する指導を行なわなかったのである。現場の百武司令官は、二正面作戦は現有の戦力では不可能であり、基本戦術である一正面作戦にすべきであると考えていた。中央が戦線縮小方針を打ち出し、現場が反対するのであれば、それぞれの立場にふさわしい主張として評価できるが、その逆ではまっとうな戦争などできない。

二正面戦は少ない戦力のさらなる分散を迫り、ポートモレスビー攻略戦はガ島戦に艦艇を取られ、ガ島戦はポートモレスビー攻略戦に航空機を取られ、どちらの戦線も糧食や兵器弾薬の補給、航空部隊の援護を十分に受けられないため、中途半端な戦闘をせざるをえなくなったのは当然である。このような二正面戦という構造の中で二つの戦いを捉え、ラバウルの第十七軍司令部が両戦線に対して行なう兵力、飛行機、艦艇等の配分調整、糧秣や兵器弾薬の配分と輸送船の割当によって、それぞれの戦闘が二正面戦から受ける影響を検討しないで、ポートモレスビー攻略戦やガ島戦を語ることは、最も肝心な背景と前提を無視することである。

さきにポートモレスビー陸路攻略が決まったとき、自動的に陸軍主体の作戦になることが決まったが、海軍も対等の要求を出すのを忘れなかった。一概に日本軍というが、実質は陸軍と海軍の「連合軍」であり、陸軍と海軍が対等であることを言い張って譲らないために両者の争いが絶えず、この点では、米軍と豪軍の連合軍よりも始末が悪かった。統一司令部をつくれば効率的指揮ができるが、それができないために一々作戦ごとに協定を結び、その範囲内で別々に行動しなければならなかった。日清戦争や日露戦争のように、陸軍が朝鮮半島や満洲、海軍が黄海や周辺海域といったように、それぞれの戦場がはっきり分かれていれば統一司令部の必要性は小さい。だが太平洋の戦場とくに島嶼戦では、両者の飛行機が陸地や海上を自由に飛び回り、陸海軍が互いの姿を見ながら活動するようになると、協同して作戦する必要性が高まり、やむなく作戦の都度協定を結んで戦った。しかし戦闘は協定で想定したように進展しないことが多く、あまり効果をあげなかった。

日本が敵にしたアメリカは、効率を重視して巨大な産業の建設に成功した国家であり、その精神はアメリカ社会の隅々に浸透し、軍備の充実や戦争における部隊や兵器の配置にも及んでいた。これに対して日本には、生活面で質素倹約を重んじても、組織運用や武器開発に効率などという概念はつゆほどもなく、たとえば莫大な費用のかかるB29並みの重爆撃機を陸海軍別々に開発し、同じ飛行機の共同生産や共同使用など毫も考えなかった。さらに陸軍による潜水艦の開発、海軍の戦車開発といった例もあり、少ない資源と低い生産力を最大限発揮させる効率的発想は極めて低かった。戦後になって生産力が敗北の一大原因であったとする声が起こったが、しかし陸海軍が低い生産力をさらに二分した救いがたい非効率を取り上げる議論がないのはなぜだろうか。

ガ島戦が起きたにもかかわらず、ポートモレスビー攻略作戦を計画通り遂行する陸海軍の合意に基づき、南海支隊主力の輸送作戦が始まった。八月十三日夜、第一次ソロモン海戦の煽りを喰ってブナに行きそびれた第十四、十五設営隊がバサブアへの揚陸に成功し、十七日には南海支隊の主力である第一四四連隊等がラバウルを出港し、十八日夕刻、バサブア沖に到着し上陸を開始した。一木支隊のガ島上陸とほとんど同時期である。二十一日には第四一連隊主力が上陸し、さらに九月二日にも第四一連隊一部、臨時輜重隊、馬匹が上陸し、上陸作戦はほぼ終了した。輸送中、B17機の攻撃にたびたび襲われ若干の損失を出したが、作戦を中止する事態にならなかったのは、米軍機がガ島戦、ミルン湾戦の支援に忙しく、ブナ方面に戦力を割く余裕がなかったためと考えられる。これまでの輸送総人員は陸軍約八千人、海軍約三、四三〇人、合計一一、四三〇人、進攻兵力は歩兵六個大隊、山砲兵一個大隊に達するはずであった（戦史叢書『南太平洋陸軍作戦〈1〉』三四一頁）。なお小岩井の戦記によれば、ニューギニアに渡った第四一連隊の総員は一、八八三人であったとされる。

（五）二正面戦下のポートモレスビー攻略作戦

ポートモレスビー攻略作戦にガ島戦が重なり、日本軍は予想外の二正面戦に直面したが、そのまま両作戦は進められた。しかしミルン湾戦の苦戦が伝えられ、ラバウルより発する海軍航空隊にとっては、実質上、三正面戦に当たる状況になった。百武司令官、二見参謀長の慎重論が参謀連の積極論に押され、敢て二正面戦に挑んだ第十七軍司令部も、ようやく事態の深刻化を認め、作戦方針の見直しを求める動きが出始めた。その動きは、ポートモレスビー攻略戦を見直し、ソロモン方面の作戦に重点をおいた方がよいというものであった。（戦史叢書『南太平洋陸軍作戦〈1〉』

三三九頁）つまり二正面戦を変えることはできないが、二つの戦闘に優先順位をつけることにして、まずソロモン方面を優先しようというのである（前掲戦史叢書　一九七頁）。

ガ島の飛行場奪回に向けて、川口支隊の攻撃が間もなく始まる九月九日、ラバウルに赴いていた大本営参謀井本熊男は、第十七軍参謀長の二見に呼ばれた。二見は、

一昨七日、スタンレー山脈の南方に進出している歩兵第四十一連隊を後退してココダに集結するように命令したのは、ガ島の万一に備えるためである。第二師団等の後続部隊の到着が遅いので、万一の場合この連隊を注ぎこむ以外に処置はない。モレスビーの如きは後回しにすることを忍ばなければならない。

（井本熊男前掲書　一六九頁）

と、十七軍司令部がガ島戦をポートモレスビー攻略戦に優先させる方針にしたことを明らかにした。しかも万一の場合には、すでにポートモレスビー攻略戦の途上にある第四一連隊を呼び戻して、ガ島戦に投入する覚悟であることも伝えられた。二正面戦を危惧する声を押さえて両作戦を決意した第十七軍司令部であったが、ガ島での手ひどい結果を見て、二正面戦の底知れない危険性に気づき、まずガ島戦からという手堅い作戦に戻ろうとしていたことがうかがえる。

第四一連隊第二大隊長の小岩井の回想録には、この件について一行もないが、同連隊第三大隊第十二中隊下士官であった貝田利明の日記には、九月十六日に「連隊は軍命令により、一部を現在地付近に残置し、ココダ付近に集結を命ぜらる。第三大隊は上陸地付近に後退し、警備に任ずるはず」（御田重宝『東部ニューギニア戦　人間の記録』前編　一〇二頁所収）とあり、第十七軍の命令で第三大隊だけが上陸地のバサブアに後退し、迎えの輸送船が着き次第、ガ島に転戦する手筈であったらしい動きを見て取ることができる。

　このようにポートモレスビー攻略戦を中止してでも、ガ島戦に対処せざるをえない戦況になったが、ポートモレスビーを目指した部隊の前進状況を振り返ってみると、上陸した南海支隊は、まず八月十九日に司令部と一四四連隊一部、山砲兵第五五連隊が出発、その後、バサブアに上陸した第四一連隊主力が二十一日に出発してココダへと急いだ。先頭は二十三日にココダに到着し、横山隊長の出迎えを受けた。上陸時に各自二十日分の食糧を支給されたが、背負う荷物の重量が六十キロにもなったので、食糧を十日分に減らし、残りを船に置いて出発した。ココダの兵站基地に食糧集積所があると聞いていたので、スタンレー山脈越えの食糧はそこでもらえばいいと考えたのである。しかし着いてみるとトタン屋根の建物が二軒ある以外何もなく、当てにしていた食糧が確保できないため、進撃の途中で空腹に苦しむことになった。「リ号研究」からポートモレスビー攻略作戦への切り替え、横山の楽観報告等の影響が、こうした形で現れてくるのである。

　堀井支隊長の率いる南海支隊主力は、二十三日にココダを発した。ココダから山岳地帯に入ると急な斜面が続き、工兵隊が造った道に沿って進んだが、支給されたガリ版刷り要図にある駄馬道とは大違いであった。二十六日にイスラバの手前で豪軍と遭遇し、戦闘状態に入った。豪軍は第三十旅団の一個大隊と二個中隊で、第二一旅団の先頭もすでにイスラバに到着しつつあり、南海支隊を凌ぐ兵力になっていた。戦闘は一週間に及び、主力の一四四連隊では三分の二も失う中隊が出たほどであった。三十日までずっと後方にいた第四一連隊が迂回をして、三十一日に三軒家を占領してみると、そこがイスラバであった。退路を遮断されるのをおそれた豪軍は、夜中のうちに撤退した模様だった。倉庫には多量の弾薬、乾パン、缶詰、被服などが残され、第四一連隊だけでなく、第一四四連隊にも行き渡るほどであった（戦史叢書『南太平洋陸軍作戦〈1〉』三五二頁）。

　お土産を置いて逃げた豪軍を笑った支隊であったが、ポートモレスビー攻略戦がいとも簡単と思ったのはイスラバまでであった。豪軍も参加したマレー半島の戦いや蘭領インドの戦いでは、連合軍に必死で戦うという悲壮感はなかった。しかしニューギニアにおける豪軍の戦闘姿勢は、これまでとは明らかに違っていた。そのことに支隊が気づくのはずっとあとになる。

翌九月一日、小岩井隊を前衛として第四一連隊は追撃を開始したが、豪軍の抵抗をギャップで受け、二日間で百名近い死傷者を出した。五日払暁、追撃隊は標高二千メートル近いスタンレー山脈の尾根地帯を越えた。今度は一四四連隊が先頭に出て、第四一連隊はうしろに下がり、六日にはエフォギ南方で豪軍と衝突、七日夕刻から反復攻撃を続け、八日夕方にようやく豪軍陣地を落とした。H・アーノルド将軍が、ショックでマッカーサーの手が震えていたのを見たのはこの頃のことと思われる（『鷲と太陽』上 二三二頁）。

バサブア上陸以来、常に敵機の銃爆撃に悩まされ続け、エフォギでも姿を晒すとすぐに敵機が飛来するので、支隊長は軍司令部に戦闘機の出撃方を手配してほしいと再三要求している。ニューギニアで戦った兵士の多くが、日本機を見たことが一回もなかったと述懐するが、ラバウルを基地にする日本機はソロモン諸島に、ミルン湾に、ポートモレスビー方面へと文字通り東奔西走し多忙を極めた。またニューギニアのラエやブナに配備された海軍航空隊もガ島戦にかり出されて、ニューギニアの戦闘を支援できない状況が続いた。

エフォギの先の峠を越えれば、ポートモレスビーにつながる平地に出るだろうと予想されていたが、来てみると行く手には幾重にも山並みが重畳し、いままで見てきた景色と何も変わっていなかった。飛行機からの偵察でごく大まかな地形が把握されていたはずだが、飛行機からでは山肌の傾斜が読みづらく、つい都合よく判断してしまうのである。きついアップダウンの連続に体力を消耗し、疲労した兵士の中にマラリヤや下痢患者が続出し、戦力にも影響が出始めた（小岩井前掲書 一二三－四頁）。

九月八日、後方から久方ぶりに糧秣が到着し分配された。十一日マワイに到着、これから先の道路は比較的よく補修されており、十二日にはイオリバイワの豪軍陣地に迫った。翌十三日から攻撃を開始し、第一四四連隊は百五十名近い死傷者を出しながらも豪軍五個大隊を撃破し、十六日夕方までに稜線一帯を占領した。この日、日本兵は普段と同じように灯るポートモレスビーの灯りを見たと伝えられるが、この伝聞は少々怪しい。

豪軍は依然として近くに留まって反撃を繰り返すだけでなく、二つ先の稜線上のオアーズコーナーから盛んに砲撃を加えてきており、前進を続ければさらに被害を拡大する恐れがあった。日本軍のココダ進出を受けてポートモレスビーに急派された豪第七師団の第二一、第二五旅団は、苦境に立つ自軍を応援するため、その足でイオリバイワへと直行した。

オーストラリア側の記録によれば、一個小隊規模の日本軍がオアーズコーナーを迂回し、イオリバイワを一日行程ほど前進したマクドナルド農場に現れたとある。同農場はポートモレスビーから二十三、四キロの距離にあり、これが正しければ、日本兵は歩いて一日弱の距離まで接近したことになる。日本兵が現れた辺りには、現在、太い針金で製作された銃で地面を刺す豪軍兵士の像が立てられている。銃の先は、地球の裏側の日本に向けられているといわれる。イオリバイワの稜線上からではポートモレスビーの灯りは見えそうにないが、マクドナルド農場からは見えるかもしれない。

この頃、ガ島では川口支隊主力、一木支隊残部、青葉支隊一部の上陸が試みられ、九月五日までにほぼ終了した。翌六日にタイボ岬付近で各部隊を掌握した川口清健支隊長は、十二日に東西より飛行場を挟撃する作戦を立てた。ところが八日朝に米海兵隊がタイボ岬東側に上陸し、川口支隊は前後に米軍の圧力を受けるに至ったが、川口支隊長の飛行場奪回の決心は変わらなかった。十二日夜から三日間にわたる攻撃を行ったが、米軍の砲爆撃のために撃退され、十五日、支隊はルンガ河左岸に残った兵力を集結した。日露戦争以来、わずかな銃砲撃を加えた後に喊声を上げて突撃する戦法は、ガ島ではまったく通用しなかったが、これ以後も日本軍は随所で変わることなくこの戦法を繰り返し、敗北を重ねるのである。

大本営陸軍部は、八月下旬にジャワの第二師団を第十七軍の指揮下に入れ、ポートモレスビー攻略作戦に充当する処置をとった。しかし川口支隊の攻撃が失敗すると、急遽連合艦隊と第十七軍とが協議して、第二師団をガ島へ転用することを決めた。大本営は第十七軍の戦力のさらなる強化の必要を認め、第三八師団の転用も決めたが、この間にも事態は刻々と変わった。

こうした十七軍司令部の方針転換が南海支隊長に知らされたとは思えないが、川口支隊が敗北した翌日の九月十六日夕刻、堀井南海支隊長は重大な決断を行なった。支隊長と田中豊成参謀、それに小岩井が夕食中、突然支隊長が「さつき谷川で手を洗いながら兵隊の飯盒を見て、決心を変更した」とつぶやくように言った。続けて、

兵隊のもっている米では前の陣地をとるだけでも覚束ないだろう。兵隊で明日の昼まで飯を二合と炊く者がない。殆んどの兵隊がこれで米は終りだといっていた。食糧の不足は十分わかっていた筈だが、これほどとは思わなかった。これ以上進出するのはそれだけ自殺行為をはやめることになる。（小岩井前掲書　一一八－九頁）

と、進退窮まった指揮官の胸のうちを語り、撤退の決意を伝えた。作戦の常識に則ったいかにも堀井らしい判断ということができる。

堀井支隊長は、六月下旬にダバオに着いたとき、第十七軍司令部から意見を求められ、兵站に関する合理的計算をもとに遠征を不可能と説明したが（戦史叢書『南太平洋陸軍作戦〈1〉』一七四－五頁）、事態はまさにその計算通りに進んだ。合理的計算を無視した作戦計画は、特別な幸運に恵まれない限り、想定通りの顛末になる。勇ましい精神主義の風潮の下では、合理的主張を弱腰、臆病とののしり、意味のない勇壮な言葉で飾り立てられた無謀な計画が通りやすい。

十二月十日の御前会議において、杉山参謀総長はニューギニア戦について次のように報告した。

「ニューギニア」方面の我作戦部隊は七月中旬より「ブナ」方面に上陸し、陸路「ポートモレスビー」に対する作戦を開始し、敵を撃破しつつ八月中旬頃には標高約二千米の峻険なる「スタンレー」山系を越へて「パプア」

平地に進出せるも、不良なる道路に依る補給の困難と「ガ」島方面に戦力を傾注せさるへからさる関係上、一時戦線を整理し「ブナ」「ギルワ」「パサブア」附近に爾後の攻勢拠点を占め、優勢なる敵の攻撃に対し之を確保致して居ります。

（参謀本部編『杉山メモ』下　一九七頁　筆者句読点）

南海支隊の後退と、上陸地点であるブナ、バサブアに攻勢拠点を設けた報告である。この中に「『パプア』平地に進出」とあるように、スタンレー山脈の向こう側は平坦であるという作戦開始前の杜撰な報告が、中央ではまだ生きていたことを示している。二正面作戦を後退の要因にあげているが、今更何をいっているのかと呆れる。後退して海岸部に至るまでの経緯について杉山は一言も触れていないが、後退劇こそこの作戦全体における最大の苦闘であった。

兵站を無視したポートモレスビー攻略作戦は、堀井の計算によるまでもなく無謀な作戦であった。杉山参謀総長はこれには言及せず、ガ島に戦力傾注する必要上、ポートモレスビー作戦はしばらく整理すると説明している。二正面作戦は大本営が積極的にかかわった方針であり、これを後退の理由にしているのは自ら責任を認めたことになるが、そうした自覚はなかったにちがいない。杉山の報告は、ブナの海岸に後退した南海支隊が豪軍の包囲を受けて全滅の危機に瀕していた時期に行われた。前線の兵士をこうした苦境に陥れた要路に立つ者の報告のように思えない。

厳しい地形と豪軍の激しい抵抗により予定進度が大きく狂っただけでなく、ココダで食糧の配給を受けられず、航空機による食糧投下も一、二回のみでは全軍に行き渡らず、支隊は明日の食糧もない切羽詰まった状況に至った。南海支隊の兵站は、各大隊から出した兵が輜重を担当する当番制で行われ、戦力を切り詰め輜重に回すことによって辛うじて維持された。それでも途中から一食分を二回に分け、さらに三回に分けるなどしたが、ココダから離れるにつれて到着する食糧・弾薬が先細りするため、一粒の米もない危機が目前に迫ったのである。しかも兵站問題はココダからイオリバイワの進攻路上だけでなく、敵機の跳梁によってブナ・バサブアへの物資揚陸も困難になっており、早晩展開する全軍が飢餓状態に陥ることが不可避になっていた。

これまで数日間の戦闘をしてては、撤退する作戦をとってきた豪軍も、イオリバイワでは撤退しなかった。イーサー准将に率いられた新鋭第二五旅団の増援軍が相次いで駆けつけて五個大隊にもなり、日本軍を押し返せる兵力に達していたからである。イーサーは昭和二十年八月にラバウルの第八方面軍降伏を受入れた将軍である。堀井支隊長が撤退を決心したのは兵站に原因があったが、兵力の集結をはかってきた豪軍が、反撃に転じる態勢になっていたことも無視できなかった。

優勢な敵に背中を見せて後退すれば、敵が雪崩を打って襲ってくる危険があった。そこで小岩井の大隊が殿をつとめている間にマワイまで後退し、ここに陣地を築いて豪軍の追撃を阻止し、支隊長らは九月二十三日にイスラバに後退し、さらにココダへと急ぐことにした。撤退開始直後の豪軍の追求は緩慢で、目立った戦闘はなかったが、食糧が尽き、ひどい空腹での行軍は難渋をきわめた。先頭を進んだ支隊の一部がココダにさがったのは十月四日である。

後退の途中、第一四四連隊第二大隊に砲兵一個中隊・工兵一個中隊を配属されたものをスタンレー支隊（堀江支隊）とし、これをスタンレー山脈の稜線上に配置して豪軍の追撃に備えた。十月二十日頃から豪軍がスタンレー支隊の両翼を包囲したため、二十一日にギャップまで後退した。しかしスタンレー支隊は、ココダに後退させた負傷兵をバサブア方面に移動させる時間を稼ぐため、しばらくギャップの線で持ちこたえなければならなかった。二十六日、すでにココダに到着していた小岩井大隊と支隊長の率いる第一四四連隊第一、第三大隊などが救援に駆けつけ、二十七日に新手の豪第七師団第十六旅団及び第二五旅団の激しい攻撃を撃退した。一週間ギャップを堅持したスタンレー支隊及び救援軍は、二十八日夜からイスラバに向かって後退した。

ギャップをめぐる激しい戦闘が続いたあと、日本軍が後退をはじめた二十八日、豪軍の師団長が交代するというハプニングがあり、引継ぎ業務に追われて日本軍追撃が一時的に停止された。このおかげで支隊やその援護を受けた部隊は、まったく攻撃を受けずに無事三十日頃までにココダに到着した。小岩井は発熱のため一日後れたが、そのままオイビ高地占領のため急行している。

山岳地帯からココダに降りてしまえば、バサブアの海岸までは平坦だから何の障碍もないように思われる。しかし南海支隊にとって、これからがまさに地獄のはじまりであった。兵力の増援がなかったことと、豪軍の追撃が急であったことの二つが主な理由であった。ニューギニアへの増援軍が来ないことがもっと早くにわかっていれば、南海支隊の行動も違ったかもしれない。小岩井の前掲書に、「ニューギニア作戦の主力となった筈の第三十七師団は、突如軍命令の変更によって、当時急激に戦況が悪化しつつあったガダルカナル島へ向うことになってしまった」（一四三頁）と、かなりこたえた様子がうかがえる。なお第三七師団というのは誤りで、正しくは第三八師団である。

川口支隊のガ島攻撃が失敗した報を受けた大本営が、第十七軍を強化するために蘭印にあった第三八師団の転用を決めたもので、これを受けて第十七軍は九月下旬に南東方面作戦の腹案を大本営に示している。その中で、第一項と第四項が直接南海支隊に関係する。

一、第二師団をガ島に増強して……ソロモン群島地域を完全に戡定すると共に南海支隊をしてココダ附近に後退して同地附近を確保し爾後のモレスビー作戦再興を準備せしめる。

四、第二師団を以てするガ島奪回成功せば第三十八師団主力を東部ニューギニヤ方面に使用しモレスビー攻略作戦を実施する。

（『大東亜戦争全史』三三五頁）

第四項は、ポートモレスビー攻略戦とガ島戦を同列に扱ってきた方針が、ガ島奪取を優先したことを明記した点で意義がある。これでガ島戦が終るまで、南海支隊は増援を期待できなくなった。一方腹案は、増援も補給もない中で南海支隊がココダの陣地を死守している間に、ポートモレスビー攻略作戦の再興を準備し、第三八師団の到着とともに攻略作戦を開始するというものであった。

この案が出来た頃には、支隊主力はクムシ河の手前にあり、殿をつとめた一四四連隊の一部やスタンレー支隊、第四一連隊等は、ココダを下ったオイビ高原で豪軍を食い止めるべく陣地構築に取り掛かるところだった。小岩井が第三八師団のガ島転用を聞いたのは、ココダに退いた十月末日頃で、川口支隊の次に第二師団がガ島に入り、飛行場に対する夜間攻撃が始まり、これに合わせるように第三八師団がガ島に派遣された時期である。仮にニューギニアに派遣されても、とっくにココダを去り海岸部に向けて敗走中の頃になるから、ポートモレスビー攻略戦どころか南海支隊の救援もすら間に合うかどうかであった。

大本営には、ビルマからニューギニア・ソロモン、ウェーキからアリューシャンまでの広大な戦場を有しながら、勝利ための戦略と勝利までの道すじ、および全局の中での各戦線の位置づけと役割を明らかにし、次にどこで何をすべきか、何に力を入れるか、といった指導哲学がなかった。象徴的な天皇の下で、参謀総長や軍令部総長がスタッフの域を出ようとしなければ、必要な時に必要な決断をする指導者がいないのと同じである。不利な二正面戦から抜け出すためには、方針の大転換をはかる必要があったが、指導者が不在同然の体制では成り行きまかせになるほかなかった。

南海支隊の作戦行動中、大本営陸軍部は部隊の局地的運用についてまで指示を出してきた。ニューギニア・ソロモン方面が大本営の直轄であったためである。全陸軍を動かす大本営陸軍部・参謀本部のヒエラルヒーの下で、参謀総長や参謀次長の意向は、大佐か中佐である課長か班長クラスの意向に実質的に左右された。上意下達の軍組織といいながら、ヒエラルヒーの意志は下から上へと収斂され、世界情勢及びアジア・太平洋方面の全般的戦況の把握、連合軍の戦争指導、資源や生産状況への見通しなども、参謀本部内の少佐や中佐クラスから汲み上げられたものである。前述したような参謀総長や軍令部総長に戦争哲学、国家戦略がなかったということは、取りも直さず実質的組織を動かす大佐や中佐らのスタッフにそれがなかったということである。彼らは所詮中堅幹部であって、大局の俯瞰、戦争推進の構想、全軍を動かす哲学を求めるのは、ないものねだりに等しい。こうした中堅幹部が主体となって行なう大本営の指示が、細部のみに集中するのは当然であった。つまり指示を出す側の視野と見識を反映していたのである。

(六) 凄惨なブナ・バサブア戦

豪軍の追撃は急であった。十一月三日にはココダを占領し、五日にはオイビの陣地に接触してきた。オイビはブナ・バサブア等海岸部とココダを結ぶ本道の要衝だが、南側にも間道が通っており、間道の警戒に落ち度があった。豪軍はイスラバ附近で二手に分かれ、一隊はココダを目指し、もう一隊はオイビの間道に出る谷を一気に下ってきたのである（*An Atlas of Australia's Wars* 一三二－四頁）。この豪軍四箇大隊はオイビを素通りして、南海支隊が陣地を構築したゴラリ南方の高地に接近し（一四四連隊関係者聞取り）、五日から猛攻撃をかけたため、これを守備していた一個中隊は十日頃までに全滅した。

オイビに布陣する支隊に退路を断たれる危機が迫った。十日、堀井支隊長はオイビを放棄し撤退する決心をした。すでに豪軍が背後のワージュ、ゴラリにも現れており、包囲されている危険性があったのである。しかもその先には、最大の難所クムシ河があり、渡河点を押さえられてしまえば渡河は不可能に近い。イリモに下がった日本軍の首脳陣の間に、クムシ河前面に展開する豪軍に対する攻撃と部隊の渡河をめぐる意見対立があり、兵隊たちに不安を与えた。

結局、クムシ河渡河は困難と判断され、川の左岸をくだって海岸方面へ出ることにした。撤退準備中、第一四四連隊山砲第三中隊の高木義文中尉が、支隊長の大砲破棄処分命令に従えず、大砲を地面に埋めたあと、自らコメカミを撃って自決した。軍人の亀鑑と見る意見、硬直した精神構造と批判する意見があり、『東部ニューギニア戦　人間の記録』の著者御田重宝は、イビツな精神構造のしからしむるところであり、「それは陸軍教育が間違っていた」（前編一七六頁）ことを物語るものと、手厳しい見方をしている。

司令部との連絡が断たれたあと、豪軍の圧力を受けはじめるまでクムシ河近くにいた南海支隊主力は、十日に無事渡河し、十七日に海岸部に行き着いており、わずか一、二日の行動の遅れが、残った日本兵を天国と地獄に区別した。

ココダ・オイビ・クムシ概略図

クムシ河左岸を撤退する作戦は、小岩井の第二大隊と第三大隊が後衛をつとめている間に、各部隊は支流左岸を下って適当な渡河点を探し、さらに下って今度はクムシ河の本流に出てまた渡河点を探し、最後に本道に出るというシナリオであった（御田重宝前掲書　一七四頁）。川沿いをくだる決定がもう少し遅れていると、数日後に上流から進出してきた米第一二六連隊と遭遇し、背後を豪軍にも襲われて全滅する危険があった（前掲 *An Atlas of Australia's Wars* 二三二－四頁）。

しかしクムシ河支流の渡河は容易ではなかった。小さな川が無数にあって、適当な渡河点が容易に見つからず、ようやく十日目頃に見つかった。しかし四日目の十四日に豪軍の攻撃を受け、まだ重機関銃を所持していたので反撃できたが、戦闘に敗れて撤退したわけでもないのに、完全に敗走軍の立場に変わっていた。五日目頃から食糧が尽き、小銃まで投棄し、ボロボロになった衣服、杖をつきヨタヨタする歩み、やせ細り日焼けした黒い顔にあたりをうかがう鋭い目、あたかも鬼気迫る餓鬼の群か野盗のごとき集団と化した。

三、四人で筏をつくって銃器、手荷物、衣服を乗せ、自分たちは筏の端につかまって渡ったが、泳げない者より泳ぎに自信のある者がより多く溺死した。敵機の超低空攻撃に備え、渦に巻き込まれ急流に飲み込まれまいとする必死の渡河であった。支隊長一行は見つけたカヌーに乗って一気に海に出たが、海上に出たところで突風に煽られて転覆し、岸に向かって泳いでいるうちに堀井支隊長は力尽き、天皇陛下万歳を唱えながら海中に沈んでいったと伝えられるが、筆者はこの話を遽に信じない。作戦の困難を科学的に指摘しながら、補給の保証がほとんどない非合理的作戦をやらされ、イオリバイワで状況を客観的に判断して撤退命令を出した指揮官が、死の間際になって精神主義の権化のような帝国軍人になるとは考えにくい。

いったいどれほどの将兵がクムシの流れを恨みながら命を落としたことか。クムシの支流まで大隊、中隊の組織で行動してきたものが、主流を渡り終える頃には部隊が離散し、個々の兵士の行動へと変転しており、全員が渡り終えた頃には軍組織も完全に崩壊していた（御田重宝前掲書　一九八－二〇二頁）。クムシを渡り終えた者は、拾った木の杖を頼りに二人、三人と声を掛け合いながら海岸方向へと歩き、そのうちに連れが変わり、気づいてみると一人になっていた。豪軍兵がクムシ右岸にも出没するようになり、対岸から狙撃されて命を落とした兵士も多かった。

海岸にたどり着いた兵たちは、味方陣地を探して歩き回った。先にクムシ河を渡り終えていた南海支隊主力が海岸部のゴナに集結したのは、十一月二十六日から二十七日であった。オイビ撤退からバサブア・ゴナ集結の間に支隊長をはじめとする多くの将兵が犠牲になったが、詳しい人数は把握できていない。先遣隊長であった独立工兵第十五連隊長横山大佐が堀井支隊長に代わり、ゴナの南海支隊主力、バサブアの山本常一少佐の指揮する混成部隊、ギルワ（サナナンダ）の第四一連隊第三中隊と一四四連隊第一大隊らを指揮することになった。なお米豪軍はゴナとバサブアを一緒にしてゴナ地区と呼んでいる。

どの隊も米豪軍の圧迫を受けはじめており、逃げ帰った海岸地帯も、安全な場所ではなくなっていた。周囲はヤシの木がよく繁り、ジャングルというほどの森林帯がなく、背丈の高い草が生い茂っているため見通しがよくない。だが米豪軍の猛烈な砲撃で周囲が丸裸になってみると、実際は砂浜のある海岸から平坦で、自然の要害などどこにもないのがすぐわかった。これでは戦車による攻勢をかけられたらひとたまりもなく、急ぎ防御態勢をどうするか決めなければならなかった。

マッカーサーは日本軍がイオリバイワを撤退する前から反攻態勢に入っていたが、その全容は日本軍では及びもつかない大胆かつ大規模なものであった。米豪軍合わせて五個師団（十個旅団）程度にまで膨らんだ大兵力で、バサブアからブナの海岸部に逃げ込んだ日本軍を三方から圧迫して殲滅するのが作戦の概略であった。第一の軸は南海支隊が往復したココダ道で豪第七師団の担当、第二の軸は米第一二六連隊の担当で、ポートモレスビーから南岸沿いに東進し、カパカパ付近から北上、スタンレー山脈を縦断してクムシ河中流域と海岸方面に出るコース、第三の軸が北岸を東方からブナ方面に迫るコースで、海上輸送で持ち込んだ軍需物資とポートモレスビーからの空輸による兵員を結びつける壮大な作戦であった。

空輸ルートは四つあり、オロ湾のワニゲラとミルン湾及びポートモレスビーとを結ぶ空路、ブナ南東のダイク・オークランド湾のポンガニとポートモレスビーとを結ぶ空路、スタンレー山脈南麓のファサリとポートモレスビーとを結ぶ空路であった。ミルン湾からワニゲラには豪第一二大隊、ポートモレスビーからワニゲラには米第一二八連隊一部、ポートモレスビーからポンガニには米第一二六連隊一部、ポートモレスビーからファサリには米第一二六連隊一部がそれぞれ空輸され、各隊はポンガニで集結した後、海岸沿いにブナに接近するか、カパカパ路経由の第一二六連隊一部とナトンガで合流して、山側からブナ方面に圧力をかけるという作戦計画であった。

十一月十六日、艦艇で運ばれた米豪軍がM３小型戦車、トラック、ブルトーザー等とともにオロ湾に上陸し、ワニゲラの飛行場を占拠すると、ポートモレスビーから米第一二八連隊の二個大隊、豪軍二個中隊等がC47輸送機によっ

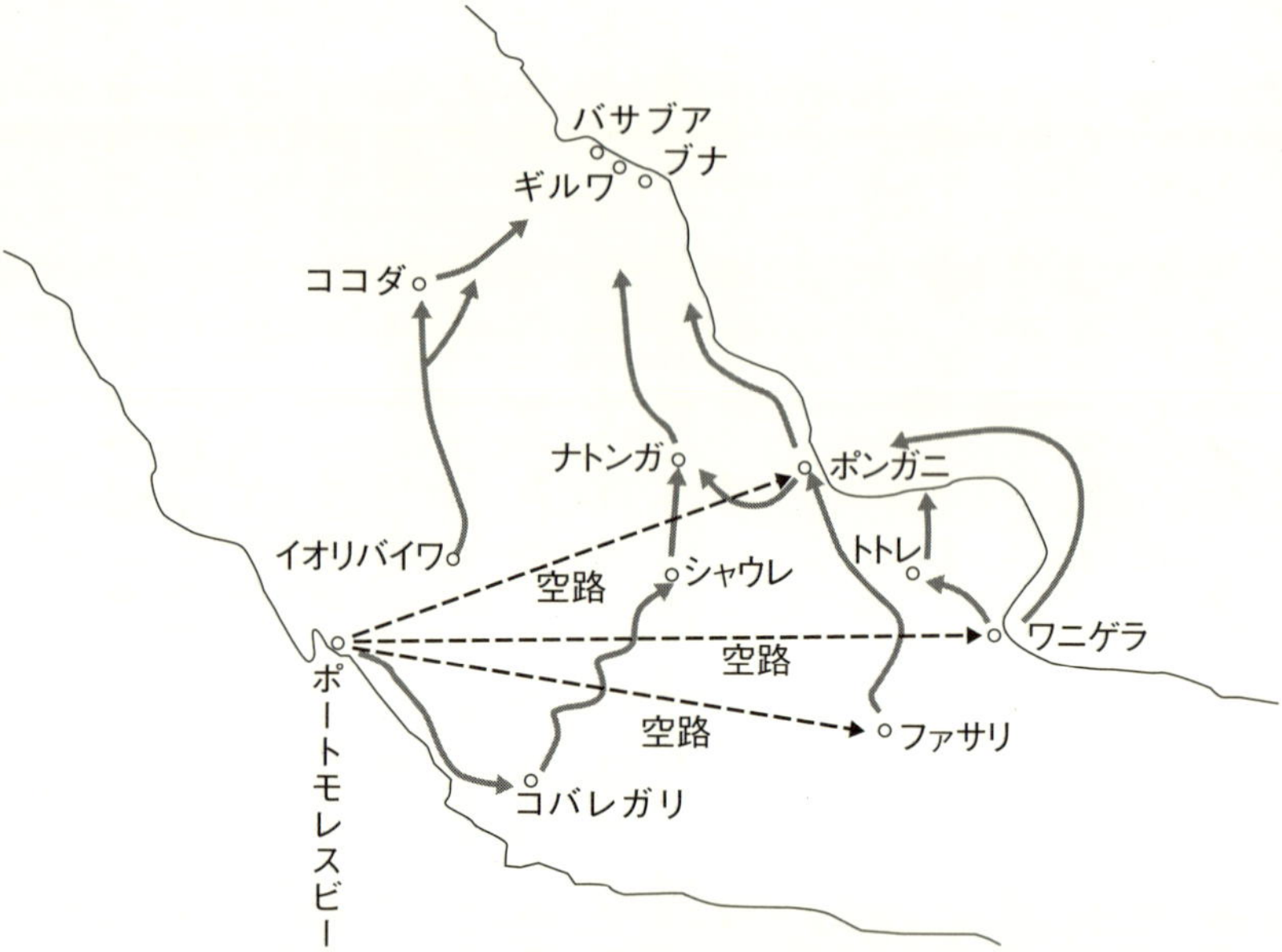

出典：“An Atlas of Australia's Wars.”
John Coats, Oxford University Press. p.86

米豪軍の追撃と空輸作戦

て空輸された。ついでポンガニへの強行着陸が実施され、周辺が確保されると、ワニゲラから車輌や兵員が海上輸送された。それから一ヶ月間を、豪第七師団やカパカパ路経由の米軍との時間調整を兼ねながら、ワニゲラに対する兵員の集結、軍事物資等の集積、飛行場の建設に費やしたが、まだ進攻準備が整っていない十一月十二日、ワシントンからの指令があり、行動を早めることになった。マッカーサー麾下の米陸軍の最初の本格的戦闘になるブナ進攻作戦を率いたのは、第三二師団長E・ハーディング少将であった。

　陸・空路まで使う輸送作戦計画について、マッカーサーは、十七年十月七日付の陸軍省宛報告の中で「ニューギニア北岸を占領するための私の作戦は、今やまっ最中なのであるが、かねて要求を出してある小型船舶、上陸用舟艇、艀船などが全然ないので、作戦を妨げられている。そんな状況で私は陸上および空中による進撃を行なっている」（『マッカーサー戦記』Ⅰ　一五九頁）と、嫌味たっぷりである。

いよいよ米軍が動き出そうとしていた頃、日本軍はニューギニアに派遣されるはずであった第三八師団をガ島に振り向け、輸送作戦を実施中であった。米軍がブナに向け行動を開始した十一月十二日、第三次ソロモン海戦があり、日本海軍は虎の子の戦艦「比叡」「霧島」を失ったが、米海軍も軽巡・駆逐艦合わせて九隻を失った。この結果に衝撃を受けた日本軍はガ島輸送作戦を途中で断念し、十六日にはガ島戦を事実上抛棄する長期持久戦に転換した。

こうしたガ島への第三八師団輸送作戦に没頭する日本軍の目をニューギニアに向けさせようとしたのが、米豪軍のブナ進攻作戦の一つの狙いであったと思われる。日本軍を二正面戦に奔走させ、疲弊させることを狙った戦略的作戦であった。ウィロビーが、日米軍のニューギニア戦とガ島戦に対する動きを評して、

日本軍はパプアとガダルカナルの両戦域のどちらが重要かを比較するのに当惑した。かれらはこの二つの作戦が別々のものであると考えた。そしてその増援にあたり、相互に統一もなく、行きあたりばったりのやり方をして、兵力を浪費した。これに反しマッカーサー将軍は、これら両作戦が相互依存の関係にあること、そして、それら作戦の成功のためには最大限度の協調が必要なことを認めていた。　（『マッカーサー戦記』Ⅰ　一五七－八頁）

と、さすがに日本軍の弱点が二正面戦であることを見抜いている。

日本側が二正面戦なら、相手の米豪軍も二正面戦ということになるが、実態は少し違う。ガ島の米海兵隊はニューカレドニアやニュージーランドから、ニューギニアの米豪軍はオーストラリアから発進し、二つの異なる作戦であった。ラバウルにあった第十七軍及び海軍航空隊の戦力を二分割し、そのため両戦線で決定打を欠いてしまった日本側の戦いとは余程違っていた米豪軍側は、米海軍と海兵隊がガ島戦に、米豪軍の陸軍がニューギニア戦に専従する構造で、それぞれの海軍と陸軍にとってみれば一正面戦であった。陸海軍が別々に作戦するのは、統帥権に縛られた日本

軍のお株だが、これを米軍がやったわけである。

ガ島戦をあきらめた翌十七日、今度は新任の第一四四連隊長山本重省《しげみ》大佐と補充員、第三八師団第二三九連隊の一部等約一千名が駆逐艦五隻に分乗しブナに上陸した。米豪軍のブナ進攻に揺さぶられた日本側が、大急ぎで打ち出した反攻策である。ガ島をあきらめ増援の必要がなくなった日本軍は、矢継ぎ早に増援軍をニューギニアに送ってきた。二十一日、歩兵一個大隊を駆逐艦四隻でバサブアに急派、上陸後にギルワの横山大佐の指揮下に入った。二十六日には山縣栗花生《つゆお》少将の独立混成第二一旅団をバサブアに派遣したが、上陸に失敗し、結局十二月一日にクムシ河口からゴナ一帯に上陸した。十二月十四日には堀井南海支隊長の後任である小田健作少将が部隊を引き連れて上陸をはかったが、敵の妨害のため、やむなくバサブアから遠く離れたマンバレー河口に上陸した。

ガ島に代わるニューギニアへのてこ入れは駆逐艦輸送によっておこなわれたが、制空権を失った下での成功は四回に一回という厳しい結果になった。駆逐艦輸送は小田少将のマンバレー河口上陸が最後になり、以後は潜水艦輸送に切り替えられた。人員の補充さえ困難な状況下では、弾薬や糧食の補給はさらに困難で、新たに上陸させた部隊も含めて棄軍化しかねない危険が迫っていた。

当時船舶兵団の参謀であった三岡健次郎は、昭和十七年十二月三日の日記に「ガ島作戦準備を主とするならば、差当り第十八軍方面は断念しなければならない。小発一〇隻の問題ではないのだ」と、ガ島とニューギニア戦の両戦線維持を不可能とみている。第十八軍については後述するが、大本営は二正面戦に喘ぐ第十七軍の負担を減らすために、十一月初旬、十七軍をガ島方面に専従させ、ニューギニア戦を新たに設置する第十八軍にまかせることにした。三岡らの主張が通って「之を限りに第十八軍方面には舟艇を補充せず、現にギルワに在る大発四小発一二と、今度携行する小発一〇とで」やり繰りすることが決まった（三岡健次郎『船舶太平洋戦争』七七頁）。

三岡のいう「ガ島作戦準備」が、ガ島撤退作戦を意味するとすれば、そのためにはニューギニア方面の補給は既存の大発や小発だけでやり繰りするほかないということであろう。そうなるとブナやギルワ地域に増援部隊を送ったものの、あとは知りませんということになり、何のための増援部隊の派遣であったのかわからなくなってしまう。泥縄式の対策が、現地の部隊にどれほどの苦難と犠牲を強いることになるのか、大本営の戦闘指導にはしっかりした見通しのないものが多い。

日本軍が立て籠もったバサブア（ゴナ）、ギルワ、ブナ地域の中で、まっ先に全滅したのがバサブアであった。第四一連隊が守備するバサブアに豪軍が迫ってきたのは十一月二十日頃のことらしく、本格的攻勢をとったのは二十八日である。豪軍は砲撃を加えたのち、日本兵がいそうな場所を銃撃しては引き上げる戦法を繰り返し、その間に日本軍は少しずつ減耗していった。砲撃は日本軍の挨拶程度とは大違いで、ジャングルが丸裸になるほど徹底的であった。

この時期の米軍は、マッカーサーの嫌味な要請にもあるように武器弾薬が不足しがちで、豪軍はさらに厳しかったが、それでも撃てる限りの砲弾を使った。日本もオーストラリアも第二次大戦の参戦国の中では工業力の低い方に属したが、日本が弾薬を惜しみながら戦ったのに対して、豪軍は徹底的に砲弾を撃ち込んでから日本軍陣地に攻め込んだ。第一次大戦以来、欧米各国では徹底的砲撃によって相手を制圧した上で進撃する戦法、つまり火力主義が一層徹底したが、豪軍もこうした趨勢に学んでいた。物量を大量に投入する作戦は、国によって程度の差があっても第一次大戦後の潮流であり、何も米軍だけの特異な戦法ではなかった。

日本軍は、日露戦争の後半頃から突撃力を重視する白兵主義に回帰し、以後変わることがなかった（荒木紫乃「日本軍における火力主義と白兵主義の相剋」平成十九年）。戦後の日本では、アメリカは強大な生産力・工業力があったゆえに物量作戦、つまり火力主義の作戦を、逆に日本は工業力がなかったために、やむなく突撃戦法をとったとする言い訳が流行した。だがオーストラリアの例を見るまでもなく、工業力と火力主義を結びつけて、短絡的に日本は火力主義がとれなかったという理屈は成立しない。日本軍は敗戦の瞬間まで突撃戦法、白兵主義を最高の戦法と信じて疑わず、仮に高い生産力や豊富な弾薬があっても火力主義戦法を取ることはなかったであろう。火力主義や白兵主義を生産力、工業力との関係で説くのは、戦後の日本人の敗戦に対する弁明から発せられたもので、正しい解釈ではない。

ギルワにいた小岩井らが包囲されたバサブアに救援に向かったが、豪軍の集中砲火を浴びて引き返している。その後どうなったのか日本側には記録がない。同じ時期の豪軍の動きについてみると、豪第二一旅団がバサブアへの日本艦船の接岸を阻止するため、海軍桟橋の方向に進出をはかったが、日本軍のタコツボ陣地のために阻止されている。タコツボは人一人がしゃがんで入れる広さで、ヤシの葉をかぶせただけのものだが、見分けがつかないため砲撃や爆撃の目標になりにくく、激しい攻撃にもめげず多くが持ちこたえた。オーストラリア兵がそれとわからず接近してくると、合図とともに一斉に立ち上がって射撃し、多くのオーストラリア兵を倒した。

十二月一日、豪軍は猛烈な砲撃を加えたのち、バサブアの海岸を押さえるべく進攻してきたが、前垣寿三中尉や宗田二郎中尉が率いる百人にも満たない兵のタコツボ戦術によって、またもや撃退された。しかしその度に出る若干名の犠牲が、少数兵力の守備隊にこたえはじめた。食糧がとうに尽き、タコツボの周囲の草を摘み飯盒で茹でて飢えを凌いでいた兵士達の間で、「死んだらおれの肉を食べて生き延びてくれ」と、タコツボの中にいて見えない仲間と語り合った。

開戦記念日の十二月八日、豪軍はいつになく激しい砲撃を浴びせたのち、日本軍陣地をつぎつぎ制圧しはじめた。その夜、守備隊長山本常一少佐は脱出を決行したが、敵に見つかり全滅した。この守備隊全滅模様をギルワにもたらしたのは、海面を漂って運よく辿りついた前垣寿三である。豪軍の資料によれば、豪軍が埋葬した日本兵六三八名、豪軍死傷者七五〇名で、まさに地獄絵さながらの終末であったという（御田重宝前掲書　二六七－二七二頁）。

一方、山本重省大佐のブナ守備隊は、旧ブナ飛行場地区及びジロバ植林地帯に展開したが、その直後にハーディングの米軍の攻撃を受けた。同地の西のブナ村落と教会地区の防衛に任じていたのは、安田大佐指揮の横須賀鎮守府第五特別陸戦隊及び佐世保鎮守府第五特別陸戦隊の合わせて約九百名であった。掩蔽壕、タコツボ壕、トーチカを巧みに配した防衛線が、しばらくの間、効果を上げている。戦力に余裕があったから反撃に成功したわけでもないのに、大本営はこれら部隊に対して米軍の手に落ちたブナ南方の新飛行場を奪取せよと命じている（戦史叢書『南太平洋陸軍作戦〈2〉』三二八頁）。大本営海軍部参謀山本祐二がニューギニア・ガ島方面を視察して帰国し、その報告をもとに陸軍部に対して「ガ島を棄ててもブナを確保して呉れ」と要望したことが影響しているものと推測される（戦史叢書『南東方面海軍作戦〈2〉』四七八−九頁）。東京の大本営がこんな局部的指示を出すようでは、大局を正しく見据える本来の使命を果たせないのもよく理解できる。

一方、米軍が進出した地域では、日本軍の陣地とハーディング軍とがあまりに密着していたため、米軍側は強みの航空攻撃も砲撃も思うようにできなかった。ここでも日本軍は、米兵の姿を見ると一斉射撃でなぎ倒し、繰り返される米軍の進攻をその都度撃退した。とうとうマッカーサーはハーディングの解任を決め、代わりに戦後、第八軍司令官として日本で馴染みになるR・アイケルバーガー中将を後任指揮官に任命した（『鷲と太陽』上　二六二−三頁）。日本軍では命令違反による解任劇が数例あったが、指揮能力を問われて解任されることなど皆無であった。ところが米軍には、作戦指揮に関する能力、作戦に取り組む姿勢が駄目と判断されるだけでクビになる厳しさがあった。

アイケルバーガーは四散した部隊を集め、新手の三個大隊も加えて編成し直した。ワーレン部隊とアーバナ部隊とに分かれた集団が、同時に二方向を攻撃する二正面作戦を行ない、ワーレン部隊は阻止されたが、アーバナ部隊は順調に進撃した。十二月二十日、アーバナ部隊が日本軍のブナ守備隊の地区とブナ村落・教会地区とを分断しながら海岸部まで突き抜けたため、日本軍守備隊本部とブナ部落・教会との連絡が遮断された（『マッカーサー戦記』Ｉ　一六四頁）。

これに気をよくしたマッカーサーは、この戦果を拡大するようアイケルバーガーを督励し、アーバナ部隊は戦車を先頭にしてブナ村落・教会地区に大攻撃を仕掛けた。これに対して歩兵第二二九連隊及び海軍陸戦隊が激しく抵抗し、敵戦車を炎上させるなどの戦果を上げたが、二十六日には海軍高角砲陣地が陥落し、二日後の二十八日、安田海軍大佐は決別電を発したのち、電信機・暗号書を処分した上で米軍に突撃を敢行して果てた。安田の壮烈な死は山本五十六長官をいたく感激させ、山本のはからいによって安田は二階級特進の栄誉を受け、中将に進級した（山本親雄『大本営海軍部』一三七頁）。

こうした情勢を受けて、十二月二十二日、陸海軍航空部隊の協同進攻が決定され、陸軍の第六航空師団と海軍の第十一戦隊がブナの戦闘を支援することになった。大陸の戦闘に備えて航空隊を南方戦線に派遣しようとしなかった陸軍が重い腰をあげ、いわば陸軍航空の精鋭を集めて編成したのが第六航空師団で、洋上移動という難題をやっと克服してラバウルの海軍飛行場に進出したばかりであった。ラバウルからブナまでは七百キロあり、前述のように航空隊の目的地到着と地上戦闘の酣が重なることはほとんどなく、米豪軍機のように地上戦闘に直接支援するのは稀であった。

二十七日に陸海軍航空部隊約六十機の連合攻撃が行われ、攻撃は概ね成功と判断されたが、地上戦闘と無関係に飛ぶため、戦況を変えることはできなかった（戦史叢書『東部ニューギニア方面陸軍航空作戦』一一〇－一一頁）。ギルワにいた小岩井が、

> 十二月中にたった二度だけ、友軍の戦闘機がギルワ上空で敵の戦闘機と交戦した。遠くから見ていたので撃墜されたのは彼我いずれであるか見当はつかなかったが、戦闘の終つたあと、敵機が低空で編隊を乱して飛び去つて行くのを見て、友軍機が勝ったとみんな喜んでいた。よろよろした患者も木に縋りついて滅多に見られないこの空中戦を凝視していた。地上の敵もこの間鳴りをひそめていたところを見ると、おそらく日蝕にも似た稀有の空中戦に茫然としていたのだろう。ギルワ五十日間の陣地防禦に於て我々が友軍機を見たのはこの二度だけであった。
>
> （小岩井前掲書　一三一－一三頁）

と、さも珍しいものを見たと力を込めて述べている。筆者が尋ね歩いたどの元日本兵も、地上の日本軍が友軍機の飛

行を見ることはめったになく、地上戦に参加する飛行機は皆無だったと一様に述懐する。

全般に日本機の活動が低調であったのは事実だが、しかし昭和十七年後半から十八年前半にかけての時期が、陸海軍航空隊がもっとも活発に作戦に参加した時期である。それでもこのような印象を持たれるのは、対航空機戦すなわち空中戦を重視するあまり、味方地上軍に見えない場所で戦闘を交えることも一因であったと思われる。

昭和十八年一月一日、空からの激しい銃爆撃とともに、米戦車六台がブナ守備隊本部を包囲し、翌二日守備隊はついに猛攻に耐えきれずに全滅した。その直前、第一四四連隊長山本重省は日本語の出来る米兵に向かって、「今君達は勝ち誇っている。物資をやたらに浪費してわれわれを圧倒した。わが軍は一発の弾丸といえども粗末にはしなかった。……日本軍人の最期を見せてやるからよく見ておけ。大日本帝国万歳。天皇陛下万歳。」と叫んだあと切腹、「さあ撃ってよろしい」といった瞬間に一斉射撃があった（森山康平『米軍が記録したニューギニアの戦い』三六頁）。

物量戦を批判し、質実質素な戦さ振りを誇っているが、そこには質実質素な戦いと最期の突撃こそ「もののふの美しきいくさ」と考える美学があったのであろう。戦いの本質は敵に勝つことであり、それが適うかぎりにおいて美学も価値を有するが、勝敗を無視した美学は独善に過ぎない。鎖国時代ならいざ知らず、世界の趨勢と乖離した独自の道を貫いても、日本を守るという最低限の使命もまっとうできないのであれば何ほどの価値があろうか。

ブナ守備隊全滅直後に、ギルワから第四一連隊長矢沢清美大佐の指揮する二百三十名が救援に駆けつけたが、米軍に行く手を阻まれ三分の一の兵を失った。それでも六日までに、ブナを脱出した陸軍兵百八十名、海軍兵百九十名を収容している。

残ったのはギルワ（サナナンダ）のみである。この地の指揮官は、十二月一日に上陸した独立混成第二一旅団長でブナ支隊長と呼ばれた山縣少将で、堀井南海支隊長の後任として十四日にマンバレー河口に上陸した小田健作少将を指揮下に入れた。この一帯に展開するのは南海支隊であり、これではいわば店子が大家の上にくる形になる。このいびつな指揮系統の欠陥は戦闘の悪化につれて露呈されることになった。目前の戦況を乗り切る態勢づくりよりも、軍人の階級や先任か否かの序列を定めるのが先決であった。形骸化の進んだ陸軍が、抗しがたい歴史の篩にかけられ、消滅しかかっていたのかもしれない。ギルワに陣を構えたのは、南海支隊長隷下の南海支隊主力の第一四四連隊と第四一連隊第三大隊、ブナ支隊の第二一旅団、ソプタに向かう道路に中央地区隊、さらにその先に西南地区隊があり、総勢五千人と見積もられた。

店子が大家を指揮下に置く体制で起こる問題を後回しにして、戦況についてだけ述べる。年が改まった十八年一月九日、米豪軍が東側と西側から圧迫をかけはじめると、たちまち中央地区隊と西南地区隊との連絡が遮断され、小田南海支隊長と小岩井の発案でつくった釣り鐘状の陣地による防禦構想が早くも崩れてしまった（御田重宝前掲書　一一〇頁）。もっとも本隊から離れていた西南地区隊は、第一四四連隊第二・三大隊指揮官塚本初雄中佐の判断で十二日にクムシ河口を目指して撤退し、置き去りにされた恰好の第四一連隊竹中秀太中尉は病み上がりの兵を率い、十八日頃に陣地を出たが途中で全滅した。残る中央地区隊には小田南海支隊長がとどまっていたが、まもなく海岸部に移動し、そのあとを高射砲大隊長淵山中佐が引継ぎ、小岩井、加藤幸吉少佐、村瀬五平少佐が補佐した。

規則的に砲撃を繰り返してきた米豪軍は、一月十六日、砲撃のあとにはじめて歩兵が攻め込んできた。小岩井らがいる中央地区と小田南海支隊長のいる海岸地区の間に侵入し、中央地区隊は退路を遮断されたかたちになった。部隊は直径五百メートルほどの小さなジャングルの中に押し込められ、タコツボの中の兵士は、十数メートルと離れていない豪軍兵士の塹壕から漂ってくるコンビーフやパンの臭いを嗅ぎながら堪えた。タコツボの中では動くとチャプチャプとたまった水が音を立て、その中で糞尿もしなければならないし、睡眠も取らねばならないのである。撃てば猛烈な仕返しがくるので何もしないことにして、兵士達はつかの間の平和をシラミ取りに時間を過ごした（御田重宝前掲書上巻　一一四－五頁）。

食糧がなくなった兵士たちは、はじめタコツボの周囲に芽を出したワラビに似た植物を茹でて食べていたが、そのうちに草食動物と化したのか、草なら何でもむしって食べるようになった。場所替えのために動くと、栄養失調がひどく、小石につまづいてしばしば転んだ（御田重宝前掲書下巻　六五―六頁）。衰弱すると、マラリア、大腸炎、腸チフスなどで倒れるものが相次ぎ、あちこちに埋葬されない死体が放置された。生きている兵士は幽鬼ごとく、死臭の漂う陣地は地獄そのものであった。

ニューギニア及びソロモン方面の戦闘を指揮するために設置された第八方面軍とニューギニア戦を第十七軍から引き継いだ第十八軍の間の調整で、ついに十八年一月十三日にブナ方面部隊をラエ、サラモアへ転用させることが決まり、実施開始を二十五日、完了を二十九日と定められた。つまりブナ地区を脱出し、西方のラエ、サラモアに撤退するというのである。山縣ブナ支隊長が撤退命令を受けたのは翌十四日だが、状況が悪すぎるので二十日の撤退に改め、早速大発をつかって患者輸送をはじめた。十七日に横山大佐が部下五十名をつれて無断撤退したが、撤退作戦全体を指揮するはずの山縣ブナ支隊長も十九日中に撤退してしまった（御田前掲書下巻　七八―九、一三一―二頁）。小田南海支隊長が山縣の撤退命令を受領したのは十九日午前、中央地区隊に届いたのは翌日二十日である。部隊によっては夕方の受領もあり、後日、山縣は命令を発するいとまもなく、部下を残したままで引き揚げてしまったと非難されることになる。

十九日には、のちに語り草になるオーストラリア兵の「ワン・ツー・スリー突撃」がはじめて行われ、陣地の一角が崩れた。撤退命令が届いたとき、淵山も小岩井も頭を抱えた。中央地区隊は完全に包囲され、撤退には包囲網のどこかを強行突破しなければならない。一発撃ったときの猛烈な仕返しがこわくて、じっとしてきた部隊にそんな力があるか、石にもつまずく兵にそんな冒険ができるか、患者を残せるか、どう考えても不可能の答えしか出てこない。二十一日にはギルワ海岸一帯が米豪軍に占領され、脱出をはかる日本軍はジャングルを通ってクムシ河口をめざすほかなくなり、いよいよ脱出は絶望的になった。

小田南海支隊長から患者を残置せよとの命令が届いた。小田が命令を伝える伝令を五人も別々に送り出してくれたおかげで、二人が豪軍の哨戒線突破に成功して辿り着き、命令を伝えることができた。あとは脱出口の確保である。

野戦病院脇にある死体の山から出る死臭のおかげで、その周辺には豪軍がいなかった。二十日夜十時頃に中央地区陣地を出発、その場に残される歩けない負傷兵、病人の中には泣き叫ぶ者、介錯を頼む者、拳銃や手榴弾を置いていけと頼む者があり、脱出する者にとってまさに断腸の思いであった。中央地区隊約千人は、土砂降りの雨に助けられて、長い行列にもかかわらず自動車道路を越え、陣地北側のジャングルの中に逃げ込むことができた。先頭と最後尾の時間差は三時間もあり、幸運というほかなかった。後方の陣地から、置き去りにされた負傷兵と豪軍が撃ち合う機関銃の音が響いたが、それがもの悲しく聞こえたといわれる。

その後、幾度となく豪軍に発見されそうになりながらも辛抱強く耐え、途中千人では見つかりやすいとして兵を二分し、それぞれを小岩井と加藤とが率いて目的地に向った。小岩井の部隊がクムシ河口の近くのバクンバリに到着したのは二十八日で、河口に着いたのは翌二十九日である（御田重宝前掲書下巻　一五九－一六八頁）。

なお戦史叢書『南太平洋陸軍作戦〈2〉』（五九一頁）には、「一月二十八日、歩兵第四十一連隊軍旗が連隊長代理小岩井光夫少佐以下二五六名に護衛されて、クムシ河口に到着した」とある（小岩井前掲書では二十九日　二六八頁）。河口到着の日付はともかく、二五六名が無事到着した全員とすれば、ほぼ半分が途中で倒れるか行方不明になったことになり、極めて困難な脱出行であったことが推察される。連隊旗が兵に護衛されて到着という記述には、日本陸軍における中心軸がどこにあるかを如実に物語っているだけに考えさせられる。

小岩井前掲書によれば、第四一連隊では、ニューギニアに上陸した将兵のうち、死没者二千余名、負傷による後送三百名、ラバウル帰還生存者二百名弱とあり、ラバウルに着くまでにさらに五十名近い死没者が出た。ニューギニアに派遣されたのはあとから送り込まれた補充兵を含めて二千五百名といわれ、その十二分の一に当たる二百名しか帰らなかったという計算になる。戦死者の大部分はスタンレー山脈越えのポートモレスビー攻略作戦ではなく、撤退中のオイビ以降の行軍と海岸部での戦闘の過程で倒れた。一方、第一四四連隊についてみると、第一復員局資料によれば、内地出発時三千五百名あったのが、作戦中に戦病死者数三、二六四名に達したとあり、生き残りは二五四名になって、計算上の生存率は第四一連隊と変わらない。ただし、補充兵の生還については記載がなく、仮に数百名の補充があったとすれば、生存率はずっと低くなる。

ブナ及びギルワ陣地からの撤退総数は五千名といわれるが、クムシ河口に到着したのは三千四百名に過ぎなかった。撤退及び増援の部隊がバサブア、ブナ、ギルワに集中したときの総兵力は一万一千名にのぼったと推計され、そのうちの生還者が三千四百名というわけである。総兵力から生還者を引いた七千六百名が、米豪軍との戦闘及び撤退の過程で戦死・戦病死したことになる（戦史叢書『南太平洋陸軍作戦〈2〉』五九二－三頁）。

またポートモレスビー攻略作戦からブナ・ギルワの戦いに参加した全兵力は、陸軍約一万五千名、海軍約二千九百名で合計一万七千九百名、途中で他に転用されたもの約二千名と伝えられる（服部卓四郎『大東亜戦争全史』三八六頁）。そうするとニューギニアからの生還者は、クムシ河口に着いた三千四百名と転用の二千名の合わせて五千四百名となり、作戦全体の中で戦死・戦病死したものは、一万七千九百から五千四百を引いた一万二千五百名という計算になる。作戦の主力になった南海支隊については、第一四四連隊及び途中の補充員を合わせると、七、三九三名がニューギニアに入ったと推測されるが、ラバウルに戻ったのは一、九五一名、差引き五、四三二名が戦死・戦病死したことになる。開戦時グアム島に上陸した総員と右の戦死・戦病死者数はほぼ同数になる（前掲戦史叢書　六〇〇頁）。

ポートモレスビー攻略作戦に続き、ブナ・ギルワで戦った南海支隊をはじめとする部隊は、よくここまで戦いぬいたものだと驚かざるをえない。もし戦場がジャングルや峻険な山岳地帯、幾筋もの急流などない北満の地であれば、ノモンハン以上の結果になっていただろうと思われる。ニューギニアの自然を味方につけた日本兵は、肉体の限界をはるかに越えた力を発揮し、皮膚が骨に張り付くまで米豪軍を相手に戦い続けた。生命を維持するエネルギーをとっくに使い切り、さながら精神の持つ力だけで戦い続けたように見える。大日本帝国が追及してきた精神主義は、日本兵をして地獄絵図の中で力を出すことにつながった。

中央区隊や南海支隊の脱出に手を尽くした小田南海支隊長は、二十一日、部隊を見送った直後、山縣を怨みながら富田義信中佐とともに自決した。六十歳近かった小田支隊長は、困難な脱出を最初から諦め、残置を命ぜられた多くの負傷兵と最期を共にすることで責任を全うした。一方、全軍撤退に先んじた山縣は、その後、京都の留守師団司令部附に回された。軽微ながら処罰人事であることは明かである。

クムシ河口にさがった部隊を待っていたのは、高速の駆逐艦ではなかった。またまたガ島撤収作戦と重なったのである。どこまでもガ島戦に足を引っ張られるニューギニア戦であった。海軍の支援を得られなかったため、撤収作業に当たったのは、先に三岡が述べた陸軍船舶工兵隊の大発八隻、独立混成第二一旅団工兵隊に編成させた「舟艇挺身隊」の大発十隻などの二十隻であった。ガ島撤収作戦とはひどい格差である。

文書記録を見るかぎり、海軍はできるかぎり陸軍に協力することになっており、その協力には艦艇を出すことも含まれていた。しかし実際には、ガ島に巡洋艦・駆逐艦を惜しげもなく投入しながら、ニューギニアには僅かな駆逐艦と潜水艦を回したに過ぎなかった。海軍にすれば、二正面に派遣するほど艦艇に余裕がなかったのであろうが、海軍の執心から始った作戦の経緯を顧慮すれば、道義的責任はまぬがれない。陸軍は海軍のオーストラリア進攻論に反対し、表面上これをあきらめさせ、ポートモレスビーの線で納得させた。しかしこれですら、夥しい犠牲者を出して無惨な敗北になった。もし海軍の尻馬に陸軍が乗せられてオーストラリアに行っていたならば、とんでもない破滅を見る結果になったであろうことは容易に想像がつく。

緒戦における日本軍大進撃の象徴であった南海支隊は、十八年四月下旬にラバウルに集結し、六月十七日に第十八軍の指揮を離れ、原隊である第五五師団に復帰した。その後、ビルマ戦線に転用され、ここでも激戦に翻弄された。また小岩井の第四一連隊も同じような経過を経て南方を離れ、朝鮮の平壌に転属となり、その後、フィリピン戦に投入され、ニューギニア戦に劣らぬ苦闘を続けている間に終戦を迎えた。

第四章　第二期ニューギニア戦　その一

日・米豪軍の激闘と日本軍の難関越え

（一）ニューギニア戦線の拡大

ニューギニア・ガ島戦のようないわゆる島嶼戦は、陸海空の戦力が至近距離で行動するため、陸上戦闘で主力となる陸軍と、海上輸送や敵艦艇に対する攻撃を担当する海軍、陸上・海上を自由に飛び回る航空隊との三者連携が不可欠であった。米豪軍は、マッカーサー司令部が陸軍、海軍、航空隊を統合指揮する体制を築いてこの課題を克服したが、伝統的統帥権の壁に統合の流れを遮られた日本軍は、国家の敗北が確実になっても実現できなかった。

南太平洋海戦と第三次ソロモン海戦のあと、連合艦隊は空母や主力艦をはるか後方にさげ、前線で活動するのは事実上駆逐艦だけになってしまった。こうした状況になったとき、どうやって戦線を維持するのか、米豪軍をはね返すのか、現地の陸海軍の間で議論がなければならなかった。敗北の原因になった二正面戦を反省し、今後も続く可能性があるニューギニア・ソロモンにおける二正面戦に対して、陸海軍の戦力をどのように連携させ、戦力・火力の集中をはかるか、一日も早い協議が必要であった。さらにますます攻勢を強める米豪軍に対する新しい戦法や戦術の検討も行われなければならなかった。しかし陸海軍間で検討し議論を重ねる伝統のない日本軍では、中央でも現地でも情報の交換ぐらいはするが、互いに所見や構想をぶつけ合って認識を共有する動きは些かもなく、ましてや指揮の統合など口が裂けても言い出せなかった。

ニューギニア及びガ島での同時敗北に対してさまざまな反応があったものの、指揮体制の改革の声は起きなかった。

反応の中で最も激越であったのは、ニューギニア及びソロモンの放棄論であった。参謀本部第三部長若松只一中将はとくに船舶徴傭の方面から、ニューギニア、ソロモンは本土から遠すぎて国力の限界を越えているとして、十八年一月頃に戦線の後退を提案している。また四月、大本営運輸通信長官部の航空通信保安長官吉田喜八郎少将は、戦地を視察した結果として、航空戦力が劣勢下では後退するほかないことを杉山参謀総長に進言している。陸軍上層部の現状論や海軍の猛反対によって後退案は否定されたが、陸軍側に情勢を冷静に分析し客観的結論を導き出す姿勢のあったことは評価しなければならない。これほどの大転換は、最高統帥権者の天皇以外に決断できないが、しかし天皇は、上奏が上がってこない限りは何もできなかった。大本営が撤退の上奏を行うはずがなく、実施の可能性はなかった。

第十七軍司令部が、第二師団、第三八師団をガ島に送るために苦心惨憺していた十七年十月中旬、大本営の中で、南太平洋に方面軍を新設してラバウルに置き、第十七軍をソロモン方面の作戦に専従させ、ニューギニア方面には新しい軍を編成して配置する構想が持ち上がった。第二師団の攻撃失敗後、その必要性が痛感され実現に至ったものだといわれる（井本熊男『作戦日誌で綴る大東亜戦争』二二九頁）。二正面作戦を根本的に改めることはできないが、第十七軍の二正面作戦だけでも改善しようという意識の現われであった。

作戦が行き詰まったときや事故が生じたときなどに、新しい組織を設置して旧組織の上に乗せるのが日本式解決法、あるいは責任の取り方の一つである。参謀達は何時いわれてもすぐに提出できるように一日中線を引き続け、新組織図をつくっていた。熟慮して構想されたものであればいいが、陸大教育や任務の中で教え込まれた作図は機械的に幾通りかの選択肢を提案するだけであった。これまでに予想しなかった地域で、まったく経験したことのない新しい戦闘に直面している状況において、発想の転換が求められていたが、こうした陸大方式からは何も生まれなかった。

作戦失敗の原因には、戦力不足や準備不十分などを別にして、陸海軍間の齟齬、指揮官の判断力や創造力、作戦計画の過誤、情報不足などが挙げられる。その解決策として旧組織に新組織を乗せる方法は、日本軍というより日本社会が安易に踏襲してきたものである。この方法だと予算も取れるし、人も取れるという官僚的計算が働いていたにちがいない。指揮官を替える、作戦計画を見直す、暗号を変える、新しい戦争理念を打ち出すなど、やるべき解決策はいくらあっても、「屋上屋を架す」方法が組織の中ではもっとも好まれた。ヒエラルヒーばかりが大きくなり、指揮系統が複雑化して戦争しにくくなるばかりであったが、新組織という目に見える形が残るだけに努力のし甲斐があったのであろう。

悪化する戦況のなかで、これまで想像したこともない島嶼戦に対応する戦法や戦術への転換をはからなければならなかったが、大本営も参謀本部も創造力がなかった。参謀らは官僚的であり、軍組織の管理が本務で、せいぜい新部隊の編制や部隊の配置換えが得意で、こうした参謀等らよって打ち出された対応策が、第八方面軍と第十八軍という新組織の増設であった。机上のペーパーワークでは、軍を効率よく動かせるとか、責任体制が明確になるとか利点を幾らでも並べ立てることができる。だが肝心なのは実戦において結果を出すことだが、戦時中でありながら結果について驚くほど恬淡としていた。

昭和十七年十一月六日、統帥権の壁を越えられない大本営は、島嶼戦の性質を無視する決定を行った。ソロモン方面を海軍の主担当とし、これに陸軍は協力すなわち補助的役割を果たすとし、他方ニューギニア方面を陸軍の主担当とし、これに海軍は協力するものとした。この直後に起こった第三次ソロモン海戦後、主力艦はニューギニアは無論のこと、ソロモン海域からも姿を消してしまっていた。つまり陸軍と海軍とは責任を分け合っているように見えるが、艦隊を戦線から離脱させた海軍が応分の責任を果たすことはできなくなったのである。大本営の新方針は机上の論よろしく、陸軍と海軍の担当域を分けて責任を明確にし、戦いやすくしたことになっているが、実際は陸海空の三戦力の統合を必要としている島嶼戦に対して背を向ける内容で、それだけ陸上で戦う陸軍部隊の負担が増えることを意味していた。

海軍戦力の減勢と陸軍の負担増という大勢の下で、十一月九日、第八方面軍と第十八軍の各司令部の編成が命じられ、十六日に完了した。第十七軍の担当がソロモン方面だけになり、新たに編成された第十八軍がニューギニア方面を担当し、両軍をラバウルに設置される第八方面軍が指導することになった。第十七軍の負担を改善したのが最大の特徴だが、二正面戦の構図には何ら変更がなかった。いな第十八軍の編成とニューギニア配備は組織面による二正面戦の肯定であり、兵理の否定である。

第八方面軍司令官には今村均中将、同参謀長に加藤鑰平中将、同副参謀長に佐藤傑少将、またニューギニア戦を指揮する第十八軍司令官に安達二十三中将、同参謀長に吉原矩《かね》少将、同高級参謀には青津喜久太郎大佐といった顔ぶれであった。同月下旬、板花義一中将麾下の第六飛行師団が編成され、独立飛行第七六中隊、一式戦闘機「隼」を装備する第十二飛行団、双発軽爆撃機の白城子飛行団、九七式重爆撃機の第十四戦隊等が指揮下に入った。

［第八方面軍及び隷下軍の組織概要］

第八方面軍（司令官　今村均）
（ラバウル）
- 第十七軍（司令官　百武晴吉、ブーゲンビル）
  …第六師団基幹
- 第十八軍（司令官　安達二十三、マダン近郊）
  …第二十師団・第四一師団・第五一師団
  第六飛行師団

ポートモレスビー攻略戦に使うためにラバウルに進めた部隊を、予定外に発生したガ島にも転用したため、両戦線ともに兵力不足、火力不足に泣かされ、これが両戦線における敗北の主因になった。米海兵隊によるガ島戦は、必ずしもニューギニアへの日本軍の圧力を削ぐ意図で行われたわけではなかったが、結果的には日本軍を分散させ、反攻の糸口をつかむことに成功した。やはり二正面戦の危険性は、分かり切ったことであったが、どちらかを残し他を捨てる大胆な決断をする指導者が日本にはいなかった。その代わりに選んだのは、ニューギニアとソロモンの両戦線の維持つまり二正面作戦を継続するが、組織制度の改編という官僚的方策によって二正面戦の負担を少しでも軽減するというものであった。

一方、米軍側でも変更があった。ガ島戦後、米海兵隊は戦力の整備をはかる必要があり、ソロモン諸島西半をマッカーサー司令部が担当することになった。逆に米豪軍側が二正面戦を行なう態勢になったのである。しかしマッカーサーは、主戦場であるニューギニアへの日本軍の戦力投入を分散させるため、二正面戦のメリットを最大限に利用した。海兵隊の移転とともに、ニミッツの米海軍も姿を消したので、マッカーサーにすれば海軍との面倒な調整もなくなり、以前に比べてずっとやりやすくなり、二正面戦の負担など少しも感じなくなった。

ニューギニアで戦うために編成された第十八軍は、最盛時には二十師団・四一師団・五一師団の三個師団を基幹とし、あとから編入された第六・第七航空師団の第四航空軍まで含めると総兵力が実に十五万にのぼり、日本が太平洋戦域に作り出した最大の戦力集団になった。昭和十八年初頭におけるニューギニアでの全体兵力は、日本軍と米豪軍との間にあまり大きな差がなく、航空隊の兵力もむしろ日本軍が上回っていた（富永謙吾『定本・太平洋戦争』上四〇八－九頁、戦史叢書『東部ニューギニア方面陸軍航空作戦』四一－二頁）。戦後の日本人は、いつでもどこでも米軍兵力が日本軍を圧倒し、これが敗因として割り切る傾向があるが、十八年の夏頃までは、彼我の兵力にそれほど大きな格差がなかった。

ココダを下ったオイビからクムシ河左岸を敗走していた時期に、第一四四連隊及び第四一連隊はそれまでの第十七軍から第十八軍の指揮下に置かれることになった。ブナ・ギルワへの救援、クムシ河口からの撤退も、出来たばかりの第十八軍が采配しなければならなかった。しかし第十八軍司令部は、撤退より増援を送る方の道を選び、部隊の集結と輸送作戦の計画に奔走した。これが十八号作戦である（吉原矩『南十字星』六六頁、井本熊男前掲書　二七三－五頁）。現地は増援軍の到着を待てるような状況になかったが、そうした逼迫した事情を十八軍司令部は理解できなかった模様である。

「軍」は本来二個師団以上の編制であるところ、新設当初の第十八軍はわずかに南海支隊を基幹とする三千人足らずの兵力にすぎず、旅団ならいざ知らず「軍」を置く必要性が見つからない。考えられるのは、一月十八日に大本営陸軍部は第八方面軍に作戦要領を提示するが、その中でニューギニア方面について「約三コ師団基幹の兵力を使用し、昭和十八年春夏の交に作戦を開始することを目標として、計画準備す。」（井本前掲書　二二四頁）とあり、将来、この三個師団を隷下に置くことを念頭に「軍」を設置したとみられる。

十二月二十四日、海軍側も南東方面艦隊を編制して、「第八方面軍との策応協同を容易」にした（戦史叢書『南太平洋陸軍作戦〈2〉』二五〇頁）。陸軍の「方面軍」に対抗して同格の「方面艦隊」を置き、決して他方の風下にならぬように気を遣うのが心憎い。戦況も大事だが形式を保つことも大事というわけである。方面艦隊編制にともなって、ガ島とニューギニアの二正面にどう対処するか、肝心な点について何も方針が示されなかった。司令長官に草鹿仁一中将、参謀長には中原義正少将が補され、隷下に第八艦隊、第十一航空艦隊、第八連合特別陸戦隊、第七潜水戦隊、陸軍五個大隊等を置いたが、司令部の主要スタッフは第十一航空艦隊のスタッフが兼ねた。いわゆるラバウル航空隊が南東方面艦隊の基幹であったわけである。

第十七軍の担当がソロモン諸島のみに縮小される前日の十一月十五日、大本営は同軍に対する作戦指導を行っている。第一項に

「ガダルカナル」島に於ては概ね現在地附近の要地を、又「ニューギニヤ」方面に於ては少くとも「ラエ」「サラモア」及「ブナ」附近の要地を確保す

と、これまでの南海支隊のモレスビー攻略戦の間、まったく名前が出ることのなかったブナより西寄りの「ラエ」「サラモア」の確保がはじめて指示された。

十六日に第八方面軍が正式に発足すると、大本営は同方面軍に基本任務を付与したが、ニューギニア方面については「……海軍と協同して『ラエ』、『サラモア』及『ブナ』附近に堅実なる作戦拠点を確保」と、前日に第十七軍に行なった作戦指導と同じ内容になっている。ところが六項（二）に

「ソロモン」群島作戦間海軍と協同して成るへく速に「ニューギニア」方面に対する作戦及連絡飛行場を「ニューギニヤ」島及「ニューギニヤ」の所要地点に増設整備す之か為海軍と協同して成るへく速に「マダン」「ウェワク」等を占領す

（戦史叢書『南太平洋陸軍作戦〈2〉』二五四頁）

と、ニューギニア中部のマダン、ウェワクの占領と同地への飛行場設置が新任務として付加されている。十八日には「南太平洋方面作戦陸海軍中央協定」が発令されたが、この中でもラエ、サラモアの確保、マダン、ウェワクの占領が協定されている。

ニューギニア戦とガ島戦の二正面戦になったとき、ニューギニア戦をあくまで遂行する意志の確認が何度も行なわれたのは、ニューギニア戦の中止あるいは撤退の声が部内で日増しに高まることへの反論であったかもしれない。結果的にはガ島戦重視、ニューギニア戦継続という位置づけの二正面戦になったが、ニューギニアに追加部隊を送ることがますます困難になる情況にもかかわらず、ブナ・バサブアより以西の要地に対する進出計画を立案するのは、相当の理由があったとしか考えられない。

十七年十一月に、すでにラエ、サラモア、マダン、ウェワクの確保あるいは部隊の増強を決めていたということは、第十八軍の設置ともからんで、すでにそのための部隊派遣の準備も進んでいたことを示唆する。四日、陸軍大臣官邸で「爾後の作戦指導」に関する説明会が行われたあと、東条陸軍大臣と田中新一作戦部長との間でやり取りがあり、田中が「ニューギニア方面には三コ師団くらい必要なるべし。情況によりてはガ島から転用によりて全部の到着を俟

つことなく実施しうることもあるべし」（前掲戦史叢書　二四二ー三頁）と、ガ島の部隊の転用も含めて三個師団の派遣が考慮されていたことをうかがわせる。だがこれほどまでにニューギニアにこだわる意図がまるでわからない。

十二月十二日、第八方面軍は、第十八軍に対してウェワク、マダンとニューブリテン島ツルブの攻略と飛行場の設定を命じた。シンガポールから第五師団の第十一、第二一連隊がウェワクに、第四二連隊がマダンに上陸した。これら部隊は上陸地の地名をつけた支隊で呼ばれた。ツルブには、ラバウルから第三一野戦道路隊が派遣され、ウェワク、ツルブ上陸と資材揚陸は予定通り行われたが、マダンでは、米軍機の攻撃によって資材の揚陸に失敗したため、北寄りのアレキシスに揚陸し、ここに飛行場を建設することになった（前掲戦史叢書　二八六ー七頁）。

十二月二十二日には大本営命令によって、第二十師団を第十七軍に、第四一師団を第八方面軍隷下に置くことが決まり、さらに第六師団を第十七軍に、第五一師団を第十八軍の隷下に置くことが決まった。各部隊の転移に関する目的は以下の通りだが、それでもそこまで作戦を行う陸軍の真意が見えてこない。

南太平洋方面今後の作戦指導に関しては既に上聞に達せる如く「ガ」島奪回の根本方針を堅持すると共に「ニューギニヤ」北岸要地を速急に確保するを緊要とするを以て此の作戦指導に即応する如く第六師団、第五十一師団等の隷属転移竝に新に南太平洋方面に派遣せらるる第二十師団、第四十一師団の隷属に関し命令相成度……………第二十師団を「ラバウル」附近に配置し同地附近を確保すると共に「ガ」島奪回の準備を進捗せしめ　第五十一師団を「ニューギニヤ」北岸方面要地（「マダン」「ウェワク」「ラエ」「サラモア」等）に第四十一師団を戦略予備とし先つ「ラバウル」或は「パラオ」附近に配置する予定なり　（前掲戦史叢書　三六八頁）

この時点でニューギニア派遣が決まっていたのは第五一師団のみである。しかし間もなく第二十、第四一師団も派遣されることになり、田中新一作戦部長が漏らした三個師団体制が実現していく。三個師団を基幹とする第十八軍の成立は、前述のように太平洋戦線において最大規模の兵力集団の出現である。ニューギニア戦に対する中央の並々ならぬ決意はうかがえるが、ニューギニアのブナ地区で南海支隊等が全滅しかかっているときに、なぜ同じニューギニアでなければならないのか、ニューギニアで何をしようとしているか、なかなか見えてこない。日本本土より大きいニューギニアにたった三個師団しか送らなかったという批判があるが、それよりも三個師団に何をさせるのか、目的及び方針が見えないことの方が大きな問題であった。

十二月十九日に参謀本部の新作戦課長真田穣一郎大佐がラバウルを訪れ、第八方面軍司令部に大本営が検討している新作戦について説明した。

……ガ島攻略のための足場を固めつつ、すみやかにここ〔ニューギニア─筆者注〕に手を打たなければ、第八方面軍としては元も子もなくしてしまう虞れがあると考える。この判断から従来ガ島が終わるまでは、ニューギニアは軽くあしらっておこうとの考えであったが、急速にニューギニアを固めようという考え方になった。そして、その要領であるが、ラエ、サラモア、マダン地区さえがっちり持てば、一時はブナを失っても、また奪回できると考える。現在、ブナをつぶすか、退げるか二つの方法がある。退げるならば今でないと苦しい。

（前掲戦史叢書　三三四頁）

と、大本営がニューギニア重視に急遽転換したこと、その一環としてラエ、サラモア、マダンを確保して固め、後日ブナを奪回すればよいという決定に至ったことを伝えた。

どうして突然ニューギニアに重点を置くことになったのか、その経緯はよくわからない。十二月十九日に作戦課長の真田が語ったということは、作戦課もしくは参謀本部の首脳部が承知ずみを意味している。ところが大本営における経緯は、これとはかなり違っているのはなぜであろうか。

真田の説明から十日後、十八年一月四日に予定されていた御前会議が十七年十二月三十一日午後二時より宮中大広間で開かれた。この会議で、杉山参謀総長と永野軍令部総長が行なった上奏の中から、ニューギニアに関する部分を引用すると次のようである。

「ニューギニヤ」方面に於きましては速に「ラエ」「サラモア」「マダン」「ウェワク」等の作戦根拠を増強し且つ概ね「スタンレイ」山脈以北の東北部「ニューギニヤ」の要域を攻略確保致しまして再度主として「ポートモレスビー」方面に対する作戦を準備致します

「ブナ」方面部隊の処置に関しては既に現地に於きまして「ギルワ」方面に撤収する如く指令致しましたか状況に依りましては適宜「サラモア」方面に撤収して所要の地点を確保せしめます

（戦史叢書『南太平洋陸軍作戦〈２〉』四四二―三頁）

ギルワの南海支隊の断末魔をよそに、大本営の関心は「ラエ」「サラモア」「マダン」等を攻略して確保したのち、再度ポートモレスビー攻略を行うことにあった。この作戦を捲土重来を期す意味から「ケ号作戦」と命名した。つまりニューギニアに三個師団まで投入する目的は、ポートモレスビーの再攻略であったことになる。

ポートモレスビー攻略の唯一の前進基地たるココダに通じる海岸部から駆逐され、ニューギニアに接岸さえ容易にできないため、やむなくポートモレスビーからますます遠くなるマダンやウェワクを攻略している。それにもかかわらず再びポートモレスビー攻略を目指す真意がわからない。南海支隊が敗退したのは補給断絶にあり、厳しい山岳地形を考慮すると、米豪軍がやったように空から補給する方法が最善の解決策であったが、補給を重視しない日本軍の思想は航空機にも及び、進攻作戦をやれるような輸送機部隊は存在しなかった。

この件については井本熊男の前掲書に、十二月三十一日に御前における研究会のあと、両総長より上奏が行われ、南太平洋方面に関する陸海軍中央協定に関する説明が行われている。杉山参謀総長がガ島の攻略に自信がないことを申し上げたところ、侍従武官長を通じて「ただガ島攻略を止めただけでは承知し難い。何処かで攻勢に出なければならない。」との御内意があったと記している（井本前掲書　一七五頁）。

「戦史叢書」のガ島・ニューギニア戦史を執筆した近藤新治（土門周平）はこの方面の戦史研究の第一人者だが、天皇の御内意に対して、「杉山参謀総長は、ニューギニア方面にて攻勢をとり、士気を盛り返します」（『天皇と太平洋戦争』一〇六頁）と、ニューギニア方面での攻勢を約束したとしている。近藤は井本のいう「これに基づきニューギニアの戦略態勢が固められた」を参照して推論されたらしい。井本に若干の記憶違いがあり、御前会議の準備のために前日の三十日に両総長が言上を行なっているが、井本のいうガ島攻略に自信がない件はこの時に出された話で、天皇の攻勢に関する内意もこの日にあり、これを受けた三十日、参謀本部は徹夜で検討を行ない、三十一日の両総長の上奏になったものらしい。この経緯からみて、ニューギニアに大軍を送る陸軍の意図は、ガ島戦とポートモレスビー攻略戦の敗退による守勢から攻勢に転じることにあり、攻勢にはニューギニアが最善の戦場であると判断されたためと推察される。

このように中央の最高首脳がニューギニアでの攻勢を決定したのは、十七年十二月三十一日であった。そうであれば参謀本部作戦課長の真田が、十二月十九日にラバウルで同じ趣旨の説明をしている事実をどう解釈したらいいのであろうか。現実的解釈は、陸軍の意志は参謀本部もしくは大本営陸軍部の中堅幹部が決めており、すでに十二月半ばにニューギニアに重点を移し攻勢に転じる意志が固まっており、それを真田が代弁し、たまたま御前会議で最高首脳が同じ件を取り上げたために、参謀総長も中堅幹部の意志を代弁したのであろうと。

このようにブナ、ギルワに最悪の事態が訪れているときに、第十八軍が物理的に間に合うはずのない三個師団の増派に奔走したのは、かかる中央の新方針を受けて、その線に沿った作戦の実現をはかったためと考えられる。ブナの救援は議論している余裕のないものであったが、中央での新方針をめぐる議論のために南海支隊救出のタイミングを失った。ガ島からの脱出が非常な決意の下で行なわれたのに対して、またしてもニューギニアの部隊はそのしわ寄せを受けることになった。結局、南海支隊は自力で地獄の戦場を脱出するほかなかったのである。

ポートモレスビー攻略戦が食糧欠如のために失敗し、後退したブナ・ギルワの海岸部で米豪軍の猛攻を受け、壊滅的打撃を受けつつ辛くも脱出した背景には、ガ島を優先し「ニューギニヤを軽くあしらう」中央の方針があった。そしてブナ・ギルワが風前の灯にあるとき、ラエ、サラモア、マダン地区の攻略を進めるとは、まったく不可解な神経である。この間にも部隊の八割、九割を失いつつある第一四四連隊、第四一連隊にとって、正しく「一将功なりて万骨枯る」そのものである。中央のエリート将校にとって、戦地で悪戦苦闘する部隊は、長棒で左右に動かされる兵棋演習の駒にしか見えなかったのだろう。

ブナ、バサブア、ギルワの戦いでは、兵員や物資を部隊に送り届ける輸送船がほとんど敵機によって阻止され、夜間に潜水艦及び大発を使ってわずかな補給しかできなかった。航空機の脅威を除去できないまま兵力を送り込めば、第二、第三のブナ、ギルワを現出するだけであった。こうした状況を改善する対策も持たないで、再びニューギニアで攻勢をとるといっても掛け声だけで終わるおそれが大きかった。

ニューギニアでの再攻勢方針にもとづき、三月二十五日、大本営は「南東方面作戦陸海軍中央協定」を定め、第八方面軍と連合艦隊に指示した。その第二の「作戦指導」の第一項を紹介すると、

陸海軍真に一体となり、両軍の主作戦を先づニューギニヤ方面に指導し、該方面に於ける作戦根拠を確立す　この間ソロモン群島及びビスマルク群島方面に於ては、防備を強化して現占領要域を確保し、来攻する敵を随時撃破す

と、まず主作戦をニューギニア方面に行なうことが明示され、ソロモンやビスマルク諸島は、それまで軽くあしらわ

れてきたニューギニアと同じ位置づけになった。

文中の「陸海軍真に一体なり」は、諭しであり心構えに過ぎない。現実の戦争が統一司令部の実現を求めても、日本の体制は精神的な一体化を求めるだけであった。大本営の動きはどう見ても現実から目をそらし、対立と混乱を招く改革から逃れようとしているように思えてならない。

ソロモン方面の作戦に重点を置いてきた海軍にとって、ニューギニア重点策は受入れられなかった。海軍にすれば、ソロモン方面の兵力をニューギニアに振り向けることにより、ラバウルと最も重要視するトラック島の防備が手薄になることをおそれ、全面的に新方針に従うことはできなかった（服部卓四郎『大東亜戦争全史』四〇七頁）。新方針の指示後、海軍がニューギニア方面への兵力配備を行った形跡がなく、ニューギニア沿岸に現れる海軍艦艇が従来と同じく極めて少なかったことからみても、新方針は守られなかったと思われる。島嶼戦で不可欠な陸海軍の連携は、海軍がソロモン方面、陸軍がニューギニア方面に重点を置く限り実現困難であった。

ところでニューギニアに重点を移した理由は、戦況を守勢から攻勢に転換したいことにあったが、これだけで言い尽くしたといえるであろうか。言い方をかえれば当面の理由でなく、もっと本質的理由があるのではないかということである。マッカーサーが昭和十八年になってもニューギニアでの作戦をやめようとしないために、彼の真の狙いが見えてくる頃でもあり、また日本側もここで頑張らねばならない真の理由もそろそろ見え始める頃である。

昭和十八年七月九日に大本営陸海軍部間の情報交換があったが、その前に陸軍部だけの作戦研究会が開催されている。席上、田中耕二少佐が「敵は先づラバウルを奪回して次は比島に向ふであろう」（前掲戦史叢書　三七九頁）と断言し、米軍の戦略目標に対する読みが示されている。同じ日の午後、陸海軍集会所で陸海軍合同打合わせ会を開催しているが、席上行なわれた海軍部の陳述に次のような箇所があった。

米の主攻勢方向は「ムンダ」から「ラバウル」へ、次いで「ニューギニヤ」に出て比島奪回と云ふ方向に来るべ

し。米の国民性として比島は奪回せずんば止まず

（前掲戦史叢書　三八三頁）

海軍部の予想は、ラバウルからニューギニアに進み、それからフィリピンに向かうとしている。つまり海軍も米軍がフィリピンに進むためには、ニューギニアを確保しなければならないと考えていたわけである。

このように陸海軍ともに、米軍がフィリピン奪回にくることを確実視し、そのためにどうしてもラバウルを奪取し、ついでニューギニアを攻略するものと読んでいた。この予想に立てば、日本軍にとってラバウルの確保とニューギニアでの攻勢が重要になってくる。すなわちニューギニアの位置がフィリピンにつながっていること、米軍がフィリピン進攻をはかろうとすればニューギニアの獲得が不可欠なことが、ようやく日本側でも理解されるようになってきた。フィリピンが日本本土防衛の最後の砦とすれば、ニューギニアはその砦を守る前進基地ということになる。ようやく日本の中央もニューギニア戦の意味が分かりかけてきた。

海軍の予想は、米軍がニューギニアを経てフィリピンに向かうと明言した点で画期的である。大本営陸軍部が打ち出したニューギニア攻勢方針も、田中耕二少佐の如き読みの上に立っていれば評価できる。しかし陸軍中央が主唱したニューギニア攻勢論は、そうした長期的見通しの上に立論されたものではなく、攻勢への転換という多分に精神的な士気高揚という印象をぬぐい切れない。

ガ島戦及びブナ・ギルワ戦の敗退後、大本営及び参謀本部は天皇の御内意も汲んでニューギニアで新たに攻勢に出る方針を立てた。しかし比較的ブナ地域に近いラエ、サラモアへの兵力派遣ならば攻勢の基点として現実性を有するが、マダンとかウェワクといった数百キロも千キロも後方へ派遣し、そこからの再攻勢では意味がない。米豪軍機の攻撃を避けるためとはいえ、この遠方への派遣が、その後に派遣部隊の困難極まる移動や作戦の原因になり、戦況を不利に陥れることにつながった。

ニューギニアに接岸することすらむずかしくなりつつあった現実をみれば、陸軍中央がニューギニアにおいて再攻

勢を取るなどと天皇に軽々しくした約束によって、兵士に数万、十数万の犠牲を強いることになるかもしれないだけに驚きを禁じ得ない。ガ島でもブナでも補給困難が敗退の主原因であってみれば、この対策なしに次の作戦に出るのは無謀に等しい。天皇に約束し、若松只一や吉田喜八郎のソロモン・ニューギニア撤退論を押さえ込んだ経緯もあり、陸軍中央として精神的にやらざるをえない立場に追い込まれていた。

(二)　再び糧食切れのワウ攻略戦

ガ島及びブナ・ギルワの戦いが崖っぷちにある中で、再攻勢の方針にしたがって新たにラエ、サラモアに戦線をつくることになった。もし陽動作戦でも、新たに作戦を実施すると、さらに危険な三正面作戦になる。ブナ・ギルワの決着がついてからでは主導権を握れない恐れがあり、危険を冒しても先手を打とうとしたのである。

しかしポートモレスビー攻略作戦が、陸上部隊による敵飛行場攻略の発想から始まったように、ニューギニアでは、敵飛行場が発見されると作戦を変更して陸上部隊を差し向ける計画がしばしば企図された。ニューギニアには、オーストラリア人が奥地に建設した飛行場が各地にあったが、しばらく放置すると高温多湿の気候のおかげですぐに原っぱに戻ってしまう。草を刈ればすぐに使えるため、たまたまこうした飛行場が見つかると動揺し、やれ空爆だ、陸上部隊の派遣だと大騒ぎする。この種の飛行場を見つけるたびに、いちいち陸上部隊を使っていては、いくら潤沢な兵力があっても、たちまち兵力不足に泣くことは目に見えている。

金採掘場として有名なワウのすぐ近くにもこの種の飛行場があり、サラモアからわずか六十キロしか離れていないために、これを放置しておくことは今後の作戦の障碍になるものと判断された。これを奪取するために、第五一師団歩兵団長岡部通少将の指揮する水戸の歩兵第一〇二連隊ほかからなる岡部支隊を差し向けることになった。支隊の母体である第五一師団はガ島増援用としてラバウルに集結し、ガ島作戦が中止になったためにニューギニア行きとなった部隊である（『丸別冊　地獄の戦場』所収、斉藤芳郎「岡部支隊ワウ攻略ならず」九八頁）。

十八年一月五日にラバウルを出港、七日にラエに入泊、八日に揚陸作業を急いだ。陸軍第六航空師団と海軍第十一航空戦隊の六十機と五隻の駆逐艦が護衛についたが、航海途中で輸送船五隻のうち「日龍丸」と「帝洋丸」の二隻が沈没、戦死約四百、第十一航空戦隊の飛行機半分、操縦士の二割を失った。ブナ・ギルワ陥落の直前で、米豪軍航空隊の活動がとみに高まっていた時でもあり、残った兵員や資材が無事に上陸できたのは「望外の上首尾」であったと安堵されるくらいであった（鈴木正己『東部ニューギニア戦線』戦誌刊行会　五一頁）。

一方で第八方面軍の命令を受けた安達第十八軍司令官は、十八年一月十三日、ブナの山縣支隊長に対し、ブナ方面の兵力をラエ、サラモア、ワウ方面に転用し、要域確保のために戦略態勢を固めるように下達した。これを受けて山縣がいち早く移動してしまったために、前述した厳しい非難を浴びることになった。九死に一生を得た将兵が戦力になると考えていた司令部の判断は、まだニューギニア戦の悲惨さ、残忍さ、非情さを理解していなかったことを示している。マンバレーからラエ、サラモアに移動した健兵はごく僅かで、大半の兵士は骨と皮ばかりになり、原隊に戻すか平穏な地域に送って養生させるか、復員させるか、いずれかの選択肢しかなかった。

上陸に成功した岡部支隊に対する米豪軍機の攻撃は執拗を極め、折角揚陸に成功した軍事物資の多くが失われた。マッカーサーがギルワ戦後に「この作戦における顕著な戦訓は何かといえば、それは航空威力を絶えず計画的に活用」（『マッカーサー戦記』I　一六七頁）することだと述べているように、航空機をフルに活用して波状攻撃をかけることであった。遠方のラバウルを発進する陸海軍航空隊の不利、至近の基地からくる米豪軍航空隊の有利について、第十八軍参謀長吉原矩中将が、

常時在空し得る（味方の）飛行機数は、総機数の何分の一かに当るに過ぎぬ。然るに攻撃して来る敵機は、希望する攻撃時機に希望する機数を集中して来るのであるから、所詮太刀打出来ないのも当然である。

（『南十字星』　六九頁）

と述べ、近い距離を生かして必要な時間に多数を出撃させてくる米豪軍航空隊の強さの理由を的確についている。

事実上、常時飛行する米軍機の監視下におかれた岡部支隊は、明るい間はジャングルに潜むほかなく、先に上陸した陸戦隊がつくった縦貫道路を歩けなかった（飯塚栄地『パプアの亡魂―東部ニューギニア玉砕秘録』三四－三七頁）。至近の飛行場のほかに、頑丈な飛行機ゆえの高い稼働率と、米豪軍航空隊が航空機を常時活動させようとした積極姿勢が、岡部支隊を上空から閉じ込めることに成功した大きな要因であった（戦史叢書『東部ニューギニア方面陸軍航空作戦』一五二－一五九頁）。

岡部支隊に与えられた任務は、サラモアの南西に位置するワウの飛行場の奪取であった。滑走路はブロロ渓谷の西麓にあり、マーカム河の支流ブロロ河に対してほぼ直角に向き、軍事用飛行場に見られる誘導路や掩体壕などなく、奥地開発用飛行場の一つであった。ワウの北方六キロには渓谷の要衝ブロロ（Bulolo）があり、ワウ飛行場は将来のポートモレスビー再攻略に備えてどうしても奪取しておきたい基地であった（戦史叢書『南太平洋陸軍作戦〈2〉』三八〇－一頁）。お天道様の下も歩けなくなった軍にその可能性があったとは思えないが、まだ全盛期の意気込みだけが残っていた。

スタンレー山脈西麓に広がるブロロ渓谷沿いの金鉱採掘場の一つがワウである。アメリカ西部やオーストラリアの発展はゴールドラッシュを抜きにしては考えられないが、開戦前のニューギニアでも、オーストラリア人が各地で盛んに金鉱探しをやっていた。彼等は奥地のジャングルを切り開いて飛行場を設け、これを補給基地にして資材や食糧を持ち込み採鉱活動を行った。こうした飛行場は全土に百箇所以上あったといわれ、米豪軍にとって、これらを軍用飛行場として使用することがニューギニア戦を左右する鍵と考えられた。

ブナ・ギルワ戦後、ワウ進攻作戦は日本軍側から仕掛けた本格的攻勢作戦であった。これ以後はマッカーサーの飛

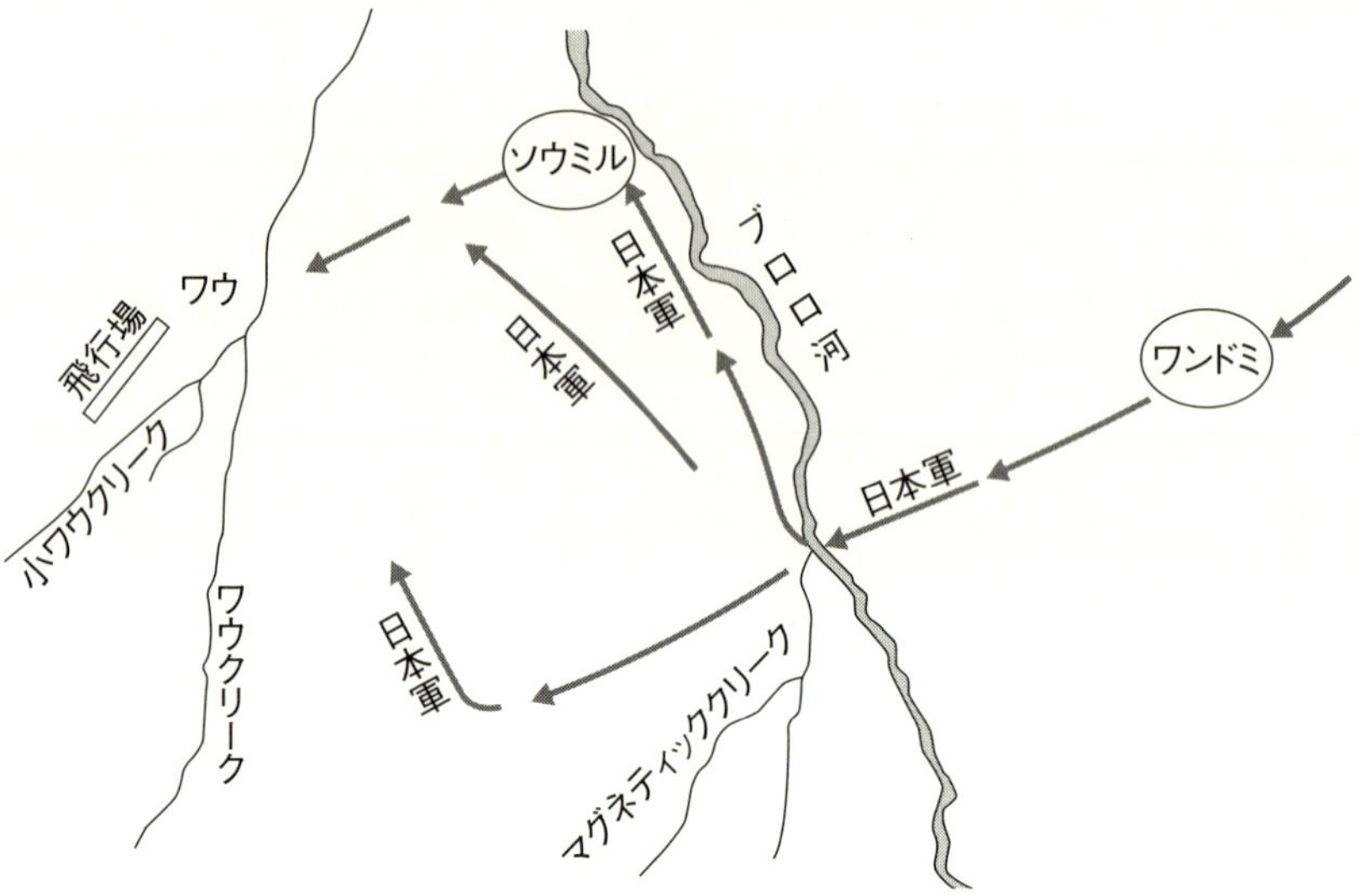

出典：“An Atlas of Australia's Wars,” John Coats, Oxford University Press. p.91

ワウ飛行場攻撃概略図

び石作戦によって、つねに守勢に立たされることになった。参謀本部陸地測量部複写の二十五万分の一「東部パプア図」を手掛かりに作戦計画が練られたが、進攻路としては、ブロロ渓谷沿いにワウに迫るルートと、サラモアまで舟艇で移動し、山岳地帯を踏破するルートの二つがあった。第十八軍は四千名規模の部隊のルートとしてブロロ渓谷を考慮していたが、サラモアにあった岡部支隊長は、このルートだと距離が長い上に米豪軍機の攻撃を受ける頻度が高まるとして難色を示した。現地人からサラモア附近から山岳路を使えば十日ほどでワウに至る話を聞き、ジャングル道であれば米軍機の攻撃を受ける危険も少なく、奇襲も可能ではないかと考え、その上、サラモアまで舟艇で行ける利点もあり、急遽山岳路に方針を変えた（前掲戦史叢書三八二頁）。ポートモレスビー攻略作戦と同じく、現地人の情報が作戦の決定を左右したのである。

　終戦後、ムッシュ島収容所に入った第十八軍参謀長吉原がワウを守備した豪軍大隊長に会う機会があり、「なぜ日本軍は時間のかかる山岳路をえらんだのか、もしブロロ渓谷沿いに進撃してきたら、ワウはまちがいなく陥落しただろう」と聞かされ、死児の年齢を数えるに似た心境になったと述懐している（『南十字星』七五－六頁）。地図上で割り出した距離とアップダウンを繰り返す山岳地帯の実距離とが大きく違うことぐらい、地図の見方を厳しく仕込まれている陸軍軍人であれば知らないはずはない。しかし山岳地帯をやめて、当初の計画通りブロロ渓谷を進んでいれば、米豪軍航空隊のもの凄い航空攻撃を受けたことはまちがいなく、山岳路を選んだ岡部の判断はそれなりの正当性を持っていたと考えられる。

進攻路は、サラモアを出てムボを通り、ルイサバル川北側に沿ってワウに至ることになっているが、行ってみなければわからない箇所が幾つもあった。豪軍側の記録によれば、日本軍はビトイ川（Bitoi Riv.）沿いにハウスクーパー（House Copper）に進み、ここから山岳地帯に入ってワンドゥミ（Wandumi）に達し、そこからブロロ河に向かって降り、対岸に渡ってワウ飛行場を包囲しようと作戦したことになっている（*An Atlas of Australia's Wars* 九一頁）。

携行限度の十日分の食糧、弾薬等を担ぎ、山岳地帯に分け入るのは、ポートモレスビー攻略戦と幾つかの点で酷似している。しかし上級司令部である第十八軍にしても第八方面軍にしても、急ぎポートモレスビー攻略戦の戦訓調査を行いその結果に基づいて作戦準備を行った形跡がない。戦訓提出は一つの戦闘が終わる際に行なわれる単なる儀式ではなく、相手の弱点や自軍の短所長所を明らかにし、実施した戦法の問題点等を分析して、同じ失敗を繰り返さないための予防処置でもある。二十年、三十年前の戦訓にも価値があるが、一週間、一ヶ月前の戦訓の方がはるかに現実的な価値がある。したがって一回の戦闘終了後、数時間、数日間に大急ぎで戦訓をとりまとめ、これを上級司令部に報告する。報告を受けた司令部は隷下部隊に大至急回覧し、同じ轍を踏まないようにつとめることが次の勝利につながっていく。ときの勢い、その場の空気、人間関係で物事を決めることが多い日本社会では、この一連の努力の緊急性に対する認識が薄く、戦訓が活用されることはあまりない。今日に至るまで米軍や英軍の文書資料の保存管理は、日本の組織とは比較にならないほど徹底しているが、戦訓や教訓に対する意識の差が文書資料の取扱いの相違にもつ

ワウ周辺地図

ながっている。

ポートモレスビー攻略作戦失敗の直接かつ根本的原因になった補給問題ついて、何の反省も改善も図られないまま開始されたワウ進攻作戦は、よほどの幸運が舞い降りてこないかぎり、同じ結末になる可能性が大きかった。実際、岡部支隊はワウを目前にして糧食が尽き、ポートモレスビー攻略隊とまったく同じパターンで撤退の憂き目に遭った。同じ失敗を繰り返すのは、指導部あるいは指導者の問題であるとともに、戦訓もしくは教訓を共有できない組織の問題である。支隊が人間の限界を越えた戦いをして敗れたことが批判されることはないが、数ヶ月前とまったく同じ失敗を繰り返し、多くの将兵が命を落としたことは非難されるべきである。将兵にとって、こうした死こそ、犬死というべきであろう。

岡部支隊主力は舟艇を使い、十八年一月九日から十六日にかけてサラモアに集結した。十四日から一部部隊の前進が開始され、先遣隊は十七日にウイパリ（Waipali）附近で豪軍と交戦し撃退した。支隊主力はカダガサル（Guadagasal）からウイパリに進んだが、地形はますます険しくなった。前進を阻んだのは群生する竹林で、「何百本という竹がひとつの根本に生い茂り、しかもそれには指先位の長さのトゲが物凄く生えていて、そばに近づけない」（飯塚栄地前掲書　四二頁）ほどであった。途中の前哨戦で、豪軍兵がミルン湾で使ったのと同じ自動小銃の弾雨を日本兵に浴びせ、これに長い三八銃を向けようとすると蔦や枝に邪魔され、照準を決める頃には敵の姿はもう見えなくなっていた（飯塚栄地前掲書 四二頁）。

支隊主力は、ビトイ川渓谷が急峻であるため、ハウスクーパーから南側の尾根伝いに進路を取り、七二〇〇高地を経由し、五五〇〇高地附近に出た。これから数時間ほど前進するとブロロ渓谷を見渡せる地点に到達、支隊の位置はブロロ渓谷の東側になるが、ブロロ河を挟んで対岸には台地が広がり、目指すワウ飛行場は渓谷の西側の上にあり、南北にのびる渓谷の方向とは直角に近い位置関係にあった。そのあまりの近さにみんなびっくりしたが、渓谷の方向と直角に飛行機が離発着するということは、渓谷の幅がかなりあることを意味した。つまり山を下りてから飛行場まで、決して近くないと考える必要があった。

二十七日昼、支隊長はワウを奇襲する決心をし、攻撃命令を下達したが、その地点は、飛行場まで七キロ半余のワンドゥミ辺りと推察される。命令は、二十七日夜に飛行場を奇襲し、明払暁までに占領を終了するというもので、日本軍得意の夜襲作戦である。しかしすでに食糧が尽きた大隊もあれば、悪性マラリア、アミーバ赤痢に罹ったものが続出する大隊もあり、ブロロ河への山下りに予想外の時間がかかった上に、地形が思いのほか複雑で多くの部隊が道に迷った。

支隊長は攻撃時間を変更して二十八日薄暮とし、午後四時頃から前進をはじめたが、ブロロ河を渡河し、マグネティック川（Magnetic Creek）に近づくうちに二十九日となり、午前四時少し前にやっと吊り橋付近に到着した。第一〇二連隊のうち第二大隊を率いた丸岡康平連隊長は、ブロロ河下流方向に進んで渡河し、飛行場の北東二キロ近くまで進出した。ここで豪軍の外周陣地に接触、本格的戦闘がはじまった。日本軍の武器は三八銃と迫撃砲のみであったが、豪軍をじりじりと後退させた。しかし戦闘開始は午前五時頃で、支隊が考えていた夜戦ではなかった。夜が明ければまちがいなく敵航空機の猛襲が来るから、その前に姿を隠さなければならない。一方、支隊長が共にする第一大隊は糧秣庫を押さえたが、その成果に関する伝聞がないのは、兵がいう「チャーチル給与」に値するだけの収穫がなかったためであろう。

日本軍の出現に驚いた豪軍は、大慌てで増援部隊を輸送機でワウに送ることにし、ホワイトヘッド指揮下のC47輸送機隊をポートモレスビーからワウに飛ばした。一日目だけで五十七回にわたる強行着陸を行い、日本軍の小銃射撃を受けながらも、一度の事故もなく豪軍第十七旅団二千人および弾薬、食糧を運び込み、荷物の中には野砲二門もあった（『マッカーサー戦記』Ⅰ　一五六－七頁、同Ⅱ　一〇頁）。太平洋戦争では、こうした輸送機による大規模輸送作戦は、ブナ戦につづく二度目の例になった。

夜間にしか行動できない日本軍は、三十日に夜戦を試みるが敵の火網の反撃力は凄まじく、食糧はすでに食べ尽くし、ブナ・ギルワ戦と同様に草木の新芽で食いつなぐ状態になり、これ以上の戦闘は不可能になっていた。この日、朝から丸岡部隊は飛行場の東南角まで突っ込み、着陸した輸送機から降りてきた豪州兵と撃ち合う映画もどきの戦いをした。その後の着陸を阻止したものの、午後までの撃ち合いで二五〇名の戦死者を出し、ジャングルに後退を余儀なくされた（戦史叢書『東部ニューギニア方面陸軍航空作戦』一六二－三頁）。この頃から夜になると、ブナ戦と同じ日本軍の突撃の喊声があがり、それに続いて豪軍の機関銃、小銃、迫撃砲の猛射の音が連続し、やがて静かになるパターンが繰り返されるようになった。

岡部支隊との連絡が取れない第八方面軍の要請を受けた陸軍第六飛行師団は、二月六日にワウ飛行場に対する攻撃を行うことになり、一式戦二九機と九九双軽九機が早朝ラバウルを離陸し、七百キロを飛んで攻撃した。飛行場に敵機二十三機を認めたというが、破壊したのは十機のみで、飛行場周辺の陣地に爆撃を加えた様子がない。間もなく輸送機を護衛してきた敵戦闘機三十数機があらわれ、このうち十二機を落としたと報告されているが、日本側も七機（米軍側記録十二機）を失った（前掲戦史叢書　一六〇－二頁）。岡部支隊にすれば来てくれたのはありがたいが、地上戦闘と無関係に攻撃が行われるのでは、来てくれた甲斐がなかった。

空輸のみで戦力を増大させる豪軍に対して、日本軍には戦力強化の方法もなく、機械力を駆使する近代戦争の一端を見せつけられた日本兵に残るのは、出身地である水戸の男子の心意気だけであった。二月四日頃から戦力を強化した豪軍が反撃に転じ、日本軍の退路をすべて断って完全に包囲した。負傷兵数百名は自決し、生き残った兵も全滅を覚悟したが、これを救ったのが長谷川准尉の大喊声を上げながらの逆突撃で、慌てふためいた豪軍の隙をついて辛くも包囲の突破に成功した。

包囲を脱出した支隊は、九日に吊り橋付近に集結した。さらに十日にはワンドゥミの手前の背嚢置き場に後退し、十二日までに部隊の整理と食糧の分配を行なった。十三日には、ワウの敵陣地からの砲撃の射程外に出るため旗竿高地に後退し、支隊長はついにムボへの撤退を命令した。さいわいポートモレスビー攻略戦のように豪軍の激しい追撃をうけることなく、途中ムボから食糧を担送してきた第三大隊により食糧補給を受け、その後は大きな損耗もなく撤退に成功した。

ワウ攻略戦における戦病死者数は約八百名とされる。この遠征でもポートモレスビー攻略戦同様に補給が最大の課題であった。ジャングルに覆われた山岳地帯を道なき道を求めながら行軍するニューギニアでは、中国のように平坦な地形が多く、住民が日常使用する道路がそこかしこにある戦場を参考にして、輜重兵をギリギリにまで減らした陸軍の部隊編制は、まったく実情に合わなかった。

ポートモレスビー攻略戦に際して、堀井支隊長が兵站を計算して作戦不可能の解答を出したが、ワウ攻略戦も合理的に計算すれば、兵站に行き詰まる解答になったにちがいない。米豪軍がやってみせた航空機による投下輸送は、道なきジャングル戦、急峻な山岳地帯での唯一の解決策と思われるが、戦地に配備される輸送機がほんのわずかで、爆撃機の爆弾倉から食糧を投下する日本軍の実情では不可能であった。

歩兵の突撃だけで敵を倒す白兵（突撃）戦法は、中国戦線では相当の効果があった。しかしガ島戦、ブナ・ギルワの戦闘で繰り返した突撃戦法は、米豪軍の分厚い火網には歯が立たなかった（白井明雄編『「戦訓報」集成』第一巻「東部『ニューギニヤ』作戦ノ体験ニ基ク教訓」の第四「敵ノ戦及我ガ対策」八〇－一頁）。これに代わる戦法を思いつかない貧困な創造力、失敗しても失敗しても繰り返す頑迷固陋は、良くも悪くも日本軍の一徹さの象徴であり、それが強さの根源にもなれば弱さの元凶にもなった。南太平洋での戦闘における敵の火網の前では、突撃戦法は日本軍敗北の原因になり、完全に価値を失っていた。

ガ島戦とブナ・ギルワ戦敗北に対する巻き返しの一環として開始されたワウ攻略戦であったが、再び同じ轍を踏んで失敗に終った。攻撃兵力に所要日数をかけて必要な補給量を割り出し、これを補給する能力がなければ、作戦計画を白紙に戻して再検討するのが戦争を指導する者の最低限の常識・良識でなくてはならない。が、日本軍の場合、極端な言い方をすれば、まず攻撃に必要な兵力を確保し、残った兵力で兵站をまかなうが、それが少なくても作戦計画には影響しないという非常識な考えに立っていたように思える。これを精神主義というのであれば、非常識主義に改めた方が実情に適っている。

ガ島戦、ポートモレスビー攻略戦、ブナ・ギルワ戦、ワウ戦で明らかになった日本軍の問題点、すなわち単純な突撃戦法や兵站軽視は早くから指摘されていたことで、改めて驚くにあたらない。驚かされるのは、抽出された戦例は一刻も早く戦訓、教訓として各部隊に周知されていなければならないが、その制度である「戦訓報」の編纂と回覧がはじまったのは昭和十八年六月からで、「戦訓報」第一号がでたのが六月二十日であった（白井明雄編前掲書所収「解説」七頁）。したがってそれまで戦訓に対して何らかの対応策が取られなかったことである。ガ島戦、ポートモレスビー攻略戦と同じ轍をワウ戦でも繰り返したことは、戦訓調査が不十分であったこの地域の指導部及び参謀本部の怠慢であった。

（三）遠ざかるニューギニア　ダンピール（ビティアズ）海峡の悲劇

ガ島戦とブナ・ギルワ戦の敗北後に起こった戦線縮小論は、劣勢、敗退の事実を国民に暴露するようなもので、社会的動揺をも招きかねないと危惧する中央が承服するはずがなかった。そうはいいながら、ニューギニア戦の開始から半年も過ぎる頃から「地獄のニューギニア」「魔の島ニューギニア」と恐れられ、海岸にたどり着くのも困難になりつつあった。ところがこの島に新手の部隊を送り込み、新たな作戦場を作り出す計画について、大本営や陸軍中央はそれほど真剣な議論をしたようにも思えない。

守勢を攻勢に転じる緊要性は理解できるにしても、糧食や武器弾薬の補給もむずかしいニューギニアにおいて、劣勢を攻勢に転換できる客観的見通しがあったのか疑わしい。仮に兵員を送り込むことに成功しても、追加補給のできない可能性は十分考慮しなければならないはずで、それでも計画を実行したのは、日本軍将兵は多少補給がなくても、「何とかやるだろう」という中央の甘い現実認識と無責任な期待感に多分に依存していた。

ニューギニアは西を頭にし、東を尻尾にした亀かワニに例えられるが、要するに東西に細長い大きな島であり、真ん中を背骨のように高く険しい山脈が走っている。山脈の北側つまり太平洋側を日本軍が占領し、南側つまり珊瑚海側、アラフラ海側は豪軍が支配する構図の中で、米豪軍が日本軍の占領する太平洋側を東の方から西の方へと徐々に奪取していくのがニューギニア戦の特徴である。

日本軍は西へ西へと後退するが、これを追いかけるように珊瑚海側に米豪軍はつぎつぎに飛行場を建設して、いつでも日本軍を空爆可能の下に置き続けた。日本の二倍もある島には、無数の飛行場が建設され、飛行場の数が増えればそれだけ飛行機の出撃回数が増加することになり、ニューギニアほど米豪軍機が乱舞した戦場はほかになかった。そしてそれだけ地上や沿海の日本兵は、上空の敵機に狙われる危険性が大きかったのである。ニューギニア戦の特徴は、米豪軍機が我が物顔に日本軍の上空を飛び回り、近づく日本の輸送船を片っ端から沈め、何とか辿り着く日本兵がいたとしても外部から遮断され、最後にはのたれ死をすることであった。これが「地獄のニューギニア」と恐れられた背景である。

空母を離発着する海軍機と違い、地上の飛行場を使う陸軍機は、天候が許すかぎりいつでも出撃できた。その上、地上の長い飛行場を利用する利点を生かした大型の機体に、多数の機関砲を装備し大量の爆弾を搭載する圧倒的攻撃力に特徴があった。B17やB24といった四発の大型爆撃機は航続距離が長く、必ずしも新飛行場の完成に合わせて移動しなかったが、B25やA20などの中型機は新飛行場の完成と共に移動し、日本軍の上空に出現する機会を増やした。戦闘機中心の日本軍の航空隊と異なり、米航空隊は爆撃機、攻撃機を中心に編成され、目標に対する高い爆撃攻撃能力を誇っていた。滞空時間の長い爆撃機によって間隙のない哨戒活動が行なわれ、日本軍のニューギニア接近を許さなかった。

B25は空母から発進して日本本土初空襲を成功させた機体だが、すぐれた短距離離陸能力を生かして完成したばかりの飛行場にもどんどん進出し、近くの日本軍に繰り返し銃爆撃を加えた。低空飛行を得意とし、日本軍は不意に現れるこの機に散々な目に遭わされた。B25が落とす落下傘爆弾によって、ジャングルに潜んでいた部隊や飛行場に駐機する航空機が一挙にやられることが幾たびもあり、開戦以来、日本軍に最も大きなダメージを与えたのがB25であった。艦船の攻撃にも高い能力を発揮し、低空攻撃で撃沈された舟艇や輸送船の数ははかりしれない。このほか陸軍機ながら魚雷攻撃ができるA20も、ニューギニア沿岸に近づく多くの日本艦船を沈めた。

日本人は、性能というとすぐに速力とか上昇力といった数値化できる能力を問題にする。だが数値化できない頑丈で使い易いとか、故障が少ない、整備がし易いといった利点こそ、飛行機が蛮用される戦場ではもっと大事な性能であった。つねに少数で多数の敵と戦わなければならないと考えていた日本軍は、こうした性能よりも数字で表わされる高い性能に関心を向けがちであった。米豪軍側がとくに優れていたのは、飛行機の性能に含まれない飛行機に対する高い修理・改修能力で、この点では特にオーストラリア人の優秀な技術と献身的サポートが航空隊の円滑な運用を助けた(『マッカーサー大戦回顧録』上　一三八頁)。飛行機の使い易さ、整備し易さと高い整備修理能力とが相俟って、米豪軍機は格段に高い稼働率を実現し、配備された機数をはるかに上回る存在感を示したのである(『マッカーサー戦記』Ⅰ　一三四頁、同Ⅱ　一六頁)。

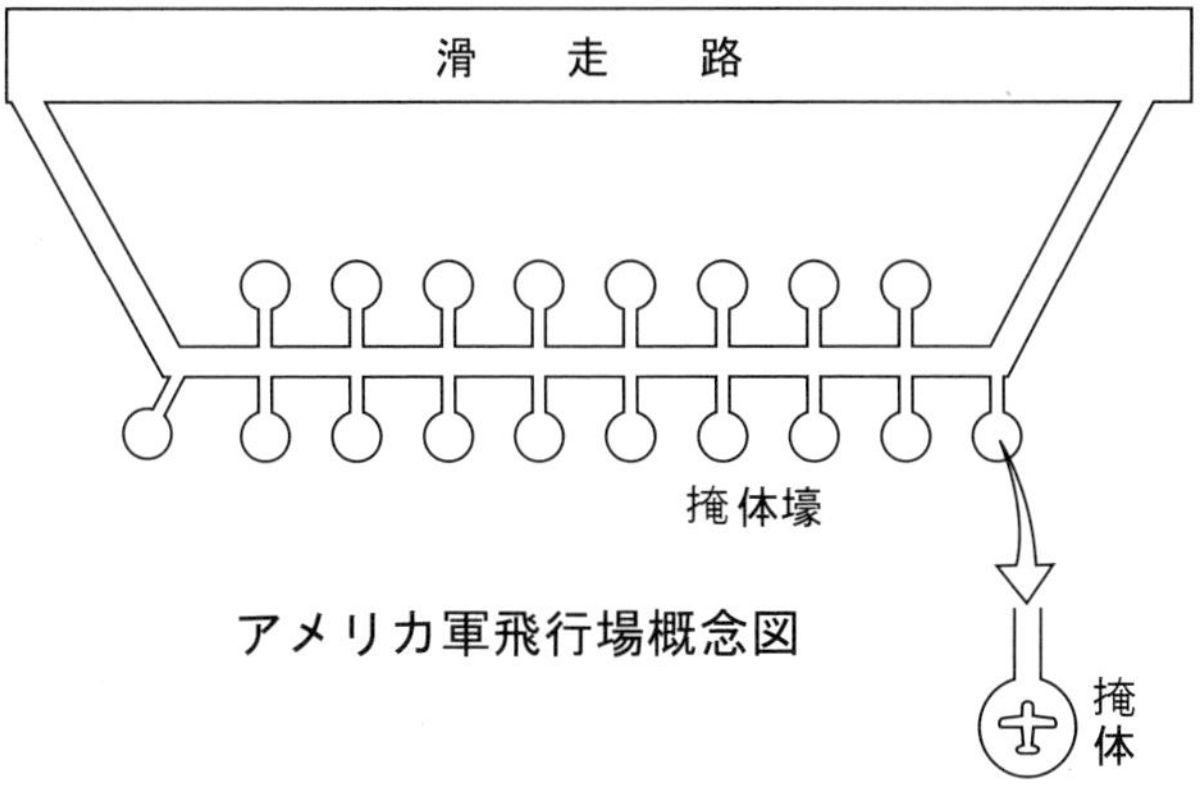

アメリカ軍飛行場概念図

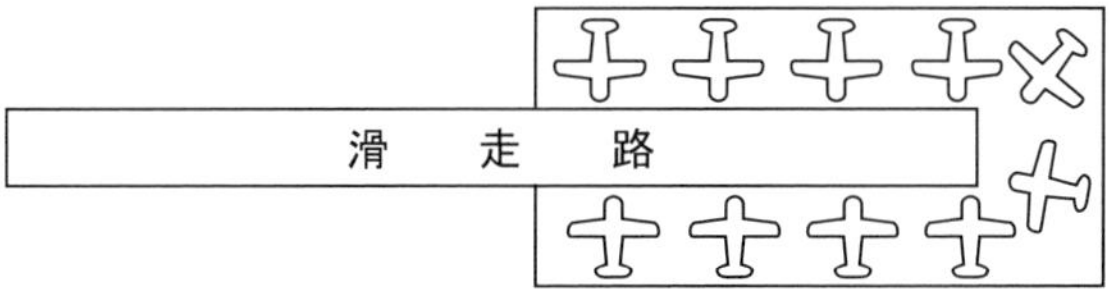

日本軍飛行場概念図

世界各国の陸軍航空隊はみな近接支援を重視したが、そのため最前線の近くに前線飛行場を設置しようと努めた。米豪軍の飛行場は、ミルン湾の戦いにおけるように最前線から十キロ前後の距離しかない例もあった。時速四百キロの飛行機であれば数分しかかからないから、攻撃を終えて着陸した飛行機は、すぐに燃料や弾薬を補給し、何回でも出撃を繰り返すことができる。頑丈で扱いやすいアメリカ製機体は、一日に何度でも往復できた。丈夫で故障の少ないことが出撃数の増加につながり、出撃数の増加は攻撃力の強化にもなる。航空隊の戦力は、配備機数よりも出撃数即ち稼働率によって左右されたとみるべきであろう（『マッカーサー戦記』Ⅱ　二五－六頁）。

　飛行場に余裕のあった米豪軍は、作戦が終了すると飛行機を安全な後方の飛行場にさげ、修理と整備を行い、搭乗員にたっぷり休息を取らせる。こうした運用によって、航空隊の戦力の維持と攻撃の継続をはかることができた。これに対して日本軍の飛行機は華奢で故障も多く、修理を受ける時間が長く、飛べないまま前線飛行場で地上攻撃を受けて破壊されるものが多かった。また搭乗員の酷使が目立ち、航空機の消耗以上に搭乗員の消耗の方が深刻な問題であった（富永謙吾前掲書五一三、五一六頁）。航空戦といえば日本人はすぐ大空での空中戦を連想するが、おそらく日本機の半数以上が飛び立てないまま地上で破壊されたと推定されている。

日本軍の飛行機が地上で破壊される確率が高かったのは、飛行場の造りが原因していた。米豪軍飛行場が堅固な掩体壕を必ず設置していたのに対して、日本軍の飛行場に掩体壕のあるものはラバウルの一部飛行場だけであった。機体を隠す場所のなかった飛行場は、恰好の攻撃目標になったのは当然のことであろう（白井明雄『戦訓報』第四巻所収「空襲ニ対スル飛行場防護」三三一頁）。

さて大本営及び第八方面軍は、これまでの劣勢を挽回し、新たな攻勢作戦を実行するために、第十八軍隷下部隊のニューギニア輸送の準備に着手した。天皇に約束した陸海軍が協同して行なう再攻勢作戦であり、陸海軍間で第五一師団をラエ、サラモアに輸送する第八十一号作戦が立案され、実施が発令された。この作戦は、まず師団の一部をラエ、サラモアに、次いで主力をマダンのほか、ラエ、サラモアにも上陸させる計画であった。

十八年一月二十三日には、第二十師団の第一陣がウェワクに上陸し、二月二十日には第四一師団の第一陣が同じくウェワクに上陸した。ウェワクとラエ及びサラモアとは仙台・大阪間に相当する距離である。安全なウェワクに上陸した部隊は、その後、敵の魚雷艇や潜水艦の待ち伏せ攻撃を覚悟しながら、大発を使って最前線のサラモア、ラエへと移動しなければならない。この頃のニューギニア輸送作戦は、攻勢を目的とする作戦の一環でありながら、師団を連隊単位、さらに大隊単位に細分化し、それぞれを最前線から離れた地点に分散上陸させる危険分散化をはかっていた。これだけみても攻勢作戦とは看板倒れで、実態は米豪軍のニューギニア進攻作戦が本格化する前に、防御態勢を急いで準備する守勢的傾向を強めていることがわかる。

しかしワウに対する岡部支隊の攻略作戦が挫折し、事情が大きく変わった。ポートモレスビー攻略戦のときのように豪軍が追撃してくれれば、サラモアだけでなくラエも直ちに危険に瀕することは不可避だった。マダン、ウェワクに上陸した第二十師団や第四一師団をサラモアやラエに回すには、大発等を使っても一ヶ月以上の輸送期間が必要であり、万一米豪軍の追撃があった場合、間に合わないおそれが大きかった。

ところが第三次ガ島撤退作戦を終え、海軍艦艇に多少の余裕を生じたこともあり、陸海軍の協同作戦として浮上してきたのが、ラバウルにあった第五一師団を直接ラエに送り込むという前述の第八十一号作戦計画である。第五一師団は栃木県宇都宮で編成された北関東の精鋭を集めた部隊である。輸送先を危険なラエにするか、安全なマダンにするかで第八方面軍司令部内で意見が分かれ、激しいやり取りがあったが、作戦が可能か不可能かでなく、必要か不必要かが問題であるとして、最終的にラエ行きが決まった。そこで参謀の第八方面軍参謀杉田一次大佐が主任となって実施計画が具体化されたが、杉田も成功率四割程度、杉田を補佐した原四郎中佐は五分五分と見込んだ決死的作戦であった（戦史叢書『南太平洋陸軍作戦〈3〉』三二頁）。

第五一師団といっても、一個連隊がワウ攻略作戦の岡部支隊の基幹であり、もう一個連隊がウェワクとマダンにそれぞれ分散上陸しており、残るのは第一一五連隊（群馬県高崎連隊）のみであった。実際にラエに行くことになったのは、第一一五連隊のほか、師団司令部、砲兵連隊、工兵連隊等の合計六、九一二名（この数字には異論あり、戦史叢書前掲書　五三頁）であった。これだけの兵員物資を輸送するために、六隻の輸送船、特務艦一隻、海トラック一隻が当てられ、これを駆逐艦八隻が海上護衛に、陸海軍機二百十数機が上空護衛につくという、文字通り乾坤一擲の大輸送作戦であった。

しかし仮に上陸作戦が成功しても、次には上陸軍に対して定期的に糧食、武器弾薬、補充員を送り続ける負担がのしかかってくる。上陸作戦でさえ決死作戦であるのに、後続の補給作業が続けられる見込みが立たない。補給の継続が絶望的であれば、のちの片道切符の特攻作戦と変わりない。

部隊の上陸と後続の補給は、ビルの建設とその後に続くビルのメンテナンスの関係に似ている。どんなに素晴らしいビルが完成しても、メンテナンスを怠るとたちまち廃墟同然になる。これと同じように、上陸部隊を送っただけで、必要な物資を補給しなければ、部隊はたちまち飢えて野垂れ死んでいく。メンテナンスの負担を計算に入れてビルの規模を決めなければならないのと同様に、補給可能能力をまず計算して、派遣部隊の規模及び作戦の範囲を決めるのが科学的作戦計画というものだが、海軍の行け行け主義、陸軍の精神主義や白兵主義といった要素が勢いを得ると、ポートモレスビー攻略作戦のように計算を無視した片道切符作戦がまかり通ってしまう。

第八方面軍では、第八十一号作戦の成否だけが議論されたが、上陸作戦後も補給が継続できるか検討が加えられた形跡がない。取り敢えず五一師団を送り、補給については「後で考える」、「何とかなるだろう」といういかにも日本的楽観論に基づき準備が進められた。気力、精神力も大切だが、作戦の遂行はあくまで合理的・科学的に行なわれなければならない。説明がつかなくなると、中央及び現地司令部の参謀達は「現地調達」「現地自活」の文言を計画に盛り込んではぐらかしてしまうことが多かったが、こうした無計画性のために、どれだけの部隊が棄軍の憂き目に合い、無駄死にさせられたか計り知れない。部隊の輸送作戦が決死的であるとすれば、その後の補給作戦は計画されていなかった可能性が大きい。

二月二十一日、ラバウルの第八艦隊司令部で「八十一号ラエ作戦陸海軍現地協定」が結ばれた。ラエ東方海岸を上陸地とし、輸送船団を二つの分隊に編成し、駆逐艦八隻からなる護衛隊の指揮官には、「白雪」搭乗の第三戦隊司令官の木村昌福少将が当たることになった。のちに木村はキスカ島からの奇跡的脱出を成功させ、水雷隊の英雄になる。ガ島撤収作戦終了直後のため、整備のため内地に回航した駆逐艦が多く、これだけの駆逐艦を準備するのが大変であった。トラック島には「大和」「武蔵」をはじめとする戦艦群、重巡群が碇を降ろしていたが、ソロモン海戦の後半頃からこれらの大型艦は無用の長物と化し、戦況が悪化しても身動き一つしなかった。それでも生き恥をさらす心境にならなかったのは、海軍士官が挙げて「艦隊決戦」の機会が必ず到来すると信じる信仰を持っていたからであろう。

軍艦の寿命は二十五年、三十年と長く、この間の歴史は誰も読むことができない。それだけにどの方向に進んでも対応できる柔軟性・融通性を盛り込んでおかないと、たちまち役立たずの無用の長物になってしまう。諸外国の趨勢に合わせて改修を加えやすくしておくのも一つの解決法だし、汎用性の高い艦をつくるというのも有力な選択肢である。だが人間は今を乗り切ればなんとかなると考え、ついつい存在感のある大きく強そうなものをつくりたがる。「大和」「武蔵」の建造は日本の運命を左右する大事業であったにもかかわらず、徹底した機密保持のもと、狭い視野に固まった海軍軍人の将来展望の下で進められた。これだけ大きいと柔軟性・融通性は望むべくもなく、完成後、はげしい歴史の趨勢について行くことができず、たちまち無用の長物になる可能性が大であった。

ソロモンの諸海戦は、太平洋戦争の主役が航空機と小型艦艇であることを教えた。艦艇では駆逐艦が引く手あまたとなり、あるゆる作戦で中心的戦力になった。高い機動力に裏打ちされた汎用性が評価を高めた。こうした情勢下で決まった八十一号輸送船団の編成は次のようであった。

第一分隊……神愛丸、帝洋丸、愛洋丸、神武丸（海トラック）
第二分隊……旭盛丸、大井川丸、大明丸、野島（特務艦）
護衛隊……白雪、荒潮、朝雲、時津風、浦波、雪風、朝風、敷波

駆逐艦「時津風」には第十八軍司令官安達二十三中将が、また「雪風」には第五一師団長中野英光中将がそれぞれ座乗し、八十一号作戦に対する陸海軍の並々ならぬ決意がうかがわれた。

「ラエ作戦陸海軍現地協定」に定められた航行速力は六から九ノットの間で、危険な作戦にしては遅過ぎる。足の遅い船が一隻でもいると、船団の速力はこれに合わせなければならなかった。花形の太平洋航路を走っていた豪華客船は重油を燃やすタービン機関で、十五、六ノットの速力ならば容易に出せたが、煉炭を燃料とする一般の貨客船、貨物船などは十一、二ノットも出れば優秀な部類に属した（日本郵船『日本郵船戦時船史』一七六頁）。

まだディーゼル機関を搭載した船は少なく、煉炭を燃料にする船が大半を占め、タービン機関とはいえ十ノット程

度が限度で、常用速度は八、九ノットであった。九ノットと十五ノットの差は飛行機にとっては問題にならないが、爆撃や雷撃の回避をはかる船団にとっては大問題であった。危険地帯を通過する時間を少しでも短くしたい船にとって、一ノットでも早いに越したことはなかった。

当時のラエには大型船が横付けできる桟橋がなく、輸送船と陸地とを往来する大発・小発による揚陸作業が必要で、これを担当するのが陸軍の船舶工兵部隊であった。明治以来、海軍の護衛は大発が陸地から迎えに来る地点までと決まっていたから、自ずと船舶工兵による揚陸作業は危険な任務になった。大発を出す余裕もなかったガ島戦の際、駆逐艦が海岸線ぎりぎりまで接近し、直接陸軍兵を収容することがあったが、これはいわば祖法破りである。助けて貰った指揮官が、祖法を破ってまで艦を陸地に近づけてくれた艦長に泣かんばかりの形相で感謝を伝えた例があるくらい、海軍艦艇が陸地に近づくことは稀であった。

小池愛雄大佐の率いる船舶工兵第八連隊、同第五連隊の一部、浅尾時正中佐の第三揚陸隊などが作業に従事することになったが、事前に細部調整のため、小池は隊付の中尾中尉ら二名を潜水艦でラエに先行させた。中尾らは、揚陸作業中の敵航空機の攻撃をかわすため、輸送船から気球を上げるなど幾つかの対策を実行することにした。

輸送中及び揚陸作業中の護衛は、右の駆逐艦八隻と上空直衛機で行うことにしていた。とくに上空護衛については、陸海軍航空隊が総力をあげて行うことが現地陸海軍航空作戦協定で確認された。この協定はラエ輸送だけでなく、マダン、ウェワクへの輸送も含んでいるが、これによれば陸軍一一〇機、海軍一〇八機を動員し、従来の進攻航空撃滅戦に代わって、船団上空直衛に徹するという画期的なものであった（戦史叢書『東部ニューギニア方面陸軍航空作戦』一六六―七頁）。

陸軍航空隊はラバウル南・西、マダン、ツルブ、ラエ、ウェワクの各飛行場、海軍航空隊はラバウル東・西、ラエ、ウェワクの飛行場を使用することとし、事前に機体整備や飛行場整備の地上要員や各種部品、航空燃料等が輸送された。ラエとウェワクは陸海軍共用としたため、一斉に着陸すれば駐機場の分捕り争いが起こるだけでなく、狭い飛行場内に群集すれば攻撃にさらされる危険性が高まると不安視された。

陸海軍が協力して行う上空護衛と聞けば、陸軍機と海軍機が同時に船団上空を飛行すると解釈するが、統合司令部を設置できなかった日本軍では、ある時間までは陸軍機が、その次は海軍機が担当するという形の協力しかできなかった。陸海軍機合わせて二百機といっても、実際には上空護衛に当たる最大機数はその半分にしかならない。つまり統帥権体制下では、陸海軍が協力しても一＋一＝一にしかならないのである。

大本営陸軍部作戦課長の真田穣一郎も、作戦終了後につけたメモに、

陸海軍航空の担任が、午前と午後というような部署では、一＋一＝二の戦力発揮はできない。統一使用に関しさらに努力せねばならぬ。　（前掲戦史叢書　一七五頁）

と記しているように、陸海軍がどれほど多くの航空機を投入しても、別々の時間帯を設定して担当するようでは戦力の強化にはならない。統帥権によって完全に分離した陸軍と海軍は、二つの国家の軍隊がその都度協定を結び、それを遵守して別々に作戦する「連合軍」のようなものであった。陸海軍が守ろうとしていたのは、日本国土とその国民ではなく、まるで矛盾に満ちた制度であったようにみえる。

米豪軍はマッカーサーを頂点とする統合司令部を設置し、陸海空戦力の統合運用を行い、少ない戦力でも大きな威力を発揮させたが、日本軍の場合、総合戦力が優位な時期があったにもかかわらず、その威力を発揮できなかった。三本の矢を一束にする故事を取り上げるまでもなく、強大化する米軍に立ち向かうには陸海軍の一体化が必須であったが、敗戦に至るまで両者は矢を一束にすることを拒否し続けた。南太平洋の島嶼戦では陸海軍の戦場に境界がないだけでなく、主兵器の航空機は陸上・海上の上空を自由に飛び回り、統帥権に基づく陸海軍の配置や作戦計画は弊害ばかりで、強大な相手を前にして改革を急がなければ、日本軍に勝機が訪れることは決してなかった。次第に戦力を

強化するマッカーサーの方が陸海空戦力を集中する戦闘形態をつくり上げつつあったのに対して、じり貧を避けられない日本軍の方が陸海軍分立のままであった。これが日本軍のかかえる最大の矛盾であった。

作戦の開始前に、敵の航空機及び飛行場等に対する航空撃滅戦を行うのが戦法の常道である。敵に何かはじめる前触れと感づかれる懸念はあるが、具体的作戦計画が洩れない限りは、徹底してやらねばならない。しかし八十一号作戦に備えた航空撃滅戦は甚だ物足りない内容であった。以下は航空撃滅を目的にしたとおぼしき出撃を拾ったものである。

二月二十一日　陸軍機二機でブナ攻撃、海軍陸攻四機でモレスビー攻撃、三機でブナ攻撃
二月二十二日　海軍陸攻二機でラビ攻撃
二月二十三日　海軍陸攻二機でラビ攻撃
二月二十七日　海軍陸攻一機でモレスビー攻撃、もう一機でノルマンビー島攻撃
二月二十八日　陸軍機二機でワウ攻撃
（戦史叢書『南太平洋陸軍作戦〈3〉』五〇頁、同『東部ニューギニア方面陸軍航空作戦』一七九頁）

偵察飛行の規模でどれほどの撃破ができたのであろう。海軍当局は相当の戦果を上げたと報じているが、陸軍ははなはだ物足りなさを感じた（戦史叢書『東部ニューギニア方面陸軍航空作戦』一七〇頁）。雨期の悪天候も影響していたが、あまりに出撃数が少なすぎ、海軍の報告がどうあれ、二、三機の投下爆弾量、機銃弾量を勘案すれば、相手に与えるダメージはたかが知れている。手ぬるい日本軍の航空撃滅戦に対して、米豪軍であれば徹底した撃滅戦を繰り返し、戦果が確認されるまで攻撃を繰り返すにちがいない。日本人はこれをすぐに国力のせいにしたがるが、日本軍人の淡泊な性格の方が強く関係している。日本人は人の弱みにつけ入ることをあまり潔しとしないが、地上にいる

第81号作戦概要図

飛行機を撃つのも潔しとしないのか手ぬるかった。

八十一号作戦全体の統一指揮官を置かないまま、護衛艦隊の指揮官、派遣部隊の指揮官、陸海軍航空部隊の各指揮官等に、それぞれの任務が下令された。マレー沖海戦が基地航空隊だけをまとめて目的を達したように、米豪軍の基地航空隊も同じ態勢で攻撃してくるかもしれなかったが、不十分な検討と不完全な準備のまま、作戦は予定通り実施されることになった。

八十一号作戦に関する現地協定では、ラバウルを出港した輸送船団は、マダンに行くと見せかけるために、まずニューブリテン島の北側の航路を進むことになっていた。ニューブリテン島の南側に比べれば、敵機の脅威が幾分少ないと考えられたことが理由であった。その後、進路を南東にとり海峡を抜け、ニューギニアのフォン半島に沿って航行し、フォン湾奥にあるラエに入る計画であった。ラバウルのあるニューブリテン島とニューギニアとの間にウンボイ島があり、ウンボイ島とニューブリテン島との間の海峡がダンピール海峡、ウンボイ島とニューギニアとの間の海峡がビティアズ海峡だが、日本軍は両海峡を厳密に区別せずダンピール海峡と呼ぶことがあった。計画ではウンボイ島の北側を回って海峡に入ることにしていたので、正確にはビティアズ海峡通過といわなければならないが、本論では一般的通称にしたがうことにする。

これだけの作戦計画だから、米豪軍は比較的早い時期に八十一号作戦の動きを察知したものと思われる。おそらく解読に成功していた日本海軍の暗号通信の傍受によって知ったに違いない（Thomas E. Griffith Jr. *MacArthurs Airman* 一〇一頁）。ウィロビーの『マッカーサー戦記』Ⅱは、「ラエおよびサラマウア〔サラモアのこと―筆者注〕の救済、増援のため、大船団を送ってくるだろうと予期された」（一一頁）ので、対抗上の準備に入ったとしているが、いくら優秀な米軍でも日本軍の計画をズバリと言い当てるのは至難の業で、暗号解読なくしては的中させることはできなかったにちがいない。まだ海戦をしかけるほどの規模に達していないマッカーサーの艦隊では無理であったのか、あるいは日本海軍の護衛が駆逐艦のみであるという情報からか、艦艇を使わず、ケニーの航空隊だけで輸送船団を攻撃することにしたらしい。

航空隊司令官ケニーは、副司令官ホワイトヘッドに輸送船団攻撃の作戦計画の立案と準備方を命じた。ホワイトヘッドは、オーストラリアの修理廠で機首に最新式十二・七ミリ機銃八挺を装備する方式に改造されたB25爆撃機の特別中隊（十二機）を編成し、指揮官にケネス・ウォーカー（Kenneth Walker）を選んだ。ケニーはウォーカーらに対して、これまで航空隊の戦果が今一つ足りないのは、爆発の衝撃波を恐れるあまり爆弾投下高度がどうしても高くなるためで、今後は高度を下げる工夫と徹底した低空訓練を行なうよう命じた。

ウォーカーは、すでにヨーロッパ戦線で英軍航空隊が採用して大きな戦果を上げている海面反跳爆撃（Skip Bombing）戦法を実行することにした。太平洋戦線ではまだ行われたことのない戦法を成功させるため、豪軍航空隊のビューファイター爆撃隊（十三機）、同B25特別中隊（十二機）、A20攻撃機隊（十二機）を選び、厳しい訓練を行なった（*MacArthurs Airman* 一〇六頁）。作戦の三日前の二月二十八日に事前点検のために、航空部隊を総動員した大がかりな訓練が行なわれ、新戦法の手順について最終確認が行なわれた。作戦には長期間の準備が必要で、百機を越す攻撃機の集中と各編隊の高度と速力、新兵器の搭載、機体の改修、新戦法の演習等にまでわたる周到な準備が行なわれた。早い段階で日本側の計画に関する具体的情報を入手していなければ、ここまで徹底して準備し、直前になって模擬訓練まで行なうことはありえなかった。

米南西太平洋軍の中央局（ＣＢ）が、日本軍の暗号を解読して関係機関に流す情報をウルトラ（ＵＬＴＲＡ）報告と呼んだが、これによれば、三月五日から十二日の間に日本軍の船団がラバウルを出港する見込みと伝えてきた。しかし実際に輸送船団がラバウルを出たのは二月二十八日午後十一時、風雨混じりの悪天候の中、七隻の輸送船及び特務艦等からなる輸送船団は真っ暗なラバウル港を出港した。港外で待ち構えていた護衛の駆逐艦八隻と合流し、輸送船は第一分隊が右縦隊、第二分隊が左縦隊となって、予定航路に沿って進航した。翌三月一日は快晴であった。

早速ラバウル周辺を見張っていた敵潜水艦に発見された。「白雪」がこれを追跡したが見失った。ついで哨戒中のＢ24に接触された。夜にも敵哨戒機から吊光弾《ちょうこうだん》が船団上に投下され、米豪軍が完全に船団を捕捉していることを思い知らされたが、まだ攻撃して来なかった。米豪軍側はこれからはじまる戦闘を「ビスマルク海海戦」と呼ぶことにしていたが、この海戦の期間を三月一日から三日までとしている（Lex McAulay, *Battle of the Bismarck Sea*　一〇一頁）。右のように三月一日には、米豪軍機は日本船団を追跡しただけだが、偵察情報に基づき攻撃に参加する百数十機が爆弾や機銃弾の搭載を完了し、いつでも出撃できる態勢につき、事実上戦闘が始まったという意味で、三月一日を海戦開始日としているのであろう。

三月二日早朝、船団はニューブリテン島西端グロセスター岬の北東海面を航行中であった。午前八時少し前、まず七機のＢ17が現われ、続いて同型の三機編隊二個が接近し、一つは高度三千、もう一つは二千メートルで水平爆撃を行なった。これに対して担当の海軍零戦十八機が応戦して四機を撃墜したものの、その間に第一一五連隊第三大隊の乗った「旭盛丸」が直撃弾を受け、同船は火災を起して隊列から離れ、九時半頃沈没した。さいわい遭難訓練の成果が現れ、兵員一、五〇〇名と火器の多くが沈没をまぬがれ、九一八名が駆逐艦「朝雲」「雪風」に救助された。第五一師団長ら百五十名が乗艦する「雪風」の甲板は、新たに収容した百十八名と積める限りの軍需品を海から拾い上げたため、立錐の余地がないほどあふれ、同艦は「朝雲」とともに船団に先んじてラエに急行した。他の輸送船も至近弾を受けて破片孔ができたが、航行には支障がなく、船団は予定通り航行を続けた（戦史叢書『南東方面海軍作戦〈3〉』五六－七頁、鈴木正己『東部ニューギニア戦線』六六頁）。

午後二時二十分頃、再び六機のB17が現われて水平爆撃を行なった。午後の担当であった陸軍の一式戦（隼）が奮戦し撃退に成功したが、被害を受けた各船に若干の死傷者が出た。同四時二十分過ぎ、三度目のB17の攻撃があった。八機が襲いかかってきたが、一式戦がこれを迎撃した。しかし至近弾を受けた「野島」に十八名の戦死傷者が出た。この日の攻撃はすべてB17によるもので、輸送船の撃沈よりも船団の攪乱を狙った作戦とみられる。

船団の位置がまだニューブリテン島西端北方からロング島の東方海域にあり、そのため足の長いB17だけが使用されたと思われる。したがって海峡を通過しフォン半島沿海海域に出れば、これまで散々痛めつけられてきたB25のほかA20や26、それに豪軍のビューファイターらの攻撃を受ける公算が大きかった。B17による中高度爆撃による被害は、まぐれ当たり的性格が強かったが、B25らの攻撃はそのような生やさしいものでなく、一発必中的攻撃を覚悟しなくてはならなかった。船団の位置や隻数、護衛駆逐艦の対空火器の能力もすべて知れわたってしまったので、航空兵力を総動員して襲いかかってくることはまちがいなく、日本側も大急ぎで上空警戒を強化するために空母「瑞鳳」の戦闘機隊を直衛隊に編入した。

三日朝も快晴であった。夜明け前にラエに急行し、五一師団長や救助した将兵や軍需品を送り届けてきた「雪風」「朝雲」が戻って船団に合流している。一晩中敵機は吊光弾を投下して監視を続けた。夜が明け、また長い長い一日を過ごさねばならないと思うだけで、船団搭乗員は神経が引きつりそうであったと想像される。早朝、船団はウンボイ島北側からダンピール（ビティアズ）海峡に入ったところで、突然針路を北西にふった。マダンに向かうと見せかける欺瞞行動だった。間もなく再び南に変針して海峡に入ったが、九ノットの船団だからすぐに敵哨戒機に変針を見破られている。

船団は海峡を無事通過、フォン半島に沿って航行し、針路をラエの方向にとった。すでにラエから百四十キロの地点に達しており、あと八時間か九時間で到着する計算になる。午前中は海軍の担当で、零戦二十六機が六千メートルで上空援護に当たっていたが、攻撃を受ける可能性が大きいとして、ニューアイルランドのケビアンから飛んできた「瑞鳳」の十五機が追加され、合計四十一機になった。午前八時前、南西の空に無数の点があらわれ、視認できた米豪軍の戦爆連合群はおよそP38が三十機、B17が二十五機、B25・A20が四十機、さらに少し遅れて南の方向から低高度をP38、B17、ビューファイター、B25、A20らの五十機近い一群が接近してきた。先行する一群が日本機を引き付ける役目で、後発の一群が船団攻撃を受け持つ作戦であったのは、それぞれの高度を見れば明らかだった。

上空直衛機が先行の米豪軍機に襲いかかり、激しい空中戦がはじまった。その間隙をぬって豪軍のビューファイター十三機が、各機が選んだ船団の目標に向かって波しぶきがかかりそうな超低空で迫った。これまで見たことのない攻撃法であった。英国製ビューファイターは沿岸防禦用の爆撃機で、接近する敵艦船を低空で攻撃する高い能力を持っていた。ビューファイターは目標の直前まで超低空できたかとみるや機首を僅かに上げ、黒い弾を水面に落とし、マストすれすれに反転して過ぎ去った。次の瞬間、船腹に火の玉が上がり船体が激しく動揺した。反跳爆弾が命中したのである（*Battle of the Bismarck Sea* 一三一－一四二頁）。

反跳爆弾は、子供の遊びにある「水切り」と原理が同じで、超低空を高速で飛行する機体から投下された爆弾は海面で飛び跳ね、スキップでもするかのように目標の横腹に突っ込んでいく独創的兵器である。投下地点が目標のすぐ手前で、しかも航空機に近いスピードで爆走するから、数キロの近い距離から撃つ航空魚雷より遙かに命中率が高い。この攻撃方法で航空機の接近を許せば、まちがいなくやられると覚悟しなくてはならないほど正確であった。魚雷攻撃と錯覚した駆逐艦の中には、大急ぎで回避動作をとるものがあったが、投下後、わずか七、八秒前後で激突する爆弾をかわすことはできなかった。

第一波の数分後、Ｂ25特別中隊、Ａ20攻撃機隊の順で襲ってきた。第一波を免れた船も第二波、第三波で命中弾を受け、つぎつぎに爆発の閃光と火の玉があがった。時間にしてわずか二十分から二十五分のことであった。火災が広がって白い煙に包まれる船、黒煙を上げながら走り回る船、すでに沈みはじめた船など、わずか数分の間に惨憺たる光景が出現した。まず「建武丸」が被弾直後に轟沈、「愛洋丸」が午前十一時半頃沈没、午後には「神愛丸」「大明丸」「帝洋丸」の順で沈没した。「野島」は最初の攻撃で被弾し航行不能となり、さらに「荒潮」に衝突、十二時半に総員退去後、第二次空襲で沈没した。夜を迎え、漂流していた「大井川丸」が米魚雷艇二隻の攻撃を受け、午後十時半頃沈没、この結果、輸送任務に当たっていた船はすべて沈没した（戦史叢書『南東方面海軍作戦〈３〉』六〇頁）。

船団指揮官座乗の「白雪」は船団の前方にあったが、反跳爆弾が後部弾薬庫を直撃、直後の爆発で船体が包丁で切断されたように千切れ、木村司令官は機銃弾で重傷を負った（前掲戦史叢書　五八頁）。第十八軍司令官安達と参謀長吉原らが乗った「時津風」も反跳爆弾を食らったが、爆弾のスピードが速すぎたためか、あるいは信管の調整に問題があったかして、爆弾は艦を突き抜けて反対側に飛び出たところで爆発している。艦は航行不能になり、やむなく第十八軍司令部を「雪風」に移した。護衛部隊の最後尾にいた「雪風」には、向かってくる敵機が少なく、米豪軍航空隊の凄まじい攻撃風景を遠くから見物することができた。こうした運に恵まれたからこそ、幾度となく激戦をかいくぐりながらも戦後まで生き残り、賠償艦として台湾政府に引き渡される稀有な例になったのであろう。

護衛の駆逐艦も悲惨であった。「白雪」は艦尾切断後間もなく沈没した。「時津風」は全員が「雪風」に移ったあと漂流を続け、翌四日に日本機、次いで敵の超低空爆撃を受けて沈没した。「荒潮」は被弾後、舵の故障のために前述の如く「野島」に衝突して艦首を大破し、その後第二次攻撃を受けて放棄され、乗員は「朝潮」「雪風」に収容された。「野島」が沈没したのは四日明け方で、Ｂ17の爆撃で沈没した。「朝潮」は、「荒潮」と「野島」の乗員及び陸軍兵の救助後、北方に退避の途中、二回にわたって敵機の攻撃を受けて沈没した。その際、吉井五郎「朝潮」艦長、久保木英雄「荒崎」艦長が戦死、佐藤康夫駆逐艦司令は艦と運命を共にした（前掲戦史叢書　六二頁、『丸別冊　地獄の戦場―ニューギニア・ビアク戦記』所収　斉藤一好「ダンピール海峡の悲劇」一三一―二頁）。
波間には、竹浮罐や漂流物につかまったり、救命胴衣でなんとか浮かんでいる遭難者が十名から二十名くらいの一かたまりになっているのが無数に見えた。その間には搭載物資やら、船体の一部やらが浮かんでいた。午前九時頃から攻撃を免れた駆逐艦四隻が遭難者の救助を開始した。午前十時半頃、敵大編隊の来襲が伝えられ、駆逐艦は救助作業を打ち切り、ロング島北側に退避した。

この駆逐艦群が全速力で北に向かって退避中のところを、十一時半から海軍に代わって上空直衛の任につくために現場に急行中の陸軍機がこれを発見、おかしいと思いつつ予定海域上空に来てみると、炎上中の輸送船や漂流中の駆逐艦、おびただしい数の漂流者や破片を発見し、はじめて輸送船団が襲われたことを知った（戦史叢書「東部ニューギニア方面陸軍航空作戦」一七二―三頁）。この一事でも、海軍が陸軍に遭難を知らせ、陸軍航空隊の急行を催促していなかったことがうかがい知れる。陸海軍協同の戦争ができない日本軍は、これほどの惨敗を喫しても、連絡し合って協同で作戦することができなかったのである。

統一司令部があれば、海軍航空隊から米豪軍攻撃の通信を受けた統一司令部が、直ちに陸軍航空隊に現場急行を命ずる一方で、残りの飛行機に緊急出撃を命ずる処置がとれたかもしれない。しかし協定に従って行動するだけの陸海軍は、協定に敵機の襲撃日時と共同防禦が規定でもされていないかぎり、陸海軍戦闘機が一緒になって戦うことは期待できなかった。陸軍航空隊が現場に到着したとき、事態の深刻さに驚愕した海軍機八機も居残って上空を警戒し、一時過ぎに来襲した米豪軍機に対して協同して当たったが、こうした事例は稀であった。

全速で北上する駆逐艦群の「雪風」に第十八軍司令部が移乗していたが、ロング島北側で停止したとき、吉原参謀長は「敷浪」に指揮官の木村を訪ね、フィンシュファーフェンかシオ（Sio）への上陸を求めた。だが海軍側は、糧食も武器弾薬も失ったまま上陸しても、かえって先遣隊に迷惑をかけるだけであり、ラバウルに戻って再進出をはかるべきだと説得した。その直後、ラバウルで行われていた第八方面軍と南東艦隊司令部との協議によって駆逐艦群の帰投が決まったので、結局吉原も折れるほかなかった。「敷浪」「雪風」の二艦は、損傷した「浦波」とケビアンから救援にきた「初雪」に救助された二、七〇〇名と溺者救助に向かう他艦の積み荷を収容し、ラバウルに直航した（戦史叢書『南太平洋陸軍作戦〈3〉』五六一七頁、鈴木正己『東部ニューギニア戦線』七〇一一頁）。二隻は四日朝ラバウルに帰投したが、十八軍司令部を迎えにいった井本は、「皆無言、心中を察するの外なし」（井本前掲書　三六五頁）と、慰めの言葉もかけられない様子を書き残している。

「雪風」「朝雲」「敷波」は、日没を待ってラバウルを出航し、再び遭難現場に急行した。現場に到着したとき、高い波浪と早い潮流によるためか漂流者をなかなか発見できなかった。だが鉄塊になり果てた「荒潮」の残骸に生存者のいるのを発見、百七十名を救出した（前掲斉藤一好「ダンピール海峡の悲劇」一三二頁）。早朝の攻撃後、午後一時過ぎに二回目の攻撃があり、上空直衛の陸軍航空隊と海軍零戦隊がこれを撃退したが、その間をすり抜けた敵機が、漂流する将兵に向かって執拗な機銃掃射を浴びせ、多くの人命を奪った。漂流者を掃射するなど武人の恥と考える日本の軍人にはとてもできないが、米豪の軍人は違っていた。

日露戦争の旅順攻防戦の際、突撃で倒れた日本兵を、要塞から出てきたロシア兵が確認するように一人ずつ銃剣で刺していく話は広く知られている。武士道精神を継承し、これを誇りとする日本の軍人は、正々堂々戦うことを理想とし、卑怯な振る舞いをするのを恥と教え込まれ、欧米人のこうした行為がどうしても理解できなかった。欧米では敵の息の根を止めなければつぎに自分がやられる意識が強く、虫の息の敵にも止めを刺すことに良心の呵責を感じなかった。日本と欧米のこの相違は、歴史と文化の相違に根ざすものと考えられるが、それ以上に市民戦争時代の戦争体験回数の差が影響していると考えられる。

四日、陸軍の百式司偵がフィンシュファーヘン南東約百七十キロ附近に多数の漂流者を発見、九五八空の水偵がゴム浮舟等を投下した。五日にも陸攻六機が海軍零戦の援護を受けながら漂流者に対する救命具の投下を行っている。これに呼応して潜水艦が出動し、四日に「伊一七潜水艦」が三十四名を救助、同艦は翌六日にも一五六名を救助、また「伊二六潜水艦」も二十名救助している。七日には「呂一〇一潜水艦」がスルミ南方で「野島」艦長以下四十四名を救助、八日にはまた「伊二六潜水艦」がグッドイナフ島西方で陸兵四十四名を救助、同艦は九日にもスルミ南方で四十名を救助する功績を上げた（戦史叢書『南東方面海軍作戦〈3〉』六二一−三頁）。三月十二日から四月五日にかけて陸兵約八十名がニューブリテン島スルミ附近に漂着、またニューギニアに漂着してラエまで歩いて辿り着いた陸兵が二十一名いる。これ以外に、潮流に流された漂流者は、スルミ、ニューギニアのブナ、マンバレーのほか、豪軍支配下のキリヴィナ島、グットイナフ島に流れ着き、捕虜になった者もあった（戦史叢書『南太平洋陸軍作戦〈3〉』六〇頁）。

輸送船団の全滅によって、高崎連隊をはじめとする第五一師団及び輸送船、護衛部隊等の戦没者がどれほどに上るか、生き残った者はどれくらいか、明確な数字はない。二日にラエに先行した一、〇八二名、三日に救助された約二、七〇〇名、四日の「荒潮」の救助者一七〇名、潜水艦による救助者二九四名、その他六十一名、右の人員を合計すると四、三〇七名になる。

戦後まとめられた「第十八軍作戦記録」によれば、ダンピールにおける第五一師団関係の戦没者は一、九三六名となっている。駆逐艦群や「野島」の戦死者数は明かでないが、およそ三百名と推算すると、戦死者は約二、四五〇名、行方不明者約一五〇名、生存者四、三〇七名となり（井本熊男前掲書では三、九〇〇人、三六三頁）、総人員六、九一二名中、約三五％の将兵が戦没した計算になる。このうち第一一五連隊は一、一五七名を失い、ほとんど全滅に近い状況になった。その他は一般に伝えられたほどの惨事ではなかったが、「野島」を含めた輸送船八隻、駆逐艦四隻、その他おびただしい量の糧食や武器弾薬を喪失したことは、南方戦線で確保できる軍需品を考慮した場合、恢復不可能に近い打撃であった。

米豪軍側の航空攻撃の最高責任者であったケニーが、何隻の艦船を沈めたのかは大した問題ではなく、「重要拠点ラエを救援しようという日本軍の努力が完全に失敗したという重大事実」が何よりも重要だと述べたことは、さすがに正鵠を得ている（『マッカーサー戦記』Ⅱ　一三一四頁）。日本軍にとって輸送作戦の失敗は、次のサラモアとラエの戦いを、当てが外れた人員補充と糧食・武器弾薬の補給でやり抜かなければならないことを意味し、天皇に約束したニューギニアでの攻勢作戦が出だしで早くもつまづいたことを物語る。

第十八軍司令部と第五一師団のニューギニア派遣は、何度も述べたように現地陸海軍が総力を挙げて取り組んだ攻勢方針の第一弾であった。しかしニューギニアに辿り着くことさえ極めてむずかしくなっていた現実を、取り返しがつかないほど甚大な犠牲を出して、改めて教えられただけであった。早くも攻勢作戦について根本的見直しが必要になったが、中央では参謀総長が天皇に約束したことでもあり、おいそれと言い出せなかった。中央では相変わらず体面だとか過去の経緯が問題にされ、戦況という現実が後回しになることが珍しくなかった。また参謀本部や軍令部では、戦術や作戦方針を見直す動きがあって然るべきところ、それもなかった。これ以後、夜間の大発や海トラックによる沿岸航行、大阪から仙台ぐらいまでの距離を荷物を担いで延々と歩き続ける兵士の光景が、ニューギニア戦の風物詩にもなった。攻勢などという威勢のいい言葉は、早くも死語になり、間もなく飢餓地獄に追い込まれていく。

（四）　マダン・ラエ間道路建設とサラモア戦

ワウを撤退した日本軍を追撃しなかった豪軍がワウからムボに至る道路を建設し、本格的攻勢を準備しているらしいことを偵察機がとらえた。岡部支隊の所属する第五一師団では、これをサラモア、ラエに対する進攻準備の一環と判断したが、フランシスコ河の上流からボブダビ（Bobudubi）を目指している動きまでは把握しなかった。

ワウそのものは陸の孤島で、ポートモレスビー側からの道路はない。すべて空輸で維持されているだけだが、そこから道路工事を開始し、部隊を派遣し、前進した部隊に補給を続ける能力は、日本軍がどう頑張ってもできるものではない。豪軍も開戦後にこの手法を思いついたわけでなく、ジャングルに覆われた未開地の開拓で採用した方法を戦争にも生かしたという側面が強かった。日本の植民地であった南洋に近い台湾の開拓事業は、熱帯の風土病対策や農業灌漑事業の導入なくしては成功しなかったが、こうした軍事以外の分野に軍人が目を向けることは少なく、折角の経験も生かされなかった。

十八年五月初旬頃、豪軍のムボとボブダビに対する攻撃がほぼ同時にはじまった。ムボに迫ったのは豪軍第三師団の第七大隊、ボブダビには豪軍独立第三中隊であった。ムボにはワウからさがった岡部支隊が防禦陣地を築いていたが、これに第一一五連隊の一部が増援に送られ、またボブダビに同じく第一一五連隊郡司中隊の一部が守備についていた。群馬県高崎出身の第一一五連隊は、ダンピール海峡で輸送船が撃沈され、救助されてラバウルに戻ったのち、再度大発を乗り継いで辿りついた部隊である。

ダンピールの悲劇後、駆逐艦と潜水艦を使ってラエ、フィンシュハーヘン、ニューブリテンのツルブに補給品の輸送が行なわれたが、一方でフィンシュハーヘンとラエ間に輸送舟艇の秘匿基地を設け、大発、海トラック、さらには静岡県の焼津漁港で徴用した漁船団を使って少しずつ運ぶ態勢が整備された。第一一五連隊ばかりでなくラバウルに一旦戻った部隊は、大発ルートを使ってラエに到着し、それからサラモアへと送られていった。

八十一号輸送作戦の失敗後、ダンピール海峡は魔の海と恐れられたが、海峡の対岸にあるニューギニアもまた魔境であった。夜明けから日没まで絶えず米豪軍機が飛び交い、銃撃・爆撃を繰り返し、地上にいる日本兵は程度の差こそあれ「空爆恐怖症」にかかった(飯塚栄地前掲書　五八－九頁)。十七年前半まではB17爆撃機、P39・40戦闘機が主体であったが、後半になるとB24、B25爆撃機、P38戦闘機が登場し、性能が向上するにつれ活動も積極的になった。B24はB17以上の爆弾搭載量を誇り、機体全体にハリネズミのように沢山の機銃を備え、日本機の迎撃など無視して海峡上空を長時間にわたり哨戒し、日本軍の動きを発見すると、六、七トンもの爆弾をスコールの如く降らせて苦しめた。またダンピール海峡における超低空爆撃でも活躍したB25は、機首に取り付けた十二・七ミリ機銃八挺だけで駆逐艦を大破させる能力を持ち、低空で飛来しては輸送従事中の日本軍の小型舟艇を撃沈し、日本の補給活動に大きな打撃を与えた。

間断のない空爆によって日本軍の補給は滞った。危険を冒して運んだ糧食や軍需品は、一旦ラエに集積され、それから舟艇によってサラモアに輸送された。この途中の危険度もダンピール海峡と大差なかった。サラモアから先は兵士頼みの担送であり、周囲の部隊から差し出された兵員によって、山道、渓谷を登ったり降りたりして前線近くに届けられた。それから糧食班、給水班が銃爆撃の合間をぬいながら、飲まず食わずで配置につく最前線の部隊に食糧や水、医薬品を配って回った。ムボの機関銃座に補給のため飛び込んだ前出の飯塚栄地は、

兵士の顔をのぞいて、二度びっくりしてしまった。人間の顔色ではないのだ。ひと口に土気色といっても、ピンとこないような異様な顔色をした兵隊が、ボロボロの軍服を着ている姿はこの世のものとは思えなかった。

（前掲書　六六頁）

と述懐しているように、最前線の兵士は、極度の緊張と飢餓のために幽鬼のように変わり果てた姿になっていた。

五月二日に陣地を後退したムボ守備隊は、第一一五連隊の増援を得て九日に反撃に出た。払暁から攻撃を開始したが、急峻な地形に遮られ、夕方までに敵陣に接近できなかった。そこで十日早朝から再攻撃を開始し、日本軍得意の突撃を繰り返して、夕方までに敵陣を攻略した。一方、第一一五連隊郡司中隊が守備するボブダビ高地に対して、八日になると二方向から豪軍が迫ってきた。郡司中隊は高地の中腹に後退したが、高地の東方を守っていた補給援護小隊だけは頑強に抵抗した。十四日から豪軍は総攻撃を開始し、フランシスコ河対岸の砲台から撃ってくる砲弾のために多くの死傷者を出し、小隊と守備隊は夕方までに高地を放棄した（戦史叢書『南太平洋陸軍作戦〈３〉』一五五－一五七頁）。

戦闘中、岡部支隊長が地軸地雷のために負傷しラエに後送された。地軸地雷は小銃弾ぐらいの大きさで、これを装

填した筒を上に向けて地中に刺し込み、草や落ち葉をかけて見えないようにし、敵がこれを踏むと弾が発射され軍靴を破って足の中に食い込む仕掛けであった（飯塚栄地前掲書　七四頁）。いつ頃から使い始めたものかわからないが、ワウ進攻作戦では相当な兵士がこれにやられている。岡部支隊長の後送にともない、五月十六日に事実上支隊を解散し、第五一師団の部隊とし、ムボ、ナッソウ、サラモアの三地区に警備隊として配置された。

五月十五日、第六飛行師団の白城子飛行団がボブダビ、ワウ方面をはじめて本格的に攻撃した。白銀飛行団長がラエ飛行場に進出し、直接作戦の指揮をとった。ボブダビ方面には、マダン、ラエ、ブーツを出撃した一式戦、九九双軽、軍偵によって午前二回、午後一回の攻撃を、ワウの飛行場には午前八時半より九七重爆、一式戦による銃爆撃が行なわれた。ラエにいる飛行団長と第五一師団との間にも直接連絡はなく、第八方面軍あるいは第十八軍を介して通信を行なう悠長な態勢では、航空機を使う戦闘では大きな戦果を上げることはむずかしい。すでに日本軍によってボブダビが奪回されたことを知らされなかった爆撃機隊がこれを攻撃し、二十数名の友軍を死傷させた。組織内の横の連絡・連携の悪さ、地上部隊と航空機が直接交信できない欠陥がもたらした悲劇であった（戦史叢書『東部ニューギニア陸軍航空作戦』二四一－二頁）。

とはいえラバウルから長距離を飛行してきたこれまでの攻撃に比べ、至近のラエや若干遠方のマダンやブーツからの攻撃は滞空時間に余裕があり、地上目標をよく選んで攻撃が行われ、戦果も小さくなかった。爆撃能力を持つ偵察機などは、爆撃後一旦ラエに戻り、さらにもう一度爆撃のために戻っているが、こうした近接飛行場からの反復運用こそ陸軍航空の目指してきた理想であった。航空機の耐久力、飛行場を含む地上支援態勢の面で、米豪軍のような一日六、七回もの出撃は望めなかったが、理想に一歩近づいたことは確かであった。

しかし日本機の攻撃を見ていた兵士の感想は、「その音は敵機にくらべて決して重量感のあるものではなかった。銃撃の音があまりにも短かく、もの足らなかった」（飯塚栄地前掲書　七六頁）といったように、日本機の小さい口径の機銃音、弾薬を倹約する攻撃は、米豪軍機の攻撃に慣れていた地上の日本兵にとって拍子抜けであった。それでも攻撃が反復されれば、必ず戦果があがるはずである。しかし地上軍支援攻撃はこの日かぎりで、翌日からは再び米豪軍機による攻撃を朝から晩までひっきりなしで受けるようになった。折角行われた日本機の活動であったが、継続性のない攻撃では、敵の攻撃を押しとどめる力にはなりえなかった。

豪軍の進攻が近いと判断された六月十九日、第五一師団長は、戦闘司令所をムボ付近に設置した。損耗の激しかった第一〇二連隊、第一一五連隊に代わって、ラバウルとコロンバンガラ島で警備に付いていた新来の宇都宮第六六連隊が前面に出て、ムボ正面の豪軍に対する攻撃準備に着手した。二十日午前三時に夜襲を開始したが、豪陣地は巧みに銃座を秘匿し、前面にピアノ線、地雷を配置して日本軍を苦しめた。午前八時、豪軍の軽機、重機による物凄い射撃にもひるまず、突撃ラッパの合図とともに喊声をあげながら豪軍陣地に迫り、午後五時半頃までに豪軍第二線陣地に進出することに成功した。豪軍が頼みとする米軍のB24及びB25の爆撃は、日豪両軍があまりに接近し過ぎていたため効果的爆撃を行なうことができなかったのである。二十七日までに日本軍は目指すミネ陣地に達したが、豪軍との間に距離ができると米軍爆撃機の猛爆がはじまり、身動きできない状態に追い込まれた。この苦境を認めた中野師団長は、目的達成という理由で部隊を攻撃開始線に後退させ、第六六連隊は第一〇二連隊と警備を交代した。

ちょうどこの頃、第八方面軍司令官で大将に昇進したばかりの今村均は、ニューギニア視察のため佐藤参謀副長、第二課長加藤大佐、井本（熊男）中佐を伴ってラバウルを離陸し、まずマダンの第十八軍司令部に向かった。司令部のある猛頭山で第二十師団長青木重誠中将の報告を受け、夕刻第十八軍司令官安達二十三司令官の報告を聴取した。一行は馬で近くを視察したが、馬の腹までぬかるむあまりの泥濘に強い衝撃を受け、井本は、

一度この地特有の豪雨に会えば、たちまち深い泥沼と化して、交通は元のジャングル内以上に困難となる。大本営は兵要地誌上、用兵の能否も全くわからない状態で、ニューギニアに兵力を突っこんでしまったのである。

（井本熊男前掲書　四二三頁）

と、後悔の辞ともいえるような所感を述べている。

この視察の目的の一つは、第二十師団が取り組んでいるマダン・ラエ間道路建設工事の進捗状況の確認であった。青木師団長を呼んだのもこのためだが、当時悪性マラリアにかかっていた師団長は、報告を終えて戻って間もなくの六月二十九日に戦病死している。

今村ら方面軍司令部が、なぜマダン・ラエ間道路に気にかけているかといえば、九月末の完成を目途に、この道路を使ってマダンからラエに兵力・武器弾薬を送り込み、一挙にワウを叩く作戦計画を立案していたからである。しかし現地に来てみて、聞きしにまさる泥濘に驚いた方面軍司令部一行は、第十八軍司令部に対して、九月末までに是非でも完成するように現場を催促しないでくれと注意している（井本前掲書　四二二頁）。その背景には、二月はじめに第十八軍参謀長吉原矩が、現場が六ヶ月かかると報告したのを三ヶ月でやれと厳しくしかった経緯がある。吉原は工兵の権威と評され、道路建設が決まったのも吉原の一言が決め手になったといわれるほどで、誰も専門家としての彼の判断に反対できなかった（前掲戦史叢書　一〇二頁）。この段階で吉原はまだ現場を見たこともなかった。しかし実際に工事がはじまってみると、ニューギニアの自然の猛威は想像をはるかに越え、工事に当たる将兵たちが直面する苦労も言語を絶した。工事を承認した第八方面軍司令部の多くもゴーサインを出した軽率を反省し、工事関係者を締付けないように配慮したのである。

マダン・ラエ間道路は、マダンの南方ボガジンからフィニステール山脈とアデルバート山系の間の渓谷部を通ってラム河流域に出て、つぎに見えてくる台地を越えると、マーカム河の上流カイヤピットに出る。あとはマーカム河沿いにナザブ平原に出て、ラエに達する総延長七百キロを優に越える壮大なものであった。

内陸部をジャングルで覆われている南洋地方の交通は、昔から海浜交通、海上交通に頼ってきたが、その理由は、ジャングルや山岳地帯を切り開いて道路を建設しても、南洋の豪雨にはかなわないことにあった。科学技術が進歩し

マダン
ボガジン
ラ
ム
河
フィニステール山脈
歓喜嶺
カイヤピット
サラワケット山
フィンシュハーヘン
マダン・ラエ間道路計画
マーカム
河
ラエ
サラモア

マダン・ラエ間道路図

た第二次大戦後でも、ニューギニアには全国を結ぶ道路も鉄道もない。激しい降雨のあとを必ず襲ってくる幾筋もの鉄砲水が、人間の作ったどんな頑丈な道路でも橋でも流してしまうからである。

自然の猛威を無視して日本軍がやろうとする大建設事業は、戦時という常識が否定される時代だからこそ着工できた。平和な時代であれば、科学的合理的調査により出される絶対不可能という報告を、可能に書き換える者はいなかったにちがいない。しかし戦時という必要があれば何でも実行してしまう異常時ゆえに、大軍を投入して作業は続けられた。これほど無謀な冒険に踏み切った動機は、ニューギニアにおける米豪軍航空隊の活動がすさまじく、さらに米軍魚雷艇までも活動をはじめて、大発や漁船の沿岸航行が一層危険になり、このままでは補給手段を失い、戦闘が続けられない事態に追い込まれかねなかったことにある。あくまでニューギニア戦を続けようとすれば、最悪の選択である内陸部に道路を建設する以外に方法がないと考えられた。冷静に考えると、作っても作っても鉄砲水が洗い流してしまうし、米軍爆撃機が大型爆弾を使えば、たちまち寸断されてしまうことは目に見えていた。それでも敢て建設に踏み切ったのは、戦時という異常時だから、常識を否定することに抵抗を感じなかったためであろう。

第十八軍参謀田中兼五郎は、昭和十八年正月早々、司令部がこの構想の具体化をはかった経緯を回想している（『丸別冊　地獄の戦場　ニューギニア・ビアク戦記』所収「対談　まぼろしのマダン－ラエ道を語る」一八三頁）。十七年十二月三十一日、第五師団第二一連隊第三大隊長の高橋貞雄少佐が地形偵察の命を受け、十八年一月十一日に部隊を率いてマダンを出発し、十八年二月七日に道なき道を踏破してラエに到着している。同大隊副官坂井中尉が、その時の偵察の結果を報告としてまとめたが、その第一項目に「……一般的地形観察に於て谷地に通ずる自動車道の構築は可能なるべく、所要日数は歩兵将校としての感じは二、三ヶ月なり。コロパ－ラエ間は草原地帯にして自動車道となすには比較的容易なり」と、かなり楽観的な見方を報じている（戦史叢書『南太平洋陸軍作戦〈２〉』三七二頁）。

報告を受けた第十八軍、第八方面軍、大本営も陸路兵站線構想に乗り気になり、短期間に道路建設計画がまとめられ、ついで着工準備の段階に突き進んだと思われる。計画された自動車道路は、トラックがすれ違える四メートル幅の往復道とし、最短期間で五、六ヶ月間、遅れても十八年八月頃には完成すると計算された。道路の建設目的は、サラモア及びラエ方面の戦闘に必要な兵員や軍事物資の輸送にあり、戦闘の始まる前には完成していなければならなかった。三岡健次郎の『船舶太平洋戦争』所収の日記には、十八年二月二十四日の記事に「マダン・ラエ間の空中写真を得て道路を建設せんと企図し、其の東京岡山間約二百里に近き連続写真の厖大さに驚愕せしなり」（一二六頁）とあり、そんな気宇壮大な夢物語のようなことができるのかといったニュアンスで書き留めている。

工事開始の前に偵察隊の派遣、航空写真の撮影と地図作りが行われ、エリマ―ボガジン―アヤウ―ヤウラ―コバ―コロパのルートが構想された。構想が具体化するのは、高橋部隊の報告を受けて、実現の見込みが高いと判断された二月に入ってからのことと考えられる。コロパはヤウラから南下してラム河流域に出る途中にあり、これを通るのがラム河に出る最短コースであったとみられる。のちに日豪軍が激戦を行う歓喜嶺を通らずに、ボガジンとラム河流域をできるだけ短い距離で結ぼうという意図が感じられる。

大本営は二月に入ると、独立工兵第三三連隊、同三七連隊を第十八軍第二十師団の指揮下に入れ、第二十師団歩兵団長の柳川真一少将の名に因んで柳川支隊と呼んだ。三月にはブーゲンビル島のエレベンタにいた西原少将の第四工兵隊司令部と第三八・第四十野戦道路隊もニューギニアに送ることを決め、第二十師団歩兵団の第七九連隊及び第八十連隊等の三分の一を工事に当てることにした。西原の司令部が駆逐艦でマダンに上陸したのは二月二十二日夜であった。各部隊の多くは、十八年三月から六月にかけてハンサ湾に上陸し、海岸道をマダンへと徒歩で移動した。工事の作業指揮官には陸軍工兵学校教官柴崎保三中佐を任じ、柴崎はニューブリテン北岸道の工事現場から駆逐艦「浦波」に搭乗し、二月二十三日にマダンに上陸し、柳川支隊長の指揮下に入った（前掲戦史叢書　九九－一〇〇頁）。

工事が本格化した五月になって、青木二十師団長がエリマ―ボガジン―アヤウ―ヤウラ―コバ―コロパのルートに疑問を抱き、工兵第二十連隊に対して別ルートについて調査を命じ、その結果、ヤウラからヨコビ―歓喜嶺―トンプを結ぶルートに変更された。しかしながら第四工兵隊司令部部員であった彦坂幸七は、工兵第二十連隊の偵察に同行しているが、ボガジンからヤウラ方面に南下するにはブール河谷よりもミンチム河谷の方が、勾配も少ない上に危険箇所も少ないので、工事が楽で工期も短かくて済むと判断した。だがなぜか厳しい地形のブール河谷が選ばれ、想像を絶する困難な建設工事が開始された（「対談　まぼろしのマダン—ラエ道を語る」二八七頁）。

作業指揮官柴崎は、正確な地図がないため工事の基準となる準線の決定ができないとこぼしていたと伝えられ、航空写真による等高線なしの地図しか入手できなかったと推察される。工事が進むにつれ、前述した青木によるヤウラから先の計画変更が、柴崎をはじめ建設に参加している将兵を苦しめることになった。平坦部はわずか二、三キロで、あとは峻険な山岳地帯の山腹道路ばかりで、着工後に第四工兵隊第三八野戦道路隊長になっていた彦坂幸七の言葉を借りれば、「傾斜十分の一以上、曲半径十メートル以下の屈曲部が七百二ヶ所、低則斜面中で数十ないし数百メートルの急峻を呈する部分の延長が二十キロ、高則斜面で数十メートルの滝三条を算するというぐあいで、嶮難さは想像以上のもの」（「対談　まぼろしのマダン—ラエ道を語る」二八八頁）と、専門家からみれば疑いもなく無謀な難工事であった。

人が通るだけでも危険な山腹に、往復道の建設はますますむずかしくなり、ついに一車線道に変更せざるをえなくなった。計画全体が杜撰で、しかも軍事的要請が急がれるあまり、食糧補給のないまま突進する歩兵部隊と同様に、工事に携わる将兵への食糧支給も度外視して作業が進められ、ために工事現場に食糧が届かない日もあった。そのために作業を中止し、食糧受取りに人を派遣するなどしたため、作業に穴があくことも数日ならず生じた。やがて食糧不足の慢性化による栄養失調と体力低下が、マラリヤの蔓延を促すことにつながった。

折角開鑿した道も、一晩激しい雨が降ると跡形もなく流されてしまう。また出来上がってくると必ず米豪軍機の爆撃があり、運悪く突出箇所に爆弾が命中でもすれば、一気に周囲の土砂もろとも道路が谷底に崩れ落ちる。ラエ方面に派遣される作戦部隊が一度でも通れば、建設目的を達したことになるが、険しい天災と人災が繰り返し押し寄せ、一度も作戦に使われることがなかった。仮に完成したとしても、いつまで維持できるか見通しが立たなかった。おそらくメンテナンスにかかる人員と資材は、天文学的数量にのぼったに相違ない。工事を急がせた張本人である吉原も、ニューギニアに渡ったあとの感想として、「ニューギニアのスコールの猛烈さはたとえようもない猛烈なもので、長遠にわたって車両道を構築するということは、労功償わぬものであることがわかった」と述べているように（前掲戦史叢書　一〇八頁）、いかなる施策もニューギニアの自然の猛威には勝てないことを、吉原もやっと認めざるをえなかったにちがいない。

完成予定の六月末になって、やっとマダン南方五十キロのマブルクまで達したに過ぎなかった。二十師団長青木重誠の死亡を受けて、後任となった柳川支隊長もマラリアに倒れ後送された。継続された工事は、勾配を緩くする方針に変更されたため、ますますカーブが多くなり、実際には図面上で計算した距離よりも三倍近くも長くなった。九月までに六十キロのヨコピにまで達したが、その先には、のちに松本支隊や中井支隊が豪軍第七師団と激戦を交える歓喜嶺があり、最も困難な工事地区と見られていた。関係者間で頻繁に調整が行われたが、誰も十八年中の完成に自信がなく、年を越えるのは避けられないだろうと考えられた。そうなるとラエ防衛戦に間に合わなくなるおそれがあったが、折から敵飛行場の存在が確認されたベナベナ、ハーゲンに対する攻撃にこの道路が役立つと考えられたことから、建設促進の声がさらに強まった。

しかしサラモア戦が最終段階に入り、さらに九月初旬には、豪軍がラエ東方のブソ河河口に上陸し、米降下部隊と豪軍がナザブ平原に進出するに及び、ラエの第五一師団に挟撃の危機が迫り、絶体絶命の窮地に追い込まれた。十九年まで持ちこたえるとみられていた予想が完全にはずれ、急遽ラエ撤退が決定された。この結果、ラエ・サラモアに兵員・物資を送る必要がなくなり、連動して道路建設の必要もなくなった。九月十日、第十八軍司令部は工事中止を決定した。疲労の極にあった第二十師団は工事の負担から解放され、切迫したフィンシュハーヘン方面へ移動することになった。

大本営陸軍部作戦課は、ワウ再攻撃について研究を進めていたが、六月四日、今後の南東方面の作戦指導に関する研究の一環として「ワウ攻撃に関する部内研究」が開催された。結論は、ラエ、サラモアを失い飛行場を米豪軍に渡せば、ラバウルへの出入港が困難になり、ニューギニアへの補給も絶望的になる。さすればラエ、サラモアの確保のためにも、ワウの奪取は不可欠というものであった。そしてワウ再攻撃には二つの作戦が考えられるとし、早い方で十八年十月頃と見込まれた。東京の大本営について驚かされるのは、日本軍の戦力評価がまったくできていない点である。だから彼我の格差が理解できない。ワウ撤退以来、現地の戦力が劇的に強化されていればともかく、日増しに弱体化している状況の中で、どうして再攻撃など考えられるのか、作戦が必要だからという理由だけで実行できるものではあるまい。

前述の第六六連隊のムボ攻撃からしばらくの間、第五一師団は態勢の立て直しに迫られていた。このような状況のとき、六月二十九日の真夜中、米第四一師団の歩兵第一六二連隊がサラモアの南方三十キロのナッソウ湾に上陸してきた。独立記念日である七月四日までの上陸総数は一、四七七名であった。この時期の米軍は、日本軍と同じように深夜、大発と同じ形状の上陸用舟艇を使って雨の中をこっそりやってきた。戦艦や重巡の大砲で上陸地帯を徹底的に叩き、その後で部隊を上陸させる戦法は、まだ研究の段階であった。米第一六二連隊は、ワウからムボに進出していた豪第三師団第十七旅団と連携を取るため、豪第三師団長セーバイジ少将の指揮下に入った。

最初にナッソウ湾の米上陸部隊を攻撃したのは陸軍航空隊で、七月一日、三日に白城子飛行団が重爆、軽爆、軍偵等による空爆を行ない、多くの上陸用舟艇を破壊した。地上からの攻撃には、木村福造中佐の第六六連隊第三大隊が向けられたが、これ以外に派遣できる兵力はなかった。当時第五一師団が保有していた兵力は、主力の六六連隊、一〇二連隊、一一五連隊等を合わせても二、〇二六名にすぎず、これは歩兵一個連隊並みの兵力であった（戦史叢書『南太平洋陸軍作戦〈3〉』三三一－二頁）。ここかしこに日本軍の限界が露呈し、米豪軍が複数方向から迫るとお手上げ状態になった。

遠方のムボ方面では、豪軍の圧力が日増しに強まった。七月七日には豪軍の猛烈な砲撃と延百二十機以上の航空機による銃爆撃によって、ムボ盆地は爆煙に覆われて見分けることができないほどであった。豪軍はムボの右側背に向かって進出し、九日にムボとカミアタム間の交通を遮断するに至った。ムボを守備していたのは、第六六連隊四箇中隊の六百名を若干上回る兵力に過ぎず、地形から見ても陣地を長期間にわたり維持するのは困難とみられた。

七月十日、ついに師団はムボの守備隊をカミアタムに後退させることを決定したが、それはサラモアを砲撃できる射程圏内に豪軍が進出することを意味した。ムボ守備隊の撤退命令を伝える伝令が豪軍に阻止されたが、ムボ守備隊側から行なった包囲網突破が成功し、命令受領後の七月十三日にカミアタムに辿りついている。カミアタムは高地にあり、サラモア半島を見渡すことができる。高地はいわばはげ山、周囲には急峻な断崖を擁し、これに達する約一キロの坂道は遮るものがなく、兵の移動や糧秣弾薬の補給にとってもっとも危険な場所であった。敵機に見つかって犠牲になるものが多く、いつしか残念坂と呼ばれるようになった（鈴木正己『東部ニューギニア戦線』一一九頁）。

師団司令部は、タンブ（Tambu）湾に面したボイシ（Boisi）、カミアタム、ボブダビを結ぶ新防禦線を構築し、三方から迫る米豪軍を阻止する方針を固めた。ムボ守備隊は、一部がカミアタム陣地に、そのほかはボブダビ陣地に収容され、配置に付くとされた。師団がサラモア撤退を発令したのは九月八日で、これから一月半以上もの間、米豪軍との戦闘が続くことになる。

ウィロビーの（『マッカーサー戦記』Ⅱ　三八－九頁）によれば、マッカーサーは作戦上大した価値を持たないサラモアをすぐ落とす気がなく、主目的は、戦略要地であるラエを攻略する前に、サラモア戦によってサイフォンで水を吸い出すように、ラエの日本軍を引き出して叩いてしまうことにあり、そのためにはサラモア戦をラエ進攻開始時まで長引かす方がよいと考えていた。実際に豪軍がラエの東方に上陸したのが九月四日、米豪軍降下部隊がナザブ平原に降下したのが翌五日、サラモアの第五一師団がラエに向かって撤退したのは九月六日だから、第五一師団はラエが挟撃されるギリギリまでサラモアに踏ん張り、ラエ救援に行けなかった。

こうした脈絡で、サラモア周辺の新防禦線をめぐる攻防戦を眺める必要がある。新防禦線の弱点は、ボブダビ以北がから空きになっていることで、理由は配備する兵力が不足していたためである。豪軍は、この間隙に優勢な兵力を進めてきた。師団は大急ぎでサラモア周辺の部隊配置を改めたが、第一〇二連隊、第六六連隊、第一一五連隊の師団主力を集めても三、二五〇名に過ぎず、弾薬も著しく不足し、食糧は二日分しかなく、長期にわたって戦線を維持することは不可能な状況であった（前掲戦史叢書　三三三－九頁）。

ナッソウ湾の米軍に連携して、ボブダビの豪軍第十五旅団が攻勢に出た。第一一五連隊の守備隊の五十メートル手前まで迫り、銃撃による激しい応酬があった。第五一師団長は、第六六連隊の松井桂次中佐の指揮する一個大隊を救援に出したが、たまたま第二十師団歩兵第八十連隊第一大隊がラエに到着した。二十師団（朝兵団）は朝鮮京城で編成され、大部分が九州男子の精鋭であった。神野音市大尉指揮のこの部隊は約五六〇名の兵力で、装備もほかの部隊よりすぐれていたが、何よりも突撃力に絶対の自信を持っていた。

七月五日、神野部隊は早速ボブダビの右翼攻撃に投入され、豪軍陣地から各種兵器を捕獲する戦果をあげた。また十日夜、神野大隊はボブダビの南方に広がるウェルズ高地を奇襲によって奪取し、一時期にせよボブダビの苦境を救った。しかしフィンシュハーヘン方面から第四一師団の第二三八連隊主力が、大隊長佐方敏雄中佐に率いられ、夜間行軍をしてサラモアに到着し、一部が神野大隊の奪取した陣地の守備に着いたところ、敵機の直撃弾を受けて全滅している。

ボブダビの歩兵第六六連隊の松井大隊は、十六日、豪軍のナムリングの拠点を攻撃した。ところがナムリングのおよそ一キロ南方のウェルズ高地の守備隊が、豪軍の猛攻を受けて陥落、すかさず五一師団は神野大隊を救援に送り奪還に成功したが、こうした攻勢も、強まる一方の豪軍の圧力の前には一時しのぎの現象に過ぎなかった。神野大隊の再攻勢が七月二十九日に開始され、ボブダビ高地の中央部を奪取した。だが北方陣地は依然激しい砲爆撃に晒され続け、そのため神野大隊は高地脚附近を確保しながら豪軍の前進を阻まねばならなかった（前掲戦史叢書　三四〇頁）。

カミアタムとその南西の前進陣地ダンプ山にも、豪軍の圧力は日増しに強まった。七月下旬頃から豪軍の密林伐開車両のエンジン音が響き、各陣地に対する攻撃が盛んになったが、その都度山室歩兵団長の指揮によって撃退している。七月にはナッソウ湾に上陸した米軍第一六二連隊の一部がカミアタム陣地の側背に迫り、二十三日に米軍と豪軍とがタンプ山麓で連携した結果、カミアタム守備隊は孤立する危険に陥った。しかし「連合軍があえて猛攻せず、……火力の十分な支援のもとに、地歩を拡大する戦法を採っている」（前掲戦史叢書　三五〇頁）ために助けられ、現戦線を辛うじて維持した。米豪軍の緩慢な前進は、マッカーサーのいうラエの日本軍の吸い出しとラエへの進攻準備のため、サラモアで時間稼ぎをする作戦の一環であったと思われる。

日本軍は、米豪軍がラエ進攻のためにサラモア戦に陽動作戦的役割を求めていたことを察知しなかった。ラエからの日本軍兵力の吸い出しは、日本軍が米豪軍の狙いを悟った瞬間に水泡に帰する。米豪軍は常時滞空する哨戒機によってラエ・サラモア間の海岸道の往来を警戒し、マーカム河口に隠蔽された舟艇を見付け出しては銃爆撃を加えた。また魚雷艇を海岸沿いに配備し、日本軍大発の通航を襲っては撃沈し、日本側から見れば、陸地も海上も蟻の這い出る隙間もないくらい厳重な監視下に置かれ、ラエからサラモアへの兵力の動きを米豪軍が大目に見ている印象をまったく受けなかった。ラエ方面からサラモアへの日本の増援軍はボツボツ到着しており、マッカーサーの狙いは概ね成功したといわねばならない。

戦況がいよいよ苦しくなった第五一師団司令部は、八月十五日、新防禦線からの戦線収縮を命令し、サラモアを遠巻きするかのようにマロロ（Malolo）から瓢箪山、小倉山、草山を通って第一ロカン（Lokanu）を結ぶ防禦線を形成した。新防禦線から距離にしておよそ二十キロ近く後退する作戦であり、そこからサラモアまでは二十キロあるかないかで、いわば最後の防禦線である。戦史叢書はこれを最終線と呼んでいる（『南太平洋陸軍作戦〈3〉』三五七頁）。これに配備する主な部隊と任務は以下のようであった。

右地区隊……指揮官は第一〇二連隊長堀慶二郎大佐

海岸道をくる米軍と山地の豪軍に備えるのを主な任務とし、第三大隊を除く第一〇二連隊と野砲兵第十四連隊の一中隊で構成

中地区隊……指揮官は第一一五連隊松井隆美大佐

ボブダビ方面から迫る豪軍に備えるのを主な任務とし、第一大隊を除く第一一五連隊と第八十連隊つまり神野大隊の二個中隊で構成

左地区隊……指揮官は第五一歩兵団長の室谷忠一少将

フランシスコ河からサラモアの西方の海岸部に迫る豪軍に備えるのを主な任務とし、第六六連隊、第一〇二連隊第三大隊、第一一五連隊第一大隊、第二三八連隊第三大隊、第二一連隊第三大隊、工兵第五一連隊主力などから構成

右の中で第二一連隊は、先にマダンからラエに至る地形偵察を行ない、道路建設が可能とする報告書を提出した部隊で、ラエ到着後そのまま留まっていたところを、吸い出されるようにラエからサラモアに来ていたのである。新防禦線からの後退を成功させるため、中野師団長の発案で後方撹乱を任務とする大場逸三郎少佐の率いる挺身隊を編成し、これを米豪軍陣地のある地域に潜入させることになった。各連隊から派出された合わせて二四三名の兵力によって編成された挺身隊は、八月三日に行動を起し、途中、戦死者八十名、負傷者二十六名を出しながら、二十三日にサラモアに帰還している。戦死傷者を百名以上も出しているところをみると、米豪軍との間で何度も撃合いをしたことが推察される。しかし肝心の砲兵陣地の発見と破壊については大きな戦果がなく、十六日の戦闘でも砲兵陣地の奪取に失敗したが、若干の破壊には成功している。米豪軍にも挺身隊の動きが知れ渡り、斥候による追跡が行なわれたごとくだが、捕捉される前に挺身隊はサラモアに帰還してしまった（前掲戦史叢書　三五二－五頁）。

大場挺身隊の後方撹乱活動の開始とともに、各部隊のサラモア防禦線への後退が始まった。まず八月十八日に第六

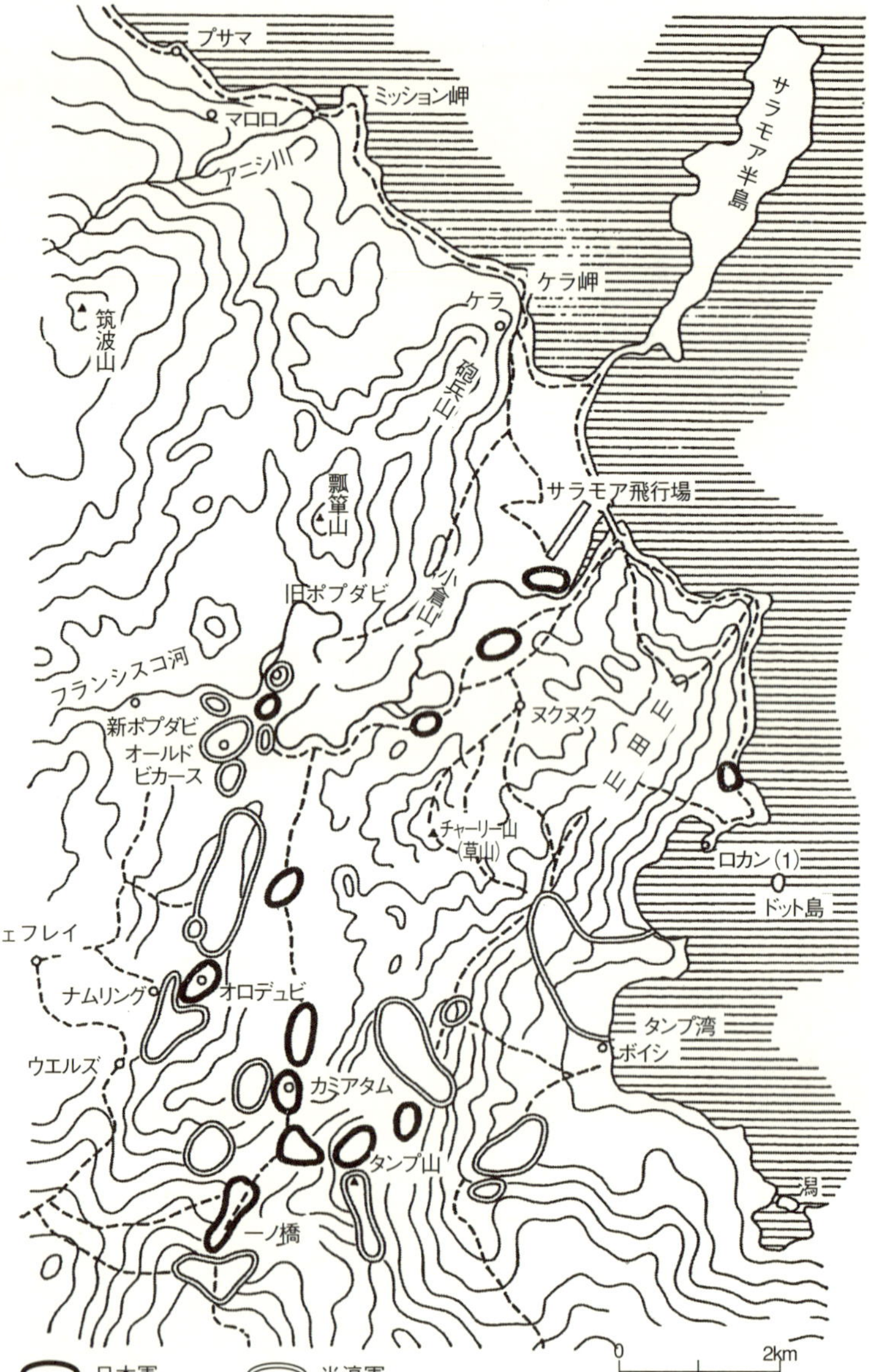

出典：戦史叢書『南太平洋陸軍作戦〈3〉―ムンタ：サラモア』p.349

サラモア戦地図

六連隊がカミアタム陣地を撤収し、二十日までに草山附近に到着、また歩兵団司令部も草山北側に移動、これに相前後して各部隊は所定の地区に後退した。三地区に入った兵力は、右地区隊三八二名、中地区隊四〇〇名、左地区隊一、七五〇名の合計二、五三二名に過ぎなかった。この他に師団直轄部隊があったが、これらを合わせても三千名といった兵力であった。昼間は米豪軍機が我が物顔に飛び回り、姿を上空に晒すことができないばかりでなく、海上も航空機と魚雷艇の監視によって事実上封鎖状態にあり、サラモアの日本軍は絶体絶命の窮地に立たされた。これ以後の戦闘経緯は米豪軍側から見ることにする。

右地区隊に迫った米豪軍は、米軍第一六二連隊と新鋭の豪軍第二九旅団であった。これらを指揮するのは、豪第三師団長セーバイジ少将から代わったばかりの豪第五師団長ミルフード少将であった。彼は麾下部隊に対して、日本軍に「ラエに向かって退却させるほどの脅威を与えてはならない。そして軍主力がラエ作戦を開始したなら、直ちにサラモアを奪取する」（前掲戦史叢書　三五九頁）と命じ、マッカーサーの作戦計画の核心部をよく表現している。

米軍は二十五日からスカウト山（Scout Mt.）の尾根を偵察し、兵站線を遮断する目的で日本軍の背後に回れる箇所を探した。その結果、二十九日にどうしても奪取できなかったバルト高地の分岐点を確保した。九月一日、スカウト三正面の豪軍は日本軍の逆襲を受け、これに対して豪軍も激しい砲撃で対抗し、スカウト山をめぐる日豪軍の攻防戦が繰り広げられ、九月九日、日本軍がサラモアを撤退するまで続いた。

草山方面では、二十五日以来の豪軍の攻撃がいずれも失敗したため、草山を迂回して背後から日本軍陣地を襲う作戦に転換し、二十八日に撤収した日本軍陣地をエッグ丘に発見した。二十九日午前から草山西側に対する猛砲撃が開始され、間もなく二個中隊による攻撃が行なわれた。これに対して日本軍の逆襲が繰り返されたが、いずれも成功しなかった。草山をめぐる攻防戦は、日本軍がサラモアを撤退するまで間断なく続き、雨と寒冷、それに飢餓に苦しめられた日本軍兵士の凄惨な壕生活に対して、豪軍はこれを動物以下と表現している（前掲戦史叢書　三六四頁）。

中地区隊が守備する地域に対して、八月二十一日、豪第十五旅団の二個大隊がフランシスコ河を越え小倉山南西端に進出し、翌二十三日には瓢箪山にも進入した。中野師団長自ら逆襲を命じ、二十七日に二方向から豪軍に圧力をかけ、翌二十八日、豪軍はついに退却を余儀なくされた。その後、九月上旬に至るまで瓢箪山と砲兵山の争奪戦が続いた。右地区隊の筑波山では、豪軍斥候の出没が頻繁になったが、大きな戦闘は起きなかった。八月二十六日にマロロ西方で、ラエに通じる街道の守備に当たっていた部隊と豪軍との間で戦闘になったが、翌日豪軍は撃退されている。比較的穏やかに終始したのは、マッカーサーの方針に基づき、日本軍をラエに後退させないための処置だったと推測される。

九月四日午前七時頃、マッカーサーは有力な豪第九師団をラエの東方三十二キロのブソ川河口近くに上陸させた。サラモアの防戦に必死であった日本軍の隙をつき、米豪軍が打ったラエ包囲は、日本軍のお株を奪った完全な奇襲作戦になった。この報に接したマダンの第十八軍司令部は、豪軍がフィンシュハーヘン方面に進撃するのか、ラエ方面に進攻するのか判断に迷ったが、取りあえず両方面での防備を固めるとともに、サラモアで激闘を続けている第五一師団にはラエ地区への後退を指示した。

サラモアの第五一師団司令部では、豪軍のラエ東方上陸の報を聞いて、サラモアが陥落しないため、サラモアを断念してラエ方面に行ったものだと解釈した。マッカーサーは、ラエ進攻を成功させるために、ラエの日本軍をサラモアに引きつけようと誘ったが、逆に第五一師団の方では、米豪軍をラエに行かせないために、自分たちがサラモアに引き付けてきたと考えた。どちらにも言い分があるものだが、五一師団に米豪軍を引きつける余裕があったとも思えないし、師団のレベルでマッカーサーのような戦略的作戦を行うことができたとも思えない。両軍ともサラモア戦とラエ戦をリンクさせていた点では同じだが、マダン・ラエ間の道路建設を営々と続けていた状況からみても、日本側はサラモアが持ちこたえている限り、米豪軍のラエ進攻はずっと先のことになると判断していた。しかし、次の手を米豪軍が先に打ったことは、戦局の指導権を米豪軍が握りつつあることを意味した。

サラモアが落ちないためにラエに行ったとする第五一師団の解釈は、自己の褒めすぎである。米豪軍にすれば、まだ航空戦力にくらべ陸上戦力、海上戦力は見劣りしたが、攻勢に転じる力を確実につかみつつあった。豪軍のラエ東方上陸は、米豪軍が積極的に作戦を行った点で大きな意義を有している。それだけにどうしても作戦に成功し攻勢の流れを摑みたかったマッカーサーは、慎重の上にも慎重にサラモアに日本軍を引きつける努力を重ねたのである。

それまでのオロ湾、ナッソウ湾の上陸作戦は日本軍の手前で、しかも日本軍の砲撃の射程外で行われたが、ラエ東方への上陸作戦ではじめて日本軍の後方に進攻し、従来にない積極性を見せた。日本軍の後方に部隊を上陸させ退路を断つ作戦を、飛び石作戦、蛙跳び作戦と呼ぶが、ラエ東方上陸作戦は、マッカーサーがはじめて行なった飛び石作戦として、画期的な意義を有している。

第五一師団の解釈では、ラエを助けるため、少しでも長く米豪軍をサラモアに引きつけておかなければならなかった。豪軍のラエ東方上陸の報を得た師団司令部は、「最後の一兵に至る迄同地を死守せん」と命令を下したが、夜になって第十八軍命令が入電し、サラモア撤退のやむなきに至るのである。九月五日夜、まず大場大隊がラエへの撤退を開始し、十一日から本格的撤退へと入り、十四日に砲兵山を下りたのが最後になった。なお患者や重火器類を大発によって後送したが、ほとんど妨害を受けずにラエに帰着したのは幸運中の幸運であった。

これまでのマッカーサーの作戦方針からして、サラモアに引きつけた日本軍をラエに後退させてはならなかった。海岸線にはいたるところにピアノ線を張り、要所には分哨線を設け、敵を発見すると銃撃を加えて日本軍を粉砕することにしていた。一方日本軍は、米豪軍の監視網を回避するため山岳地帯に迂回してラエを目指すことにした。昼間は密林に隠れ、日が暮れ暗くなってから行動したため、二、三十キロ先にあるかないかの平坦地に出るまでに四日もかかった。マーカム河の河口は見渡す限り河原が広がり、流れは歩いて渡れるほど浅く、敵機の格好の攻撃ポイントであった。日本軍は夜を待ち、敵軍の銃撃に気を配りながらラエへと落ち延びた（金子正義『ニューギニア日記』二一三－五頁）。普段であれば二日間ですむところが、六日から七日かかってラエに辿りついたが、米豪軍の追撃が思ったほどでなかったのは不思議である。日本軍をラエに帰らせたことは、マッカーサーにすればサラモア戦の狙いを台無しにするものであり、作戦の失敗といわれても仕方ない。

(五) ラエ攻防戦

これまでは日本軍の攻撃を受けて行動してきたマッカーサーは、ラエの戦闘から攻勢方針に基づき行動するようになった。主に豪陸軍部隊の増強が進んだことが一因で、この時点でも米陸軍部隊の増強は遅々たる状況であった。そのため多くの犠牲者を伴う正攻法による攻撃には慎重にならざるをえなかった。そこで創造力豊かなマッカーサーが考え出したのが、敵の手薄な背後をつくアメリカ流奇襲作戦で、飛び石作戦と呼ばれる作戦である。丹念に防備の手薄な地点を探し出し、そこが戦略的戦術的にみて高い価値があると判断されたときにのみ上陸作戦が行われた。

これまでの戦場でも、次にはじまるラエの戦場でも、マッカーサーの率いる陸上部隊の多くは豪軍であった。上陸して日本軍と銃火・砲火を交えたのは主に豪軍で、米軍は主に航空機と艦船とによる航空援護と海上輸送のほか、砲兵の砲撃、工兵の土木作業を担当した。そうなると米軍人であるマッカーサーは、米兵を安全な後方任務に下げ、オーストラリア兵を危険な前面に出したなどといわれなき非難を受けそうな微妙な立場にいたといえる。

日本のような国家体制であれば、部隊が全滅しても「玉砕」という言葉で美化すればそれですんでしまうが、マッカーサーが属するアメリカも同盟国オーストラリアも、夫や息子をやたらに戦死させれば、彼らの妻や父母から政府や軍が猛然と批判を受け、それが次の選挙で政権交代となって現れる民主主義国家である。一人でも少ない犠牲者で勝つことが、民主主義国家の指揮官に課せられた使命でもあった。

こうした社会的背景の下で、少ない犠牲で大きな軍事的成果を上げるために創造されたのが飛び石作戦であったわけである。飛び石作戦を可能にした要因は、制空権と制海権を掌握した下で、すぐれた情報収集能力によって、敵兵力が手薄な上陸地点を選び出し、そこに日本軍を上回る兵力を上陸させられる能力であった。飛び石作戦の成否の鍵は、作戦上重要且つ敵兵力の少ない地点を探し出すことであった。それを解決したのが、「マッカーサーの耳」と呼ばれた情報分析集団の形成と活動であった。

米軍はワシントンでも情報収集や分析を行ったのは勿論だが、各軍でも組織と人を集めて、大掛かりな活動を行った。マッカーサーの南西太平洋軍参謀部第二部では、連合軍翻訳通訳班（略称ＡＴＩＳ）、連合軍諜報局（ＡＩＢ）、連合軍地理班（ＡＧＳ）、中央局（ＣＢ）を隷下にかかえ、広範囲の情報蒐集を行った。ＡＴＩＳは捕虜尋問や文書情報の翻訳分析、ＡＩＢは謀略や諜報、ＡＧＳは地理情報の分析、ＣＢは暗号解読を主な任務とした。オーストラリア海軍がニューギニア及びその周辺諸島に広く配置した監視員（Coast Whatcher）は、日本軍の航空機や艦船の動きをいち早く通報し、未然に退避させて被害を最小限に食い止める上で貢献したが、ＡＩＢはこの活動をオーストラリア海軍から引継いで任務の柱にした（『マッカーサー戦記』Ｉ　一六九－一七〇頁）。

米南西太平洋軍の作戦活動において、ＡＩＢやＣＢの成果は直ちに作戦に反映し戦果として結実した。だが最初はあまり期待されていなかったＡＴＩＳが、作戦の進展とともに劇的に評価が変わった。ＡＴＩＳの捕獲文書から機密情報がつぎつぎに抽出され、作戦の立案や遂行に直接影響を与えるようになった。だが難解な日本語文を判読するには、どうしても日系人の協力が必要であり、そのため本国の日系人収容所から二世たちが召集され、ＡＴＩＳはあたかも日系人二世の部隊のようになっていく。その後、ミシガン大学やコロラド大学等で日本語教育を受けたヨーロッパ系アメリカ人を集めて膨張を続けた。ＡＴＩＳはニューギニア戦が終るまでブリスベンを本拠にしていたが、マッカーサー軍がフィリピンに進攻するとマニラに移り、最後には東京に移った。その時には二千四百人近い大集団に膨張していた。

オロ湾の上陸作戦から、彼らは上陸部隊と一緒に上陸し、文書資料漁りをはじめた。几帳面な日本軍人は手帳に何でも書き留めたし、重要な機密文書であれば最も安全と考える懐の奥にしまい込んだ。ＡＴＩＳは、ニューギニア戦線で日本軍司令部跡から焼却途中の文書、地中に埋めた文書を見つけ、また戦死した日本軍将校の懐や文書嚢からも

「大和」

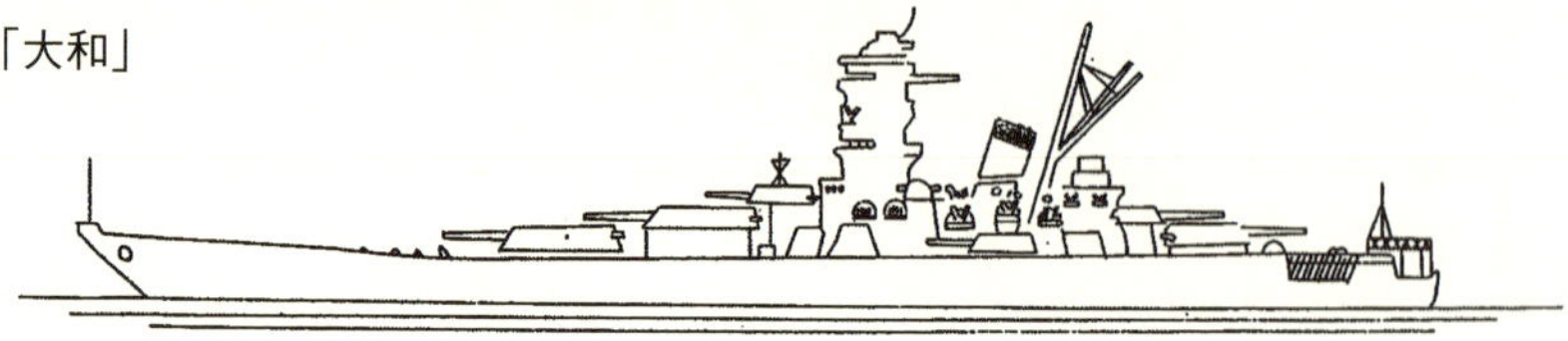

「深山」

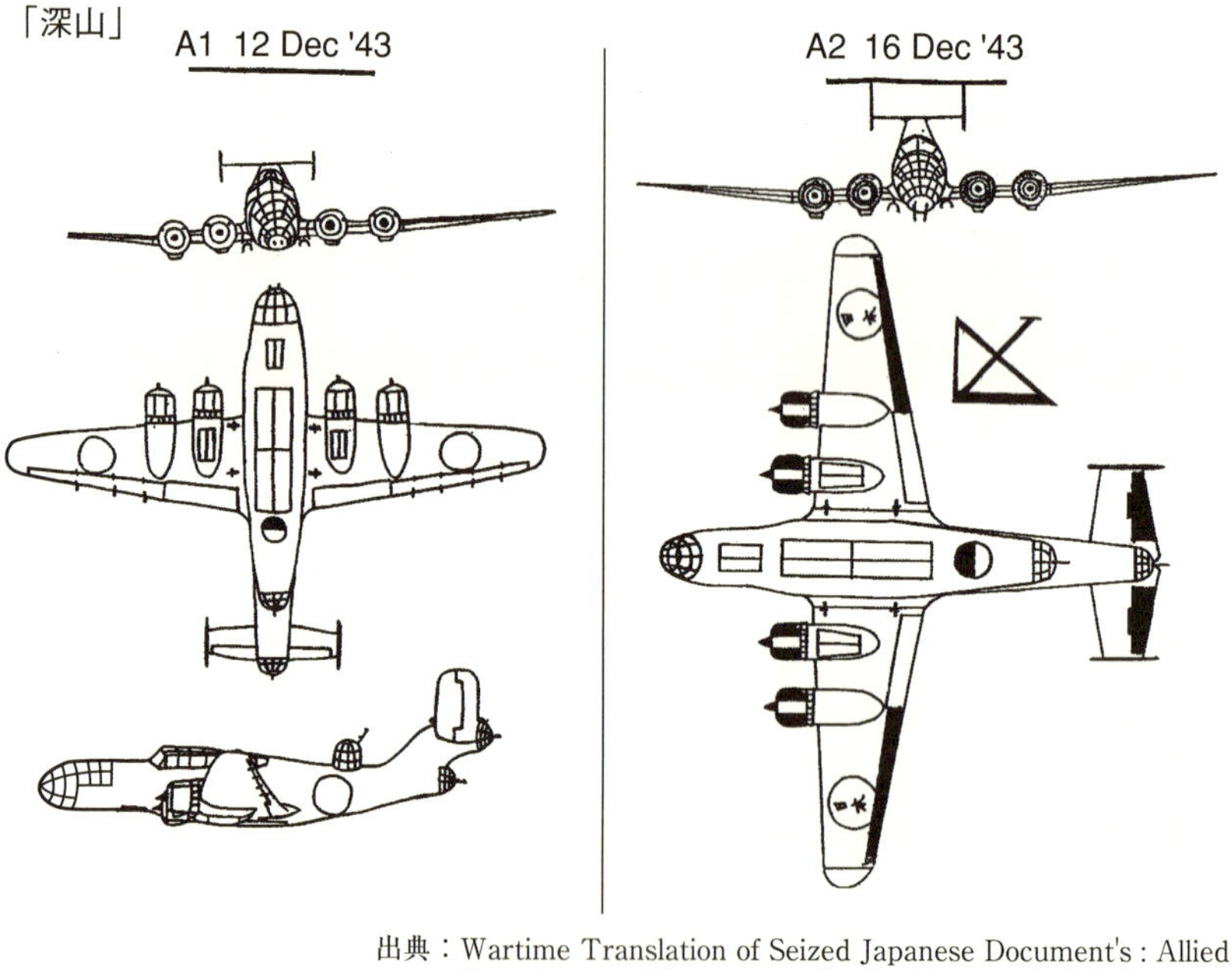

出典：Wartime Translation of Seized Japanese Document's : Allied Translator and Interpreter Section Reports,1942-1946

昭和18年に日本兵捕虜が描いた「大和」と「深山」

沢山の文書を捕獲した。これらをブリスベンのＡＴＩＳ本部に空輸し、判読作業にかけてみると、兵力の配置、部隊の移動計画、兵員数や武器弾薬量の内訳、戦闘報告案、戦闘中の注意事項等のほかに、数日後や一週間後の攻撃計画などが含まれていることが度々あった。その内容は、ただちに現地部隊に通報され、対応策がとられた。ＡＴＩＳでは、はじめの頃は捕獲文書を点数で数えていたが、とてもそんな数え方ができなくなったので、あとになると重量であらわすようになった。

日本兵捕虜に対する尋問もＡＴＩＳの任務であった。欧米の軍隊では、万一捕虜になった場合の身の処し方に関する教育が行われていたから、捕虜から有益な情報を引き出すことは容易でなかった。日本軍には降伏がなく、当然日本軍兵士にも降伏がないから、原則的には日本兵から捕虜が出ないはずである。だがこれは観念上の話で、気を失ったところを捕縛されたり、負傷して捕まることもあり、捕虜が出ないなどということは現実にはありえない。ありえない処し方を強制した結果、捕虜になったときの躾がまったくできていなかった。捕虜になった日本軍の将校も兵士も軍属も、尋問に対してよくしゃべり、機密事項でも得意気に話す不思議な光景が見られた（山本武利『日本兵捕虜は何をしゃべったか』文春新書　一〇〇－一二〇頁）。

右図は、十八年九月に捕虜になった日本軍将校か兵士が描いた「大和」型戦艦の概念図である（*ATIS Documents*）。これだけ正確な図は近くで一、二度見ただけでは無理だし、また作図の心得がなくては描けるものではない。おそらくしばらく「大和」に乗艦勤務の経歴のあった海軍将校か下士官、あるいは建造に立ち会った軍属が描いたものと考えられる。日本海軍は遠くから写した写真を国民に公表することさえ認めなかったが、米軍の方は十八年夏にこれだけ詳しい情報を摑んでいたのである。膨大なＡＴＩＳ資料を見ると、海軍の「深山」などの航空機開発や現用航空機の詳細、横須賀や呉の軍港配置図など、国内では極秘か軍機に相当する軍事情報が、捕虜によって洪水のように流出したことがわかる。

戦後日本国内では、太平洋戦線の敗因の一つに暗号解読をあげる意見が多いが、情報に関する問題はそれほど単純ではない。ＡＴＩＳは、無線傍受により得られるリアルタイムの命令や連絡よりも、捕獲文書から得られる一、二週間先の作戦計画や部隊移動に関する情報を蒐集したが、この方が対応策が立てられるだけに有益な場合が多かった（戦史叢書『南太平洋陸軍作戦〈４〉』五五頁）。敵の無線傍受による情報蒐集によって重要な情報が多数漏れたことは疑いようもないが、その問題点は暗号の仕組みに尽きる。しかし機密文書の押収による情報流出は、日本軍の生活習慣つまり文化の問題である。しかも漏洩の主体が文書を携行できる者、すなわち軍が最も信頼し部隊の指揮を任せた将校であってみれば組織制度の欠陥ということになり、非常に深刻な問題といえる。

陸海軍は身内の将校から大量の情報が漏洩しているにもかかわらず、滑稽なほど国民への情報公開を制限し、情報を与えられない国民を厳しく統制したうえに監視も強めた。また市販の新聞雑誌からも軍事情報が漏洩することを危惧し、日本国内で発行されたマスメディアを厳しく検閲し、記事の差し押さえも珍しくなかった。

試みに軍事情報を多く掲載する航空雑誌『航空朝日』を見ると、日本軍の情報に対する姿勢を読みとることができる。日本の戦闘機や爆撃機について公開機種を制限し、写真のアングルに苦心した跡がうかがわれる一方で、米英軍等の最新鋭飛行機であるＰ51やＦ６Ｆ・Ｆ８Ｆ等戦闘機、Ｂ29爆撃機、Ｂ26爆撃機、モスキート攻撃機などが、まだ戦場に進出しない頃からかなり詳しいデータ付きで誌面を賑わしている。出典はアメリカやイギリス国内で市販されていた航空雑誌で、駐在武官等が中立国でこれを入手し、シベリア鉄道経由で輸送したものらしい。日本機の掲載について厳しい制限を設けたのは、無論写真から機密が漏れるというのが理由である。

日本軍は写真から機体の性能が明らかになることを非常に恐れたが、戦地で必要なのは日本人がこだわる最高速度とか上昇能力でなく、稼働率が高いか、整備しやすいか、機体の弱点、配備数等の情報である。こうした情報は写真からはほとんどうかがいえないので、アメリカやイギリスは公表をためらわなかった。非公開による利益よりも、むしろ新鋭機の写真を公表して得られる国民の安心感の増幅、自軍への期待の拡大につながる効果の方を高く評価したからにちがいない。

Ｄ・バーベー少将率いる南西太平洋水陸両用部隊（のち第七水陸両用部隊）は、豪第九師団を乗せてミルン湾を発し、九月四日夜明け前、ラエ東方ではじめて新型のＬＳＴ（戦車揚陸艦）、ＬＣＴ（戦車上陸用舟艇）、ＬＣＩ（歩兵上陸用舟艇）を使った上陸作戦を行った。新型上陸用舟艇は地中海戦線に優先的に配備されたため、南西太平洋に回されてきたのは少数で、十八年十一月にニミッツの部隊がギルバート諸島のマキン、タラワに上陸作戦を行なった際も、旧式舟艇のために増援部隊や補給物資の揚陸に苦労している。地中海のシシリー島上陸作戦が終ると新型上陸用舟艇に余裕が生じ、太平洋に回航され、昭和十九年初頭のマーシャル諸島上陸作戦ではこれを多数使い、短時間で日本軍が占領するルオット島等を奪取している。

ギルバート諸島やマーシャル諸島への上陸作戦より先に行われたラエの作戦で新型上陸用舟艇が使われたということは、ワシントンがニミッツより先にマッカーサー軍に新型上陸用舟艇を配備したことを物語る。当面ニミッツ軍に上陸作戦の予定がなく、攻勢作戦を始めようとするマッカーサー軍を優先したものと考えられる。新型ＬＳＴは海岸線ギリギリに接近し、艦首の扉を観音開き式にあけ、タラップを降ろして戦車、装甲車、兵員を一度に降ろすことができるため、ガ島戦やナッソウ湾で行なわれていた小型ボートを使った従来の上陸作戦の概念を一変させた（『鷲と太陽』上　二八三－六頁）。

ラエ東方上陸作戦の際には、まず上陸地点に対して艦砲射撃を行い、それから上陸してきた。これまであまり行われたことがない方法であった。情報収集と偵察で日本軍のいないことを確認済みであったのか、わずか駆逐艦五隻による五分間の砲撃のみであった。事前の空爆も上陸作戦を秘匿するため控えられ、上陸作戦時には三十二機が警戒に当たるだけであった。まだ従来の手法が残っていたのか、黎明前にＬＳＴ二五隻、ＬＣＴ一四隻、ＬＣＩ二〇隻がぶつからないように前後の距離をとり、そろりそろりと海岸に近づいた。硫黄島戦や沖縄戦で見られたような、一斉に海岸部に向かって殺到する形態とは随分と異なっていた。

九月四日、午前四時半からまず第一群（七、八〇〇名）がブル川（Bulu Riv.）東側海岸に上陸し、つづいて第二群

（二、四〇〇名）が午前九時頃から車両、軍事物資とともに同じ海岸に上陸した。翌五日夜には、第三群（予備旅団三、八〇〇名）がブソ川（Buso Riv.）とブル川の間の海岸に上陸した。陸上からの日本軍の反撃はなかったが、マダン近くのアレキシス飛行場を飛び立った第六飛行師団の戦闘機、軽爆が、午前と午後の二回、豪上陸軍に攻撃を加えたが、軽微な損害にとどまった。日本軍機は出撃機数も出撃回数も少ない上に、火力の小さいことが戦果の少ない原因になった。

豪軍の第三群が上陸した五日、もう一軍がラエの北方に空から出現した。ワウの危機を空輸による援軍で打開した戦例は、当然以後の作戦に大きな影響を与えた。部隊を航空機で輸送できれば、陸兵の機動力を画期的に向上させることができるだけでなく、海上輸送だけにたよらない作戦が可能になる。航空輸送と海上輸送とを使い、マッカーサーのいう立体的作戦が新しい段階に発展したことを物語る。

作戦計画は米第五〇三降下連隊が、ポートモレスビーからマーカム河北岸のナザブ（Nazab）飛行場周辺の三箇所に降下してこれを確保する。一方あらかじめワタット（Watut）河沿いのチリチリ（Tsili Tsili）飛行場に空輸された豪軍工兵隊は、降下作戦の直後にワタット河からマーカム河を舟艇でナザブまで下り、奥地開発用飛行場の改修に当たる。飛行場が使用可能になると、チリチリ飛行場に待機する豪第七師団の一個旅団、米空挺工兵隊、米高射砲部隊が輸送機でナザブ飛行場に進出し、次の旅団はポートモレスビーから空輸されることになっていた。チリチリ飛行場は米豪軍工兵隊が三ヶ月もかかって建設したもので、日本軍は完成直前までその存在に気づかなかった、いわばマッカーサーの隠し球である。このほかにもベナベナとブロロ渓谷にも補助用滑走路を建設しているが（『マッカーサー戦記』Ⅱ　一四－五頁）、日本軍はとくにベナベナ滑走路を警戒し、一個師団の派遣か新航空軍の投入の作戦計画の立案にまで進んだので、マッカーサーは戦わずして大きな戦果を上げたことになる（戦史叢書『南太平洋陸軍作戦〈3〉』二一八－二二〇頁）。

九月五日午前八時四十五分、八十二機のC47輸送機がナザブ上空に現れ、米第五〇三落下傘部隊が降下作戦を行ない、一分十秒間に千七百名が降下した。米降下部隊の火炎放射部隊が丈の高いクナイ草を焼き払い、間もなく草に隠れていた飛行場が姿を現した。翌六日、豪工兵隊が輸送機で到着し、直ちに飛行場の改修作業を開始した。ナザブに集結した豪第七師団第二五大隊がラエに向かって進撃を開始したのは、九月九日のことであった。

作戦計画によれば、ナザブに十分な兵力が集結すると、ブソ川河口近くに上陸した豪第九師団と連携をとり、同時に東西からラエに進攻することになっていた。ブソ川方向からラエに進む場合、ブイエム川（Buiem Riv.）、ブンガ川（Bunga Riv.）、ブレップ川（Burep Riv.）、ブス川（Busu Riv.）、ブンブ川（Bumbu Riv.＝Butibum Riv.）等を渡河しなければならない。これ以外にも小さな川が幾筋もあり、上流に雨が降れば、ほとんど渡河が不可能になる。一方、ナザブ方面から進む場合、障碍になる地形は少なかったが、前述のように進攻を開始したのが九日で、他方、豪第九師団の方は上陸した翌五日からラエに向かって行動を開始しているので、当初の計画はすでに修正されていたと考えられる。

サラモアが三方から攻め立てられ、いままたラエが二方から攻め立てられ、サラモアとラエの第五一師団を中心とする諸部隊は、同時に包囲されてしまった。偶然ではなく、マッカーサーの巧妙な作戦であることは疑いない。サラモアからラエへ脱出しつつあった第五一師団は、最後までラエで戦い抜く決意であったが、六日に第十八軍司令部から事実上のラエ撤退を意味するマダン集結を命じられた。

安達司令官の撤退命令は、一切の優柔を排除した迅速機敏なものであった。これを受けた第五一師団長の中野も、直ちに集結する諸部隊の撤退を決断した。安達といい中野といい、日本軍人が理想とした「神速にして断固たる決心」を具現したのである。七日以降のサラモア及びラエの戦闘はマダンへの後退を目標とし、サラモア部隊のラエ集結、ラエ守備隊による時間稼ぎ、撤退準備と実施という三つの動きを見なければならない。

ここで改めて日本軍側の大まかな配置について触れておく。五月下旬に第五一師団司令部がサラモアに移転したため、ラエには第四一師団の第四一歩兵団長庄下亮一少将がラエ地区警備隊長として残った。ラエ周辺の最高指揮官は海軍第七根拠地隊司令官の藤田類太郎中将で、この二つの部隊が留守居役であった。マッカーサーが「サラモアは重要な目標ではない」（米陸軍公刊戦史）と認識していたのに比べると、サラモアに主力を遷した日本軍とは非常な違いがある。

ラエ地区警備隊は、ラエ警備隊、マーカム警備隊、ホポイ警備隊、フィンシュ警備隊から構成され、ほかに通信隊や輜重兵などがあった。陸軍の実働兵はわずかに二百名で、病人が一千名以上もいた。藤田中将の率いる海軍陸戦隊は一千名近い兵力であったが、陸上戦闘ができるのは百名程度であった。このように一個大隊にも満たない兵力しかないラエの防備力であったため、大急ぎで大場大隊、ついで神野大隊もサラモアから呼び戻されてブス川方面に配置された（飯塚栄地前掲書　一〇〇頁）。苦戦中のサラモアからさえ、部隊を引き抜かざるをえなかったのである。なお藤田中将は九月九日付で軍令部出仕となり、森国造少将に交代している。

この少し前の八月三十日、大本営陸海軍部はラエ・サラモア方面作戦に関する陸海軍中央協定を定め現地協定を結ぶよう指示してきた（戦史叢書『東部ニューギニア方面陸軍航空作戦』四一三頁）。

一、概ね所在兵力を以て来攻する敵を撃破し、極力持久を策しつつ適時「ダンピール」海峡沿岸要域に之を転用す

二、陸海軍協同して速に「ダンピール」海峡方面防備の強化に勉むると共に、潜水艦、小船艇等各種の手段を尽して極力補給を確保す

この頃は、文字通り少しでも長く持ちこたえるのが「持久」の意味であったが、それから半年もたたない間に大きく変わった。「持久」は暗に本国に見捨てられた「棄軍」の意味になり、自給しながら死期を待つ意味に転換する。それでも日本兵は、国家、天皇への忠誠心を守り続け、朽ち果てるまで生き、戦い続けることをやめようとはしなか

った。棄軍は兵士にとって忠誠の終了になるのが世界史の通例だが、日本兵の忠誠心はまるで信仰心と変わらなかった。

サラモアを包囲する米豪軍は、日本軍のサラモアからラエへの後退を止めなければならなかった。前述したように日本軍は、ジャングルに身を隠し山道を通ってラエに逃れた。マッカーサーは航空機と魚雷艇を使って空と海から日本軍を厳重に監視したが、陸上部隊の配置が不十分であったため、第五一師団司令部をはじめ各部隊は、ほとんど無傷でラエに後退できた。

九月六日、豪第九師団はラエとブス川との中間にあるブンガ川まで到達し、九日にはラエから約六キロのブス川に達している。ブス川とラエよりのブンブ川の中間に守備していたのが、五日の夜サラモアを発った大場大隊であった。ブス川はそれまで渡河してきた河の中で最も水量があり、流れも速く、水深も比較的あり、日本軍が待ち構える前での豪軍の渡河は大きな危険をともなうことが予想された。

十日午後、ブス川河口付近の豪第二四旅団が渡河を開始したが、川の中洲を固めていた第四一師団の第二三八連隊がこれに激しく反撃した。銃身が真っ赤になるほど攻撃を加えたが、優勢な豪軍は航空機の援護を受けて、ついに渡河に成功した。第二三八連隊も高崎で編成された部隊だが、サラモアから撤退して配置についたばかりで、任務はサラモアからの部隊の撤収の時間を稼ぐことだった。

豪軍は猛砲火の援護下、装甲車まで繰り出して前進した結果、第二三八連隊の各中隊がつぎつぎ全滅した。総崩れの直前、右の大場大隊が援軍に駆けつけ、どうにか戦線を維持した。その後の豪軍の動きは、ブス川の増水のために兵力補充と物資補給が滞り、そのため一時的停止状態に陥らざるをえなかった（戦史叢書『南太平洋陸軍作戦〈3〉』三九七－八頁）。

一方、ナザブ平原へ進出した豪第七師団が動き出したのは、ブス川方面で日本軍との戦闘が伝えられた前日の九日であった。午前十一時、雨の中で日本軍と豪軍がジェンソンズ農園（Jensons PTN）を通り過ぎた地点で遭遇したが、豪軍は斥候部隊であったため早期に撤退した。このとき豪軍と撃ち合ったのは、ラエ警備隊の独立工兵第十五連隊の一部であったらしい。豪第七師団の任務が、ブソ川近くに上陸した豪第九師団のためにラエの日本軍を引きつけることにあったためか、動きが緩慢であった。だが行動が鈍った理由はほかにもあった。空輸を頼りにナザブ進攻が遂行されたものの、連日の悪天候によって離着陸不能になり、そのため肝心の補給が停止し、身動きできなかったことが影響したとみられる。

ナザブ平原からの南下とブス川からの豪軍の進攻が一時的に鈍った十一日に、日本軍のサラモアからラエへの撤退が集中的に行なわれた。ラエからの撤退を成功させるには、側面をさらすナザブ方面の戦線を確保し、撤退終了までの間、圧力を緩和することが不可欠であった。五一師団司令部は、ラエの防禦を東西に二分し、西側を第五一歩兵団、東側を第四一歩兵団の担当とし、撤退に必要な最終的準備を急いだ。

十四日までに、戦死した日本軍将校から押収した文書によって、豪軍は日本軍のラエ撤退を知ったが、どこの道をどのように後退するかまで把握することはできなかった。ラエの戦況と周囲の地形を見ると、そんなことができるか半信半疑であった。そのため撤退阻止をはかる具体的行動を取ることができなかった。

十四日の撤退開始に向けて日本軍は、ブス川方面でもナザブ方面でも豪軍の前進に激しく抵抗しては、陣地を捨てて後退する戦法をとった。この朝、豪第二六旅団はブス川中流の架橋に成功し渡河を開始したが、日本軍の激しい反撃を受けて、一時進撃に失敗した。ラエの西側では、攻撃してきた日本軍が重機類や弾薬類を放置して消えたことが豪軍側に報告されている（前掲戦史叢書　三九九頁）。

八千五百人にもなる将兵の撤退は、先頭が出発してから最後尾が現地を離れるまでに二日、三日はかかり、ガ島やキスカの艦艇による撤退作戦とちがい、徒歩行軍で敵に悟られずにこっそりやるのは不可能であると思われた。撤退完了までに敵の攻撃を受ける可能性が大きく、古来からしんがりはもっとも危険な任務といわれ、しんがりが全滅するのは覚悟の上であった。古代や中世の戦いさながらの撤退軍のしんがりが追撃を追い払いながら逃げ延びる逃避行は、ポートモレスビー攻略に向かった南海支隊の撤退行をはじめとして、サラモアからラエへの後退などあまり例がないが、その大部分がニューギニア戦で発生したことを注意すべきであろう。

撤退の第二陣（梯団）では、第二三八連隊の馬袋遼大尉の軍旗部隊と伊藤政吉准尉の第二機関銃中隊がしんがりをつとめ、十日から数日間ラエ西側のエドワード農園の線で豪第二六旅団の進攻を阻止し続け、たぶん全滅したと推測される（戦史叢書『南太平洋陸軍作戦〈3〉』四〇五－七頁）。最後の第三陣では、第一一五連隊と独立工兵第十五連隊を基幹とした部隊がしんがりをつとめ、十五日、再びエドワード農園を舞台に激戦を交え、ついでジャコブセン農園でも激しく反撃した。午後になって部隊は稜線伝いに後退したが、翌十六日の戦闘で全滅した。この朝、豪軍は第五一師団が撤退したあとのラエ市に入ったが、撤退に同行できず、さりとて降伏もできない日本兵に残された唯一の選択肢である自決による死体が各所に溢れかえっていた。

（六）　第五一師団のサラワケット越え

九ヶ月に及ぶ五一師団の戦いを回顧すれば、十分以上に任務を全うし、任務を解いて自由にさせても誰も叱ることができなかったであろう。ここでいう自由とは、諸外国で許される降伏を意味するが、日本軍では許されないので、せめてもの後方への移転をいう。だがその命令を出すのが遅かった。南のサラモアが陥落寸前まで追いつめられ、ついで東方のブソ川方面から豪第九師団がじりじりと切迫し、さらに北西のナザブ平原からも豪第七師団が南下し、完全に包囲されたラエの第五一師団隷下の部隊には、最早全滅以外に選択の余地はないとみられた。

近代の軍隊が、君主に対する封建的忠誠心によって形成されていないことぐらい、歴史をかじった者なら誰でも知っている。ところが近代日本いや昭和の日本では、天皇に対する封建的忠誠心を絆として国家と国民が結ばれているとする倫理が立てられ、この倫理観から降伏は敵に対する服従と忠誠であり、絶対に許されない天皇に対する不忠であるとされた。「戦陣訓」では、この不忠が「生きて虜囚の辱めを受くる勿れ」のフレーズに凝縮され、徹底して将兵に叩き込まれた。降伏の禁止と死の強制は、紀元前二世紀に、のちに中国の大歴史家となる司馬遷が匈奴に降伏した李陵を弁護したため皇帝武帝の不興を買い、宮刑を命じられた故事を想起させる。自分への絶対的忠誠を実践しない者を不忠者、反逆者と決めつけるのは、古来から権力を握った者が陥る悪弊である。兵士らに、捕虜になることは「至尊（天皇）を辱め奉る事」とまで言い切り、家族に累が及ぶと脅迫されては、戦場で追いつめれたときに残された道は、「死」以外になかったのである。

もし敵の追撃からのがれる可能性、方法があれば、それは一つの作戦として容認された。ニューギニア戦は日本の二倍もある戦場での戦いであり、ギルバート諸島のマキン島やタラワ島などと違い、敵の手から逃れる余地がたくさん残されていた。これが何百キロ、千キロ以上も西へ西へと後退し続けるニューギニア戦の特色になるのである。しかし補給なしで後退し続ける日本兵を待ち構えていたのは、ひどい飢餓であり熱帯病であり、これによる戦病死であった。

降伏が許されない第五一師団長中野中将は、全軍突撃を敢行して果てることを一度は考えた。しかし八千五百名以上の将兵の命を預かる中野には、そのような命令などできるものではなかった。どうやって一人でも多くを逃すか、それを考えない指揮官はいない。十八軍司令官安達の撤退命令を受けた九月六日、まだサラモアにいた中野師団長は、まず海軍第七根拠地隊司令官に対して、軍主力の撤退のためにブス川及びムナム、ボアナ附近で、敵の阻止に当たるよう命じた。無論、海軍を後に残して陸軍だけが先に逃げ出す意図ではなく、長い間海軍がラエ警備に当たってきた経緯があったためである。撤退作戦では、海軍第七根拠地隊のほか主だった海軍部隊が最初に撤退を開始し、第八二海軍警備隊等一部が最後から二番目で、しんがりは陸軍の工兵隊がつとめた。

撤退に当たり中野が出した師団命令には、ラエからの撤退路が二通り説明されている。こうした事態の可能性を予想していた第十八軍は、すでに三月、独立工兵第三十連隊長村井荘次郎中佐に対して五十名からなる特別工作隊を編成するように命じた。これを受けた村井は、特別工作隊の指揮官に北本正路少尉を任じ、彼の名をとって北本工作隊と名付け、サラワケット山塊に送り込んだ。五一師団の撤退経路は、この時の北本工作隊の調査活動報告に基づいている。北本は慶応義塾大学陸上部出身で、昭和初期の日本長距離界の第一人者であり、ロサンゼルスオリンピックの五千、一万メートルの日本代表になったほどの健脚の持ち主であった。

ニューブリテン島のツルブで飛行場建設に当たっていた北本らは、海峡を渡ってニューギニアのシオ（Sio）に上陸し、キアリで約百人のポーター役をつとめる現地人を雇い、十八年三月十二日に同地を出発している。全体として太平洋岸が急勾配で、珊瑚海側に緩傾斜の地形だが、最高地点が富士山よりも高い四千メートルもあり、平坦な樹林帯もあるが、沢登りを要する渓谷、ぬかるむ湿地帯、大きな岩の重畳地帯、急峻でザイルでも必要な岩場など、何でもありと考えなければならなかった。

また日本国内では、高度が百メートル増すごとに〇・六度気温が下がるといわれるが、赤道のすぐ近くだからこれほどには下がらないにしても、四千メートルの頂上付近は零下以下になることもありうる。熱帯の高温に慣れきり、衰弱した体力で登ってきた者にはひどくこたえるにちがいない。北本の踏破計画では当初一週間の予定であったが、実際には二十二日間、三週間余もかかった。総行程三百五十キロに達したが、途中の峻険を入れると三週間でも驚くべき早さである。危険かつ困難なルートだが、とにかくラエからキアリまで歩いて行けることが証明され、万が一の退避路になることを確認したのである。

九月六日の安達司令官の命令では、サラワケット山系を越えてシオに向かうか、カイアピットを経てマダンに向かうか、いずれにせよとなっているだけで、どちらのルートで撤退するかは五一師団長の中野に任す方針であった。北本の回想記では、「第一案は、ラエより直角にサラワケット山系を越え、キャリを経てマダンに至る。第二案はフィニステール山脈の南麓ぞいに歓喜嶺経由マダンへ抜ける行程」（北本正路『ニューギニア・マラソン戦記』一一五頁）となっている。歓喜嶺がカイアピット経由であることは説明するまでもない。したがって両者の内容は完全に一致している。カイアピット経由路は工事中止となったマダン・ラエ間道路ルートのことで、途中の状況はすでに十分調査ずみであり、安達の撤退命令も本来このルートを意識したものであったと思われる。

なお十八軍の岩永宝参謀の述懐によれば、命令はどちらのルートでもよいから、「なるべく早くキヤリ附近に兵力を集結せよ」という内容だったとしており（井本熊男前掲書　四七五頁）、二つのルートには優劣はなかったという表現である。マダンまで行ってしまうと、疲れた将兵にはキアリへのバックは不可能に近く、そうなるとキアリに近いシオに出るコースを安達が希望していたということになる。しかしこのルートでは、安達も未知数が多すぎておいそれと撤退命令を出せなかったが、カイアピット経由路であれば十分に調査済みであり、安達も安心して撤退命令を出すことができる。安達の真意はカイアピット経由であったと想像される。

撤退命令を受けた中野は、北本の話や参謀らの意見を聞いて熟慮したが、出発時点で決められた撤退路がカイアピットに向かうものであったとすると、辻褄の合うことが多くなる。カイアピットーマダンルートは比較的平坦であり行軍しやすく、二十師団が前述したマダン・ラエ間道路の建設に挑んでおり、途中まで行けば二十師団の援護と建設済みの道路に出られる。おそらく中野もこの経路で撤退する計画で出発したにちがいない。ところがナザブ平原に進出した豪第七師団及び米降下部隊が南下を開始し、行く手を阻むかのようにブス川渓谷の密林内に現れ、いずれ強行突破が必要になりそうな情勢であった（金子正義『ニューギニア日記』二二八頁）。

さらにこのルートで撤退をはじめると、敵機の跳梁が激しく、使用を開始したナザブ飛行場やチリチリ飛行場に展開する米豪軍機の空爆をまともに受ける危険性があった。その上、米豪地上部隊との遭遇が頻々と伝えられるに及び、中野師団長はこのまま前進することに強い不安感を覚え、急遽カイアピット方面に向かう撤退をあきらめ、途中でサラワケット方面への方向転換を決断したものと考えられる。変更を知らないままあとから北進した部隊の中には、米豪軍の待ち伏せに合い、全滅させられるものが相継いだ（金子正義前掲書　二二八頁）。

サラワケット越えは、やむなく選択された次善のルートであった。自然の障碍は計り知れなく、多くの犠牲者が出るかもしれないが、北本調査隊が踏破に成功したことでも明らかなように、決して不可能ではないと判断されたのであろう。降伏の選択肢がない中で、撤退命令が出されている以上、サラワケットにどのような困難が待ち受けていても実施しなくてはならない。こうした筋道を立てた上で決定されたことは間違いない。

中野師団長が七日に森国造第七根拠地隊司令官に下した命令の第二項には、「ラエ」—「サラワケット」—「シオ」に至るルートとして第一経路と第二経路があり、サラワケット頂上から右斜面を少し降りたあたりで合流することにな

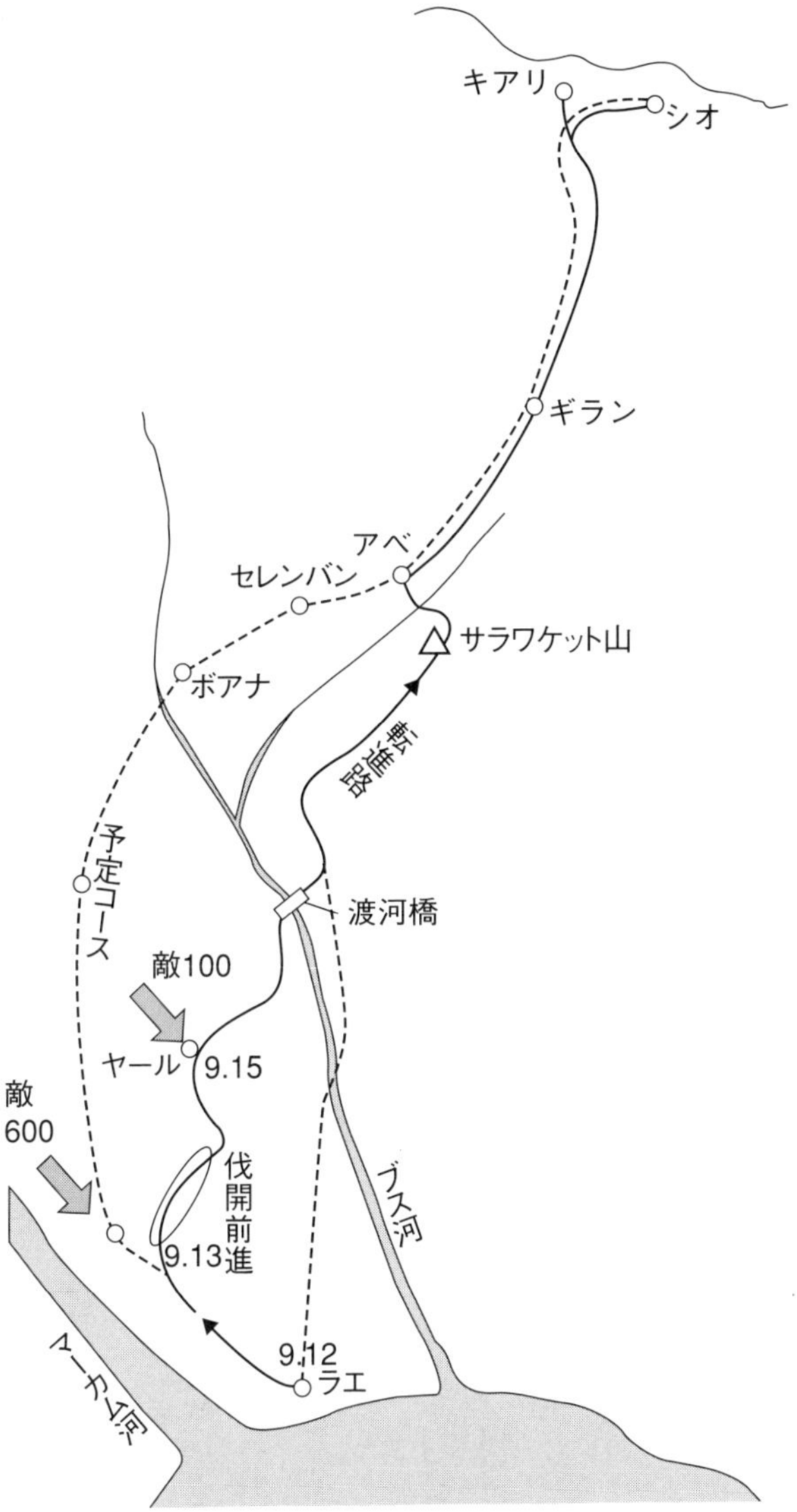

出典：防研所蔵連合艦隊司令部作成『ニューギニア主要作戦』

サラワケット越え概略図

っていた。実際には両者の中間のブス川渓谷沿いに北上し、サラワケットへの登りに入った辺りで第一経路に合流するルートをとっている。二つの道について、北本の報告か偵察機もしくは現地人からの情報によるものか不明だが、事前に合流することを知っていたと思われる。

撤退作戦は、北本工作隊が要した二十二日間を基礎にして、食糧を二十三、四日間に食い延ばせば、どうにかキアリに辿り着く見込みの下に、九月十二日から十五日にかけて相次いで出発した。第十八軍参謀長吉原矩によれば、海軍部隊は十四、五日分、疲労困憊の陸軍部隊は一週間内外の食糧を担ぐのが精一杯だったとしている（吉原『南十字星』一一八頁）。

部隊を三つのグループ（梯団）に分け、第一梯団は海軍第七根拠地隊司令官を長とし、主に海軍関係部隊で構成、第二梯団は第六六連隊長を長とし、六六連隊・二一連隊・八十連隊・野砲十四連隊等で構成、第三梯団は第一〇二連隊長を長とし、一〇二連隊・二二飛行場大隊等で構成された。道を開いて進む進路工作隊には、工兵五一連隊長を長とする連隊主力が、敵の追撃を断ち落伍者を拾う収容隊には第五一歩兵団長を長に、一一五連隊・独立工兵十五連隊・八二海軍警備隊等で編成された。進路工作隊と収容隊が三つの梯団のそれぞれの前と後を固める態勢であった。

なお連合艦隊司令部がまとめた「『ニューギニヤ』主要作戦」に収録された「『ラエ』『シオ』間転進作戦」は、海軍関係部隊の動きだけを記録しているが、これには

第一梯団（佐五特、二三防空隊）一、〇五四人
第四梯団（三防空隊、佐五特の一部）一、〇〇〇人

とあり、四つの梯団があったとしている。撤退を指揮した第五一師団が、海軍関係部隊を第一梯団にしたのは、彼らの脚力、体力を懸念したためで、そうなると海軍部隊が最後尾の梯団に組入れられるはずがない。右の第四梯団の第

三防空隊は、陸軍側の記録では第八二警備隊とともに第三梯団に所属しており、海軍が勝手に第三梯団を二つに分けて第三、第四梯団と呼んでいた可能性が高い。

進路工作隊は、十二日に出発する第一梯団より先に出発しているはずである。作戦開始にあたり問題になるのが、動けない傷病兵の処置である。当時サラモア・ラエには約六百名の重傷病患者がいた。降伏を認めないとすれば、答えは考えるまでもない。撤退する仲間が手榴弾や拳銃を患者にそっと手渡して野戦病院をあとにすると、やがて爆発音が後方でした。仲間たちは心の中で合掌しながら前に進んだ話は数え切れないほど残されている。

師団後方参謀である鈴木元明中佐は、傷病兵の全員は無理としても一部でもいいから救いたいと考えた。米豪軍に制空権と制海権を掌握された状況下で、動けない傷病兵を輸送する手段は潜水艦以外にないと考えられたが、鈴木は陸軍の船舶工兵に頼んでみた。上陸作戦に当たっている米豪軍の輸送船や小型艦艇がひしめいている中を、トラックと同じ音を出して航走する大発が通り抜けられるなどと誰も考えないが、船舶工兵第五連隊第一中隊長寺村貞一大尉に相談してみたところ、幹部と相談した上で引き受けてくれたのである。

サラモアからの重傷患者の輸送が成功し、ラエの患者も集結した。船舶工兵第五連隊長野崎吉太郎大佐を指揮官に、同連隊の大発三と小発一、船舶工兵第八連隊の大発二と装甲艇一の合わせて七隻の舟艇隊に約二百名の重傷病患者を満載し、十四日満月の夜に出航した（飯塚栄地『パプアの亡魂』一二二頁）。鈴木案では敵船団の後背を通り抜けることにしていたが、最も危険な海岸と敵船団の間を縫っていく無謀ともいえる計画に変更した。死中に活を求める作戦には、時として天が味方してくれることがあるらしい。途中で大発一隻が故障を起し肝を冷やしたが、間もなく修理に成功し、十五日の朝、フィンシュハーヘンに奇跡的脱出を果たした。しかしこの一週間後に豪軍がフィンシュハーヘンに上陸し、過酷な運命はなかなか日本兵を見放してくれなかった（戦史叢書『南太平洋陸軍作戦〈3〉』四〇五－六頁、鈴木正己前掲書　一三三－五頁）。

サラワケットに向かった将兵について、井本前掲書（四七六頁）は八、六五〇名（内海軍約二、〇五〇名）、戦史叢書には十月十九日付けの電報にある八、五二一名説のほか、十八軍司令官の現地視察電にある陸軍六千・海軍二千五百名合わせて八千五百名説も紹介し、どれが信憑性が高いか論評を避けている（前掲戦史叢書　四二一頁）。しんがりを勤めた部隊の結末まで把握できないので、いずれも完全な数字ではあるまい。

第一梯団から第三梯団に分けられた撤退部隊は、九月十二日から三日間にかけてつぎつぎとラエを去り、最後尾の収容隊が出発したのは十五日であった。北本工作隊が先導役をつとめ、進路工作隊が道路標示の設置や補修工事をしながら前進、各梯団はひたすらそれを頼りにして行動した（北本『ニューギニア・マラソン戦記』一三〇頁）。途中まで追撃してきた米豪軍も、日本軍がサラワケット山麓に入ったあと、ブス川渡河からしばらくののち、見失ったのか深追いをあきらめたのか、それ以降、一度も遭遇しなかった。これも幸運の一つであろう。しかし豪軍斥候兵は、撤退中の日本軍が去ったばかりの宿営地に踏み込み、夥しい数の遺棄死体に呆然とし、虫の息の日本兵が豪軍兵士を見るなり、手榴弾で自爆する光景も目の当たりしている（前掲戦史叢書　四二三－五頁）。

ブス川を渡りケメンまでは、隊によって違ったルートを取って行動したと思われる。第一梯団は予定と違いマーカム河から少し右にそれた平坦地を通過する第二経路を進んだが、十五日、ヤールの部落付近で米落下傘部隊と遭遇し、激しい撃合いをして海軍兵九名を含む二十一名の戦死者を出した（前掲「『ニューギニア』主要作戦」）。問題は中野師団長が、いつカイアピット・ルートをあきらめ、サラワケット越えに変更したかである。第一梯団は十五日までカイアピット・ルートを目指していたとみられるが、このまま進むと二、三日後にナザブ飛行場に近づくため、おそらく師団長がまだラエにいた十五日までにルート変更を決めたと推測される。中野師団長が九月七日頃に前者を選択したとみる考え方もあるが（戦史叢書『南太平洋陸軍作戦〈3〉』四一〇頁）、まだサラモア戦の指揮をとっている師団長には、そこまで決断する余裕はなかったとみられる。

十六日から進路を変更し、ジャングルを伐開しながらブス川の渡河点へと進んだ。収容隊に属し、最後から二番目にラエを発った海軍第八二警備隊は、四日目つまり十九日に小柄な中野師団長と並行して歩いたが、師団長が兵隊と一緒に歩く姿を見て皆敬服した（渡辺哲夫『海軍陸戦隊ジャングルに消ゆ』二四〇頁）。

ブンブ川を遡った第一梯団は、九月十七日、ブス川河畔に到着し、上流の雨によって河幅が二百メートルに広まり、ゴウゴウと音を立てる濁流が渦巻き、渡渉などとてもできそうになかった。やむなく師団では再びナザブ平原の強行突破案が持ち上がり、作戦計画の修正が始められた。一方、工兵連隊は必死に大木を流れの間にある岩礁に架けようと努力したが、何名もの犠牲者を出しても成功しなかった。ところが夜の大雨による増水によって、はからずも大木が岩礁上に架かってくれた。待機していた将兵が渡りはじめたが、二十メートル以上はある丸木である。ロープなど着けてないので、バランスをうまくとりながらすり足で渡らなければならない。このため何人かが足を滑らせて転落し、たちまち姿が見えなくなった（前掲戦史叢書　四一四頁、『丸別冊』前掲書　一三二頁）。

「『ニューギニア』主要作戦」によれば、第一梯団が渡り終えたのは二十日で、三日間ほど足止めを喰った計算になる。サラモアから直接撤退軍を追った前掲の金子正義は、二十一日にも豪軍追撃部隊の銃声を聞き、撤退路上に何人もの戦死者を見たと記しているので（『ニューギニア日記』一二五頁）、ブス川を渡り終えるまで撤退軍は気が気ではなかったであろう。その後も撤退軍は米豪軍に度々遭遇しては交戦し、追撃を払っては退避するパターンを繰り返した。米豪軍の攻撃も淡泊で、深追いを避けているようであった。後退する兵が体力が落ちて銃器を棄てる現象が散見されるようになるのは、米豪軍の追撃がなくなった後のことである。数日間は比較的緩やかなアップダウンを繰り返す道が続いた。すすき野が続いたかと思うと、焼き畑のある部落が点々と見える一帯が続き、なんとか食べ物が見つかるため、腹を空かした兵隊達もしばらくのんきな気持ちになれた。撤退行が苦しくなったのは二十三日からである。

つぎに「『ニューギニヤ』主要作戦」から「経過概要」を引用する。

九月二十三〜二十六日　　急峻なる密林地帯、寒気加はる

九月二十七〜十月一日　「サラワケット」山系（海抜三〇〇〇米以上）の大密林地帯を行軍、断崖絶壁、道路

なく寒気大（気温五度）落伍者数百、凍死、墜落死等を生ず

急坂なる密林湿地帯、連日降雨

十月二～七日

この間に軍服も肩章もボロボロに破れ、ミイラのように痩せ細った体躯で、食べ物を漁る将兵の姿が目立つようになり、つい二週間ほど前まで、米豪軍と雄々しく戦っていた日本軍将兵とはとても見えない惨めな姿に変貌した。当初は、早々と食糧を食い潰した海軍陸戦隊の死体が多かったが、次第に陸軍兵の死体が数を増していった（金子正義前掲書　二四四頁）。

ブス河の渓谷に別れを告げ東の方向に向きを変えるツカゲット辺りから、はるか遠くに天をつく高い山が見え始めたが、誰もそれがまさかサラワケットの山頂とは思わなかった。というのは誰もが、サラワケットはすぐ近くの山で、敵を振り払ってしまえばもう怖いものなしで、あとは気ままに行軍すればよいと思っていたからである。ところがあの高峰がサラワケットとわかった瞬間から、撤退がこれまでに経験したことのない苦難に満ちたものになるであろうことが直感された。あの山の頂に着くまでに何日かかるかわからない上に、歴戦の強者でもあんなに高い山にはとても登れないと気後れした。

日本の山と違い三千メートルを越えても樹林帯が続くが、頂上近くなるとうって変わって、四千メートルを越す高峰らしく峨々たる山容に変貌した。「『ニューギニヤ』主要作戦」にあるように、近づけば岩稜帯ばかりで、絶壁が幾つも林立している「断崖絶壁」であった。先行した工兵隊がかけてくれた縄梯子に一度に十数名がぶら下がったために縄が切れ、全員が谷底に落ちていった話を聞いた後続部隊は、一人ずつ慎重に登るようになった。また横に長い岩のフェースが行く手を遮ったが、工兵隊が探してきた長い蔦かづらが岩の上から幾つも等間隔にぶら下がっており、ターザンのようにぶら下がっては横方向にスイングし、次の蔦を摑まえてまた同じようにして次の蔦に摑まる。こうして横へ横へと移動して岩のフェースを越え、岩に摑まれば登れる場所にたどり着いた。しかし途中で腕力が尽き谷

底に落ちる者が少なくなかった。体力の限界に達し、ぶら下がる元気のない者は、下から縄や蔦をながめるだけで、ここを墓場にした。

岩場は三日間も続いた。四つんばいになって岩の取っ手につかまっては体を持ち上げる。もう一週間も食事らしい食事をしていない、草をつまんで食べるぐらいだから空腹で力が出ない、空気が薄くなり呼吸が苦しい、それでも必死に登る。また縄梯子があり、順番がくるまで急斜面で休みを取る。

頂上に通じる最後の急斜面に着いてみると、そこは予想に反して岩場でなく粘土で覆われた台状になっていた。つるつると滑り、登りにくいことこの上ない。ようやくにしてたどり着いた頂上部分は、草が生えている平坦地であった。粘土の斜面から頂上の一帯には、力尽きた兵士の死体があちこちに横たわっていた。頂上の先は緩斜面の湿地帯が行けども行けども続き、泥濘に足を取られそのまま絶命する者、脱出を断念し手榴弾で集団自殺する者たち、疲れ果て腰を下ろしたまま絶命する者、凍死する者などの墓場と化していた。

日が暮れてくると気温が急激に下がってきたが、頂上の湿地帯を通過できない者たちは、燃えるものがあれば何でも燃やして暖を取り、皆で歌を唄い、眠らないようにお互いに声を掛け合い、朝を迎えたとき、生きていることを喜んだ。しかし湿地帯を通過後、その先の台上の淵で下を見て息をのんだ。断崖が真っ逆さまに下の森まで落ち、道になりそうな斜面が見えない。元に戻れない以上、前に進むしかなく、岩にしがみつき足場を一つ一つ見つけ、少しずつ降りていくしかない。五〇〇メートルもあろうかという断崖で、足を滑らしたり手にした岩が崩れるなどして、何人もが真っ逆さまに落ちていった。平時であれば山岳遭難事故として大騒ぎになるが、戦時にはニュースにもならない。

階段状の地形が続き、林を抜けると断崖、下にはテラスといわれる平坦地があり、灌木が生えている。これを降りるとまた次の断崖が続き、断崖を降りるたびに何人もが落下していった。事故は下山時の方が多いのが登山の常識である。断崖の下に死体が折り重なっているところがあった。降りられそうな岩の裂け目を見つけ、列をなして降下中に誰かが滑落し、下にいた兵士が巻き込まれて一団となって落ちたらしい。断崖とテラスの繰り返しをようやく抜け、延々と続くジャングルに入ると、間もなく最初の部落に出た。人間が住んでいる場所に出れば何か食べ物が見つかるのか、それともゴールが近い安堵感のためか急に元気が出てきた。もう十日近くまともな食物が口に入っていなかったはずだから、人間の生命力には恐ろしいほどの粘りがあるらしい。

携行した食糧は、部隊によって多少の違いがあったが、十日分程度から二週間分が平均的であったようだ。北本工作隊がラエに到着するまでに、何度も道に迷いながらそれでも二十二日間かかっている。カイアピット・ルートであれば、途中で補給を受けられる可能性があったが、サラワケット・ルートではまったく見込めない。そのため、食糧を食い延ばせという司令部の指示が行なわれた。頻繁に雨が降り、川筋が見え、水が流れ落ちる音がいつも聞こえているといっても、飲み水を適宜調達できるわけではないから、水もできる限り携行する必要があり、二日分か三日分くらいを持っていくことにしている。これだけ聞けば相当苦しい行動になることが予想される。肝心な点は、一日分の食糧を二日分にして全量を二十日以上にのばし、目的地のキアリまで体力がもてたかという点である。戦史叢書によれば、キアリ到着の日付と帰還人員は次のようであった（前掲戦史叢書　四二〇－一頁）。

到着日（十月）	陸軍人員	海軍人員
九		六〇〇
一一	五四〇	
一三－一五	三、一三二	一四八
一六	一六七	九一
一七	七六〇	三五一
一八	四〇三	一一五
一九－二一	一四六	二四四
二二	九一	四四
二三	八四	三四
二四	七二	四一
二五－二九	一七一	九四

陸軍の帰還人員総数五、五六五名、海軍人員総数一、七六二名、陸海軍帰還人員総数は七、三二七名になる。ラエを出発した人員数を八、六五〇名（北本前掲書　一四五頁）とすると、一、三二三名の未帰還、十月十九日付の電報の八、五二一名から計算すると、一、一九四名の未帰還となる。一五・三％ないし一四・〇％が撤退の途中で行き倒れ、転落死等になったと推計される。北本は死者数二、二〇〇名と書き記しているが、この数字にも目を通した井本は「途中の死没者の数は陸海軍合計一、一〇六名という資料が一応正確に近いと見られる」（井本前掲書　四七六頁）と微妙な言い方をしている。井本が出した死者数は、十月二十日の安達軍司令官の電文にある「ラエ出発時兵力八、五〇〇」から右の帰還者数を引いた数である。なお前掲の連合艦隊作成の「『ニューギニヤ』主要作戦」の「転進成果」によれば、出発時の海軍将兵二、〇五四人であったのが到着時一、五四三人に減少、二十三％が途中で失われたとしている。各部隊の損耗率まで紹介しており、これが実態に近い数字と思われる。

一般には途中で部隊としての体をなさなくなったといわれるが、帰還部隊を出迎えた安達軍司令官の報告に、「真の病人は落伍し『キアリ』に進出せるものは病人と雖も元気にして『ブナ』支隊とは雲泥の差あり、病人以外は約一週間の給養を以て戦闘に堪へ得、兵器の大部分更新を要す」（「猛戦電第一五号」、前掲戦史叢書　四二一頁）とあるように、キアリに着いた者たちは、ブナから引き揚げてきた南海支隊の兵よりはるかに元気であったとしている。草の新芽を摘んで何週間も戦い続けたブナと違って、撤退するまでラエには必要な食糧があり、戦闘がほとんどなかったことが主な原因であろう。撤退行での死没は、途中での事故や病気のほかに、食糧の消費方法に基づく餓死が原因であったと考えられる。

ポーターを引き連れた北本工作隊が、キアリ・ラエ間を二十二日間で踏破した経験に照らせば、各自が一切合切を背負って行動する五一師団の撤退行は、最低でもそれ以上の日数を覚悟しなければならなかった。道案内の北本隊は、縄梯子を懸けたり標識を作ったりしながらも、来るときより早い二十日間で走破している。

十月九日到着の海軍部隊は、九月十二日に出発した第七根拠地隊所属と推測されるが、そうだとすると二十七日かかった計算になる。また最後に出発した第八二警備隊は三十五日間もかかっている。後になるほど、梯子や蔓を使って登る順番待ちが長くなり、やむなく番がくるまで三、四日も野営せざるをえなくなった。中野師団長は、キアリからの出迎えの部隊が捜索に出るほど遅れて四十日もかかっている。高齢であった上に、危険な岩場では別にロープをかけて慎重を期したために、より時間がかかったためと推測される。

取り敢えず九月十五日を最後のラエ撤退日として、十月十三日か十四日にキアリに着いたとすれば、ほぼ一ヶ月（三十日）かけて縦走したことになる。データの都合で各日の到着人数が一部読めないところがあるが、約三分の二弱の将兵がちょうど一ヶ月かかって到着したとみて、間違いないであろう。

十日から二週間分の食糧を食い延ばしをして、一ヶ月間も持たせるのはむずかしい。途中で現地人の畑からタロイモや豚を失敬し、野豚を仕留め、芋蔓や野生の春菊を発見して食いつなぐことができた運に恵まれた者たちが、比較的元気に早く走破できたにちがいない。これに対して三十五日、四十日もかかって、あとの方で到着した者には食糧がなく、想像を絶する苦難を乗り越えてきたことは容易に推察できる。あとに着く者ほど、体は骨と皮だけ、髪はボサボサで髭はのび放題、衣服はぼろぼろ、杖に縋り付いて歩く者が多くなり、まるで幽鬼そのもののような姿となった。途中何を食べ、水をどう補給したか、どこでどのように休んだか、想像を絶する体験をしてきたことは、その姿かち容易に想像がつくであろう。

熱帯にありながら、ニューギニアにはワニ以外の猛獣はいない。バイソンといわれる大蛇はいるが滅多にお目にかかれない。ブナやポートモレスビーのある東部には毒蛇が多いといわれるが、西にいくほど蛇そのものが少なくなる。ジャングルには実のなる植物がどこにもあるように錯覚するが、バナナ、マンゴー、パパイヤなどは人間が植えたものので、あるのは部落の近くか、かって現地人がそこに住み着いていた名残りである。部隊の逃避行は人目を避け、いわば不毛の大地に分け入っているようなものだから、果実のなる木はほとんどない。

食糧を食べ尽くした兵士たちは、蟻でも何かの幼虫でも口に入れ、草や木の新芽を取っては食べたが、こうした飢餓線上の兵士の行軍については、戦後幾つかの体験記が刊行され、その悲惨な撤退行が紹介されている。その中でもっとも忌まわしいのは仲間の死体を食べた話で、事実無根でなかったことは筆者も関係者へのインタビューで確認している。豪軍の追撃を恐れながら、険しい山の中を前へ前へと進む兵士達は激しくエネルギーを消費し、そのような環境の中で一週間、十日、さらには半月、二十日と口に入れる物がなければ、いくら強固な理性を持った人間でも、肉体の要求を押さえられなくなる。ジャングルの中にある人目につかない空間で、何日も何日も食べ物を口に出来ない者と仲間の死体とが向き合ったとき、生を求める身体の欲望が理性を押しのけるのはわけもない。

人肉を食むくらいなら死を選ぶべきなのか、人肉を食んでも生き延び、敵と戦うべきなのか、降伏を禁じたのであれば、「戦陣訓」も「軍人勅諭」も、ここまで書くべきであった。降伏を選ぶ権利を否定したのであれば、これを制定した者は人肉を食らう行為もありうることを想像すべきであり、餓鬼に陥った際の処世についても教えるべきである。中央の一部エリートが勝手に自分たちの観念の世界で帝国軍人の生き方を決めても、実のところ戦場の経験の乏しい彼らには、観念と現実とのあまりに大きな距離を想像すらもできなかった。戦場の兵士たちが動物以下になり果てても、それでも軍人の身分を放棄できない現実を前に、中央のエリートの絵空事の観念を放棄しなければ、まともな戦いなどできるものではなかった。

キアリ到着の三、四日程手前の地点に、キアリの陸軍部隊の手で救援活動を行なう救護所が設置された。安達軍司令官の命令で行なわれ、食糧の支給や医務手当が行なわれた。そこで飯盒の蓋一杯の米、粉味噌、乾パン一袋をもらってようやく一息ついたが、長い間腹に何も入れてこなかったために胃腸が受け付けず、猛烈な下痢か吐き気に見まわれ、全部吐き出してしまう者が多かった。乾パンについては、担当者が「大隊長以上」と大声で叫び、この時ほど大隊長になりたかったことはないという懐旧談がある（渡辺哲夫『海軍陸戦隊ジャングルに消ゆ』二六二頁）。同じ行軍をしてきた将兵は、皆家族と教え込まれてきたはずであった。

途中、千人以上もの者が行き倒れ、墜落死、凍死などで草生す屍《むくろ》になり果てた。ほとんどの者が一週間、十日間の絶食を経験したが、八十七％もの生還者があったのだから、人間の生命力は凄まじい。ニューギニアで最も恐ろしいといわれたのはマラリアだが、マラリアに冒されながらも、執念でサラワケットを越えてキアリまで辿りつくことができた者のなかに、安心感による気の緩みからマラリアが再発し、そのまま絶命した者が相当数いた。生還者七、三二七名がどの時点での集計かわからないが、その後、作戦に復帰できるようになった者は、これより少なかったとみられる。

最後尾で落伍者の収容につとめてきた柏木部隊が到着後の十月十九日、帰着した部隊はジャングル内の平地に整列した。陸軍だけでなく海軍兵も中に混じり、ほとんどが無銃で、とても勇姿とはほど遠かった。中には大急ぎで竹槍を作って格好をつけている兵士もあった。ただし第二十師団の神野大隊だけがラエから重機を担ぎ通し、将校の軍刀、兵の銃器も携行して、しかもピカピカに磨かれていたのは驚異であった（鈴木正己『東部ニューギニア戦線』一四六―七頁）。

間もなくマダンから到着したばかりの安達軍司令官による軍装検査と閲兵がはじまった。安達は検査と閲兵を終えたあと、兵に向かって銃を持ち帰らなかったことを厳しく叱責している。神野大隊と比較したため、きつい言葉になってしまったのかもしれない。安達は生還者の予想以上に元気な姿を見て驚いた。撤退開始直後に敵の攻撃を受けた部隊がいたが、それ以外は航空機の攻撃もなく極めて平穏で、ひたすらサラワケット越えに集中するだけでよく、鍛え上げられた陸軍将兵ならば、このくらいのルートの突破は不可能でなかったのである。中野師団長の戦後の回想に、「いまから考えると身の毛のよだつほどの〝死の行進〟であった。……その間多くの病死者を出したのは、まことに残念であるが、大部分の将兵は目的地に到着することができ、軍の作戦としては、いちおうの成功をおさめた」（戦史叢書『南太平洋陸軍作戦〈3〉』四〇九頁）とある見方が適切であろう。軍隊の感覚では、多くの犠牲者が出たものの、生還率からみて及第点がつけられた。

四千メートルを越す高峰を、七千三百名以上もの大軍が踏破した例は世界戦史上に例がない。マッカーサーは、敵をジャングルに押し込めれば、あとはジャングルが片付けてくれるとよく側近に話していたといわれるが、サラワケット越えは、このマッカーサーの期待を見事に裏切ったわけである。この行軍によって戦局を逆転できていれば、それこそ「勝利の大踏破」として讃美もできたのであろうが、残念ながら勝利に結びつかなかった。結局、降伏を拒否した敗走軍の死に物狂いの脱出行という位置づけになってしまう。しかしこれだけの大軍による行軍だけに焦点を絞れば、高い評価を与えたくなるのは筆者一人ではあるまい。

もし第五一師団がラエに包囲され、全滅する作戦に出たとしたらどうなるか、あまり意味のない仮定である。このあと五一師団は、米軍のグンビ上陸のために再び退路を断たれ、フィニステール山脈を横断してマダンに落ち延びる逃避行に挑戦し、再び多くの犠牲者を出している。不屈の日本軍のシンボル的存在として、五一師団は戦史上に名を留めているが、真の評価は、それが作戦にどう生かされたかにかかっている。

（七）　中井支隊のカイアピット進出作戦

ワウを確保した豪軍がマーカム河上流に姿を現したのは、十八年七月下旬か八月上旬頃であったらしい。もしマダン・ラエ間道路建設が進捗し、第二十師団がマーカム河流域に進出していれば、間違いなく激しい戦闘が行われたであろう。しかし九月四日にラエ東方のブソ川河口に豪第九師団が上陸し、五日にマーカム河に近いナザブに米降下部隊と豪第七師団とが進出するにおよび、挟撃された第五一師団はサラワケットに逃れ、情勢は急変した。

この事態に対処するため第十八軍司令部は、フィンシュハーヘン方面を第二十師団主力で固めるとともに、第二十師団の中井支隊をマーカム河上流に進出させることにした。中井支隊の進出目的について、第五一師団の撤退を支援する牽制作戦であったとする説明がある。前述したように同師団がマーカム河上流へ撤退する可能性があり、これを援護するためであったことは容易に推察できる。

中井支隊は、第二十歩兵団長中井増太郎少将を指揮官に、朝鮮龍山で編成された歩兵第七八連隊を中核とし、野砲兵第二六連隊一部、輜重兵第二十連隊一部等によって構成された。支隊は尾花及び酒井の二つの捜索隊を以てマーカム一帯の米豪軍を攪乱する一方、ラム河とマーカム河の分水嶺一帯に拠点をつくり、マラワサに糧秣十トン、弾薬等軍需品を集積し、カイアピット方面に脱出の第五一師団を受け入れるのが主な任務であった。先遣隊が編成されたが、その任務は本隊より先に出発してカイアピットを占領し、第五一師団の脱出を援護するというものであった。

中井支隊にカイアピット出撃命令があったのは、第五一師団の二つの脱出路案のどちらを選ぶか決定しなければならない時期辺りであったに相違なく、第五一師団がサラワケットに向かったことが確認されるまで、第十八軍司令部は中井支隊にカイアピット占領命令を取り消さなかった公算が大きい。軍司令部がサラワケット越えを確認したのは、後述する九月二十三日の軍命令の少し前のことであった思われ、実際に方向を変えてからかなり時間がたっていた。それまでは第五一師団がナザブ平原を遠回りし、カイアピットに出る可能性に備え、受入れ準備を進めていた模様である。

ラム河とマーカム河は同じ台地を源流とし、二つの河の間には分水嶺がない。西方に流れる水がラム河になり、東方への流れがマーカム河となるだけのことらしい。九月八日、支隊はマダン・ラエ間道路の最先端ヨコピ（Yokopi）を出発、連日の雨で泥濘化した原住民の道を昼夜兼行で前進し、十八日にラム河に面する「魂の森」に到着した。「魂の森」とは、背丈の高い草に覆われた草原地帯になっている中に、一箇所だけジャングルになっているちょっと不思議な場所であった。先遣隊だけでなく後に続く中井支隊主力にしても、ヨコピまで建設された道路があるおかげで、行軍は無論のこと、食糧・武器弾薬等の補給が比較的円滑に行なわれ、どれほど助けられたか計り知れない。「魂の森」はダンプ（Dumpu）付近に位置する。日本側の記録にはトンプという地名が出てくるが、Dumpuとトンプは同名らしい。

九月二十日、米倉恒夫少佐の率いる第三大隊が先遣隊となって、兵力の整わない間にカイアピットを攻撃したが、逆にこの地を守備していた豪第七師団の一部に反撃され、米倉大隊長以下が行方不明となり、参加部隊のほとんどが全滅した。後退する第三大隊を収容するための第二線陣地の構築を命じられた香川昭二大尉の率いる独立小隊は、後退してきた土にまみれ疲労困憊の第三大隊第九中隊に出会っているが、これ以外には誰も見なかったというから、第三大隊が受けた損害が想像できる（『丸別冊　地獄の戦場』所収　石川熊男「中井支隊『歓喜嶺』の敢闘」二九〇－一頁）。奇襲を行うにもある程度の兵力が必要で、後続部隊の集結を待たないで一気呵成に出たことが敗因であった。すでに豪軍の部隊が来ているとは知らないで先制攻撃に出たのであろうが、どうしても日本軍は勢いだけで決行する癖がある。

カイアピットに進入をはかった日本軍を撃破した豪軍は、まだ二個中隊程度の兵力に過ぎなかった。しかし急遽二個大隊が空輸され、ウミ川の線まで進出した。これに対して中井支隊は、カイアピット奪還の時期は過ぎていると判断し、行方不明の先遣隊の収容を優先した。

九月二十三日に軍命令が届いたが、一項と三項を引用する。

一　約一ケ師の敵は二十二日朝来「フィンシュハーヘン」に上陸を開始せり　第五十一師団の転進は「シオ」に向ひ順調に実施せられたり

三　中井支隊長は速かに歓喜嶺九一〇高地の線を占領し「ラム」草原方向よりする敵の攻撃に対し靭強なる邀撃を実施すへし

北本工作隊を除く部隊の中でキアリに最初に到着するのは十月九日だから、命令が発せられた九月二十三日には先頭がサラワケット山頂に差し掛かる頃である。サラワケット越えが確実になったいま、中井支隊の任務は撤退行の援護ではなくなった。歓喜嶺の線で邀撃せよというのは、フィンシュハーヘンに上陸した敵とラム草原の敵とが合同する動きを阻止せよということであろう。

命令にしたがって中井支隊は、九月二十五日から後退を開始し、第三大隊を除く第七八連隊は歓喜嶺附近に陣地を構築、第三大隊はラム河畔の六一〇高地に布陣し、マダンをうかがう敵の阻止に当たることになった。マラサワにあった司令部もクワトー（Kwato）に後退し、主力は歓喜嶺南東十キロのグルンボに拠点を構えた。しかし連日の降雨に加え、皮膚に食い込む赤い虫に悩まされ、糧食も道路建設部隊より若干いい二分の一定量のため、多くの者が脚気になり、状況は芳しくなかった（戦史叢書『南太平洋陸軍作戦〈4〉』三五七頁）。

ダンプにもオーストラリア人が開拓用に設置した滑走路があり、豪軍は中井支隊の後退とともにダンプの滑走路を整備し、ワウで見せた輸送機による兵員と物資の輸送を行なって戦力を増強した。豪軍が兵員と武器弾薬の集結を終え、第三大隊の通った道を使って追撃に取り掛かるのは、十月後半であった。

（八）フィンシュハーヘン戦の開始

ワウからサラモア・ラエ間の戦闘は、半年以上を経て九月にようやく決着をみた。三年八ヶ月余の太平洋戦争のほぼ中間点で、米豪軍はやっとラエに到着した。米豪軍の反撃開始を昭和十七年八月とすると、それから一年かけてポートモレスビー近くのイオリバイワからラエまで押し返したことになるが、ラエから日本本土までは五千キロだから、単純計算すると日本本土まで十年ではすまない勘定になる。だがこのあと米軍主体の連合軍は、わずか一年十一ヶ月で日本本土に達する。そうしてみるとこれまでの一年間、日本軍は実によく戦い、米豪軍にとっては、攻勢を強めたにしてもなかなか前進できなかったといえるであろう。

ニューギニアで戦うマッカーサーの率いる米豪軍の目標は、カートウィール作戦通りであればラバウルであった。しかし十八年春先から、米統合参謀本部、マーシャル参謀総長、マッカーサーとの間で、今後の作戦方針について激

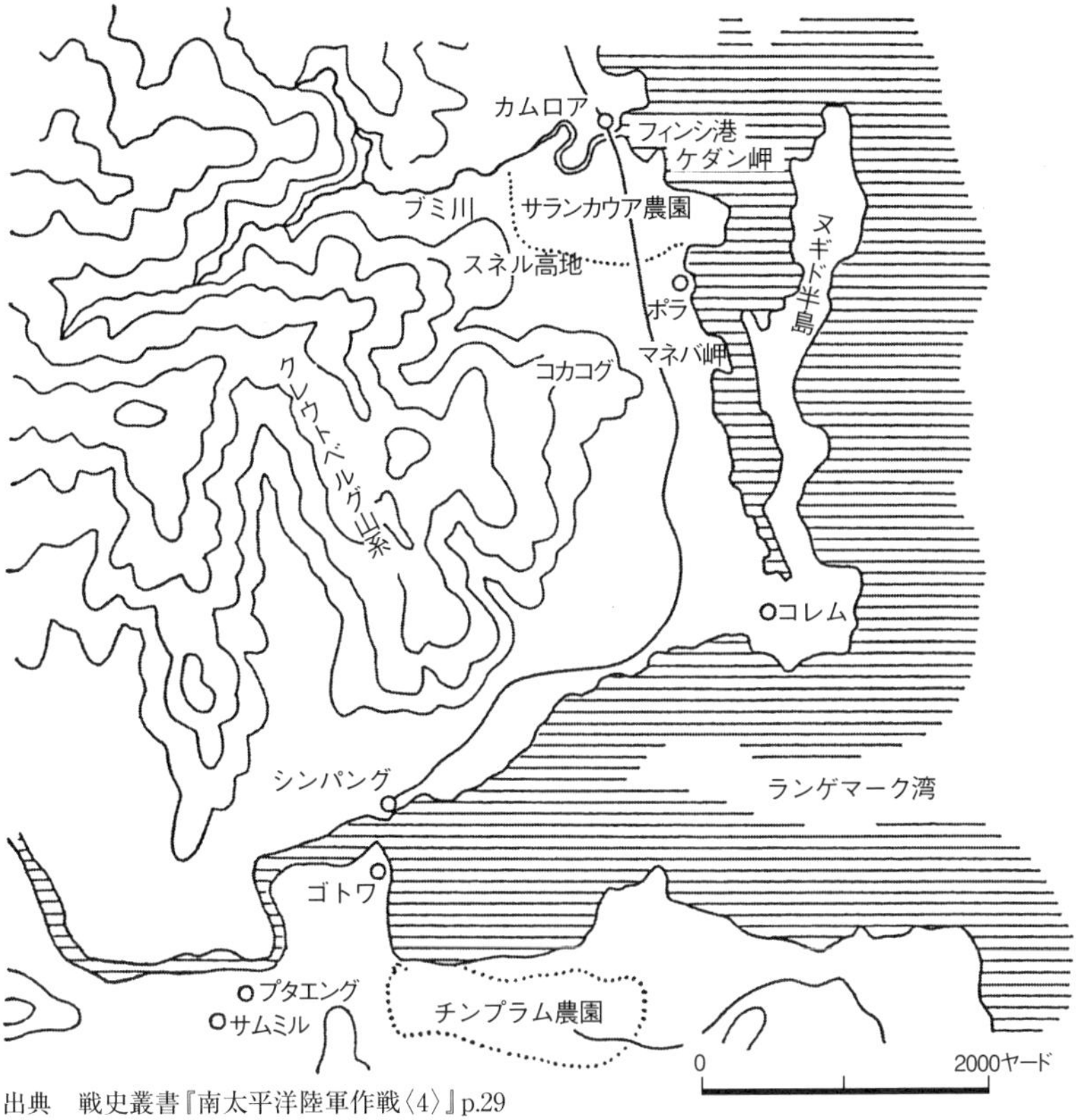

出典　戦史叢書『南太平洋陸軍作戦〈4〉』p.29

フィンシュハーヘン要図

しい遣り取りが繰り返され、結局十八年八月、マーシャル参謀総長の提案によって、ラバウルをパスして西進することが決定された。ラバウルに地上軍を送り込み、五万とも六万とも推測していた日本陸軍との戦闘で多大な犠牲者を出すよりも、航空隊によってラバウルの航空戦力を封じ込んだ方が得策であると判断されたのである。これに対して日本側わけても第八方面軍では、米豪軍はダンピール海峡一帯を制圧したのち、ニューブリテン島の西部に根拠地をつくり、そこからラバウルに進攻してくるだろうと読んでいた（戦史叢書『南太平洋陸軍作戦〈4〉』二一二頁）。

マーシャルが主張したラバウ

ルをパスする方針は、大軍を擁して待ち構える日本軍に肩すかしを食わせることができた。当時ラバウルには、アメリカが予想したよりずっと多い十万近い兵力が、ニューギニアやブーゲンビルに向かうために待機していた。健康状態及び装備も、日本軍にしてはかなり良い方であったから、もし米豪軍がラバウルに進攻すれば、夥しい数の戦死傷者を出し、フィリピン進攻が大幅に遅延することは避けられなかったにちがいない。こうした意味でワシントンが決めたラバウルのパスは、太平洋戦域の戦いの中でもっとも重大な方針変更の一つであった。

マッカーサーにとっては、ラバウルのパスはフィリピン進攻を早めることが期待できるから、とくに反対する理由がなかった。しかしそのためにも、一日も早くダンピール海峡とビティアズ（Vitiaz）海峡を抜け、フィリピンに至るまで遮るもののない海面に出なくてはならない。西部ニューギニアの北方、ニューブリテン島の西方の海について日本側には固有の名称がないが、米豪軍は「ビスマルク海」と呼んでいた。十九世紀後半にドイツ人がこの地域に入植し、ドイツの地名をつけたが、この名称もその時代の名残である。

ビティアズ海峡に面するニューギニア側の要衝が、フィンシュハーヘン（Finschhafen）とハンサ湾（Hansa Bay）であった。日本軍にとっては、戦闘がワウ、サラモア、ラエといったフォン湾に面した地域で行われていたときには、ラバウルとフォン湾を結ぶルート上にあったフィンシュハーヘンが軍事的に占める位置は極めて重要であった。一方米豪軍にとって、海峡を東から通り抜けてビスマルク海に進出するには、どうしてもフィンシュハーヘンという足掛かりが必要であった。ワウ、サラモアから撤退し、ラエの放棄も時間の問題となった日本軍にとって、フィンシュハーヘンの確保はラエ、サラモアの再奪取への夢をつなぐものであると同時に、米豪軍の海峡方面への進出を阻止する防禦線になることが期待された。舟艇の秘匿場所にも適し、オーストラリア人が開拓用につくった滑走路があることも、この地に対する期待を大きくした。

フィンシュハーヘンは、ニューギニアとウンボイ島の間のビティアズ海峡に面する港である。錨を降ろした港という意味のドイツ語の地名も、この地がかってドイツ人の入植者によって開拓された地であることを物語っている。船による交通しかない時代には、ニューブリテンとニューギニアとを結ぶ最短航路のニューギニアの拠点として発展したが、戦後、航空路が主流になるとラエに人や物が集中し、フィンシュハーヘンは辺鄙な田舎町へと凋落し、今日では激しく揺れる小舟で行くよりほかに手段がない辺境の地になっている。なおフィンシュハーヘンはランゲマーク湾(Langemak Bay)周辺一帯の広大な地域にわたり、正確にはどこの地点を指す地名なのかはっきりしない。

日本軍がはじめてフィンシュハーヘンに入ったのは、昭和十七年十二月十七日である、村上光功中尉の率いる海軍佐世保第五特別陸戦隊二七〇名が、ほとんど妨害を受けずに上陸している。その後、輸送船によるラエ輸送が困難になった頃から大発や海トラによる沿岸航行が増えるにともない、陸軍の舟艇基地要員約三百名が配置された（戦史叢書『南太平洋陸軍作戦〈3〉』四四〇－一頁）。

サラモア地区の攻防戦が激しさを増した十八年七月、米豪軍機が海峡の舟艇秘匿位置を探しては銃爆撃を加えはじめる一方、米魚雷艇の行動も活発になり、日本側の沿岸航行の脅威になりはじめた。そのため陸軍は、二十八日、フィンシュハーヘン南方二十キロほどの位置にあるタミ島(Tami Islands)に第四一師団の歩兵第二三八連隊第五中隊を派遣し、敵魚雷艇の動きを監視させた。これと前後して二十六日、陸軍第一船舶団長山田栄三少将がフィンシュハーヘンに根拠地を構えたので、第十八軍は山田をフィンシュハーヘン地区指揮官とし、同地区の警備、舟艇輸送促進、情報収集の任務を命じた（前掲戦史叢書 四四二頁）。

ついで海峡方面に米豪軍が進攻する可能性が高まると、三宅貞彦大佐の率いる第二十師団の第八十連隊をフィンシュハーヘンに進出させた。進出命令を受けたとき、八十連隊はじめ野砲兵第二六連隊第三大隊、無線二分隊はボガジン渓谷にあり、距離にして三五七キロ、東京－仙台とほぼ同じ距離を徒歩で行軍することになった。およそ一ヶ月ほどでフィンシュハーヘンに到着すると見積もられた。部隊には持てる限りの食糧が支給され、八月はじめ、ギシギシと肩にかかる重さに堪えながら行軍を開始した。マダン南方のエルマを出発し、マラグン、フンギヤ、ミンデリを経て、キアリ、ナブリバに集結することになっていた。

この行軍は、第十八軍がしばしば敢行した沿岸道路による大部隊の長距離機動の嚆矢となるものであった（前掲戦史叢書　四四二頁）。途中に渡った河川の数が四百三、船が必要な河川二十、人の踏んだ程度の原住民の道にもめげず、部隊は非常な勢いで東進した。落伍者を放置したまま、とにもかくにも早くフィンシュハーヘンに着くことが強要され、概ね九月中旬に到着した。移動中の八月末、山田第一船舶団長が掌握することができた部隊は次の通りである。

フィンシュハーヘン附近……到着した第八十連隊一部、先に配置されていた第二三八連隊第一・二大隊一部と同連隊一部のタミ島守備隊で、兵力およそ一千名

移動中のもの…………第八十連隊二個大隊、野砲兵第二六連隊一個連隊で、兵力およそ三千名

豪米軍の九月四、五日のラエ東西への進攻の報を受け、行軍の速度は一層速まった。第八十連隊主力と第三大隊は八月十五日にボガジン（Bogadjim）渓谷を発っているが、早くも九月八日にランゲマーク湾の南岸のロガエン高地に集結し、山田第一船舶団長の指揮下に入っている。連隊の大半は、連隊本部のあるロガエン高地に陣地を張ったが、先着の第二大隊主力はラエとフィンシュハーヘンの中間に近いモンギ（Mongi）川方面に派遣され、河口左岸とゲルハード岬（Cape Gerhards）に近いタミグド（Tamigudu）に陣を張り、ラエ方面からくる敵に備えた。大隊長は菖蒲喜八少佐であったが、地名に因んでこの部隊を「モンギ支隊」と呼んだ。

なお第三大隊第九中隊はアント岬、第十二中隊はジョアンゲンに配置され、第九中隊は第二三八連隊の重機関銃一個小隊、通信一個分隊の配備を受け、速射砲二門、重機関銃二挺を備え、沢村中隊長指揮の下、アント岬の防備を命じられた（『丸別冊　地獄の戦場　ニューギニア・ビアク戦記』所収、江口幸雄「フィンシュハーフェン〔三宅台〕の死闘」二四四－六頁）。

一方海軍では、八月十五日に第八五警備隊が編成され、東部ニューギニア防備部隊に編入されたが、これとともに

同防備隊はフィンシュハーヘン防備隊と改称された。なお真っ先にフィンシュハーヘン入りした佐世保第五特別陸戦隊と第十五防空隊は、第八五警備隊に編入された。第八五警備隊司令を命じられた続木禎弐大佐は、十七日、部下とともに潜水艦「伊一七六号」でフィンシュハーヘンに入った。第八五警備隊は一個中隊、歩兵砲小隊、機銃小隊、高射機銃小隊、第十五防空隊等からなる約四百名の兵力で、ランゲマーク湾の北側でNugidu半島の付け根附近に陣を張った（渡辺哲夫『海軍陸戦隊ジャングルに消ゆ』二六四－五頁）。

九月四日、五日に米豪軍がラエを左右から挟撃し、作戦が順調に進んだために、予想外に早くフィンシュハーヘンにも危機が迫った。安達軍司令官は、取り敢えず山田第一船舶団長にホポイ以東の部隊をも指揮させ、主力でクレチン地区を、一部でフィンシュハーヘンの確保に当たらせた。一方でまだマダン・ラエ間道路建設に従事し、ボガジン渓谷の各地に分散している二十師団の各部隊を大急ぎで集結させ、フィンシュハーヘンに向けて行軍させる処置を取るとともに、軍が保有する漁船、大発を総動員し、武器弾薬の搬送も並行して行った。なお二十師団の東進にともなって生じる間隙を埋めるため、ウェワク地区に展開する第四一師団を進出させることになった。

米豪軍の計画では、ラエ攻略六週間後にフィンシュハーヘンに進攻することになっていた。ところがラエ包囲作戦が予想以上に進展し、日本軍がいなくなった状況に鑑み、急遽三週間以上も早めて九月二十日前後にフィンシュハーヘン上陸作戦を実施することに変更された。当初の作戦計画では、ラエ東方に布陣する豪第九師団の第二十旅団が作戦を担当し、これを米第七艦隊と米第五空軍が援護することになっていた。だがフィンシュハーヘン方面の日本軍の兵力について諸説あり、まだ確実な情報が入手できていなかったため、上陸軍の兵力規模をどの程度にするか計算できなかった。結局、ラエ東方の豪第九師団司令部内の作戦会議において、フィンシュハーヘンを避けて日本軍の少ないソング川南岸のアント岬付近に上陸することになった。典型的な飛び石作戦である。

これまでに米豪軍は、ブナ・ギルワ近くのオロ湾、サラモア近くのナッソウ湾に上陸作戦を行ったが、いずれも日本軍よりも手前に上陸している。アント岬（Arndt　Point）上陸作戦において、日本軍の後方に上陸地点を選んだ。

日本軍を通り越した後方に上陸できたのは、優れた情報収集によって日本軍の兵力配備をつかみ、最適な上陸地点を選択できた結果である。

上陸作戦の実施時間について、豪上陸部隊と支援する米海軍との間で対立があった。豪上陸部隊が深夜の上陸作戦は場所を間違えやすく、昼間に上陸すべきだと主張したのに対して、この頃でもまだ米海軍は日本機の襲撃を恐れて深夜の作戦を希望した。上陸作戦を支援する艦艇も、動きの取れない作戦時に敵機襲撃を受けるのをひどく恐れるあまり、上陸作戦は深夜という常識を強く支持した。飛び石作戦の場合、制空権、制海権の確保が絶対条件であったが、アント岬上陸作戦の時点でも深夜の時間を主張したことは、まだ米軍側に一抹の不安のあったことを物語っている。

結局、米海軍側の主張が通り、上陸作戦は深夜午前二時半に行われることになった。十八年九月下旬において、マッカーサー指揮の南西太平洋方面の米海軍も優勢に転じたことは自覚していたが、まだ日本軍の戦力をあなどるほどの自信はなく、慎重の上にも慎重な作戦を進めていた。

サラモアやラエをめぐる戦闘が行われていた頃、米第五空軍や豪航空隊と陸軍航空隊との間で、陸軍航空隊が展開するウェワクやブーツの方面で激しい航空戦が行われ、後述するように十八年八月半ばの戦いを境にして米豪軍航空戦力の優位が確定した（山中明『カンルーバン収容所物語』八－九頁）。これ以降、米豪軍航空隊の活動は大胆になり、それが陸上戦闘、とくに上陸作戦に反映した。

米第七艦隊は、まだ生まれたばかりの中小艦艇の寄せ集めであったものの、日本の連合艦隊の巡洋艦以上がこの海域から引き揚げ、駆逐艦だけで戦っていた日本海軍に比べればずっと優勢であった。制空権が制海権を自在に操る状況下においては、日本海軍がこの海域に戦艦や巡洋艦を置いてもどうなるものでもなかったが、ニューギニア及びその周辺で戦う陸軍兵、海軍兵は、まだこうした連合艦隊の実情を知らなかった。

九月二十二日午前二時半きっかりに米駆逐艦五隻によるアント岬に対する艦砲射撃がはじまった。砲撃は三十分間続き、ピッタリ午前三時に止まった。と同時に三隻の上陸用舟艇がスカーレット海岸に接近し、これに対する第三大隊第九中隊の海岸陣地の軽機関銃の射撃音が聞こえはじめた。海岸には北側に今川第三小隊、南側に中田第一小隊が備えていたが、上陸部隊は第三小隊の前面に進んだ。これを捉えて第三小隊の全火器が火を噴き、これに押されて上陸用舟艇は後退を余儀なくされた。頼みの重機関銃が艦砲射撃で破壊されたため、速射砲、軽機関銃、擲弾筒だけで攻撃したが、第一波を撃退することができた。

間もなく第二回目の艦砲射撃がはじまると、速射砲も破壊されて軽機関銃のみになったところに、大型ＬＳＴによる第二波攻撃があった。しかし豪軍を乗せた上陸用舟艇十二隻は、潮に流されてシキ川（Siki Creek）河口からアント岬の間に接岸した。この海岸部にいた第九中隊の二個小隊はやむなく海岸と反対側のカテカ台地の第二線陣地に後退した。第九中隊としては、敵をアント岬に引き付け、ロガエン高地の本隊のサテルベルグ（Sattelberg）高地への後退を援護する立場にあり、援軍がくるまでの間、できる限り長く持ちこたえねばならなかった。午前九時頃、豪軍が迫撃砲と機関銃でカテカ台地に攻撃を加えたが、反撃して後退させた。午後一時過ぎに豪軍が第二回攻撃をしかけてみると、もう日本軍はそこにいなかったという。日本側の伝聞では、カテカを放棄したのは翌二十三日とされている。

上陸初日、第九中隊が目撃した日本機はわずかに三機で、猛烈な米豪軍の対空射撃に驚いて、急降下爆撃を一回行っただけで飛び去った。午後一時半頃、ウェワクを出撃した陸軍航空隊は、天候の悪化を理由に何もせず帰還している。他方、午前十一時にラバウルを出撃している海軍航空隊は、クレチン岬付近で米輸送船団を発見し攻撃を加え、多くの戦果を上げたと報告されているが、米軍側には逆に日本機の多くを撃墜した記録しか見当たらない。

それにしても黎明前に開始された上陸作戦に対して、日本機が午後になってはじめて機影を見せたのはなぜだろうか。地上戦と航空機攻撃がまったく噛み合っていなかったのが日本軍の欠陥で、すべての戦力を別々にしか行動させられないようでは、諸戦力を見事にリンクさせて大きな戦力に変える米豪軍には太刀打ちできない。生産力や技術力の格差でごまかす戦後日本人の通弊を払拭しなければ、いつまでも問題の本質が見えてこないだろう。この日、米豪軍が揚陸した人員五、三三〇名、車両一八〇台、食糧十五日分、弾薬十二日分であった（戦史叢書『南太平洋陸軍作戦〈4〉』二二頁）。

翌二十三日、豪軍がソング川渓谷とシキ川渓谷の二方向から迫ってきた。第九中隊には食糧の備蓄がなく、二日目からわずかな乾パンを食いつなぐ生活になり、斥候を出して敵食糧の分捕りをしては、いたずらに犠牲者を増やした。二十六日には、第三小隊を前面に立て中隊を挙げてカテカの豪軍に突撃を試みたが、犠牲者を出すだけで何も得るところがなかった。目的不明の行動であった。この間にも、豪二十旅団主力はシキ川から長駆フィンシュハーヘン地域へと進攻を開始した。

フィンシュハーヘン地域の最高指揮官であった山田第一船舶団長は、ロガエン地区の第八十連隊をサテルベルグ付近に移動させ、すみやかにアント岬の敵上陸軍を叩くことにした。これを受けて八十連隊長三宅貞彦大佐は、第三大隊長高木茂中佐に歩兵三個中隊、機関銃一個中隊を率いて先行させ、連隊主力もこれを追った。また三宅は、八十連隊のモンギ支隊にもサテルベルグに急行するように命令した。各部隊は二十四日に集結したが、遠方のモンギ支隊だけが二十七日に到着している。

ランゲマルク湾の北側でヌギドゥ（Nugidu）半島の付け根附近に陣を張っていた海軍の第八五警備隊は、四百名を越す兵力に過ぎなかった。誤ってシキ川とアント岬の間に上陸した豪第二十旅団主力は、二十三日午前八時頃からフィンシュハーヘン地域に向けて南下を開始し、十時過ぎにはブミ川河口のカムロア附近で日本軍と接触した。おそらく海軍の第八五警備隊の一部であることは間違いない。豪軍はブミ川の渡河に手間取り、渡河を試みたのは二十五日であった。

ブミ川を渡河した豪軍は、二十六日になってサランカウア農園近くの高地に陣地を構築した日本軍に向かって攻撃を開始し、白兵戦が展開された。海軍警備隊は多数の死傷者を出してコカコグ（Kakakog）台地に向けて後退したが、豪軍側資料では日本兵五十二名戦死とあり、渡辺哲夫によれば、戦死三十六、負傷十となっている（『海軍陸戦隊ジヤングルに消ゆ』二六六頁）。なお豪軍は、奪取した高地を功績のあった中隊長の名をとって「スネル台地」と命名した。

二十七、八日も農園の西端に陣取った警備隊との間で戦闘が続いた。豪軍はアント岬南方ランチ・ジェティ近くの飛行場を改修し、二十六日頃から戦闘機の軍用を開始し、二十七日の戦闘から警備隊に激しい銃爆撃を加えるようになった。陸軍航空の目的である近接支援をただちに実施する強い意欲には感心する。しかし樹木の上や巧妙に遮蔽された掩体に潜んだ警備隊の狙撃兵が、身を乗り出した豪兵を狙い撃ちし、地上の豪軍は身動きできなかった。

豪軍旅団長は二十八日からコカコグ台地の奪取に取り掛かったが、警備隊の激しい射撃と豪雨によって作戦は進捗しなかった。二十九日に警備隊のブミ川の守りが敗れ、豪軍の一部がコカコグ台地の下部に取りついたが、降り続く雨に邪魔され、それ以上の進展はなかった。

十月一日早朝、豪第十三大隊は本格的攻撃に取り掛かり、まずサランカウア農園内に留まる警備隊の掃討から着手した。一方豪軍航空隊は午前八時半頃からコカコグ台地を攻撃目標とし、ランチ・ジェティ近くの飛行場から頻繁に飛んできては繰り返し銃爆撃を加えた。九時過ぎから地上戦闘がはじまり、警備隊は二十七日同様、コカコグ台地及び農園内にカモフラージュされた掩体から射撃し、豪軍の前進を阻んだ。

しかし午後になると接近した両軍間で手榴弾の投げ合いがはじまり、豪軍は台地の本部までわずか百メートルにまで迫った。これを高射機銃小隊が撃退したが、警備隊にとって抵抗の終局に近づきつつあった。だが豪軍も決着をつける力に欠け、午後五時に攻撃中止を命じた。

この日、午後三時半頃、山田第一船舶団長の命令を携えた連絡将校が戦線を突破して、コカコグの海軍警備隊本部に辿りついた。連絡将校は、ブブイ川河口付近の陸軍部隊はサテルベルグ高地に転進中で、海軍部隊も陸軍の指揮下に入ることになったので、撤収して同高地に移動せよ、との趣旨の命令を伝えた。これを聞いた続木大佐は命令ならば致し方なしとして、同夜、逐次陣地を撤収しサテルベルグ高地方面へと退いた。後退中の翌二日午前十時頃、山田団長と思われる「陸軍指揮官」から北方（アント岬）の豪軍を撃てと命じられ、やむなく重火器等を放棄して撤退した部隊に何を今更と感じた続木大佐は、副官を陸軍指揮官の下へ派遣して事情を説明した。一週間にわたる警備隊の激闘について陸軍指揮官はわかっていなかったらしく、状況を理解すると、テリマラ（フィンシュハーヘン北方一・五キロ）に留まって、部隊を再編するよう命じた（渡辺哲夫前掲書　二六七－八頁）。

十月二日、八五警備隊を攻めあぐねていた豪軍二十旅団に、ラエ東方ブソ川河口に上陸した部隊の一つで、近くのホポイに陣を構えていた豪第二四旅団第二二大隊が援軍に駆けつけた。この大隊が進攻したチンブラム農園には日本兵の姿はなく、また十三大隊に代わって攻撃命令を受けた十五大隊がコカクダの台地に進んでみると、ここにも日本兵はいなかった。またしても日本軍は忽然と消えたのである（戦史叢書『南太平洋陸軍作戦〈4〉』三〇頁）。コカコグ台地を占領した豪軍は、一気にランゲマーク湾に流れ込むブブイ川に進攻した。ランゲマーク湾南岸のロガエンにあった日本軍第八十連隊主力の撤退を阻止する意図であったらしい。豪二十旅団の積極的進攻作戦によって、アント岬からランゲマーク湾に至る海岸一帯が占領され、日本軍に残された海岸はスカーレット海岸以北だけになった。

ポートモレスビー攻略作戦以来、日本軍が地上で交戦する敵はほとんどが豪軍であった。米軍は航空機や艦船による攻撃を担当し、地上戦を豪軍に任せる方針であった。だが日本軍には、豪軍にやられ続けたという印象が薄いのはなぜだろうか。太平洋での戦いの主戦場であるニューギニアでは、日本軍はいつも兵力が不足し、当時の日本の人口の十分の一しかなかったオーストラリア軍に敗退し続けたのが実態であった。連合軍＝米軍と錯覚しやすい表現をする戦史にも一因があるように思われる。

蔣介石の本拠地重慶を攻略するため昭和十八年春を目指す五号作戦を準備中であった陸軍は、重慶進攻計画を取りやめ、支那派遣軍の中から工面してやっと二十師団等の三個師団をニューギニアに派遣することにした（佐藤俊男『生と死と』五七－八頁）。これが満洲、中国大陸、ビルマ、マレー半島周辺に大兵力を展開する陸軍が捻出できた限度である。これでは陸軍が進出した全戦域の中で、消耗の激しかったニューギニアで兵力不足が深刻になるのは当然で、

フェンシュハーヘン・サテルベルグ周辺概略図

人口七百万人のオーストラリアの軍隊に対しても、兵力的にも太刀打ちできない現象が起きても不思議ではない。とくにニューギニア戦の中間点であるフィンシュハーヘンをめぐる戦闘の頃から、いよいよ兵力不足が深刻な問題になってくるのである。

二十師団が到着するまでの間、フィンシュハーヘンとその周辺で豪軍と砲火を交えたのは第一船舶団の指揮にしたがった第八十連隊と海軍第八五警備隊であった。第八五警備隊の戦闘状況については概ね右の通りであったが、第八十連隊については、アント岬を守備していた第九中隊の戦闘状況だけ触れてきたので、これ以外の部隊の動きについても少し述べておきたい。

ランゲマルク湾南岸のロガエンの守備についていた第三大隊主力は、九月二十二日に連隊命令で陣地を撤収し、サテルベルグ高地へと移動した。アント岬の北側に流れ込むソング川に陣地を設けていた第二大隊も、二十三日、連隊命令を受け、追撃してくる豪軍を払いつつサテルベルグ高地へと急いだ。二十七日には、ソング河を遡ったジョアンゲンより第三大隊第十二中隊がサテルベルグに到着した。これにより連隊の兵力は七個中隊規模になったが、この中にはアント岬で戦力を半減した第九中隊も含まれているので、実際は六個中隊余が妥当な規模であった（前掲『丸別冊　地獄の戦場』所収、江口幸雄「フィンシュハーフェン〔三宅台〕の死闘」二五二頁）。

間もなく届いた二十師団命令は、八十連隊はサテルベルグ高地を確保し、師団進出を援護し統一攻撃まで待て、という趣旨の内容であった。これを受けて連隊は、小部隊を繰り出して豪軍を海岸部に釘付けにする方針を取り、第十中隊を自動車道を降りアント岬にほど近いヘルスバに、第十一中隊をアント岬北方シキ川左岸のカテカに派遣して、敵情偵察と陽動作戦を行った。連隊長はサテルベルグより自動車道を数キロほど下った右側に本部を置き、第二大隊を派遣してソング川左岸の敵を求めた。

フィンシュハーヘンに向かって行軍中の第二十師団は、九月二十七日に主力の第七九連隊がようやくシオに集結した。この日の第十八軍から大本営宛の電文では、「第二十師団は十月初頭より逐次攻勢を開始し得る見込みなり」（猛参電第七六五号）とあり、あと一週間程度の日時が必要であることを暗に報告している。

二十師団主力のサテルベルグ高地到着に先行して作戦計画を策定する必要から、師団作戦主任参謀高橋澄次中佐が、現地人が作った担架に乗せられてサテルベルグ高地に着いたのは、十月二日か三日であったと考えられる。早速、山田船舶団長を補佐していた八十連隊長三宅大佐と検討に入り、これまでの戦況、豪軍の配備状況や援軍ルート、日本軍の兵力や装備等について点検が行われた。

十月十一日に二十師団長片桐茂中将が難路を踏破し、サテルベルグの本部に入った。休息もろくろく取る間もなく、翌十二日午前十時に、アント岬及びジベバネン附近の敵を撃破する師団命令を発している。おそらく先行した高橋作戦主任参謀と三宅連隊長との検討でまとめられた作戦計画案を、片桐師団長が承認し、直ちに発令されたものであろう（戦史叢書『南太平洋陸軍作戦〈４〉』三六八－九頁）。

作戦計画の立案に際しては、敵の兵力見積もりと兵力配備の確認を行った上で、自軍の兵力配分、使用兵器、予定弾薬量等を決めるのが常識的手法である。しかし米豪軍に追われっぱなしの日本軍には、そのような常識に従う余裕などなかった。戦況が苦しくなればなるほど、相手の兵力を度外視して作戦計画を立てる傾向があり、アント岬攻撃計画もその一つといえる。戦機を逃さず、相手がどれほどの大軍でも撃って出る、戦いのほんの一瞬の中に勝機を見つけだすのが日本軍の作戦の真髄であったが、戦況の進展につれて賭に近くなっていった。

最大の問題点は、以前からフィンシュハーヘンに配備されていた部隊の食糧備蓄が底を尽きかけており、そこに到着しつつあった二十師団も長旅の間に食べ尽くし、大飢餓集団が形成されかねないことであった。十月二十二、三日に海軍の陸攻二機が二回、延べにして四機が食糧投下を行った。爆弾倉に爆弾一トンを搭載できるが、かさばる食糧ならばせいぜい数百キロ、四機で合計一トン程度の食糧しか投下でなかったと推測される。焼け石に水に近かった。大発・漁船を大量動員して輸送に当たらせるにしても、短期間にこの窮状が打開される見通しはなかった。

作戦開始前に食糧がないというのは大問題のはずだが、日本軍ではそれを原因にして作戦が消極的になってはならないと教えられた。霞を吸って生きられたらいいが、生身の人間にはそれができない。もし腹が減ってもいくさはできると信じていたとしたら、観念の世界と現実との区別ができない異常な集団ということになる。

「北支の精鋭」と謳われた第二十師団であったが、第七八連隊は中井支隊の基幹部隊としてカイアピット地区で作戦中であり、また第八十連隊第一大隊すなわち神野大隊は、第五一師団の指揮下でサラワケット踏破中であった。したがって師団といっても、林田金城大佐率いる第七九連隊を基幹とする一個旅団か、それより小さい規模の集団に過ぎず、この戦力で、フィンシュハーヘンに展開する航空機と艦艇に援護された豪第二十旅団、援軍として急遽派遣された第二六旅団に対抗しようというのである。豪第二六旅団は精強部隊であった。日本軍の第七九連隊の方は、攻撃作戦がはじまる前日にサテルベルグに入った部隊もあり、万全な状態ではなかった。

第一次攻撃作戦計画によれば、七九連隊第二大隊がアント岬―ソング川地区の敵陣を突破し、ソング川河口以南の敵を一掃する。他方で第三大隊は占領地を確保し、アント岬以南攻撃を準備するというもので、注目されるのは杉野舟艇隊がアント岬北岸に強行上陸し、これと連携を取りながら陸上攻撃を進めるというものであった。

作戦計画は、何が起きるかわからない戦場のゆえに、できるだけ単純にしたことはない。だが日本軍がしばしば立てる複雑精緻な作戦計画は、立案者の冥利に尽きるかもしれないが、実際に計画通りに運ぶことはきわめて稀である。とくに左右前後の動きをほとんど見ることができないジャングルでは、視界が悪いことだけでも成功率を著しくさげるため、それだけに複雑な作戦計画を避けるべきであった。

日本軍の無線機が頼りにならないだけでなく、ジャングルの中では小隊以下の少人数グループで行動することになるため、斉一な行動はむずかしかった。連隊長から大隊長、中隊長、小隊長へと命令を降ろす日常的手法がジャングル内では思うようにできず、それだけに二十師団が北支でたびたび成功した複雑な作戦はうまくいかなかった。主力となる第七九連隊はニューギニアに入って半年になり、ジャングルの特性はある程度理解していた筈である。攻撃開始時刻は、十月十六日午後四時と定められた。

第七九連隊第二大隊は、十月十六日朝、大隊長竹鼻嘉則少佐に率いられてサテルベルグ附近を出撃し、午後二時頃に海岸から二キロ西方と思われるジャングルで攻撃開始時間を待った。予定通り午後四時、大隊は前進を開始し間もなく日が暮れた。起伏が多い地形のために前進が遅れ、しかも午前二時頃から激しい雨があり、部隊はほとんど立ち往生した。その間に海岸の方から激しい銃撃戦の音が聞こえ、誰もが杉野舟艇隊の逆上陸を確信したが、動きの取れない自分たちが腹立たしかったにちがいない（前掲戦史叢書　四二頁）。

三隻の大発に一八四名の突撃隊を乗せた舟艇隊が、フォン半島のナバリバを出港したのは、十六日夕方であった。指揮官は第七九連隊第十中隊長の杉野一幸中尉で、彼の名に因んで杉野舟艇隊、杉野隊と呼ばれた。第七九連隊・第八十連隊から選抜された決死の隊員は白襷を懸けて壮途に赴いたというから、日露戦争の旅順二〇三高地に突撃した白襷隊を彷彿させる（坪内健治郎『最後の一兵』七九－八〇頁）。深夜の突撃とはいえ、白襷は敵の格好の射撃目標になったと思われる。

坪内健治郎の『最後の一兵』よれば、決死隊には主隊と杉野隊の別働隊とがあり、主隊はフィンシュハーヘンを、別働隊である杉野隊はアント岬を襲う計画であった。杉野隊が別働隊で、フィンシュハーヘンを襲う主隊があったというのは初耳である。又聞きでなく、作戦に参加した坪内本人が書き留めた話なので、事実として受入れるほかない（坪内前掲書　八〇－一頁）。杉野にとって「逆上陸」は初耳であったというから、太平洋での戦闘では、めったにない作戦であったのであろう。無論、杉野の逆上陸は本格的攻撃ではなく、主力部隊の攻撃に呼応した牽制・陽動作戦という役割であった。

二つの隊は計画していた地点まで来ると左右に別れ、主隊はフィンシュハーヘンを目指したが、途中で敵魚雷艇に遭遇し、攻撃を諦めざるをえなかった。一方杉野舟艇隊は十七日の午前一時頃にステーション岬を回り、アント岬とソング川の間のスカーレット海岸（Scarlet Beach）に接近した。陸上部隊の立ち往生を知らない舟艇隊は、二時過ぎに打ち合わせ通りに砂浜に着き、直ちに兵員が舟艇から飛び降りはじめた。その途端、猛烈な十字砲火が杉野隊を襲い、バタバタと兵士が倒れた。待ち伏せされていたのである。豪軍はＡＴＩＳ通報で二十師団の作戦計画と舟艇隊の逆上陸を知り、準備して待っていたのである。

日本軍人が所有していた文書を翻訳し、重要情報を各部隊に流すＡＴＩＳ通報は、この時も日本軍将校の図嚢から出てきた片桐二十師団長の十月十二月付下達の作戦命令を即時に翻訳し、作戦計画の詳細を現場部隊に通報していた（山本武利前掲書　六七頁、戦史叢書『南太平洋陸軍作戦〈４〉』五五頁）。

杉野も肩を撃たれたが、兵をまとめて手榴弾の一斉投擲を行い、ついで喊声をあげて敵陣への突撃が行われた。激しい混戦ののち、杉野は生き残った兵員を引き連れジャングルに逃げ込んだ。奇襲は完全に失敗した。計画が筒抜けでは、奇襲などできるわけがない。「戦訓特報　第一二号」によれば、戦死七二名、負傷一八名、生存一一二名になっている。これを合計すると二〇二名になり、出港時の一八四名よりも多くなる。輸送に従事した三隻の大発のうち一隻が砲火をくぐって離脱に成功しているので、撃沈された二隻分の乗組員が含まれていた可能性が大きい。なお幸運にも味方に収容された杉野隊の生き残りは、マダンから到着したばかりの安達軍司令官に迎えられ、ねぎらいの言葉を受けたが、担架に乗せられた杉野中尉も親しく声をかけられている（鈴木正己『東部ニューギニア』一四七頁）。

「戦訓特報」第十二号（昭和十八年十二月九日）の第五項の「教訓」に、

一、杉野舟艇隊突入隊は寡兵を以て果敢突入し、奇襲克く功を奏し、大なる戦果を収めたるも今若し上陸直後兵力を集結掌握し、統合戦力を発揮し得たらんには、更に大なる成果を収め得たるべし

二、舟艇突入隊と地上攻撃部隊との相互の協同特に攻撃時期の吻合、戦機に投合する成果の活用等に関しては、事前に於て綿密周到に協定せざれば、惜しき戦果を逸するの憾あり（句読点筆者）

とあるのをみると、少々疑問を感ぜずにはおれない。作戦失敗の直接的問題点ばかり指摘する姿勢が納得できない。

戦場では予想外の障碍が連続的に発生し、事前の計画など途中で何度も変更を求められ、それにどう対応するかが指揮官、部隊の能力である。ところが事前の検討と協定にもっと力をいれるべきだったという反省である。いかにも日本人らしい反省といえるかもしれない。次々に起きる事態が読めないのだから、綿密な協定など無駄なことが多い。どんな事態でも守れそうな最低限の事項だけに、絞り込むことが求められていたのではないか。

杉野隊の突入に呼応する計画であった第七九連隊第二大隊は、十六日午後から行動を開始し、伐採班を先頭にジャングルを真東に前進したが、日が暮れるとともに前進が困難になり、十七日午前二時頃、海岸方向から激しい銃声を聞いた。明け方、現地人の農園跡に進出、海岸を背にした豪軍陣地に対する攻撃準備に終日追われた。その夜、受けた連隊の攻撃命令に疑問を持った竹鼻大隊長が、確認のために連隊司令部へ移動中に撃たれて即死し、やむなく翌十八日から金田正男中尉が大隊を指揮した。だが金田中尉もジャングル内の楕円形の草原に出た刹那に銃撃と手榴弾を受けて戦死し、尖兵中隊長の福家隆中尉が大隊を率いることになった。この時の部隊の位置は、豪軍工兵大隊の主陣地の背後であった。

支那事変で殊勲甲、功四級に輝く竹鼻は、冷静に戦況を判断できる人物であった。しかし敵情不明での攻撃に疑問を感じ、確認のために動いたことが不運を招く結果になった。大隊の行く先々に必ず銃砲撃があったが、その原因が敵陣地の真っ只中にあるためとは金田も福家も思わなかった。動くごとに死傷者が出るので、福家中尉は離脱を決意し、一キロほど離れたジャングルが小高くなった場所に退避した。ここにも砲弾が落下し、自動小銃の銃撃を受けた。事前に日本軍の作戦計画を知っていた豪軍は、陣地内の要所要所に砲座を構え、日本兵を待ち伏せしていたと思われる（戦史叢書『南太平洋陸軍作戦〈4〉』四四―五頁）。

第二大隊が苦戦している間、後続の第三大隊は右側を通ってシキ川右岸を偵察し、右岸台上に敵陣地を発見すると、第九中隊長甲谷俊輔中尉は、十七日の夜を待って中隊を率いて強襲を敢行し奪取に成功した。このカテカ西方台地上の陣地は、豪軍工兵大隊本部を取り巻くカテカ陣地の一部であり、敵陣地を分断した意義は大きかったが、残念ながら第三大隊にはそうした認識がなかった。精鋭二十師団らしく精悍な突撃によって目的を遂げたものの、甲谷中尉以下多数の将校・下士官が戦死した（前掲『丸別冊　地獄の戦場』所収　福家隆「フィンシュハーフェン緒戦の実相」二六二頁）。

十八日早朝から第十一中隊による海岸方面への攻撃が行われたが、敵陣地と味方との錯綜がひどくなるばかりで、前進が困難になり味方の掌握もむずかしくなった。これに対するスカーレット海岸を守備する豪軍第二四旅団もどうにか陣地を確保している状態で、危険に瀕していた。日本側にもう一押しの力があれば豪軍を総崩れに追い込む可能性があった。第二八大隊の増援を得た豪軍第二四旅団長は、ソング川北岸にいた大隊に命じて、カテカの豪軍工兵大隊を救援するよう命じた。豪軍第二八大隊は、十八日夜明けまでにソング川河口に進出し、カテカの日本軍に向かって攻撃を開始した。

攻撃側の豪軍第二八連隊と日本軍第七九連隊の第二大隊とは、ジャングル内でひどい混戦模様になった。敵味方の区別がつかないほど地形の凹凸が激しかった。この中で第二大隊の指揮官は、十九日朝、福家代理大隊長から鈴木志郎大尉に代わった。前日までソング川河口方面に進攻の予定であった第二大隊は、前進しても左右に移動しても砲弾が降ってくるため、福家中尉の判断でジャングル内の小高い丘に陣取ったことは先述した通りである。どうも豪軍は至るところにマイクを仕掛け、日本軍の動きをすばやく察知して砲撃を加えているらしかったが、これを止める方法はなかった。「戦訓特報」第十三号（昭和十八年十二月二十八日）の十月十九日の条に、豪軍の攻撃に「飛行機及駆逐艦に依り我が側面を攻撃せり」とあり、マッカーサーの立体作戦を実行して日本軍を苦しめていたことが推察される。鈴木大隊長は斥候を出してソング川河口付近の状況や豪軍の配置状況を探り、二十日夜を期して進撃を開始することにした。

第七九連隊第二大隊と豪第二八大隊との戦闘は二十一日も終日続いたが、次第に豪軍が押し気味になった。二十三日になると、七九連隊側の損失は五十％を越え、弾薬・食糧の欠乏が顕著になり、二十四日、ついに二十師団長は態勢の立て直しのため、攻撃中止と後退を命じた。前引の「戦訓特報」第十三号の第二項には、この直前までの戦況について、「第一線将兵は敵の自動小銃及手榴弾を使用し、敵の遺棄せし糧食を食しつつ攻撃する等真に悲壮なる状況にあり」と述べ、最早自身の兵器を使い果たし、糧食を食べ尽くし、敵から奪った兵器や糧食で戦っている状態であった。福家前掲書によれば、進撃開始を前にして「攻撃を中止し、急遽、連隊主力の位置に復帰すべし」の命令が届いたとしている。この点について戦史叢書は、攻撃の重点をソング川河口からアント附近への変更だったと解釈している（『南太平洋陸軍作戦〈4〉』五一頁、「戦訓特報」第十三号の十月二十日の条）。

第二大隊は、この後、連隊主力の位置に復帰し、つぎにカテカ陣地で激闘する第三大隊に連携し、シキ川をはさんで左に展開して正面攻撃をかけることになった。が、戦況を考慮すると、新たな攻撃目標のための配置転換はどうみても納得しにくい。福家の回想によれば、匍匐しながら敵の主陣地に迫ろうとするが熊笹に遮られ、無理に音を立てて除けば猛烈な銃弾、砲弾が降り注ぐ。全銃火器を平行に並べて一斉に撃ちまくる「最終防護射撃」というらしく、銃弾の壁をつくり敵の進入を阻む戦法であった。日本軍では考えもつかない弾薬の消耗を無視した射撃思想であるが、米英独ソなどの工業国では一般化されていた思想で、むしろ日本軍だけが異質であった。

日常生活だけでなく軍事面においても、江戸時代の質素倹約の生活規範を重んじてきた日本は、戦争になってもこの生活規範を変えようとせず、少ない弾薬で最大の戦果を上げることを理想としてきた。戦争前の厳しい訓練が目指した「百発百中」もこうした生活規範と無関係ではない。十八年十一月二十五日にマダンの軍司令部で行なわれた合同慰霊祭における安達軍司令官の訓示の中に、「常に軍需品の愛護節用に努め、一発一粒の微と雖も之を忽せにせす」（戦史叢書『南太平洋陸軍作戦〈4〉』一一四－五頁）とあるのも、愛護節用の生活規範と一発尊重の関係をよく明らかにしている。ブナの戦いで第一四四連隊長山本重省大佐が、米豪軍兵士に向かって「君たちは物量をやたらに浪費する。我軍は一発といえども粗末にしなかった」と叫んで撃たれて死んだ前に紹介した例も、同じ価値観の発露であることは説明するまでもない。

仮に有り余るほどの弾薬が補給されても、大量消費を非道徳として捉えてきた日本軍人には、米豪軍のような使い方はできなかったにちがいない。したがって戦後、日本の生産力が低いため、消耗戦ができなかったことが敗北につながったという解釈が定着しているが、それは明らかに間違っている。消耗戦を否定し、質素倹約の道徳律を正しいと信じてきた日本軍人にとって、南太平洋において米豪軍の消耗戦がまさり、日本軍の質素倹約の戦い方が敗北したというのが、正しい意味でなくてはならない。二十世紀になっても、中世の美徳である質素倹約を守り続けようとした姿勢は別の意味で高く評価できるが、やはり歴史の趨勢に背を向けたのである。

欧米の近代軍を模範としてきた日本軍が、欧米軍との間にこうした大きな懸隔を生じた原因はどこにあったのだろうか。まず陸海軍軍人が、質素倹約の実践者たる武士（侍）階級の伝統を継承する者と位置づけられ、乃木希典の例を見るまでもなく、軍人の質素倹約が近代日本人の模範として社会に広められたことがあげられる。ついでこれこそが本質的原因だが、近代社会が成立する原動力になった産業革命の影響を、日本軍も日本社会も強く受けなかったことだ。産業革命の影響を強く受けた欧米の近代軍は、市民革命による人権の確立と伝統的道徳の変質とが相俟って、伝統的戦闘様式に代わる産業社会にふさわしい新しい様式が模索された。以前であれば無駄遣いとして否定された弾薬の大量使用が道徳的にも容認され、基本的人権が成立した社会では、戦闘に於ける犠牲者の極小化が強く求められ、こうした倫理観の変化や民主主義社会における人命尊重の要請が、弾薬の大量使用を容認する戦闘様式を発展させた。無論その様式は、科学的合理性を有するものでなくてはならなかったが、敵を殲滅する方法として高い効率性を有し、見方犠牲の縮小に貢献するものとして高い評価を受けた。

一方、日本最初の産業革命は、日清戦争前後から日露戦争頃までの時期に起こったといわれるが、もうその頃までに日本軍らしい様式がほぼ固まっていた。維新以来の富国強兵策も強兵に特化した国是であり、強兵は富国すなわち産業の発展とリンクしなかった。つまり産業革命が起こる前に、軍人の倫理道徳の形成に絶大な影響を与えた「軍人勅諭」にも「軍人は質素を旨とすべし」とあるように、質素倹約が軍の伝統的精神として定着し、あとから起こった産業革命の波は、既成の倫理道徳観を揺るがすほど強くはなかった。ブナ守備隊第一四四連隊長の山本重省の最後の言葉には、負けた悔しさというより、自分たちが正しいいくさをしてきたという誇りを感じさせる。日本軍には国力がないから倹約質素な戦争をするのではなく、これこそ正しく美しいと信じるがゆえに質素ないくさをする信念の存在があった。日本軍は見かけは近代軍の姿をしながら、内面は自給自足を原理とする中世の倫理道徳観に彩られた特異な軍隊であり、産業社会がもたらした弾薬の大量生産・大量消費を非道徳とし、質素倹約を旨とする戦闘様式を追求したのである。日本に消耗戦を実施する国力がなかったことは否定できないが、日本軍人の道徳観が消耗戦を受け付けない側面のあったことも見逃せない。

大正時代の第一次大戦が完全な大量消耗戦であったことは、多数の陸海軍軍人がヨーロッパ戦線を実地見聞し、また戦後に英仏独等参戦国の戦闘報告や各種戦史に目を通し、よく知っていた（臨時軍事調査委員「各兵操典改正要綱ニ関スル意見」一九一九年）。この成果に基づき、これからの戦争が武器弾薬の大量消耗をともなう総力戦、全体戦になると国民に吹きまくった当事者が陸海軍当局や軍人たちであったことは紛れもない事実である。大量消耗の総力戦を実現するためには、質素倹約の道徳観を修正する必要があったが、それにはまったく触れなかった。本気で総力戦をやるつもりであったのか疑わしい。

このように第一次大戦の経験を学んでいた軍人が、これからの戦争では、弾薬が大量消費されることを知らないはずはなかった（四手井綱正『戦争史概観』三一四－六頁）。大正末から昭和初期にかけ、世論に「総力戦」を煽っていたのはほかならぬ軍人で、部内で広範囲な検討を行った。それ故、昭和十四年のノモンハン事件においてソ連軍が、欧州で大勢になっている猛烈な火力戦を実行したことに驚くこともなかったはずである（大本営陸軍部『「ノモンハン」事件研究報告』一〇頁）。しかし体制維持の上から、どうしても質素倹約を金科玉条とする倫理道徳を変えられない日本社会にあって、倫理道徳の指導役でもあった軍人は、これを否定する戦闘様式の導入に踏み切れなかった。また「軍人勅諭」の書き換えが不可欠であったが、天皇が下した規範を変更するなど、あまりに畏れ多く、誰も口に出せなかった。

再び太平洋戦域に目を転じると、武器弾薬の大量消費が可能な態勢になってきた米豪軍を前に、質素な戦いに徹するほかなかった日本軍は次第に劣勢に立たされた。大量消費の米豪軍に対抗するには、同じ大量消費策を行なうか、相手に大量消費ができない方法を考え出す必要があった。こういう時こそ、ジョミニのいう「Art of War」つまり戦術の「創造」「想像」が求められたが、教範・操典至上主義の日本の軍人には、まるで「創造力」「想像力」が欠けていた。

日本の将校（士官）教育では、「創造力」「想像力」を削ぎ落とすことに一生懸命で、創造力を付与することを邪道と考える傾向があった。長期間の戦闘が行なわれたニューギニアでは、陸大や士官学校で習ったことなど何の役にも立たなかった。教科書がまったく想定していなかったニューギニアの戦場では、独創的アイデアから生み出された画期的作戦が必要であったが、日本軍は教科書通りの作戦や行動しかできなかった。

カテカ陣地をめぐる攻防戦はすでに一週間近くなるが、守備している豪軍工兵隊の周囲は、突撃した日本兵の死体が山のようだと報告されている。第二及び第三大隊の兵士の死体であったが、日本側の攻撃の失敗理由について豪軍側は、「攻撃要領がいつも同じで、その接近経路も常に同一であったことと、防禦側が機関銃、迫撃砲、砲兵の射撃を十分活用したのに対して、攻撃側は機関銃だけを支援火力として突撃した」ことを列挙している（戦史叢書『南太平洋陸軍作戦〈4〉』五九頁）。学習した通りの戦闘法を遵守し、攻撃時間、場所、方角、喊声などを単調に繰り返すため、豪軍も対応しやすかったことをうかがわせる。

ブナ・ギルワでも、毎夜同じ時間に同じ態勢で喊声を上げて突撃するのが日本軍の攻撃パターンで、そのため豪軍側は有効な対応策を立てることができたが、フィンシュハーヘンでも何も変わっていなかった。日本軍が毎回創意工夫して攻撃パターンを変えれば豪軍も苦戦したであろうが、いつも教範通りの攻撃を繰り返した。豪軍にとって、日本軍の死を恐れぬ激しい突撃は確かに恐ろしかったが、ワンパターンの突撃に対して弾幕を張り火網をめぐらすことで完全に対処することができた。

「戦訓特報」第十三号　十月二十二日の条は、カテカの戦闘について触れ、「敵と交戦中にして夜に入るも敵を撃退する能はず」とあるのはいいが、二十三日の条に「敵は『カテカ』付近の戦闘に敗れたる」とあり、勝ち戦として報告しているのは驚きである。別段嘘をいう悪意があってのことでなく、勝敗の見分けもつかない混戦だったということであろう。二十四日になると、

師団は死闘既に八日、敵に大なる損害を与えたるも、我が方亦戦線に在る部隊約五十％の損害を蒙り、弾薬糧食の欠乏は真に憂ふべきものあり

此の際更に決戦を連続するは遂に師団の戦力を此に無ならしめ、爾後の作戦能力なきに至るを熟考し、恨を飲んで一時攻撃を中止し、爾後の攻撃力を保有する為戦線の整理を断行するに決し、〇八〇〇命令を下達せり

（筆者句読点）

と、兵員及び弾薬を消耗し、このままだと師団の消滅をも避けがたい状況が判明し撤退が決断された。時間の経過によって、やっと味方の実情が飲み込めたのである。

二十四日に攻撃中止と後退を命令された鈴木大隊長は、第一次攻撃作戦を中止し、十六時に撤退を開始、ジベバネン西南側に集結、第五中隊がしんがりをつとめることになった。午後四時になると、第五中隊以外が一斉に行動を開始し、河床を通路に後退をはじめたが、動きを察知した豪軍は猛烈な砲撃を加えてきた。とくに樹上で炸裂する迫撃砲弾が撤退する日本兵をなぎ倒した。ジャングル内で見通しがほとんど効かないにもかかわらず、動くとたちまち、位置を違えず加えてくる砲撃に日本軍は苦しめられた。豪軍側の記録によれば、二十四日も日本軍は各所で激しく攻撃してきたとあるが、福家の回想だけでなく師団資料も、福家の率いる第五中隊を残し、二十四日には撤退を完了し

ている。

第一次攻撃作戦で、第七九連隊及び第八十連隊は戦死三五二名、戦傷五六四名に達し、「戦訓特報」によれば前述のごとく戦闘参加人員の五十％を優に超えていた。軍事学的には全滅に近い損耗であったが、十月二十六日にようやく諸隊の撤収が確認された。十八軍は五一師団の補充員を回したり、フィニステールの中井支隊を転送するなどして再生をはかりながら、第二次作戦に備えた。

作戦中、各部隊は平均して一食分の食糧を四回に分けて食いつなぎ、炊飯ができないため生米を噛む毎日であった。弾薬も不足したはずだが、これに関する記述は意外に少ない。豪軍は日本軍が潜んでいると判断されると、確認もしないでどんどん砲弾を撃ち込んできた。これに対して無駄玉を厳しく戒められていた日本軍は、ジャングルの中で生い茂った草に視界が遮られ、標的を捉えることがむずかしかったため、銃砲弾を使用する機会が少なく、弾薬不足に陥らずにすんだのかもしれない。

こうした二十師団の窮状に鑑み、ウェワクの第四航空軍は第七飛行師団に命じて、糧食・医薬品等を空中から投下することにした。陸軍にも九七式重爆撃機を改造した輸送機があったが、制空権がない空域では低速の輸送機は使用できなかったし、危険なニューギニアに進出させた話を聞かない。やむなく爆撃機の弾倉から爆弾投下と同じ要領で積み荷を投下する方法をとったが、生憎、ウェワクの貨物廠には物料投下用の落下傘がなく、やむなく麻袋のまま直接投下することにした。米軍が一度に数十機規模で輸送機を運用したのに対して、日本軍はせいぜい十機以内が限度で、必要量を投下するにはほど遠かった。

空輸作戦は十月二十三日から実施されたが、天候や敵機の妨害などで思うように進まず、二十七日の投下を以て作戦は中止された。敵と味方が入り組んだ戦場での空中投下は至難のわざで、わずかに六梱が日本軍に届いただけと伝えられる。荷物を投下した百式重爆撃機は、戦闘機なしでも敵制空権内に進攻可能のふれこみで採用された機体だが(前掲戦史叢書　六七－八頁)、二十七日には三機も撃墜され、作戦中止の原因になった。同じ考えで製作された米軍のB17やB24は強力な武装にものをいわせ、護衛機も着けず大挙して進攻してくることは珍しくもなかったが、非力な日本の重爆撃機に搭載された武装では、護衛機なしで敵制空権圏内に進攻するのは自殺行為に等しかった。

撤退を確認した片桐師団長は、第七九連隊と第八十連隊を入れ替えて、第八十連隊がシシ方面から、第七九連隊が北方からジベパネンを攻撃する準備を命じた。片桐にすればまだ戦闘終結という認識はなく、気分を一新してやり直すぐらいにしか考えていなかった如くだが、そこに十八軍司令官が現れて作戦は一端終了することになった。「戦訓特報」第十三号の第四　教訓の第三項に

濠軍に在りては、固より物的、数的に優勢なることに起因すべきも、戦闘振りは相当に積極性、靱強性あるやに観察せらる

と、豪軍が弾丸をふんだんに消費することに抵抗を感じつつ、豪軍人の敢闘振りや強靱性に、日本兵士も敬意を払うようになっていたことをうかがわせる。ブナやワウの戦い以来、豪軍とは激しい戦闘のし通しであったが、それでもオーストラリアをイギリスの一植民地ぐらいにしか思っていなかった日本軍が、フィンシュハーヘン戦の頃になると豪軍を独立した軍隊と捉え、あなどれない積極的攻勢に驚き、高い敢闘精神に敬意を払うように変わってきていた。

（九）　フィンシュハーヘン・サテルベルグの攻防戦

十八年七月九日の陸軍限りの研究会で、参謀本部から様々な報告が出された。その一項目に「海上作戦」があるが、報告は極めて簡単に「手も足も出ない」であった。

陸軍側が、海軍の戦闘力を見限っていたことがわかる。陸軍の方がむしろ海上戦闘の潮流を客観的に眺めていた側

面があり、南東方面艦隊の艦艇について「駆逐艦を増勢するとして五―十隻と云ふような増加は不可能。魚雷艇は六隻ラバウルに在るが使えぬ。……当方面の潜水艦はラエ輸送充当中のものを除き実働六隻のみ」と、手厳しい観察をしている（戦史叢書『大本営海軍部・連合艦隊〈4〉』三八一―二頁）。ニューギニア戦で必要な艦艇は駆逐艦・魚雷艇・潜水艦の三つで、それすら海軍には幾らの手持ちもないというのである。こうした話にならない海上戦力では、周囲の海面はすべて敵の領土と見なすほかなく、島嶼戦を戦う安達の第十八軍やブーゲンビル島で戦う百武の第十七軍は、空だけでなく海からも締め上げられる覚悟をしなければならなかった。

十月十五日、十八軍司令官の安達は、高級参謀杉山茂中佐ら百二十名を引き連れてマダンを出発、前述したように十九日にキアリに着いてサラワケット越えをした第五一師団の閲兵を行った。ついでシオ附近ナバリバの舟艇基地を訪ね、陸軍船舶工兵第五連隊長野崎吉太郎中佐から状況報告を受けた。従来ハンサ湾を中心に、それ以西を船舶工兵第九連隊、以東を同第五連隊の担当としていたが、軍は戦況の窮迫化にともない担当の境界をハンサからマダンに移し、同第五連隊が担当する以東の範囲を狭め、最前線の需用に少しでも応えやすく変更したばかりであった（吉原矩『南十字星』一四六頁）。野崎から敵魚雷艇の出没に悩まされ、輸送活動が阻害されている報告が出ると、安達は「更に今後断乎敵魚雷艇の妨害を排除し、舟艇輸送を完遂せよ」といった趣旨の指示をしたが、敵魚雷艇の排除は海軍の任務であり、気概は大切としても、無理なことに活を入れても事態の好転につながらない。

ソロモン海域で活躍した米魚雷艇は、十八年九、十月頃からビティアズ海峡にも盛んに出没するようになり、マダン方面からフィンシュハーヘン方面に向けて輸送作戦に従事していた日本軍の大発や漁業機帆船に大きな被害が出はじめていた。漁業機帆船は、静岡県の各漁港からはるばると最前線のニューギニアに駆けつけ、船舶工兵隊の一翼を担って危険な輸送作戦に従事していたもので、一隻も故国に帰還できなかった。吉原参謀長によれば、軍は非常手段としてハンサに集結した漁業機帆船を大量動員し、ハンサ・バグバグ・ロングの島々を経た輸送路を設定し、犠牲を顧みずシオへの直接輸送を敢行し、フィンシュハーヘン方面の部隊に食料等を届けることができたとしている（吉原矩前掲書一五二－三頁）。二十師団側にこれに関する伝聞がないのが不思議である。

米魚雷艇は五十トン前後の小型艇で喫水が浅く、装備は魚雷と機関砲程度だが、強力なガソリンエンジンで時速四十ノット以上の猛スピードで走るため、複雑な海岸線や海流が早い島嶼周辺ではピッタリの艦艇であった。「戦訓特報」第十四号（昭和十九年一月一日）の「艇隊（大発）ヲ以テスル対魚雷艇戦闘要領」の通則には、

（第四項）敵魚雷艇はその快速を利用し、我が艇隊の周囲或は一側を反復快走しつつ優勢なる火力を瞬時に我に集中し、或は一部を以て前方及後方に迂回し我を包囲しつつ我が艇隊を混乱に陥らしめ、………或は我が艇隊を発見するや遠く迂回して攻撃に有利なる要点（岬角、島蔭）に先行待機し、時として予め我の必ず通過するを予想する地点に日没後より待機し、我を急襲する等その行動端倪を許さず、真に神出鬼没なることを肝銘しあるを要す

（第五項）敵魚雷艇は全速を以て我に近接したる瞬間に、発射速度大なる連装機関砲を以て急襲的に猛射し来るものにして、若し此の際、敵に機先を制せられんか、我は遂に応射の機を失し寸秒にして、各艇数十発の弾痕を蒙り殲滅的損傷を受けたること少からず

とあり、魚雷艇の快速を利用した神出鬼没の奇襲にはお手上げ状態であったことが看取される。魚雷艇の脅威が魚雷ではなく連装機関砲であったのは、攻撃を受けるのが魚雷攻撃を必要としない日本の小型舟艇であったことから明かである。

米魚雷艇集団は、ニューギニアの河川を遡った発見されにくい場所に基地を置き、監視員の情報に基づき夜になって出撃し、予定地点に着くとエンジンを絞って日本の舟艇の通過を待ち伏せた。日本の舟艇が近づくとエンジンを全開して高速で迫り、重機関砲だけで日本の大発や漁船をつぎつぎに沈めた。大型輸送船による補給ができず、道路事

情が悪いニューギニアで、日本軍に残された補給手段が小型舟艇による夜間の沿岸航行であっただけに、米魚雷艇は始末の悪い存在であった。

アメリカ全体の膨大な鋼材需要のために、魚雷艇建造に回す資材に不足していた米海軍は、軽量化の必要性もあって船体にベニヤ板を使用した。ベニヤ板は日本でも大量に生産されたが、すぐれた接着剤の不足と発想の転換に臆病な国民性が災いとなって、木造魚雷艇の建造に成功しなかった（今村好信『日本魚雷艇物語』八一－八頁）。昭和十五年の雑誌『海と空』には、世界各国の魚雷艇が所狭しと紹介されていので海軍も知らないはずはない。艦隊決戦以外を考えない海軍は、イタリアから高速魚雷艇の見本を輸入する話も潰して、以後関心を示さなかった（山本親雄『大本営海軍部』二一六頁）。

夜間に行動する敵魚雷艇には飛行機が使えず、海軍に対抗兵器がない状況下では、やむえず陸軍の大発が船団を組み、これに山砲、歩兵砲を積んで一斉砲撃で対抗した。海上における米海軍と日本陸軍との珍しい戦闘では、ときどき日本陸軍が戦果を上げたが、たいてい米海軍が勝利を収め、日本側の海上輸送を困難に陥れ（吉原前掲書　一四七頁）、舟艇輸送は次第に先細りになるほかなかった。

ナバリバの舟艇基地を出発した安達司令官一行は、急坂と泥濘に悩まされながら、三十一日午後、サテルベルグ高地に到着した。早速、片桐師団長から状況説明を受けたが、その概要は、豪軍は損耗により兵力半減しているとみられ、他方二十師団は食糧不足に耐えながらなお士気旺盛だがアント岬方面は兵力半減というものであった。豪軍の優勢、日本軍の不利という現実を認めない面子にこだわった判断のように見受けられる。制空権、制海権が完全に米豪軍側にあるという条件下では、相手はいつでも補充部隊の投入、兵器弾薬の持み込みが可能であり、それができない日本軍は、すべてにおいて不利という認識に立って見なければならない。安達はこの作戦会議後、前線部隊を回ってねぎらったのち、十一月三日、サテルベルグを出発した。

片桐の戦況判断を聞いた安達は、フィンシュハーヘン奪回方針に変わりがないこと、サテルベルグを根拠として海岸部を逐次分割奪取していくこと、の二点を指示した。サテルベルグは、海岸方面に目をやると、上陸した豪軍の動きが指呼の間に見渡せる格好の観測点でもあった。当時、第十七師団を西部ニューブリテンに増派中であった第八方面軍も、安達のフィンシュハーヘン奪回作戦方針を強く支持していた。

しかし目前の目標に接近するのが如何にむずかしいか、これまでの戦闘で何度も経験してきたはずである。逐次分割奪取すなわち各個撃破は、困難なフィンシュハーヘン奪取を敢行して自滅するより、現実的作戦によって戦果を積み重ねた方が、将兵の士気も上がるだけでなく、その間にフィンシュハーヘン奪取の芽が出てくるのではないかと考えた末の方針であったと思われる。とくに安達は、敵の飛行場と港湾に対する攻撃によって利用を妨害できれば、戦況の好転が期待できるとして、この二目標を砲撃の射程圏内に入れる要点の確保を強く要望した。

十一月三日、片桐二十師団長は各部隊指揮官に対して攻撃準備命令を下達した。命令の第二項に「局部的命令に依り逐次敵を撃滅する」と、先に安達との間で確認した方針を命令に盛り込んでいる。四項と五項でジベパネンに対する攻撃を中止し、部隊を引き揚げて一部をサテルベルグ高地の防禦強化に振り当て、その他を六項と七項でソング川流域への進出に当て、河口へと前進させてスカーレット海岸をうかがい、ステーション岬北方のボンガ（Bonga）、さらに北方のサンガ川河口のラコナ（Lakona）へ派遣して、ソング川北辺地域の確保を掲げている。

サテルベルグ高地の防禦は第八十連隊が担い、二二〇〇高地（佐伯山）に第二大隊、本道正面（三宅台、二六〇〇高地）に第三大隊、その南西の山田山に二個中隊が配置されたが、いずれもこれまでの戦闘で半数以上を失っていたから、防禦作戦といえども極めてむずかしかった。またステーション岬方面への豪軍の上陸作戦に備え、ボンガ、ラコナの兵力を増強するため、前者に第二三八連隊第三大隊を、後者に第七九連隊第二大隊を配置した。

片桐師団長は、十一月十八日にカノミ警備隊の第八十連隊第一大隊を三宅連隊長の指揮下に入れた。ソング川北岸攻勢を目的とする第二次作戦がはじまる前に、師団司令部のあるサテルベルグが攻撃を受けると、かえってソング川流域への進攻がやりやすくなるのではないかという計算も立つが、三宅支隊が全滅でもしたら勘定が合わなくなる。

師団長は、緊急輸送が一応終了するとして、予定を繰上げて十一月二十二日黎明に第二次攻撃開始を決心し、ワレオ東方の三叉路で攻撃命令が下達された（戦史叢書『南太平洋陸軍作戦〈4〉』八四頁）。しかしまたしても攻撃命令に関する文書がＡＴＩＳにわたり、二十師団の攻撃配備がすべて豪軍側に筒抜けになっていたのである。暗号電報では概ね攻撃目標や攻撃時間が送信されるだけだが、文書だと配備部隊や進攻路が図示化され、作戦要領まで記載されるから、文書押収の方が電文漏洩よりはるかに影響が大きかった。

攻撃命令の第二項に「奇襲谷よりソング河北岸に沿ふ地区に指向し、ソング河以北の敵を同河口附近に於て補足撃滅せんとす」と作戦全体の目標が明示され、以降はこの目標実現のために各隊に割り当てられる任務を指示している。

三宅支隊（第八十連隊）…複郭陣地によりサテルベルグ高地確保
林田部隊（第七九連隊）…奇襲谷南部進出、十一月二十二日までにソング川に進出し、豪軍退路遮断
田代部隊（第二三八連隊第二大隊）…同二十二日までに海岸道に沿う地区の敵陣地突破しソング川河口に進出
砲兵隊（歩兵第二六連隊）…ソング川南岸及びアント岬付近の敵砲兵制圧、林田部隊の援護
ラコナ警備隊（第七九連隊第二大隊）…ボンガ附近の敵上陸阻止
カノミ（第八十連隊一個中隊）……現任務の続行
シアルム警備隊（海軍第八五警備隊）…現任務の続行

第八十連隊第三大隊は三宅台（二六〇〇高地）に移動し、本道南側に第十一中隊、本道上方に十二中隊、三宅台西端に九中隊、クマワに第十中隊が配置された。

十一月十六日早朝、豪軍の激しい砲爆撃がはじまり、十七日も同じように砲爆撃を繰り返されたあと、クマワに対して、戦車を先頭に火炎放射器を使いながら進撃してきた。頑丈なマチルダ戦車は、日本軍の砲撃では容易に破壊さ

れなかったが、肉薄攻撃で擱座させた。しかし戦車の砲塔が生き残って砲撃を続け、第十中隊川崎隆男少尉の小隊が全滅した。第二次攻撃は十一月末に始める予定であったが、豪軍の先制で始まった三宅台の戦いを、第二次攻撃の開始とせざるをえなくなった。

三宅台南側の第十一中隊は、連続六時間にわたる集中砲撃にさらされ、その上、B17爆撃機四機による絨毯爆撃も加わり、周囲のジャングルが丸裸になった。豪軍はグライダーを観測用に使用し、これを射撃すれば何十倍もの砲弾が飛んでくるため、日本兵は首をすくめて見逃すしかなかった（鈴木正己前掲書　一五五頁）。白昼でも暗いジャングルに視界が遮断されたはずだが、豪軍は日本軍の位置を正確につかんだ上に、日本軍が集結して攻撃態勢に入ると、必ずといってよいほど出鼻をくじく先制攻撃をしかけてきた。豪軍の圧倒的火力の前に、三宅中尉は予備陣地への後退を命じ、矢野見習士官が警備を引き継いだ。翌日から豪軍は大砲、迫撃砲、機関銃、自動小銃、手榴弾のありったけを使って、数メートル、数十メートルずつ前進し、一先ず前進を終えると鉄条網を張って日本軍に反撃できないように陣地を固め、それから缶詰を開けて食事をはじめた。相対する三宅隊はもう三、四日間、何も食べていなかったから、鋭くなった嗅覚がかぎつけたこの瞬間が、一番つらかったと伝えられる。

二十日になると、前日以上に激しい攻撃を加えながら、豪軍は少しずつ前進してきた。何が何でも突撃して前進する日本軍と違い、豪軍は銃砲撃で敵を制圧したのち確認のために前進してくる。豪軍が体験と研究の中から採用した戦法で、この時点では米軍より豊かな経験を持っており、米軍に助言する立場にあったといってもおかしくない。日本より劣る工業力でも、このような戦法を実現することは、その必然性を理解し諸条件を整備し準備をしっかりさえすれば、不可能ではなかったのである。

この日の夕方、三宅隊長は師団司令部から全陣地を放棄してワレヲ、メリケオ方面に後退する命令を受け取った。翌二十一日夜、主陣地の線から移動したが、人数はわずかに三十名ほどにすぎなかった。これを追うように豪軍が進入し、二十三日から豪軍は総攻撃に移り、あちこちの陣地線が破られたが、日本軍も必死で防戦し、文字通り一進一退の激戦が数日間続いた（前掲『丸別冊　地獄の戦場』所収、江口幸雄「フィンシュハーフェン（三宅台）の死闘」二五三―六頁）。

なお山田第一船舶団長は、十一月九日に担任地域と指揮下部隊を三宅八十連隊長に引継ぎ、自らはナバリバに出て船舶工兵第五連隊を指揮して海上輸送に従事することになった。食糧・弾薬の輸送のほか患者の後送が差し迫っていたための処置で、敵との接触線に配置されていた兵力まで引き抜いて緊急輸送を行ったが、担送に当たる兵のほとんどが栄養失調やマラリアに冒されていたこともあり、はかばかしい成果を上げることはできなかった（戦史叢書『南太平洋陸軍作戦〈4〉』八二―四頁）。

南海派遣軍猛朝第二〇六二部隊は、二十師団麾下の四六二名で構成された輜重部隊だが、この部隊はこの時期にフォーティヒケーション岬北方のワンドカイに陸揚げされた物資を、約二十キロ離れたカゲまで担送する任務に当たっていた。兵一名が背負う荷物の重量は約四〇キロで、夜間真っ暗なジャングルの中を懐中電灯も使わず木の根や起伏につまずき、蛭や蟻に襲われながら歩き通した。これだけの重労働に従事する兵員一日当たりの支給食糧はわずか米一合で、多くがマラリアにも冒されていたこともあって、可動人員が日に日に減少し、それに比例して輸送量も先細りしていった（坪内健治郎『ニューギニアで消えた十万人』九一―三頁）。

そのほか攻撃命令の一環として、フィンシュハーヘンに散在する小部隊の整理が行われた。整理されたのは第四一師団関係が多く、本隊が遠くウェワクに展開している中で、二十師団の増援として派遣されてきたものである。このほかに第五一師団関係が若干あり、その最大の部隊が第一〇二連隊である、同連隊はワウ飛行場攻撃作戦に主力をつとめたのち、サラモア防衛戦で左右区隊に編入され、サラワケット越えでは第三梯団の中核となり、連隊長が梯団長もつとめている。ニューギニアでは複雑な地形とジャングルに制約され、一個大隊が丸ごと戦闘に参加することは珍しく、中隊程度の規模で行動することが多かった。フィンシュハーヘンでは主力が二十師団であったが、それこそあらゆる部隊から派遣された少人数の部隊によって作戦が展開された。

豪第九師団のうち、フィンシュハーヘン地区に投入されたのは第二四旅団、第二十旅団、第二二大隊であったが、十月十九日から二十日にかけて増援の第二六旅団がランゲマーク湾に上陸した。さらに攻略作戦を終えた第四旅団がラエから転送され、フィンシュハーヘン錨地、ランゲマーク湾周辺に展開された。三宅台に切迫してきたのはランゲマーク湾から来た第二六旅団で、マチルダ戦車十八両を擁する三個大隊規模の強力な兵力であった。同旅団はまずサテルベルグ高地を占領し、ついでグシカからワレオの線に進出する計画で、第四八大隊が旅団の主攻、第二四大隊が右翼、第二三大隊が左翼を固めて、圧力をかけてきた（前掲戦史叢書　八七－九〇頁）。

第二十師団の主力である第七九連隊林田部隊は、十一月二十日に奇襲谷に進出、翌二十一日に南山南端に前進した。作戦計画では二十二日黎明に敵陣地に突入することにしていたが、実際に突入してみると、陣地は堅固でしかも兵力が予想外に多かった。二十二日終日攻撃を繰り返したが、その都度はね返された。その内に、豪軍が日本軍の側背に回るようになり、林田部隊が攻撃を急げば急ぐほど、背後に回った豪軍に包囲を強められ、ついに必勝川の河床に追い込まれてしまった。しかし林田支隊は対戦車地雷を巧みに配置して豪軍の接近を阻止することに成功した。午後になって迫撃砲による集中砲撃を加えられたため、数十名の戦死者を出し、退却を余儀なくされた。この時、退路を切り開くためにわずか十数名の手勢を率いて突入したのが、陸軍士官学校入校を蹴って南方戦線に志願した韓国出身の崔慶禄であった。彼は重傷を負ったが奇跡的に生還し、戦後韓国陸軍の将軍となり、駐日大使までつとめている（『丸別冊　地獄の戦場』所収　福家隆「フィンシュハーフェン緒戦の実相」二七〇－一頁）。

海岸道からソング川河口を目指した田代部隊は、二十二日午前から午後にかけて南山の豪軍守備隊に対する奇襲に成功し、豪軍は慌てふためいて撤退した。日本軍の進出をまったく予想しなかったごとき混乱を呈した原因は不明だが、あるいは林田隊に気を取られていたためか、海岸道と南山稜線に配置されていた四個中隊は算を乱して敗走した。だが田代部隊には、占領した地域を確保する兵力がなく、日が暮れるとともに豪軍陣地を撤退した。

日本軍の攻勢に対して、豪軍の第三二大隊のように逆に攻勢を取った部隊もあった。吉川山に進出し、西山の守備

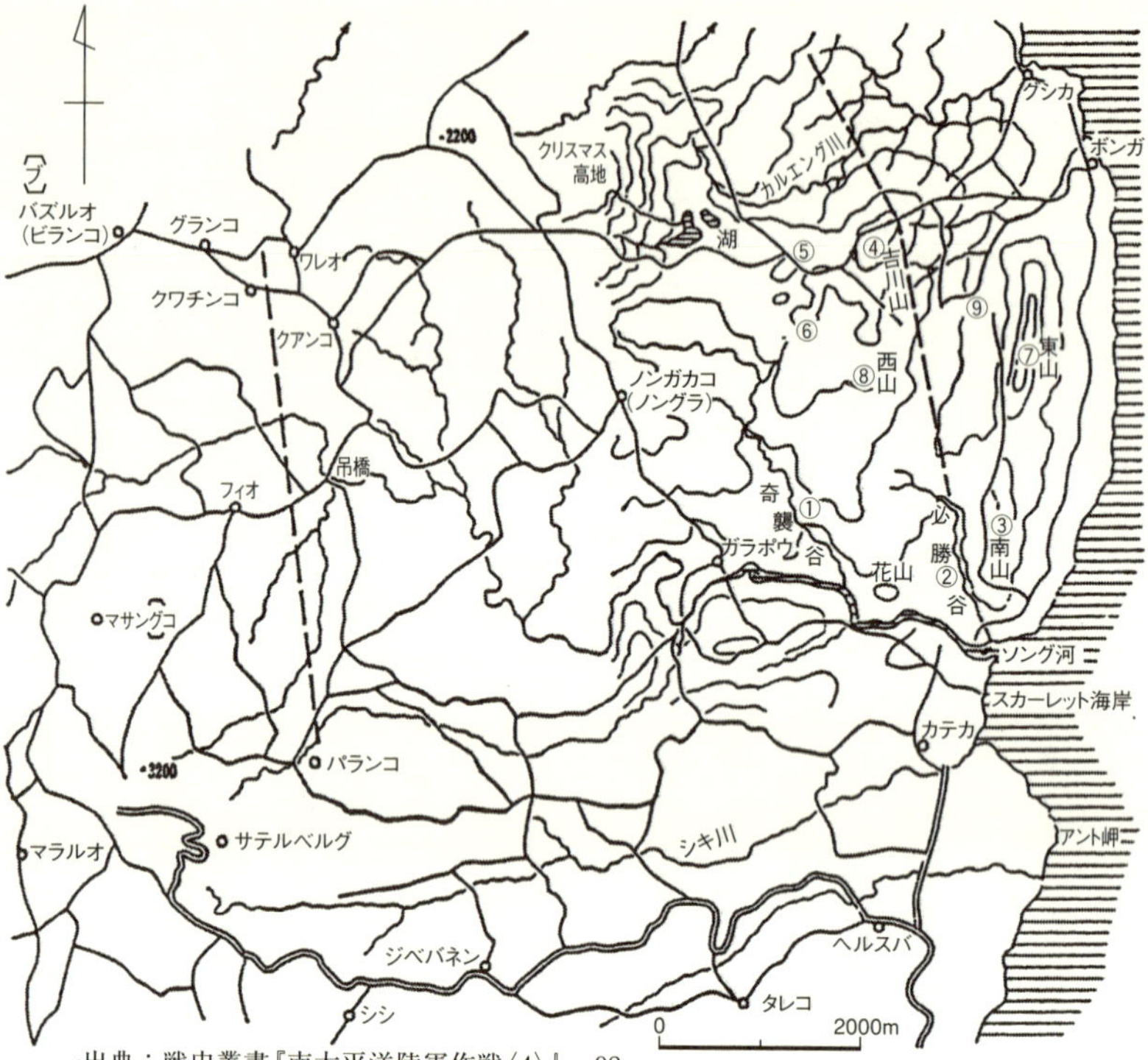

出典：戦史叢書『南太平洋陸軍作戦〈4〉』p. 98

ソング北岸地名図

にあった第七九連隊第四中隊との間で迫撃砲による応酬が行われた。このような戦況について考慮した片桐二十師団長は、ソング川以北の豪軍の捕捉をあきらめ、その代わりに西山付近の豪軍を包囲殲滅する決心を固めた。これに基づき、林田部隊を西山付近の豪軍の背後を襲わせること、第八十連隊第一大隊と第七九連隊第二大隊の各半分を師団管理部長の藤井中佐に託して西山付近の敵を攻撃すること等を命じ、二十三日早朝から開始することとした。

　藤井部隊に包囲された④高地の豪軍第三二大隊は、負傷者の後送ができず、補給は空中投下のみという状況下にあった。二十三日、藤井部隊、林田部隊、田代部隊は違った方角から西山の豪軍を攻撃し、夕刻までに④高地の攻略はあと一歩という段階に迫った。翌二十四日午前九時、師団司令部は本格的攻撃の準備命令を発した。それによれば、二十五日薄暮に④高地に対して攻撃を開始し、各部隊の任務がそれぞれ明示されていた。

林田部隊……④高地（吉川山）攻撃準備、奇襲谷及び西山方面に対する敵の攻勢を警戒
田代部隊……清水川東西線を占領確保、師団の左側を援護
砲　兵　隊……敵の奇襲谷及び東山方面からの攻勢に対処、吉川山の林田隊に協力

しかし食糧不足や斥候による敵情偵察遅延のために、攻撃開始は二十六日黎明に変更された。緊急輸送がひとまず成果を上げたとして開始された第二次攻撃であったが、人力担送では限界があり、その人力が食糧不足、マラリア等によって著しく低下していたから、緊急輸送に成果があったというのは希望的判断であった。

二十六日午前四時、④高地に対する砲撃が開始され、間もなく迫撃砲の射撃も加わった。豪軍の損害は少なくなかったが、ソング北岸と南山陣地から行われる豪軍の反撃の砲撃のため、日本側が受ける損害も少なくなかった。ＡＴＩＳの捕獲文書によって日本軍の展開地点を知った豪軍の砲撃は正確で、林田部隊は攻撃力を大きく削がれることになった。同連隊の突撃開始時間は砲撃開始後三十分頃と思われるが、補充された重擲弾筒が高い湿度のために不発弾が多く、折角の攻撃を不成功に終わらせた。

ニューギニアの高い湿度に晒された重火器が肝心の時に不発で、そのためむざむざ勝機を取り逃がしたことが幾度も起こった。豪米側も同じ条件だから、不発弾があったにちがいない。しかし豪米軍は補給を受けてから消耗するまでの時間が短い上に、不発弾が出るのは不可避と考え、その分を含めて沢山撃った。砲弾を倹約し一発一発大切に使う日本式手法は、砲弾の取得から使用までの時間が長く、ひどい湿度のニューギニアの中で不発弾の増加を招く結果

につながった。激しい豪雨の中、ジャングル内のむせかえる湿気の中を、宝物のように大事にしながら前線から前線と持ち歩いてきた弾薬は、発射薬の高い吸湿性と相俟って、ここぞという時に不発弾となり、前線の兵士たちを失望させた。

豪軍第二四旅団は、午前七時、戦車四輌（日本側記録では五輌）を先頭に東山の日本軍陣地に向かって迫ってきた。日本軍がやむえず後退したあとを、七時半頃（日本側記録十時頃）に東山の陣地に進入した。さらに豪軍は、林田部隊に包囲された吉川山の自軍の救援に進攻してきた。林田部隊は、二十七日も継続して砲兵及び工兵の協力を得て吉川山に猛攻を加えたが、地形を利用して頑強に抵抗する豪軍に手こずった。二十八日早朝の二十師団長命令をよると、林田部隊に対し吉川山を封鎖監視し、その南の西山の保持に努めることが指示されており、現状維持に転換したことがうかがえる。

この間、最も大きな変化のあったのは、サテルベルグ高地の二十師団主陣地であった。前述のように二十一日夜になって、わずか三十名ほどになった三宅隊が三宅台を引き払ったが、佐伯山（二二〇〇高地）も豪軍第二四大隊の圧力を受け、三宅隊に続く情勢になっていた。この日、豪軍第二六旅団長はサテルベルグ高地奪取を命令し、本道を第四八大隊と戦車小隊が前進、本道の大屈曲点（地点⑧）から片桐山（三二〇〇高地）への迂回路を第二三大隊が北進、三宅台（二二〇〇高地）から鞍部を第二四大隊が前進という作戦を展開した。

十一月二十二日、豪軍各部隊は作戦計画に沿って前進を開始したが、日本軍の反撃はほとんどなかった。弾薬の乏しい日本軍は、敵がぎりぎりに接近するまで発砲しないことにしていたから、戦車のエンジン音だけがうるさく響いた。本道を進む第四八大隊は日本軍の反撃に備え、二十四日早朝から本道をはずれたシキ川上流の南東側斜面に迂回路を切り開きながらサテルベルグへの接近をはかった。

日本軍の注意をそらすため、片桐山（三二〇〇高地）に向かった豪軍第二三大隊がわざと目立つように行動したが、四八大隊の行動が日本軍に気づかれ、激しい機関銃攻撃を受けた。このため進撃が頓挫する危機に瀕したが、第一中隊だけが日本軍陣地への接近に成功し、手榴弾攻撃により陣地を破壊した。日本軍にとって、これがサテルベルグ高地陣地崩壊の直接的きっかけになった（前掲戦史叢書　一一〇－一一頁）。また佐伯山を突破した豪軍第二四大隊も、二十四日までにサテルベルグ高地のすぐ近くまで前進した。

二十五日早朝から豪軍がサテルベルグ高地の奪取に取り掛かってみると、どこにも日本兵の姿は見えなかった。それぞれのコースを前進中の各部隊の前からも日本軍が消えた。前出の江口幸雄によれば、師団より三宅部隊が撤退命令を受けたのは二十六日であったとしているが、その前日に三宅部隊は姿を消しており、この辺の食い違いについて、戦史叢書はいつ撤退命令が出されたか明らかでないとしている。ガ島でも、ギルワでも、ラエでも、キスカでも連合軍が追いつめてみると、日本軍は忍者のように忽然と姿を消したが、サテルベルグでもまた同じように消えた。夜陰に紛れて姿を消すのが日本軍のお家芸になっていた。

日本軍はとっくに食糧が尽き、野生の動物と同じようにシダや竹の芯まで食べ漁っていた。弾薬も枯渇し、残された選択肢は集団自殺のごとく突撃して全滅するか、撤退するしかない状況に追いつめられていた（田中兼五郎『パプアニューギニア地域における旧日本陸海軍部隊の第二次大戦間の諸作戦』一四二頁）。後退した三宅部隊は、二十六、七日にかけてワレオ附近に集結し、二十七日、追撃してきた豪軍とクワンコ付近で戦闘を交え、十二月三日にワレオ南方で遅滞作戦を行い、その後は徐々に移動して、年が改まった十九年一月五日にキアリに到着した。

三宅部隊の後退、林田部隊の吉川山奪取の不成功という状況に鑑み、片桐師団長は作戦を中止し、主力をワレオ、ノンガカコに集結、次の攻撃を策すことに決心した。二十八日午前六時に命令が下達されたが、安達軍司令官はこれに強い不満を持っていた。ニューブリテン島に対する米豪軍の上陸作戦を牽制する意図から、フィンシュハーヘンの豪軍を「断固玉砕するまで攻撃を続行せよ」との趣旨の電報を片桐師団長宛に発信した（前掲戦史叢書　一一六頁）

現地では兵力が大幅に損耗し、戦闘を継続できる状態ではなかったが、それでも安達は攻撃を命じ続けた。前引のマダンでの合同慰霊祭で行った訓示で、

補給の緊迫は諸官熟知の如し、然れ共現装備、現給養を以てして必すしも戦闘を遂行し得さるに非す、要は覚悟の一点に帰す

（前掲戦史叢書　一一四頁）

と、帝国軍人に染みついた精神主義を強調している。しかし安達は、空理空論の精神主義、お題目のような観念論を振りかざしても、ニューギニアのような激戦地では何の役にも立たないことを一番よく知っていた。食糧がない、弾がない、それなら残った精神力、気力で戦うしかないではないかと、安達はいっているだけである。降伏が許されない日本軍将兵にとって、最後は敵に気力でぶつかり、結果についてはとやかく考えないというわけである。

ニューギニア戦がはじまって一年半、その間、日本軍は何度となく米豪軍の猛烈な銃砲撃に遮られ、その都度無念の涙を飲まされた。まだアメリカ本国から洪水のように軍需品が押し寄せる以前であり、米豪軍も苦しいやり繰りの連続であったが、一点に火力を集中する手法が、圧倒的火力で撃破するイメージを日本軍に浸透させた。日本軍では、火力にはね返されるたびに、弾薬補給体制の抜本的改善ではなく、精神力のさらなる強調が行われた。輸送力によって戦闘力・派遣兵力を決める米豪軍に対して、まず派遣する戦闘力を決め、それに見合っても見合わなくてもかまわない輸送力をつける日本流の考え方は、ポートモレスビー攻略戦以来、繰り返し破綻してきた。かかる日本流の考え方は、日本軍の組織制度・兵術思想の投影でもあり、戦争中だからといって短時間に米豪軍と同じ態勢に転換できるものではない。

弾薬が尽きた時点で残された選択肢に降伏がない日本軍には、後退が不可能であれば、突撃による自滅（玉砕）という世界に例のない道しかなかった。だがサラワケット縦断を命じた安達には、再度突撃（玉砕）命令を出す非情さはなかった。日本本土の二倍も広いニューギニアの戦場では、後退という恵まれた選択肢が残っており、どこまでも後退を続けられるニューギニアでは、突撃（玉砕）しなくてもすむ代りに、精神力、気力による戦局打開と、飢餓と

マラリアに苦しむ道とが残っていたのである。

（十）　フィンシュハーヘンからシオへの道

十一月二十八日、ワレオ東方三叉路（二二〇〇高地南西側三叉路）にあった二十師団長は、つぎの趣旨の命令を発した。師団主力である第八十連隊の三宅部隊と第七九連隊林田部隊に与えられた命令は、三宅部隊にはワレオ（Wareo）附近の占領とノンガカコ（豪軍はNongora）方向への攻撃準備、林田部隊には西山保持、吉川山の封鎖監視、海岸部のボンガ（Bonga）以北の進攻準備というもので、換言すればワレオとボンガを結んだ以北を確保し、豪軍の北上を阻止して海岸部を利用する補給路と退路の確保をはかる作戦であった。しかし三宅部隊の兵力一、一四九、重・軽機五十六、砲類三、林田部隊の兵力一、四四二、重・軽機五十四、砲類六という戦力で、両連隊を左右から援護する二つの援護隊を集めても、兵力全体でおよそ五千四百名、戦闘可能兵力は三千名にも満たない状態であった。

これに対して第一軍団長が率いる豪軍側は、第二十旅団、第二四旅団、二六旅団を並べて北進の態勢を準備したが、とくに日本軍の補給路の遮断につながる海岸道の北上を重視し、これを第二十旅団の担当とした。第二四旅団と第二六旅団にはワレオとグシカの線を攻撃させることとし、わけても第二四旅団にはグシカと無名湖間のカルエング川流域の掃討任務が与えられた。第二四旅団の先頭は第二八大隊がつとめ、戦車一個小隊を伴い、二十八日早朝から行動を開始した。この大隊が必ず来攻するであろう海岸部のグシカを守備していたのは、田代少佐が率いる第二三八連隊第二大隊で、兵員二三一名、兵器類は軽機一一、重機五、擲弾筒一二、他に歩兵砲一といった戦力で、戦力としては不充分であることは疑う余地がなかった。

西山の保持、吉川山の封鎖監視をしながら、ボンガ以北の進攻を準備中であった林田部隊が接触した豪軍は、奇襲谷に沿う地域からノンガカコに向かってきた豪第二十旅団の第十五大隊であった。十一月三十日、この大隊はソング

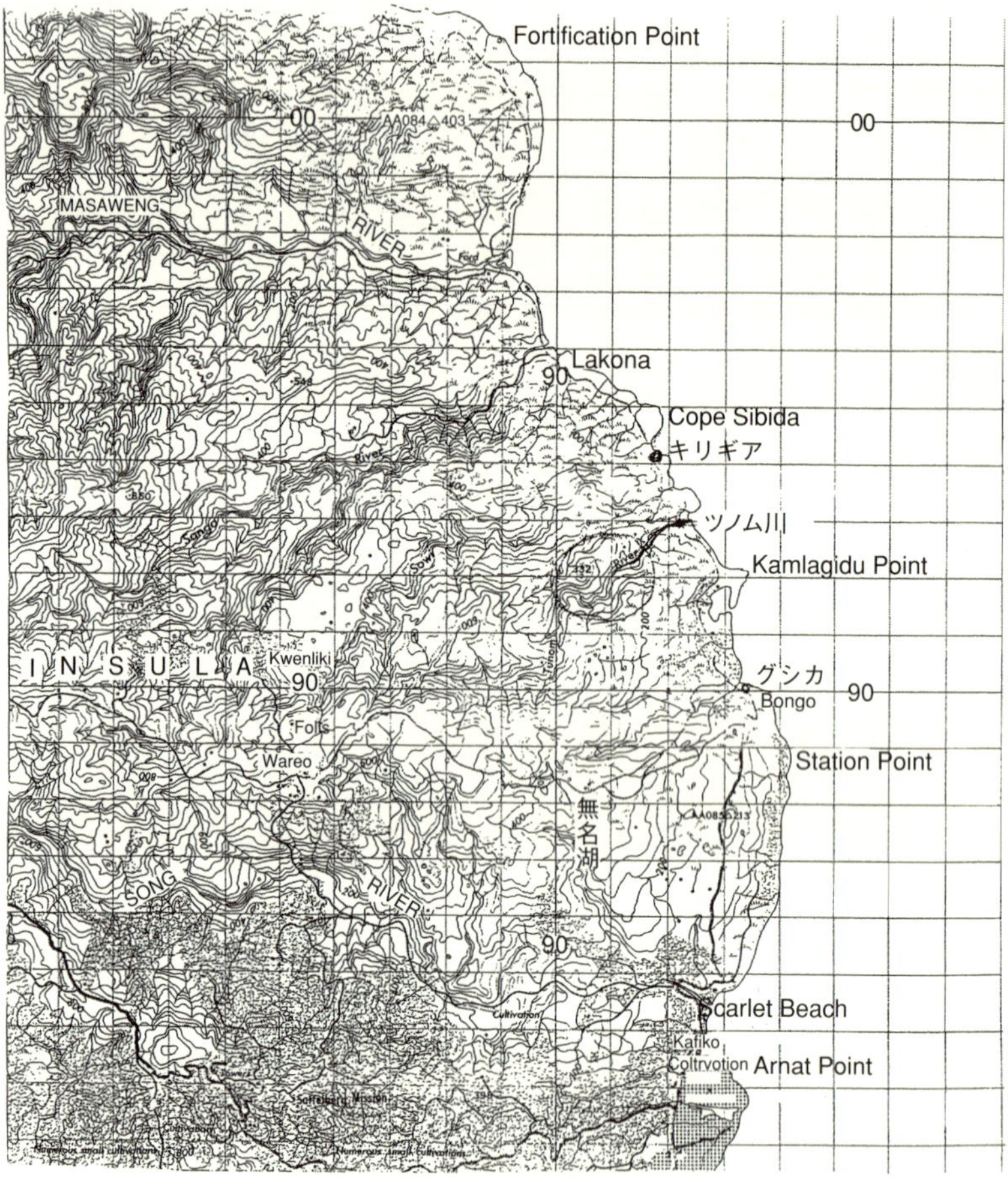

グシカ方面概要図

川河口の約二キロ上流で渡河し北上を開始したが、林田部隊の第三中隊がこれに攻撃を加えた。しかし兵力に勝る豪軍は、一部を側方から林田部隊第三中隊の背後に回したので、同中隊はやむなく撤退した。これを追うように豪軍はノンガカコの日本軍陣地に迫り、翌十二月一日早朝から攻撃を開始し、とくに南端の陣地の奪取を目指したが、林田部隊のためにはね返された。

　だが翌二日から三日の戦況について、日本軍側と豪軍側の記録は大きく食い違っている。豪軍の記録によれば、二日早朝に攻撃を開始したところ、すでに日本軍は撤退しており、間もなくノンガカコを占領したことになっている。一方、日本側の記録によれば、三日、林田部隊第十中隊がノンガカコの手前に陣を張っていた豪軍に対して潜入攻撃を試み、これが見事に成功して豪軍を潰走せしめたとある。

潜入攻撃は、日露戦争以来、一貫して継承されてきた火力を無視して突進力だけで敵陣に突入する戦法にかわって、この頃からニューギニアで実施されはじめた戦法である。喊声を上げて敵陣に切り込んでいく突撃戦法は、前述した米豪軍の「最終防禦射撃」の前では集団自殺に等しく、いたずらに屍の山を築くだけであった。フィンシュハーヘンの戦いの頃から登場した新しい戦法を思いつくまで、相当な呻吟が必要であったにちがいない。精神的拘束が強くかかった陸軍軍人は、たとえ南太平洋でのジャングル戦闘など微塵も考慮していない操典や教範であっても、一字一句従うように厳しく躾られていたが、さすがにここまで敗退を重ねてくると、工夫と考案を加えた戦法をとらざるをえなくなった。

潜入攻撃は、敵陣の中央部に潜入して円陣を造り、四囲を一斉射撃をして敵を潰走させるという捨て身の戦法で、潜入に失敗すればすべてがおじゃんになる。見通しのきかないジャングルの中でなければ成功の確率の低い戦法で、ニューギニア戦での繰り返された失敗の中で考案された。潜入攻撃は特攻のような必死の戦法でなく、捨て身とはいえ敵の粉砕撃破と戦況の逆転を企図した戦法である。日本軍にとってニューギニア戦は苦戦の連続であったが、まだ戦いを捨てていなかった証左であろう。また突撃戦法ばかりを叩き込まれた日本兵も、突撃が敵に勝つ唯一の方法ではなく、陳腐な戦法になり果てた事実を理解しはじめた現われでもあろう。

日豪軍の記録に食い違いのある理由は明らかではないが、十二月四日に豪軍第九師団長はノンガカコから先への進出困難を理由に、第十五大隊に前進停止命令を発している。豪軍が、一時的に前進できないほどの損失を受けた可能性が高い。してみると日本側の記録が実際に近く、豪軍側資料に欠落があったとも考えられる。豪軍は、先制攻撃と優勢な兵力、破壊力の大きな砲撃力とによって日本軍を追いつめてきたが、日本軍の決死的戦法である新戦法が功を奏して豪軍が敗走し、ノンガカコは日本軍が確保する数少ない要地になったと考えたい。

これと対照的であったのが海岸地区であった。海岸道を進んだ豪軍第二八大隊は、十一月二十九日午前にボンガを占領した。予想外に順調な占領であった。海岸一帯が湿地帯のため戦車の通行が困難で、やむなく歩兵だけの前進になったが、さいわいに日本軍の抵抗がまったくなかったために順調な作戦になった。ボンガ南の小川に達したとき、田代部隊の橋梁破壊によってはじめて進軍に障碍が出た。橋梁を付け替えた豪軍が戦車を伴ってボンガ正面に進出したとき、田代部隊はまだ東山を確保し、西山方面からの攻撃にも備える陣地を配置していた。しかし豪軍が攻撃を始める前、おそらく二十八日夜には陣地を引き払って後退したものと思われる。

さらにボンガから一キロほど北に位置するグシカ附近にまで進出した豪軍斥候は、グシカにも日本軍がいないようだと報告してきた。これを受けた豪軍第九師団長は、新来の第四旅団にグシカ占領を命じた。十二月三日早朝、同旅団の第二二大隊が先頭に立って前進を開始し、間もなくカルエング川に達したが、ここではじめて田代部隊の待ち伏せ攻撃にあった。それまでの間、田代部隊は戦力を温存しながら反攻の機会をうかがっていた。豪軍はこれに激しい砲撃を加えたが、田代部隊は断崖を巧みに生かした防禦戦により、豪軍の前進をことごとく阻んだ。

しかし午後になると、豪軍は新手の砲兵を投入してさらに激しい砲撃を加えたため、やむなく田代部隊は陣地を放棄し後退した。この後退が二十師団長の命令でなかったことは、グシカ喪失後、師団司令部が大慌てで作戦方針を変更したことから推測できる。師団長にすれば、前述の戦力があれば一週間や十日ぐらいは持ち堪えてくれると計算していたに違いなかった。豪軍から見れば貧弱な火力と映ったであろうが、日本軍にすれば大きな戦力であった。しかも田代部隊が配置された地域は、もっとも重要な位置にあり、それだけに二十師団長も同部隊に大きな期待を寄せていた。師団長が、その気持ちを田代部隊長に語っていたかどうかわからない。やむなく二十師団長はワレオ南側の攻勢作戦を中止し、海岸方面での作戦強化をはかることにした。

ワレオとボンガを結んだ線の以北を死守する二十師団全体の作戦計画がもろくも崩れ去ったときては、師団長が慌てるのも無理はない。海岸地域を失うことは、二十師団にとって後方連絡線の遮断、補給体制の崩壊を意味し、依って立つ基盤が崩壊することであり、その影響の深刻さは改めて語る必要もなかった。直ちに三宅部隊にソング川上流進攻作戦を中止してワレオ北側地区への集結を命じ、また林田部隊には、ノンガカコでの作戦を終えた後、その北側の三叉路付近への集結を命じた。それとともに大急ぎで新作戦の策定が進められた。

十二月四日、第二十師団長は新しい準備命令を発した。命令の趣旨は、グシカ北方カムラギドウ・ポイント（Kamlagidu Point）西方、ツノム川上流の三二〇高地を師団の攻勢拠点とし、林田部隊は拠点の北側で村上川の河岸附近に、三宅部隊は拠点の西側に集結して、攻勢の準備態勢をつくることであった。二十師団としてはどうしても海岸部の確保が必要であり、山間部に封じ込められたくない意識が強かったに違いない。それならば尚さら海岸部の田代部隊の遅滞運動とこれを追撃している豪軍の戦力、行動経路が気にかかる。この作戦の成否が海岸部の戦いにかかっているといっても過言でなかった。

グシカを退いた田代部隊に対して、豪軍は攻撃を加え続けたが、同部隊はこれをことごとく撃退した。五日、豪軍は戦車小隊、機関銃隊、砲兵中隊を繰り出して前進したが、戦車が日本軍の仕掛けた地雷を踏みキャタピラーを切断された。さらに一台も砲撃を受けて損傷し、このため豪軍の進撃は頓挫した。

この夜、田代部隊主力が密かに後退したが、そこここに遅滞作戦用陣地に斥候（駐止斥候）を残していった。兵力に余裕のある豪軍は、海岸道の進出が田代部隊の遅滞作戦によって大幅に遅れる事態に備え、海岸道から一キロ半の間隔でもう一個大隊を山伝いに北上させることにした。このため田代部隊は、二つのルートから来る豪軍を阻止しなければならなくなり、少ない兵力を二分して当たることは不可能であった。遅滞作戦により豪軍の北進は緩慢になっていたが、それでも七日の夕方にはツノム川支流に達した。

八日には、ツノム川河岸で両軍間で激しい戦闘が行われ、この線の死守を頼む師団も熊谷中隊を援軍として派遣し、これを受けた林田部隊が防戦につとめた。八日午後、豪軍一個大隊がツノム川を突破したが、その夕方、日本軍が逆襲に転じ、豪軍を押し返したものの敗走させるに足る力がなく、約三十ヤードで睨み合ったまま夜を迎えた。九日の時点で林田部隊の兵力は二二八名という惨憺たる有様で、これで豪軍二個大隊と戦闘を交えようというのである。午前八時から豪軍二個大隊が攻勢に出たが、第十二中隊の奮戦によって撃退に成功し、のちに同中隊は師団長表彰を受けることになった。だが前線の部隊では弾薬がほとんど尽きかかっており、もう一度攻撃があれば陣地を棄てて逃げるほかなかった。このあと林田部隊は、豪軍に対して三組による潜入攻撃を行った。前回の同部隊第十中隊の成功からまだ何日もたっていなかったが、また一発逆転を狙ったわけである。しかし同じやり方で成功するのを許すほど豪軍も甘くはなかった。

ワレオに後退した三宅部隊は、追撃してきた豪軍第二六旅団の第二三大隊とフィオの手前で再び接触した。この地に展開していた三宅部隊は第二、第三大隊で、両大隊は損耗を避けつつ後退する戦術をとったので、最初は散発的な銃撃戦を交えるのみであった。しかし十一月二十九日、豪軍がソング川の吊り橋に差しかかった頃から三宅部隊が本格的反撃に転じ、ソング川近くで数次にわたる激しい戦闘があった。十二月二日には、竹の鏃が飛び出す手製爆弾を使用して豪軍を敗走させ、豪軍はクアンコ（Kuanko）北方の要害を手放した。苦戦に陥った豪軍は夜間攻撃に転じたが、夜襲を得意とする日本軍に逆襲され、円形陣地内に追い込まれた。豪軍は一時間に二一〇発もの砲弾を至近距離の日本軍に打ち込んだ。

豪軍第二三大隊を完全に包囲しながら、三宅部隊にはさらに包囲網を縮める戦力がなかった。やがて豪軍第二四大隊が救援にかけつけ、三宅部隊はこれに激しく砲火を浴びせたが、四日までに後退のやむなきに至った。それでも三宅部隊はワレオに通じる進路に陣地を配置し、六日から北進を開始した豪軍を阻止し続けたため、豪第二四大隊はワレオを遠回りして背後のクワンチンゴー（Kwatingkoo）に出て、三宅部隊の退路を遮断しようとした。二十師団司令部も三宅部隊の撤退を決心し、三宅部隊はワレオを放棄するやむなきに至った。堅固な陣地で固めたクワンチンゴーも、抵抗を示す前に放棄された。

三宅部隊が防禦していたワレオを占領したのは豪軍第二四大隊だが、同大隊はクリスマス高地を目指し、北東方向に進撃した。これに対して三宅部隊が遅滞作戦を展開し、豪軍の進攻を混乱させることに成功した。この間に重要拠点であった二二〇〇高地を強化したのは三宅部隊の第一大隊（吉川大隊）で、同大隊が陣取って接近する豪軍の動きを阻止した。第一大隊は暗くなるとともに反攻に出て、逆に豪軍を苦しめた。戦闘は十二月十二日まで行われ、この間豪軍の進攻を食い止めたが、連日の戦闘で多数の死傷者を出し、これ以上の戦闘を継続するのが無理と判断され、ついに十三日に退却した。翌十四日から豪軍はワレオ周辺地域の掃討作戦を開始したが、これより少し前に二二〇〇高地北方にあった第二十師団司令部も退却し、豪軍が来たときにはもぬけの空になっていた（戦史叢書『南太平洋陸軍作戦〈4〉』一三八頁）。

再び海岸部の戦況に戻ろう。ツノム川を突破された日本軍は、次は村上川が防衛線のはずであったが、豪軍側記録によれば林田部隊はここで反撃しなかった。村上川は大きな岩石の河床を縫って細い流れがあるだけである。一九七四年にニューギニア政府が測量して作製した十万分一の地図でも、川とおぼしき細い線が入っているだけで、名前もない。日本軍も戦争中に入手した豪軍地図に名前が入っていないため、日本式名称をつけたのであろう。当時日本軍が最も恐れていた一つが戦車だが、林田部隊もこの川が戦車の障碍にならないと判断して、川を利用した反撃活動をしなかった。

これからラコナまでに六つの川があり、やはり現地名がないから日本名がつけられた。林田部隊はこれらの川のうち、戦車が一旦停止をするにちがいないと判断したところでは必ず攻撃を加え、豪軍に若干の被害を与えながら後退した。豪軍がラコナの部落に攻撃を加えてきたのは十二月十五日である。ツノムを突破してからわずか一週間、二十師団にとって誤算というべき速さであった。

追いつめられた師団司令部は、十五日に改めて部隊の任務の見直しを行った。師団の目標として「逐次ラコナ河北岸拠点に配備を移行し、依然当面の敵を牽制消耗せしめんとす」と、敵の撃破をあきらめ、せめて消耗だけでもさせようという方針に変更した。とくに矢面に立つ林田部隊に対しては、「ラコナ河南方海岸道の配備は現配備のままとし、なるべく長く現拠点を確保」（前掲戦史叢書　一四二－三頁）と、他部隊の移動のための時間稼ぎをするために、豪軍を暫時食い止めるように命じた。

ラコナを守備していたのは田代部隊であった。すでに兵力はわずか五十名ほどにまで減っていた。師団司令部の任務変更命令が届くよりも早く、三方向からの豪軍の攻撃がはじまった。昼近くなって田代部隊は完全に包囲されたが、夕方から豪雨になったために、豪軍戦車の活動は鈍りまた砲撃も困難になった。

翌十二月十六日早朝より豪軍が包囲網を縮めると、日本側から猛烈な射撃を受け、そのため豪軍はやむなく後退し、午後になるまで新たな攻撃を控えた。午後三時過ぎ、ようやく頼みの戦車が到着し、五輌を前面に立ててが日本軍陣地に向かって進撃をはじめた。これには田代部隊も対抗手段がなく、全滅覚悟の突撃をかけるほかないと思われた。部隊長はこの夜、撤退を決意し、十九日までにラコナ川右岸に進出を命令したが、状況はあまりにも悪すぎた。豪軍記録では、若干の兵は後方の断崖を飛び降りて脱出、大部分は十七日夕方までの戦闘で戦死とあるが、日本兵生存者の回想によれば、部隊主力は十九日に撤退を開始、撤退完了の直前に豪軍に発見され、取り残された兵は海中に飛び込んだが、猛射を浴びて何人かが死亡した。残った田代部隊長と副官は撤退を見届けたのち、抜刀して敵陣に突っ込んで果てたと伝えられている（前掲戦史叢書　一四三－四頁）。

豪軍の二個中隊が、十七日早朝、ラコナ川の対岸に猛烈な砲撃を加えてから渡河を開始した。日本軍の抵抗はなく、順調に北進を続けた。日本軍が反撃したのは、ラコナ川と北方のマサエン河との中間あたりにある小川に達したときであった。豪軍を迎え撃つ日本軍第二十師団は、長く激しい戦いの過程で日に日に損耗し、あと数回の戦いがあれば、自然消滅しそうな状況にあった。十八日頃の実勢力とおぼしき員数を紹介すると、寥々たる状態になっている。これほどになるまで戦い続けた敢闘振りは敬服に値する。

林田部隊……歩兵二七〇名、工兵三〇名
三宅部隊……歩兵五〇名
小泉部隊……工兵三〇名
佐伯部隊……歩兵一二〇名、砲兵二六名、工兵三三名
合　計　五五九名

三ヶ月間の戦死者は生存者の十倍以上になると推定されるが、あるいはもっと多くなるかもしれない。この間、ラングマーク湾からラコナ川までの二十キロ以上にわたる海岸部を制圧され、サテルベルグやワレオの拠点を失い北へ後退しながらも、豪軍に反撃して敗走させることも再三再四あった。しかしその都度、兵力を消耗して、とうとうこれだけの生存者になってしまったのである。食糧補給も遮断され、備蓄もとうに使い果たし、草を食み、蛇・蜥蜴類を摑まえて生きながらえてきた兵の体力は、辛うじて歩ける程度にまで落ち込んでいた。といってもまだ精鋭の中井支隊が遠くボガジンからマーカム河に向かう途中にあり、これを含めた二十師団全体はまだ相当数の兵力を保有し、精鋭師団の体面は保っていた。

マサエン河上流にあった二十師団長は、十八日夜明け前に反撃作戦を命令した。その要旨は、マサエン河で一大反撃作戦を試み、主力は敵の側面を攻撃し、豪軍を海に叩き落そうとするものであった。しかし全兵力で反攻作戦を実行すれば、それだけ二十師団本隊の消滅が早まるだけであった。反攻も成算があるからやるのではなく、降伏以外の選択肢の中でできそうなのが、これしかなかったからだ。

豪軍の先鋒がラコナ部落の前面に進出した十二月十五日、アラモ部隊指揮官クルーガー中将麾下の米軍第一一二騎兵連隊が対岸のニューブリテン島マーカス岬（米軍名はアラウェ）に上陸した。二十六日には、ルパークス少将に指揮された米海兵第一師団の二個戦闘団がダンピール海峡の要衝グロスター岬を挟む東南部と西南部のツルヴに上陸し

た。マサエン河から後退中の三宅部隊は、二十六日早朝、ビティアズ海峡を北上中の米海軍とおぼしき大船団を望見しているが、これがグロスター上陸作戦に向かう船団であった。

米豪軍の相継ぐ上陸作戦は、ダンピール海峡、ビティアズ海峡の制空・制海権を確実なものとし、珊瑚海側からビスマルク海への自由通航を確立するのが狙いであった。それを十分理解していた日本軍は、ラバウル航空隊を連日繰り出して猛烈な空襲を行った。しかしこの頃から、航空機の性能と搭乗員の練度、レーダー及び通信システムを活用した空戦能力が確実に向上していた米陸軍航空隊と、開戦時のままの機体と練度が落ちる一方の搭乗員で戦う日本の航空隊との格差が、日増しに顕著になってきた（『マッカーサー戦記』Ⅱ　四八頁）。空戦で撃墜される日本機が多くなり、十二月末頃になると次第に反撃も弱まった。

マッカーサーにとって、ニューギニア北岸の戦闘が順調に進展しているといっても、開戦から丸二年、ガ島戦やブナ・ギルワの敗北からほぼ一年を経た十八年末から十九年初頭の時点で、まだ米豪軍がダンピール海峡、ビティアズ海峡の両海峡の手前付近にいたということは、いかにニューギニアでの前進が困難であったかを示すものである。見方を変えれば、第十八軍司令官安達の下で第五一師団及び第二十師団等の諸部隊がとことん戦い抜き、米豪軍の西進を遅滞させることに成功したと言い換えることができる。つまり安達の十八軍は、フィリピンに向けて進攻したいマッカーサー軍を、依然としてニューギニアに釘付けにしていたわけである。

マッカーサー司令部は、フィンシュハーヘンの戦いの終り頃から、ダンピール海峡、ビティアズ海峡の制圧とビスマルク海の制海へと作戦目標を徐々に変えてきたが、その企図するところはラバウルが攻略目標ではなく、フィリピン進攻にある徴候を徐々に見せ始めた。そのために一日も早く両海峡を突破し、ビスマルク海に進入したかったのである。マーカス岬の奪取もその一環であった。

マッカーサー軍が、ラバウルではなくフィリピンを指向しているとすれば、その先には台湾、沖縄があり、さらにその先に本土があると読まねばならないのは、中央で戦争指導に当たっている者たちの責務である。風船が楕円形のような形をして膨張した日本の占領地域に対して、マッカーサーの進攻は、次第に一方向を目指す矢印の形に変貌しつつあった。十八年末の時点で、まだニューギニアの中間点にも達していないマッカーサーの軍が、本土に来ることを予想した指導者が日本に一人もいなかったのは致し方ないにしても、直線的にフィリピンに向かう進撃を明らかにしはじめたマッカーサー軍に対し、中央がこれを阻止する方策を打たなければならなかった。進撃方向が明瞭であるだけに、打ち損じの不安がないだけでなく、マッカーサーの目標が太平洋方面の最重要地フィリピンであることはほぼ確実であり、それならばなおのこと早期の対策が必要であった。

ところがフィンシュハーヘンの戦いが終わり、戦線がさらに西方に動こうというとき、大本営はビルマのインパール作戦の実施を承認した。ウインゲートの英印軍に日本本土を狙う能力があればまだしも、ビルマへの脅威の排除を目指したに過ぎない英印軍の撃破を急ぐ必要はまったくなかった。兵力のバラまき行政をやってきた大本営は、戦局が劣勢へと変わり兵力の集中が必要になったときですら、屋上屋を重ねるかのようにさらなる兵力のバラまきを認可した。その結果、ビルマの西部に多くの兵力と貴重な戦争資源が投入されることになった。日本人の口癖である敵の圧倒的戦力に負けたという説明には、日本軍自身が兵力を広く薄くバラまいたために、どこでも敵に対して兵力が不足する事態になったとする認識が欠けている。兵力を薄く広くバラまいた日本軍中央の戦争指導に対する指摘が抜け落ちている。

マーカス占領後、ただちに飛行場を二つも三つも建設し、そこから繰り返し飛行機を飛ばすのがマッカーサーの戦法であった。フィンシュハーヘンまでは百六十キロの距離で、日本軍の感覚ではずいぶん近い。これまでの米豪軍のやり方からみればかなり遠いが、Ｂ25やＢ24を使えばこれぐらいの距離はまったく問題にならなかった。マサエン川で反攻を期す二十師団も、対岸のニューブリテン島から飛来する米軍機の今まで以上に激しい爆撃を覚悟しなければならなくなかった。

前述のように二十師団は、十二月十八日早朝に攻撃開始と決めて戦闘準備を進めていた。ところが十七日午前、第

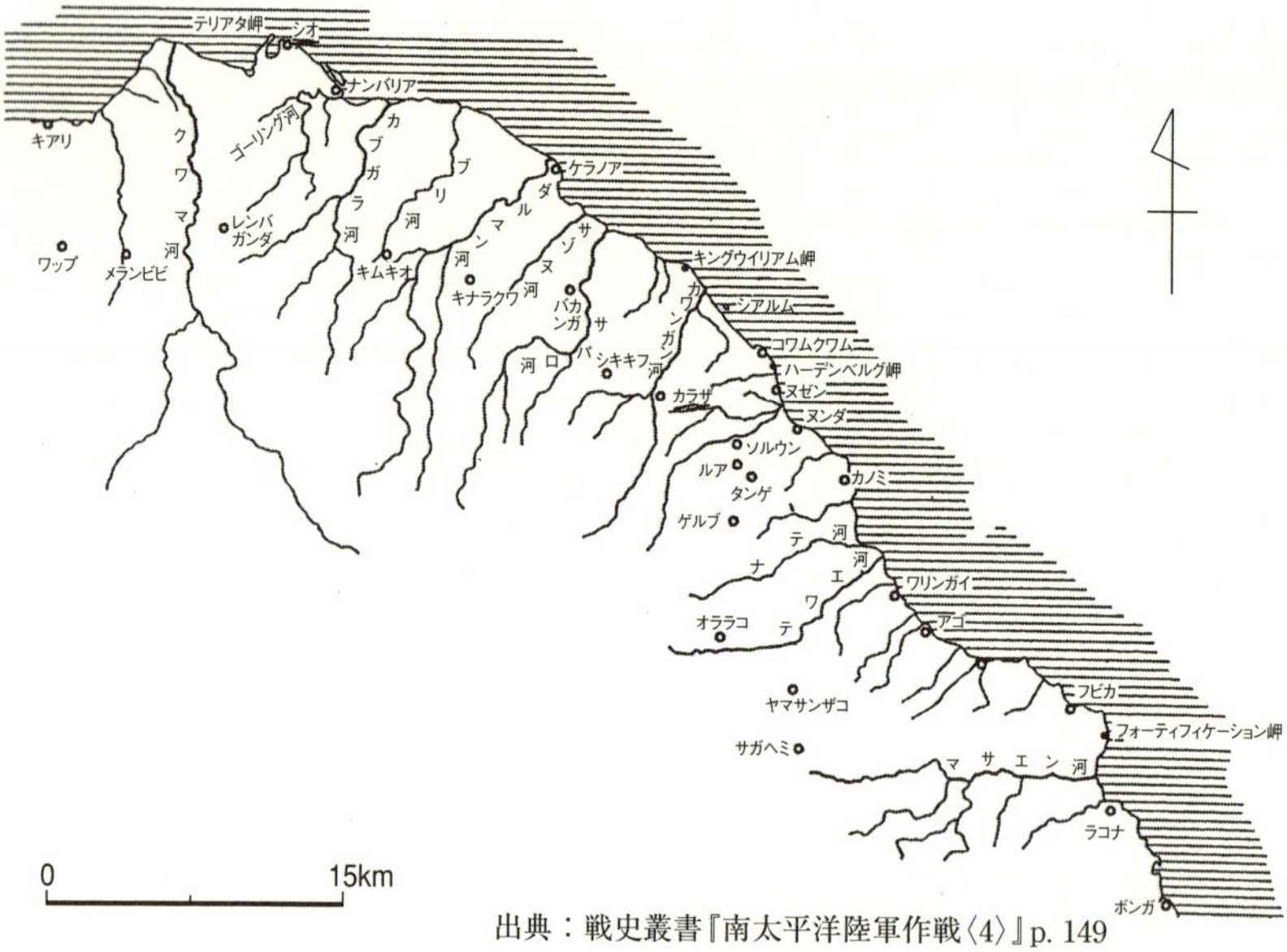

出典：戦史叢書『南太平洋陸軍作戦〈4〉』p. 149

フォン半島北岸地名図

八方面軍から第十八軍に対してフィンシュハーヘン奪回確保の任務を解除し、持久作戦へ転換する命令が届いた。ラバウルにあった第八方面軍が戦況の全般を凝視して、最早巻き返しが不可能な段階にあると結論したことを意味している。これを受けて第十八軍司令官は、十七日午後に二十師団に対して、最後の拠点であるシオ（Sio）の確保態勢に移行し、漸次敵から離脱してカワンガン河（Kawangam River）上流のカラサ（Kalsa Mission）に戦線を移動させることを命令した。カラサ（カルサとも表記）まで一気に後退するのは、途中の地形がなだらかで防禦に適さないと判断されたためである。折角の攻撃準備が無駄になることを惜しんだ師団司令部は、敵に一撃を食わせてから退却することにした。

撤退作戦は、三宅部隊（八十連隊）と第二三八連隊第二大隊が海岸道を、第七九連隊林田部隊と師団主力が並行する山地道を北上し、まずマサエン河上流のザガヘミ（Zagahemi）と海岸部のアゴ（Ago）を結んだ線にまず最初の防衛線を設置するというものであった。十九日昼近く、早くも別々に北上してきた豪軍第四旅団の二個大隊に接触されたが、三宅部隊の迫撃大隊が激しい砲撃を浴びせた。この砲撃に参加した大島瑞穂少佐は、「大隊全力を集結し、弾薬も比較的砲側に準備したので、初めて戦闘らしい戦闘ができた」（戦史叢書『南太平洋陸軍作戦〈4〉』一五二頁）と、それまでの撃ちたくても砲弾のない戦いと違って、撃てるだけ撃てた砲兵の爽快感を回想している。豪軍戦車一台が破壊され、一時的にせよ豪軍の進撃を挫折させた。豪軍戦車が泥濘に陥没し動けなくなったので、豪軍は航空支援に切り替えて攻撃を続け、日本軍の砲撃を沈黙させた。

この頃、三宅部隊の警戒部隊はマサエン河の北方約六キロの一帯に防衛線を張っていたが、そこへ豪第四旅団をフォーティケーション岬で追い越して北上してきた豪第二十旅団が進入し、二十一日午後から三宅部隊の警戒部隊との間で戦闘が行われ、翌日三宅部隊は撤退した。豪軍の記録によれば、マサエンからほぼ六キロのフビカ（Hubika）には、裸の日本兵の死体があたり一面に横たわり、ある洞穴では四十もの腐乱した死体が数えられ、その惨状は言葉で表すことができないとあり、おそらくこれらの死体が三宅部隊の警戒部隊にちがいない（*An Atlas of the Australia's Wars*　九七頁）。日本側には一小戦闘ぐらいにしか思われていないが、実際はかなり激しい戦いがあったことがこの惨状から推察される。

予想外に早い豪軍の北上に、後退する日本軍はザガへミとアゴを結んだ最初の防禦線に逃げ込まなければならなくなった。山路道を進んだ師団主力がザカへミに滑り込んだのは二十二日午後、また損耗著しかった三宅部隊がアゴに入ったのは二日後の二十四日で、追撃する豪軍への対応に追われたためか、きわめて遅い移動である。

苦戦の連続であった二十師団に安息を与えてくれたのは、二十四、五日のクリスマスであった。米豪軍はクリスマスを静かに過ごすのか、これまで攻撃を受けることはほとんどなかった。その代わり正月を楽しむ習慣がない米豪軍は、日本人が最も大切にする元旦に激しい空爆を加えてきた。文化の違いは戦争にも現われる一例である。三回目のクリスマスでも、戦況が最終段階に差しかかっていたにもかかわらず攻勢がやんだ。あと一歩にまで追い込まれてい

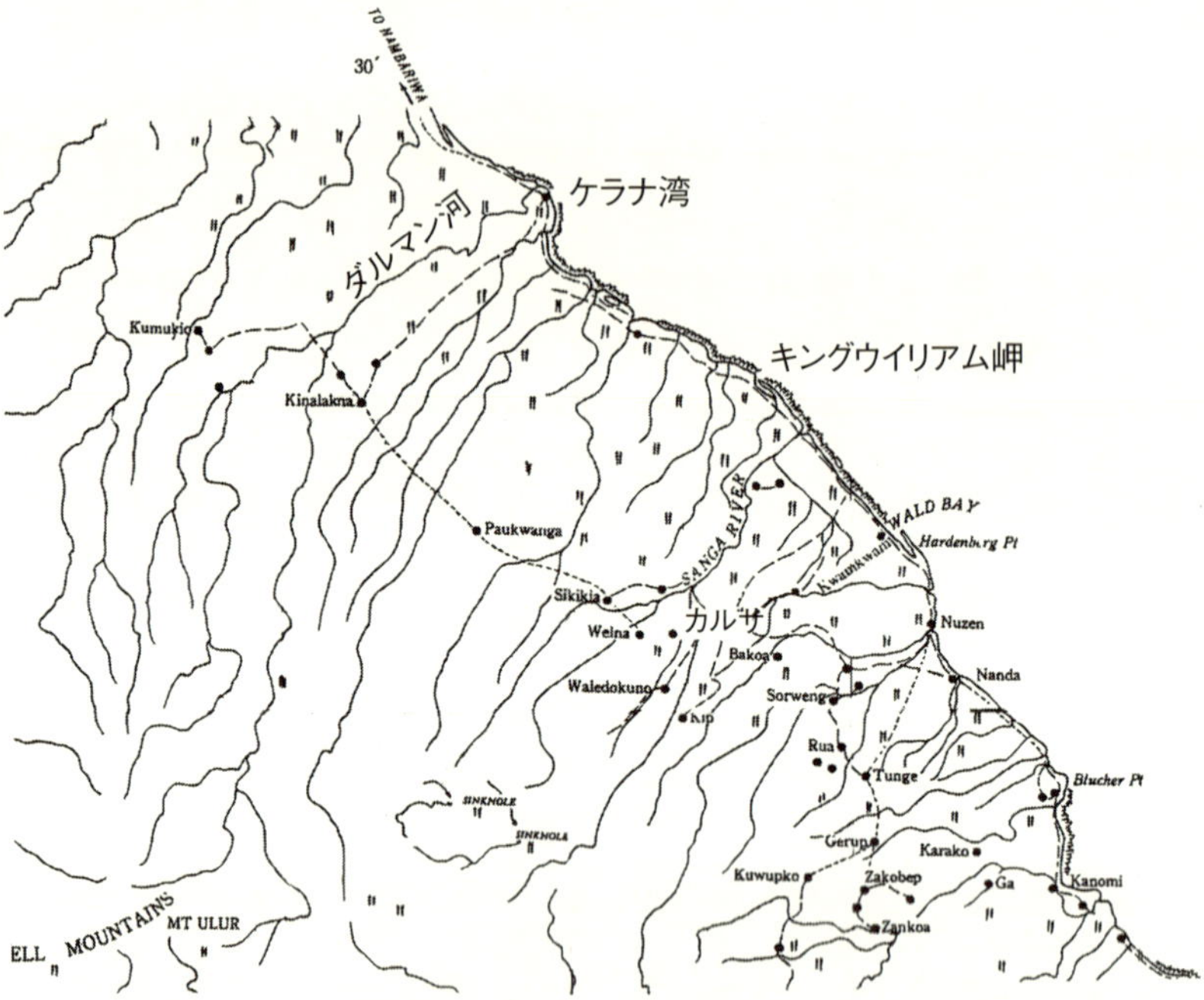

カルサ・ダルマン周辺図

た二十師団は、クリスマスのおかげでどうにか窮地を脱し、二十五日には少し北のテワエ（Tewae）川の北岸オララコに移動した。

翌日、師団司令部は今後の行動方針として、カワンガン河南岸のカラサ北側地区への集結を決めた。海岸道を後退する三宅部隊は、追撃の豪軍が接近しすぎて、時には三宅部隊を追い抜く勢いを示すために、その対応に苦慮した。二十七日ワリンガイ（Walingai）、二十八日カノミ（Kanomi）までさがったが、この間の戦闘でさらに兵力を失った。一方、この日、師団主力は目的地のカラサに達している。翌二十九日早朝、師団司令部が下達した命令の第一項に、「師団は一部を以て海岸道を前進する敵を拒止せしめ、主力を以て敵を海上に圧迫撃滅を準備」（「朝師作命甲第四七八号」）とあるように、三宅部隊を救援するため主力が海岸道に出て敵に当たるとしている。

しかし同じ二十九日、第十八軍司令官からシオを確保し、最後の拠点にせよとの命令がきた。

これまでのカラサを拠点にする計画を変更し、さらに三十五キロほど北方のシオを新拠点にせよ、というのである。このため師団主力は、三宅部隊の援護作戦をやめて再北上しなければならなくなった。経路は山地道を北上し、ダルマン河（Dallman Riv.）とブリ河（Buri Riv.）の中間点あたりから海岸の方に右折し、ナンバリワ（Nambariwa）の手前で海岸道に出て、シオに達する計画であった。命令ではナンバリワからシオにかけての一帯を確保せよとあるので、ナンバリワが実質的終点であった。

なおこの作戦から、サラワケット越えを終えて、キアリで体力、戦力を回復中であった第五一師団の諸部隊が二十師団長の指揮下に入ることが決まった。主なものは、第一〇二連隊集成大隊（三百名）、第一一五連隊主力（五百名）、第二三八連隊主力（五百名）の合計千三百名である。また第五一師団司令部はボギアに拠点を置き、一個大隊を使ってガリ舟艇基地の確保、フィニステール山系の警戒に当たるとされた。

カラサへの再後退が決まった二十師団主力は、二十九日から移動を開始した。途中豪軍の攻撃もなく、十九年一月二日には最初の目標であったダルマン河南岸に到着した。この間、主力の援護を受けるはずだった三宅部隊はどうなったであろうか。主力のカラサからシオへの後退によって、三宅部隊は援護を受けるどころか逆に一手に豪軍を引きつけ、主力の後退のために時間稼ぎをする役割を負うことになった。

主力が後退を開始した十二月二十九日、ヌゼン（Nuzen）にあった三宅部隊第三大隊が後衛部隊になり、高木茂中佐の命令によって遅滞行動を開始した。さいわいこれを排除しようする豪軍の圧力は、はじめのうちは強くなかった。激しい銃砲撃を加えて前進する部隊には不断の補給が必要で、戦闘部隊の進撃が速すぎると補給部隊が追いつかなくなる。たまたま三宅部隊を追撃中の豪第九師団の各部隊が弾薬不足に直面し、前日の二十八日に同師団長が部隊に二日間の前進停止命令を出したところであった。

こうした豪軍側の事情もあって遅滞作戦は順調に行われていたが、年が明けた一月六日、ダルマン河河畔で豪軍第二十旅団に捕捉された三宅部隊は、本格的反撃を行った。ダルマン河河畔には独立工兵三十連隊とサラワケット越えをした第二三八連隊第一大隊が構築した陣地もあり、反撃にはうってつけだったのである。豪軍は戦車を先頭に立てて前進してきたが、撃退に成功した。攻撃準備に丸一日使った豪軍は、八日午前六時から猛烈な攻撃をはじめた。海岸に近い陣地が突破されたが、機関銃四挺、兵力わずか四十名の高木部隊が猛然と反撃したため、豪軍も前進をあきらめ兵力を引き揚げた。シオにはマダンから状況視察にきた安達軍司令官がおり、おそらく高木部隊長には、全滅覚悟で豪軍阻止の厳命が下達されていたのであろう。それにしても機関銃だけで戦車まで撃退し、豪軍の快進撃を頓挫させた高木部隊の戦闘は立派である。十一日頃までに高木部隊も、ナンバリエ経由でシオに到着した。

戦史叢書が引用する「第二十師団作戦経過要報」には、同師団の損耗状況がまとめられている。紹介すると次のようになる。

部　隊	フィンシ戦開始前	ナンバリワ集結時	損　耗　率(%)
第七九連隊(林田部隊)	三、六三〇	一、八八〇	四九
第八十連隊(三宅部隊)	三、五七〇	一、四五〇	六〇
砲兵第二六連隊	一、〇七〇	七二五	三一
工兵第二〇連隊	九二〇	三一〇	六七
輜重第二〇連隊	一、二五〇	九二〇	二六
そ　の　他	二、二五六	一、六五〇	二七
合　計	一二、五二六	六、九四九	四五

〔フィンシはフィンシュハーヘンのこと—筆者注〕(前掲戦史叢書　一五八頁)

表の中には、戦傷者またはマラリア等罹病者が相当数いたはずで、この表からは読みとれない。悪戦苦闘の連続であった三宅部隊の損耗率はさすがに高く、原隊に戻って再編が必要であったことがわかる。それにしても三ヶ月もの過酷な戦いで平均の損耗率が四五％というのは、戦闘期間の短かったブナ・ギルワの戦い等と比較してみると意外に低い印象を受ける。おそらくその理由は、各部隊が突撃戦術を控え、敵の侵攻を妨害し、防禦が限界近くなると後退する戦術（遅滞作戦）を採用したことが大きく関係したためと考えられる。海岸を背にして背水の陣をとり、毎夜突撃戦術を実行したブナ・ギルワとは異なり、山を背にして防禦戦を行い、著しく不利になると山地を北上する戦術を繰り返したことが、損耗率を低く抑えることにつながったと思われる。

それでは突撃戦術を控え、防禦戦と後退を繰り返した意図はどこにあったのだろうか。ブナ・ギルワ戦にはポートモレスビー再攻略の橋頭堡確保という目標があり、そのために海岸部を放棄できない事情があった。また豪軍にスタンレー山脈から海岸部に押されてきたという戦いの流れも無関係ではなかった。これに対してフィンシュハーヘン戦では、つねに豪軍に海岸部を押さえられ、日本軍は山側に後退するほかなかった。ニューギニアではジャングルと急峻な渓谷に苦しめられるが、フィンシュハーヘン戦ではどうにか歩行可能な後背地が連なっていた。フィンシュハーヘンからシオまでは七十キロあるが、その間を戦闘と後退を繰り返し三ヶ月かけてシオに着いている。遅滞作戦としては大成功であったといえよう。

遅滞作戦の目的の一つは時間稼ぎである。時間稼ぎは、一般に他の部隊を逃がすためとか、後方における何らかの企図を準備中といった場合に行われることが多い。三宅部隊の遅滞作戦は、第二十師団主力の後退を助けるためであったのはいうまでもない。だがこれ以外に、十八年九月三十日に決定された「今後執るべき戦争指導大綱」及び「右に基く当面の緊急措置に関する件」すなわち「絶対国防圏」の設定との関係が引っかかる。いわゆる「絶対国防圏設定」はフィンシュハーヘン戦の最中に決定されたため、「絶対国防圏」の設定とフィンシュハーヘンの作戦との間には、何らかの関係があるのではないかという推論である（前掲戦史叢書　二〇〇頁）。大本営が引いた「絶対国防圏」の線上で戦闘が行なわれていたのはニューギニアだけで、戦闘と線引きとは何らかの関係があったのではないかと推測される所以である。そこでつぎに、ニューギニア戦と「絶対国防圏」の設定との関係について取り上げる。

（十一）机上の空論「絶対国防圏」と遅滞作戦

昭和十七年末にガ島戦とブナ・ギルワ戦の敗北が決定的になったとき、天皇の御下問に対する陸軍の奉答は、ニューギニアにおいて攻勢に転じることであったことは前に述べた。一方、ガ島戦後の海軍すなわち連合艦隊が何を考えていたのか、実はよくわからない。十七年十月の南太平洋海戦、十一月の第三ソロモン海戦を最後に、連合艦隊の主力艦といわれる戦艦・重巡、空母部隊は南太平洋の戦場から姿を消し、一年八ヶ月後の十九年六月のマリアナ海戦に至るまでほとんど活動しなかった。ミッドウェーやソロモン海で受けた打撃から立ち直るための再建期ならばよいが、この間の新造艦はわずかしかないし、艦船の装備も大幅に更新されたわけでもなかった（富永謙吾『定本・太平洋戦争巻』下　五〇一頁）。航空兵力の増強策に転換し、艦船建造計画を事実上棚上げにし、艦隊決戦に備えるという大義名分を掲げ、艦隊作戦を当分しないことにしたとしか思えない。

連合艦隊の主力艦船が戦場を離脱し、太平洋上での艦船の動きが停滞した昭和十八年も、戦いは休むことなく続いていた。この年、戦いはラバウルの第八方面軍が指揮する第十七軍がソロモン諸島で、第十八軍がニューギニアで激しい戦いを展開していた。十一月下旬になって再建された米機動部隊に支援され、海兵隊がマキン・タラワに上陸して数週間の戦いがあったほかは、十八年の戦いはソロモン諸島の一部とニューギニアだけであった。

これこそ予想外だったが、太平洋の戦場において陸軍だけで戦わなければならなくなったのである。米軍も同じような状況にあり、やはりソロモン海での戦いの後に米海軍の主力艦隊も再建に入り、空母も戦艦も南太平洋から姿を消した。そのため再建された艦隊が進出するまでの間は、マッカーサーの米豪陸軍と米豪空軍が主力となって日本軍と戦わなければならなかった。さいわいマッカーサーの下には、日本の陸海軍の航空戦力に匹敵する米陸軍航空隊があり、安達の第十八軍にはない駆逐艦中心の第七艦隊があり、陸海空の戦力を統合した総合力で日本軍と戦うことができた。こうして見ると昭和十八年は、日米ともに陸軍の手で戦いが維持され、その主戦場は第十八軍とマッカーサー軍が衝突していたニューギニア、それに規模は小さいが激戦が続くソロモン諸島であった。

海上での動きが止まった海軍だが、昭和十八年にこれまでにない新しい動きがあった。それは連合艦隊司令長官山本五十六が軍艦を下り、地上でラバウルの基地航空隊の作戦を激励したことであった。戦況を見ても、戦いの中心が基地航空隊に移っており、主力艦隊の役割はなくなりつつあった。島嶼戦に移行するとともに基地航空隊が戦いの主役になり、この戦い次第で戦争全体の勝敗が決まる情勢になってきており、連合艦隊司令長官としても日清戦争以来の伝統を捨て、基地航空隊を指導することによって戦局に関与しなければならなくなったのである。つまり山本のラバウル進出は、戦いの主舞台が海戦から航空戦にかわり、主戦力が艦隊から基地航空隊に移ったことを物語る象徴的行動であったということができよう。

山本の行動にみるまでもなく、昭和十八年は日米海軍間に大きな海戦がなく、ニューギニアとソロモン諸島での陸上戦闘と、これに加わるラバウルやニューギニアに展開する基地航空隊の航空戦の年であったといっても差し支えない。そのほかの地域では穏やかな日々が続き、戦争中であることを忘れさせた。十八年夏頃から、米海軍にガトー級の新鋭潜水艦が就役し、本土・大陸と南太平洋とを結ぶ航路で雷撃に遭う輸送船が増え始めたが、まだまだ翌十九年から日本が受ける深刻な戦況を思わせる兆候はあまり見えなかった。

このような情勢を中央の大本営が正しく把握し、何をなさねばならないかを知っていたとはとても思えない。十八年九月初頭に「敵情判断」を、十五日に「新作戦方針」、二十五日に「今後採るへき戦争指導の大綱に基く戦略方策」（「戦略方策」と略称）を決定し、三十日に「世界情勢判断」が決定された。十五日の「新作戦方針」、二十五日に決定された「戦略方策」の中で、それぞれ「帝国の戦争遂行上現占領地域を絶対確保」と「帝国戦争目的達成上絶対確保を要する圏域」を定めたが、これが一般に「絶対国防圏」と呼ばれている。一連の重要方針の決定であり、四つを

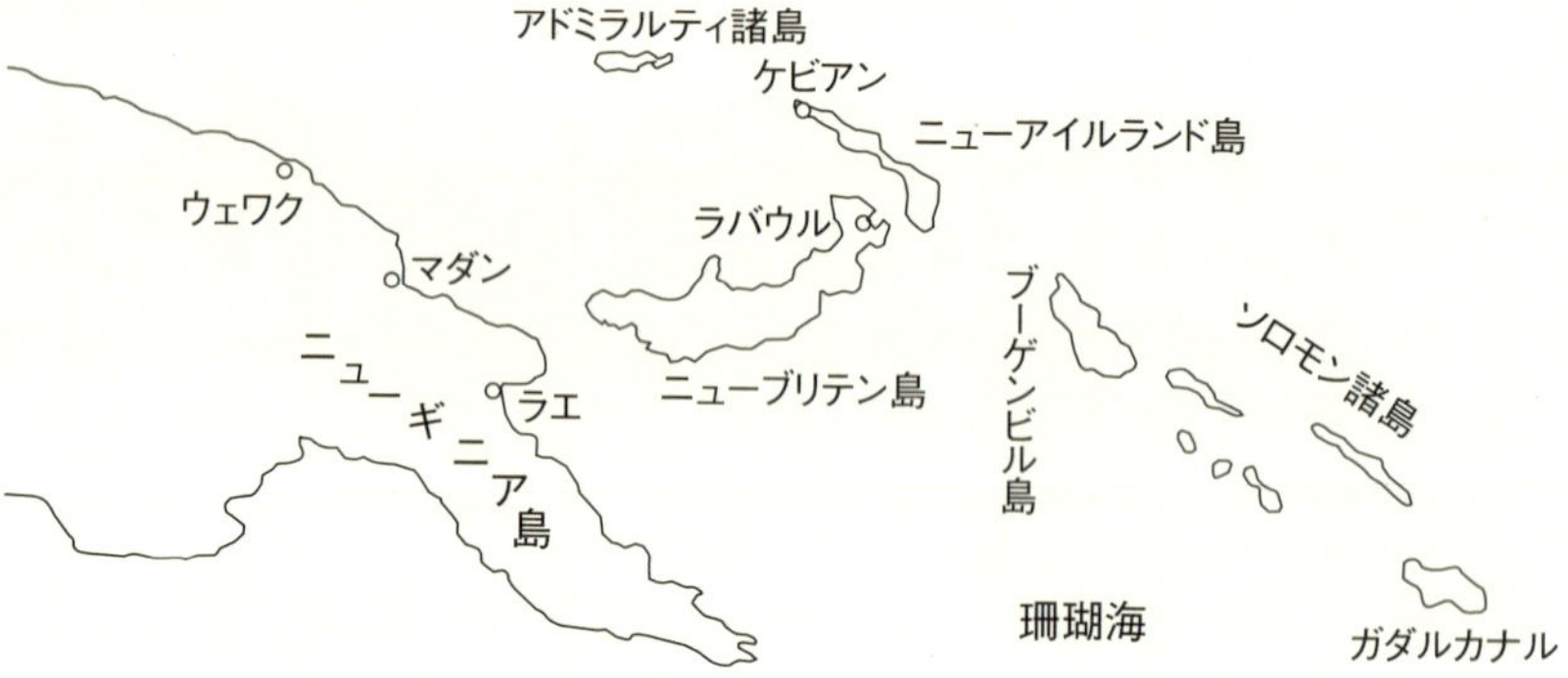

ラバウル・ニューギニア・ソロモン位置図

別々に取り上げるのではなく、包括して考える必要がある。さらに十月八日に「航空基地に関する陸海軍中央協定」が結ばれ、「絶対国防圏」に実効性を持たせるため、各島々に海上築城の思想に基づいて航空基地を急速築造することにより、国防圏の確保をはかる施策も講じられた（佐用泰司『基地設営戦の全貌』四－五頁）。こうした大本営が次々打ち出した方針の中で、ニューギニア戦がどのように捉えられ、どのように対応しようとしていたか検討を加えてみたい。

まず「敵情判断」を見ると、連合軍の今後の動向として、

> 而して東亜に於ては、米英は、印度、豪洲、支那と共に益々対日圧迫を加重し、南東方面の反攻を更に強化継続すると共に、南西、北東両方面より対日包囲網の圧縮を図りつつ、空、海より我が占領要域に対する攻撃を強化し、以て為し得る限り速かに東亜に於ける戦局の帰趨を決せんと企図しあるべし

と、戦争全体を日本を中心に四周を包囲されている構図としてとらえ、今後連合軍がこの包囲網を圧縮してくると認識していた。今後は連合軍が円（扇形）を縮めて日本を圧迫してくるとみるのが、「敵情判断」が描く太平洋戦争のイメージである。円形勢力圏は海軍の発想で形成されたものとみられるが、結局は大本営の共通した認識となり、陸軍からはとくに異論が

出なかった。前述したようにマッカーサー軍の動きは包囲網の圧迫というより槍を突き刺してフィリピンに向かう形へと変貌し、これを阻止するには、「絶対国防圏」といった円形勢力圏を守るより、突き出された槍の前に楯をかざす方が効果的であったと考えられる。戦争に対するイメージと現実とに共通点があり、イメージに合理性がなければ、「絶対国防圏」も机上プラン、絵に描いた餅と同じである。

いまや米軍の中で唯一日本軍と戦っているマッカーサーとその軍は、ニューギニアからフィリピンを目指す直線的戦略の下で前進していた。十八年末頃から行動を再開するニミッツの艦隊も、島を結びながら直線的に日本本土を目指す戦略を企図し、戦争を円形として捉える日本の考え方とは明らかに違っていた。合理的に物事を考える米軍人は、多くの時間と多くの兵力を必要とする包囲網の圧縮よりも、少ない時間で目的を達する方法を追及し、そのために直線的な反攻作戦を採用した。そうであれば進攻する直線上に防衛ラインを設定すればよく、多くの兵力を必要とする円形の「絶対国防圏」など意味をなさなくなる。

つぎに「敵情判断」を踏まえて策定された「新作戦方針」に移ると、前文に「帝国陸軍は、海軍と密に協同し左の方針に基き作戦を指導す」と陸海軍協同を強調し、つぎに六項目を上げるが、ここでは第一項目だけを引用する。

　一、中、南部太平洋に於ては、南東方面現占領要域に於て来攻する敵を撃破しつつ極力持久を策し、此の間速かにバンダ海方面よりカロリン群島方面に亘り防備を完成し且反撃戦力を整備し、以て来攻する敵に対し徹底的に攻撃を加へ、勉めて事前に其の反撃企図を破摧す

第一項の「南東方面現占領要域で……敵を撃破しつつ極力持久」の南東方面とは、目下敵と激戦しているニューギニアやブーゲンビル方面のことで、ニューギニアやブーゲンビルで持久している間に、本土及び南方資源地帯を守るために、インドネシア東部のバンダ海方面および中部太平洋のカロリン群島方面に亘り防備を完成し反撃戦力を整備

して、来攻する敵を撃破するとしている。実際に第十八軍はマッカーサー軍を一手に引受け、時間稼ぎの大役を十分に果たしており、この間にマッカーサー軍が目指すフィリピンの防備を完成し反撃戦力を整備しておくべきであった（山中明『カンルーバン収容所物語』三二―三三頁）。第十八軍の頑張りは、マッカーサー軍のフィリピン進攻阻止もしくはフィリピン防備態勢強化の時間稼ぎに利用すべきであり、円形の全占領地域を守ろうというのは明らかなお門違いである。

つぎの「戦略方策」によって、「絶対国防圏構想」におけるニューギニアの扱われ方がようやくはっきりする。第二の「絶対確保を要する圏域如何」において、圏域を

千島、小笠原、内南洋（中西部）及西部「ニューギニア」「スンダ」「ビルマ」を含む圏内

と列挙する。ニューギニアについては、「西部ニューギニア」を「絶対国防圏」内に入れ、当時太平洋の戦域における唯一の激戦地である東部ニューギニアを切り捨てている。東部ニューギニアの戦闘は、第十八軍が押されつつあったとはいえ、マッカーサー軍のフィリピン進攻を遅滞させる成果をあげていた。この間に稼いだ時間と今後も稼ぐであろう時間は、どれほど日本にとって貴重であったかはかりしれない。それにもかかわらず「絶対国防圏」は第十八軍将兵が頑張る東部ニューギニアを切り捨て、一度も戦闘が行なわれたことがないばかりか、直線的に進入してくるマッカーサー軍が通過するはずのない地域を「絶対国防圏」として重要視した。

大本営は、十七年十一月に東部ニューギニアまでを第八方面軍の担当とし、これに第十八軍を置いた。官僚組織そのものの大本営らしく、英（豪）・蘭植民地の国境線を第十八軍の担任地域の境界とし、それ以西すなわち西部ニューギニアは戦場にならないと考えたのか、担当する軍を置かなかった。米豪軍が日本軍の担任地域に合わせて行動し、境界線を越えると担当する日本軍がいないとして一旦進撃を停止してくれればよいが、そんな虫の良い話などありう

るはずもない。とくに高速で飛ぶ航空機には境界線など何の意味をなさない。英蘭の境界線などに関係なく、ニューギニアを一つの戦場として捉えた米豪軍の方が常識的かつ合理的で、作戦計画がたてやすいだけでなく、航空機主体の作戦がやりやすかったことは間違いない。

「絶対国防圏」構想は、軍編制に基づく担任区分によってニューギニアを二つの戦場とし、国境線までは第十八軍が米豪軍と戦い、その後はこれから投入される予定の第二軍が戦闘を引き継ぐというあまりに現実離れした机上の空論、情念の世界の話の上に成り立っていた。昭和十八年の一年間、太平洋での戦闘は東部ニューギニアに集約された感があったにもかかわらず、これを「絶対国防圏」外にする理由については、「戦略方策」の第一項目にその理由の概要が明らかにされている。

「ソロモン」東部「ニューギニア」方面に於ては、敵の優勢なる航空兵力の為遺憾乍ら制空権の大勢は敵の保有しある所にして、之か為我軍の勇戦に拘らす同方面に於ける我戦略態勢は逐次敵に蚕蝕せられつつありて、今後の戦局推移の見透としては楽観を許ささるものあり、一面中部太平洋及西部「ニューギニア」方面の後方の要線は帝国国防上絶対に確保を要する戦略要線にして、若し之を失ふ時は我国防態勢は重大なる事態に立到る虞大なる…………

つまり敵航空戦力が強大で、追いつめられている戦況では勝ち目がないから、これを放棄して西部ニューギニアで頑張るというが、航空戦力の逆転はありえない。一つの島を半分に仕切った境界線で第十八軍と第二軍の担当地域が分かれるのがおかしいという理由の一つは、航空機が境界線など無視して自由自在に飛行することにある。それならば尚のこと、「絶対国防圏」の線を引いて二分しても、何も変わるところがない。

英豪植民地である東部ニューギニアとオランダ植民地である西部ニューギニアとの境界線は、自然的要害及びこれ

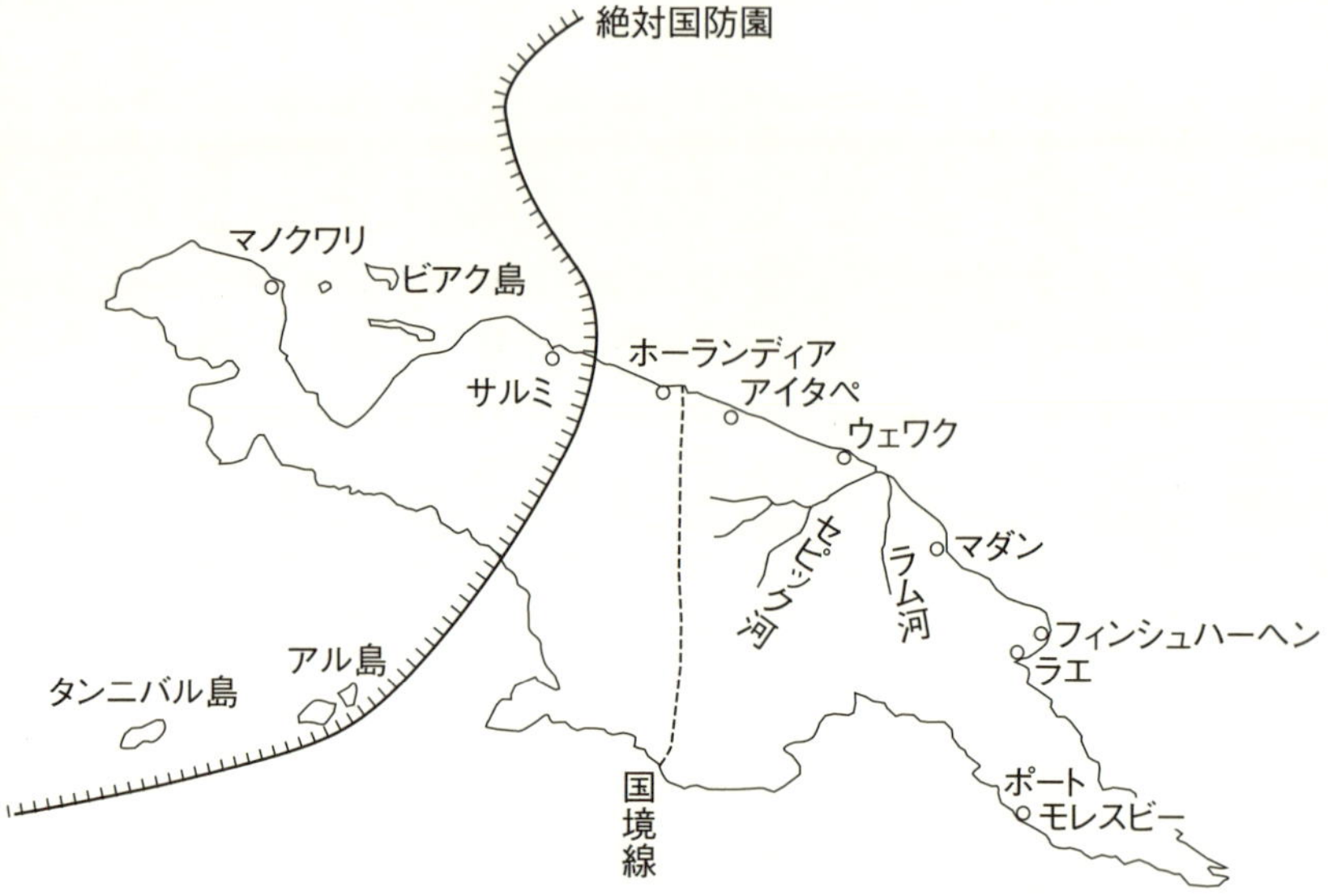

ニューギニアを通る絶対国防圏概念図

に密接に関連する軍事的要害とは無関係に設定されている。概ね東西に横たわるニューギニアは、中央部に背骨のような山脈が東西に走っており、軍事的事情を考慮すれば山脈に沿って南北に国境線を設置するのが望ましいが、真ん中あたりにある東経四十一度線に沿って南北に引いただけに過ぎない。

九月三十日に第八方面軍に発せられた命令は、「大本営の企図は南東方面要域に於て極力持久を策し、此間速に濠北方面より中部太平洋方面要域に亘り反撃作戦の支柱を完成」とあるように、南東方面すなわち東部ニューギニアで時間稼ぎをし、その間に西部ニューギニアを含む豪北方面の反撃態勢を固めよ、という内容である。東西ニューギニアのそれぞれの役割を明示したはじめての命令である。東部ニューギニアから西部ニューギニアへの戦いの流れを一旦止めておき、第二軍が引受けて継続するなどというのは正に机上の空論である。

第十八軍は紙上と現実の違いを認識できない大本営の人間に引き回されて、長い苦しい戦闘を続けてきていたのである。ことに腹立たしいのは、「絶対国防圏」

が設定されたことを受けて、西部ニューギニアへの戦闘部隊の派遣が計画され、数ヶ月後から徐々に配備が開始されたことである。つまり十八軍とマッカーサー軍との死闘がはじまってすでに一年近い時間が流れているにもかかわらず、東部ニューギニアへの増援が不十分であった上に、西部ニューギニアには何も行なわれていなかったことである。折角の時間が無為にされては、十八軍の戦いは何のためであったのか、何のための夥しい犠牲であったのか、無駄骨、無駄死になってしまったと思うと悔やんでも悔やみきれない。

昭和十八年末の大本営のある高級参謀は、「いう事を聞かねばニューギニアの第一線にやるぞ」と部下に放言していたといわれるが（親泊朝省「草奔の文」、明治百年史叢書『敗戦の記録』所収　四二三頁）、軍の作戦に責任をもつ中央の参謀連の中には、不謹慎な言動をする輩が少なくなかった。彼らは戦争全体を見渡すことができる枢要な地位にいながら、ニューギニアの将兵のお陰で、昭和十八年の一年間、米豪軍と対抗できたことをまったく理解していなかった。こうした全体の戦況が見えず、権威を振り回すだけの輩が、戦争指導者とあっては現場の苦労は報われない。

第二方面軍司令部と第二軍については、「目下不完全なる状況に在る同方面の防備を速急に強化し、遅くも明年中期頃迄に之を整備する」（「戦略方策」）とあり、これから編成に取りかかり、急いで西部ニューギニアに派遣して防禦態勢を構築するが、完了までに相当の時間のかかることが避けられないとしている。中央に立つ人間は、戦局の流れを読み、先の流れを計算し、必要ならば事態が動く前に手を打つのが任務である。事後に手を打つのは、中央のエリートでなくてもできる。

歴戦のマッカーサー軍に対して、新着の南洋戦未経験の第二軍が対抗できるのか、しかも三個師団の第十八軍でさえ兵力面で劣勢に立たされる事態に至ったときに、当面一個師団しか派遣される当てのない第二軍が「絶対国防圏」の守りにつけるのか。太平洋戦線における唯一の戦場で、しかも米豪軍の圧力が日増しに強まっているニューギニアでさえこの様だから、他は推して知るべしであろう。

「新作戦方針」は、これまで戦闘のなかった無風地域への気配りと、昭和十八年の戦いを一身に引受けてきた東部

西太平洋戦域図

ニューギニアとソロモン諸島の日本軍、および日本軍の最大の敵となり、日本軍を圧迫し始めたマッカーサーの率いる米豪軍に対する驚くほどの関心の低さを露呈している。円形に近い勢力図を描くために、無風地域さえも重要地域であるかのように取り扱う空想的防備構想のようにしか思えない。

第二項においては、ニューギニアを絶対確保の対象となった緬甸（ビルマ）、アンダマン、スマトラより低く扱っているが、この一事をもってしても、大本営には現実の戦いが歪んで映っていたとしか思えない。この一年間、ニューギニアでの第十八軍の苦闘がなければ、太平洋戦争が成立しなかった事実に気づいていないごとくで、こうした見当はずれの意識だからこそ、酣の段階にあるニューギニア戦を捨て石にする「絶対国防圏」構想を決定できたのであろう。大本営の対応は、ビルマやアンダマン諸島にくる英軍の方を、ニューギニアの米豪軍よりも警戒する声の方が大きかったことをうかがわせる。昔日の大英帝国に対するイメージで英軍の来攻を恐れていたとすれば、このような時代錯誤の歴史観を持ったエリート軍人が中央にいるかぎり、大局を見据えた戦争指導を期待するのは無理に近かった。

すでに述べてきたとおり、東部ニューギニアの第十八軍は太平洋戦域の最大の陸上戦力であり、第四航空軍は陸軍航空精鋭の半分近くを投入した大勢力であった。フィンシュハーヘンで奮闘した第二十師団は陸軍最強とも謳われた精鋭でもあり、これ以上の戦力を太平洋戦域で求めることはできなかった。これほどの精強兵団が戦う東部ニューギニアを捨て、バンダ海とカロリン群島を結んだ線にニューギニア以上に強力な防衛線を構築するなど、現実無視も甚だしい。もっとも理解に苦しむのは、バンダ海に防衛戦を引くという発想で、フィリピン進攻を公言して憚らなかったマッカーサーが、バンダ海に進攻目標を求める根拠がどこにあったのであろうか。またニューギニア方面での戦闘が、カロリン諸島の防衛につながるという論理も理解できない。ニューギニア方面で戦っていたのは米豪陸軍で、この陸軍がカロリン諸島を目指すとでも思っていたのであろうか。とにかく中央の情勢判断と戦争指導とは、現実離れしていて、とても常識では計り知れないことばかりである。

ニューギニアが落ちれば、マッカーサー軍のフィリピン進攻は必至であった。そしてフィリピンが落ちれば、太平洋における戦争は日本にとって決定的に不利になる理屈が、大本営のエリートには理解されていなかったらしい。マッカーサーはフィリピン進攻以外を考えたことがなく、彼の言動にもそれを疑る兆候はまったくなかった。しかし大本営は考えなくてもいいことを考え、現地に対して些細なことに口を出しながら、マッカーサー軍の西進を阻止する対応策を指示しなかった。日本人特有の根幹が見えないまま枝葉末節に拘泥する性癖が、日本の命運がかかった非常時にも発揮されたということであろうか。

佐官クラスが参謀本部、大本営の実権を握り、作戦方針を明示したことが、昭和の陸軍を誤らせる原因になったとする解釈はすでに定着しているようである。戦後になって彼ら佐官クラスが私的戦史や回想録を出しているが、その書きっぷりも自分たちが大本営を動かしていたかのようである。実際にそうであったのであろう。この点に関しては、海軍にしても陸軍と大きな違いはなかった。

しかし各人の担当が限られた佐官クラスに、戦争の大局的判断を期待するのは無理というものである。これこそ参謀総長や次長ら、軍令部総長や次長らの陸海軍首脳らの責務であった。だが参謀畑ばかり歩いてきた悪弊がたたって、参謀総長や作戦立案を担当する第一部長も佐官クラスと大差がなく、大局がよく見えなかった。その上、枝葉末節にはすばらしい能力を発揮する日本人は、残念ながら大局の判断、それに基づく戦略の構築を苦手とした。戦略があって戦術がないのは大きな問題にならないが、戦術があって戦略がないのは救いがたい。日本の戦争指導は、まさしく戦略不在の救いがたい欠陥を擁していた。

ところでマッカーサー軍の進攻とこれに立ち向かった第十八軍との東部ニューギニア戦に対する低い評価は、どこから生まれてきたのか、いやどうして評価が高まらなかったか。昭和十八年九月までの戦いでも、大本営陸軍部の参謀たちには、まだアメリカの実力がわかっていない者が幾人もいたといわれる。太平洋上に引いた空想的「絶対国防圏」を眺めると、そうした風聞に信憑性があるように思えてきてしまう。

しかし昭和十九年六月のマリアナ海戦、同十月のマッカーサー軍のレイテ上陸、まもなく始まったB29による本土爆撃等によって、ようやくそのすさまじい戦力に、ずっと本土にいた陸軍の指導者たちも恐怖感を持ち始めたのではないか。大本営の参謀たちには、米海軍は強いが米陸軍はそれほどではないといった根拠のない格付けを信じている者が少なくなかったといわれる。そうしたアメリカに対する歪んだ眼が、マッカーサー軍の戦力やこれを食い止めている第十八軍の敢闘、加えてニューギニア戦の意義を正しく理解できないことにつながったと思われる。

再び「戦略方策」の中の「南西方面」の項を紹介すると、

連合軍側特に英国の印度洋正面に対する反攻企図は逐次明瞭となりつつあり、特に地中海方面の情勢に鑑み雨季明前後ビルマ、特にアキャブ方面及アンダマン、ニコバルに対する敵の反攻は必至にして、スマトラ方面に対する反攻の公算も著しく増大せるものと判断せらるとあることからも察せられるように、イギリスの反攻を強くおそれていたことがわかる。昭和十八年九月の時点というと、ヨーロッパ戦線ではようやく米英軍がイタリア半島にたどり着いたばかりで、イギリスに兵力を東南アジアにシフトする余裕などあるとは思えなかった。ところが大本営は英軍の東南アジアでの反攻を強く警戒し、東部ニューギニアを放棄しても、ビルマやアンダマン等を死守するぐらいの姿勢を示していることに驚かされる。大本営が英軍の実力を高く買いかぶり、ビルマ、アンダマンに迫りくる勢いで南方資源地帯の一角スマトラ島にも進出し、そこから南方資源地帯全域に脅威を与えるのではないかと強く恐れていたように思えてならない。

前引の「新作戦方針」の第六項にあったインドネシア東部バンダ海の防備強化策も、米軍の南方資源地帯への進攻を恐れたものであった。英軍の南方資源地帯への進入を強く警戒していたことなどを合わせ考えると、どうやら日本軍は、南方資源地帯に対する占領体制が脅かされるのを極度に危惧していたことがうかがわれる。南方資源地帯を確保して戦争資源を獲得し、長期持久体制を確立するのが日本の開戦理由であったことを想起すれば、これへの脅威を強く恐れていたことは理解できるが、それはあくまで日本側からする見方である。

しかしマッカーサーはフィリピンを目指し、バンダ海方面を目指す気配を示さなかったし、英軍がビルマに進入したとしても、海軍なしでアンダマンやスマトラに来るとは考えられなかった。日本にとって南方資源地帯の確保が不可欠であったにしても、資源の海上輸送を遮断すればいい連合軍側が、南方資源地帯奪取を急いでいたとは限らない。「戦略方策」にあるような南方資源地帯の防備強化策は、日本側の独善的判断から案出されたものであって、米英軍のとるべき戦略を無視した「戦略方策」であった。

こうした大本営の大局的判断の欠落と独善的解釈の下で構想された「絶対国防圏」は、戦況の実態との格差が大きく、日本軍が戦っている敵の中で、どれが日本本土をうかがう本命なのかも考えない机上の空論に限りなく近かった。この空論によって切り捨てられる最大の被害者、犠牲者は、現実に最も激しい戦いをもう一年以上も続けてきた東部ニューギニアの第十八軍であり、ソロモン諸島の第十七軍であった。他地域に対する多くの兵力や戦争資源の投入は、それまでニューギニアやソロモンが払った犠牲を台無しにするものであったが、さらなる兵力のバラまきによって、ニューギニアの抗戦力を脆弱化させるだけであった。

「新作戦方針」に見える「持久」は前述のように「棄軍」と同義語である。第十八軍や第十七軍を棄軍してでも、南方資源地帯や中部太平洋のカロリン諸島の防備を固めようというのが、「新作戦方針」いや「絶対国防圏」の狙いである。しかし第十八軍規模の大軍を派遣し、東部ニューギニアと同程度の強靭な戦場を別の地につくることが容易でないことぐらい、大本営のスタッフが理解できないはずがない。ガ島戦敗北後に大本営陸軍部が天皇に向かってニューギニアで反攻すると約束してからまだ九ヶ月に過ぎず、まだ帰趨が読めない時期にこれを棄軍する方針は、大本営が大局を読めないどころか、戦争指導能力を著しく欠く集団であることを物語っていた。こうした大本営だからこそ、ニューギニアで日本軍が相手にしているマッカーサー軍が、本土進攻を狙う最大の敵であることを終戦間際まで読めなかったのであろう。

現実との落差が大きい「絶対国防圏」が、紙上に赤鉛筆で引いた単なる線であればよかったが、実際に防禦線上に航空基地を設置する動きがあり、影響がなくはなかった。「新作戦方針」に伴って結ばれた「航空基地に関する陸海軍中央協定」は、昭和二十年初頭までに「絶対国防圏」沿いに陸海軍航空兵力を展開するため、陸海軍が協力して飛行場を急速造営することを目指していた。ニューギニアを含む南東方面では、既成のほかに十一箇所の飛行場を新設し、西部ニューギニア・ハルマヘラ・チモールなど豪北方面には既成三十四、造営中七のほかに八十の新設、また南西方面では既成・造営中百八十四のほかに百六十七の新設、フィリピンでは既成・造営中十八に新設六十を加えるといった極めて大規模かつ意欲的な計画が策定された。計画の規模の大きさからして実現の見通しは低かったが、一部は早速に着手された（佐用泰司『海軍設営隊の太平洋戦争』一八四－六頁）。

大本営の決定は、直ちに第八方面軍司令官今村大将にも発せられた。これを受けた今村は、十月七日、「新作戦方針」に基づく作戦計画を策定して、第十八軍及び第十七軍に下達した。

各兵団各部隊の後退は絶対之を認めず、その占拠地に於て必死敢闘敵に打撃を与へ、その縦深的綜合戦果により全般的持久任務を達成せんとする

（服部卓四郎『大東亜戦争全史』五〇〇頁）

十月七日といえば、フィンシュハーヘンの戦いが一段落してサテルベルグの戦いが始まる前である。十八軍隷下において遅滞作戦が目立ちはじめるのはサテルベルグの戦いあたりからであった。敵に打撃を与えながら時間をかけて後退する遅滞作戦は、今村のいう「縦深的総合戦果」に対応するものであろう。最後に自活しながら持久せよというのは、棄軍の運命になっても、敵を引きつけて戦えという意味と思われる。後退を禁止して部隊を全滅させるより、遅滞作戦の方が新作戦の目標である時間かせぎにつながると考えたのかもしれない。遅滞作戦に絶対国防圏の影響をみるのは間違いであるまい。日本の二倍もあるニューギニアは、遅滞作戦こそふさわしい戦場であり、こうした合理主義を貫くのが安達らしい性格である。第十八軍司令官就任の際の訓示と相まって、「愛の指揮官」と呼ばれた所以かもしれない（小松茂朗『愛の統率　安達二十三』）。

（十二）「絶対国防圏」と第二方面軍・第二軍の南方派遣

東部ニューギニアで時間を稼ぐのは、後方で防禦態勢を構築する時間を提供するためであった。これに関連して、バンダ海の防禦線の一翼を構成する西部ニューギニアの動きについて眺めたい。日本が西部ニューギニアを占領したのは昭和十七年四月で、わずかな海軍部隊が何の抵抗も受けずに上陸した。十月にはマノクワリにニューギニア民政府が設立され、浜田吉治郎海軍中将が初代総監になった。海軍ばかりで、陸軍関係者はほとんどいなかった。最前線

が近いにもかかわらず、無風状態に近かったニューギニア民政府には沢山の女子事務員やタイピスト、看護婦も配属され、また町には南洋興発、南興水産、南洋拓殖、三井農林、王子製紙、台湾銀行などの企業とその社員数百人が活動していた（佐藤俊男『生と死と』五四頁）。

第十八軍麾下の三個師団が東部ニューギニアに派遣された十八年前半、西部ニューギニアにも中支那（中国長江周囲）から第三師団が派遣されることになり、その先遣隊（山内部隊）一六〇人が兵要地誌の作成のために派遣された。西部ニューギニアだけでも日本本土と同じ位の面積があり、しかも西に行くに従って海岸線が複雑になるので、たった一六〇人でしかも短期間に調査するのは困難であった。「絶対国防圏」の線引きが行なわれた十八年九月でも、まだ兵要地誌の調査が着手されたばかりであった。

大本営は「絶対国防圏」の計画に基づき、十八年十月二十九日、在満第二方面軍司令部（阿南惟幾大将）をセラム島アンボンに進出を命じた。同じく満洲から第二軍司令部（豊島《てしま》房太郎中将）を西部ニューギニアのマノクワリに進出させ、第二方面軍の麾下に入れることにした。第二軍を構成する予定の在満の第三五師団と第三六師団を、豪北派遣「東」部隊と「雪」部隊と呼ぶことになった。この他に第十九軍（第五師団、在内地の第四六師団、第四八師団）、さらに第七飛行師団を西部ニューギニアに進める計画であった。これらの計画が実現すれば、第十八軍に劣らない強力な戦力が編成されることは間違いなかった。

しかし「絶対国防圏」構想の実施が決まるまで、西部ニューギニアはがら空き同然であった。天皇にニューギニアでの反攻を約束したが、それはあくまで東部ニューギニアだけの話で、西部ニューギニアは関係ありませんということであった。十八軍が東部ニューギニアで頑張っている間は西部ニューギニアは多少安全であるにしても、航空機が自在に飛行する戦争の下で、すぐ隣の地域がいつまでも安全でいられるはずがない。驚くべきニューギニアに対する無関心、無防備であり、天皇を愚弄しているとしか思えない。マッカーサーがフィリピンを目指すことは公然の秘密で、西部ニューギニアを足掛かりにすることが確実である以上、東部ニューギニアで本格的戦闘がはじまった時点で、

セレベス・ハルマヘラ・西ニューギニア位置図

すぐさま対策を講じなければなければならなかった。

「絶対国防圏」が設定されてから、ようやく西部ニューギニアへの派遣部隊が決定されたくらいだから、防禦態勢が何一つないエアーポケットのようであった。中央の方針がやっと出て、ぼつぼつと部隊を派遣して「絶対防禦」の態勢を固めるまでの間、米豪軍が待ってくれると思っていたのだろうか。その上、第二方面軍司令部が置かれるセラム島アンボンは戦線後方の安全地帯にあり、厳しい自然環境のニューギニア事情を理解できないだけでなく、作戦指導ができるとは思えない。つねに前線部隊とともに行動する第十八軍司令官安達すらジャングル内で行動する部隊の把握に苦心しているのに、直接戦線が見えない後方に位置する第二方面軍司令部に西部ニューギニアでの部隊把握、「絶対国防圏」の死守を実現できるのか甚だ疑問であった。

第二軍は、第三五師団の到着が遅れる見込みのため、当面第三六師団だけで発足することになった。師団長田上八郎中将以下の司令部は、十九年一月十六日までに、主力の吉野直靖大佐の率いる第二二三連隊（青森）と松山宗右衛門大佐の率いる第二二四連隊（秋田）がサルミに上陸したが、葛目直幸大佐の率いる第二二二連隊の大部は本隊より若干早くビアク島に上陸している。遅れた第三五師団は満洲の大行作戦に従事し、後任の部隊に作戦を引き継いだのが十九年三月八日で、急いで内地に移動し、館山からパラオに到着したのが四月八日、西部ニューギニアに入ったのがようやく五月末から六月末であった（『西部ニューギニア方面部隊略歴』厚生省援護局　一一七頁）。隷下の第二一九連隊（甲府）はビアク島に近いヌンホル島に上陸したが、一月もたたぬ間に米軍が上陸し、配置されたばかりの部隊はたちまち全滅の憂き目にあった。

第二方面軍司令部がアンボン入りしたのが十八年十一月中旬、指揮権を発動したのが十二月一日、翌年早々司令部は西部ニューギニアからさらに遠いセレベス島メナドに移った。阿南は一年後に航空本部長として内地に戻るまで指揮をとったが、西部ニューギニアの実情を実地検分できなかった。十九年二月、アドミラルティー諸島陥落後、ラバウルとの連絡ができなくなったことを理由に、第十八軍は第八方面軍の指揮を外れ、ニューギニアの地形に通じない阿南の第二方面軍の隷下に入り、そのため実施不可能な千キロ近い移動命令を受けて、無益な死傷者を出すことになった。第二軍指令部が、マノクワリのある西部ニューギニア西端に入ったのは年も改まった昭和十九年一月末頃で（内藤勝次『東西総説　ニューギニア戦』五五頁）、これ以来海軍が開いたマノクワリには、陸軍が第二軍司令部のほかに貨物廠、兵器廠、自動車廠などを置くとともに、急激に本拠地らしくなった（佐藤俊男『生と死と』六二頁）。

第二方面軍は、海軍と協力してバンダ海と周囲の島嶼部に防禦態勢を形成することを任務としたが、西部ニューギニアの東部寄りに「絶対国防圏」の線が引かれたため、西部ニューギニアの防衛も重要任務になった。しかし第二軍は前述のように本拠をマノクワリに、また第三六師団を境界線に比較的近いサルミに配置し、のち第三五師団が西部ニューギニア最西部のソロンに展開したが、その配置は境界線を死守する態勢とはほど遠かった。満洲から渡ったばかりの第二軍麾下の諸部隊には、補給なしの持久作戦に慣れていないために、米豪軍が来る前にすでに自滅状態になったものさえあり、そのため打撃を受ける間もなく崩壊し潰走した例もあり、「絶対国防圏」の看板倒れが目立った。米軍との戦闘を中国軍のそれと同じ感覚で考えていたことも潰走の一因で、米豪軍と長期間わたり合った第十八軍との懸隔を露呈した。東部ニューギニアを第十八軍に、西部ニューギニアを第二軍に担当させた大本営の計画に根本的間違いがあり、そのツケを払わされる最前線の将兵は気の毒というほかない。

「絶対国防圏」の表現とは裏腹に、西部ニューギニアのように防御体制が何もできていなかった例のごとく、「絶対国防圏」はこれから着手する防禦計画か構想といった性格が強い。連合軍の反攻によって戦線が日に日に移動する中で、これから防禦態勢をつくろうというのは随分と暢気な話である。とくに西部ニューギニアの場合、マッカーサーがフィリピンに行こうとすれば、どうしてもここを通過しなければならない事情を考慮すれば、あまりに迂闊というほかない。どれほど素晴らしい計画も、肝心なのは現実に即した実行性にあり、それがともなわないのが机上プランだが、「絶対国防圏」もニューギニアでの事例を見る限り、そうした性質に限りなく近かったことは否定できない。

（十三）　米軍のグンビ（サイドル）上陸と二十師団のガリ撤退

昭和十八年十二月末、ニューブリテン島のマーカスとグロスター岬南西ツルブを占領したマッカーサー軍は、ラバウルを圧迫する一方で、日本海軍が建設したツルブの飛行場を拡張して航空隊を進出させ、ビスマルク海及びその周辺に対する制空権の拡張を企図した。この構想を作戦計画にしたのは、フィンシュハーヘンの戦いが決着を迎えようとする時期に重なるが、出来上がった計画を見ると、マダンとフィンシュハーヘンの中間に近いサイドル（日本側はグンビ岬）への上陸作戦が盛り込まれていた。サイドルにもオーストラリア人が開拓用につくった飛行場があり、これを改良すれば短時間に上陸部隊に航空援護が可能になる。何よりもマッカーサーが求めて止まないフィリピン進攻につながるビスマルク海進出にとって強固な足がかりが獲得できる。なおグンビとサイドルの位置は若干違う。本書では日本軍の表記にしたがってグンビの地名を使うことにする。

これまで米豪軍の陸上戦闘の多くは豪軍が担当し、米軍は砲兵と工兵の任務、艦艇の運用と航空援護を主に担当してきた。日本では米軍の活躍だけに焦点を当て、いつも米軍が主力であったたあったように説明されるが、陽動作戦であったナッソー湾の上陸作戦以外、ミルン湾、サラモア、ラエ、フィンシュハーヘン等の戦いでは、つねに豪ブレーミー中将麾下の豪軍が前面に出て戦い、米軍は裏方の役割に甘んじてきた。ヨーロッパ戦線優先の国策により、太平洋方面への陸軍部隊の増援軍は期待するほど増えなかった。しかし十八年後半になると、兵力の増援も兵器弾薬の補給も急速に増え始めた。

ニューギニアの地上戦で豪軍が先頭に立ってきたこれまでの関係が逆転し、ニューギニア戦の一環であるニューブリテン島ツルブ、マーカスの両上陸作戦では米軍が前面に立った。このころから進攻作戦において米軍が先頭に立つようになった。十二月十七日、マッカーサーは第六軍（アラモ軍）司令官クルーガー中将に対して、グンビ上陸作戦計画の立案と陸海空部隊の役割調整を命じた。間もなく年が改まる十八年末になって米軍が作戦の正面に立つことになり、その役目をクルーガーの米第六軍が命じられ、ようやく米軍の華々しい戦いがはじまる機会が到来したのである。

開戦後、丸二年が過ぎてようやく米軍が前面に出るのは、巨大な動員体制が動き出し、産業の軍事化も終了して武器弾薬の大量生産が軌道に乗り、ヨーロッパ戦線だけでなく太平洋方面にも振り分ける余裕が出てきたことが背景にあった。これまで豪軍主体の少ない兵力を集中し、陸海空の有機的作戦によって日本軍と戦ってきたマッカーサーも、ようやく日本軍を大きく凌駕する米軍の兵力に自信を持つに至った。そして、豪軍に代わって前面に出た第一弾がグンビ上陸作戦であった。

ガ島戦後、マッカーサーはソロモン戦も指揮することになり、今村の第八方面軍と同じく、少ない兵力の下で嫌な二正面作戦に取り組まざるをえなくなった。しかしマッカーサーの回想録もウィロビーの『マッカーサー戦記』も、ソロモン戦に関する記述はきわめて少なく、ほとんどがニューギニア戦の記述である。この落差は彼の関心を反映していると思われ、マッカーサーにとってニューギニアが主戦であり、ソロモン戦はそのための陽動作戦的位置づけになっていたのであろう。

マッカーサーはソロモンになけなしの兵力を割き、ニューギニアの方は豪軍にカバーしてもらった。しかしオーストラリアの兵力はもう限界であった。ニューギニアに展開中の豪軍が同国第一線兵力の全力に近く、これ以上損耗の多い作戦を続けることは困難であった。幸いこれに合わせるかのように米軍の増援部隊がつぎつぎにオーストラリアに到着し、米軍の兵力が豪軍を上回るようになり、ようやく米軍も単独作戦が可能になってきたのである。

クルーガーはフィンシュハーヘンの南のクレチン岬を物資集積場とし、上陸軍にはニューブリテン島ツルブ上陸作戦の予備軍であった第三二師団が当たることになった。マッカーサーには、クルーガーの第六軍のほかにアイケルバーガーの新編成の第八軍があり、フィリピン進攻作戦までには両軍に上陸作戦や地上戦闘の経験を積ませる必要があった。フィンシュハーヘンからさほど遠くないグンビを上陸地点に選び、豪軍の援助を受けずに自力で作戦を行なうのも、こうした配慮からであった。

グンビ上陸作戦で使用する上陸用舟艇は、ツルブ上陸作戦に動員されたものを使用するため、ツルブ作戦の進捗状況がグンビ上陸作戦を左右した。米第六軍の本拠地はグットイナフ島にあり、作戦を実施する第三二師団の中から上陸部隊を抽出し、マーチン師団長自ら指揮するミカエルマス支隊が編成された。同支隊は第一二六連隊を中核とし、第一二一野戦砲兵大隊、第一九一野戦砲兵群などから構成された。クレチン岬で編成される三十六隻の上陸用舟艇群は、駆逐艦による艦砲射撃と上陸用舟艇からのロケット弾の発射とによって援護されながら陸地に接近し、明るくなった早朝に部隊を上陸させることがきまった（戦史叢書『南太平洋陸軍作戦〈4〉』三五五－六頁）。実際に上陸作戦が行われたのは、昭和十九年一月二日早朝であった。

日本軍は、グンビにはわずかな船舶部隊と海岸見張所要員を置いているだけであった。米第一二六連隊が、キアリから西北方一二〇キロのグンビ岬の東側のサイドルに上陸した。兵力七千二百人、車輌三五〇台、弾薬千八百トンの規模であった。第十八軍は、グンビやボガジンに上陸する可能性はないと判断し、マダンより西方でラバウルとの交通の拠点であるハンサ湾上陸を予想し、守備隊を他所より厚く配置した（吉原『南十字星』一六二－三頁）。わずかに一個小隊規模のグンビに近いフンガイヤ警備隊からの連絡は、米軍上陸直前の猛烈な艦砲射撃の中で途絶えた。深夜に行なわれてきた上陸作戦が、艦砲射撃後、日差しが照りつける時間に行なわれるのは、ニューギニアでは初めてであろう。日本軍の予想に反し、途中の要地を飛び越えた飛び石作戦であった。フィンシュハーヘン上陸作戦に次いで、ニューギニアでは二度目である。

一枚の地図がなくても戦う日本軍と違って、米軍は事前に地形、日本軍の配備状況、自軍が投入できる陸海空戦力等を調査した上で作戦計画を立て、兵力の動員、軍需物資の集積、輸送船団の集結、航空隊の整備を十分に行ったのちに作戦を開始する。米軍の上陸作戦は、偵察を含めた周到な準備ののちに実施されるのが特徴だが、飛び石作戦も詳細な調査と周到な作戦準備があってはじめて実施された。仮に日本軍が上陸地点を予想してそこに多くの守備隊を置けば、米軍は決して上陸地として選ばなかった。だから日本軍の予想が当たることは、まずなかったといっても差支えない。

米第一二六連隊に続き、第一二八連隊の第一大隊と第三大隊が増援のため上陸した。だが作戦目的がはっきりしない上陸作戦のために、その後の両連隊の行動を緩慢なものにした。激しい豪雨のために行動できなかったとか、日本軍の反攻が予想されたとか、緩慢な理由が弁明されているが、何をするための上陸か曖昧であったことが消極的行動につながった要因である。逆にフィンシュハーヘンから第二十師団を追撃中であった豪第九師団の方が、目的が明確であっただけに活動が活発であった。同師団第二十旅団は一月二日にはカラサ附近にあったが、進攻を続けて十五日には日本軍が反攻拠点に考えていたシオを占領した。新参の米軍に対して歴戦の豪軍は、日本軍の抵抗が少ないと見るや反応は迅速であった。ここまで戦い続けてきた第二十旅団は、第五師団第八旅団に後を引き継ぎ後方へ退いた（前掲戦史叢書　四〇七－八頁）。

後任の第八旅団も非常に活発で、自分の方からグンビの米軍と連絡できる地点まで前進することにした。二十五日に前進を開始し、これに米軍舟艇が併走して補給を担当した。一月二十九日頃にはサラワケット越えした第五一師団

（十三）　米軍のグンビ（サイドル）上陸と二十師団のガリ撤退

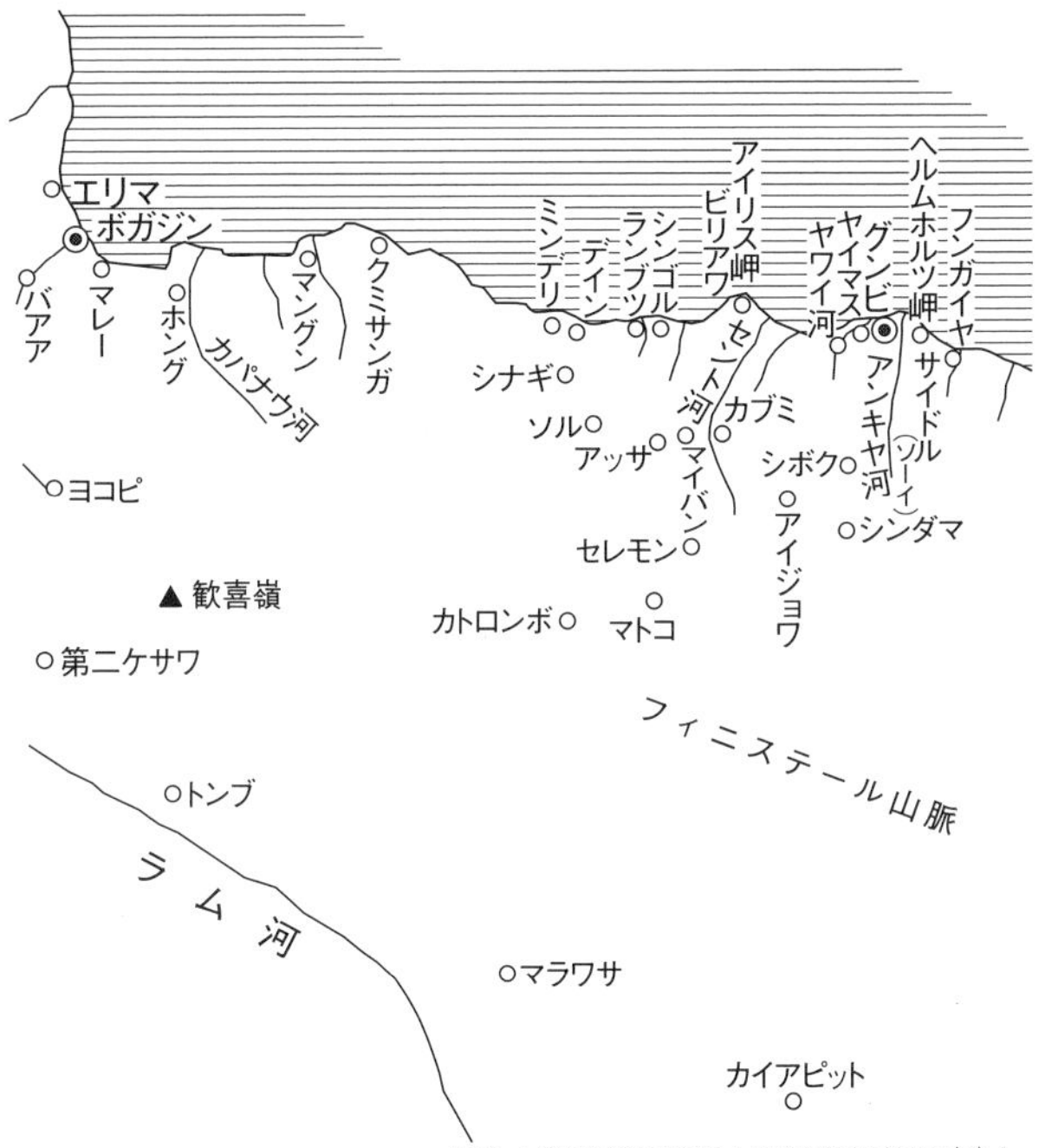

出典：戦史叢書『南太平洋陸軍作戦〈4〉』p. 364

ボガジン・グンビ周辺図

が終点にしたキアリを通過し、三十日にはレース岬を越え、海上補給が追いつかないほどの快進撃であった。二月八日にガリを出発したが、間もなく最後の後衛部隊と思われる日本軍と接触し、激しい戦闘を行った。二月十日、ヤゴミで豪軍は米軍と連絡に成功し、フィンシュハーヘンからグンビまでの海岸線が米豪軍によって完全に制圧され、日本軍は海岸線に出るのが不可能になった。

　サテルブルグ地域を追われ、シオに向かって後退中であった日本軍第二十師団の諸部隊、サラワケット越えを果たしキアリで回復中であった第五一師団の部隊は、米軍にマダンに通じる海岸線をグンビで切断され、フィンシュハーヘン方面から豪軍の激しい追撃を受け、進退窮まった状況下に置かれた。

　米軍のグンビ上陸があったとき、安達は一部の参謀を引き連れてキアリ・シオ方面を視察中で、軍としての対応は参謀長の吉原中将の肩にかかっていた。吉原の回想録によれば、この時、四つの問題が脳中に往来したという。すなわち腹背に敵を受けた第二十師団と第五一師団を如何に行動させるか、軍司令官を現地からマダンに帰還させなければならないがそれにはどうしたらよいか、ボガジン渓谷の守備についている中井支隊をどう作戦に参加させるか、敵のマダン進攻は不可避でありこれにどう対応したらいいか、であった（吉原『南十字星』一六〇頁）。

しかし現地にあった安達には、ボガジン渓谷やマダンのことまで頭がまわらない。急いで方針を決定しなければならないのは第二十師団と第五一師団の処置であったが、グンビの米軍を攻撃する案と持久任務を解いてマダン方面へ後退する案があり、結局後者のマダン後退を決定した。シオで米豪軍との決戦に出れば、食糧も武器弾薬もとっくに枯渇している第五一師団、第二十師団の諸部隊はあっけなく壊滅し、第十八軍は第四一師団を残すだけとなり、事実上崩壊する。そうなれば第十八軍の最大使命である米豪軍のフィリピン進攻阻止が不可能になってしまうのは明らかだ。決戦に出ることはいとも容易いが、隠忍自重して部隊をマダンに後退させ、態勢を立て直して米豪軍に反攻すべきであるという方針になった。

マダンにあった吉原は、両師団のマダンへの後退に関する命令を出す一方で、中井支隊には臨機応変に行動できる準備を命じ、マダン防備のために奈良正彦大佐麾下の第四一師団第二三七連隊を召致し、すでにウェワクから進出中の奥田善盛大佐の第二三九連隊とを合わせて指揮するため、同じくウェワクにあった第四一師団長真野五郎中将の進出をも決めた（吉原前掲書　一六一頁）。

両師団の後退について戦史叢書には、陸軍諸機関や海軍側の反応が紹介されている。第八方面軍参謀長の加藤鑰平は「単なる転進ならば潜水艦は出せない」と手厳しく、また連合艦隊司令長官は「ニューギニア北岸の陸軍部隊の作戦積極的ならず、陸軍は時局認識に乏しく、作戦真剣ならず」ともっと辛辣である（前掲戦史叢書　三七三－四頁）。こうした批判をする人達も、ニューギニアが地獄の戦場だということは伝え聞いていたはずである。ニューギニアが地獄の戦場になった原因は後方支援がないことであり、その責任の一半は海軍にあったはずである。

ニューギニア戦に貢献しなかった海軍は、昭和十八年十一月十五日に第九艦隊を編成してウェワクに設置、司令長官には遠藤喜一中将を任じたが、この艦隊は敷設艦「白鷹」、駆逐艦「不知火」、第二輸送隊の小船艇という貧弱な艦艇と地上軍である根拠地隊から構成されたが、これを艦隊と呼ぶのは如何なものであろうか。十九年四月二十二日に米軍のホーランディア上陸作戦があったとき、第九艦隊は何をする間もなく瞬時に消滅している。両師団のマダン撤退を非難するのであれば、その前に第九艦隊を米軍のいる、グンビ攻撃に向かわせるべきであろう。

シオに向かって後退する第二十師団を受入れるため、第四一歩兵団第二三八連隊がシオの手前のゲルマン川河畔に収容陣地を造成した。十九年一月四日に豪軍が上陸用舟艇二隻で海岸に上陸し攻撃してきたがこれをはね返し、二日後の六日には戦車を先頭にして攻め込んできたがこれも撃退した。二日後の八日には、これまでにない激しい攻撃を加えてきたため、海岸道方面の陣地が突破されたが、日本軍はこれに反撃し、一進一退の攻防戦が続いた。この間に二十師団の収容任務を終えたので、一月九日にゲルマン放棄を決定し、十一日頃にシオに後退した。

二十師団がガリへの移動を軍から命じられたのは一月四日である。ゲルマン川河畔での防戦が行われている間に順次キアリに向けて移動したが、安達司令官や海軍第七根拠地隊司令官らは、八日に出迎えの伊号第一七七潜水艦に収容されマダンに向かった。第五一師団のいるキアリに到着した第二十師団は、ここで第五一師団長中野英光中将の指揮下に入り、一月八日頃からガリに向けて出発した。

二十師団長のキアリ到着は一月九日で、当日か翌日にガリに向けて出発している。豪第八旅団の追撃はゲルマン川で食い止められていたが、いつ舟艇を利用して北上するとも限らないので、五一師団司令部も十一日の夕方にはシオを撤収して西進した（前掲戦史叢書　三八二頁）。なお中野五一師団長指揮下の第二十師団及び第五一師団の西進部隊を、便宜上中野集団、中野を集団長と呼んでいる。

マダンへの出発に際し、潜水艦輸送による食糧を集団に配給する予定であったが、輸送が失敗したため各部隊は四、五日分の食糧だけで行動を開始せざるをえなくなった。海岸線を通過するため、敵機と敵艦に発見される危険の多い昼間を避け夜間に行軍したが、激しい雨と山側から海に向かってできる数え切れないほどの濁流に遮られ、進行速度が遅くなるだけでなく、濁流に呑み込まれる兵士が続出した。また飢餓により道の左右に座り込んだまま絶命する者が跡を絶たなかった。

第五一師団の将兵は、大半がサラモアからラエに落ち延び、さらにサラワケットを越えてきた者たちで、いつも追われ続けなければならない自分の運命に呆れ、呪ったにちがいない。しかし「第十八軍作戦記録」には、第五一師団の将兵は険難を何度も越えてきた経験と自信により周到な準備をして行軍に臨んだとあり、迫り来る新たな困難な運命を泰然と受け入れる兵士がいたことがうかがわれる。

第二十師団先遣隊のガリ到着は一月十三、四日、集団司令部（五一師団司令部）も二十日頃に到着している。だが最後尾の第四一歩兵団は、河川の増水に祟られて上流に迂回するなどしたため、一月末になっている。日本軍追撃よりも米軍との連絡を目的にした豪第八旅団が、キアリに入ったのは一月二十九日、ガリに着いたのが二月八日だから、日豪軍の間には一週間程度の時間差があり、中野集団にすればまだ余裕があった。この間、陸軍航空機が食糧の空中投下のために延べにして四十九機出撃し十七機が投下に成功したが、投下量がわずか一・七トンではとても足りなかった。さいわい二十二日夜に潜水艦伊一七一が浮上揚陸に成功し、一部の部隊を除いて一人あたり一升近い米の配給を行うことができた。

中野集団の撤退目標であるマダンまでの経路について、サラワケット越えで活躍した北本正路大尉の偵察と報告が大いに参考にされた。それによれば海岸線が一番だが、途中のサイドル・グンビ一帯に米軍部隊が展開しているから、ジャングルばかりの内陸部に入って迂回しなければならない。サラワケットは富士山のような独立峰に近いから、極端な言い方をすれば登って降りるだけだが、ガリから入るフィニステール山脈は峨峨たる山脈であり、登っては降り、また登っては降りる、を何度も繰り返さなければならない。のちに「カニの横ばい」と呼ばれる岸壁に這いつくばって横に移動する難路がそこかしこにあった。

日本では、北アルプス北部にある剣岳の頂上直前の難所を「カニの横ばい」と呼ぶ。二度と行きたくない難所である。カニのように横に這いつくばって登ることからつけられた通称である。消耗する体力、踏破中の危険度はサラワケット越えをはるかに凌ぐものがあった。サラワケット越えをした第二三八連隊第一大隊長の今村秀少佐は「地形と糧秣の点からみて、先のサラワケットの転進に比較すれば、今回の転進の方が幾分楽であった」（前掲戦史叢書　四〇三頁）と、フィニステールの方を楽としているが、サラワケット越えの経験が余裕をもたらしたにちがいない。

撤退路については、第十八軍司令官がシオを視察中に北本の偵察報告を参考に中野集団長等と共に研究し、ほぼ地図上にルートを確定していた。撤退路には二ルートあり、どちらも険しい山岳地帯を縦断するのだが、便宜上、一方が海岸寄りのために海岸路（甲路）、まったく海岸線を臨むことができない他方を山岳路（乙路）と称することにする。中野集団長は第二十師団には甲路を、山岳踏破の経験を持つ第五一師団には乙路をとって、最初の目的地であるミンデリに向かうよう命じた。

甲路については、サラワケット越えののちキアリに集結中であった第五一師団が、成合及び佐藤工作隊を山中に派遣してルート探査を行い、だいたい状況を把握していたので、不慣れな二十師団にこのルートを使わせることにした。成合と佐藤は中野学校の卒業生で、工作隊とは彼ら特殊将校（大尉）指揮下の謀略部隊のことである。

中野集団長は一月二十日に撤退の編成と順番を命令した。乙路を行く第五一師団は三個梯団の編成とし、北本工作隊を先頭として一月二十三日に出発、他方甲路を行く第二十師団は四個梯団とし、前後を三宅部隊と林田部隊が固める編成とし、一月二十五日に出発と決まった。

第八方面軍から大本営宛の電報（剛方参二電第二〇二号）に、中野集団の状況を伝えた中で「十五日頃より糧食全く絶え約一万三千の将兵は沿道の僅かな現地物資を求め……」とあることで、撤退開始時の兵力がおよそ一万三千人程度であったことがわかる。前述のように第五一師団が出発する前日の二十二日に伊号一七一号が食糧揚陸に成功し、この時ガリに集結していた全員に約一週間分の食糧を配布できた。もし間に合わなかったら、途中の餓死者が何倍に

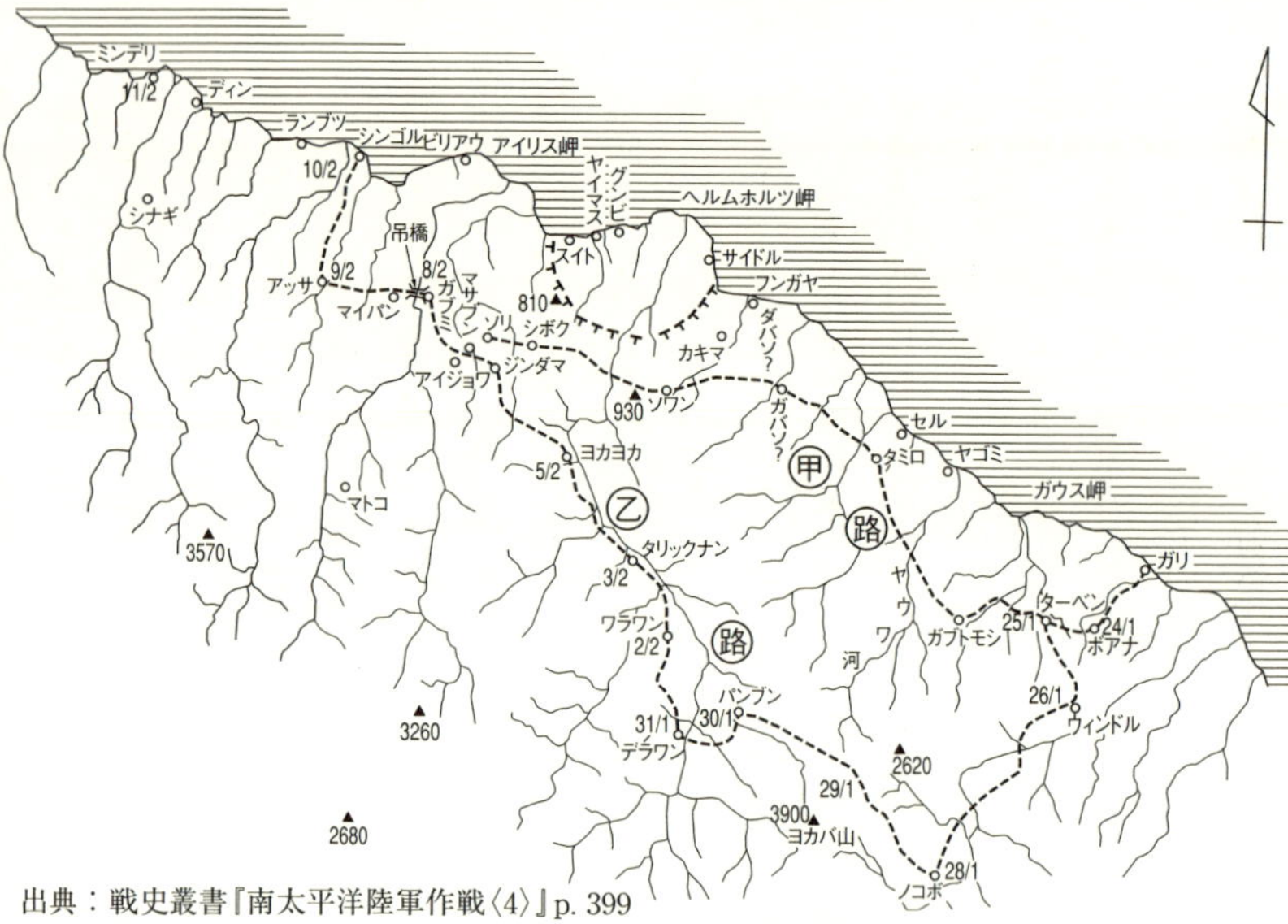

出典：戦史叢書『南太平洋陸軍作戦〈4〉』p. 399

中野集団転進経路要図

も増えたにちがいない。

ニューギニアの雨季は長い、というより雨期の中に乾期があるという方が当たっている。七、八、九月頃までが乾期で、それ以外が雨季といってもおかしくないが、一、二、三月はもっとも雨季らしい季節である。各部隊は降りしきる雨の中を指定された順番にしたがってガリを出発、すぐさまぬかるんだ山径に入った。フィニステール山脈に入ると想像を絶する急峻に怖じ気づいたが、とくに険しかった乙路に入ったはずの第五一師団の経路について回想が食い違っている。第一梯団の先頭を行った第一一五連隊長松井隆美の回想を抜粋すると、

> 当時、雨季に入り連日濡鼠となって行軍し、グンビの敵拠点の手前から山径に向かった。おまけに河の流域は開濶して居るので、川に出る度に敵機の来襲に会い、一時間も二時間もねばって銃撃せられ、その都度、損害と行進の渋滞を余儀なくされた。……………グンビ岬附近から側方の山道に入り、約一週間を費やして険峻な断崖や険路を上り下り、漸くにして敵の横を通過した。（前掲戦史叢書　四

○二一三頁所収　「松井大佐回想録」）

とあり、どう解釈してもガリからグンビの手前まで海岸線近くを行軍し、グンビの手前ではじめてフィニステール山脈へと入り込んだとしか読めない。甲路の海岸道も海岸に近い山中を行くので、グンビの手前で山脈の中に分け入る経路にはならない。経路はともかくサラワケット越えと違う点は、米軍機が絶えず飛来して日本軍のいるいないに関係なく撤退路とおぼしきあたりに爆弾の雨を降らせ、機銃掃射を加え続けたことである。これによる被害状況は記録されていないが、運悪く当たる将兵もいたであろうと推測される（坪内健治郎『最後の一兵』一二三頁）。

第五一師団が行く筈であった乙路ならば、北本工作隊長の回想のようになるはずである。

フェニステル山系の稜線は、サラワケット以上に、そそり立った断崖絶壁であった。眼前の峰は、石がとどくくらいの近距離にありながら、深い谷底をまわり、ツタ一本の〝命綱〟を頼りに、ロック・クライミングせねばならない。まる一日、岩ハダにへばりついて、やっと乗り越えたかと思うと、また翌日は一日がかりの岩登りである。二日、三日とたつうちに、絶壁からの墜落者がどんどん増えていった。………最高峰ノコポ山には霜がおりていた。飢えと疲労と寒さで凍死者が続出する。マラリアを再発して転進をあきらめるものも出てきた。このままだと全員凍死だ。食糧もない。寒気から逃れるため、進路を山脈の中腹横断に変更した。グンビ岬に上陸した敵との距離が接近するのも覚悟のうえだ。（北本正路『ニューギニア・マラソン戦記』一一一頁）

一月二十日に中野集団長が発した命令に従って乙路を進めば、北本の回想のように必ずノコポ山を通過しなくてはならない。松井隆美の回想録の経路は甲路でも乙路でもない。ほかに危険な海岸線を行ったことを物語る記録もなく、第三の道があったとは思えない。おそらく松井の回想はキアリ出発からはじまり、ガリに向かうために敵機の攻撃を警戒しながら海岸線を通過し、ガリ又はその手前から山脈に分け入ったと解釈すると辻褄が合う。もっとも「ガリ山道入口」とある立て札を無視し、海岸線をグンビの方向に歩き続ける沢山の日本兵があった回想があるので（竹内健治郎前掲書　一二三－四頁）、松井の記憶を一概に思い違いとは断定できない。

ガリから山脈に踏み行って二日程のターベンで乙路と甲路に分かれる。一番最後に乙路に入ったのは第三梯団の第四一歩兵団の一部隊だが、この部隊はノコポまでは無事であったが、そこで米爆撃機の大空襲を受けて壊滅してしまった（唐木隆司「ギラム」五七－八頁）。また甲路である海岸道を進んだ二十師団は、絶えず米豪軍の砲撃と爆撃を受けた。サラワケットを越えたように、ジャングルの魔境であろうが、見晴るかす峻険な高峰であろうが突き進んで行く日本軍に、さすがのマッカーサーも恐れをなしたのか、日本軍が踏み込んでいると思われる山岳地帯に砲撃を加え続けたものの、山岳地帯に踏み込んで日本軍を捕捉しようとはしなかった。しかし日本軍は、絶壁を谷底まで降り、また絶壁を尾根まで登る行軍で、犠牲者は日増しに増え、マッカーサーが期待したように、日本軍は自滅しかかっていた。

乙路は厳しいアップダウンの連続であった。谷底の渓流は雨が降らなければ膝以下の水深だが、雨が降ればあっという間に増水し、谷底が切りたっているだけに逃げ場がなく、水が引くまで高台から見守るほかない。第五一師団の経理部長千同重吉大佐も、部下数十名とともに鉄砲水に流され犠牲となった。第四一歩兵団長の庄下少将も別の河川の鉄砲水に流されているが、運良く助かっている。こうした急流に遮られて一日、二日と足止めを喰うことが何度もあり、これがマダン到着を大幅に遅らせた（北本前掲書　一六二－三頁）。

二十師団が進んだ海岸道には、見たとたんに「これほど素晴らしく雄大な奇勝景観に接したことがない」（竹内健治郎前掲書　一三六頁）と感嘆の声を上げてしまうほどの壮大な絶壁があった。高さ五百メートル、いや千メートルを越すといわれるそそり立つ絶壁は、行く手の横ではなく正面にあった。何としてもこれを登らなければ活路は開けなかった。ここまで戦友の肩を借りながら歩んできた患者には行き止まりであり、元気な者を先へと行かせるには彼らに死を選んでもらうほかなかった。必要な数の穴が掘られ、自決を強要されるか、やむなく銃殺が行われ、穴に土がかけられた。

工兵の手で梯子がつくられ、絶壁のところどころにあるテラスに梯子をかけて上のテラスに登り、梯子を引き揚げてまた次のテラスに登る、この調子で二日がかりで絶壁を越えた。平和な時代であればロッククライミングの難ルートを征服したとしてニュースになったであろうが、火事場のバカ力と同じように、不可能を可能にする戦時のバカ力では何の偉業にもならず、したがって話題にもならなかった（竹内健治郎前掲書　一三六－七頁）。

第五一師団が山脈中央を進む乙路は、グンビにもっとも近くなるあたりで甲路と合流する。当然敵の歩哨線に近づくため発見されやすく、見つかれば海岸の陣地から猛砲撃を受けることは避けられない。さいわい一度も見付かることはなかったが、通過兵は生きた心地がしなかった。

中野集団は歩哨線を過ぎて二日程の距離にあるアッサから海岸目指して直角に折れ、谷川を下って海岸部のシンゴルに出た。歓喜嶺方面から中野集団救援のため海岸部に進出していた中井支隊が積極的に米軍陣地に攻撃を加え、中野集団の撤退路をしっかり確保していた。その後も米軍に攻撃を加えて後退させ、中野集団の後退を容易にした（前掲戦史叢書　四〇六頁）。

ガリを出発してから一週間後の二月一日、第五一師団の先遣隊はマイパン付近に着いた。ここで中井支隊から救援のために派遣された義勇隊と接触した。中野集団長も二月八日にアッサに進出していた中井支隊司令部に到着した。一方二十師団長がアッサに到着したのは一週間後の十五日で、同じ頃出発しながら、大雨による濁流、立ちはだかる岸壁の難易度等によって大きな時間差が生じた。第二十師団の最後尾梯団が到着したのが二十一日で、二十日から二十五日かかって踏破した将兵が多かった。

ここでフィニステールを踏破した将兵の収容のため、アッサに進出した中井支隊の行動経緯について触れておきたい。十二月八、九日のケセワの戦いで豪軍を撃破した中井支隊は、自動車道路の終点のヨコピとボガジンの中間に近いクワトーに司令部を置いていた。米軍のサイドル上陸の報を受けると、第二三九連隊をマダンに移動させて防禦につかせる一方、森永大隊をグンビ方面に派遣して米軍の動きを探らせた（前掲戦史叢書　三八五頁）。その間、二個大隊を主力とする支隊はグンビ方面への攻撃準備を進め、十九年一月十日にマダンを出発した。第七八連隊の半分、第二三九連隊第三大隊、野砲兵第二六連隊第一大隊、山砲兵第四一連隊一個大隊等は、先の森永大隊、川東大隊、小池大隊、執行大隊、蔭山大隊等に分かれて行動を開始し、米軍に接触していた森永大隊は十日、十一日にビリアウ方面で攻撃してきた米軍と戦闘を交え、これを撃退した。

撤退中の中野集団を迎えるため、支隊司令部と義勇隊が十七日にアッサに到着し、収容のために食糧や被服などの集積につとめる一方、中野集団のための露営地設営、渡河設備、通過兵一人に椰子一個を支給する準備に取り組んだ。しかしこの準備が米軍観測機に探知されるところとなり、二十五日頃から迫撃砲攻撃を受けたため、迂回路の設置が必要になった。またシンダマ方面でも米軍の攻撃を受けたが、酒井中隊と斉藤義勇隊がこれに反撃するだけでなく、米軍占領地の奥深くまで潜入攻撃を試み、大きな成果を収めた（前掲戦史叢書　四〇五－六頁）。その後も米軍は、中野集団の撤退路に楔を打ち込まんと進入を試みたが、いずれも撃退されている。

一月二十三日、川東大隊は海岸警備を森永大隊に任せて東進し、二月一日にはアイショウ東方に達した。この間一月二十八日、一個中隊規模の米軍が海岸部に布陣していた森永大隊を攻撃してきたが、撃退することに成功している。これまで日本軍を苦しめてきた豪軍と違って米軍の攻撃は淡泊で、反撃されると粘ろうともしないで後退する傾向があった。中井支隊が非常に元気であったことも評価しなければならないが、ミルン湾の戦い以来、ニューギニアの地上戦を豪軍に任せてきた米軍は、地上戦に関する経験不足を露呈した。

二月下旬、中野集団の撤退が終了すると、中井支隊も順次西方に移動した。二月二十一日までにアッサを通過したのは八、〇六二名、その後北本工作隊や中井支隊の斉藤義勇隊、成合及び佐藤工作隊の手で、撤退路上で動けなくなっていた遅留者の収容が行われ、一、一二〇人を救出した。三月下旬までのアッサの既通過者及び救出遅留者を合計

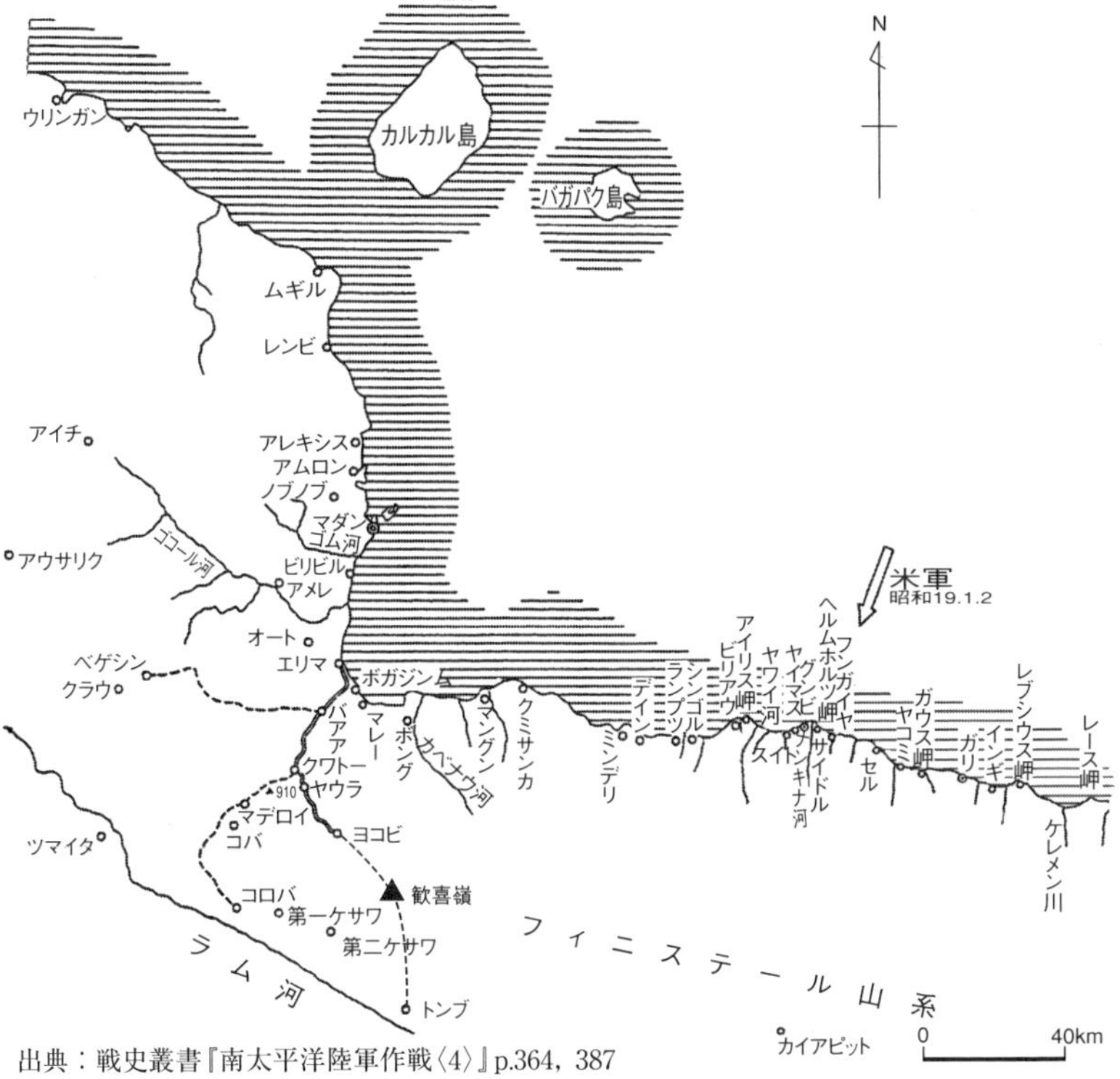

出典：戦史叢書『南太平洋陸軍作戦〈4〉』p.364，387

グンビ・ボカジン周辺地名図

すると九、三〇〇人で、ガリを出発した一三、〇〇〇人からアッサ通過者九、三〇〇人を差引くと、三、七〇〇人が移動の途中で失われていたことになる（前掲戦史叢書　四〇六頁）。二八・四七％の損耗はサラワケットの十五％の二倍近い高率である。北本は三千五百人がフィニステール山中で落命したとし（北本前掲書　一六五頁）、服部卓四郎の『大東亜戦争全史』は一二、五〇〇人中約五、五〇〇人を失ったとしている（五一四頁）。

「中野集団マダン到着状況」（戦史叢書『南太平洋陸軍作戦〈5〉』五頁）に

よれば、アッサを発ちマダンに最初に到着したのは二月十二日で、初日の合計は一九三名を数えた。最後が三月七日で、この間の累計は七、五四三人にのぼった。内訳は五一師団が二、七五五人、二十師団が四、〇五五人、海軍等その他が七三二人である。アッサ通過者が九、三〇〇人であったとすると、マダンまでの間にまた一、七五七人が失われたことになる。マレーからマダンまで大発便乗者が相当数あり、この地域でも米軍魚雷艇の餌食になった大発があとを絶たなかったといわれ、マダン直前に落命した将兵が少なくなかったことは想像されるが、それにしてもこの数字は多過ぎる。

おそらくマダン到着人数の方が正確と思われるので、アッサ通過者が実際より多く数えた可能性が大きい。そうなると一三、〇〇〇人からマダン到着人数を引いた五、四五七人が実数に近く、『大東亜戦争全史』とほぼ同数である。北本の数字にしても、フィニステール山中で落命したとしているから、決して根拠のないものではあるまい。サラワケットほどには関心を持たれていないが、こちらの方がずっと苦難に満ちた撤退だったことが理解されよう。

「ガリ転進」と呼ばれたこの撤退行は、ニューギニア戦を継続するために不可避の作戦であった。大本営では、すでに東部ニューギニアを捨てて西部ニューギニアを死守する方針を打ち出していたが、撤退中の第五一師団と第二十師団は、ニューギニアに上陸した時からすでに棄軍に近い状態に置かれていたから、いま「絶対国防圏」外に置き去りにされたからといって何も変わらない。とうの昔に大本営の描くシナリオと現地部隊の作戦とが、これほど乖離してしまった状況をどのように理解すればいいのか。現地部隊の行動が現実で、大本営の計画が紙上の空想でしかなかったことだけは確かである。

（十四）　松本支隊の歓喜嶺をめぐる戦い

前述したように、ラム河流域のダンプ（Dumpu）にもオーストラリア人が開拓用に設置した滑走路があったが、豪軍は中井支隊の後退とともにダンプの滑走路を整備し、ワウで見せた輸送機による兵員と物資の輸送を行ない、本格的反攻の準備を急いだ。豪軍にしても米軍にしても、必要な兵員の集結や武器弾薬・糧食の集積が完了しないと決して行動を開始しない。戦艦や戦闘機の改良だけに心血を注いだ日本軍と違い、輸送に使用するトラック、舟艇、輸送機等の近代化にも手を抜いていない。これらを動員して行う準備期間は短くなるだけでなく、集積量も非常に多くなるから、一旦作戦がはじまったときの破壊力は日本軍の比ではなかった。

十月中旬になると、豪軍は一個大隊程度の兵力をつかってラム河流域を下り、ケトバ附近から迂回してマダンを伺う姿勢を見せた。このため中井支隊長は、ダンプの豪軍を牽制する目的でケセワ方面を衝く方針を決め、作戦方針を定めた。作戦の開始は十二月八日とし、攻撃部隊は第七八連隊、第八十連隊一部、第二三九連隊が主力となり、陽動隊の撹乱作戦が続いている間に、ケセワ、ケトバの敵陣地を攻撃し、それが成功したのちにはダンプを目指すというものであった。

ところが十一月三十日、米駆逐艦のマダンに対する艦砲射撃が行なわれ、マダン地域への上陸作戦が懸念されるに至り、中井支隊も海岸防禦に当たらねばならなくなった。やむなく支隊長は、支隊をケセワ方面作戦参加と海岸防備の二群に分けることとし、それぞれに六百名と五百名とを割り振った。海岸防備を命じられた兵員は直ちに海岸方面に移動し、他方ケセワ作戦参加兵員は、計画通り十二月八日に攻撃を開始した。

第二三九連隊は、ボク川の氾濫のためオンゴールに引き返し、ケトバに目標を変えて攻撃した。これに対して豪軍が頑強に抵抗したため、八日中に落とすことができず、九日夜明けとともにはじめた攻撃によってようやく奪取に成功した。他の部隊の攻撃も順調に展開され、豪軍は各地で後退を余儀なくされ、ダンプ以東へと退却した。支隊長も作戦目的を達成したとして攻撃中止を命じ、コロパ（Koropa）とホリバ山に守備隊を残置して元の陣地へ撤退した。サラワケット越え以来、負けいくさが多かった日本軍が、久しぶりに挙げた胸のすくような勝利であった。

勝因は糧食及び弾薬があるうちに作戦目的を達したことと、豪軍側に航空機の援護が少なかったことである。米豪軍の勝利に欠かせない航空機の出撃がなぜ少なかったのか明らかでないが、フィンシュハーヘンやブーゲンビル島タロキナの戦闘に忙しく、米航空隊がウェワク地区の飛行場に対する爆撃に連日大量の戦闘機・爆撃機を投入した時期にも重なっており、これが中井支隊にとって幸いしたのではないかと推測される。

昭和十九年一月二日の米第六軍のグンビ上陸を受け、ビリアウ、アッサ附近に進出した中井支隊のあとを受けて、ヨコピから歓喜嶺に至る方面の防禦は、第七八連隊長松本松次郎大佐の指揮する同連隊の一個大隊半を主力とする兵力で当たることになり、これを松本支隊と呼んだ。

豪軍の兵力について過小見積もりをしていたとは思えないが、フィンシュハーヘン方面に多くの兵力を投入してしまった二十師団としては、これが精一杯の展開兵力であったのであろう。松本支隊に対する豪軍は第七師団隷下の第十五旅団と第十八旅団で、第十八旅団が歓喜嶺正面に、第十五旅団がその南西方に位置し、兵力的に松本支隊を圧していた。中井支隊には攻勢作戦を実施する企図も兵力もあったのに対して、松本支隊の任務は防禦戦に限られ、その上、少ない兵力では、豪軍に一気に出てこられたら防禦不能の事態に陥ることが危惧され、懸崖の要地に陣取っていることが唯一の頼みであった。ことに屏風山は名の通り屏風が屹立したような山で、稜線は人一人がやっと通れるほどの幅しかなく、これに陣取る松本支隊を豪軍が破るのは容易でなかった。

それまでニューギニアの各戦闘において主力部隊として活躍してきた豪第七師団も、ラエの西北方ナザブに進出して以来、この地域に止まり、米軍がグンビに上陸すると、日本軍を牽制する脇役を果たすかのような動きをしている。マーカム河とラム河の源流地方面に進出して、マダン進攻のそぶりを見せることを任務としたらしいが、そのため松本支隊とどれほど激しい戦闘を行なっても、その勢いをかってマダン方面に進攻しようとはしなかった（戦史叢書『南太平洋陸軍作戦〈4〉』四〇九頁）。日本軍もこうした豪軍の動きから、日本軍の牽制が任務であると察してもおかしくないが、どうしても日本人は総体的、全体的に見るのが苦手らしい。

松本支隊は歓喜嶺に配備の重点を置き、第二大隊長香川昭二少佐に同地の防禦を託した。カイアピット方面から歓喜嶺に迫る南東側を日本軍は入江村と名付けた。この村はずれの前進陣地は第七八連隊の連隊砲中隊一個分隊が守備していた。十八年十月中旬頃から中井支隊を追撃してきた豪軍は砲爆撃を繰り返しながら、歓喜嶺へと迫ってきた。十月十七日、Ｐ40戦闘機による銃爆撃が繰り返されたあと、入江村に対して豪軍部隊が肉薄してきた。連隊砲分隊と野砲隊との連繋と、下条喜代巳中尉の作業隊の奮戦とで撃退に成功した。これを最初として、二ヶ月後の十二月二十五日にも同じ規模の攻撃があり、昭和十九年一月になると、連日のように攻撃を繰り返してきたが、いつも下条作業隊の敢闘によって入江村は持ちこたえた。ついに豪軍も入江村攻略をあきらめ、歓喜嶺の西側に攻撃目標を変えることにした（『丸別冊　地獄の戦場』所収、石川熊男「中井支隊『歓喜嶺』の敢闘」一九五頁）。

松本支隊がもっともあてにした屏風山の守備隊は、上村弘英中尉の十一中隊と大隊砲一個分隊とであったが、人を容易に近づけない要害に山砲、大隊砲、機関砲、速射砲等を配置して待ちかまえた。屏風山の稜線は、広いところは二、三十メートルあるが、大部分は人一人がやっと通れるほどの幅しかないから、高所恐怖症ならずとも腹這いにならなければ歩けない。稜線の右側は灌木が、左側は藤や葉のまばらな灌木が生え、この斜面を灌木につかまって稜線上に達するのは容易ではない。まして上からの射撃を受けでもしたら、逃げ場もないからやられるのは目に見えている。どれほど犠牲を払ってでも稜線上の守備兵を駆逐しようとすれば、同時に稜線の左右の端から登っていくほかないと考えられた。

十二月二十八日早朝、豪軍は屏風山陣地に対して猛砲撃を加えてきた。約二時間ほどの間に、推定五、六千発の砲弾が撃ち込まれた。航空機も飛来し、稜線目がけて爆撃を加えてきた。砲爆撃が終わったあと、豪軍歩兵部隊が斜面を登り始めた。入江村の第二大隊歩兵砲石川隊が大畠砲兵隊とともに、豪軍砲兵に対して一斉に砲撃を浴びせた。すでに稜線上の部隊は豪軍の攻撃で壊滅状態にあったが、稜線上にわずかに残った部隊の反撃と砲兵隊の砲撃とによって、辛くも豪軍歩兵を撃退することに成功した。だがこの直後の十九年一月二日、大隊長香川少佐が疲労とマラリアで倒れ、支隊司令部から矢野格治（二）大尉が派遣され交代した。

着任した矢野大隊長は各陣地を巡視し、損耗の激しかった屏風山の上村中隊を後方に下げ、温存していた片山真一中尉率いる第六中隊七十五名を配置した。短躯で童顔だが、激しい闘魂の持ち主である片山こそ、この大任を委ねるにふさわしいと考えられたのであろう。一月十六日、ビューフォートとおぼしき数十機の豪爆撃機が、屏風山や入江村に対して畳みかけるように銃爆撃を加えた。五百キロ爆弾も使った爆撃は周囲の山々を揺り動かすほどで、断続的に十九日まで続いた。

二十日は珍しく快晴で、すぐ近くのダンプ飛行場を利用しているらしい爆撃機が繰り返し飛来しては、激しい銃撃と爆撃を繰り返し、その都度稜線上に配置された兵員に犠牲者が出た。爆撃機が弾薬の補給のために姿を消すと、今度は猛烈な砲撃がはじまり、瞬発信管のために頭上で爆発し、このため樹木の葉が吹っ飛ばされ、山はすっかり丸裸同然になった（石川熊男前掲　三〇〇－一頁）。

砲爆撃の終了後、豪軍歩兵は火炎放射器を使いながら斜面を登攀し、屏風山稜線上の陣地に対する殲滅作戦に乗り出した。生き残った日本軍の砲門が開き、片山中尉が先頭に立って豪軍陣地に突撃を敢行、第一線陣地を奪取した。この間、豪第十二大隊が増水したメネ川河谷を北上して歓喜嶺西側に辿り着き、日本軍と激しい戦闘になった。歓喜嶺鞍部と屏風山稜線の中間に布陣していた馬場砲兵小隊が七十五ミリ砲で応戦し、夕方まで砲戦が続いた。奇襲にも等しい攻撃を受けた馬場小隊は、ゼロ距離射撃を行うなど敢闘したが、全員が戦死した。敵第一線陣地を奪回した片山中隊は、馬場小隊の全滅によって退路を断たれ、孤立状態に置かれることになった。

二十一日から豪第九大隊は、火炎放射器を使いながら片山中隊の陣地に迫ってきた。一回目は撃退したが、数次にわたる十数時間の戦闘で突端陣地が奪取された。午後一時、片山中尉から主陣地喪失の電話があり、矢野大隊長は野砲兵と予備隊に増援を命じたが、敵の猛砲撃のために前進を阻止された。この直後に頼みの片山が戦死し、陣地もつぎつぎに奪われた。かわって速射砲小隊長浦山少尉が指揮をとり、大畠隊の援護射撃を得て、一度は豪軍陣地の奪取に成功した。だが片山中隊の弾薬は使い尽くされ、石を投げ、銃剣で刺し違える原始的白兵戦を敢行したが、夕方までに浦山少尉以下全員が戦死した。このため入江村の下条隊は、屏風山稜線が敵に奪取され、歓喜嶺鞍部も占拠されて、大隊司令部との連絡も断たれて完全に孤立するに至った。矢野大隊長は下条隊を救出すべく、不抜山の第五中隊と大隊残存兵力とによって敵の前進を阻止し、その間に下条隊に撤退命令を出して収容した（石川熊男前掲　三〇一―二頁）。

ついで豪軍は歓喜嶺鞍部の東側稜線に対して両翼から肉薄し、大隊の戦力は日に日に減少し、一月末には二百五十名内外に減じ、すでに食糧も弾薬も尽きかけていた。歓喜嶺の陣地を昼夜兼行で補強につとめたが、豪軍はこれに昼夜別なく猛烈な砲爆撃を加え続け、そのため折角の邀撃態勢も完成に至らなかった。周囲の樹木はことごとくなぎ倒され、白日に晒された陣地は無惨にもえぐり取られたかのようであった。それでも豪軍の瞬発信管に対する防禦方法に対する研究が効果をあげ、砲撃が始まると掩蔽壕に隠れて身をかわし、幾つかの陣地は生き延びることができた。屏風山稜線と基部を奪取した豪軍は、なぜか砲撃を繰り返すだけで攻め込んで来ようとしなかった。両軍の膠着状態は二月初旬まで続いた。

二月七日、敵の包囲を突破してきた西村中尉によって、「持久に徹し軽挙を戒しむ、善戦せよ」との持久戦に関する第十八軍命令が伝えられた（石川熊男前掲書　三〇五頁）。豪軍に主導権を取られ、峻険な地形にも制約され、持久以外に取るべき方法がない矢野大隊に対する命令は、おそらく突撃による全滅を戒めたものと解釈される。翌八日には頼経曹長が到着し、敵陣地を突破して主力はサイパ、ヨコピ方面に、一部はカベナウ河谷に移動し防禦につくべし、との松本支隊長の命令が伝えられた。頼経曹長は糧秣補給班員七、八名を引率してきたが、彼らから乾パンが届けられ、何日間も何一つ口に入れるものがなかった飢餓状態の矢野大隊は、少し元気を取り戻した。

昼間は相変わらず猛烈な砲爆撃が続いているので、太陽が沈んで暗くなり始めたら行動を開始することにした。背中に夜光虫が巣くう腐木を背負った兵士の背中を頼りに夜通し歩き、夜明け方に敵の包囲網を突破した。午前十時頃、待機していた岩崎隊に無事収容された（『米軍が記録したニューギニアの戦い』所収　斉藤顕「歓喜嶺附近の戦闘」

一三六‐七頁）。松本支隊は矢野大隊を収容するとともに、第三八道路隊、独立工兵第三七連隊等をして南山嶺周囲に陣地を構築し、これ以上、豪軍の進出を許さぬ覚悟であった。

陽動と牽制を任務とした豪軍は、マダン・ラエ道路より三十キロ西方のクラウ方面に進出し、同地に陣を張っていた第二三九連隊第七中隊と遭遇、同中隊が豪軍を撃退した。マデロイでは、豪第十五旅団に対して第七八連隊第三中隊及び第十二中隊が接触、小競り合いがしばらく続いた。歓喜嶺に至る激戦で千人の兵力が百五十まで減った松本支隊にとって、担当地域が広大化しては主正面での戦闘が困難になるだけでなく、兵力の分散によって豪軍がどこからでも浸透する危険性が大きくなるため、二月初旬、十八軍の命令によってマデロイ以西を第四一師団の担当に委ねた（戦史叢書『南太平洋陸軍作戦〈4〉』四一三頁）。

豪軍の活発も行動は牽制作戦の一環で、本気でマダンを狙う気はなかった。それまで豪軍の動きに一々反応していた日本軍であったが、その中に険阻な地形、米豪軍の反攻の拠点になったラエやワウからますます遠ざかる事情を考慮すると、この時点での豪軍のマダン進攻の可能性は、ほとんどないことが日本側に理解されてきた。これに伴い、ボガジンからヨコピに通じる道路周辺やマデロイ、ベケシン方面に拡大した防禦線を第三野戦輸送司令官北薗豊蔵少将の指揮に委ね、松本支隊は、米豪軍の上陸が予想されるハンサ湾に駆けつけることになった。

歓喜嶺とその周辺だけの戦闘で、戦死者一五八名、負傷九七名の犠牲者を出した。豪軍側の牽制作戦に乗せられ、振り回されたきらいはあったが、最後まで独力で豪軍に対峙し続けた点は高く評価される。

第五章　第二期ニューギニア戦　その二

島嶼戦と航空戦

（一）島嶼戦と三軍一体の立体戦

歴史上、戦争の展開が開戦前の予想通りであったことはほとんどない。戦争は相手があってはじめて成り立つものであり、相手が死にものぐるいで知恵と戦力の限りを絞り出してくるのに対して、こちらもあらん限りの知恵と戦力を尽くして対抗するため、予想しないことが起こるのである。戦闘が始まり、時間が経過すればするほど予想外の展開が増え、短時間の決着を目指していた指導者たちを慌てさせ、ますます思いがけない方向へと展開していくのが歴史の常である。

陸軍士官学校や海軍兵学校は基礎教育を行なう機関で、戦闘指揮の演習、戦術思想の考究などは陸軍大学校や海軍大学校の教育であった。日本の伝統的教育は知識の詰め込みにあるといわれるが、戦闘指揮の演習も、相手の動きを類型化してその対策を教官が考え、相手が一の動きをしたときはどうする、二のときはどうする、と詰め込んでいく。そのため相手の不特定の動きに対する方策を考えさせ、その長所短所を指摘し、どんな場合でも対応策は幾つもあり、その場の状況の中で最適なものを選ばせる応用重視の教育をあまりしなかった。ソロモン海戦に参加した米軍指揮官が、日本海軍の指揮官が同じパターンの対応をする癖をすぐ見つけ出しているのも、こうした教育法に一因があるとみられる。

ニューギニア及びソロモン諸島が日米両軍の戦場になることを、当然のことながら開戦前の日本の陸軍大学校も海軍大学校もまったく想定していなかった。日露戦争以後、日米戦争の場合には、正面に立つのは自分たちであると自他共に認めていた海軍は、日米が戦った場合を想定し、何度となく兵棋演習を繰り返してきた。それによれば日本の南方、比島の東北方の海域あたりで艦隊決戦が起こり、勝敗が確定するという結論にほぼ至っており、これに備えて艦隊決戦戦術や漸減戦術を発展させてきた。しかしニューギニアやガダルカナルで日・米豪陸軍の戦闘がはじまったとき、どのような戦術、戦法で臨んだらいいのか、もともと太平洋で戦争することさえ考えていなかった陸軍に特別な対策などなかった。米陸軍がどのような戦闘をするのか、昭和十四年のノモンハン事件でソ連陸軍の戦闘を体験し、先進国陸軍がどのような戦闘をするか知っていながら、中国大陸で繰り返してきた突撃（白兵）戦術で十分対応可能と判断していたのか、相手の戦法を改めて研究することもしなかった。

太平洋の大海原で両軍艦隊の激突が必ず起きると信じていた日本海軍の予想は完全にはずれ、戦況はニューギニア・ソロモンを舞台とする島嶼戦に様変わりした。太平洋の戦いを担当するはずであった海軍は、南洋の島嶼部の自然地理がどういうものか、何もわかっていなかった。だから島嶼部の戦闘がどのような形態をとるのかも考えていなかった。他方ニューギニア・ソロモン方面に行くなど夢にも考えなかった陸軍にも兵要地誌や地図の備えもなく、島嶼戦がどういう戦いになるか皆目見当もつかなかった。だからといって陸海軍ばかりを責められない。なぜなら過去にこの地域での近代戦争の例は絶無であり、諸外国にも事前の研究がなかったからだ。

どういう戦闘形態がよいのか、いかなる戦術がよいのか、地理・戦場の特徴・投入可能な諸戦力を総合して考究し、戦闘ごとに得られた教訓を分析して有効な戦法を少しでも早く見つけ出さねばならなかった。未知の戦いに対しては、想像を膨らませ創造性を働かせて対応策を案出しなければならなかったが、詰め込み式教育で育てられた日本の指揮官にはこの能力が著しく欠けていた。このため未知の戦場・戦闘にあう戦法・戦術を創出できず、相手の動きに合わせて対応する受け身になってしまった。

南洋の島々は一様にジャングルに覆われ、人間の居住地域は海岸線部分に限られる。海岸線部分は数百メートルから数キロぐらいの幅があり、これがおおむね人間の生活範囲となった。ジャングルはマラリア蚊の巣窟であり、デング熱、アメーバ赤痢などの瘴癘が待ち構える緑の魔境であった。鬱蒼たる樹林地帯といっても果実のなる樹木もほとんどなく、食糧になる動物も少ない点では広漠たる沙漠と変わるところがない。結局魚貝類がとれ、人間が植林した椰子やマンゴー、パパイヤの木のある海岸地域にしか、食糧調達のあてのないのが南洋諸島であった。

この帯状の海岸部一帯こそ、人間が生活できるがゆえに戦場にもなった。これが島嶼戦の戦場である。海岸部一帯が相撲の土俵みたいなもので、そこから押し出されたものが敗者であった。土俵下は海かジャングルで、艦艇を保有し制海権を確保しなければ海での行動は困難であり。一方ジャングルの方は、飢餓と病魔の猛襲によって体力のない者からのたれ死にしていく。日本兵をジャングルに追い込むと、マッカーサーは決して部下に深追いさせなかった。ウィロビーは、「連合軍のやりかけた仕事を完成するため、ジャングルという自然の威力がいかに寄与した」（『マッカーサー戦記』Ⅱ　四九頁）かと、ジャングルの効能を高く評価している。

日本の二倍もあるニューギニアでの戦闘を島嶼戦と呼ぶにはいささか抵抗を感じるが、ニューギニアがどれほど大きくても住民の居住地のほとんどは海岸部一帯にあり、奥地は鬱蒼たるジャングルが延々と続いている。つまりニューギニアは大きな土地でありながら、自然形態は島嶼部とまったく同じであった。したがってほとんどの戦闘が人間の居住地である海岸部一帯で展開されるため、島嶼戦と同じ形態になる。海とジャングルに挟まれた狭い海岸部分の争奪戦である島嶼戦が、ニューギニアでも延々と展開されてきたのである。不正確な地図だけを見ながら作戦命令を出す大本営の作戦参謀は、島嶼戦の特徴を理解しないまま、大陸での戦闘と同じ感覚でニューギニアのジャングル内に線を引き、これを補給路あるいは行軍路として使用する命令を出した例が少なくなかった。

フィリピンでの生活が長かったマッカーサーは、ジャングルの恐しさと島嶼地域における効果的戦法を日本の指揮官よりはるかに知っていたと思われる。その一方、第一次大戦に参謀としてヨーロッパ戦線に参加した彼は、近代戦が根本的に変質しつつあることを身をもって体験した。人類は長い間平面上で戦って勝敗をつけてきたが、第一次大戦では空をかける飛行機、海中から獲物をねらう潜水艦が登場した。まだどちらも戦況を変えるほどの威力を持たなかったが、将来的には十分その可能性があるように思われた。地上や地平線、水面や水平線を警戒するだけでよかった従来の戦争と異なり、近未来の戦闘は上空や海中の動きにも注意を向けなければならない。防禦側の負担は何倍にも重くなり、逆に攻撃側は選択肢が増えてずっと有利になり、これを生かす能力が攻撃側指揮官に求められるようになった。

また大衆化の進展に伴う新しい民主主義は普通選挙制度を普及させた結果、国家は国民の意識即ち世論を気にしなければならなくなり、戦争指導でも世論を無視することはできなかった。ありったけの砲弾を撃ち込み、敵が殲滅されたのちに突入する火力戦が行なわれるようになるのも、国民の存在と無関係ではなかった。夫や息子を戦死させるくらいなら、多少戦費負担が増えても銃砲弾を潤沢に使用し、犠牲を減らす戦争をすべきだというのが世論であり、指揮官はこうした背景の下で犠牲の少ない戦法や戦術を創出しなければならなかった。日本の参謀本部の参謀が、はがき一枚でいくらでも兵を集められるといった話があるが、こうした感覚では民主主義時代の戦争はできない。

アメリカやオーストラリアが大量の銃砲弾を消費する火力戦ができたのは、単に国内経済の発達水準とか規模の問題だけでなく、どれほど金銭がかかっても夫や息子を守ろうとする大衆が存在する民主主義社会という背景があったからだ。オーストラリアが日本の数分の一の経済力であるにもかかわらず、きちんと火力戦の準備をして攻勢をかけてきたのは、火力戦が単に生産力だけの問題でなく、政治的社会的問題と深く関係していることを示している。日本のどれほどの犠牲も厭わない「玉砕」や「特攻」という必死作戦は、日本の政治体制が容認しているがゆえに実施できたものであった。

開戦後しばらくの間、マッカーサーに与えられた米軍兵力はあまりに不十分で、昭和十八年末まで陸上戦の主力を豪軍に依存しなければならなかった。そのため自国の将兵以上に豪軍将兵の戦死は、指揮官に対する批判または非難に発展しないともかぎらず、マッカーサーは犠牲を出さないように日本軍を撃破する作戦を考案しなければならなかった。一般的に犠牲の縮小と攻勢の進展とは相反する関係にあり、二つの相反する要求を両立させる企図から、マッカーサーの創造力によって立体作戦や飛び石作戦等が生み出されていったと考えられる（『マッカーサー大戦回顧録』一三三頁）。

話を島嶼戦に戻そう。陸と海の接触部分である海岸部一帯で戦われる島嶼戦では、海軍艦艇からの砲撃も、十分に陸上の目標に打撃を与えることができる。艦砲射撃は陸軍の砲撃とちがい、立て続けに大型砲弾が落下するため、その凄まじい威力は体験した者でないとわからないといわれる（鈴木正己『東部ニューギニア戦線』一二四頁）。ニューギニアやソロモンには、巨大で堅牢な軍事施設などないから、戦艦の巨砲など不必要で、駆逐艦や駆潜艇クラスの小型艦の砲撃で十分であった。

一方、第二次大戦期になると、航空機が長足の進歩を遂げ、航空戦だけでなく陸上戦闘にも海上戦闘にも参加できるようになり、しかも勝利の決め手にすらなった。米軍機は頑丈で稼働率が高く、武装も強力でとくに爆弾搭載量は日本機とは比較にならなかった。航空機の利点は上空から戦闘場を俯瞰できることで、地上戦闘に直接参加できれば大きな火力をつくり出すことが出来る。そのためには、地上戦がはじまったときに間髪を入れずに飛来して戦闘に参加すること、そのためにも、地上の敵味方の位置に関する情報が伝達されることが必要であった。この二つの要求は、前線に出来る限り近づけて飛行場を建設し、地上部隊と航空機との間で直接交信できる無線機を装備することであったが、日本軍はどちらも実現できなかった（山本親雄『大本営海軍部』一九八－九頁）。陸軍が誇った三式戦闘機でさえ、無線機がまったく通じず、飛行場上空警戒中に出される着陸命令は地上の発煙筒であったといわれるほどである（小山進『あゝ飛燕戦闘隊』四〇－一頁）。

それはともかく、地上部隊・艦艇・航空機の協同作戦ができれば、瞬間的に大きな攻撃力をつくり出すこともできる。つまり三者による一体的行動すなわち三軍一体の作戦によって大きな火力をつくり出し、相手を圧倒するというわけである。これを実現するには、高い技術力も必要だが、幾つかの戦力を組み合わせるマネージメント能力が不可欠であった。組織のセクショナリズムを否定し、陸海空の統一指揮官を設置し、陸海空の戦力を有機的に組み合わせることができれば、少ない兵力でも大きな火力を生み出せる。だが教範や操典に忠実な士官教育ワンパターンの訓練を受けてきた軍人には、こうした改革は期待すべくもなかった。

飛行機が陸海軍の縄張りを越えて飛び交い、陸海軍部隊が相接する島嶼戦においては、三者協同・三軍一体の実現、指揮機能の一体化が何よりも急がれた。だが日本軍ではその緊急性が一部を除いて自覚されなかったし、しかも陸海軍の指揮権を統合するなどということは、統帥権の否定にもつながるため、想像だにできないことであった。切迫する戦況は、時代遅れになった統帥権体制を一時も早く解体して陸軍と海軍の指揮権を一元化し、統合作戦を実現することを求めた。だがその緊急の必要性すら認識されなかった。米豪軍が陸海空の戦力を集中して日本軍を圧迫して来るときに、自分でつくった制度のために身動きがとれない戦いしかできない現地の将兵は気の毒である。現地のニーズ、時代の潮流をいち早く捉えるのが中央の指導者だが、大本営陸海軍部の参謀達にはそうした鋭いセンスの持ち主はいなかった。

島嶼戦に求められる一元的指揮下の陸海空軍の一体戦闘を、マッカーサーは立体戦と呼んだ。ニューギニア周辺では地上軍、水上艦艇、航空機が投入され、潜水艦もニューギニアへと向かう日本の輸送船を途中でしばしば撃沈し、日本軍に補給不足の悲哀を味合わせた（マッカーサー前掲書　一三六頁）。こうした飛行機や地上部隊、水上・水中艦艇が緊密に連携しながら行なうのが立体戦である。これを円滑に行なうためには、競合関係にある陸軍と海軍が一元指揮、統合作戦に協力することが不可欠で、どこの国家でも実現がむずかしかった。とくに天皇制と深く絡む統帥権が絶対的であった我国では、たとえ一瞬でも一方に指揮権を委ねる統合指揮に断固反対の態度を崩そうとはしなかった。大統領の命令に従わねばならないアメリカでも困難な課題であったが、偶然の悪戯かマッカーサーの南西太平洋軍だけはこれをいち早く実現した。

戦争の展開は誰にも予想できない。開戦前の予想が当たるのは、せいぜい開戦直後の先制攻撃が図に当たった束の間で、敵の反撃がはじまると崩れ出す。予想外の展開の過程で、指揮官に対して新しい能力が求められることは稀ではない。どんな能力かは、戦争の展開に対する予想がはずれると同様に見当がつかない。それだけに画一的養成よりも、様々な能力をそれぞれの将校に持たせた軍隊の方が、戦争の進展に適応できる能力が高い。特定の目標を目指して画一的人材養成をした軍隊が、その目標がはずれたときに惨めな結果を得ることは想像に難くない。

アメリカは、太平洋の戦場を南西太平洋方面と北・中部・南太平洋方面の全指揮をマッカーサーとニミッツに委ねた結果、各方面内にいる陸軍・海軍及び各航空隊を、マッカーサーとニミッツの指揮下に入れることになった。しかしこれだけで一元的指揮体制が成立し、立体的作戦ができるものではない。ヨーロッパ戦線優先の基本戦略の下で、ヨーロッパ戦線に兵力・武器弾薬の多くが送られ、開戦以来、太平洋方面にまとまった兵力を派遣できなかった。やむなく小規模の陸海空部隊をそれぞれの下に配したが、このことが指揮の一元化をもたらす背景になった。

マッカーサーは、ミルン湾の戦い、ブナ・パサブワの戦いを通じて陸海空の部隊を指揮しながら立体的戦術を創造していったが、それには前述した組織制度や思想の問題だけでなく、いくつかの技術上の課題を克服しなければならなかった。三軍一体の作戦とか立体戦というのは、ただ単に陸海空の戦力を集合して敵を倒すという意味ではなく、ミルン湾の戦いですでに実践されたように、同一地点の敵に対して同一時刻に陸海空の戦力が有機的・立体的に連携を取り合う意味まで含んでいる。例えていえば、ある日、ある地点における午前八時から九時まで続いた戦闘に、陸海空の部隊が連絡を取りながら、火力を集中し、敵を撃破する作戦が三軍一体の意味である。それ故、陸上での戦闘がすでに終り、それからしばらくして艦艇が馳せ付けて艦砲射撃があり、さらに数時間後に空爆があっても、この戦闘を三軍一体の作戦とはいいがたい。協定によって陸海軍が協力する日本軍の作戦は、有機性・連携性に著しく欠け、敵に対する攻撃力も弱体であった。

第二次大戦中、最も期待され、最も活躍したのが航空機だが、島嶼戦においても然りであった。航空機は高速を生かし、どんな戦場にも短時間で駆けつけることができるように思いがちだが、日本軍の場合、例えばラバウルとガ島とでは片道八百キロもあるから、巡航速度四百キロの零戦では優に二時間かかり、地上戦を援護するには予め予定して早めに離陸してガ島上空で待機していなければならないが、航続距離の長い零戦といえどもガ島上空に留まっていられたのは、十五分か二十分が限度であったといわれる。日本機が地上戦に間に合い敵地上軍を攻撃した記録が少ないのは、地上戦に連携した戦闘ができなかったためである。

これに対してマッカーサー軍は、短時間で前線に駆けつけられるように、前線近くに見つかった旧飛行場を改良して利用するほか、米陸軍工兵隊等を駆使して新たな飛行場を建設したが、前線からの距離はわずか十キロ、二十キロという至近距離のものが多かった。これにより地上戦の開始と同時に飛行機も投入して、その長所と威力をフルに引出すことに成功した。ミルン湾での戦いと同様に、至近の飛行場から繰り返し出撃させれば、少ない機数でも遠方の飛行場からくる多数の飛行機にまさる攻撃を加えることができる。米陸軍航空隊と豪軍航空隊は、ニューギニア戦初期には日本陸海軍航空隊に比べて機数的には劣勢であったが、前線と飛行場間のピストン飛行と、飛行機の高い稼働率とによって、日本軍航空隊を圧倒することができた。

日本軍も後述するように前線近くに飛行場の建設を試みたが、人手に頼る作業では建設期間が米軍工兵隊の五、六倍もかかり、完成前に制空権を米豪軍航空隊に先取され、対空射撃能力が低いこともあって、完成が大幅に遅れ作戦に間に合わないことが多かった。そのためブナ、ラエ、サラモア、フィンシュハーヘン戦への出撃も、遠方のラバウルやカビエンのほか、ニューギニアのウェワクやブーツの飛行場に頼らざるをえなくなり、時間を合わせて地上戦に加わることがむずかしくなった。

戦闘中の現場に到着した航空機は、刻々と変わる戦況の中で敵を捜索し、どこを攻撃すべきか決める必要があったが、それには地上や海上の部隊からの情報や指示が欠かせない。また来襲する敵機に対する迎撃も、レーダーを利用した地上からの誘導により、敵機を確実に捕捉することが必要であった。日本軍航空隊の弱点は、こうした総合的システムにあり、とくに航空機との通信が満足にできなかったことが、システムの整備を困難にした。三軍一体の立体戦も、航空機や艦艇を戦闘に参加させれば、それだけで立体戦が実現するものではなく、現場に集まった三者間で緊密な連絡を取り合いながら有機的攻撃を行うことではじめて実現するものであり、意思疎通の通信能力が不可欠であった。三軍一体戦の実現には、単に組織の運営上の問題に止まらず、こうした技術面の進歩も欠かせなかったのである。

飛行機だけでなく艦艇の機動力も飛躍的に向上し、行動範囲が著しく拡大した第二次大戦においては、現場指揮官による指揮に限界があり、現場から離れた後方司令部が通信機能を駆使して情報を収集し総合的に判断して、現場指揮官に進退の命令を下すことが必要であった。その上で、戦場全体の中に各種戦力を効果的に機動させ、火力を集中することが求められた。すでにイギリスでは、独空軍の英本土爆撃に対する迎撃システムを整備して威力を発揮したが、マッカーサーはさらに陸海空の三戦力を動員するシステムに発展させたのであった。

陸地と海と空が接合する海岸という空間を主な戦闘場とする島をめぐる戦闘すなわち島嶼戦こそ、陸海空の三戦力を集中する絶好の環境であった。否、島嶼戦においては、三軍一体を実現しなければ、いかなる敵も簡単には撃破できなかった。三軍一体戦を実現させるためには、どこの国家にもある陸軍と海軍との対立、それぞれ独立して行動したがる性癖を克服し、一元的指揮の下で各戦力を統合して運用する体制の形成が必要であった。しかし陸海軍間の組織制度上及び運用上の壁をなくす必要性は、日米ともに容易に理解されなかったが、とくに日本の場合、天皇総覧という国家体制の骨格の一部をなす統帥権の大幅な変更、あるいは否定にも発展するおそれがあり、実現の糸口はほとんど見つかりそうになかった。

陸海軍の発祥の経緯、将校や下士官に対する異なる教育、作戦活動地域の懸隔、作戦運用の相違など、陸海軍の間には越えがたい壁が存在する。日清・日露戦争や第一次大戦では、陸軍の海上輸送を海軍が護衛したり、上陸作戦を援護する程度の接触はあったが、たがいの主戦闘場がかけ離れていたために、ともに戦っている意識が薄かった。ところが太平洋戦争ではまったく違っていた。当初は戦前予想された通り大規模な海戦が何度もあり、海軍のこれに対する準備はできていた。陸軍も自身の戦闘準備はできていた。ところが島嶼戦は従来の概念をまったく否定し、それぞれが独自でやる戦争が通じなくなった。しかも高速で峻険な山岳地帯の上であろうが、大きなうねりのある海上であろうが関係のない航空機の登場は、益々陸海軍間の壁を無意味にした。

マッカーサーは、最初から計画したわけでなかったが、結果的に隷下に米陸軍と海軍艦艇、豪陸海軍を置くことができたので、この難題を早くに克服している。しかし日本軍は敗戦に至るまで解決できなかった。天皇制の問題を別にしても、高速機動の現代戦に対する軍人の意識が低く、時代の要請に対応する準備ができていなかった。昭和初期から陸海軍は総力戦、総動員体制の必要性を繰り返し国民に吹き込み、日常生活での不自由さえも我慢させてきた。あらゆる機会を利用して、国家・国民の持てるすべての力を戦争に投入する必要性を訴えてきた。しかしながら陸海軍は、明治以来続いてきた体制に何らの変更を加えずに、総力戦及び新しい高速機動戦に対応しようとしていた。どこまで真剣であったか、この新しい戦いから生じる諸問題を整理し、当然必要な陸海軍相互の調整に取り組む姿勢がなかったことからしても疑わしい。

総力戦と称しながら国民から人員、資源、資金を吸い上げ、それらを陸軍と海軍に機械的に二分割したのであり、威力を半減させるだけであった。総力戦は、国家の持てる諸力を組み合わせることで、発揮できる力を二倍にも三倍にもする意味でなければならない。しかし陸海軍は、分割したものを一本化し、強い力を生み出そうとは決してしなかった。これでは総力戦と称しているが、総力戦ではない。「総力二分割戦」というべきであろう。

軍の組織制度や作戦思想を揺るがすのは技術の進歩だが、飛行機の登場は陸海軍間の壁が最早障碍になりはじめたことを教えた。飛行機がもたらした新たな課題に対して、飛行機の航路、灯火等の技術上のルールだけは調整したが、しかし作戦の協力方法、指揮権の在り方等については話し合う機会すら持たなかった。統帥権による陸海軍の独立が、航空機を使う戦争にとってどれほど障碍になるか、誰も口をつぐんで指摘しようとはしなかった。第一次大戦以降、ぞくぞくと新しい兵器が登場して、部隊の教育や訓練の内容に変更が生じても、統帥権を見直すような動きはなかった。

南太平洋方面での戦闘で陸海軍協同が必要になっても、両者間で協定を結び、その範囲内で協力するのが精一杯であった。中央で東条英機首相兼陸軍大臣が大きな権勢を振るっている間に、必要な現地での陸海軍指揮権の一元化を実現するチャンスがあったかもしれない。しかし東条をはじめとする軍人達に陸海軍一元化の発想すらない状況では、具体化の動きが起こることはありえなかった。

国家の存亡をかけた戦争において、数十万、数百万の犠牲を出すことに比べたら、痛みを伴わない組織制度の抜本的改革ぐらいはどうということはないと思われるが、陸海軍軍人は既存の体制や既得権の堅持のために不動の姿勢を取り続けた。そのため日本軍は、明治以来変わらぬ体制で技術革新下の作戦を続けるほかなかった。中央の陸海軍指導者は、時代の趨勢に合わせるために抜本的改革が必要であることすら理解せず、勝利には縁遠い体制のままで作戦を継続させるだけであった。もっとも多くのツケを支払わされた一つが、もっとも激しい島嶼戦を続けるニューギニアの第十八軍であったというわけである。

昭和十八年のニューギニアは、米豪軍の北上を阻止する唯一の戦場であり、この戦場を失えば米豪軍は一気にフィリピンにまで到達し、日本の敗色が決定的になるにもかかわらず、中央は場当たり的対策で終始した。マッカーサーのニューギニアからフィリピンへの攻勢は戦略的観点に基づいて思考されたが、日本側がこれを理解できなかった一因は、陸海軍の解釈にズレがあったためである。総帥権の下で陸海軍がそれぞれ独立している体制では一元化された国家戦略などあろうはずがなかった。この意味でも統帥権がもたらした陸軍と海軍の独立は、南太平洋における島嶼戦にとって百害あって一利なしであった。

マッカーサーの陸海空戦力の集中、三軍一体の立体戦は、不十分な兵力を補うために考案されたものである。飛び石作戦も圧倒的戦力を持つがゆえに始められたと日本人は理解しているが、実際は不十分な兵力の損失を減らし、しかも戦略的に効果の大きい作戦として案出されたものである。戦闘の帰趨を左右する上で、技術力や生産力が関係していたことをもとより否定するつもりはないが、それだけを原因にしてしまわれては、ニューギニアで死んでいった無数の将兵が浮かばれない。

（二）陸軍航空隊の南方派遣

ガ島戦とブナ・ギルワ戦の二正面作戦を行わねばならなかった第十七軍を苦境から解放するため、昭和十七年十一月、大本営は第八方面軍を設置した。そしてこの下に第十七軍を置いてガ島戦のみに従事させ、新たに第十八軍を編成してブナ・ギルワ等のニューギニア戦に従事させることにした。これに合わせて第六飛行師団も編成され、ラバウル方面に派遣されることになった。師団長に明野飛行学校長板花義一中将が親補され、参謀長に早渕恒治大佐、参謀に笹尾宏中佐、金重文夫少佐、川元浩少佐、高木作之少佐が補された。陸軍航空のエリートを集めた司令部の編成は、陸軍のニューギニア戦に対するなみなみならぬ決意を物語っていた。

陸軍航空運用の実質的中心は参謀本部第二課航空班で、同班長が大きな発言力を握っていた。ガ島戦が激しくなり、海軍側から陸軍航空部隊の派遣要請があったとき、海軍の要請を門前払いしたのは久門有文中佐で、陸軍航空について詳しかった東条英機も南方派遣には反対であった（戦史叢書『東部ニューギニア方面陸軍航空作戦』三二一－三二五頁）。これに対して作戦課の課長服部卓四郎大佐や辻政信中佐らは、苦戦している海軍航空隊を助けるべきだと考えていた。久門中佐が北方視察中に行方不明になり、その間、ますますガ島戦が困難に陥ると、作戦課の強い要求、天皇の陸軍航空隊に関する御下問等が相継ぎ（前掲戦史叢書　三二二頁）、ついに派遣が決まった。

すでに十七年九月に海軍側の希望で、百式司令部偵察機（百司偵）を有する独立飛行第七六中隊と、これを支援する第十野戦飛行場設定隊が派遣されていたが、十一月五日に再び御下問があり、さらに南方視察から帰国した服部作戦課長の危機的報告とが相俟って、十一月中旬に陸軍航空部隊増派が決まった。つまり第八方面軍や第十八軍の設置とは別個の動きをとりながら、たまたま両者の派遣の決まった時期がほぼ同じころだったわけである。

十一月十八日に第八方面軍司令官の任務に関する「大陸命」、「南太平洋方面作戦陸海軍中央協定」、「第八方面軍作戦要領に関する大陸指」等が発令された。この中の「南太平洋方面一般作戦指導要領」にある航空作戦要領によれば、まず陸軍航空について、

……次いで戦闘軽爆戦隊を進出させ、ニューギニア方面敵航空兵力の撃破に努めつつ同方面の作戦に協力し、補給輸送、基地設営を援護し、ニューギニア作戦を準備する。その間ソロモン方面基地の整備に伴い、航空兵力を逐次推進し海軍航空部隊に協力、適時ソロモン方面の米航空兵力を撃破し、その勢力拡大を防ぎつつ同方面の地上作戦に直接協力し、極力同方面に対する輸送援護に協力する。

と、当初、陸軍航空隊はニューギニア方面の航空戦に重点を置いて活動し、ソロモン方面の基地整備に伴い海軍航空隊にも協力するとしている。これに対して海軍航空隊について、

……逐次航空兵力をソロモン方面に推進しつつ、南太平洋方面の海上作戦、ソロモン方面の航空撃滅戦、同方面に対する補給輸送、基地設営を援護し、極力適時、地上作戦、ニューギニア方面陸軍航空部隊の作戦に協力する。

と、ソロモン方面の航空戦に重点を置き、合わせてニューギニア方面の陸軍航空隊の作戦にも協力するとしている。もともとソロモン方面は海軍、ニューギニア方面は陸軍の担当という暗黙の了解があったが、これに対応させて、海軍航空隊にソロモン方面を、陸軍航空隊にニューギニア方面を担当させることにしたわけである(前掲戦史叢書 四六－七頁)。

開戦前から陸軍は、南太平洋方面での戦闘が一区切りついたところで中国大陸に戻り、泥沼の日中戦争に決着をつけるのを基本方針とし、いずれ太平洋から中国に戻ってくる時のために、多くの航空隊を大陸に配備したままであった。こうした措置は、南太平洋より大陸を重視する陸軍の姿勢の現われであったが、陸軍航空隊を大陸から南太平洋の担当地域に送り込めば、大陸の戦闘に穴があくのは必定であり、そうなると南太平洋の戦いも中国大陸での戦闘もどちらも駄目になる最悪の場合もありうることを意味した。虎の子の航空隊を陸軍の主戦場でもない南方に派遣したくなかった気持ちは変わらなかったが、天皇の再三にわたる御下問、海軍の強い要請もあって、やむなく陸軍航空隊の精鋭部隊を南方に派遣することにした。

第六飛行師団司令部の隷下に入った主なものは、独立飛行第七六中隊（司令部偵察機）、第十二飛行団の飛行第一戦隊と第十一戦隊（いずれも戦闘機）、白城子教導飛行団の飛行第四五戦隊と第二〇八戦隊（いずれも双発軽爆撃機）、飛行第十四戦隊（重爆撃機）であった。航空隊には通信・情報、航測・気象、補給・修理、飛行場設定など様々な役割を担当する機関があり、どれを欠いても航空作戦に大きな支障を招くほどそれぞれの任務は重要であった。前述のようにすでに第七六司令部偵察隊がラバウルにあったが、これ以外は今後の移動及び輸送を待たねばならなかった。

第六飛行師団の南方進出には、取り敢えず航空機一三七機、総人員一二、三〇六人、輸送物量八一、三六八トンを輸送しなければならなかったが、そのための事前の準備がまた大規模であった。最終根拠地となるニューギニアの飛行場の整備は無論のこと、内地、満洲、他の戦地からの移動のため、途中に飛行場の設置及び燃料、部品提供等の後方支援の準備が欠かせなかった。苦戦中の海軍としては、一日も早い陸軍航空隊の参戦を促す必要があり、既存の海軍飛行場を提供し、なけなしの航空母艦まで陸軍機輸送に振り向けた（戦史叢書『東部ニューギニア方面陸軍航空作戦』四五－五七頁）。

つい航空隊の移動というと機体の輸送に目を奪われてしまいがちだが、目的地に先着しなければならないのは、飛行場を整備して航空機の離発着を可能にし、航空機を防護する掩体、燃料・弾薬を分散備蓄する施設を建設する飛行場大隊、様々な情報を集め発信する通信部隊等である。無論到着した航空機を整備し、いつでも飛べる状態にする整備修理隊も先着し、待ち構えていなければならない。航空隊が出発港に近い飛行場まで一気に飛行し、さっさと船積みされて出港してしまうのに、地上の支援部隊はトラックや鉄道を乗り継いでようやく出港地に到着し、それから資材を搭載して出港するのでどうしても航空機よりあとになってしまう。そのため先着の航空機は目的地についても動きが取れず、その間に敵航空機に襲撃でもされたらひとたまりもない。移動作戦は緻密な計画表に基づき行われるだけでなく、途中で予定外の事態が生じても直ちにそれを穴埋めできる対応が求められた。

最初に派遣されたのは、陸軍航空隊の中で最も練度が高いといわれ、ビルマのラングーン防空に活躍していた第十二飛行団であった。ジャワ島スラバヤで改造空母「雲鷹」に第一戦隊以外の戦闘機六十機が搭載され、これを二隻の駆逐艦が護衛してトラック島に送り届けた。その後、同島から海軍の一式陸攻九機に誘導されて千二百キロを飛行し、十二月十八日、全機無事にラバウルに到着した。遅れていた第一戦隊三十三機が到着したのは十八年一月九日であった。移動距離が比較的近いことも成功した要因だが、海軍側の至れり尽くせりの支援が最大の要因であった。

最も遠方は、内モンゴルの白城子にあった双発軽爆撃隊の四五戦隊と二〇八戦隊であった。陸軍航空隊にあって航法に習熟し、ノモンハンの戦闘にも参加し、練度が高いと目されていたことが選抜理由であった。白銀重二飛行団長の率いる四五戦隊は、十一月下旬、白城子から岐阜の各務原に飛行して戦力整備を行い、それから追浜飛行場経由で二十三機が空母「沖鷹」に、同二十二機が空母「龍鳳」に搭載され、十七年十二月七日に横須賀港を出る予定にしていた。しかし空母「沖鷹」が機関故障で出港が遅れ、先に出港した「龍鳳」は八丈島近くで米潜水艦の雷撃を受け、さいわい沈没は免れたものの、同乗していた第四十五戦隊に四十五名の戦死者を出し、やむなく茨城県の鉾田飛行学校で戦力の回復をはかった。

他方一日遅れで出港した「沖鷹」は十二月十七日にトラック島に無事到着し、全機を春島飛行場に揚陸した。茨城県鉾田で戦力を回復した部隊は、二十二機を空母「瑞鶴」に乗せ、翌十八年一月四日にトラック春島飛行場に到着している。この結果、同飛行場には陸軍機百三十機もが翼を重ね、訓練が思うようにできなくなった。

ラバウル進出が遅れた理由は、ラバウル近郊に建設中のココポ飛行場の完成遅延で、同飛行場が突貫工事の末に完成したのは十八年一月中旬であった（ラバウル・ニューギニア陸軍航空部隊会編『幻　ニューギニア航空戦の実相』八三頁）。一月二十二日、三十五機がココポに進出したが、輾圧不足の滑走路で二機が着陸に失敗し大破している。日本を出たときの四十六機がなぜ三十五機に減ったのか説明がないが、一飛行戦隊の定数が二十七機だから、無理に全機を送る必要がなかったにしても、途中飛行不能になった機が出たのかもしれない。白城子を出発してから、ほぼ二ヶ月をかけてラバウルに展開したことになり、高速で飛ぶ飛行機といえども、長距離の移動には地上部隊にも劣らぬほどの時間を要することがわかる。

他方二〇八戦隊の方は、九七軽爆から九九双軽への機種改変がうまく進まず、静岡県浜松でようやくにして終了し、三十六機を空母「沖鷹」に搭載して横須賀を出たのは十八年二月上旬で、トラック島で第六飛行師団の命により慣熟訓練を重ね、ラバウルに進出したのは五月八日であった（前掲『幻　ニューギニア航空戦の実相』四六―五〇頁）。

このように航空隊の移動は非常な困難を伴い、目的地に着くまでに先細りするのも珍しくなかった。十七年末から十八年初頭はまだ航空消耗戦が本格化する前であり、搭乗員の技量も高く、人員や器材の輸送も比較的順調で、飛行隊の運用にさほど深刻な影響は出なかった。しかし製造時の品質のバラツキ、部材の強度不足などの欠陥から故障機が多く、これに修理作業が追いつかず、やむなく屋外に放置し、結局廃棄にいたる機も少なくなかった（戦史叢書『東部ニューギニア方面陸軍航空作戦』七一頁）。

前述のように航空隊の進出には、地上の支援部隊の先行が欠かせない。飛行場建設の諸問題は後述するとして、第六飛行師団隷下の諸部隊の進出時には、ラバウルにオーストラリア人が造った二つの飛行場しかなく、やむなく第六飛行師団自ら飛行場設営を行わねばならなかった。隷下の飛行場設定隊及び移動修理班が先着の陸軍部隊と共同して飛行場を建設に取り掛かったが、飛行隊派遣を強く要請した海軍が先に飛行場を造っておいてほしかったと愚痴りたくもなろう。第六飛行師団にはマレー、内地、満洲等で編成された六個の移動修理班があり、十七年末から十八年二月にかけて第一移動修理班がウェワクに、他がラバウルに上陸し、飛行場設営及び修理に従事した（前掲戦史叢書八〇頁）。狭い航空母艦の甲板で飛行機を離発着させる海軍らしく、飛行場が二つもあれば十分と考えていたらしい。トラック島の飛行場で、海軍機が押し合いながら離陸していく様に陸軍搭乗員が唖然と見とれていたという回想が幾つも残っているが、海軍にすれば飛行場の過密は当然のことと考えていたのかもしれない。

第五航空通信連隊は十二月二十八日にラバウルに入り、第四航空情報隊は一日前の二十七日に同地に到着している。無線による航空管制や作戦指導補助をするのが主任務だが、無線機の性能が極めて悪く、敵の方角、高度を指示して迎撃に向かわせる飛行管制など、日本軍にとって夢物語に近かった。静岡県掛川で養成された隊員からなる航空情報隊は、対空肉眼監視を任務とする部隊で、三中隊で構成された。昭和十七年十二月八日に横須賀を出港し、トラック経由でラバウルに入り、十八年二月頃から順次ニューギニアに移動した。各中隊五、六箇所、合わせて十五〜十八箇所の監視哨によって、飛行場から半径三百キロ程度の対空監視を行い、無線機で敵機来襲を警報する機能を持っていた。昭和十八年九月からはレーダーを保有し、百キロ手前で敵の襲来を探知できるようになった（山中明『カンルーバン収容所物語』一二一－三頁）。

航空隊の活動に欠かせない気象情報は、満洲の第二気象連隊第一中隊が担当することになった。中隊長富松郁夫大尉を指揮官とする中隊本部をラバウルに置き、ラバウル西飛行場、コロンバンガラ、ラエ、ウェワク、ツルブに観測所を設置した。観測所は下士官を長とする二十名程度の規模で、気圧・風向・雲量・気温・湿度等を観測し、天気予報を行ったが、予報に必要なきめ細かなデータを集めるには観測所が少なすぎ、航空隊に適切な予報ができなかったといわれる（前掲戦史叢書　七九頁）。なお前出『幻　ニューギニア航空戦の実相』（一二九－一三一頁）は、第二気象連隊についてまったく触れず、ニューギニアに派遣されたのは、十八年五月に鈴鹿で編成された第十二野戦気象隊であったとする。金指中佐を指揮官として、八月に編成された第四航空軍の直轄部隊となり、ウェワクの洋展台西麓に本部を置き、十二箇所の出先気象班からなる観測ネットワークを構成したという。どうしてこれほど記述の内容が違うのか理解できない。因みに第四航空軍や第六航空師団の隷下に、第二気象連隊が存在していた記録は見当たらず、第十二野戦気象隊に関する記録ばかりである。

航空機の修理を受け持ったのは第十四野戦航空修理廠である。南方派遣のために満洲奉天で新たに編成され、定員は四一一名、廠長は船山正夫大佐であった。同部隊は昭和十八年元旦に奉天を出発、十四日にラバウルに上陸しており、航空隊より短時間で目的地に着いている。修理能力は「中程度」までで、大破の航空機は修理不能にされてしまうことが多かった。この修理廠の分廠が第二〇九分廠で、ホーランディアにおける飛行機の補給・修理を一手に引受けた（前出『幻　ニューギニア航空戦の実相』一二五頁）。このほかに第一〜十二航空移動修理班があり、修理廠の作業を補った。第十七船舶航空廠は開戦後ラングーンにあり、十八年二月下旬にラバウルに進出した。航空機エンジンの修理を主任とし、プロペラやエンジン回りの部品修理までも手がけた。

航空隊に燃料及び弾薬を補給したのは第十四野戦航空補給廠である。東京立川で編成され、十七年十二月八日に同地を出発、二十九日にラバウルに入り、翌十八年九月五日にウェワクに前進している。総勢一二二名、廠長は角田義光中佐であったが、ウェワクに到着するとともに岡少佐に交代した。同廠の分散集積作業を第七三陸上勤務中隊が支援し、航空ガソリン等一万八千本、弾薬四百トンを集積したが、このために延べ二千両のトラックが使用されている（戦史叢書『東部ニューギニア方面陸軍航空作戦』八〇－一頁、前掲『幻　ニューギニア航空戦の実相』一一七頁）。

第六飛行師団司令部が東京で編成を完結したのは、昭和十七年十一月二十八日であった。板花飛行師団長が幕僚等とともに海軍の飛行艇でラバウルに到着したのは十二月八日で、しばらくソロモン方面の航空作戦に任じた後、ニューギニア方面への進出準備に入るよう第八方面軍命令を受けた。前述のように隷下部隊がつぎつぎにラバウルに到着している時期であり、司令部が到着するや洪水のような仕事が待っていた。

この頃、大本営陸海軍部において南方作戦に関する作戦検討が行われ、大晦日の御前会議に提出された。ここでガ島撤退が決定され、南太平洋方面全般に関する陸海軍中央協定が承認された。中央協定の中の「航空作戦」に関する箇所について引用すると、

陸海軍航空部隊の任務分担は左の如し
陸軍　在「ニューギニヤ」部隊の地上作戦及防衛協力並に「ニューギニヤ」方面に於ける補給輸送援護　為し得る限り海軍と協同し東部「ニューギニヤ」方面の航空撃滅戦の実施
海軍　陸軍の担任する以外の「ソロモン」群島及「ニューギニヤ」方面の航空作戦

とあるように、従来の経緯を追認してニューギニアを陸軍航空隊の担当地域とし、ソロモンを海軍航空隊の担当地域とし、海軍航空隊はニューギニアにも出動することがあるとされた。陸軍航空隊の南太平洋地域への進出は、海軍の強い要請に基づいたことは前述したが、力を統合して米豪軍と対決するのではなく、それぞれの担当地域を決め、海軍航空隊の負担を減らすことが企図されていた。ただし飛行場についてだけは、数が少ないこともあって陸軍主用飛行場、海軍主用飛行場、陸海軍共用飛行場の三つに分類し、できる限り使い合えるように定めた。指揮権を一本化できない宿命を背負った陸海軍では、こうした形の協力が精一杯であった。

ラバウルへ進出した陸軍航空隊の最初の仕事は、ガ島撤退作戦への協力であった。十八年一月十一日に現地協定が成立し、戦闘機など百機をもって敵航空機を誘出して邀撃し、ガ島撤収を成功させる「ケ」号作戦に従事することになった。敵味方の航空兵力をそれぞれ三百機と推量し、つまり陸軍航空隊の進出によって互角の態勢になったと読んで、これまでの劣勢を一挙にはね返そうというわけである。

強力な爆撃能力を有する米陸軍航空隊に対抗して陸軍航空隊を投入したものの、戦闘を交えてみると、簡単には太刀打ちできないことが明らかになった。十八年三月十日頃の第六飛行師団の実動戦力は、戦闘機五十、軽爆十五、重

爆三十、司偵五機の合計九〇機、海軍航空隊のそれは全部合わせても七十機に届かず（前掲戦史叢書　一八五－六頁）、これに対してケニーの米第五航空軍は、一ヶ月前の二月初旬でB17重爆五五、B24重爆六〇、中爆・軽爆一五〇、戦闘機三三〇の合計五九五機に達したと推定されるが（前掲戦史叢書　一八一頁）海軍航空隊があまりに少な過ぎ、一概に多寡を論じることができない。

こうした比較は、第六飛行師団がまだ大陸から南方に向け移動中であり、第七飛行師団も移動をはじめたばかりで、あまり意味がないかもしれない（山中明前掲書　八－一〇頁）。おそらく移動が終った頃には、機数の面で大きな差がなくなるはずであった。実戦になってみると、頑丈な機体、整備しやすいエンジン、故障の少ない仕上がりといった数値化できない性能が、意外に大きな戦力の差になって表われ、機数は単なる比較指数でしかなくなる。第四航空軍の進出によって、ニューギニアにおける航空戦力は、機数の点で米豪軍に匹敵するか、あるいはわずかではあるが凌ぐ規模にまで膨らんだ。しかしそれも束の間、十八年八月十七日から十八日の大空襲によって大半を喪失し、完全な劣勢に陥ってしまうのである。

十八年三月二十二日、ダンピール海峡での輸送船団全滅を受けて、南太平洋方面作戦陸海軍中央協定が改訂された。比島を目指すマッカーサーのニューギニアに対する強い執着を感じた陸海軍が協力して米豪軍の進攻を阻止するという趣旨だが、海軍はいまだソロモンにこだわっており、戦力の集中にはほど遠い状態であった。協定の最大の主眼は航空戦力の強化であり、陸軍は一三七機を一七三機、さらに二四〇機へと増強し、海軍は二四五機を三三九機へと増強することによって、米陸軍航空隊に拮抗させようという計画であった。海軍がソロモン、陸軍がニューギニアという従来の任務分担も書き換えられ、両軍ともにニューギニアでの「敵海上輸送遮断及陸軍と協同して行う航空撃滅戦」を主作戦とし、陸軍にはビスマルク諸島での航空作戦、海軍にはニューギニア方面での航空作戦が付加された（前掲戦史叢書　一九一－四頁）。

航空戦力と航空作戦によって、ニューギニア及びソロモン・ビスマルク諸島方面の戦況が決定的ともいうべき影響を受けることは、最早陸海軍が等しく認めるところであった。第八方面軍参謀長加藤鑰平は、三月十五日付で大本営に提出した「南太平洋方面戦略態勢確立に関する意見」の中で、

戦勢を支配する最大原動力は航空勢力である。制空権の大部は敵手にあり、日とともに、その優劣が顕著となりつつある。ニューギニアには、主として航空兵力の不足から、月一回程度の船団輸送しかできない。………事前の航空撃滅戦は、望むところであるが、相当の損害を覚悟しなければならず、不徹底となる。航空勢力関係を現状のままにしては、南太平洋の戦略態勢は崩壊の一途をたどると断定できる。

（戦史叢書『東部ニューギニア方面陸軍航空作戦』一九六－七頁）

と、航空戦がニューギニアを含む南太平洋の戦いを決定づける現状を厳しい調子で諫言している。

この意見具申には別冊が付され、航空戦力増強の具体策を論じている。二編から構成されているが、第一編は第六飛行師団を司偵、戦闘飛行団、混成飛行団の三つに編成し、地上支援兵力（情報、気象、通信、輸送、飛行場設定、移動修理、特情）の強化を要望している。地上の支援業務に焦点を当てたことは、航空作戦が総合的システムの整備なくしては円滑に遂行できない事実を認識した証左であろう。だがレーダーの研究、高い信頼性を有する無線通信機の開発、ブルトーザー等土木機械の開発製造が進まない現状では、現地の要求に応えられる能力がなかった。

第二編も画期的内容で、論者は第八方面軍航空参謀の谷川一男大佐である。

少なくも、南方全域の航空全兵力を統一し、南太平洋方面の航空作戦のため、随時重点を形成するように運用する。しかして作戦の要度に応ずる重点の形成を、機に投じて適切にし、兵力の集散離合を敏活にし、かつ、強力な統帥力の発揮、作戦準備の統一強化等のため、これに適応する航空の統帥指揮組織を確立する。

三軍一体の緊密作戦が求められている南太平洋の戦場でも、陸海軍の統帥が貫徹している日本軍では、作戦ごとにいちいち協定を結び、その範囲内でしか行動できない体制では、戦力を集中して迫ってくる米豪軍にどうしても不利に立たされた。仮にどれほど兵力的にも武器弾薬の補給にも恵まれていたとしても、陸海軍は兵力・戦力を分割してしまうから、戦力を集中して向かってくる敵にかなわない。

（前掲戦史叢書　一九八－九頁）

谷川大佐は統帥権を否定したわけでないが、航空兵力については陸海軍の統帥権を一元化し、航空兵力を一体化して臨機応変に駆使し、敵に当たらなければならないと考えた。こうした提言は、諸外国では何の新鮮味もないが、日本では画期的、革命的でさえあった。天皇制の維持と密接に絡む統帥権の一元化は、軍人とくに大本営の参謀達にとって戦況の如何にかかわらず容易に口にできないことであった。

大空に陸軍と海軍の担当空域を決められないことはないが、瞬時に境界を越えてしまう飛行機にこうした制約を課すのは、牛の角を矯めるようなものである。従来、陸軍と海軍の兵器には、任務と戦場の違いからはっきりした相違があった。ところが飛行機には運用の違いはあるものの、基本構造の点では陸海軍とも共通の兵器である。それだけに陸海軍の飛行機を一元化して一緒に作戦に使う構想が出るのは、自然の勢いといっていいだろう。これを組織制度が許さないというのであれば、その国家には、歴史の潮流、時代の趨勢から取り残される運命が待っている。この意味で、統帥権体制は航空機の時代に矛盾を露呈し、戦いの重大な障碍になるだけであった。

（三）　島嶼戦における航空隊の役割

陸軍省軍務課長から大本営陸軍部作戦課長になった真田穣一郎大佐は、十七年十二月下旬、ラバウルを視察し、航空兵力及び作戦に関する現状を聞いて回った。その結果、「海軍戦闘機は、敵機に対し一対十の自信があったが、今はよくて一対一である。敵の航空勢力増強の速度は、東京で考えている約二倍である。」（戦史叢書『東部ニューギニア方面陸軍航空作戦』一二七頁）と、悪化する現状を隠さず報告書に盛り込んでいる。

B17を保有する米陸軍航空隊の構成は爆撃機・攻撃機主体で、日本陸軍の戦闘機中心の構成とは大きく違っていた。百式重爆撃機「呑龍」が完成したとき、陸軍航空隊は、戦闘機の護衛なしで敵地に進入し目標を爆撃できると豪語したが、華奢な機体と貧弱な武装では到底無理であった。これに対してB17、これと同じエンジンを装備するB24大型爆撃機などは、戦闘機の護衛なしで、頑丈な機体とハリネズミような武装にモノをいわせ平気で敵地に進入した。そのため単機または編隊で長時間の偵察哨戒任務に活躍し、哨戒飛行中に敵を発見すると、相手が戦艦であろうと重巡であろうと平気で爆撃し、連合艦隊の神経を逆なでし、ボディーブロー的効果をもたらした。島嶼戦では、大型爆撃機のほかに、攻撃を主任務とするB25やA20、A26等の中型爆撃機や攻撃機が低空爆撃、攻撃で日本軍をさんざんに痛めつけた。

連合艦隊の主力艦は、前述のごとく十七年十一月初旬の第三次ソロモン海戦以後、戦場から姿を消してしまったが、その一因は、真田がいうように海軍が予想もしなかったB17をはじめとする米陸軍航空隊による爆撃で、その哨戒爆撃圏内に艦艇を入れると必ず損傷を受け、じり貧状態になることを恐れたからであった。昭和十八年初頭頃からは夜間爆撃の精度が上がり、夜間の航行も困難になりはじめた（前掲戦史叢書　一八六頁）。とくに島嶼戦では、島に築かれた軍施設を破壊できるB17、B24のような大型爆撃機、中型爆撃機が有効で、米豪軍側ではこれら爆撃機を保有する陸軍航空隊が非常に重要な役割を果たした。

陸上の飛行場を基地とする基地航空隊の威力は、すでにマレー沖海戦で英戦艦二隻を沈めた戦績で十分に立証されたにもかかわらず、当時の行け行けのムードの中で、勝因が十分に分析されなかった。それに加えて、空母艦載機を含めた機動部隊の優秀性を宣伝したかった海軍部内の事情で、折角の功績が霞んでしまった感が否めない（山本親雄

『大本営海軍部』七三頁、七五―六頁)。この時にもう少し基地航空隊について深く掘り下げた議論があれば、島嶼戦における基地航空隊の展開と運用にも違った配慮がなされ、本来の実力が発揮されたかもしれない。

基地航空隊の威力は、大型機が離発着できる利点を生かして破壊力の大きな攻撃ができることにあり、長い航続距離と滞空時間を誇る爆撃機によって広大な海域が哨戒できるだけでなく、水上艦艇にはできない先制攻撃、日本海軍が理想としていた艦隊決戦前の漸減作戦が行える点にあった。それゆえ優秀な爆撃機を持つ基地航空隊は、海上戦だけでなく、島嶼戦でも威力を発揮することが期待された。日本海軍、ついで陸軍がさんざん苦しめられたB17、B24は、四、五トンもの爆弾を航行中の艦船やジャングルに潜む日本軍に投下して大きな成果を上げたが、日本の重爆撃機がせいぜい一トン程度の搭載量しかなかったことと比較すると、日本機の優に四、五倍の攻撃力があった。その上に高い稼働率、高い防禦能力や精密爆撃などで、日本機の能力に対して圧倒的といえるほどの攻撃力を誇り、この差が島嶼戦における日米航空戦力の差になったと解釈しても間違いではないほどだ。

戦闘が太平洋の真ん中で空母機動部隊間、戦艦や重巡の打撃部隊間で行われるものとばかりに思っていた海軍の予想は、自らが進めたラバウル進攻、ガ島飛行場建設、ポートモレスビー攻略計画などが直接の原因となって、基地航空隊が活躍する島嶼戦という思いがけない方向に展開した。昭和十三、四年頃の『海軍雑誌』には、アメリカ人研究者の島嶼戦に関する論文の翻訳が掲載されているので、多少の関心のあったことがうかがわれる。日本側でも同じ研究が行われてもおかしくはないが、その形跡がない。だが島嶼戦へと進展しはじめたころ、海軍は戦略上重要と思われる島々に飛行場建設を急いでおり、このことからみて、島嶼戦における航空戦力、とくに基地航空隊の役割について、ある程度の展望を持っていたことが推察される。

島の価値は、その島あるいは周辺海域の軍事的重要性、戦略的価値に比例する。日本軍は、ガ島をはじめとするソロモン諸島について、アメリカとオーストラリアを結ぶ通航線を遮断できるがゆえに軍事的価値が高いと考えたが(山本親雄『大本営海軍部』四三頁)、その前にオーストラリアにとって国土防衛上の最重要地域であるという認識をほとんど持っていなかった。ニューギニアは、日本軍にとってオーストラリア進出への足掛かりとフィリピンの防禦線として大きな価値があり、逆にマッカーサーにとってはフィリピン進出への足掛かりとなる非常に大きな価値があった。こうしたニューギニアに飛行場を建設し航空隊を配備すれば、それぞれの目標の実現に大きく前進すると考えるのは当然である。

島嶼戦における航空隊の役割、換言すれば航空隊の指揮官が島嶼戦の性格をどう解釈し、そこで何をなさねばならないかについて直接に言及した記録は少ない。前引の中央協定に多いのは「航空撃滅戦」「敵航空勢力を撃滅」といった表現で、その意味は文字通り敵航空機を叩くことだが、それは何も島嶼戦に限ったことでない。どこの戦場でも、どんな戦闘でも、航空隊の基本任務の一つは敵機の撃破であり、となると島嶼戦という戦闘形態の中で航空隊が求められる任務について、格別に変わった点がなく、新しい役割がないと考えていたらしいことを示唆する。

日本の航空隊は戦闘機主体で、そのためどうしても敵機の撃墜数で、航空隊の戦果を評価する傾向が強かった。これに対して爆撃機・攻撃機中心の米航空隊は、敵に対して何トンの爆弾を投下したか、味方地上部隊の援護のために何度敵部隊に攻撃をしたか、といった活動を評価した（Thomas E. Griffith Jr, *MacArthurs Airman, General George C. Kenney and War in the Southwest Pacific*, 1998 一四一―二頁）。長い間、ニューギニアのジャングル戦を戦ってきた福家隆は、日本機を見たのは唯の一度だけで、それもかなり高空をただ通り過ぎただけであったと皮肉っぽく語る。ニューギニアの地上戦を経験した日本兵が専ら語るのは、日本航空隊の活躍ではなく、米軍機の猛烈な攻撃であった。米豪軍に比べ出撃数に大きな差があったのは事実だが、ただの一回も見たことがないという回想は、航空隊の活動が低調とはいえなかった事実と照らし合せると、日本機が地上軍の近接支援をしなかった傾向と、その間、地上からは見えない遙か高空、遠い場所で敵機と渡り合っていたことを推測させる。

サラモアに近いボブダビの戦闘において、日本軍将兵がめったに見られない友軍機の攻撃の光景に感激している様子を、飯塚栄地が描写している。日本将兵が友軍機の出現にバンザイを叫び、拳をあっりたけ振り回し、涙を流す者も少なくなかったのは、それまでやられっぱなしの米軍に対して仕返しができた喜びと苦戦から救われた気持ちが重複したために違いない（『パプアの亡魂―東部ニューギニア玉砕秘録―』七五頁）。飯塚は、日本機の攻撃振りを次のように描いている。

零戦三機がサーッと急降下し、ボブダビーの敵陣目がけて銃撃した。（中略）次には呑龍が投弾を開始した。ドドドーン、ドドドーン。やった。やった。私たちは、またまた小躍りして飛び上がった。……敵の四発重爆にくらべて、友軍機の爆撃は、あまりに短い時間であったが、毎日毎日敵機の猛爆に這い回っているわれわれに、初めて敵陣への投弾を見せてくれたこの日の丸の友軍機は、私たちの勇気を百倍にも千倍にもし、萎えきった士気を高めてくれた。

（飯塚栄地前掲書　七六頁）

地上で見ていた飯塚が回想するように、初めて見た日本機の爆弾投下であった。疑問が残るのは、零戦は海軍機、呑龍は陸軍機であったことで、陸海軍機が同時に作戦することは基本的にないが、十七年春、零戦が陸軍九七重爆をよく護衛したというから、個別の作戦には陸海軍協同作戦があったのであろう（木俣滋郎『陸軍航空戦史』八一－二頁）。それはともかく地上戦に航空隊が加わるのは、敵を撃ち味方を元気づける効果があったが、実施されることは稀であったことがわかる。十八年一月下旬からはじまった「ケ」号作戦の戦果報告でも、敵何機撃墜、味方何機未帰還といった記録ばかりが目立つ。ガ島の敵地上軍を攻撃する近接支援の記録がないのは、「ケ」号作戦の目的が敵航空戦力の邀撃であって、敵地上部隊や海上艦艇が攻撃対象に加えられていなかったためであろう。結局のところ島嶼戦は島の奪い合いであり、地上戦が主戦闘である。三軍一体の戦いをしなければ勝てないという島嶼戦の意味は、地上戦で勝つには航空機や艦艇による支援作戦が不可欠であるということである。日本軍には、地上部隊は地上戦、航空隊は航空戦、艦艇は海上戦のみを遂行する縦割り構造が染み付き、いわば戦力のセクショナリズムが強く、それぞれの戦力を横断的に結びつけることが不得意であった。航空戦力を地上戦に結びつけられなかったのには、こうした性格も関係していたと考えられる。

一月二十七日に行われた「ケ」号作戦の第二次攻撃は陸軍航空隊の担当であったが、作戦に参加した七十五機は戦闘機六十四機、双軽九機、偵察機二機の構成で、あまりに戦闘機に偏り過ぎており、このためにこの作戦の意図がわからなくなった。もし「ケ」号作戦が攻撃を目的とするのであれば、爆撃機が主体でなければならない。たった九機の軽爆では、もともと爆弾搭載量の少ない日本機だから、攻撃能力はたかが知れている。敵編隊の来襲に備えた邀撃であれば、軽爆を出撃させる必要がない。「ケ」号作戦の目的を実現するため、どのような編成が適当か検討したはずだが、陸軍航空隊の構成そのものが任務に対応していなかったのではないか。戦闘機の比率が圧倒的に高いということは、米陸軍航空隊のような攻撃重視でなく、それならば邀撃重視かといえば、必ずしもそうでもない中途半端な性格であったことがうかがわれる。

二十八日には三回延六機、つまり一回平均二機の双軽による夜間のガ島爆撃が行われているが、二機程度の余りに貧弱な攻撃では焼け石に水であったと想像される。飛行機が作戦の主体になったということは、攻撃も防禦も飛行機が主力になったことを意味するが、日本軍爆撃機の低い比率、劣弱な攻撃能力からして、とくに攻撃の主体になる力がなかった。圧倒的に高い比率を占める戦闘機は、空中戦に重点を置いた軽量にして高い旋回性能を求めた点に特徴がある。この設計思想から、用兵上攻撃に関心が薄く、空中戦を重視する傾向があったとみて間違いないだろう。

米豪軍は、航空隊の主任務を地上攻撃および地上軍支援に置き、軽爆撃機や重爆撃機の比率が高い航空隊を編成し、作戦では島上の目標に対する強力な爆撃を攻勢作戦の中心に据え、戦闘機群の任務を爆撃作戦の支援に置いた。米陸軍航空隊の運用思想をさぐってみると、十七年十月末にルーズヴェルト大統領の決裁を得たアーノルド陸軍航空部隊指揮官の南西方面への航空機供給計画に、重爆七二、中爆五七、戦闘機一五〇とあり（戦史叢書『東部ニューギニア方面陸軍航空作戦』一四七頁）、また昭和十八年三月初め、マッカーサー司令部の参謀長サザーランドと第五航空軍

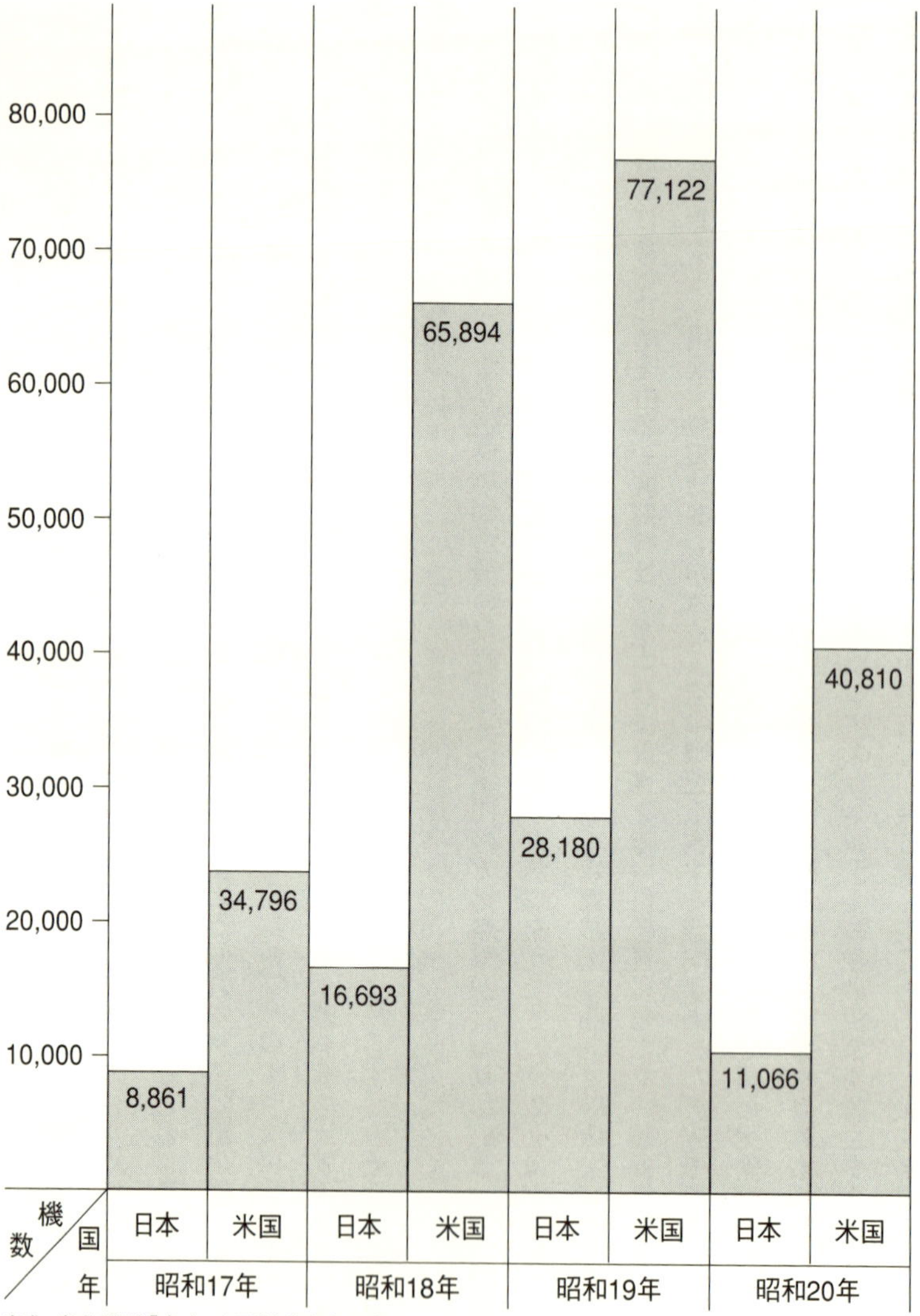

出典：富永謙吾『定本・太平洋戦争』下巻

日米軍用機生産比較

司令官ケニーとの間で作成された兵力増加計画には、重爆一四四、中爆一七一、軽爆一七一、戦闘機四五〇とあり（前掲戦史叢書　二四九頁）、爆撃機と戦闘機の機数にあまり差がない。戦闘機と爆撃機が同数に近いのが米陸軍航空隊の特徴であり、戦闘機中心の日本軍航空隊と著しい相違を見せている。この割合がそのまま出撃数にも反映し、十八年一月の「飛行第十一戦隊空中戦闘の総合戦果一覧表」を見ると、第十一戦隊が直接交戦した米軍機は、B17大型爆三二、B24大型爆四二、B25中爆十五、A20軽爆十二、P38戦闘機四二、P40戦闘機十七と、むしろ爆撃機の方が戦闘機を凌ぐほどであった。

米英のB17、B24、B29、ランカスター、スターリングいった大型爆撃機は、強力な武装と頑丈な機体とによって、単独で敵地上空に進入して目標を爆撃することができた。この延長に戦略爆撃があり、英ランカスター大型爆撃機によるドイツ諸都市の徹底破壊、米B29大型爆撃機による日本諸都市の灰燼化といった戦略爆撃は、日本軍が真似をしたくてもできない能力であった。米英軍航空隊の地上目標破壊に重点を置く運用思想が先端的であったとすれば、戦闘機による空中戦を重視する日本の航空思想は、第一次大戦時の空中戦重視の延長にあったとみることができる。

火力に限界のある戦闘機では、島上の地上軍を目標とする打撃は不十分であった。米軍機の中で日本軍を最も苦しめたのはB25爆撃機だが、この機は機首に装備された十二・七ミリ六門による火炎放射器のような機銃掃射、木立の先に腹をこするほどの超低空飛行による奇襲、飛行場で整備を待つ日本機に対するパラシュート爆弾投下等によって、地上部隊をジャングルに逃走させ、日本機を地上で破壊し、ジャングル内に散在する補給物資の山を火だるまにし、航行中の輸送船や海軍艦艇を沈めた。こうした地上の軍事施設や兵士を爆撃や銃撃で叩くことが、島嶼戦において飛行機に求められた最大の使命であり、この使命によって島嶼戦の戦況を変えることができた。日本軍のように空中で敵機を迎え撃ち、何機撃墜というのは重要ではあっても、それで戦況が変わるものではない。敵に対して大量の爆弾を投下し機銃弾を撃ち込まなければ、勝利を得ることができないというのが、島嶼戦における航空戦の本質であったといえよう。

戦闘の勝敗が最終的には地上戦によって決まる以上、それに大きく係わる爆撃機の存在価値は絶大であった。米陸軍航空隊がB17やB24を戦闘機なみに多数戦場に持ち込んだのは、敵の地上軍や航空隊をねじ伏せるにはこれに勝る兵器がなかったからである。たとえばB24が八十機出撃すると、一回につき爆弾四百トンを消費するとして、二ヶ月間に六回の出撃では、爆弾二千四百トン、そのほかに大量の機銃弾が使われた。この恐るべき火力で日本軍の陣地を攻撃し、そこにいた部隊を全滅させた事例は幾らでも記録の中に見つけられる。

ニューギニア戦におけるケニーの米航空隊は、味方地上部隊の支援に止まらず、航空隊だけで日本軍地上部隊と戦う姿勢を示した。南太平洋の戦域で、米陸軍航空隊が絶えず飛行し、目標を見つけると直ちに攻撃を加え、破壊が確認されるまで執拗な銃爆撃を繰り返した戦場がニューギニアである。日本でニューギニアが「地獄の戦場」といわれた所以は、絶えず米陸軍機がどこかで見張り、見つかれば激しい銃爆撃を受けるため、上陸するのも困難で、上陸後に補給が続かないためにたちまち飢餓状態に陥ることからそのようにいわれたことにある。「地獄の戦場」をつくり出した張本人は、米陸軍航空隊であったといっても過言であるまい。

これに対して日本の陸軍航空隊が、飯塚の懐旧を待つまでもなく地上戦の標的に攻撃をしかけることがあまりなかったのは、運用思想の違いに原因があった。日本機の配備機数が米豪軍に引けをとらなかった昭和十八年前半を見ても、実際の活動は米豪機の方が活発であった。米陸軍航空隊の行動が活発であった原因は、地上の目標を叩くことが航空隊の重要任務であるという認識が確立していたことと、飛行機の高い稼働率に拠っていた。ケニーは、つねに保有機すべてについて詳細な点検を行い、オーストラリアの技術能力と工業力の助けを借りながら、軽度損傷を受けた航空機はニューギニアで、重度のものはオーストラリア本土で修理を行なう態勢を整え、戦訓に基づく改造までやるようにした（『マッカーサー大戦回顧録』上　一一四－五頁、『マッカーサー戦記』I　一二四－五頁、George Ogers, *Australian in the War of 1939–1945, Air War Against Japan 1943–1945,* 一六－七頁）こうした努力が、日本の航空隊と米豪軍の航空隊との活動に大きな格差を生み、常時上空から地上の日本軍を監視することを可能にし、日本軍の動きを封じる一因になった。

（四）　島嶼戦と飛行場建設

三年近いニューギニア戦中、日本軍がいつも戦力的に劣勢であったわけでない。飛行機の配備数において日本軍の方が上回っていたとみられる時期もあった。しかし米豪軍側の積極的航空機運用と、飛行場が最前線に近いことが相俟って、実際に最前線を飛び回る飛行機は米豪軍の方がずっと多かった。

空母部隊は一撃離脱を得意とし、艦船の特性上、同じ海域に長期間展開するのが困難であり、また大型の爆撃機を搭載できないため島嶼攻撃力には限界があった。これに対して地上飛行場を攻撃基地に使い、大型爆撃機を使用して、島嶼上の敵部隊に継続的攻撃を加え続ける方が、ずっと大きな戦果を収めることができた。日進月歩の技術によって登場した大型爆撃機の配備と、各種航空機の運用能力に一日の長があった米陸軍航空隊は、大型爆撃機を前線のはるか後方にある敵の飛行場、補給庫、弾薬庫、修理施設などを目標とした戦略的爆撃に使用し、また攻撃機、戦闘機を組み合わせて前線の敵や補給線を叩いて大きな戦果を上げた。

米陸軍航空隊と、空母艦載機を主体とする米海軍航空隊とは機体の編成に非常な違いがあった。日本の場合、海軍も重爆撃機や軽爆撃機に相当する機を保有し、その規模は陸軍の基地航空隊に劣らなかった。日本の海軍航空隊が陸軍航空隊と同じように重爆撃機や軽爆撃機まで保有したことは、米軍と比較してみると特異な現象である。日本人自身はそれを当たり前のように思っているが、よく考えてみると不可解である。重複する飛行機開発の無駄を省き、爆撃機の効果的運用を進める上からも、おかしな政策である。

「日米軍用機種別比較」のグラフが物語るように、米陸海軍では、陸軍航空隊が戦闘機、双発攻撃機や軽爆撃機、四発の重爆撃機といったようにオールマイティの航空戦力から構成されていたのに対して、海軍航空隊は水陸両用機

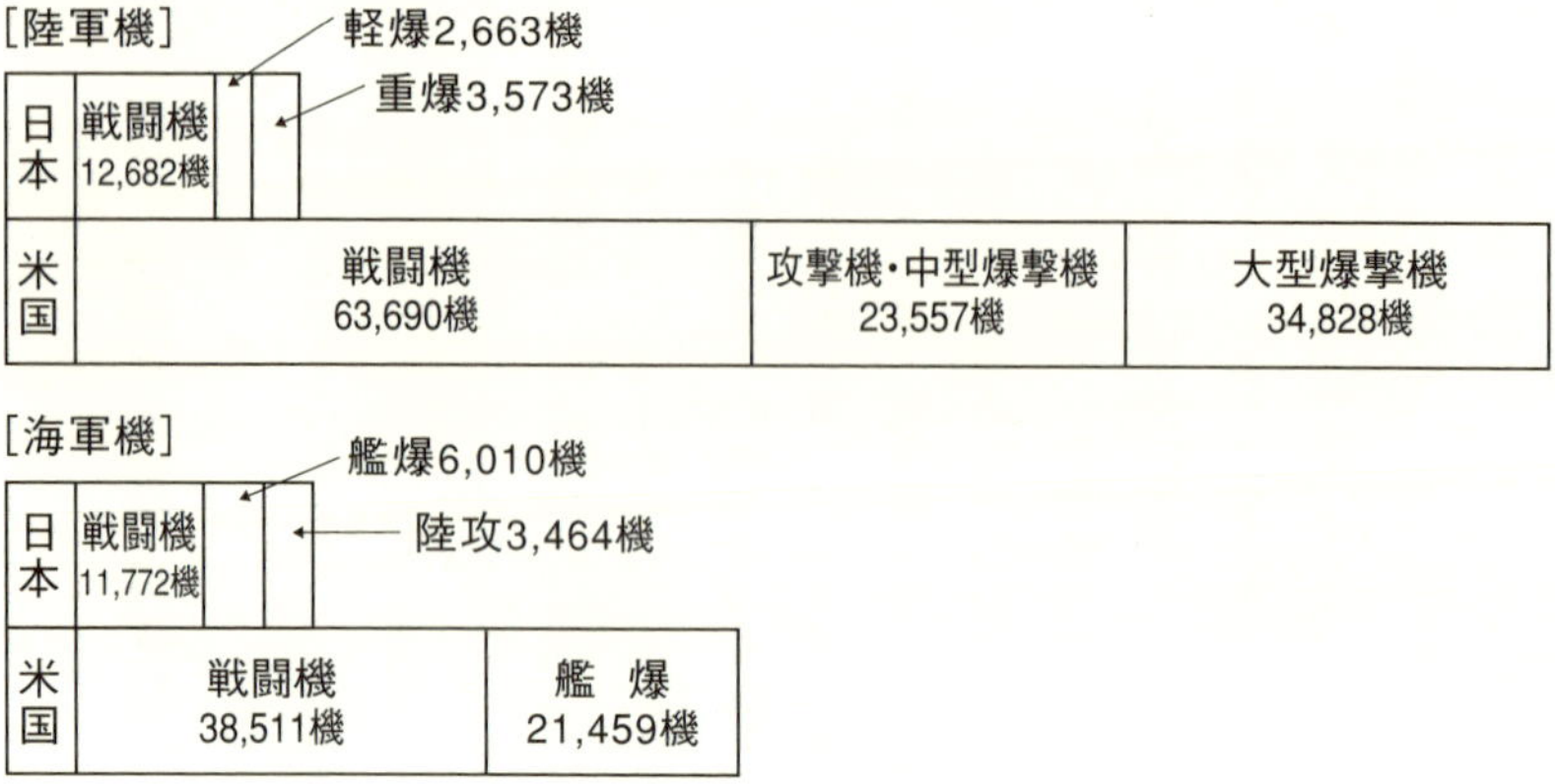

日米軍用機種別比較

を除き単発の戦闘機と攻撃機、雷撃機のみしか保有せず、大型機が必要な場合には陸軍機を取得して使用した。これに対して日本の陸海軍は、それぞれ独自の戦闘機、軽爆撃機級、重爆撃機級の機を保有し、新機の開発を互いに秘密にし、生産も完全に独立して行った。その終着点に、米軍のＢ29クラスの陸軍超重爆撃機「キ九一」、海軍超重爆撃機「深山」「連山」の開発があり、アメリカでは国力を結集し、陸軍航空隊一本で取り組んだ超重爆撃機の開発を、日本では陸軍航空隊と海軍航空隊がそれぞれ別個に行った。

Ｂ29開発は、原子爆弾開発のマンハッタン計画に並ぶ巨大プロジェクトといわれ、アメリカでさえ持て余し気味の巨大事業であった。それだけにこれほど大型の高性能爆撃機の開発には、巨額の費用、資材、実験施設、何千人という研究者や技術者、膨大な電力を消費する生産ライン等が必要になるが、こうした巨大プロジェクトを陸軍と海軍が別々にやろうとするのが、日本の構造的欠陥であった。破綻しかかった国家財政、すべてに乏しい資源、未発達分野が非常に多い産業構造と時代遅れの生産ライン、学士号・博士号取得の研究者・技術者が欧米に比べて段違いに少ない状況の下で、陸海軍が協同して開発しても実現困難な巨大プロジェクトを、陸軍と海軍がそれぞれ別個に進める構造を変えられない体制こそ、戦局の悪化を加速させる大きな要因であった。

この非効率、非合理な二元的開発、生産体制は、貴重な資源や人的能力を分轄するため、当然ながら成果も少なかった。豊かなアメリカがやるのならばまだしも、日本のような貧しく、近代化した基盤が弱体な国家がやってはならない方法であった。国民の努力でやっと築いた財産を、何でも陸軍と海軍が半分に分け、半分以下の価値に下げてしまっては、アメリカのような強い相手でなくても、結果は同じではなかったかと思われる。戦後の日本人の口癖であるアメリカの圧倒的生産力に負けたという解釈は、日本が抱える重大な問題点への関心を他に振り向け、自己責任を回避する言訳のように映る。強大なアメリカを相手にしながら、それでも軍政と軍令を分離しつづけ、人も資源も陸軍と海軍に機械的に分け続け、戦力を集中できない体制のままで、どうしてアメリカの国力、生産力の前に屈したなどと安直なことがいえるのだろうか。アメリカと対決するために、陸軍と海軍の総力を結集する一元的体制をつくりもしないで、「一億火の玉」「一億玉砕」などと矛盾した言葉を弄ぶ戦争指導部に、総力戦、消耗戦への道筋を定める決意もなかったし、対米戦を遂行する資格もなかった。

海軍が陸軍なみ、あるいはそれ以上に重爆撃機や軽爆撃機の保有につとめた起源は、ロンドン軍縮条約調印の翌年すなわち昭和六年、補助艦軍縮対策として打ち出された第一次補充計画の中で謳われた航空兵力の増強策に「基地航空隊」の強化があり、これがおそらく大型機を生産する方向付けをした最初ではなかったかと思われる。日露戦争後、海軍の一貫した艦隊決戦論に、第一次大戦後に漸減作戦方針が加味されるようになり、漸減作戦の一手段として航空機攻撃が注目されるようになったが、漸減作戦のために魚雷を搭載した大型爆撃機が必要になり、これが陸軍航空隊と同様の大型爆撃機を海軍も保有するようになった動機と考えられる。

海軍の中で、南進論絡みで大型航空機の活用を最初に文書にしたのは、昭和十二年、航空本部教育部長職にあった大西瀧治郎である。彼はこの年の七月、「航空軍備に関する研究」を関係者に配布したが、その中で次のように述べている。

近き将来に於て艦艇を主体艦隊（空母等随伴航空兵力を含む）は基地大型飛行機より成る優勢なる航空兵力の威

力圏（半径約千浬）に於ては、制海保障の権力たりことを得ず、帝国海軍の任務たる西太平洋に於ける制海権の維持に関する限りに於ては、強大なる基地航空兵力の整備が絶対条件にして、彼我水上艦船の如きは本海域に関する限り殆んど問題とならず……（句読点筆者）

海軍の任務を西太平洋の制海権確保と定め、基地航空兵力すなわち大型飛行機を持たなければ、艦艇だけによる制海権確保は著しく不安定なものになると論じている。この文書が出る前に、すでに長距離爆撃が可能な九六式陸上攻撃機が制式化されていた。つまり大西の思想は彼が最初に思い立ったわけでなく、海軍部内では早くから長距離爆撃機必要論があり、その要請から九六式陸攻が製造されたのであろう。しかしその後、何らかの理由によって改めて理論付けする必要が生じ、大西の手で再構築が行なわれ、はじめて文章化されたのではないかと推察される。

大西の論文を見るまでもなく、南進策を推進するのは海軍であり、陸軍との連繋は毫も視野に入っていなかった。大西ほどの柔軟な思想の持ち主でも、陸軍との連繋が脳裏をかすめもしないほど、当時の軍部内では、陸海軍の独立独歩が揺るぎなき伝統として確立していたのである。そこでは陸軍と海軍が別個の戦略を推進する関係上、別々の要求に沿った飛行機をそれぞれが製造するのが常識となっていた。日本の弱体な資金力と産業基盤、少ない技術者と貧弱な開発体制、低い製造能力などを総合的に考慮し、最も効率的能率的方法を模索しなければならならないところ、海軍も陸軍も相手の存在が視界に入らないほど、独立して取り組むことが恒常化していたのである。

日本の飛行機開発は、陸海軍の手厚い保護の下で急速に発展してきたが、高品質の材料、高精度の加工技術を前提とした多数の精密部品からなる航空機は、関係産業の裾野が限りなく広かった。しかし近代化の歴史の浅い日本においては、関連産業の裾野は著しく狭小で、これを陸海軍で二分するのは愚挙にも等しい。それならば陸海軍の連繋の道を探る動きがあってもよさそうだが、近代日本の政治・軍事体制がそれを許さなかった。横との連携を否定し、天皇と自己との忠誠関係という完全な縦構造の関係が、近代科学の粋を集めて進められる飛行機の開発にも深い影を落としたのである。

昭和十六年一月、航空本部長の職にあった井上成美は及川海相に「新軍備計画論」を提出した。この中で井上は、航空母艦中心の航空隊編成を婉曲に批判し、太平洋の島々に配置した基地航空兵力による以外に対米戦を戦う方法はないから、戦艦や重巡などに巨費を投じるより、基地航空用の航空戦力の育成に予算と人を回せと喝破した。大西の論旨と同じだが、ずっと激越である。大西や井上の主張は、海軍内でほかに同調者がいない異端というほどのものではなく、もっと基地航空を重視せよという大艦巨砲主義の本流に対する少数派の声であった。主張が論理的かつ明快で、時代を先取りした先進性を有していた点で、航空隊の価値を理解していながらも、多少曖昧な点があった山本五十六よりも実情分析がすぐれていた。

大西や井上の主張からみて、大艦巨砲主義の枠内に位置づけられた航空機について、航空を重視する海軍軍人たちの中でも空母中心主義が多数派で、基地航空重視論は少数派であったことは間違いない。中国奥地への渡洋爆撃という華々しさを以てしても、海軍内の空気を変えることができなかった基地航空派にとって、マレー沖海戦において基地航空隊による英新鋭戦艦二隻撃沈の戦果は、主張の正当性を見せつけた快事であった。続いて数次にわたったソロモン海戦を境にして、ソロモン海周辺から空母部隊が退き、艦隊決戦必至論がはずれて島嶼戦に転換すると、嫌でも基地航空隊に依存せざるをえなくなった。そうなったとき、海軍だけの基地航空戦力には限界があり、陸軍航空隊にも南太平洋方面への進出を強く迫ることになったのである。

このような戦況の流れを受けて、各島に飛行場が次々造成され、基地航空隊が進出した。なお基地航空隊は一般には海軍の陸上航空部隊を指すが、本論では陸軍の航空部隊も含めて呼ぶことにする。対米戦が基地航空戦になるという大西や井上の予想は見事なまでに的中したわけだが、日米戦が艦隊決戦でなく、島の分捕り戦である島嶼戦に変転することを完全に言い当てたわけではない。島嶼戦になれば、陸軍部隊が要衝の位置にある島に対する上陸作戦を行ない、陸軍航空隊と海軍航空隊とが連携し、上陸作戦の支援、輸送船団の護衛、制空権の獲得をやる必要があるなどとは、二人ともまったくといっていいほど考えていなかった。

島嶼戦が基地航空戦によって左右されると予想されていれば、航空隊の活動に必要な条件の整備に立ち遅れることはなかったかもしれない。島々をめぐる戦闘では、基地航空隊が航空戦だけでなく、地上戦の援護にも、味方艦艇や輸送船団の護衛にも出撃しなければならない。島の上陸作戦や占領には、海軍陸戦隊のほかに、陸軍部隊の派遣がどうしても必要になってくる。ここで島の上でも海上でも空でも陸海軍の連携問題が発生することになった。つまり島嶼戦では、海軍だけの航空戦、海上戦、陸上戦だけで収まらず、陸軍部隊も参入して協同、連携の作戦が生起するために、そのための調整とすり合せの作業が必要であった。飛行場を共同で建設し、通信情報や気象予測の共有化などを進めることによって、陸海航空隊の連携を深めることが期待された。

しかし陸軍と海軍の基地航空隊は、当然ながらそれぞれの運用思想に大きな違いがあった。陸軍航空隊は前線のすぐ後方の野戦飛行場に展開し、前線の部隊を援護し敵地上部隊に攻撃を加えること、すなわち近接支援を主な任務とし、地上に目印のない海上飛行など考えたこともなかった。真珠湾の英雄淵田美津男が、陸軍航空隊がもっと協力してくれたらソロモンの戦いにあれほど苦しまずに済んだと、彼の著書で不満を述べているが（淵田美津男・奥宮正武『機動部隊』一三八頁）、満洲や内蒙古にあって大陸戦ばかりを念頭に訓練されてきた陸軍機に、南太平洋の海面と島々の上を飛行し、海上の艦船や島の敵軍を攻撃するためには、基本からやり直す必要があり、簡単に実現できるほど生やさしいことではなかった。陸軍機が海上を飛行できない理由について諸説あるが、陸軍がメートル法による計測に頼っていたことが、海上飛行する際に飛行距離や方角の読み間違えにつながり（木俣滋郎『陸軍航空隊全史』昭和六十二年　一七一頁）、遭難事故を頻発させたというのが事実らしい。度量衡をカイリに変更するには、飛行機の計器変更から搭乗員の訓練のやり直しまで広範囲に及び、容易にできることではなかった。こんなところにも、陸海軍が個別の道を貫いてきた弊害が出ていたのである。

これに対して海軍航空隊は、漸減作戦に基づく敵艦船に対する魚雷攻撃や敵軍事施設の爆撃が主任務とされた。そのために海軍は二種の航空隊をつくりあげた。一つは航空母艦から発進する母艦部隊、もう一つは基地航空部隊であった。前者は空母を離発着するため単発機で構成され、後者は地上飛行場を使う双発の陸攻と呼ばれる大型機が主体であった。どちらも敵機の攻撃が及ばない圏外から敵艦隊を攻撃するアウトレンジ戦法を実施できるように、非常に長い航続距離を有する点が共通していた。

陸海軍航空隊の運用思想の相違は、両者の飛行場建設に対する違いにも顕著に現れた。陸軍航空は近接支援を重視するため、前線のすぐ近くに簡易飛行場を建設することを企図した。他方海軍航空隊は漸減作戦思想に基づき、長い航続距離を生かして敵艦や敵航空基地を叩くため、敵機の攻撃から安全なはるか遠方に飛行場を設置する傾向があった。ニューギニア戦及びソロモン戦における海軍航空隊が、ラバウルやニューアイルランド島のカビエンから発進して、遠く離れたニューギニアやソロモンで作戦することが多かったのも、海軍航空隊の運用思想に沿った行動であった。ラバウルから一気に一千キロ近くも離れたガ島に飛行場を建設したのは、長い航続能力を過信したのが一因であった（淵田美津男・奥宮正武前掲書　一四二－三頁）。

戦況が艦隊戦から島嶼戦に様変わりしてくると、陸上戦闘が頻発し、それへの航空支援が必要になり、陸軍型近接支援的運用が必要になってきた。それにともない前線近くに飛行場を建設し、これに航空隊を進めて、できる限り早く航空作戦を遂行することが戦局に結びつくようになった。こうした戦況の中で、飛行場の建設が航空作戦のキーワードであることが次第に明らかになってきた。

はじめ陸軍では、工兵隊が工事を担当したが、のちには航空隊に付随する設定隊を編成して事業に当たらせるようになった。海軍も中央機構として海軍施設本部を設置し、各鎮守府の施設部の下に、主に飛行場建設のための設営隊を編成して建設に当った。編成された設営隊は百五十にものぼったといわれる（佐用泰司『海軍設営隊の太平洋戦争』八頁）。

陸軍航空隊においては、一飛行隊のために本飛行場、前進飛行場、後備飛行場の三つを準備するのが理想とされた

（木俣滋郎『陸軍航空戦史』八八－九頁）。しかし前線においては敵機の行動範囲の下で設置されることがあるため、一つの飛行場を建設するだけでも大きな危険を伴った。戦場での飛行場建設は、戦況の逼迫があるだけに、できるだけ短期間に完了しなければならない。だが陸軍設定隊も海軍設営隊もほとんど機械化されず、専ら人力に頼る作業であったため、工事期間がどうしても長くなった。勤勉で安い労働力に恵まれていた日本では、欧米に比べてどの分野でも機械化が大幅に遅れたが、土木事業も同様であった。建設機械の導入が遅れ、欧米ではトラック輸送にする土砂搬送が当り前になっていたが、日本では人力車・馬車・トロッコ等によって行なわれた。こうしたアンバランスな近代化こそ日本の特徴であり、欠陥であった。日本の軍人は、産業と軍事とは直結しないと考えていたようだが、すべての産業の有する能力を戦争に結集しなければならない総力戦においては、立ち遅れた分野がそのまま軍事の弱点になった。その端的な一例が人力による飛行場設営であった。

陸軍の飛行場建設は飛行師団の担当であった。ニューギニアに入った第六飛行師団は第十八軍隷下の兵員等を動かして建設に当たったが、昭和十八年十月の記録からそうした例を引用すると、次のようである。

飛行場	所属部隊作業投入人員数
アレキシス南・北飛行場整備	第十八軍千名、第四航空軍三百名
ハンサ南・北飛行場建設	第十八軍千名、第四航空軍その他百名
ウエワク東・中飛行場整備	第十八軍千二百名、第四航空軍百名
ブーツ東・西飛行場	第十八軍五百名、第四航空軍五十名

（戦史叢書『東部ニューギニア方面陸軍航空作成』四八八－九頁）

第四航空軍の作業人員というのは、第六飛行師団の所属部隊からの派出人員である。兵員に病人が多い状況では、実働数はこれでも多い方であった。彼らがブルトーザーやパワーショベルのオペレーターであれば、これだけいれば十分過ぎるほどであった。円匙と十字鍬だけを頼りに文字通り人力だけで建設に当たったが、工事現場に線路とトロッコが映っている写真があるので、さすがに江戸時代にはない文明の利器が幾らかは持ち込まれていたらしい。米軍が持ち込んだブルトーザーは、昭和十三、四年頃からアメリカのメーカーが日本でも販売した秘密兵器でも何でもない民生品だが、これに着目する工兵隊や航空隊の軍人は一人もいなかった（佐用泰司『海軍設営隊の太平洋戦争』八三ー四頁）。日本軍人の狭い視野、低いマネージメント能力、何でも人力でやる日本人の生活習慣などが、折角のチャンスを取り逃がしたのである。

ニューギニアに進出した第六飛行師団は、隷下に第五、第六、第十、第十一飛行場設定隊を擁していたが、マレー戦の経験のある第五、第六設定隊だけは、英軍のブルトーザー数台を捕獲し使用していた。そのほかの設定隊が持ち込んだ機械といえば、エンジンで動くローラーと、土砂運搬用のトロッコぐらいのものであった。第六飛行師団がラバウルに建設した飛行場は突貫工事でも約一ヶ月間かかっているが、これなどましな方で、ニューギニアでは二ヶ月、三ヶ月かかるのが普通であった。ラバウルは兵員、食糧、衛生、資材取得の面でニューギニアに比べるとずっと恵まれ、このような格差が生じたのであろう。

十八年十月、第四航空軍が隷下に置いた第十三飛行場設定隊は千五十三人の編成で、

八トンブルトーザー	五台	散水車	三台
キャリオール	五台	抜根機	五台
洋蹄輾圧機	四台	自動貨車	四十台

補助機（中耕機）　二台　軽修理自動車　二台
砕土機（ツースハロー）　二台　側車　二台
掻土機　二台　被牽引輾圧機　四台
（戦史叢書『東部ニューギニア方面陸軍航空作戦』四八〇－一頁）

などを擁する最新の土木部隊であった。これだけの装備を有する部隊がたった一つしかなかったのが日本の現実で、まだこの部隊の編成は実験的要素が強く、機械類には故障が絶えず、期待した結果を出さなかった。この時期は、日本軍が制空権を失い、フィンシュハーヘンの戦闘でも苦戦している時である。建設機材の実験をしている余裕はなかった時に、ようやく機械化の実用試験をしているようでは、実戦には間に合わなかったのも当然である。

ウェワク東飛行場を飛行機が離発着できる状態にする工事では、十八年一月二十日頃から二月末までの一ヶ月余かかっているが（戦史叢書『東部ニューギニア方面陸軍航空作戦』七三－七七頁）、不完全であったために十月に再整備を行うことになった。建設用地の自然条件、投入兵力量、兵員の健康状態等が進捗に影響したが、まだ十八年一月といえばウェワク方面には敵機の来襲がなく、工事も妨害を受けず、食糧支給も十分で兵員も元気一杯働くことができた頃で、不完全ながらも一ヶ月余の期間で完成したのであろう。

昭和十八年七月に第八方面軍参謀から大本営陸軍部参謀に異動した井本熊男が、十四日に帰還報告を行なっているが、最後の部分で飛行場建設について取り上げ、

敵は飛行場一つを一ヶ月で作る。わが方は如何に努力しても三ヶ月かかる。現地軍に機械力を付け、各種修理能力を持たせるべきである。
（戦史叢書『大本営海軍部・連合艦隊〈4〉』三九〇頁）

と、飛行場建設の実態について指摘している。あとになればなるほど期間が長引くようになり、ついには四、五ヶ月もかかるのも珍しくなくなった。井本は建設部隊に機械力をつけよと、軽々しく提言しているが、日本のように軍事面ばかりに特化してアンバランスな近代化をしてきた国家は、戦闘機のエンジンができても満足な自動車エンジンさえできず、馬力のある輸送トラックも製造できなかった。

堅固な滑走路と広いエプロン、それに掩体を持った飛行場を建設しようとすれば、さらに長い期間が必要であった。連日、米豪軍機が飛来する状況になってくると、頻繁に工事が中断されるだけでなく、被害の修復に時間が取られ、建設作業は遅れる一方であった。完成した数少ない飛行場には、多数の飛行機が蝟集するため、それだけに軽度の攻撃を受けても深刻な被害が出る危険が高かった。日本機が空中戦よりも、むしろ地上待機中における空襲で破壊される割合が高かったといわれるのも、少ない飛行場に多くの機が集中する弊害が一因であった。その後を、大型爆撃機による徹底した絨毯爆撃を受けると、当分の間、使用不能になる飛行場が多かった。このため前線近くの飛行場に航空隊を前進させ、地上軍の行動を援護する近接支援作戦は手の届かない夢に変っていった。これに対して新飛行場を次々に完成させる米豪軍は、運用目的に沿って前線飛行場、本飛行場、不時着用飛行場等の飛行場群を設けて作戦の便宜をはかり、かつ敵機攻撃の危険を分散することができた。

航空機の傘の下で地上作戦をするのがマッカーサーの作戦指揮の鉄則であり、新飛行場が完成するとともに、「所望の地点に上陸し、速かに堅固なる上陸拠点を構成し、此処に航空基地及魚雷艇基地を推進設定したる後更に空海制圧を強化」とあるように、本格的前進を開始するのが通例であった（白井明雄編『「戦訓報」集成』第一巻所収「戦訓特報　第十九号　南東方面ニ於ケル米軍上陸作戦ニ関スル観察」一八〇－七頁）。フィンシュハーヘン、グンビに上陸した米豪軍をみると、橋頭堡を獲得するやいなや飛行場の建設に取りかかり、アイアンマットといわれる穴の開いた鉄板を敷きつめて、四、五日～一週間程度の短期間で中型爆撃機程度の離発着を可能にさせた。しかも急速造成の飛行場であるにもかかわらず、飛行機の迅速な離発着を可能にする誘導路、攻撃を受けた際に爆風から機体を守る掩体まで設置され、極めて実戦能力にすぐれた飛行場に仕上がっていた。

またラエ北方のナザブ平原では、落下傘部隊が降下して飛行場用地を奪取するや、直ちに飛行場の建設に取り掛かり、十日を経ずして離発着を開始させている。この間、建設現場上空には高射砲の猛烈な弾幕を張り巡らして日本軍機を寄せ付けず、地上でも強固な防禦陣地を工事現場の回りに配置して日本軍の反撃を封じた。飛行場の完成と同時に航空隊が進出し、地上軍に対する近接支援をはじめている。前述したように最前線と飛行場の距離は十キロ、二十キロの範囲内にあり、たとえ少数機の前線飛行場進出でも、反復出撃による延出撃数は相当の数に上り、基地とその周囲をがっちり固めることができた。日米の陸軍航空隊の運用思想には共通点も多かったが、日本陸軍航空隊と米陸軍航空隊との間に生じた作戦上の大きな格差は、飛行場建設に対する姿勢と投入するエネルギーの違いに由来するものが多かった。

人力による作業は工期が長くなるだけでなく、滑走路も短く狭い上に、輾圧が弱くしばしば離着陸機の転倒事故を起こした。欠陥飛行場であったわけである。その上、前述のように誘導路もエプロンもなく、掩体もない半完成の飛行場がせいぜいであった。日本軍の飛行場を奪取した米豪軍は、滑走路の幅を広げ、長さを延ばしたといわれるが、ほとんど作り直し同然であったようだ。

米海軍の急速設営隊（Construction Battalions）、通称シー・ビーズ（See Bees. 海蜂）は、上陸に成功するやブルトーザー、キャリアオールなど大型土木機械を動員し、わずか一週間から十日ぐらいで輾圧の効いた大型飛行場を建設している。日本軍の一飛行場が完成する間に九、十箇所も完成してしまう計算で、米豪軍機が先に航空支援作戦を行うのを可能にした。日本軍得意の先制奇襲攻撃は、基地航空隊が主役となった島嶼戦では、米豪軍に完全にお株を奪われる形になった。

日本の「総力戦」のスローガンは、国民の直接間接の国家への献身なくしては戦争に勝利できないことを啓蒙しながら、国民の危機感を煽り、戦意を高める「枕ことば」として使われてきた嫌いがある。国民に国家への献身と犠牲の提供を求めながら、国家自身は、効率的合理的な使用に対する努力を怠り、国力を弱めてしまう体制に何ら改善の手を打たなかった。陸海軍それぞれの中で戦力、技術、人員、資金の集中をはかる制度組織を根本的に改めなければ、とても「総力戦」などできるはずもない。だが自らの問題は棚上げして、国民に対して総力を尽くすように要求する態度を崩さなかった。

軍人が国民に対して「総力戦」への献身を求めるのであれば、軍人自身も「総力戦」の真の意味を理解していなければならなかった。しかし陸海軍大学校の教育は、十九世紀そのままの極めて視野の狭い職能教育や戦術教育に重点を置き、非軍事分野に目を向ける関心とそこでの成果を戦力に変える企業精神を蔑視し、諸分野の成果を結びつけて戦争に寄与する器材を生み出すマネージメント能力を欠いていた。したがって開戦前にブルトーザーを見せられても、その軍事的有用性について気づく軍人は一人としていなかったのである。第三者が教えてくれなければ、何を見ても自分からその価値を見抜けない人間を作ったことが、陸海軍教育いや日本の近代教育の最大の問題点であった。

軍隊生活の中では、一般社会を「地方」「シャバ」などと呼んで別扱いしたが、「総力戦」は両者が一体化して戦争に当たることを意味し、「軍隊」と「地方」との垣根を撤廃し、両者の総力を結集する概念でもある。しかし「社会」の有する諸能力を戦力に結びつける視野と能力を軍人が欠いていては、「総力戦」も看板倒れになるのも当然である。飛行場建設作業を見ると、日本社会全体が農村から供給される安い労働力の利用に慣れっこになっていたため、民間も作業の機械化、効率化、省力化に無関心、無知に近かった。とくに目立った産業革命らしき時代を経験せず、そのため産業革命を生み出した合理的精神が、国家にも国民にも育っていなかったことが災いしていた。中国のような人口大国の人海戦術ならまだしも、当時アメリカのちょうど半分の人口しかなかった日本の人海戦術などはたかが知れている。人口の少ない日本が機械力に頼らず、二倍の人口を擁するアメリカが世界で最も機械力の活用において進んでいたという事実がそのまま戦場に反映し、とくに飛行場の建設の結果に顕著となって表われた。技術力と生産力に負けたという日本人の印象は、あまりにも皮相的である。

ニューギニア戦は第一線としての期間が非常に長かっただけに、日本軍の長所短所がすべてさらけ出された。陸軍にとって最も激しい航空消耗戦となったニューギニア戦では、陸軍航空隊のかかえる諸問題が戦況にも大きくかかわったが、その中で飛行場建設がどれほど重い課題であったか、航空関係者も予想外であった。土木建設分野の実力、後進性が戦況に直結することを、陸軍、おそらく海軍もいやというほど見せつけられた。おそらく陸大や海大で高度と思われる戦術を学んできたエリート達は、どうして土木事業の能力と戦況が関係するのか理解に苦しんだにちがいない。

（五）　陸軍航空隊の展開と敗北

板花中将の率いる第六飛行師団が、ラバウルからニューギニアのウェワクに進出したのは十八年四月である。八一号作戦の失敗、第二十師団のニューギニア・ハンサ湾への上陸援護の経験から、早期にニューギニアに展開すべきであると判断された。ワウから後退し、サラモア戦が激化する直前で、はるか後方で航空戦力の充実をはかっていたのである。最前線の味方を近接支援する任務を重視していた陸軍機は、漸減作戦向きにつくられた海軍機と違って航続距離が短く、ラバウルから飛行するとニューギニア上空で戦闘を交える余裕がなく、早々に退却しなければならなかった。とくに陸軍の主力戦闘機の一つである一式戦闘機「隼」にとって、遠いラバウルよりもニューギニアに根拠を置く方が、どれほど活動しやすいかしれなかった。

中国内蒙古にあった白城子飛行団は、ブーツを根拠飛行場群、マダンとアレキシスを機動飛行場群とし、第六飛行師団司令部はウェワクに本部を、また戦闘司令所をマダンに進めた。二月以来、トラック島で整備訓練を受けていた第二〇八戦隊の九九式双軽Ⅱ型三十五機がブーツに進出したのが十八年五月十日で、この頃に第六飛行師団の実動戦力がほぼ出揃っている。第十二飛行団の一式戦・三式戦五十五機、白城子飛行団の九九式双軽四十七機、一式戦二十機、第十四戦隊の九七式重爆二十機、第七六中隊百式司偵及び第八三中隊九九軍偵九機の約百五十一機が内訳であった（戦史叢書『東部ニューギニア方面陸軍航空作戦』二三九－二四〇頁）。まだ派遣機数を増やす余力があったが、その障碍になったのが飛行場の受入れ態勢であり、狭い飛行場に航空機をこれ以上詰め込むと過密状態になり、わずかな攻撃を受けても大きな被害が避けられないことが懸念された。

米陸軍航空隊の日増しに増大する戦力と活発な行動を受けて、大本営は第四航空軍の下に、右の第六飛行師団を置くことにした。同飛行師団ともに、スマトラ、ジャワ、チモールやアンボンを含む豪北方面で行動中の第七飛行師団を置くことにした。同飛行師団は十八年一月に編成され、第三航空軍に属し、豪州北部を本格的に爆撃する目的の飛行場整備につとめ、六月からポートダーウィン攻撃を開始したばかりであった。第七飛行師団の基幹部隊はインド洋方面で哨戒活動に従事した第九飛行団で、重爆の飛行第七戦隊、同第六一戦隊、戦闘機の飛行第五九戦隊から編成されていた。第六一戦隊がポートダーウィン爆撃にあたったが、人員器材の不足に悩んでいた（前掲戦史叢書　三五一－三頁）。飛行師団が豪州北部爆撃に向けた態勢にまとまりつつあったとき、突然のニューギニアへの移転命令であった。

大本営は、前述した谷川一男大佐の南方航空統帥の一元化案に代表される航空隊運用の一本化を求める声に耳を傾けたものの、現体制の根本的変革を伴う一元化の可能性はないと推量した。これに代わる当座の対策として第四航空軍を設置し、この下に第六航空師団と新たに派遣する第七航空師団を置き、陸軍航空隊だけでも指揮機能の整理統合をはかることにした。第四航空軍司令部と第七飛行師団司令部の陣容は以下の通りである。

第四航空軍司令部

軍司令官寺本熊市中将、参謀長秋山豊次少将

参謀（作戦）大坂順次大佐、参謀（後方）金子倫价中佐、同首藤忠男少佐

参謀（情報）水谷勉中佐、参謀（通信）岡本豪少佐
参謀（作戦・施設）高木作之少佐、参謀（編制）衣笠駿雄少佐

第七飛行師団司令部
師団長須藤栄之助中将、参謀長高品朋大佐
参謀（作戦）吉満末盛中佐、参謀（後方）小島喜久少佐
参謀（施設）東愛吉少佐、参謀（情報・通信）辺見重厚少佐

須藤第七飛行師団長の意を受けて、事前にサラモア方面をはじめ、ニューギニア各地の状況を視察した吉満中佐は驚いた。視察後、十八年七月十日にラバウルに立ち寄った吉満は、第八方面軍の大坂航空参謀に対して、飛行場が狭く重爆用に向いていないこと、修理整備機能が不十分なこと、防空能力が貧弱なこと、給養衛生は最悪であること等を指摘し、配備が予定されているウェワクは空襲の危険があり、西方のホーランディアに根拠を置きたい旨を要請した。しかし大坂はこれに応じず、吉満との間で激論がたたかわされた（前掲戦史叢書　三五三－四頁）。重爆撃機の航続距離からすれば、ホーランディアに基地をおいても大きな影響なく、その上、重爆の任務は近接支援ではなく、遠方からの継続的な戦略的爆撃にあるから、むしろ多少とも安全で、飛行場も比較的広いホーランディアの方が作戦をやりやすかったと考えられる。

しかし第八方面軍司令部、わけても大坂参謀の意図は、合理的運用よりも第一線近くの飛行場から重爆撃機が離発着して、地上の将兵に勇気を与える精神的役割をより重視した。大坂は最後までウェワク進出を譲らず、結局、第七飛行師団のウェワク、ブーツ（But）への進出が決まった。技術の粋を集めて製造された重爆の運用を精神的意図に基づいて考慮する在り方は、いかにも日本的である。貴重な重爆を保有する航空部隊は、こうした非合理な運用法に

ウェワク・ブーツ飛行場

基づいてウェワクとブーツに四つの飛行場に密集したことが祟って、作戦を開始する前に、米軍の大規模空襲でわずか数時間のうちに地上で撃破されてしまうが、詳細は後述する。なおブーツ飛行場は滑走路の中間で東西に分れ、実質的には一つの飛行場と変りなかった。

　こうして第七飛行師団は、吉満が危険視するウェワク地区に展開することになった。四つある飛行場には、すでに第六飛行師団が進出しており、七月末から第七飛行師団が進出した際には、空き場所を探して機体を止めなければならなかった。当分の間、第七飛行師団の機体整備は、第六飛行師団に依存せざるをえないことになった（前掲戦史叢書　三五五頁）。次に、ウェワク地区の四飛行場に進出した両飛行師団下の各部隊の配備状況を紹介する。

ウェワク東飛行場…第一四飛行団司令部（六師）、第六八戦隊（軍直轄）、第七八戦隊（同）、第一三戦隊（六師）、第二四戦隊（六師）

ウェワク中飛行場…飛行班（六師）、独立飛行第八一中隊（軍直轄）、独立飛行第八三中隊（六師）

ブーツ東飛行場…第五九戦隊（七師）、第二〇八戦隊（六師）、第七戦隊（七師）独立飛行第七四

中隊（七師）

ブーツ西飛行場…白城子飛行団司令部（六師）、第四五戦隊（六師）

〔六師＝第六飛行師団、七師＝第七飛行師団、軍直轄＝第四航空軍―筆者注〕

（『幻　ニューギニア　航空戦の実相』一七八－九頁、前掲戦史叢書　三九二頁）

ウェワクの東・中飛行場は現在のウェワクの市街地に収まる近さにあった。ブーツの東のダグアにも飛行場があったことが戦後の地図に見えるが、日本軍がダグアに飛行場を建設したという記録はない。

第五一師団を中心とする部隊がサラモア・ラエ間で戦っている間に、第八方面軍が航空隊の進出を急ぎ、七月下旬までにウェワク及びブーツに進出を終えた。急がされた進出のために、第四航空軍直轄部隊、第六飛行師団、第七飛行師団が同じ飛行場に同居し、このため同じ陸軍とはいえ感情的摩擦の発生もたびたび発生した。

予定されていた第六飛行師団のマダン、アレキシス方面への進出が遅れ、たまたま狭い飛行場に両師団の飛行機が詰め込まれ、「過度的のものであったが、その混雑は想像以上であった」（前掲戦史叢書　三九二頁）と、敵機の攻撃に進んで標的を晒しているような危険極まりない状態にあった。その上、「不備が多く責任の所在も明確」でなかった（同右　三九二－三頁）。

第四航空軍下の東部ニューギニア飛行場設定計画では、右のほかにハンサ北、ボイキン、アイタペ二個、フィンシュハーヘンに建設することになっており、順調にいけばハンサ北飛行場が八月末に、他は九月から十月にかけて完成する見込みであった。各飛行場の防空部隊が備え付けた高射砲は、ブーツ西飛行場八門、ブーツ東飛行場十二門、ウェワク中飛行場十二門、ウェワク東飛行場十八門、ボイキン飛行場十六門、ハンサ飛行場十八門といった寒々しい戦力であった。米軍の超低空爆撃には高射機関砲が有効であったが、その配備数もあまりに少なかった。しかも掩体がなく、機体をさらけ出したままの航空機を敵の攻撃から守ることはできなかった。

第八方面軍司令部の指示は、わずかな隙も許されない最前線からかけ離れたラバウルという比較的安全な後方基地から発せられている。実態をつかまないまま、命令が出されていたといわねばならない。大坂航空参謀がウェワク、ブーツへの集中にこだわった理由は精神主義的なものであったが、先端科学が生み出した飛行機の運用に非合理主義を持ち込む危険性を大坂は認識していなかった。

日本の軍人は航空戦と空中戦を同一視し、空中戦を航空戦と思いこんでいる嫌いがあるが、一方が空にあり他方が地上にあっても、飛行機同士の戦いであれば航空戦である。したがって地上の航空機が敵機に殲滅されれば航空戦に敗北したことになり、航空戦は航空機が地上にあっても油断を許されない。大坂は後方のラバウルで、滑走路手前で沢山の陸海軍機が蝟集し、それでも大事に至らない情景をたびたび見て、さしたる問題でないと思っていたのかもしれない。ウェワクとラバウルとでは最前線と後方の違いがあり、ラバウルでの知見をウェワクで実施するのは無謀であった。

ラバウルで作戦していた第六飛行師団には、「ラバウルの八方面軍は、戦略的な価値判断をする場合にソロモン方面を重視する傾向があった」（『幻　ニューギニア航空戦の実相』一五九頁）といった見方が根強く残っている。現場の人間には、どうしても他方に対するひがみを生じやすい。これもその一つかもしれないが、第六飛行師団の指揮官クラスに、安全なラバウルに留まり、納得できない命令を出す第八方面軍に強い不満を抱くものがいたとすれば、作戦遂行上問題であった。

第四航空軍司令部編制参謀衣笠駿雄少佐の日誌に、八月初め第十二飛行団長岡本修一中佐が内地に帰る途中、マニラで寺本司令官及び秋山参謀長に説明した内容が記されている。抜粋した中で気になるのは、どうしても後方問題である。

○三日くらい戦闘が続くと整備を是非必要とする。

○地上整備力が不足である。整備技能が優秀でない。
○わが飛行場はきわめて悪い。セメントの代わりに珊瑚礁を砕いて使っている。
○第十二飛行団の南東方面作戦は八ヶ月に及ぶが、戦力回復のために一回十日余りの期間をもらっただけである。
○輸送機が少なく、飛行部隊が機動後、整備力の著しい不足で苦しんだことが多い。
（戦史叢書『東部ニューギニア方面陸軍航空作戦』三六二頁）

こうした問題点は長期の消耗戦になったとき、戦力の持続を妨げる大きな要因になる。ニューギニア戦における陸軍航空隊の消耗のうち、前述のように地上でなす術もなく撃破された飛行機が非常に多かったことだが、その一因が整備不十分で地上待機が多かったことである（『マッカーサー大戦回想録』上　一一五−六頁）。多数の高度精密部品の塊である航空機は絶えず整備を必要とし、摩耗したり破損した部品を交換し調節しなければならない。高速で三次元の空間を自由に飛び回る航空機はたしかに優れた兵器だが、それだけに性能を維持するのは容易でない。自動車社会のアメリカ人は自動車の整備も大変であることをよく理解していたが、自転車が一般的乗り物であった日本人には、整備の意味も必要性も十分にわかっていなかった。

何かにつけ精神力を強調したがる歩兵出身の第八方面軍の幕僚たちには、こうした問題点を指摘することすら弱腰と映ったにちがいない。マニラで衣笠参謀の説明を聞いた寺本司令官以下の司令部要員がウェワクに到着したのは八月五日であり、翌六日に寺本司令官と秋山参謀長はラバウルに飛び、七日に寺本は今村第八方面軍司令官と懇談、秋山は大坂参謀と作戦計画について意見交換した。

第四航空軍司令部の指揮権発動は八月十日と定められたが、航空機が危険な状態に晒されているときに、司令部の動きはあまりに暢気すぎるように思われる。しかし、当時とすれば平均以上に早いリズムだった。なお寺本司令官や秋山参謀長は八月初旬にウェワクに着任したことになっているが、九月中旬になるまでまだラバウルに留まり、指揮権発動が果たせないでいた。そのため現地の第六飛行師団の活動について誤解を生じ、第四航空軍と第六飛行師団との間に感情の齟齬を来す原因になっていた（前掲戦史叢書　四二二、四二四頁）。

少数の飛行場への過剰な航空機集中に懸念を示していた第四航空軍は、切迫してきたサラモアの戦況に対応するため、マダンとアレキシスの各一箇所の飛行場に第六飛行師団の一部を前進させた。六月三十日に米軍がサラモアの背後のナッソー湾に上陸、これに対して翌七月一日から第六飛行師団は反撃を開始した。一日の攻撃は双軽十七機、戦闘機十二機、軍偵十機、合計三十機で、三日には双軽十機、戦闘機十二機、軍偵四機の合わせて二十六機で、九日には戦爆連合二十機で行なわれた。十一日には二回にわたって行なわれ、第一次が二十九機、第二次が戦闘機二十九機、重爆九機の合わせて三十八機で行なわれた。十四日には戦闘機二十五機、重爆九機の合計三十四機、二十六日には戦闘機四十機、双軽九機の合計四十九機と、日本軍としては規模の大きな航空戦力を波状的に繰り出しては、上陸米軍に空爆を加えたことがわかる。

飛行場の建設と整備が大幅に遅れている状況の下で、これだけの航空機を離発着させる苦労は尋常でなかったと推察される。飛行部隊間で部品や弾薬、燃料の奪い合い、整備時間のズレが必ず生起したはずで、第四航空軍司令部が不在の下で乗り切った現地指揮官の労苦を評価したい。同じ時期に高地地域のベナベナに発見された敵飛行場に対しても大規模な空爆を再三加えており、ニューギニアに進出した陸軍航空隊がもっとも積極的に活動した時期つまり全盛期と称することができる。

この間、米軍航空隊は日本機の出撃基地に対する報復を極力控え、日本航空隊の猛襲に息を殺してひたすら耐えているがごとくであった。実際にはサラモア戦に戦力を集中し、八月十三日にはB17とB24が六十機以上も飛来し、第五一師団のいる辺りを周囲の山容が改まるほど徹底的に爆撃して日本軍にほとんどの陣地を放棄させた。この空爆に、米軍はなぜか主力のB25を投入しなかった。

八月十一日の百式偵察機の捜索で、ラエの西方七十キロ、ワウからマーカム河を三十キロほど下ったファブアに本格的丁字型滑走路を発見した。日本側はこれをファブアと呼んでいるが、同飛行場はそれほど大規模なものでなく、その近くに米豪軍が建設したマリリナン（Marilinan）がウェワク攻撃用の本格的飛行場であった（Thomas E. Griffith, *MacArthur's Airman*, 一二七頁）。日本軍が執拗に攻撃した飛行場はマリリナンの可能性が高いが、ここでは日本側記録にしたがいファブアとしておく。

十五日朝、第二〇八戦隊の双軽七機、第二四戦隊の一式戦闘機十四機、第五九戦隊の同二十二機の合計四十三機でファブア飛行場を爆撃したが、しかしレーダーかウォッチャーの通報で日本機を待ちかまえていた米戦闘機のために、双軽が集中攻撃を受けて全滅した。まだ地上にはダグラスＤＣ３とおぼしき輸送機があり、空戦の合間にこれらに攻撃を加えて数機を破壊した。この夜も、第七飛行師団重爆七機をもってファブア飛行場を夜間爆撃を行ない、爆撃に成功したとしているが、具体的戦果の方は明らかでない。十六日にも第六飛行師団の戦闘機三十三機、重爆三機でファブアを二度にわたり攻撃、待ちかまえていた敵戦闘機と激しい空戦を展開し、二十機以上を撃墜したと報じられた（前掲戦史叢書　三九一頁）。この間、米豪軍はマリリナン飛行場の完成まで日本軍を刺激しないように努めたが（同右　四〇八頁）、それでもこれだけの攻撃を受けたのは、いかに日本側がこれを危険視していたかの表われであった。

八月十六日夜九時、再びファブア攻撃のため重爆三機が滑走路に向かって移動中に米Ｂ24数機が来襲、ウェワク東飛行場に爆撃を加え、同じ頃ブーツ地区にも爆撃があった。ポートモレスビーから飛来したＢ17の十二機とＢ24の三十八機が単機または数機による波状銃爆撃を十七日の未明まで繰り返したが（前掲戦史叢書　四〇八－九頁）、何波に及んだかもわからないほど執拗な爆撃であった。探照灯に照らし出された敵機を高射砲・高射機関砲が猛射して一機を撃墜したが、一方で朝日大尉の操縦する二式双発戦闘機「屠龍」が三七ミリ砲で二機を撃墜し、無能呼ばわりされはじめていた二式戦が大きな戦果を上げた。少数機の爆撃であったため被害は大きくないとみられたが、夜が明けてみると予想外のひどさであった。米軍側の偵察では、二〇八機中十八機を使用不能にしたと判断しているが、実際はその数倍に達していた（*MacArthur's Airman*, 一二七－八頁）。

十七日早朝、散乱した飛行機の残骸の後片付け、爆撃で開いた穴に土を入れるなどの作業がはじまっていた。そのころブナの飛行場を飛び立った米Ｂ25の大編隊は、午前七時半頃ハンサ湾上空を西に向かって通過し、それから間もなくブーツ東飛行場とウェワク西飛行場を襲った。アレキサンダー山系を超低空で侵入してきたＢ25が、突然飛行場に現われ、パラシュート爆弾を続けざまに投下しながら、一瞬のうちに飛行場を通り過ぎた。その後を追いかけるようにパラシュート爆弾がつぎつぎに爆発、両飛行場には合計八九一個を投下し、たちまち火炎と煙に覆われた（同右 *MacArthur's Airman,* 一二八－九頁）。超低空で投下する爆弾の衝撃波から爆撃機自身を守るために考案されたのがパラシュート爆弾で、爆発までにわずかな時間を稼いで安全圏に飛び去るというものであった。超低空で投下するだけに命中率が高かった。

実際にブナ基地を出撃したＢ25は六十三機であったが、ブーツ地区に達して飛行場を襲ったのはわずか三機に過ぎず、合計一〇五個のパラシュート爆弾を投下、また二十九機がウェワクを地区を襲い、七八六個もの同じ爆弾を投下した（戦史叢書『東部ニューギニア方面陸軍航空作戦』四〇八－九頁）。Ｂ25が得意とした超低空飛行は、相手レーダーに映りにくいばかりでなく、高空に焦点を当てている肉眼警戒をもすり抜けやすく、防空部隊が対処しにくいすぐれた方法であった。しかしこのＢ25編隊は、右のようにハンサ湾通過中に日本側に発見され、第四航空情報隊に報告が入っていた。

直ちに航空情報隊員は、地上にいる一機一機の間を走り回って敵の来襲を知らせたが、間に合わなかった（山中明『カンルーバン収容所物語』八頁）。飛行場に無理矢理に航空機を押し込み、飛行場内での命令系統、情報伝達経路が混乱していた状態では折角の情報も生かすことができなかった（戦史叢書『東部ニューギニア方面陸軍航空作戦』三九五頁）。

この奇襲爆撃によって、第四航空軍が受けた被害は、炎上大破が約五十、中小破が約五十で、地上にあった三分の二以上が破壊もしくは出撃不能になり、出撃可能機は、第六飛行師団が二十八機、第七飛行師団が十二機の合せてわずか四十機という壊滅的状態になってしまった。九七式重爆などはわずかに一機、双軽も五機になり、機種毎にまとまって行なう作戦が不可能になり、機数にあらわれない深刻なダメージを受けた。ウェワク中飛行場の滑走路は穴だらけになった上に、所在の全機が被弾し、ブーツの両飛行場も作戦不能の被害を受けた（『幻　ニューギニア航空戦の実相』一八五頁）。

翌十八日午前八時、再び敵の大編隊がハンサ湾上空を通過中との情報が入った。ウェワク、ブーツの飛行場から一式戦、二式戦、三式戦など合わせてわずか二十三機が迎撃に飛び立った（戦史叢書『陸軍航空の運用と軍備〈二〉』一〇七頁）。米軍のB17が二十七機、B25が五十三機による爆撃によって、地上にあった修理可能機が次々に破壊された。とくにB25による超低空からのパラシュート爆弾投下による被害は決定的であった。しかし迎撃に出た日本機によって十九機が撃墜され、日本側にも自爆二、大破一機の被害が出た。二日間の爆撃によって、二百二十五機あったとみられる第四航空軍機は、わずかに三十数機に激減してしまった（同右　一〇七頁）。

この二日間の爆撃と日本側が受けた被害の大きさから、木俣滋郎は、昭和十九年二月十七日にスプルアンスの機動部隊がトラック島の海軍機二百七十機を全滅させた事件の陸軍版と評している（『陸軍航空戦史』九一頁）。この攻撃を直接体験した航空情報隊の中隊長であった山中明は、「この瞬間こそが日本陸軍航空敗北の第一歩であり、このときより以後、日本は降伏するその日まで、ついに制空権を掌中におさめることができなくなった。まさにその瞬間であった。」（『カンルーバン収容所物語』九頁）と、客観的な歴史評価を下している。

これほど重要な意味をもつ二日間の空爆は、米豪軍側にとって、第四航空軍の戦力が勢揃いする前の先制パンチ的意味と、九月六日にナザブ平原で行なわれる米陸軍史上最初のパラシュート降下作戦のための脅威除去という意味合いもあった。ポートモレスビー攻略作戦、ブナ・バサブアの戦い、八十一号作戦、ワウの戦い、サラモアの戦いと立て続けて敗北と失敗を重ねてきた日本にとって、ウェワクでの航空隊大被害は、攻勢作戦を一層むずかしくしただけでなく、米航空隊の脅威除去をあきらめる上で、重要な契機になった。

爆撃を受けた直後から、ウェワク・ブーツ両地区では昼夜兼行で破損機の修理、飛行場の補修が行なわれた。ブーツ東飛行場にあった百式重爆撃機の第七戦隊は、六機の可動機を温存するため、大急ぎでホーランディアに退いた（前掲『幻　ニューギニア航空戦の実相』一八六頁）。第七飛行師団のホーランディア配備に強硬に反対し、狭い飛行場に多数の機を詰め込んだ張本人である第八方面軍航空参謀の大坂は、四ヶ月後に停職となり、さらに半年後に予備役に編入されている。兵学校同期が終戦まで要職についていたことからみて、日本軍の中では比較的珍しい懲罰人事であったことは間違いない。第八方面軍司令部が受けた痛手がいかに大きかったかを物語っている。

陸軍航空の最精鋭がニューギニアに進出し、本格的活動を開始してまだ一月余という段階で、たった二日間の攻撃を受けて壊滅状態になるとは、大本営も陸軍航空関係者も、また第八方面軍司令部も信じられなかった。短時間で壊滅的損失を出す航空戦の恐ろしさをようやく理解し始めた。ことに二日目の空爆は、数十機のB二五が超低空で通り過ぎたわずか二、三十秒間で、状況を一変させてしまったのである。これを境にして第六、第七航空師団の攻勢作戦は挫折し、残った少数機とわずかな補充機でできるのは、基地上空で敵機を迎撃するのが精一杯で、それさえじり貧となって米機の跳梁をただ傍観するのみという状態になっていった。

ウェワク・ブーツまで制空権を一挙に広げた米豪軍は、九月五日にラエ東方へ上陸、翌日ナザブ平原に落下傘部隊降下、二十二日にフィンシュハーヘンに上陸と、立て続けに攻勢をかけてきた。米豪軍にすれば、脅威であった日本の陸軍航空隊を殲滅させたあとであり、敵機の攻撃を気にせずに進攻作戦に打ち込めばよくなったので、よほど楽な戦いになったにちがいない。

八月十七日以降も連日のように米軍機が来襲し、そのたびに第六飛行師団の戦闘機が飛び立つが、出撃すれば必ず損失が出るため、次第にじり貧になっていった。補充機が来る前に戦力が枯渇する可能性があったが、関係方面の努力で二十日には四十五機にまで回復した。この日、セピック河上流上空にB24、B25、P38の集結の情報を得た第十四飛行団長立山大佐はただちに発進を命じ、二千と四千メートルの二段構えで迎撃を企図した。ところが地上からの無線が不通になったため指揮管制ができず、各戦隊の分散攻撃となった。航空機の組織的運用に不可欠な無線機が故障がちとあっては、航空隊の戦闘が組織戦でなく、個人技の格闘戦と化してしまいかねなかった。レーダーも配備され、敵機を捉えていたが、無線通信という最も基本的機器がこの体たらくでは、レーダーがあっても宝の持ち腐れになるほかなかった。

戦後日本では、レーダー開発の遅滞が敗北の大きな要因と考えられてきた。間違ってはいないが、仮にレーダーが敵の来襲を探知し、迎撃機が飛び立っても、これを敵の来る方向に誘導し、敵編隊に遭遇させなければ、レーダーの価値も半減し、ただ早めの避難を可能にするようなものである。レーダーの威力は、敵の来襲を探知するだけでなく、味方機を誘導して敵に接触させることで、はじめて役割を果たしたことになる。日本の無線通信機には欠陥が多く、折角レーダーが情報をつかんでも、これを役立たせることができなかった。

実用に足る無線機もできないなど各工業部門に見られた発展水準のバラツキは、日本の工業力の裾野の狭さと基盤の弱さの反映であった。産業と技術の発展は、軍需と民需の境界を取り去り、民需の発達なくして軍需の発達もない関係にした。この点について日本の軍隊は逆行した動きをして、軍需が発展すれば、国防の目的を達することができると単純に考えていた。二十世紀の科学技術の発展と工業生産の著しい進展は、消費生活と高い利潤を背景とする民需が軍需をリードする関係に変えてしまった。たとえば飛行機、自動車、電気製品などは、民間メーカーによる技術力と製造能力に裏打ちされて発展した経緯があり、兵器としての飛行機、トラック、通信機等の進歩も民間の後押しを受けてこそ大きな成果が約束された。

明治以来の富国強兵策によって、日本は直接軍需に係わる分野に特に力を入れ、陸軍などは直営の造兵廠に莫大な投資をし、陸軍が使用する兵器の大部分をここで造った。海軍も巨大な海軍工廠を各鎮守府に付属させ、軍艦や艦載砲等の過半を製造したが、しかし三菱や川崎等の民間企業にも発注し、民間企業の発展にも配慮していた点では、陸軍より考え方が柔軟であった。造兵廠及び海軍工廠はいわば国営企業である。造兵廠の場合、陸軍が必要とする銃・

砲を生産したが、国内に競争相手がなく、陸軍省の要求に従ってのみ生産するため、自ら研究、開発する精神を欠き、二十年、三十年も改良を加えないことも珍しくなかった。

技術水準のアンバランスは、近代日本が富国強兵の掛け声の下で、軍需を優先し民需を後回しにしてきたために生じた現象である。しかし戦争が求める戦力の幅が拡大した総力戦になると、これまでの軍需品では戦地の要求を満たすことが困難になり、民生品を改良して兵器として使用することも珍しくなくなった。だが日本のような軍需優先体制では民生品の水準が低く、兵器化できるものは少なかった。飛行機は一流だが、それに搭載した通信機は三流であったというアンバランスこそ、日本の民需・軍需のアンバランスをそのまま映し出したものである。

航空機の活動に見合う通信機を搭載できなければ、その航空機は未完成というべきだが、日本では空中戦ができれば完成品であると解釈されたのであろう。通信能力が不完全な飛行機は大規模な組織戦ができないから、やむなく戦隊ごと、各機ごとで戦うほかなく、ともすると個人技に走りやすい（『幻　ニューギニア航空戦の実相』一八八頁）。航空機を組織戦、集団戦に組入れるには、いつでも会話可能な通信機を備える必要がある。作戦計画に沿っている場合も、あるいは突然遭遇した敵機に対する臨機応変の反撃の場合も、同僚や地上の管制官と雑談でもしているかのように自在に連絡を取り合いながら、集団で行動しなければならない。日本機に装備された通信機が見かけ倒しで、安定した性能を持っていなかったために、搭乗者は随分と苦しめられた（小山進『あゝ飛燕戦闘機』一八六頁）。操縦士も通信機に信頼を置かなかったのか、同僚との連絡も手話で行なうことが多かった。

次の表は、陸軍航空隊の出撃規模を客観化するために、陸軍航空隊と米豪軍航空隊の航空作戦規模を比較する試みである。戦史叢書から関連記事を拾ったが、両軍の出撃時日には若干のズレがあるのはやむえない。表中の日本側の出撃数は記録に基づきほぼ正確だが、米豪軍の来攻数は日本側の目測値・推定値だから、実際との間には若干の誤差があろう。それにしても米航空隊を中心とした連合軍航空隊の動員力には驚かされる。

陸軍航空隊の出撃状況	
一八・五・一七	重爆二〇機
一八・五・二一	戦七機・軍偵二機
一八・五・二五	戦四機・双軽九機
一八・六・二	戦一六機・双軽九機
一八・六・五	戦一八機
一八・六・一四	戦一二機・双軽一二機
一八・六・一六	戦三八機・重爆一八機
一八・六・一九	戦・爆三〇機
一八・七・一	戦一二・双軽一七・軍偵一〇機
一八・七・一一	戦二九機・重爆九機
一八・七・一四	戦二五機・重爆九機
一八・七・二〇	戦五四機・双軽九機
一八・七・二六	戦四〇機・双軽九機
一八・九・九	重爆二機・双軽四機
一八・九・一一	戦四二機・重爆一二機
一八・九・一三	戦四五機・重爆一二機・偵一
一八・九・二一	戦二五機・重爆九機
一八・九・二五	戦二六・双軽九・重爆四機
一八・一一・一九	戦三四機・重爆九機

米豪軍航空隊の来攻概数	
一八・八・一八	爆六〇機
一八・八・二九	爆九〇機
一八・一一・二七	戦・爆一一〇機
一九・一・四	戦・爆一三〇機
一九・一・一八	戦・爆一〇〇機
一九・一・一九	戦・爆一一四機
一九・一・二三	戦・爆七〇機
一九・二・三	戦・爆一三五機
一九・二・四	戦・爆一〇〇機
一九・二・九	戦・爆八六機
一九・二・一四	戦・爆一〇〇機
一九・二・二五	戦・爆一四〇機
一九・三・一一	戦・爆一五〇機
一九・三・一三	戦・爆一七〇機
一九・三・一四	戦・爆一五〇機
一九・三・一五	戦・爆二一〇機
一九・三・一六	戦・爆二〇〇機
一九・三・一九	戦・爆三五〇機
一九・三・二〇	戦・爆三四〇機

戦＝戦闘機、軍偵＝偵察機、双軽＝双発軽爆撃機、重爆＝重爆撃機、爆＝爆撃機

八月二十三日に寺本第四航空軍司令官が幕僚に示した研究事項に、出動可能機数を二百機に回復する方策が含まれているが(戦史叢書『東部ニューギニア方面陸軍航空作戦』四〇〇-一頁)、機体だけでなく経験を積んだパイロットの確保となると一層むずかしかった。だが表を見ると、壊滅的損害を出した八月十八日以前の出撃規模と、その後の規模とがあまり違わない。一旦落ち込んだあと、回復につとめたあとがうかがわれる。

八月三十一日の第四航空軍隷下の実動機数は、司偵四、重爆四、双軽七、軍偵五、戦闘機五十五の合計七十五で、順調に回復しているものの、爆撃機があまりに少なく、これでは守勢の航空勢力になったようなものである。だが九月十日頃の第四航空軍の出動可能機数は百機程度まで回復し、十一日には第七飛行師団が重爆十二機、戦闘機四十二機という久しぶりの大集団を編成し、ホポイ攻撃に向かっている。十三日には第七飛行師団は、ファブア攻撃のために重爆十二機、戦闘機四十五機、司偵一機の合計五十八機を動員しており、次第に規模の大きな作戦が出来るようになっていった(前掲戦史叢書 四二三頁)。

それにしても、日本の航空隊の出撃規模と米豪軍のそれとは一桁も違う実情に驚かされる。第四航空軍隷下の二個飛行師団の投入によって、配備機数にそれほど差がなくなったにもかかわらず、これほど大きな差が出るのはなぜだろうか。推測の域を出ないが、飛行機を整備する兵員の能力や部品の供給、機体の頑丈さや簡便さ、パイロットのローテーションといった、速力とか上昇限度といった性能値に現われない要素が大きく関係していたものと考えられる。

日本側の二、三日置きの攻勢出撃とほとんど毎日行なわれる連合軍の空襲の間で、補充と消耗が繰り返され、必死の補充で戦力がある程度まで回復しても、作戦による損耗と連合軍の襲撃による損失とが補充を上回るようになっていった。表にない九月十五日に、P38が三十機、B24が二十二機という米軍としては小規模の攻撃があり、日本側は五十五機もの邀撃機をあげて阻止につとめたが、地上で二十五機もの被害を出した(前掲戦史叢書 四二六頁)。一時間以上も前にマダン近くの対空監視哨からの情報があったにもかかわらずこれほどの被害を受けたのは、故障か整備不良で離陸できない機体が多数あったことを推測させる。

九月二十二日、米豪軍のフィンシュハーヘン上陸作戦があり、これに対する各航空部隊の反撃は歯がゆいほどの小規模なものであった。翌二十三日、第四航空軍は隷下の各部隊の実動戦力を点検したが、その結果、第十三戦隊四十五機、第四五戦隊三十二機、第七四中隊十二機の合計八十九機に過ぎず、この中から十機、十五機と抽出して攻撃隊を編成するのは容易なことではなかったであろう（前掲戦史叢書　四三八頁）。二十機、三十機の規模の反撃もあるが、たった二機の双軽、二機の重爆の出撃もあり、まとまった機数による航空作戦が困難になってきた内情が露呈しはじめていた。

第六章　第三期ニューギニア戦

昭和十八年の空白　唯一の戦場

（一）戦線を離脱した連合艦隊　活動の場がない主力艦

〝戦史から戦訓を学ばないのが戦訓〟というのはいい過ぎであろうか。近代軍艦の最初の海戦が起こった日清戦争、日本海海戦のあった日露戦争で勝利を収めた日本は、列強にもない最新の戦訓を山のように獲得した。戦役後、二十三冊の秘密版『明治二十七八年海戦史』、一四七冊の極秘版『明治三十七八年海戦史』を編纂し、戦訓を忠実に書き残す作業も怠りなくやった（拙著「日清・日露海戦史の編纂問題」『軍事史学』所収）。しかし苦心して編纂された戦史に学ぶよりも、根拠に乏しいある部分だけを集中豪雨的に自画自賛する世間の風潮にも惑わされた。こうした傾向は、今日に至るまで何も変わっていない。日露戦争以降、日本海海戦の勝利を誇りの根源としてきた日本海軍にこの傾向が強かった。

ミイラ取りがミイラにならないように注意しながら、少し本題を離れて、巨視的態度で日本海海戦を改めて見直しておきたい。この海戦に臨んだ日露両艦隊は、ロシアが戦艦・装甲巡洋艦を主力とした大型艦偏重であったのに対して、我が国のすぐ近くで待ちかまえることができた日本艦隊は、大型の戦艦から小型の水雷艇に至るまで全勢力を戦いに投入することができた。戦闘の経緯を辿っても、日本海軍の戦艦・装甲巡洋艦群、巡洋艦・海防艦群、駆逐艦・水雷艇群はみなそれぞれの部署、役回りがあって、どこをとっても拱手傍観している艦艇はなかった。全艦艇に出番が回ってきて、完璧に与えられた役割を遂行できたことが完全勝利につながった。大型艦だけで勝ったのでもなく、小型艦艇だけでも勝てなかったのはいうまでもない。

大砲よりずっと爆発力の大きい魚雷が実用化される前であれば、排水量と大砲の口径が比例するため、小型艦艇の存在感は排水量そのままの小さなものであったろう。だが自走する上に炸薬量が砲弾よりはるかに多い魚雷が実戦に使用されるようになると、艦艇の破壊力は排水量に比例しなくなった。日清戦争の威海衛海戦で、五十トン前後の水雷艇が七千トンを超す「定遠」のほか、四千トン級の「来遠」「威遠」等を沈めるのを見た世界の海軍関係者は度胆を抜かれたが、十年後の日本海海戦でも水雷艇がロシア戦艦にとどめを刺す荒技をやってのけた。

世界に先駆けて日本海軍が実証したのは、魚雷の登場によって、大砲だけが敵艦撃破の唯一の手段でないだけでなく、優秀な魚雷を搭載すれば、小型艦艇でも大艦に劣らぬ攻撃力を備えた事実であった。無論、小型艦艇は防禦能力、凌波能力、航続能力に劣り、一発被弾で轟沈するおそれがあり、また荒海での航行困難といったマイナス点があるので、いつでも、どんな時でも大型艦に太刀打ちできるわけではない。しかし小型艇の軽快迅速、標的になりにくい長所もあり、時と場所を選べば、大型艦に十分対抗できることが明らかになった。したがって中小艦艇の長所を生かす作戦計画を立て、すぐれた指揮と適切な判断がともなえば、鈍足で格好の標的になりやすい大型艦を撃破することもありうるわけで、大型艦だけで編成される艦隊よりも、小型艇も組み入れた艦隊の方が、あらゆる状況への対応能力が高くなることが証明された。

日本艦隊の一方的勝利について、戦役後、主力艦群の活躍を勝因とする解釈が定着したが、この解釈は、均整のとれた編成と全艦艇が働くように作成された作戦計画が勝因になった客観的事実を無視している。主力艦の逐次回頭に続く丁字戦法（同航戦）が勝利に大きくかかわったことについて否定するつもりはないが、日本海海戦ほどの大規模な海戦になると、主力艦だけで海戦全体を制することは困難である。機能・組織・作戦計画の三位一体が実現し、広範囲な海上に散開した全艦艇が、それぞれの持ち場で能力を発揮しなければ勝利を得ることはむずかしい。すべてを主力艦群の丁字戦法のせいにするのは戦記物の作者には都合が良いが、持ち場を与えられ、研究と訓練に余念のないプロの軍人までもが、自らの体験を忘れては何をかいわんやである。

『明治三十七八年海戦史』には極秘版のほかに普通版があり、一般に広く頒布する目的で編纂されたこの戦史には、海軍の誇りうる海戦の勝因を強調する意図が幾分でも見えていそうなものだが、どこにも主力艦だけで勝ったことを強調した部分などない。極秘版戦史も同じで、これが海軍の公式見解であった。ところが海軍大学校（海大）において、「海戦史」とは解釈の大きく異なる講義が行なわれた。当時海大の教官に、戦争中の作戦計画のほとんどを手掛けた秋山真之のほか、すでに戦術理論家として広く知られた佐藤鉄太郎、水雷の神様と讃えられた鈴木貫太郎などが戦争を終えて赴任し、海大の黄金期とまでいわれた。だが日本海海戦で丁字戦法、乙字戦法を組み込んだ作戦を立案し、勝利をもたらす立役者となった秋山真之は、以前のような生彩がなく、むしろ上村彦之丞の下で、第二艦隊参謀として連合艦隊司令部の方針にときどき噛みついた佐藤鉄太郎の方が目立った。佐藤は日露戦後にすっかり艦隊決戦論者となり、『帝国国防史論』に描かれた論旨はきわめて明快で、学生も艦隊決戦論にすっかり酔い、佐藤の講義に傾倒し、その後の海軍に与えた影響は小さくなかった。

艦隊決戦論は、日本海海戦をそのまま理論化したもので、戦艦や装甲巡洋艦の最大の武器である主砲によって一気に敵艦隊を撃破し、海戦に勝利を収めるというシナリオ構成で、論が立てられていた。しかし二度と同じ経過を辿る戦闘はありえないし、二度とおなじ戦況が起きないのが歴史だが、艦隊決戦論の問題点は、主砲の破壊力や主力艦の防禦能力の数値化、砲弾の発射数や射程との関係、有利な陣形を理論化するだけに止めればまだしも、全般の戦況、戦闘の推移といった前提や条件までも理論の中に組み込んだことである（山本親雄『大本営海軍部』二二四－二二七頁）。威海衛に逼塞した北洋艦隊を水雷艇が撃破し、ようやく勝利を確定した日清戦争からまだ十年しかたっていないのに、それを忘れて日本海海戦のような艦隊決戦が必ず生起すると信じる思い込みの強さに驚かされる。たまたま両国の主力艦隊が遭遇した事例をもって、これを普遍的事象と考える非科学性に気づかないほど海軍軍人は愚かでなかったはずだが、大勝利に有頂天になり、科学性や合理性のすぐ近くに存在する非理性の世界にはまってしまったのである。

大正・昭和の海軍の諸政策は、こうした理論化できないことまで客観的合理性を有するものと信じ込んだところから立てられた。社会科学の世界では、自然科学のように実験による証明ができないために、机上の空論にすぎないものが組織の力で科学的・合理的なものと見なされ、生命を与えられて怪物化することが時々ある。艦隊決戦論もこうした怪物の一つであったといえるかもしれない。

第一次大戦後、国際政治のリーダーがイギリスを中心とした西欧諸国からアメリカに移り、航空機や潜水艦が実用化され、戦闘の形態に革命的変化が起こりうると指摘されても、日本の艦隊決戦論は生き残った。というよりこれ以外は考えようとしないで、これを否定する新理論の侵入と必死に戦ってきたというべきかもしれない。そして新要素をすべて艦隊決戦論にとって都合よく解釈し、決戦論にはいささかも影響がでないように努めた。すなわち航空機や潜水艦を艦隊決戦に利用する漸減作戦の手段に組み込み、ますます艦隊決戦論を元気づけることに成功したのである。まるで艦隊決戦論を海軍の先達がつくった祖法のように取り扱い、これを変更することなどあまりに畏れ多いとし、航空機や潜水艦、多数の魚雷を発射できる駆逐艦が主力となる時代に、艦隊決戦兵器としての戦艦、重巡の研究、改造に力を入れ続けた。

艦隊決戦は無数の海戦の中の一つのカタチに過ぎないが、海軍は艦隊決戦を朱子学の宇宙真理でもあるかのようにとらえ、戦争の中では必ず艦隊決戦が生起し、これによって戦争が終結すると信じ込んだ。これに対する批判があっても取り合わず、かたくなにこれを信じ続けた。そのため艦隊決戦のための戦艦、重巡の建造を重要視し、それに合わせた組織や戦術をつくり、航空機や潜水艦もこのために生かすように改良を重ねた。戦争の専門家である軍人すべてが、同じカタチの海戦が繰り返されると信じたとは思えないが、実際にはそれに等しい結果になった。

昭和九年末、日本政府はワシントン軍縮の離脱を決定した。この日を待っていた海軍は、「大和」型巨大戦艦四隻の建造に着手した。いつの時代にも、バランスの取れた編成が不測の事態への対応を可能にしてくれるが、率先してアンバランス艦隊の編成に乗り出したのである。資金も資材も巨大戦艦に投入し、ほかを犠牲にする計画は、それが外れたときのリスクが、とてつもなく大きいことを覚悟をしなければならない。次の戦争において巨大戦艦が威力を発揮すればよいが、それが無惨にも外れた場合、残された選択肢が幾らもないだけに、悲劇的結末がかならずやってくる。歴史の教訓では、次の戦争の展開に関する予想が実際に当たることはほとんどなく、戦争の展開を予想して特定の艦種に特化するのは危険な賭けに等しい。戦争の展開が予想できなければ、どう展開しても対応できるようにバランスの取れた艦隊編成にするのが、最も安全かつ最良の方法である。日本海軍がこの方法を選ばなかったということは、国家の運命をバクチにかけたということであろう。

巨大戦艦を建造する理由は、パナマ運河の幅に制約される米海軍に対して、これを凌ぐ巨大砲を持つ巨大戦艦を持てば決定的に有利になるという確信にある（野村実『日本海軍の歴史』一六四－五頁）。これが危ういのは、口径の大きな大砲ほど相手の主力艦の撃破に有利と計算し、相手方の飛行機や潜水艦の脅威をほとんど計算に入れていない点にある。潜水艦や飛行機が登場して、海戦の中に新しい兵器として魚雷や爆弾が加わった。飛行機が投下する爆弾には未知数の点が多いかもしれいないが、魚雷については、すでに日清・日露戦争で日本海軍が戦艦撃沈の戦例を世界ではじめて残し、この方面では日本海軍が最も進んでいると見られていた。それにもかかわらず巨大砲を最良の攻撃力と決め込み、これを搭載する巨大戦艦を建造するのは、どうみても自ら範を示した戦訓の無視であり、魚雷戦という必殺技の放棄である。

大砲が大型化すると、それに比例して船体も大きくなり、それにつれて建造費及び維持費の財政負担が国家に重くのしかかる。大砲は大型化すれば破壊力も大きくなり、さらに射程も伸びるが、肝心の命中率が落ちるために、大型化して得られるメリットはさほど大きくない。利点は大きくて強そうな精神的安心感を味方に与えることで、それ以上でも以下でもない。これに対して数十トンの小さな艦艇からも発射できる魚雷の破壊力は戦艦の主砲をも上回り、費用対効果の面で非常にすぐれた経済性を有していた。こうした魚雷を搭載する駆逐艦等の小型艦艇は、廉価な建造費・維持費ですむ上に、高速性、汎用性などの利点を有する。巨大戦艦と駆逐艦等小型艦艇を総合的に比較して、航空攻撃の脅威が増すこれからの時代にどちらが生き残るかも判断しなければならなかった。

日本の貧しさゆえに、少数で大敵に当たろうとしたと弁護する声がある。わざわざ莫大な費用のかかる巨大砲を搭載する巨大戦艦の道を選んだことは、貧しさを理由にする論と矛盾する。貧しさを理由にするなら、貧者向きの利器を探すぐらいの動きがあってもよかった。少ない予算で大きな威力を発揮する魚雷主体の道を選ばなかった理由は、外国にそうした前例がなかったためである。日本だけが収穫した戦訓がありながら、外国が戦艦を造ればこれに追随し、さらに大きい戦艦を造ればまた追随する。追随しながら、わずかでも追い越すのが日本の得意技であり、「大和」型建造はその延長であった。外国と異なる道を選ぶ勇気も、独創性もなかった。

米軍のツラギ及びガダルカナル島の進攻をめぐり繰り広げられたソロモン海での戦闘では、日米軍の上陸作戦と海上の各種支援作戦、基地航空隊間の攻防戦が戦闘の中心となり、大艦隊が相撃つ戦闘は姿を消した。日本海軍は敵の戦艦でなく、米陸軍航空隊のＢ17、Ｂ24、Ｂ25等の爆撃機による攻撃に晒された。開戦前、海軍の中で米陸軍機と対決すると予想したのは、大本営作戦課航空参謀三代一就中佐ぐらいのもので（山本親雄『大本営海軍部』一一一頁）、海軍は敵海軍としか戦わないというのが大方の見方であった。海軍艦艇は昼間の活動を避け、得意の夜戦に重点を置くようになったが、米海軍がレーダーを使用し始めると、それまでの自信が揺らぎはじめた。

昭和十七年八月二十四日午後、ガダルカナル北方海上において南雲機動部隊とゴムレー中将麾下の米機動部隊とが遭遇し、日本側は空母「龍驤」を失い、米軍側は空母「エンタープライズ」が大破したものの沈没は免れた。第二次ソロモン海戦である。十月二十六日、第二次ソロモン海戦とほぼ同じ海域で、再び両国の機動部隊が交戦した。角田覚治の勇猛果敢な攻勢が成功し、米空母「ホーネット」を撃沈、「エンタープライズ」を再び大破させ、日本側には沈没がなかったものの、空母「翔鶴」「瑞鳳」が大破した。日本海軍に痛かったのは、百名を越す優秀なパイロットを失ったことである。南太平洋海戦である。

この海戦によって米海軍は、太平洋で満足に活動できる空母がゼロになり、自ら「米国海軍創始以来最悪の日」と形容したほど深刻なダメージを受けた。惨敗したミッドウェー海戦の借りを返すには幾分足りなかったが、それでも日本側が大きく巻き返したことは明らかだった。しかしこれ以後、優勢に転じた日本海軍は、米海軍以上に消極的になった。米海軍が立たされた苦境を察知できなかったことと、パイロットの補充が進まなかったこと、主力の「翔鶴」「瑞鳳」がしばらく動けなくなったこと等が重なって、これ以上の追撃も攻勢もできなかった。戦力の限界であった。これから十九年六月のマリアナ海戦までの一年八ヶ月近くもの長期間にわたり、空母機動部隊は戦線を離脱し、後方で大きな図体と多額の維持費に釣り合わない活動に時日を消費することになった。そうなると米海軍と互角に渡り合ったのは、南太平洋海戦あるいはその半月後の第三次ソロモン海戦までということになる。開戦直前の九月十六日に、近衛首相から日米戦の見通しを問われた山本五十六が、「一年や一年半は暴れて見せるが、その後のことは全く保証できない」（山本親雄前掲書　三三頁）と約束した話はあまりに有名だが、まったく正しく言い当てたことになる。

ガダルカナル島の第十七軍が計画する第四次総攻撃の前に、重砲・砲弾・糧食・補充兵を満載した輸送船団が同島に向かうことになった。十一月十二日深夜、ガ島の米軍飛行場を艦載砲で破壊するために接近しつつあった阿部弘毅少将率いる戦艦二隻、軽巡一、駆逐艦十六の艦隊と、カラガン少将率いる重巡二、軽巡三、駆逐艦八の米艦隊とがいきなり遭遇した。第三次ソロモン海戦のはじまりである。日本側は、戦艦「比叡」が舵機を破損して航行不能に陥り、夜が明けるとともに「エンタープライズ」の艦載機の攻撃を受け自沈した。日が暮れ、再度の揚陸作戦支援のため行動中の近藤信竹司令長官隷下の第二艦隊と米戦艦群が遭遇し、戦艦「霧島」が猛火を浴びてついに自沈させられ、揚陸作戦も中止となり失敗に終わった。米艦隊もカラガン、スコット両少将が戦死し、重巡など数隻を失うなど大打撃を受けたが、日本海軍の輸送作戦を阻止した点で、アメリカの戦略的勝利とされる。

この海戦が、南太平洋方面で日本海軍が誇る戦艦及び重巡が作戦した最後になった。空母機動部隊に次いで戦艦・重巡の主力艦群も戦場を離脱し、激戦地に大型艦がいなくなった。対米戦においては、海軍つまり連合艦隊が日本の運命を担って前面に立つことになっていたが、連合艦隊は事実上この大任を放棄し、トラック島のほか本土やシンガポール沖ルンガ泊地へと後退してしまった。坂口太助が防衛研究所所蔵の「行動調書」に基づき作製した「戦艦及び重巡洋艦行動概要」によれば、昭和十八年における主要艦船の行動はつぎのようになる。

昭和十八年の戦艦及び重巡洋艦行動概要

軍艦名	昭和十八年行動概要
戦艦金剛	トラック→佐世保→呉→トラック→横須賀→ブラウン環礁→トラック→佐世保
戦艦榛名	トラック→佐世保→呉→トラック→横須賀→トラック→ブラウン環礁→トラック→佐世保
戦艦扶桑	呉→トラック→ブラウン環礁→トラック
戦艦山城	柱島→横須賀→呉→宇品→トラック→徳山→柱島→横須賀
戦艦大和	トラック→柱島→呉→トラック→横須賀→トラック→呉
戦艦武蔵	呉→トラック→木更津→横須賀→呉→トラック→ブラウン環礁→トラック
重巡愛宕	呉→トラック→横須賀→トラック→ブラウン環礁→トラック→ラバウルで損傷→トラック→横須賀
重巡高雄	トラック→横須賀→トラック→ブラウン環礁→トラック→ラバウルで損傷→トラック→横須賀
重巡羽黒	トラック→横須賀→佐世保→呉→トラック→ブラウン環礁→ブーゲンビルで交戦→ラバウル→トラック→佐世保→呉→トラック
重巡鈴谷	カビエン→トラック→呉→横須賀→呉→トラック→ラバウル→トラック→ラバウル→トラック→ラバウル→ルオット→トラック
重巡熊野	カビエン→トラック→呉→横須賀→呉→横須賀→トラック→ラバウル→トラック→ラバウル→ロンバンガラ→ラバウル→トラック→呉→トラック→クエゼリン→ルオット→トラック→カビエン

重巡利根	トラック→ヤルート→トラック→舞鶴→呉→トラック→横須賀→呉→トラック→ラバウル→トラック→ブラウン環礁→トラック→呉→トラック
重巡筑摩	呉→トラック→横須賀→呉→トラック→ブラウン環礁→トラック→ブラウン環礁→トラック→ブラウン環礁→トラック→ラバウル→ルオット→トラック→呉

これらの主力艦の昭和十八年における行動経路は、トラックを拠点に内地、ブラウン環礁、ラバウル、それに時々カビエン、ルオット、ヤルート等の間を往来しているだけである。ブラウン環礁は、連合艦隊が来たるべき艦隊決戦に際して艦艇の集結地と定めていたところである。同環礁は周囲四十キロ程で、環礁上にエニウェトク、メレヨン、エンチャピー等の小島がある（井本熊男『作戦日誌で綴る大東亜戦争』五一六頁）。連合艦隊の戦艦は、トラック島、内地、ブラウン環礁間を往来するだけで、その動きはきわめて緩慢だが、艦隊決戦の際の集結地とされたブラウン環礁に時々入泊していることは、まだ戦う気力を有していた現われであろう。重巡は戦艦と異なり、その高速を生かし、陸軍や海軍陸戦隊向けの物資を送り届ける任務を帯びて、南太平洋を往来していた。しかし重巡が立ち寄った島々の中で、敵機の爆撃の危険の高いのはラバウルだけで、実際にたまに入泊した何隻かが被弾して修理を余儀なくされている。それ以外は敵機の爆撃圏外にあった。

昭和十八年から翌年にかけ、主力艦は何もしていなかったわけではないが、敵機を避け、主に配達業にいそしみ、最前線のニューギニアやソロモンには決して近づこうとしなかったことがよくわかる。膨大な国費を使って建造した主力艦の任務は、最前線に出て敵の侵攻を阻止することであったが、一年数ヶ月以上もの間、後方にさがっていては、ニューギニアにおいて後退から攻勢へ転換をはかろうとしても実現するのはむずかしかった。いずれにしろ十八年だけを見ると、連合艦隊の多数の主力艦が積極的作戦のためにどこかに集結した形跡がない。そのため十八年には、主力艦が参加した海戦が一度もなかった。

機動部隊や主力艦群が再び登場するのは、前述のように十九年六月のマリアナ海戦で、一年七、八ヶ月余もの長い期間、最前線から遠ざかっていたことになる。この間、戦闘が休止状態になれば、連合艦隊主力艦の後退も再建期間として説明できるが、戦闘は一日も休まず続いていたのだから、戦場から離れたことを戦線離脱と呼んでも致し方あるまい。将来の戦いを言い当てるのが極めて困難であるにもかかわらず、艦隊決戦の必然性を主張して戦艦偏重というモノクローム的艦隊構成にした結果、想定外の戦況について行けなくなったのである。戦えない軍艦を多数抱えることになった海軍の戦力は、当然著しく低下することになり、そのしわ寄せは島々に送り込まれた将兵にかかっていった。

陸軍の主担当になったニューギニア戦は、ソロモン諸島のように連合艦隊の全面的支援を受けられなかった。それにもましてもっとも戦闘が激化した昭和十八年後半に、連合艦隊が戦場近くにまったく姿を見せなかったのが痛手だった。連合艦隊司令長官の山本五十六がトラック島で巨体を持て余す「大和」を去り、ラバウルの航空基地に赴いて直接航空隊を督戦したのは、戦争の趨勢を如実に反映したもので、連合艦隊を廃止して連合航空隊を編成すべき時期に来ていたといえる。

(二)　小型艦艇の活動

日清戦争の際、魚雷を搭載する小型艦艇恐るべしと各国海軍に戦例を見せつけた日本海軍であったが、その後の日本海軍はこうした戦訓とは反対に近い道を歩んできた。日露戦争から十一年後、第一次大戦において独海軍は、潜水艦による通商破壊戦に転じる一方、魚雷艇と呼ばれる小型高速艇を使用して連合軍を大いに悩ませた。他国の追随を許さない高性能ディーゼルエンジン、高性能バッテリーが、革新兵器を出現させた。日本の戦訓が正しかったことを証明した形になったが、艦隊決戦に裨益するか否かで判断する日本海軍はほとんど関心を示さなかった。

太平洋戦争初頭から華々しい活躍をしたのは航空機だが、戦いが島嶼戦へと転移するにしたがい、水を得た魚のように生き生きと活躍しはじめたのが駆逐艦であった。深夜、前線部隊に糧食や武器弾薬の補給品、補充兵を送り届け、帰りには傷病兵を乗せ、夜が明ける前に安全圏に引揚げてこれるのは高速の駆逐艦だけであった。ガダルカナル島をめぐるソロモン海における諸海戦でも、戦艦の主砲でなく、駆逐艦群が音もなく一斉発射する数十本の魚雷によって瞬時に決まることが多くなった。日本海軍が精魂を傾けて建造した戦艦群や重巡群が戦場を離脱すると、ますます駆逐艦の活躍の機会が増えることになった。

戦艦自慢の主砲は航空攻撃に無力であるばかりでなく、高速で航走する駆逐艦から発射される魚雷、海中の潜水艦から発射される魚雷に比べても、有効な兵器とはいえなかった。六万トン級「大和」型一隻の主砲は九門だが、二千トン級駆逐艦には八本の魚雷発射管があり、駆逐艦が仮に五隻合わせて作戦すると、五隻が一斉に放つ魚雷は四十発にもなる。命中率は四十発が一斉に放たれた魚雷の方がずっと高く、ルンガ沖海戦もこうした魚雷戦によって一瞬に勝負がついた(『丸別冊　ソロモンの死闘』所収　渡辺喜代治「ガダルカナル輸送隊－駆逐艦『黒潮』戦闘日誌」四七〇－三頁)。また潜水艦が海中から一斉に放つ四発の魚雷も命中率が高く、米潜水艦は日本海軍の空母九隻を含む七十二隻の水上艦を沈めている。鈍足で巨体の戦艦よりも、快速小型の駆逐艦や海中から標的を狙う潜水艦の方が実戦的であり、太平洋における戦況を左右した。

駆逐艦や潜水艦が主力艦群を脇に押しやって前面に出ることができたのは、実戦向きということもあるが、主兵器である魚雷の操作性、安全性、破壊力、射程が飛躍的に進歩し、戦艦の主砲にまさる兵器に発展したためである。主砲は大型艦付きの兵器で、一発の威力も経費もこれを搭載する大型艦の建造費や維持費を合わせて計算する必要がある。コストパフォーマンスの視点からみれば、戦艦付きの主砲と魚雷とではあまりに違いすぎ、主砲は放蕩の穀潰しに近かった。要するに魚雷は新しい時代が求める要素を備えた兵器であるのに対して、戦艦の主砲はコストなど無視し、国家の威信をひけらかすことが求められた前世紀の兵器であった。

太平洋戦争は主砲から魚雷への転換期、過渡期であり、魚雷を有効に使用する作戦思想を練り上げ、魚雷を発射できる水上艦艇、潜水艦、航空機をより多く整備し、魚雷をより多く発射した側が勝利を得る戦いであった。軍人にも歴史観が必要なわけは、軍事の分野においても、時代の潮流を先んじるか、少なくとも時代に対応することが求められているからである。日本海海戦と同じ艦隊決戦が必ず起きると確信する軍人には、時代の潮流を読む歴史観が欠けていたことは明らかである。技術発展の影響を特に受けやすい海軍軍人は、新しい技術が新しい時代を切り開く当たり前のことが理解されているはずであった。技術の進歩がもたらす新しい時代に、過去に経験した艦隊決戦が生起すると考えることが、非合理非科学的であることになぜ気がつかなかったのだろうか。

因みに砲弾と魚雷の性能比較をしてみると、左記のような数字がでる。

〔主砲砲弾〕

	大和型	長門型	山城型
弾丸重量	一、四六〇kg	一、〇二〇kg	六七三kg
炸薬重量	三三・四kg	二五・三kg	一五・三kg
最大射程	四〇、八〇〇m	三七、九〇〇m	三五、四五〇m

〔魚雷〕

	九〇式	九三式三型	九七式
雷　速	四六kt	五〇kt	四五kt
炸薬重量	四〇〇kg	七八〇kg	三五〇kg
射　程	七、〇〇〇m	二〇、〇〇〇m	五、〇〇〇m

海軍歴史保存会編『海軍歴史』第七巻

この比較でわかるのは、砲弾は貫通力で敵艦に打撃を与える目的の兵器で、敵の大型艦を一発で仕留めるのはむずかしい。魚雷は砲弾より十倍、二十倍以上の炸薬に特色があり、一発轟沈もありえることがわかる。砲弾と魚雷とでは射程に大きな差があるが、射程が長くなればなるほど命中率が落ち、戦争中、戦艦の砲弾が命中し、撃沈がでたのは第三次ソロモン海戦と、レイテ海戦におけるオルデンドルフの戦例ぐらいのものであった。海戦において大砲は、なかなか命中弾を与えられず、期待した結果を残さなかった。十八年末頃からはじまる上陸作戦で、米海軍は戦艦を「海上砲台」として上陸する海岸線に徹底した砲爆撃を加え、それから部隊を上陸させる戦術を採用するようになった。これも開戦前にもまったく予想されなかったことである。

開戦後、米海軍は諸海戦の戦訓に基づき、計画を変更しながら艦艇建造に当たったが、そのあらましを見ればどの艦艇に重点を置いていたか一目瞭然である。

年次	空母	護衛空	戦艦	重巡	軽巡	駆逐艦	護衛駆逐艦	潜水艦
一九四一	○	○	○	○	一	二	○	二
一九四二	一	一一	四	○	九	八三	○	三七
一九四三	六（九）	二四	二	四	七	一二三	二一六	五六
一九四四	七	三三	二	三	一○	七三	一九一	八○
一九四五	三	八	○	七	七	五五	五	三○
合計	一七（九）	七六	八	一四	三四	三三六	四一二	二○五

注・空母の（9）は軽空母（富永謙吾『定本・太平洋戦争』下 五○一頁）

よくいわれるのは戦艦・重巡の建造中止と空母建造への転換で、表を見るまでもなく護衛空母七十六隻もの建造はさすがに多い。日本海軍も正規航空母艦の建造にはありったけの力を入れ、数量的には米海軍と同じ十七隻にのぼる。空母機動部隊による海戦が、戦争全体の勝敗に直接かかわると判断した結果である。だが空母に高い軍事的価値があるのは、航空隊を搭載しているからであって、航空隊のいない空母は単なるドンガラに過ぎない。隻数の割に日本の空母部隊が戦況に深く係われなかったのは、航空隊との連携に問題があったからである。

米海軍が日本海軍と最も違ったのは、駆逐艦及び護衛駆逐艦の合わせて七四八隻にも及ぶ大量建造である。空母の重要性を認めたのは日米ともに同じで、取り立てて注目すべき方向性ではない。むしろそれ以上に米海軍が駆逐艦の役割を評価し、大量建造に取り組んだことに注目すべきではないか。日本海軍にそうした動きがなかっただけに、もっと関心が持たれなければならない。

日本海軍が戦争中に建造した駆逐艦は六十三隻で、米海軍のわずか十二分の一という少なさである。工業力ではなく、駆逐艦に対する日本海軍の評価、認識が問題である。米海軍が駆逐艦の大量建造に踏み切ったのは一九四三年、つまりソロモン海戦の直後で、駆逐艦のすぐれた汎用性とその武器である魚雷の優秀性を改めて見直し、他艦船の建造を犠牲にしても、駆逐艦建造に全力を挙げることにしたのである。さらに太平洋及び大西洋をかかえるアメリカの国情から、戦場に補給したり同盟国に武器援助を行ない、さらに本格的反攻を開始するためにも、どうしても両洋の通航路の確保が不可欠であり、そこから駆逐艦の大量建造が導き出された。日本海軍にない護衛駆逐艦は、アメリカ本土からの長い補給路の警備、輸送船団の護衛を目的に建造されたもので、米海軍の補給路の確保に対する並々ならぬ意識の高さ、決意のほどが首肯される。太平洋の場合、マッカーサーがオーストラリアを兵器廠、補給基地にしたことで、米本土からの補給の負担をかなり減らしたが、主要兵器はアメリカ本土から輸送されるため、補給路の確保を怠るわけにはいかなかった。これと対照的であったのが日本海軍で、過去の戦争とくに第一次大戦から何も学ばなかったと思えるほど、補給路の確保や船団護衛に対する無関心が際立った（神波賀人『護衛なき輸送船団』二一九－

二二三頁）。

日本海軍が駆逐艦の高い能力に気づかなかったことについて、大艦巨砲主義の犠牲者であったと決めつけるのは早計である。それが一因であったにしても、技術的には世界一流の駆逐艦を建造していたことからみて、必ずしも軽視していたとはいいにくい。しかし海軍部内でいいイメージで見られていなかったことは、「駆逐艦乗り」「水雷一家」の多少蔑視的な言葉で類推できる。このイメージから想像されるのは、駆逐艦を命知らずの海のやくざが乗る暴れ馬のように捉え、その艦長職が士官のエリートコースでなかったことからしても、優秀な士官を当てるほどの艦種ではないと認識していたことは疑いない。それにもかかわらず持てる技術を全力投入して建造につとめたことは、駆逐艦が、何でもできる極めて高い汎用性、多様性を有する艦であることを認識していたことを示している。飛行機・潜水艦・水上艦による魚雷攻撃、飛行機による銃撃や爆撃・雷撃、これに対する高速水上艦による退避活動と高機動反撃など、テンポの速い攻守活動、飛行機や潜水艦による三次元的戦闘といった新しい戦闘形態の出現は、戦艦や重巡を無用の長物と化し、代わって小型高速の駆逐艦が艦隊の新しいエースとして躍り出ることになった（堀元美『駆逐艦その技術的回顧』二五一頁）。

ところで太平洋の戦いで、補給重視の逆の論理で重視されたのが米海軍の潜水艦建造と展開であった。海外で戦争する米軍にとって、アメリカ本土と戦場との補給路の確保は死活問題であったが、日本軍も同じく補給路の確保が死活問題であり、それならばその補給路を圧迫し遮断すれば、日本軍の戦力を疲弊させ弱体化させられるという発想から、米海軍は潜水艦隊の強化策を推進した。補給の意義・補給路確保の重要性を理解していたがゆえに、潜水艦の建造に大きな努力ははらわれたわけである。南方に戦線をつくり、南方から重要資源を輸入する日本は、アメリカ以上に還送路・補給路の確保、輸送船の保有は重大な問題であり、これを叩けば日本本土における生産力の減少を招き、南方をはじめとする広大な戦地に展開する日本軍の抗戦力は、たちまち弱体化するであろうと考えるのは至極当然であった。この認識に基づき米海軍は、潜水艦の建造と潜水艦隊の編成を強力に推進し、十八年夏頃から日本の補給路上に進出させ、めざましい戦果を上げることになった。

米海軍は通商破壊といういわば潜水艦にふさわしい運用法に徹したウルフ・パッキング（Wolf Packking）作戦によって、まず日本本土と南方戦地との補給路を遮断して、島々に展開した日本の地上部隊を飢餓状態に追い込む計画であった。ついで南方資源地帯と日本本土との通航の阻止にも乗りだし、日本の生産活動に大打撃を与え、戦時に兵器生産を減少せざるをえない窮地に陥れた（大井篤『海上護衛参謀の回想』一二四－一三七頁）。しかもこの作戦の副産物として、哨戒海域においてたまたま日本の軍艦を発見した米潜水艦は、漸減作戦に投入された日本潜水艦よりはるかに多くの日本の空母、戦艦、重巡などの主力艦船を撃沈した。

日本の潜水艦が米潜水艦ほど活躍しなかったことは否定できない事実である。潜水艦や乗員の能力に問題があったというより、潜水艦の使い方を誤ったのが大きな理由であった。だがニューギニア戦の視点からみれば、海軍の大型艦だけでなく駆逐艦すらも接岸できなくなっていく戦況の中で、左記の表からも推察できるように、潜水艦だけがなけなしの食糧を輸送してくれたり、司令部及び基幹要員、重病患者、機密文書等を運んでくれる唯一の輸送手段として活躍してくれた。おそらくソロモンの戦いも含めて潜水艦による決死的輸送作戦が行なわれなかったら、ニューギニアをはじめとする島嶼戦は、早い段階で総崩れになっていた可能性が大きい。制空権と制海権を完全に失った海域では、潜水艦以外に頼れる手段がなかったのである。戦況が不利になればなるほど困難な任務に駆り出され、犠牲の増加も不可避であった。

ニューギニア揚陸点に対する輸送延隻数（昭和十八年～十九年）

揚陸点	輸送船	軍艦	駆逐艦	潜水艦	駆潜艇	延隻数	月別
ブナ				二		二	一八・一

マンバレー				一〇		一〇	一八・一、二
ラ　エ	一三		一三	八一		一〇七	一八・二～九
フィンシュ			一〇	四		一四	一八・三、四、九、一〇
シ　オ				三二		三二	一八・一〇～一二
ハ ン サ	二五	二	九		五	四一	一九・三～
ウェワク	二〇	五	二〇		一四	一〇〇	一九・一～
艦種別合計	五八	七	五二	一二九	一九	三〇六	

（連合艦隊司令部　作研「ニューギニヤ」第一号「『ニューギニヤ』主要作戦」収録「昭和十八年ニューギニア輸送作戦概要」防研所蔵）

十八年前半は、ブナからの撤退作戦、サラモア、ラエへと戦線が動き出した時期に当たり、三月にはラエ輸送の八十一号作戦が行なわれ、ダンピールの悲劇が起きた時期である。表の揚陸点は、概ねブナからラエが危険地帯、フィンシュ（フィンシュハーヘンの略）、シオは比較的安全な地帯、ハンサ、ウェワクは安全地帯であったということができる。そうしてみるとラエ、マンバレー、ラエといった危険地帯への輸送は、潜水艦頼みであったことがよくわかる。太平洋の戦いが島嶼戦に転換していく中で連合艦隊の大型艦が戦場から姿を消し、それに合わせるかのように駆逐艦や潜水艦の活動が盛んになった。しかし島嶼戦で厄介なのは、常時活動する基地航空隊が制空権だけならまだしも、制海権の獲得まで左右したことである。制空権が日本側にあり、米豪軍の基地航空隊の脅威を排除できれば、航空機の脅威を受ける駆逐艦も安心して持てる能力を発揮できたにちがいない。しかし制空権が完全に米豪軍側に移り、しかも夜間の活動もレーダーのために困難になると、高機動の駆逐艦でさえ島嶼部海域での作戦に消極的にならざるをえなくなった。その結果、最後に頼れるのは潜水艦だけで、それすらも決死的作戦になっていた。

島嶼戦において日本軍が最も悩まされたのが、米海軍が持ち込んだ高速かつ小型の魚雷艇であった（吉原矩『南十字星』一四七頁）。島嶼水域は珊瑚礁のリーフが多く、複雑な潮流が渦巻き、二千トン前後の駆逐艦でも危険な箇所が至るところにあった。わずか五、六十トンの魚雷艇はマングローブの茂み、河口を遡ったジャングルの樹木の下を隠れ家に、それこそ島嶼間の海峡を縦横無尽に走り回った。四十ノット前後の高速で敵艦に接近し、魚雷を発射して逃げ去る魚雷艇にほとほと手を焼いた。しかもレーダーを装備して夜間にも作戦したため、夜陰に紛れて行動する日本軍の舟艇にとってもっとも危険な存在になった。

島全体を深いジャングルで覆われ、大雨による泥濘と無数の河川の増水が道路の発達を阻んできたニューギニアやブーゲンビルのような大きな島に広範囲に展開した地上部隊に対する日本軍の補給は、制空権、制海権を喪失した下で、夜間の海トラック、大発、小発、漁船等による海岸づたいの輸送に頼らざるをえなかった。これを困難にしたのが魚雷艇の出現であったのである。エンジンをひそめて獲物の接近を待ち、発見するや猛スピードで追撃して重機関銃で猛射を浴びせ、日本軍の舟艇をつぎつぎに破壊して、日本軍の武器弾薬や兵員の輸送に大打撃を与えた。ニューギニアでは、大発で移動中の師団司令部ごとやられた例もあり、魚雷艇の跳梁は陸上部隊への物資補給を極めて困難なものにし、陸上部隊の舟艇による移動も不可能にさせた。

魚雷艇には魚雷艇で対抗するのが最善の方法だが、残念ながら日本海軍には一隻の準備もなかった。仮にあっても、米軍のように縦横無尽に活動できたか疑わしい。というのは魚雷艇が最も活躍した海面は、明治以来の慣行となってきた陸軍の担当する海岸から沖合までの海面であり、もし海軍の魚雷艇がこれに進出すれば、陸海軍間で新たな対立が予想されたからである。海岸近くを航行する海トラック、大発、小発は陸軍船舶工兵隊の所管にあり、各地から派遣されてきた漁船団も第一陸軍船舶工兵司令部の指揮下にあった。こうした慣行がある限り、海軍が魚雷艇を保有しても、もっとも威力を発揮する沿岸部での活動を避け、沖合で艦隊決戦に役立つ方法を求めたのかもしれない。伝統的慣行や制度が日本の敗戦に深く影響することが明らかになっても、自ら妥協も協同活動も敢て拒否するのが、陸海軍の面子を保つ方法であると見做された。

それはともかくとして海軍が魚雷艇に無関心であったのかといえば、必ずしもそうではなかった。第一次大戦後、イギリスよりソーニークロフト社製ＣＭＢ五五型二隻、ドイツよりエルツ社製ＬＭ二七型一隻をそれぞれ購入して、基礎研究に着手している（今村好信『日本魚雷艇物語』三九頁）。しかし太平洋の大海原で艦隊決戦しか頭になかった海軍は、大きな大砲を積めない小型艇の価値を認めなかった。艦隊決戦によって勝敗がつくという信仰にも似た戦争観を有する海軍で価値を認められるには、魚雷艇が艦隊決戦に寄与できるか、あるいは漸減作戦に有効であることを証明しなければならなかった。海軍が太平洋の大海原での艦隊決戦以外に関心がない以上、活躍する海域も発揮する能力も異なる魚雷艇が生き残れる余地はなかった。海軍が大艦主体のモノカルチャー的性格であったことは、艦隊決戦以外の海戦に対する海軍の対応力を著しく弱め、行動範囲を狭めるものであった。モノカルチャー的戦力が危険なのは、対応できなくなったときに打つべき選択肢がなくなることで、どのような状態でも、いくつかの選択肢を残すのが指導者の責任であった。

昭和十二年、日中戦争が激しさを加える中で、第三艦隊旗艦「出雲」が中国海軍の魚雷艇の襲撃を受け、日本海軍を驚かせた。翌十三年、上海において英国製魚雷艇二隻を拿捕したことから、魚雷艇が列強等の諸国で急速に普及している状況を知り、部内に衝撃が走った。十四年度の臨時軍事費追加予算の雑船の部にはじめて魚雷艇が計上され（今村前掲書　四〇頁）、ようやく製造に取り掛かることになった。時代が下るにしたがって出現する兵器ほど、むずかしいメカニズム、高精度の工作、レアメタルの使用などの要素が加わり、日本の工業力では実用化がむずかしくなるばかりであった。わずか五、六十トンの魚雷艇でも、戦艦建造にないむずかしい技術が必要であった。

昭和十五年、国産初の魚雷艇が、横浜ヨット工作所鶴見工場で船体が製作され、横須賀海軍工場で艤装され竣工し、試作艇Ｔ－０型と呼ばれた。アメリカでさえ鋼材が不足し、軽量化をはかる必要もあって、クルーザー技術の延長として艇体にはベニヤ板が使われたが、日本では高級な骨材に欅、板材に檜が使われた。各技術分野間に極端なアンバランスのある日本では、ベニヤ板の曲げ技術が遅れ、大発の製造程度まではベニヤ板でできたが（三岡健次郎『船舶太平洋戦争』一七七－八頁）、魚雷艇用の高度加工技術がなかった。資源の有無を問題にしたがるが、発想力、技術力、製造能力が劣っていたのである。

最もむずかしかったのが高出力・高回転のエンジン開発だが、日本の技術力、製造能力では手が届かなかった。やむなく古くなった航空機エンジンを二基積んでまかなったが、三十五ノットが限界であった。この後、改良型T－一型、大型魚雷艇甲型、小型魚雷艇乙型などをつぎつぎ試作しているが、専用エンジンの製作がうまくいかなかった。前述のようにドイツだけが製造のむずかしいディーゼルエンジンを採用し、米英伊等はガソリンエンジンを使った。開戦前の日本は、幾らか製造が容易な水冷式船舶用ガソリンエンジンを手掛けたが、日本の製造技術では設計通りの能力を有するエンジンができなかった。いくら設計図を入手しても、工場の製造能力が低くてはできないのである。製造能力は、長い間の設備投資による工作機械の刷新、技術者の教育、熟練工の養成、原材料や部品の調達体制の発達等によってはじめて実現できるもので、産業界にも目先の利益だけでなく、長期的視野に立った先行投資が不可欠であった。

艦隊決戦だけを考えて対米戦に臨んだ海軍は、魚雷艇を使った海戦など微塵も考えたことがなく、したがって運用思想もなかった。ガダルカナル戦が激化した際、現地海軍から魚雷艇の配備を求める声が起ったことを契機に、十八年初頭、イタリア製イソッタエンジンを分解し、図面化した「七一号六型」を大量生産することになり、三菱茨城機器製作所の建設を大急ぎで進めた（前掲書　八一－二頁）。著者の今村好信は「これほど壮大なノックダウン生産方式の採用は、日本工業史上最初にして最後のものであろう」（八三頁）と、この付け焼き刃的プロジェクトについて複雑な気持ちを抱いたが、当然その実現は生やさしくなかった。海軍には、大きな艦をつくるのは大変だが、小さな艦艇をつくるのはやさしい、というサイズで難易をはかる非科学的傾向があったらしい。熟練工や材料不足、高精度工作機械の不足など、小型で高性能のエンジン製作に必要な条件が一つも揃っていなかったから、現場技術者の奮闘もむなしく、高トルクのエンジンを完成できなかった。

それでもようやく昭和十九年五月、第二五魚雷艇隊が編成され、ただちに南方への出動が命じられた。ニューギニア戦が最終段階とみられていた時期なので、派遣先はその手前のどこかが候補にあがった。もっとも長く厳しい島嶼戦であったニューギニア戦には一度も投入されず、ニューギニア以北の地域に置かれることになったわけである。「第二図南丸」に搭載して輸送された魚雷艇はマニラに集結、艇隊二十二隻、人員二五七名の所属はアンボンの第四南遣隊で、配置先はハルマヘラのカウとアンボイナのアンボンと決まった。ところが六月のサイパン陥落によって米軍のフィリピン進攻を警戒した海軍は、目的地をフィリピンと変更した。

ミンダナオ島に根拠地を得て出撃の機会をうかがったが、結局何もしない間に米爆撃機の爆撃を数回にわたって受け、魚雷艇は全滅した。そのため魚雷艇群の華々しい戦果報告は一つもないが、その原因を技術問題だけに絞らず、運用思想の欠如についても検討する必要がある（今村前掲書　一三七－一四五頁）。なぜなら瞬時に起動し高速機動する魚雷艇の作戦には、迅速かつ直接的情報連絡、素早い目標設定と出撃命令が必要だが、日本軍の緩慢な連絡態勢と命令手続きは、とても魚雷艇を動かすには不釣り合いであったからだ。

それならば米海軍はどうであったかといえば、魚雷艇の威力と価値に気づくのは日本海軍と大差なかった。だが一九三七年一月にパイ（Pye）提督が島嶼作戦において魚雷艇は極めて有効と論じたことから、米海軍内の見方が急速に変わり、大急ぎで開発を進めることになった（前掲書　一八〇頁）。アメリカらしくメーカーの試作競争で選ぶことになり、エルコ社、ヒギンス社、ハッキンス社がこれに応じ、最初に実戦配備についたのがエルコ社のＰＴ一〇から四八号であり、この中の四一号がマッカーサーをコレヒドールから救出している。これらの艇はソロモン海域の戦闘に出現し、不勉強な日本海軍をびっくりさせた。大戦中にアメリカが建造した魚雷艇は七六八隻にのぼり、そのうちのほぼ半分の三八五隻がエルコ社製で標準艇とされた。南太平洋に配備された魚雷艇群は二十、艇数約二四〇にのぼり、直径の小さい航空機用魚雷マーク一三を四発を装備して、相手が日本軍の駆逐艦でも巡洋艦でも平気で攻撃してきた。レーダーも備えて暗夜の日本軍の大発等による沿岸輸送に大打撃を与え、さらに重機関砲によって陸上の日本軍にも大きな威力を発揮し、まさに島嶼戦の王者と呼んでも讃え過ぎることはない（今村前掲書　二〇四－六頁）。

日本海軍の小型艦艇の建造が失敗続きであったかというと、中には結果を出したものもある。ある程度量産に成功し、実戦でも予想外の活躍をしたものがあり、それが海防艦であった。本来北方の海で操業する漁船をソ連の妨害から守ることを目的にして建造され、開戦前には四隻しか保有していなかった。しかし米潜水艦の跳梁により輸送船の航行が困難になると、対潜戦や護衛戦に用途を絞った新しい海防艦が開発され、昭和十九年二月頃から大急ぎで建造がはじまった。ニューギニアやソロモン方面に出撃するには遅すぎたが、最後になって実用に徹したすぐれた艦をつくり出すことができた。

したがって開戦前の海防艦と戦争中に建造されたものは、名称は同じでも構造と機能はまったく違っている。一七一隻もの多数が建造されたのは、珍しく規格化に成功したのと、構造が簡単な上に千トンに満たない小型艦であったからだ。四千二百馬力のディーゼルエンジンを搭載し、速力十六、七ノット前後、機関砲二門～三門か大砲三門、爆雷数十個という貧弱な火力だが、ソナーもレーダーも装備した艦もあり、船団護衛と対潜作戦に活躍した（木俣滋郎『日本海防艦戦史』一〇－一三二頁）。

レイテ戦で傷ついた重巡「妙高」「羽黒」を護衛したこともあり、大きな鉄の塊だけが軍艦でないことを示唆する挿話である。無理な性能を求めず、故障が少ない信頼性の高いディーゼルエンジンを採用したおかげで航続距離が長く、船団を護衛してシンガポールやラバウルまでも航行が可能であった。米潜水艦を損傷あるいは撃沈したもの二一隻といわれ、それが事実とすれば駆逐艦並みの戦果を上げたことになる。

大艦中心のモノカルチャー海軍の下で軽視された小型艦艇は、島嶼戦がはじまるとともに有効性が認識され大急ぎで生産されたが、ニューギニア戦、ブーゲンビル戦の島嶼戦に間に合った艦艇はなかった。こうした小型艦艇の不振についても、生産力や資源の有無で言訳をする方法は通じない。歴史や戦争の潮流に対する哲学が欠如し、艦隊決戦主義に固執しモノカルチャー艦隊の形成を進めたために、島嶼戦に役立つ可能性のある艦艇を残す余地が塞がれてしまった。しかし日本の配色が濃厚になった頃から、艦隊決戦と無縁な実用重視の船艇がつくられるようになったが遅過ぎた。

（三） マダン防禦作戦の破棄

アレキシスからマダンに連なる嶺々をアムロン高地という。高さは二百メートルもないであろう。その嶺の一つにかつて入植したドイツ人の住居があり、第十八軍はこれに司令部を置き、所在地を猛頭山と呼称した。この高台から眼下の海を眺めると、複雑だが実に美しい海岸線、左手にクランケット島、パエオワ（Paeowa）島、タブ島やマダンなどが大空の雲のように海面に浮かび、左手の遠方にはバガバム島、それにカルカル島の山容が大きい。左手はフィンシュハーヘン辺りから続いているのであろうか、右方へフィニステール山脈の長い山並みが、歓喜嶺に通じるボガジン近くまで連なり、真っ赤な夕陽を背景に鋸の歯のような稜線をくっきりと見せている。想像をかきたてる「南海の楽園」とは、こういう景色から思いついた表現なのだろう。

だが昭和十八年後半になると、マダンおよび周辺に連日のように米軍機が飛来し、両軍がマダンで直接砲火を交える日も近いことを思わせた。昭和十九年の新年を迎えた直後に、米軍がはじめて単独でグンビに上陸し、その東側にいた日本軍は退路を断たれ、やむなくフィニステール山脈の山中に落ちのびたのである。第二十師団および第五一師団等の将兵達は、戦争とは無縁のように見える美しいフィニステール山脈に分け入り、空前絶後の険しい嶺々や絶壁に挟まれた渓谷を踏破した。第五一師団の将兵にとってはサラワケットに続く二度目の山越えで、やはり経験が生かされて犠牲者は比較的少なかった。しかし経験のない二十師団等の部隊は、あまりの難路のために遭難する兵が絶えず、五一師団のサラワケット越え以上の多数の死者を出したのである。

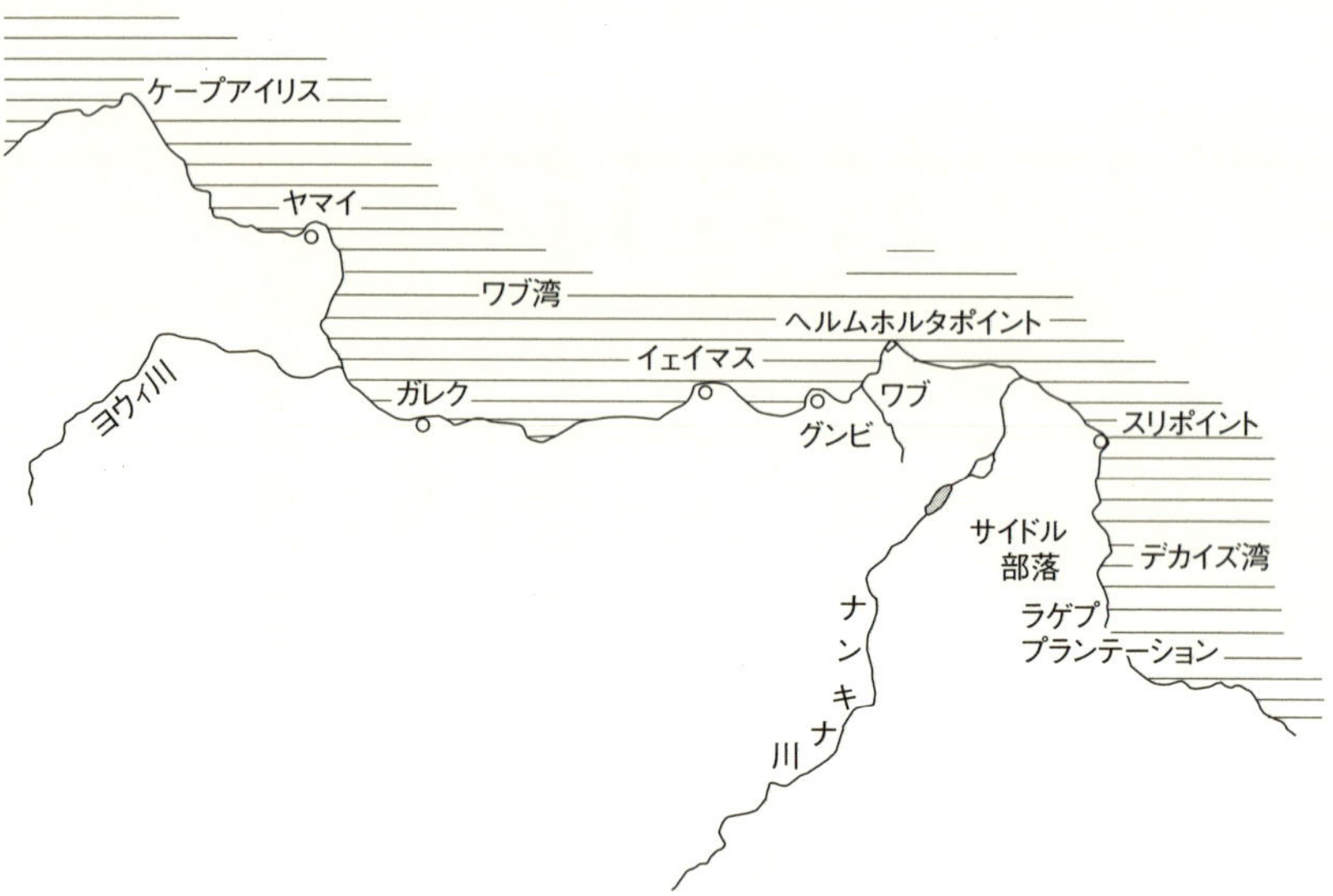

グンビ・サイドル周辺図

山脈のはずれに近いアッサで中井支隊の出迎えを受けた将兵は、シンゴル近くで海岸道に出た。この間の撤退路を守備していたのは、歩兵第七九連隊の森永大隊、酒井中隊、斉藤義勇隊等であったが、数次にわたる米軍の攻撃をよく撃退し、斉藤義勇隊などは米軍占領地に潜入攻撃を試みるなど果敢な作戦を行なった。さいわいグンビ岬周辺に展開した米軍の動きが鈍く、日本軍の移動を迫撃砲で妨害した程度であったことが日本軍を助けた。グンビ上陸までの米軍の任務は上陸支援と空爆が多く、上陸してくる大半は豪軍であった。この作戦から、米軍が主力となって上陸し、戦闘の正面に当たるようになった。フィリピン侵攻を目指すマッカーサーは、米軍にも上陸作戦と奥地進攻の経験を積ませる必要があったのだろう。だがはじめての経験であり、どうしても消極的にならざるをえなかった。

フィニステール山脈越えを終え、マダンに至る行程の状況を海軍第八二警備隊に例を取ると、おおよそ次のようになる。同隊の将兵がシンゴル近くに到着し、海を見たのは二月九日であった。これまで厳しい登りと激しい下りの繰り返しに辟易してきた警備隊の将兵が平坦な道に出た喜びは、「もう山の登りも下りもない。マダンまで海岸道路一本道だ。」の表現に集約されている（渡辺哲夫『海軍陸戦隊ジャングルに消ゆ』七八頁）。たしかに平坦道であったが、今度は山から海に下る大小幾筋もの川に流れに行く手を阻まれた。何度も見てきたように、雨の降る山岳地帯と海との距離が近いニューギニアにおいては、山に雨が降ると一気に下流の水量が上昇し、渡河中の者があっという間もなく流されることが稀ではなかった。

八二警備隊がボガジン近くのマレーに着いたのは二月十四日であった。川の増水と敵機の襲来に備えながら、一日に三十キロ程度を行軍したことになるが、低下した体力を考慮すると早い方の部類に入るであろう。途中何度か、中井支隊の一部と思われる軽機関銃や重機関銃で警戒する陸軍陣地の横を通過した。十五日深夜、八二警備隊の将兵はマレー付近で海軍の派遣した大発に乗り込み、米魚雷艇が待ち伏せる海域をマダンへと向かった。海軍が海軍部隊のためにのみ派遣したのではないかと思われるが、海軍の大発が登場する例は珍しい。十六日早朝、無事マダンに着いた。町は米爆撃機による爆撃でいたるところ穴だらけ、日本軍が同地に集結するものと予想して徹底的に叩いたことがわかる。第七根拠地隊の設けた宿営地に入り、出発後はじめての人員点呼を行なってみたところ、出発時百五十人だったのが、わずか三十六人に激減していた（渡辺前掲書　八一－二頁）。

フィニステール山脈を横断した二十師団及び五一師団等の将兵の目的地も、八二警備隊と同じくマダンであった。マダンまで歩いて来る者もいれば、八二警備隊のように大発に分乗して辿り着いた者も少なくなかった。しかし連日の爆撃を受けて、町はとても人が居住しているとは思えない惨状を呈していたが、すこし郊外のゴム林や椰子林に入ると、無数のニッパ小屋がひしめき、ここが第十八軍の拠点であることが明らかであった。軍医鈴木正己の『東部ニューギニア戦線』によれば、サラワケット越えの五一師団、フィンシュハーヘンからやってきた二十師団などの傷病兵で、マダンのゴム林は異臭が充満していたと述懐している（一六四頁）。

十八軍司令部がマダン近郊に置かれていたことからみても、東部ニューギニアに展開する部隊とその動きを掌握するには、マダンは格好の要衝であった。十八年秋に、十八軍司令部はマダン防備を第四一師団の歩兵第二三九連隊に命じたが、状況悪化にともない第四一師団長の真野中将にもマダン進出を命じ、第二三八連隊にもマダン移動を命じた。同地にはかなり大きな規模の兵力集結をはかり、米豪軍を迎え撃つ準備が進められていた。十九年元旦、マダンはB25の猛烈な銃爆撃を受けるとともに、駆逐艦による艦砲射撃を受け、誰もがいよいよ来るべきときが来たと覚悟したという（室崎尚憲『東部ニューギニア　高射砲追憶記』八二－四頁）。

しかし二日後の三日に、米軍の上陸作戦を受けたのはグンビであった。この日、数え切れないほどのB24とB25が乱舞し、マダンとアレキシスが猛爆を受けた。グンビへの援軍を不可能にさせるための周辺掃討作戦の一環で、まずマダン中心部に爆撃を集中し、ついで退避した周辺部へと爆撃範囲を広げ、わずかに残った椰子の木がなければ、月の表面と錯覚しかねない荒漠たる光景が現出した。第八二警備隊の一行が大発から降り立ったとき、穴だらけ景色が目に入ったというのは、一月下旬まで続いた米爆撃機の猛爆がもたらしたものである。高射砲、高射機関砲のすべてが爆撃で破壊されたため、米爆撃機は訓練でもしているかのように様々な攻撃パターンを試し、それぞれの効果を観察しているかのようであった。

フィンシュハーヘン方面視察中の安達司令官が米軍のグンビ上陸を知ると、すでに周辺の地理について報告を受けていた安達は、一月三日、唯一生き残る道としてフィニステール山脈横断を決定し、二十師団と五一師団のマダン集結を命じたことは前述の通りである。ところで米軍のグンビ上陸、日本軍のフィニステール山脈への後退がまったく予想されていなかった昭和十八年十二月、十八軍参謀田中兼五郎少佐はウェワクの第四航空軍司令部を訪ね、軍司令部の方針について説明を受けたが、その中の第四項に、

……今後の作戦は、ウェワク方面とともにマブリク以東のセピック河谷を含むマダン方面要域を確保する。

（戦史叢書『東部ニューギニア方面陸軍航空作戦』五六八－九頁）

と、第四航空軍が集結するウェワクとマダンの確保に最重点を置くことをすでに確認している。しかしマダン防禦計画だけでなく、後退した部隊がここで立て直しのために再編成をはかったのち、追撃してきた米豪軍とどのような邀撃戦をするのか、まだ具体的計画を持っていなかった。

十八年九月三十日に大本営は「絶対国防圏」の設定を目指す大綱を決定し、南太平洋で米豪軍と死闘を繰り返す唯一の戦場であるとともに、フィリピンを目指すマッカーサー軍を阻む唯一の防禦線である東部ニューギニアを放棄し、第八方面軍に持久任務（当面時間稼ぎを任務とし、最終的には棄軍）を与えるというバカげた戦争指導を行なっている。この方針に従えば、放棄が決まった東部ニューギニアの要衝マダンにおいて戦況を立て直し反撃に転じるのは、大綱と矛盾することになる。しかし幸か不幸か、十八軍の行動をみると、「絶対国防圏」の構想とは無関係に行動しているようにしかみえない。十八軍としての既定方針通りにマダンに兵力集結を急ぎ、米豪軍に逆襲する意志を持っていたことはまちがいない。

米軍がグンビに上陸したとき、前述のように安達軍司令官、杉山作戦参謀らはフィンシュハーヘンの戦闘を視察中で、たまたまシオにあった。マダンで留守を守っていた吉原参謀長の依頼で、海軍の潜水艦が司令官一行を迎えに行っている間に出されたマダン集結の指令は、安達の意を受けたか了解を得たかして、吉原が細部を決定して発せられたものと思われる。司令官のマダン帰着後、今後の方針について突っ込んだ議論が行なわれた。吉原の『南十字星』（一八三－四頁）によれば、米豪軍の今後の行動について三つの予想を立てたとされ、以下にそれを紹介する。

一、マダン地区の背後に上陸し、補給路を遮断しウェワクと分断して、各個に十八軍を撃破する。

二、ウェワクに上陸し、一挙に十八軍の根拠地を覆滅する。

三、ウェワク西方のホーランディアに上陸し、全東部ニューギニア軍を完全に孤立化させる。

第三案は米航空隊を以てしても援護がむずかしいため、実施困難であろうと判断され、第一案は小刻みな上陸作戦は非効率のため、ありえないと考えられ、結局第二案がもっとも可能性が高いという結論になった。

一方、十八軍側の実情を考慮すると、補給活動のセンターになっているウェワクは、連日猛爆を受けて航空戦力と補給物資が激減し、壊滅する前に西方のホーランディアに移転しなければならないであろうこと、そうなるとマダンとは離れるばかりで、補給がさらに困難になる上に航空隊の援護も期待できなくなり、マダンに防衛線を引いて戦闘を継続するのは得策でないと考えられた。

このように検討を進めてくると、十八軍の根拠地をウェワクかホーランディアに移さざるをえないこと、しかし米豪軍がウェワクに上陸する可能性が大きいことから、マダンに軍を集結してフィニステール方面から来る米豪軍を待ち構えていては、撤退軍はニューギニア戦の流れから取り残される公算が大きいこと、などがわかった。こうした情勢判断から十八軍司令部では、早急に撤退軍をウェワク周辺に移し、前後の要地を確保する態勢に転換すべきという結論になった。

十八軍参謀長吉原の『南十字星』（一八六－七頁）では、補給基地がウェワクからホーランディアに移動すれば、マダンとの距離は三百里（千二百キロ）にもなり、「補給は絶対不可能である」と断言している。十八軍司令部のこうした判断に基づき、「マダン地区に主力を保持するの可能性の乏しい」事情を考慮し、ウェワク移動を決心するに至ったとしている。つまり現状の補給態勢下では、マダンに陣を張っていては飢餓に追い込まれる可能性大であり、補給物資のあるウェワクに移動することに決したというわけである。この段階になると、マダンで米豪軍の追撃をかわす議論はすでになく、マダンを死守する主張もなかった。フィニステール山脈からマダンに後退する軍、マダンを守備するためウェワク方面から移動してきた軍によって、マダンは一大集結地になりつつあったにもかかわらず、補給困難を理由に、短時間の中にウェワクへの再移動が決まった印象を受けるのは腑に落ちない。十八軍の作戦に重大な影響を与えた補給問題については、あとでもう一度取り上げる。

（三）　マダン防禦作戦の破棄

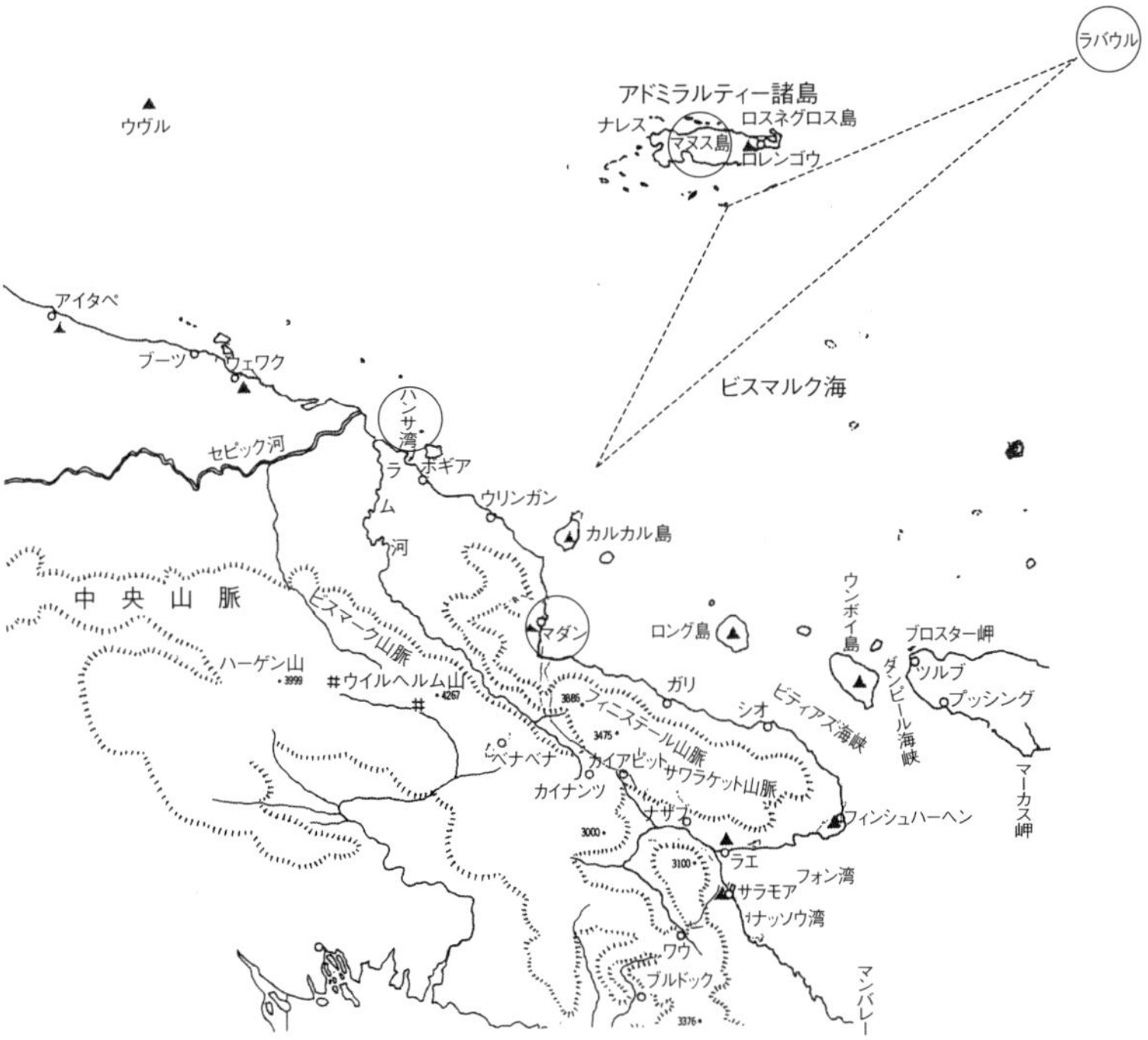

ビスマルク海防衛三角地域図

十九年二月上旬、第八方面軍司令部の作戦主任参謀今泉大佐が、メナドの第二方面軍司令部と作戦計画の調整をすませた帰りにマダンに立ち寄り、方面軍の意図を説明した。それによればマダン、ハンサ湾に重点をおき、ラバウルとアドミラルティー諸島マヌス島をそれぞれ結んだ三角形の地域を固め、米豪軍が進出を目指すビスマルク海域における作戦を阻止することを目指す内容であった（鈴木正己前掲書　一六八頁）。これだとマダンおよび百五十キロほど西方のハンサ湾までの一帯が重要な役割を果たす必要があり、マダンを放棄してウェワクに軍を移動させるという十八軍司令部の結論を否定することになる。これを聞いた十八軍の杉山作戦参謀が激しく反論したため、今泉と杉山との間で夜を徹した激論が戦わされることになった（鈴木正己前掲書　一六九頁）。

今泉の計画に従えばマダンは是が非でも確保する必要があり、他方十八軍は補給もなしに確保などできるかという反論であったにちがいない。それにしても両者の議論に「絶対国防圏」がまったく影を落としていない。「絶対国防圏」に従えば、マダン、ウェワク等を放棄して西ニューギニアのホーランディア以西に移動しなければならないが、十八軍の主張は、別の理由で補給基地のホーランディア移転、マダンの軍のウェワク移動を考慮している。また第八方面軍に至っては、東部ニューギニアのマダン、ハンサの線に防禦線を構築する計画を考慮し、「絶対国防圏」など微塵も意識していない。両者ともに、直面している情勢に基づいて最善と信ずる方針、作戦構想を追求し、ニューギニア戦の意義を無視した「絶対国防圏」構想に少しも影響されていない。

今泉参謀は翌朝、アレキシスの飛行場を飛び立ちラバウルに向かったが、離陸後、乗機のエンジンが故障し、近くのアデルバート山脈に墜落死してしまった。杉山と今泉の激論が示したように、第八方面軍と十八軍の方針が食違った。その一因はフィニステール山脈横断から辿り着いた見るも哀れな将兵たちにあった。骨と皮ばかりになり、途中で銃火器を処分した将兵ばかりで、彼らをマダン周辺に配置したところで、戦力になりそうになかった。彼らの恢復をはかるには、食糧や武器弾薬の備蓄のあるところで十分休養し、体力・戦力を養うことが必要であった。杉山にすれば、こうした現地の実情を無視した今泉の計画は、絵空事として映ったのであろう。

今泉の戦死にもかかわらず、第八方面軍は構想を変えようとせず、二月二十七日、第十八軍にマダン付近以西地区の持久任務を付与した（戦史叢書『東部ニューギニア方面陸軍航空作戦』六二四頁）。マダン以西とは、構想のマダン・ハンサ湾地区のことをさし、米豪軍をビスマルク海に入れまいという強い決意の表れと見て取れる。ところがハンサ湾近くのウリンガン兵站支部にあった第四四兵站地区隊の行動を綴った（『第四十四兵站史』三田寺午之介　一六〇頁）によれば、十九年一月十七日に「東部戦線ラエ、サラモアを放棄した軍直轄部隊あるいは第五一師団の入り乱れた転進部隊がハンサに向って通過しはじめ、下旬には第五一師団司令部および師団長・中野中将以下がウリンガン兵站宿舎に宿営した」とある。フィニステール山脈を横断してきた諸部隊がマダンに集結をはじめたのは二月中旬頃からで、サラワケット越えもした中野師団長は小柄かつ年輩で、ゆっくり休まず歩くのが常で、マダン到着も遅い方であったはずである。それだけに一月中旬にマダンに到着したとは思えない。その上、持久任務の命令下において、ウェワク方面に移動をはじめているのもおかしい。

二月十五日、第十八司令部は参謀長会同を行ない、マダン方面における各師団の新部署を発令した。これによると、第五一師団がウェワク、第二十師団がハンサ、第四一師団がマダン、中井支隊がマダン南方地区であった（戦史叢書『東部ニューギニア方面陸軍航空作戦』六二四頁）。今泉が説明した第八方面軍の三角地帯強化構想と、第十八軍の実情に基づくウェワク移動の主張を足して二で割ったような部隊配置である。新部署に基づき各師団は直ちに行動に移ったとすれば、ウェワク配備の第五一師団、ハンサ配備の第二十師団がウリンガンを通過するのは早くても二月十七日か十八日頃になる。『第四十四兵站史』の記述は、内容はともかくとして、ちょうど一ヶ月のズレがあったと解釈すれば辻褄が合う。

このように第八方面軍の強い指導によって実施が決まったマダン・ハンサ湾線を三角形の角とする防禦計画も、米豪軍の新たな攻勢の前に間もなく取りやめになるのである。その原因は、予想外に早い米軍のアドミラルティー諸島への上陸と、それにともなう第八方面軍司令部のあるラバウルと第十八軍のいるニューギニアとの連絡の遮断であった。アドミラルティー諸島はビスマルク海を睥睨する枢要の位置にあり、これに航空隊を配置すればビスマルク海はおろか、西部ニューギニアの全北岸を攻撃圏内に収めることができる。この新しい事態を前にして、安達軍司令官はマダン地区およびハンサ湾をどうするか、一刻も早い決断に迫られた。

アドミラルティー諸島失陥と米軍のビスマルク海への進出こそ、間もなく満三年になろうとしているニューギニア・ソロモン戦の事実上の幕引きを意味し、日本が敗戦に向かって一直線に転落していく始まりであった。その後の歴史を見れば、マッカーサー軍にとって、アドミラルティー諸島の奪取にともなうビスマルク海への進出は、宿願のフィリピン帰還の前に横たわるすべての障碍を一掃し、一気にレイテ、沖縄、日本本土へ突き進む道が開けたことを意味した。逆に日本側の対応を見ると、海軍がマーシャル諸島への米海軍の来襲に注意を奪われ、「艦隊決戦」の機会をさぐることに執心し、アドミラルティー諸島喪失の重大性について理解ができなかったため、何らの手が打たれないまま放置されることになった。

（四）アドミラルティー諸島の失陥と三N線の崩壊

フィリピンを目指す米軍にとってビスマルク海への進出は、反攻作戦を開始して以来の宿願であった。これまで述べてきたように、昭和十七年八月、米豪軍はガダルカナルとニューギニアで本格的反攻を開始したが、それから一年半になる十九年二月になっても、まだニューギニアとラバウルのあるニューブリテン島を結んだ線を越えることができなかった。この線の延長上にニューアイルランド島があるので、本書では頭文字にNのつく三つの島を結んだ線を三N線と呼ぶことにする。

ニューギニアやブーゲンビルの戦いだけをみれば、空からは米軍機に徹底的に叩かれ、地上では米豪軍に押されっぱなし、海上では米海軍の駆逐艦や魚雷艇が我が物顔に振る舞い、手も足も出ない状況に追い込まれていた。だが太平洋全体から見れば、昭和十九年初頭になっても、米豪軍は三N線近くに釘付けにされたままで、一年半たってもニューギニアの上をわずかに前進できたに過ぎなかった。すなわち昭和十七年後半のポートモレスビー攻略作戦やガダルカナル戦の勝敗がついてから十九年初頭までの間に、米豪軍は二百キロ余前進できただけで、日本本土までには優に五千キロもあり、単純計算するとまだ何十年以上もかかる計算であった。ところがアドミラルティー諸島の失陥後、急に米豪軍の進攻速度が速まり、一年六ヶ月後には日本の海岸線に到着しており、如何にその後の進捗がすさまじかったか理解できるであろう。

こうした結果を見るまでもなく、アドミラルティー諸島の失陥は南太平洋の戦いにおける転機であった。一つはラ

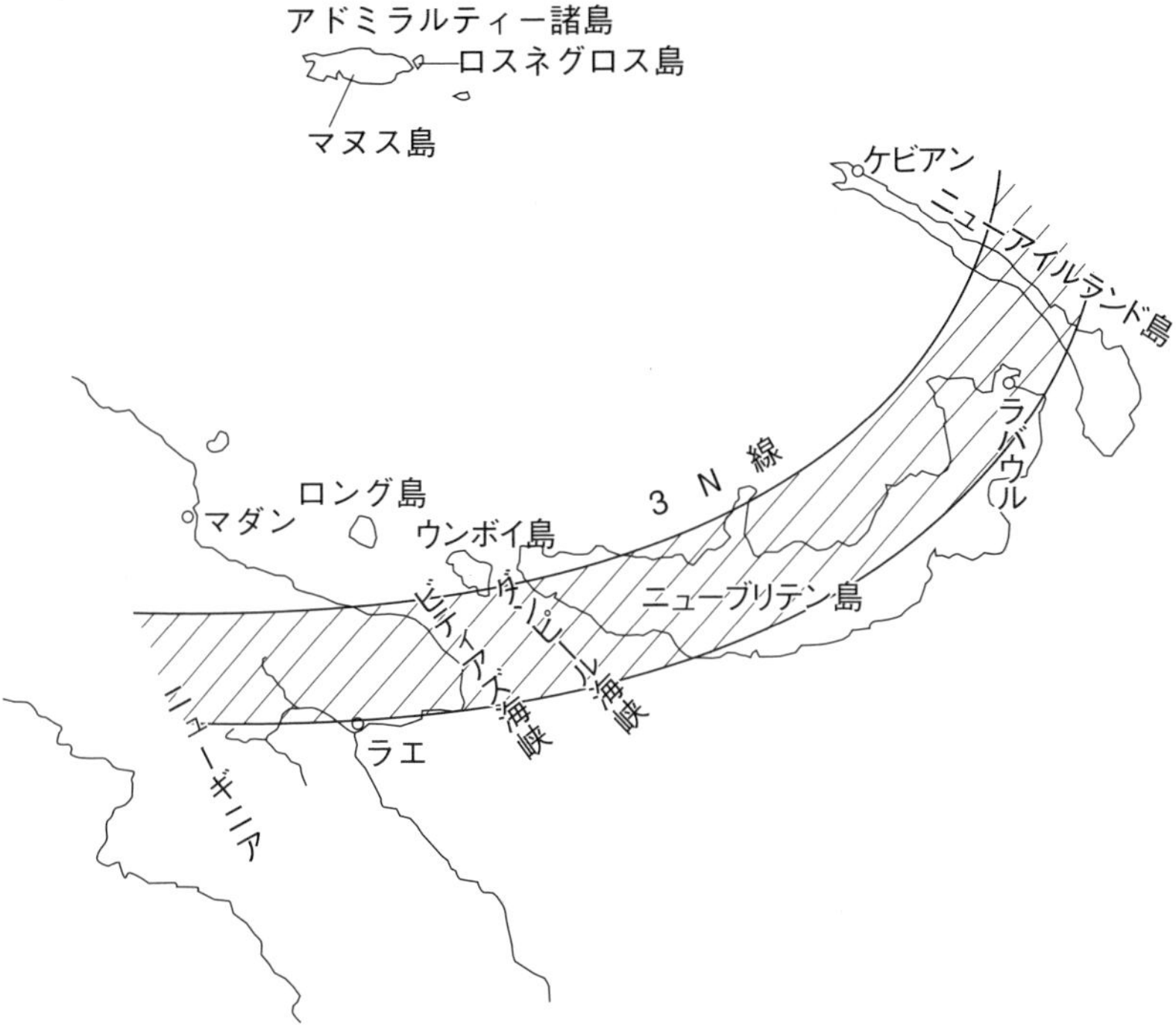

3N線の崩壊

バウルとニューギニアの連絡が遮断され、もう一つはマッカーサーが求めてやまないフィリピン進攻の足掛りを米軍に与えてしまったからである。マッカーサーが喉から手が出るほどこの島を欲しがったのは、地図をみれば明らかである（『マッカーサー大戦回想録』上 二〇一－二頁）。地上軍がフィンシュハーヘンを抜き、マダンの一歩手前まで進出し、航空隊がウェワク地域の制空権を奪取して、いつでも銃爆撃下におくことができた米豪軍にとって、アドミラルティー諸島進攻はそれほどむずかしいことではなかったように思える。それがなかなか実現できなかった最大の要因は、ラバウルを基地とする海軍航空隊の存在であった。

「い」号作戦がおこなわれた十八年前半期から見れば、十九年初頭のラバウル航空隊は、連日の航空戦、米軍機より受けた爆撃によって搭乗員は疲弊し、機体も損傷して、かっての勢いがなくなったのはやむをえない。米軍側では第二世代への機種替えが進み、航空戦力が質・量ともに飛躍的に向上しただけでなく（『航空朝日』昭和十八年九月号）、しばらく南太平洋から遠ざかっていた米空母機動部隊が十八年の末頃から再登場し、神出鬼没の出現が日本軍の対応を困難にさせた。日本機の機種は開戦以来あまり変わらず、しかも配備数は減少する一方であった。だがまだ二百機とも二百五十機ともいわれるラバウルの戦力は、強大化する米陸海軍航空隊といえども一大脅威であり、ビスマルク海への進出をためらわせた最大の要因であった（草鹿任一『ラバウル戦線異状なし』二四一―二頁）。地下要塞化したラバウルでは、飛行機も地下の大格納庫に秘匿している可能性が高く、米軍にもっと多くの飛行機が隠匿されているのではないかと疑念を持たせ、不用意にアドミラルティー諸島に対する上陸作戦を急ぐべきでないという考えが強かった。

こうした情勢を根底から変えたのが、再建された米機動部隊の華々しい活動であった。米機動部隊が再建期間を終え、蠢動をはじめたのは昭和十八年十月頃からである。四万トン級エセックス型大型空母を中心とする強力な空母群、最新鋭F6F戦闘機、SBDC等の新鋭機群、各種レーダーによる航空管制システム、VT信管付き高射砲弾によるすぐれた防空態勢など、再建前の米海軍と比較すると、すべての点で長足の進歩を遂げ、艦尾の星条旗が同じだけで他はまったく様変わりしていた（野村実『日本海軍の歴史』二〇三頁）。スプルアンス中将を司令官とする第五艦隊隷下の第五八機動部隊は、ミッチャー少将に率いられてウェーク島やマーシャル諸島のクェゼリン、ルオット、ウォッジェ等を急襲して、日本軍の砲台や航空基地をまるでイナゴの大群が襲うかのように嘗め尽くしていった。これらの作戦を通じて、命令系統、各部隊の任務役割、艦隊行動、大編隊の離発着にすっかり慣熟した同機動部隊は、次の作戦であるエニウェトク環礁攻略の支援のため、長い間、連合艦隊が南方作戦の主根拠地とし、米軍も「日本の真珠湾」と呼んできたトラック島に目標を定めた。十九年二月十二日、大型空母五、小型空母四を中核とし、戦艦・重軽巡・駆逐艦・潜水艦合わせて五十四隻の大部隊はメジュロ環礁を出撃した。

マーシャル諸島が襲われたのち、米機動部隊のトラック島急襲を予感した連合艦隊は、十九年二月十日、旗艦「武蔵」を先頭とする水上部隊を内地及びパラオに撤退させ、司令部をパラオに移転させた。一方、連合艦隊司令長官古賀峯一は内地に直行し、十五日に横須賀に上陸して、その足で東京の軍令部を訪れ、トラック島の防備強化を要請した。古賀がどのような意図でトラック島強化を要請したか不明だが、日本で最強の集団であったはずの連合艦隊が守り切れないものを、一体だれが守れるというのであろうか。米海軍を撃破できるのは連合艦隊しかいないと誇っていたのは、連合艦隊自身であったはずである。

二月十日に戦艦「武蔵」らがトラック島を去ったあと、軽巡五隻、駆逐艦六隻等から成る第四艦隊、南西方面艦隊所属の航空部隊、三十隻以上の輸送船、陸軍第五二師団主力が残ったが、連合艦隊が慌しく出ていった直後だけに、第四艦隊司令長官小林仁中将の指揮系統はまだ確立していなかった。頼みの航空機は、中攻二十七、艦戦四十四、艦攻二十八、艦爆四十、その他三十五機の合計一七四機が一応稼働状態にあった。これ以外にも修理中のもの、ラバウル再進出を目指し錬成中の二〇四空の新品の零戦などが相当数あった（二〇四空戦史刊行会編『ラバウル―第二〇四海軍航空隊戦記』二九七頁）。しかし空襲がある場合、迎撃できるのは艦戦の四十四機に過ぎなかった。

連日、索敵機が飛びたち、発見なしとの報告が続いたが、十五日に哨戒に出た陸攻二機が帰還しなかったばかりか、敵航空機の無線が増えていることも把握した。しかしこの情報はすぐに小林中将に届けられなかった。小林は、翌十六日午前三時以降第一警戒配備を下令したが、同六時三十五分、敵襲がない理由で第三警戒配備に戻し、さらに午後には兵員の外出を許可した。小林自身は珊瑚礁で好きな釣りをして時間を過ごした。長い間、トラック島は安全な後方基地であり続け、ついつい戦争中という厳しい現実を忘れがちになっていた。

十七日早朝、米空母を発進した約三五〇機の攻撃隊が空襲したとき、飛行搭乗員は外出許可が出たままで、トラック島は無防備に近かった。日本軍レーダーも三十分以上も前に米軍の来襲を捉えたが、折角の情報もほとんど生かせなかった。レーダーを設置すればすべてが解決するわけでなく、捉えた情報を迅速に各部隊に通報し、これを受けた部隊が必要な措置を講じる一連の戦闘態勢が形成されていなければならないが、この面の整備が著しく遅れていた。

日本人はとかくレーダーというハードのあるなしを議論したがるが、ハードを生かすシステムが備わっていなければならないし、組織も規則も能力を最大限に引き出すようになっていなければならない。関連機関まで裾野を広げ、新ハードを生かすシステムの構築が苦手な日本人は、仮に開戦初頭にレーダーが入手できていたとして、作戦にうまく利用できたか疑わしかった。

たちまち一六三機もの航空機が地上で破壊され、環礁内にいた艦船にも容赦のない攻撃が加えられ、環礁から脱出をはかる艦船は周囲を取り囲んでいた米艦隊の重巡、駆逐艦、潜水艦によって撃沈された。唯一の反撃は、十七日の夜、九七式艦上攻撃機が包囲をかいくぐって米空母「イントレピッド」に接近し、魚雷一発を命中させ大穴を開けたことぐらいであった。攻撃は二日間も続き、トラック島の戦力は完全に総なめにされた。二日間の攻撃で、航空機全滅、艦艇九及び輸送船三十四隻が沈没、食糧二千トン、燃料一万七千トンの喪失という惨憺たる結果になった。小林中将は警戒心が欠けているという理由で軍令部付を命じられ、二度と部隊を指揮することはなかった。たとえ古賀司令長官がいたとしても、結果は同じであったと思われ、攻撃を受ける直前にトラック島の指揮権を譲られた小林はまったく不運であった。

『大本営機密日誌』の二月十八日の項には、

昨日トラック島に敵機動艦隊の空襲が行われ、わが方は手の施しようもない状況だという。トラック島は内南洋の中心、さきに定めたわが絶対国防圏の要衝であり、連合艦隊の根拠地である。

（種村佐孝　一九三頁）

と、「内南洋の中心」、「絶対国防圏の要衝」、「連合艦隊の根拠地」と、言葉を尽くしてその重要性を表現したトラック島の戦力が壊滅したことが記されている。こうした修飾語は海軍が吹聴したものだが、開戦以降の歴史の中に照らして見ると、正しかったのは最後の「連合艦隊の根拠地」だけである。

種村の記述には、海軍の戦意を疑っているニュアンスが感じられる。というのは米海軍の空襲があったとき、たまたま参謀本部首脳の秦参謀次長、服部作戦課長、瀬島作戦参謀がトラック島にあり、ラバウル行きの飛行機を待っていたところで、海軍の戦い振りをじっくり観察していた（井本熊男『作戦日誌で綴る大東亜戦争』五一六頁）。三人が共通して感じたのが、海軍の低い戦意と不甲斐ない能力で、飛行機がバタバタ打ち落とされ、艦船が次々と沈められる日本海軍には、最早米軍をはね返す力も意欲もないことを見抜いた。

トラック島空襲及び同島所在の全航空機、海上戦力の壊滅を聞いた古賀司令長官は、当日の午前から午後にかけて全ラバウル航空隊のトラック移転を命じた。思い切った決断である。東京にいた古賀自身が、軍令部や海軍省の首脳にも相談しないでこの命令を発することはありえない。たまたま東京に居合わせた南東方面艦隊参謀長の草鹿龍之介は、軍令部員からラバウル航空隊移転命令を聞き出し、はげしく抗議したが聞き入れられなかった（草鹿龍之介『連合艦隊参謀長の回想』二〇〇頁）。一部に反対があっただけで、海軍の首脳陣の総意として発せられたと見るのが自然ではないかと思われる。

古賀をはじめ海軍首脳は、最重要の根拠地を奪われては大変という危機意識だけで命じたと推量される。連合艦隊はすでにトラックを引揚げ、第四艦隊の基地に変更されていたから、大騒ぎするまでもないと思われるが、中央の動揺は尋常でなかった。前年にラバウルが絶対国防圏からはずされたとき、今後の作戦は成り立たないと叫んだ連合艦隊司令部が（山本親雄『大本営海軍部』一四三頁）、なぜこのような処置をとったのだろう。この移転命令によって、古賀をはじめとする海軍首脳部には、戦争の大局が見えていなかったことが露呈した。海軍首脳部は、戦況の流れの中でラバウルとトラックが担った役割の軽重について比較できなかった。

ラバウルの役割が大きく変わったのは、戦闘が島嶼戦に転換した結果であることは付言するまでもあるまい。昭和十七年六月頃から、ラバウルはソロモン諸島及びニューギニア各地への進出の拠点となり、島嶼戦が激しくなるとともに航空隊がラバウルから頻繁に出撃した。日本軍がソロモン及びニューギニアにおける島嶼戦を遂行できたのは、ラバウルという一大航空・船舶出撃基地を有するがゆえであった。米軍側のカートウィール作戦がラバウルを目標としていたのも、ラバウルの重要性を認識していたからにほかならない。ガ島戦やポートモレスビー攻略戦の時期、一大後方基地あるいは策源地であったラバウルは、その後、長期間にわたって猛烈な爆撃を受け続けた。どれほどやられても迎撃機を上げ、攻撃機を飛ばし続けるラバウル航空隊は、ニューギニアやソロモンの将兵に、ラバウルが健在である限り戦い続けられる勇気を与える象徴的存在となっていた。

次第に兵力を蓄え戦力を強化したマッカーサー軍がニューギニアで日本軍を追いつめ、ソロモンでもブーゲンビルまで進んだにもかかわらず、なかなか三N線を越えビスマルク海に進入できなかった原因は、第十八軍の敢闘が何といっても大きいが、これと同様にラバウル航空隊の存在も大きかった。いわばラバウル航空隊は三N線の番人であり、この番人によって三N線が維持され、マッカーサーのビスマルク海進出、フィリピン進攻の企図の実現を阻んできたのである。

これに対してトラック島は空襲を受ける直前まで連合艦隊の一大前進根拠地で、海軍主力艦隊にとって要衝であったかもしれない。だが連合艦隊主力部隊が十七年末からソロモン海域から離脱したあと、戦艦・重巡等の主力艦がトラック島を後方待機の場所として使った事実は、トラック島には敵機が飛来せず安全であったことを物語る。戦線を離脱した主力艦がトラック島をねぐらにしていたことは、トラック島が最前線から遠く離れた安全な場所であったことを示している。戦線を離脱した連合艦隊の根拠地がどれほどの重要性を持つか、議論するまでもない。連合艦隊の作戦思想が艦隊決戦を指向するものであったことは再三述べてきたが、トラック島は本来この艦隊決戦用の根拠地であって、艦隊決戦の可能性が遠ざかれば遠ざかるほど、同島の艦隊根拠地としての価値も下がるばかりであった。逆に島嶼戦が活発化するほどラバウルの重要性が増し、トラック島はラバウルのための後方支援基地、中継基地の役割にすぎなくなっていたのである。

戦況を詳細に分析してみれば、昭和十七年夏からはじまったポートモレスビー攻略戦とガ島戦から、戦況の推移に直結しているのはラバウルであり、トラックでないことは明々白々である。したがってトラック島の戦力が壊滅しても戦況に大きな変動はないが、ラバウルの戦力が消滅すると、ニューギニア戦やブーゲンビル戦に大きな支障が出ることには疑問の余地がなかった。そしてもっと重大な影響は、マッカーサー軍の西進に対する歯止めを失い、フィリピンに至る道がいつでも開けられる状態になったことである。古賀の出した命令は、過去一年半以上ものラバウル、ニューギニア、ソロモンの戦闘の意義を台無しにするもので、いままでに陸軍や海軍の将兵が払ってきた夥しい犠牲が、何の価値も持たなくなったことを意味した。

十七日夜、大本営陸軍部は秦彦三郎次長名で、南方軍、第二方面軍、第八方面軍に次のような電報を発した。

……敵上陸企図の有無に就ては未た明らかならす、軍令部・連合艦隊に於ては本状況に鑑みこの際敵に痛撃を与ふる為、一時南東方面の海軍航空部隊主力及南西方面の爆撃隊の主力を同方面に転用する如く処置せり、……以上は全局の作戦指導上、已むを得さる実情に在るを以て諒承あり度……

ラバウルの航空隊や南西方面の爆撃隊のトラック島移転によって生じるかもしれない現地陸軍の動揺を防止するのが、電報の目的であった。海軍側には移転後の影響について苦慮した様子がなく、むしろ陸軍の方が強い衝撃を受けた。ラバウルの第八方面軍司令官の今村も、南東艦隊司令長官の草鹿仁一から全航空隊移転の説明を受け、しばらく絶句して言葉もなかった。秦の電文に「一時」とあるのを信じ、作戦終了後に戻ってくるのを待つ以外に、今村にできることはなかった。

戦史叢書『海軍航空概史』（三二六頁）には、「南東方面から転進した航空兵力は、そのまま内南洋に配備され、南東方面の実働航空兵力は零となり、……南東方面の敵進攻阻止の作戦は事実上断念され」たとあるが、南東方面の連合軍進攻阻止は陸軍・海軍が分担して続けてきた作戦で、海軍一人でやってきたのではない。むしろ陸軍の方が大きな犠牲を払いながら、マッカーサー軍の西進を阻む上で大きな役割を果たしてきた。そうした陸軍に一切相談もせずに、勝手に航空隊を引揚げ、勝手に南東方面の連合軍進攻阻止作戦は終ったなどと宣言されては、無数の死者が浮かばれない。連合艦隊主力に続き、二度目の戦線離脱になる。あまりに独善的処置である。

トラック島戦力全滅の報を受け、国の中枢に激震が走った。天皇の統帥部に対する信頼が揺らぎ、国務と統帥の一体化をはかるために陸海軍大臣が参謀総長・軍令部総長を兼務し、陸軍は次長を二人制とした。軍政が軍令を兼ねるこの改革は、統帥権独立の否定であり、憲法違反にもなりかねない。統帥部があれほどこだわっていた統帥権独立が、いとも簡単に同じ軍部の手で破られたのである。戦争遂行の実を上げるのが狙いとされたが、何かあるとすぐに組織に手を加える日本人の悪い癖である。これを受けて開戦前から参謀本部を率いてきた総長杉山元元帥が退いて東条英機陸相が、軍令部総長の永野修身が退き嶋田繁太郎海相がそれぞれ兼務した。東条の画策があったのではないかとの噂が飛んだのもやむえない（種村佐孝前掲書　一九三－四頁、井本熊男『作戦日誌で綴る大東亜戦争』五一七－八頁）。陸軍・海軍の軍政・軍令の分立を解消することも大事だが、戦地で露呈しているのは陸軍と海軍の足の乱れ、指揮権の分立、作戦思想の相違であって、中央の改革はこれにまったく答えていなかった。

マッカーサーが長い間ビスマルク海への進出をためらっていた理由は、ラバウル航空隊の存在にあった。三年目に入った南太平洋の戦いも、ラバウル航空隊抜きでは考えられなかった。それほどラバウル航空隊の働きは南太平洋の戦場の中で傑出していたが、まさかその航空隊全部を一時に他所に移動させてしまうことは正気の沙汰ではなかった。戦後になって、ＧＨＱの戦史調査部から第二復員省史実調査部に送付された調査命令の中に、「南東方面より一切の航空兵力を撤収せる理由並に爾後の航空作戦の指揮及航空軍備に及ぼせる影響如何」（防研所蔵「連合軍司令部ノ質問ニ対スル戦史関係回答書類索引目録」）があった。米軍側にとっても、ラバウルの全機が他所に移動することは、どのような理由を考えても説明がつかず、戦後いち早くこの謎を解くために日本側に説明を求めてきたのである。

米軍側も、ラバウル航空隊がいなくなるはずはないと思い込んでいたのか、すぐには気づかなかった。米軍の暗号解読能力からして、ラバウル航空隊の移動をまったく知らなかったはずはなく、エド・ドレアによれば、二月二十三日頃に Ultra 情報でようやく航空隊移動を知ったといわれる (Edward J. Drea, *MacArthurs ULTRA* 九九頁)。『マッカーサー大戦回顧録』に、「二月にはいって私は、ビスマルク地区の連合軍の航空機や艦船に対する抵抗が弱くなり、それからみて敵の間に一時的な混乱と弱点が現れているらしいのに気づいた」(二〇二頁) と、ラバウル航空隊の活動が鈍ったという間接的な表現をしている。

ラバウル航空隊の動きを注意深く観察していたケニーの航空隊は、二月二十五日撮影の航空写真によって、まだ三十三機の存在を確認しているが、その後、急速に機数が減少していく現象をとらえて、ラバウル航空隊の移動が確実になったことを知った。三月八日の爆撃作戦は、はじめて護衛機なしで実施され、ラバウルに迎撃する飛行機がないのをたしかめた。どこへ行ったのか不明でも、ラバウルにはもう航空隊がいないことを証明できればそれで十分であった (『モリソン海軍戦史』第六巻 三九八―九頁)。

ラバウル航空隊がいなくなった新展開を、即座に利用しようと考えたのはマッカーサーである。彼は奇襲を敢行する絶好の機会の到来と考え、もしアドミラルティー諸島を奪取できれば、勝利への時間表を数ヶ月も進めることができると考えた。それほど戦略的に重要な島と認識していたのである (『マッカーサー大戦回顧録』二〇二頁)。しかしマッカーサーは、日本軍がこれほど重要な島を簡単に手放すはずがなく、目に見えない防御態勢を敷いて待ちかまえているのではないかと疑った。

そこで念には念を入れた偵察飛行を行なわせてみたが、報告によるとロスネグロス島のハイン飛行場 (連合国側ではモモテと呼称) は草ぼうぼうで、爆撃跡の穴もそのまま、周辺の施設には人気がなく荒れ放題とのことであった (『マッカーサー大戦回顧録』上 二〇三頁)。一方、ウィロビーの『マッカーサー戦記』Ⅲ (七四頁) によれば、マッカーサーはこうした偵察飛行の結果を鵜呑みにして、アドミラルティー諸島を「幼児の手をひねるように簡単に占領できる」と考えていたとしている。これに対して南西太平洋軍参謀第二部は、まったく違う情報をマッカーサーに上げ

アドミラルティー諸島東端部概要図

ていた。第二部の情報は、豪軍情報機関を吸収した連合軍情報局（ＡＩＢ）から上がったもので、各地に潜入している主にオーストラリア秘密諜報員の収集活動で得られた情報であった。それによれば三千人以上の有力な日本軍が堅固な防衛陣地を構え、これを抜くには本格的戦闘を覚悟する必要があるという内容であった。結果的にはこの情報は極めて正確であった。

　ラバウルに飛行機が完全にいなくなった二月二十四日、マッカーサーは日本軍が手薄と思われるロスネグロス島東部への偵察を承認したものの、正反対の情報に一抹の不安を抱いたためか、強行偵察という条件をつけた。強行偵察は白昼堂々の偵察行動だが、しかし敵が激しく反撃したらすぐ引揚げるというものである。

　アドミラルティー諸島の重要性については、第八方面軍も十分過ぎるほど承知しており、十八年十一月頃から、パラオ経由で増援部隊の派遣を試みたが、いずれも米潜水艦のために輸送船が撃沈され実現できなかった。やむなくニューアイルランドとラバウルの第三八師団から各歩兵一個大隊を引き抜き、駆逐艦で急送したたのは、米軍が上陸する直前であった。第十七師団の一部、第一連隊第一大隊、第三八師団の一部など合わせて三、二五〇人、これを輜重兵第五一連隊長江崎中佐が指揮したが、主力部隊でロスネグロスを確保し、さらにロレンゴウやパーク島、ペテル島への進攻を阻止する方針で、そのための準備に着手したばかりであった。

二月二十九日、ウィリアムス・Ｃ・チェーズ将軍の率いる第五騎兵師団は、キンケイド提督の第七艦隊の援護を受け、午前八時頃から日本軍の大砲が向いている方向と反対の海岸線に上陸した。この時期の米軍の上陸作戦は、前もって猛烈な爆撃を繰り返し、最後に艦砲射撃で止めを刺すのが定例になってきており、日本軍守備隊もアドミラルティー諸島上陸作戦でも当然こうした前触れがあると思い込んでいた（井本熊男前掲書　五二四頁）。ところが突然艦隊が現れたかと思うと、上陸用舟艇が大挙して押し寄せ、橋頭堡を確保すると各方面へと前進を開始、米軍には珍しい完全な奇襲作戦であった。反撃が弱いことを確認した米軍は、主力部隊の上陸を開始した（戦史叢書『東部ニューギニア方面陸軍航空作戦』六三〇－四頁）。これが強行偵察と本格的上陸作戦の違いなのであろう。上陸軍はまっしぐらにロスネグロスのハイン飛行場に向かった。現地の古老の話では、日本兵は周囲の木の上から狙撃を試み、多数の米兵を倒したといわれる。しかし夜までに同飛行場は占領された。

この間、ニューギニアの第四航空軍による反撃があったが、天候に災いされて、小規模な攻撃に止まった。民主主義国家の将軍であるマッカーサーが天皇の代理者である日本軍の将軍と違う点は、いつも気さくにどこにでも現れることで、この作戦でもキンケイドの旗艦「フェニックス」に乗り込んで上陸作戦を見守り、第一陣が上陸してから六時間後には自らも上陸し、ハイン飛行場周辺をコートを着こなしたスマートな姿で見て回り、将兵を激励している。

守備隊は二十九日夜に夜襲を敢行したが、強力な火力網に遮られ、やむなくジャングルに逃げ込んだ。オーストラリア諜報員が報告した通りの規模であった日本軍は、すでに相当の損失を出していたが、主力部隊は軽微な打撃を受けただけであった。次の夜襲は三月三日夜の計画であった。しかしこの計画は、ＡＴＩＳが押収した文書によって米軍側に事前に察知された。米軍は周囲に地雷を敷設し、有刺鉄線を張りめぐらし、日本軍が来る方向に機関銃を備え付けて待ちかまえた。

過去一年半にわたるニューギニア戦において、日本軍の敵陣地に対する攻撃法がまったく変わっていなかったことは驚異である。昭和十八年十一月十八日の「戦訓特報」第九号は、「自昭和十七年七月至昭和十八年四月　東部『ニューギニヤ』」作戦ノ体験ニ基ク教訓」を命題にしているが、その第一項「精神威力ノ昂揚」に、

火器に於て優勢を占め得ざりし我が軍は唯突撃あるのみ、此の唯一の長所たる突撃を当初先遣隊及追撃時期には相当敢行せしも、撤退開始以後は全然之を行ひ得ずして敵火に壇に制圧せらるるのみとなれり、又攻撃前進間に在りても敵の直前に停りて突撃を敢行し得ざる部隊を見るに至れり、之を要するに濠米軍に対する我が軍の勝味は突撃あるのみなり、突撃なき日本軍は失敗多きを痛感せり

（白井明雄編『「戦訓報」集成　巻一①　七九頁）

とあるように、どんなにやられても突撃戦法を見直す動きはなかった。ニューギニア戦における苦戦の原因は突撃をしなくなったからで、そのために失敗が多くなったのだと指摘されては、突撃に代わる戦法など生まれるはずがない。これまでよく善戦してきたが、最後は夥しい犠牲者を出して失敗するのが常であった。にもかかわらず新しい戦法の模索に動くことがなかったのは、攻撃命令そのものが突撃命令を意味するまでに恒常化していたことが影響していたためかもしれない。

三月三日の攻撃もこれまでと同じであろうと予想した米軍は、同じ防禦方法で待ち構えた。暗闇があたりを完全に支配してから間もなく、ウィロビーの表現を借りると、いつもの「バンザイ突撃」が開始された。「バンザイ」と叫ぶ例もないではないが、大抵は「ワー」の喊声である。自分の手先さえも見えない墨を流したような暗闇を黙って突

入すれば、防戦側は敵がすぐ近くに来るまで反撃できないが、日本兵は喊声を上げて来てくれるから、喊声を聞くなり照明弾を上げ、声のする方に火力を集めればよかった。日本軍は全軍で一気に突撃するのではなく、兵力を小出しにして一波また一波と突っ込ませる。数波ののち戦果が上がらないとみれば中止し、翌晩また同じことを繰り返す。しかし三、四日目にもなると兵力が枯渇し、最後は飛び込み自殺のような突撃になるので、「バンザイ」と叫ぶ兵士も現れたにちがいない。

理解に苦しむのは、何度やっても通用しない戦法を、何ヶ月経っても、何年たっても繰り返し、決して新しい戦法を創造しないことである。海軍が最後まで「艦隊決戦」にこだわり、なすところなく消滅していったのとよく似ている。「突撃戦法」及び「艦隊決戦」は陸軍及び海軍のアイデンティティーになり切ってしまって、これ以外の戦法を思いつくことができなくなっていたのであろうか。陸大で教授された戦術思想も戦術研究も、つまるところ「突撃戦法」を実行するための環境整備と考えれば、百年一日の如く何ら発展的変遷を遂げていなかったことになる。天下の秀才を集めて、「突撃戦法」のみしか思いつかなかったということは、陸大が有能な戦術指揮官ではなく、管理者の養成を目的とした機関であったことを物語るようである。

九日、米軍は一本の川と錯覚するほどの狭い水路を渡って、マヌスの中心ロレンゴウに上陸した。米軍側の記録によれば、ここを守備していた日本軍は第三八師団の歩兵第二二九連隊であった。ウィロビーの『マッカーサー戦記』Ⅲ（一一三頁）によれば、「日本軍はまた例によって、予備兵力を小出しに、思い切りのわるい使い方をやったので、せっかくの威力を分散しつつあった」と、夜襲とはことわってはいないものの、また夜間の突撃を繰り返して戦力を消耗させたことを、半ば呆れたニュアンスで書き留めている。それでもロレンゴウの戦闘は三月の末まで展開された。

日本機はニューギニアの基地から飛来したが、活発というにはほど遠く、十一日に友軍に対する弾薬等の空中投下に成功しているが、根拠地をウェワクからホーランディアに移すと、まったく来なくなった。日本軍がロレンゴウを放棄したのは四月一日頃で、その後はマヌス島西部に移ってゲリラ戦に転じ、自給自足の農耕に従事した。

日本軍にとってアドミラルティー諸島喪失は、ビスマルク海の喪失、西部ニューギニアの瀕死、ラバウルの無力化を意味するものであり、マッカーサーにとってニューギニアでの勝利をほぼ手中にし、フィリピン進攻路の確保を意味した（『マッカーサー大戦回顧録』上　二〇二―五頁）。太平洋における日米の戦いが、フィリピンにおいて決まるというのは両国ともに感じ取っていたところで、それだけに防戦側の日本は、フィリピンに戦線が後退するのを遅らせるためにニューギニアで抗戦を続けているはずであったが、アドミラルティーを落としては、その企図もあきらめざるをえない一歩手前まで追い込まれることになった。

他方、マッカーサー軍は、十九年二月でもまだ三N線を突破できないでいたが、連合艦隊が三N線の門を開いてくれたおかげで、やっとビスマルク海に進出しアドミラルティー諸島という絶好の要地を取得できた。ニューギニアに展開する米豪軍は、ビスマルク海側から日本機に攻撃される不安が一掃されるとともに、この海を使って思いのままに上陸地点を選び、部隊を上陸させることが可能になった。一方、ロスネグロス島攻略後、ハイン飛行場の拡張を行なうために米海軍建設部隊シービーズを入れ、一ヶ月足らずで日本軍時代の三倍近い大きな飛行場に変え、ホーランディア、サルミ、ワクデ、ビアク等西ニューギニアの要衝に対する空爆を開始する態勢を作り上げた。

マッカーサーはアドミラルティー諸島獲得がよほど嬉しかったのか、シードラー湾を見下ろすロスネグロス島の丘の上に彼の宿舎の建設を命じた。ニミッツの中部・南太平洋艦隊がマヌス島に基地を建設する話を耳にするとマッカーサーは激怒し、ハルゼーを司令部のあるブリスベーンに呼び出し、計画の撤回に応じさせた（毎日新聞社『太平洋戦争秘史』二〇三―五頁）。対立の背景には、ニミッツの海軍が台湾を通って中国に進攻する戦略を構想中で、その海軍がマヌス島に進出すれば、マッカーサーのフィリピン進攻計画が押さえ込まれるのではないかという南西太平洋軍としての懸念があったためと推察される。

アドミラルティー諸島獲得によってニューギニア戦の勝利への道筋が見えたマッカーサーは、マヌス島からポートモレスビーに帰るや、米豪軍内でも予想外、ましてや日本軍側がまったく予想しなかったホーランディア進攻作戦計画を立案して、ワシントンにその実施を迫った。実際にホーランディアとその近くのアイタペに米豪軍が上陸したのは四月二十二日で、アドミラルティー諸島での勝利からわずか一ヶ月に過ぎず、マッカーサーがいかに強くアドミラルティー諸島獲得の利益を利用したかったかがうかがわれる。

（五）　第十八軍の新しい上部機関

アドミラルティー諸島の失陥は、ニューギニア戦だけでなく太平洋戦争にとって、もっとも重大な転換点であった。これを境にマッカーサーの率いる米豪軍の北上が急に早まり、一ヶ月後にホーランディア、二ヶ月後ビアク島、七ヶ月後モロタイ島、八ヶ月後にフィリピン・レイテ島へと進攻し、日本を敗戦へと追い込んでいった。アドミラルティー諸島陥落後の情勢は、日本軍に雪崩現象が発生したことを物語っている。

米豪軍の進攻が早まったことは、追われる十八軍の苦戦がさらに深まったことを意味した。ワウ、ラエ、フィンシュハーヘン等の戦いから、鋭鋒深渓を踏破してマダンまで後退してきた第十八軍の将兵に、ふたたび緑の悪魔が支配するニューギニアの大地に踏み込まなければならない過酷な運命が待っていた。しかし海上を機動する米豪軍は、徒歩で移動する日本軍より遙かに早く西進し、退路を断つ段階を越えた作戦すなわち比島進攻作戦に移っていた。

アドミラルティー諸島陥落後、十八軍は、前述したフィンシュハーヘン方面からフィニステール山脈を縦走してマダンに集結しつつあった部隊の処置、換言すればこれら部隊によりマダンを死守するか放棄するかの選択に迫られた。アドミラルティー諸島の陥落によって、第八方面軍が進めていたラバウル・アドミラルティー諸島・マダン及びハンサを結ぶ三角地帯の防衛構想はあえなく崩壊しただけでなく、ラバウル航空隊のトラックへの移転も重なって、ラバウル・ニューギニア間の連絡が途絶状態になった。ラバウルからの指揮と補給によって続けられてきた第十八軍の作戦体制が完全に崩れたため、新しい体制を急ぎ構築しなければならなくなった。

十九年三月十四日、大本営は、第十八軍及び第四航空軍をラバウルの第八方面軍から切り離し、セレベスのメナドにある第二方面軍の戦闘序列編入を発令し、実施を二十五日と定めた。ニューギニア上陸以来、第八方面軍の指揮下にあって戦闘を続けてきた第十八軍は、連絡路を遮断されたため、やむなくセレベスの第二方面軍の隷下に入ることになったわけである。第二方面軍の司令官は前述のように終戦時の陸軍大臣になる阿南惟幾であったが、昭和十七年七月に満洲で第二方面軍が編成された時の参謀長は、これまでも第十八軍参謀長として本書にたびたび登場する吉原矩であった。なお阿南司令官はまずセラム島アンボンに入り、十九年四月二十六日にセレベス島メナドに移った。つまりニューギニアを任されたものの、一度も同地を見ていないのである。

第二方面軍は、昭和十八年十一月、満洲のチチハルから南方に進出し、第十九軍を隷下に置いて豪北方面を所管するとともに、第二軍も隷下に置き西部ニューギニアも所管することになった。第十九軍は豪北のセラム島に第五師団、チモール島に第四八師団のほか、マレーに第四六師団を置いた。また西部ニューギニアを担当する第二軍は、中国山西省から上海経由で西部ニューギニアに移動してきたばかりで、第三六師団を隷下に収めたばかりであった。

昭和十八年九月に西部ニューギニアが絶対国防圏に組み入れられたとき、まだ第二軍の進出はなく、その翌月から西部ニューギニアに進出を開始し、しばらくの間、野戦高射砲大隊や野戦兵站地区隊の如き後方支援部隊だけであった。主力の第三六師団がサルミに進出を開始したのは十九年初頭で、絶対国防圏の呼称が聞いて呆れるほどの緩慢なテンポで兵力を配備しつつあり、米豪軍がとても待ってくれそうになかった。したがって阿南が、苦境の第十八軍に助けを出そうにも、自らの手足が何もない状態であったのである。絶対国防圏の最前線たる西部ニューギニアで戦う準備がまったくできていなかった第二方面軍に第十八軍を預けることにした大本営は、現地の実情に関係なく、書類上で十分な戦力が形成され、米豪軍の西進を阻止する態勢ができ上がったとして満足した。「軍」の上には「方面軍」を置かなければならないという官僚的のスジ論から、第二方面軍に第十八軍を預けたのであれば、この変更は現地には何のプラスも生まなかった。もし大本営に、何が何でもマッカーサー軍のフィリピン進攻を食い止めたい意志があれば、大本営自身が第十八軍を直率し、増援軍をニューギニアに集中させるぐらいの英断と覚悟を示すことが必要であった。

ニューギニアで負けたらフィリピンが危うくなる、フィリピンが落ちれば日本の負けが確実になるという理屈について、大本営は薄々わかっていたらしいが、フィリピン進攻軍はニューギニアからやって来るという極めて自然な現実を、大本営や参謀本部は理解できなかった。だからこそ第十八軍に対して特別な措置を講ずることもなければ、他戦線を縮小または解消して同軍を強化しようともしなかったのであろう。この時期になれば、日本軍が戦っている複数の連合軍の中で、日本本土に進攻してくるのがどの軍か見分けがついてもよさそうである。本土進攻軍を阻止するために、他戦線を切り捨てても本土を死守する思い切った英断を下す時が目前に迫っていた。

第二方面軍が第十八軍に対する指揮を引き継いだ二日後の十九年三月二十七日、第二方面軍は、南方統帥一元化の方針に基づき、フィリピンの第十四軍、ニューギニアから逃れた第四航空軍とともに寺内寿一の南方軍の隷下に入った（上法快男編『元帥寺内寿一』三八八頁）。これにより第十八軍も、命令系統の上では南方軍の統率を受けることになった。苦しくなると上部構造を強化するのが日本社会の性癖だが、大きく重くなる責任を担うにふさわしい人物が出てくるわけではない。

この変更に基づき大本営は、五月二日、南方軍総司令官に対して「大陸命第九九九号」を発した。その第二項によれば、

南方軍総司令官は、東部「ニューギニヤ」方面に在る第十八軍及其他の諸部隊を西部「ニューギニヤ」方面に転移せしむべし

とあり、第十八軍及び諸部隊のいとも簡単な西方移動への命令である。

日本本土よりずっと大きいニューギニアでは、地図上でわずかな距離も、実際には数百キロになる。ニューギニア戦開始以来、大本営命令には現地無視のものが多かった。右の命令は第二方面軍司令官阿南の意向を汲んだとみられるが、彼の狙いは第十八軍の第二軍への合流にあった（角田房子『一死、大罪を謝す』七二－三頁）。

第二軍と第十八軍との間には千キロ近い距離があり、合流するためにはこの隙を埋めなければならないが、これだけの距離になるとニューギニアならずとも容易でない。手遅れになれば、おそらく米豪軍が楔を打ち込むために両軍の中間に進入し分断しかねない。長い戦いで疲れ果てた第十八軍に対して西進して合流を命じるよりも、まだ一度も戦闘を体験せず、戦力の損耗がない第二軍の各部隊に東進を命じ、第十八軍との合流を早める方法もあったはずだが、第二軍の弱小戦力では期待できなかった。まだ満身創痍の第十八軍に西進を指示し、合流してもらう方が成功の確率が高いと推測されたのであろう。

しかし十八軍軍参謀長の吉原矩は、戦後、大本営や阿南の意図とは関係なく、第十八軍が大規模な西進作戦計画を立案していたことを回想している。

> ここにおいて軍は三月中旬、第四十一師団の一部を以ってマダン支隊（長　庄下少将）を編成し成るべく長くマダンを確保せしむると共に、真野中将の指揮する第四十一師団主力をハンサに後退、以てラム河以東地区における支援たらしめ、この間軍の主力を速に、セピック河以西の地区に転移し、第五十一師団を以ってウェワク、第二十師団を以って先づブーツ地区、次いでこれをアイタペに推進し、在ウェワクの基地施設を、逐次ホルランジャに転移せしむるに決した。
>
> （『南十字星』一九〇頁）

吉原は、安達がアイタペ推進を決断したのはいつか時日を明らかにしていないが、井本熊男は根拠不明ながら四月二十九日としている（井本前掲書　五三一頁）。

安達は、大本営の命令よりずっと早い二月頃、マダン支隊が同地を確保している間に四一師団をハンサ湾に、五一師団をウェワクに、二十師団をブーツに進出させることに決している。吉原の回想では、マダンの確保をうたっているものの、「成るべく長く」とある点からみて、西方移動への時間稼ぎが目的であったと考えられる。マダンを死守し米豪軍と決戦する当初の方針はすでに抛擲し、マダンで防戦している間に、十八軍をハンサ湾、ウェワク、さらに範囲を広げてアイタペ、ホーランディアに展開させようという方針に変えていたのである。

なお吉原の記述を解説すると、十八軍は米豪軍がハンサ湾かウェワクに上陸してくるのではないかと考え、マダンを守備しながら米豪軍の来攻前にハンサ湾、ウェワクへ部隊を移動させることを考えた。ところがアドミラルティー諸島の失陥、ウェワク猛爆に鑑み、ハンサ湾上陸の可能性が低くなったと判断し、全軍のウェワク移動を指示した。だが米軍のアイタペ、ホーランディア上陸の報を受けると再度変更し、さらにアイタペ、ホーランディア進出を決意する目まぐるしい方針変更が続いた。

十八軍の西進開始は、吉原が方針を決定したとする三月中旬以前に、すでにはじまっていたことをうかがわせる回想がある。鈴木正己の『東部ニューギニア戦線』（一七〇頁）によれば、猛頭山の軍司令部は二月末から三月始めにかけてハンサ、ウェワクへと移動していったとあり、また前引の三田寺午之介の『第四十四兵站史』（一六一頁）によれば、二月下旬に猛頭山の司令部を閉鎖し、陸路移動の途次ウリンガンに宿営したが、その総員は一七〇名であった、としている。司令部がまっ先に移動することはありえないから、この通りだとすれば、先頭の部隊はかなり早い時期に移動をはじめていたと推測される。仮に鈴木と三田寺の記述通りとすると、第十八軍の西方移動は十八軍が第二方面軍の隷下に入る以前から開始されていたことになる。

室崎尚憲の『東部ニューギニア高射砲隊追憶記』（戦誌刊行会　九五頁）は、記述の内容に高い信頼性を感じさせる秀作だが、これによればマダンにあった高射砲第五六大隊は三月十三日に移動命令を受け、十五日十六時にマダンを出発しハンサに向かったと、具体的日付までも紹介している。部隊の出発日時には優先順位があり、すでに高射砲を爆撃で破壊され、雑用係になっていた高射砲大隊が移動命令を受けたのは、早い部類に属していたはずである。室崎のいう通り十三日であったとすると、これより早い数日あるいは一週間程度前に移動が開始されたのではないかと推測される。

そうしてみると第十八軍のマダン放棄と撤退が決定されたのは、正確な日付はともかくとして、吉原の回想より若干早い三月初旬頃のことと解釈するのがもっとも穏当である。第二軍と第十八軍との間隙を埋めるという発想は、第八方面軍にも第十八軍にもなかったもので、第二方面軍の隷下に入ってから、第十八軍につきつけられた新しい課題と考えられる。第二方面軍の隷下に入る前に、すでに第十八軍の移動が開始されていたとすれば、その動機は別のところにあったということになる。

この時期、マダンが頼ってきたウェワク、ハンサ方面からの大発や漁船による夜間補給も、米魚雷艇の跳梁、米軍機の夜間哨戒のために困難になっていた。マダンからハンサにかけて展開した兵力は六、七万人とみられ、マダンに固執して米豪軍をマダンで迎え撃とうとすれば、そう遠くない日に飢餓状態に陥りかねなかった。マダン方面の糧秣補給を所掌していたのは、ウェワクに本廠を置く第二七野戦貨物廠のナガタ支廠であった。ナガタは十八軍司令部のある猛頭山の直ぐ西側にあり、ナガタ支廠の下にマダン支廠、アレキシス出張所をかかえ、これらを通じて糧食等の補給を行なっていた。移動命令が出る直前と思われる糧秣集積量は、所在の部隊人員に普段の二分の一しか給与しないという条件ですら、次の通りであった。

マダン地区	集積量 約三ヶ月分
アレキシス地区	〃 約一・五ヶ月分
エリマ地区	〃 約三週間分

（針谷和男『ウエワクー補給杜絶二年間、東部ニューギニア第二十七野戦貨物廠かく戦えり』昭和五十八年　六一頁、以後『ウェワク』のみとする）

エリマはグンビ方面と歓喜嶺方面に分かれるボガジンのすぐ近くである。定量の半分に減らしてもこれだけの集積量では作戦は無理で、いまから開墾し自給自足に転換するにしても、最初の収穫は三、四ヶ月先になるため、その間に戦闘開始にでもなったら、折角の耕作も水の泡になるのは避けられなかった（井本熊男前掲書　五三〇－一頁）。

このような食糧逼迫に加えて、ウェワク、ハンサ方面に対する米軍の激しい爆撃から見て、間もなくに両地への上陸作戦が行なわれる気配があり、このままマダンにいれば最前線からも取り残され、退路を断たれるおそれが大きかった。とすれば、できるだけ部隊をウェワクに近づけ、最悪の事態を回避しておくにこしたことはなかった。こうした方針が、ウェワク方面への移動の主因ではなかったかと考えられる。開始直後、アドミラルティー諸島失陥に伴う第八方面軍から第二方面軍への統属関係の変更があり、降って湧いたように第二軍と第十八軍との間隙を埋める必要性が発生し、マダン撤退及び西方移動とは別に、新たな理由が後付けされたのではあるまいか。

いずれにしてもマダンに軍を集結させ、追撃軍に対する決戦を挑む計画が、はっきりした節目がないまま破棄された。その理由を阿南の意向と解釈すれば時期にズレが生じ、米豪軍のウェワク上陸の可能性にする方が説明しやすい。米豪軍のウェワク上陸に備えて、補給兵站をはじめとする諸機能を西方のホーランディアに移動させると、マダンはますます兵站拠点から遠ざかることになり、補給の途絶だけでなく、最前線から取り残される公算も大であった。

こうして開始された十八軍の移動中に、米軍は日本軍の予想を完全に裏切ってホーランディアとアイタペに同時上陸をした。この報を得た安達司令官は、直ちに十八軍にアイタペ進軍を命じ、ウェワクは単なる通過点にすぎなくなった。ウェワク通過とアイタペ進撃の理由について、吉原参謀長は、今仮りに軍が、直に農耕を開始し現地自活に移行することを許されたとしても恐くは大部の生命を守ることは不可能であろう。極く一部しか生存し得ない状況となるは、容易に想像が出来る。然も当時の一般情勢より、到底斯る仮定は許されなかった。今や正に国軍の決戦が西部ニューギニアで起されんとしているのである。これを座視して如何で祖国の同胞に見み得んや。軍としてやがてなすあるための一時的の生存ならば、意義があるが、目途なきの生存、座して生を貪るが如きは、断じて軍たるものの採るべきではない。祖国亡びて何の生ありや。抑々南海に任を受けて祖国を進発せし以来、吾人は華々しき戦果を得べしなどとは夢想だにもせず、唯々祖国の安泰を期するのみで、所謂楠公精神を信条とし、我々の犠牲において後方の備えを固めしめ、以って社稷の保護に万全を期せしめんとしたに外ならぬ。斯る意見は軍司令官は素より、各部隊の一致した結論であった。

（『南十字星』二一四－五頁）

と回想している。安達司令官も幕僚たちも自活などして意味のない毎日を送りたくなかった。祖国の繁栄と安泰のために、これまで長い苦しい戦いに耐えてきたのではないか。これからも戦い続けるのは当然で、諸将兵もこの覚悟でいるというのである。

この「滅私奉公」は、当時すべての日本兵に共有された精神たが、第十八軍将兵の意識には、マッカーサーの率いる米豪軍と二年近くも戦い続けてきた自負心があり、この点で他地域の将兵と違っていた。太平洋戦争の主戦場がニューギニアであり、日本軍の主体が第十八軍であったことを最もよく知る将兵たちは、補給の実情に関係なくアイタペ、ホーランディアに進み、米軍と戦わないではいられなかったにちがいない。それゆえ米軍との戦いを新参の第二軍に任せるわけにいかず、たとえ追いかけて行っても、米軍を相手にするのは第十八軍であるという使命感を持っていた。

十八軍司令部が四月二十二日の米軍のホーランディア、アイタペ上陸を知ったのはウェワクに着いた頃であったと思われるが、たとえ移動中であったにしても、ウェワク到着直前の辺りで、先行部隊は続々と到着していたと推定される。井本の二十九日にアイタペ戦準備に入ったという指摘は、ピッタリ辻褄があうのである。安達らは休む間もなく、アイタペに向かって西進した（戦史叢書『南太平洋陸軍作戦〈5〉』五一－二頁）。

アイタペ周辺に部隊の集結、武器弾薬の集積が進みつつあった三ヶ月後の六月十七日、大本営は、以下のような「大陸命第一〇三〇号」を発し、またまた変更を行なった。第十八軍を第二方面軍から切り離し、その上部機関であった寺内寿一元帥の南方軍直轄とし、東部ニューギニアでの「持久」任務を発令した。

一、第十八軍を第二方面軍戦闘序列より除き、南方軍戦闘序列に編入す

二、南方軍総司令官は、東部「ニューギニヤ」方面に在る第十八軍その他の諸部隊をして、同方面の要域に於て持久を策し、以て全般の作業遂行を容易ならしむるへし

三、細項に関しては参謀総長をして指示せしむ（筆者句読点）

戦争中の「持久」と「自給（自足）」は表裏の関係にあり、戦線から取り残された部隊が自給自足をしながら静かに耐えることを意味した。つまり棄軍である。これからアイタペの米軍に突入しようとする第十八軍に対し、大本営は呆れた命令を出したものである。過去約二年間、マッカーサー軍の圧力を一身で受け止め、その西進を遅滞させてきたのは、十八軍将兵の敢闘以外の何ものでもなかった。今またマッカーサー軍の大規模な飛び石作戦が予想され、急遽上陸予想地点に向けて大移動の真っ最中であったにもかかわらずである。

二年間も最前線を維持してきた十八軍に「持久」を命じる大本営の真意は、どこにあったのであろうか。戦史叢書は、隷属機関を変えたことについて「第十八軍司令官に自由な判断をさせようという意図も含まれていたのではないか」（前掲戦史叢書〈5〉一〇一頁）と、その処置をかばっているが、筆者は、この時期になっても、まだ大本営が

ニューギニア戦の位置づけができていなかったことに原因があったと考えている。

第十八軍を第二方面軍から南方軍の管轄下に移したのは、まだ態勢が整っていない第二方面軍に任すことをはばかったためと考えられるが、それならば南方軍に振ればいいというものではない。対英戦しか経験のない南方軍に、第十八軍の対米戦を指導させようというのはあまりに飛躍した話で、大本営が真面目に戦争指導に当たっていたのか疑われる。南方軍は、開戦時に四つの「軍」、二つの飛行集団を隷下に置き、海軍の「連合艦隊」に匹敵する大集団で、開戦時の南方資源地帯向けの全作戦を担当した。日露戦争が、大山巌の率いる「満州軍」と東郷平八郎の率いる「連合艦隊」の二本立てで行なわれたように、太平洋戦争も陸軍の「南方軍」と海軍の「連合艦隊」の二本立てでやるつもりだったにちがいない。この辺にも、日露戦争を模範にして戦争を進めようとする陸海軍の安易さが見て取れる。

十八軍を隷下に置いた時期の南方軍には、佐藤第三十一師団長が独断でコヒマを放棄して退却した事案を含むインパール作戦について根本的見直しを迫られ、慌ただしい日々が続いていたはずである。もっともインパール作戦実施に何も疑問を差し挟まなかった司令部だから、ニューギニア戦に対してどこまで指導能力があったのか疑わしい。十九年六月、南方軍総司令官寺内寿一は、総司令部をシンガポールからマニラに移し、米軍のフィリピン進攻に備える作戦準備に入ったばかりであった。十月、米軍がレイテに上陸すると、第十四司令官山下奉文大将の勧めもあってサイゴンに退避しているが（上方快男編『元帥寺内寿一』五七八頁）、いても目障りなだけの存在であったから厄介払いされたのであろう。

自らの戦略思想、作戦計画を参謀達に示し、前線にもよく姿を見せて積極果敢な指揮官振りを示したマッカーサーに比べ、自らの思想も作戦方針も示さなかった寺内寿一は、大本営の代行者・メッセンジャーボーイといったイメージしか描けない。第十八軍の骨を拾うために南方軍に任せたという見方もあるが、それこそ、南方軍を敗戦処理しかできない機関であったことを認めているようなものである。

安達らがウェワクに着いたとき、目にしたのは連日の猛爆撃でまるで月の表面のようになった光景で、満足な施設などどこにもなかった。十八軍の将兵にしても、ウェワクにたどり着けば腹一杯食べられる夢は無残に打ち砕かれた。マダンにいたときと同じ焦燥、すなわちこのままウェワクに留まって飢餓地獄に陥り、棄軍にされる不安が、安達等をおそった。ウェワクを通過し米軍の上陸地点に向かって前進しても、このままウェワクに留まっても飢餓地獄には変わりはないが、最前線に立つことはできる。留まって死ぬか、進んで死ぬかの選択肢しかなければ、つねに米豪軍との戦闘の正面に立ち、敢闘してきた第十八軍にふさわしいのは後者の道だけであった。

そうなると「大陸命第一〇三〇号」の持久命令が邪魔になる。アイタペの米軍に攻撃を加えるまでにはあと一ヶ月程度の時間が必要であったが、もう引き下がれないところまできていた。大本営は気楽に持久を命じるが、いまからでは農耕自給も間に合わない可能性が高い。インパール作戦はその是非の議論のあと実施しない方向でほぼ決したにもかかわらず、大本営が作戦準備の命令を出したことによって流れが変わり、とうとう実行されてしまった。今度も流れに逆行する「大陸命第一〇三〇号」を発して、方向転換させようとした。大本営内では、少佐か中佐クラスが作った文書が、参謀総長の判を得て発翰されてしまうことが珍しくなかった。国運を担っていた大本営がこの杜撰さでは、日本の運命は決まったようなものである。

（六）　セピックを越えてウェワクへ

ニューギニア戦の進展にともない、米海軍のキング作戦部長や中部太平洋軍司令官ニミッツと、南西太平洋軍を率いるマッカーサーとの間で、つぎの作戦計画に対する意見が鋭く対立した。マッカーサー軍を陸軍と呼ばないのは、彼の下には陸軍部隊だけでなく、海軍の水上部隊や水陸両用部隊、陸軍航空隊、さらにオーストラリア軍の陸海軍も含まれていたからである。島嶼戦という陸海空の三戦力の有機的結合を必要とする戦場において、マッカーサーらが苦心して作り上げた統合軍であった。

マッカーサーの司令部では、陸海空の指揮官及び幕僚が同じ建物の中で仕事をし、いつでも必要な時に所属を越えたメンバーが集まって会議を開き、作戦計画を練った（『マッカーサー戦記』Ⅲ　一一一頁）。このような司令部と軍組織は、ほかにあまり例がなかった。

アドミラルティー諸島を攻略し、一気に東部ニューギニアから西部ニューギニアに踏み込む足掛かりを得たマッカーサーは、次の攻撃目標として日本軍の予想を大きく越え、西部ニューギニアの中心地であるホーランディアを目標として選び出した。日本側が設定した第十八軍と第二軍の担当範囲を挨拶もなく飛び越そうというのである。アドミラルティー諸島を獲得し、ビスマルク海を押さえてしまえば、無謀でも冒険でもなく、確実に攻略できる見通しをマッカーサーは持ったのである。これまでのように戦線のすぐ背後に飛行場を設置し、分厚い航空隊の傘の下でしか進撃しようとしなかったマッカーサー軍が、アドミラルティー諸島を得てから急に大胆になった。

ホーランディアとアイタペを目指す米軍の大船団は、わざとアドミラルティー諸島の北側を迂回したが、この時点でラバウルを基地とする残余の哨戒機によって発見され、十八軍の司令部に通報された。しかし第四航空軍がホーランディア以西に撤退したあとだったため、この情報を確認するために船団の進行路を追跡する航空機を飛ばせなかった（吉原矩前掲書　二〇六－七頁）。

十九年四月二十二日、早朝からホーランディアとアイタペの海岸目がけて猛烈な爆撃と艦砲射撃が加えられ、それが終ると一斉に上陸用舟艇が海岸目がけて殺到してきた。日本軍は次の上陸地がハンサ湾かウェワクであろうと予想していたので、この上陸作戦は奇襲と同じ結果になった。敵の上陸を予想していなかったホーランディアには、後方部隊六、六〇〇人、第四航空軍関係約七、〇〇〇人、海軍関係約一、〇〇〇人、合計一四、六〇〇人ほどがいたといわれるが、戦闘部隊はほとんどなく、到底上陸軍を阻止する能力はなかった。アイタペの方は兵力わずか一、五〇〇人に過ぎなかったが、四一師団の一部、野戦高射砲大隊主力、独立工兵大隊主力等があり、ホーランディアより幾分よかった（戦史叢書『南太平洋陸軍作戦〈5〉』二一一－二一二頁、二一六－二一八頁）。

戦闘の詳しい説明は後述するとして、ホーランディアの部隊はサルミの方向に敗走したが、ジャングル内に白骨を連ねる悲惨な結末になった。他方、アイタペの部隊は、ウェワク側にいたものだけが逃げ帰ることができたが、ホーランディア側にいたものたちは、逃げ込んだトリセリ山系（Torricelli Mountains）の中で文字通り消滅してしまった。第十八軍と第二軍との合体はまさに夢となった。マダンをあとにした十八軍の諸部隊は、まだ多くがウェワクへの途上にあり、第二軍との合体という大前提が崩れたあとでも動きを止める気配はなかった。多くの部隊が連絡困難なジャングルや湿地帯の中を行軍中で、目的地とされたウェワクを目指す以外になかったのである。

フィニステール山脈を踏破してマダンに集結した部隊は、休む間もなくウェワクへと再機動し、取りあえず目指したのがマダンとウェワクのおおよその中間点に位置するハンサ湾であった。マダンから車でハンサ湾まで走ってみると、約二三〇キロある。それから地図で測ったウェワクまでの距離を加えると、マダン・ウェワク間は五〇〇キロ弱になる。東京を起点に東名道路上に換算すると、ハンサまでは浜松、ウェワクまでが京都くらいの距離と考えればよい。前掲の高射砲大隊所属の室崎によれば、マダン・ハンサ間を十六日かかっている。それもハンサ近くでトラック便を利用しており、歩き通していたら二十日近くになったろうと回想している（前掲戦史叢書　一〇四頁）。

マダンからハンサ湾までは海岸線に沿う道で、左側すなわち内陸側は小高い嶺々が連なり、この一角のアムロンの丘には十八軍の司令部が置かれていた。現在、山々の表面は背の高い草に覆われ、ジャングルを思わせる樹林は所々にあるのみである。十八軍の移動が行なわれた頃は一面のジャングルに覆われていたはずだが、人間の営みが南洋のジャングルをも禿山に変えてしまったらしい。右手前に見える大きなカルカル島は中腹が台状で、その上に丸みを帯びた休火山ウルマン山（Mt.Uluman）が乗っかる形で、やさしい山容と美しい海とが実によく合う。だが海がよく見えるというのは、行進する日本兵が海空からよく見えることであり、突然敵機が現れると、海と反対側のジャングルや椰子の木の陰に逃げ込まなければならない。実際はカルカル島や紺碧の海を楽しむ余裕などなく、昼間はジャングルで休養をとり、暗くなってから漆黒の中を石や木の根に躓きながら行軍した。しかし夜間といえども、うっかり明かりでもつけると、近くを遊弋する敵魚雷艇から機関砲を乱射された。

陸地とカルカル島が最も近くなったクロイレス岬（Cape Croilles）当たりから、それまで真北近くに向いていた海岸道は北西へと向きを変える。しばらく行くと、沖合にマナム山が見えてくる。富士山に似たやさしい輪郭の活火山で、二〇〇三年にも大噴火を起こし、住民はニューギニア本島に避難し、筆者が三年後に訪ねた時もまだ海岸線に避難住居を立てて仮住まいしていた。日米のパイロットが目印にしたマナム山は、パイロットに思い出が深い山といわれているが、ハンサ湾に出入りした輸送船の船員も、この山を眺めながら無事にハンサに入港できたことを喜び、出港のときは生きて再びマナムを見られることを祈ったものである。

この道筋の兵站を担当していたのは第四十四兵站地区隊である。昭和十八年六月にマダン、ウリンガン（Ulingan）に支部を置き、撤退にともないマダン支部が閉鎖されると、ムギル（Mugil）支部を開設した。マダンとハンサのほぼ中間点にあるウリンガン支部は、後退する十八軍将兵にとって頼みの補給基地であったが、マダンへの集結がはじまる十九年一月中旬から二月にかけて、米軍のB25と思われる爆撃機の空襲を立て続けに受け、湾内に待機中の漁船十四隻が撃破され、糧秣二十トン、軍需品数十トンを焼失し、補給能力を喪失するに至った（三田寺午之介『第四十四兵站史』一五九－一六一頁）。ウリンガン近くのコシヤコシヤには、第一一二兵站病院や十八軍連絡所があり、完全撤退の日まで医療活動や司令部業務を行った。

十八軍のニューギニア戦を苦しくさせた一因は、間断なく行われる米豪軍航空隊の空襲のために補給品の揚陸地が比較的安全な西方へ西方へと遠ざかり、揚陸地から各地に展開する部隊への転送のために戦闘部隊からも人員を差し出し、その負担が戦闘力の低下につながったことにある。転送のために、陸上輸送にトラックのほかに大八車や馬といった前世紀的手段も使われ、海上輸送には、海上トラック・大発・漁船等が使用されたが、制海権・制空権を奪われた下では損失が後を絶たず、そのためどうしても人力による陸路担送の比重が高くなった（『丸別冊　地獄の戦場』所収　柴田政利「舟艇機動『船舶工兵』一代記」三〇八－九頁）。

米魚雷艇の跳梁は、沿海部の大発や漁船による転送をほとんど不可能に近い状態にまで追い込んだ。フィニステール方面からの部隊が集結しつつあった時期のマダンでは、すでに海上輸送が杜絶し、もっぱらハンサ湾からの自動車輸送に頼っていた（三田村午之介前掲書　一六九－一七〇頁）。部隊をマダン周辺に張り付けていれば、早晩餓死者が出る情勢であったことは疑いない。この意味では、部隊をウェワク方面に移動させる安達の決断は正しかったというべきであろう。

米魚雷艇の活動を封じるのは海軍の任務であった。だが艦艇を出動させる可能性がなかったため、やむなく陸軍では対魚雷艇戦闘の研究を進め、十九年一月一日に「艇隊（大発）を以てする対魚雷艇戦闘要領」を定めている。通則第二項に「敵魚雷艇の撃沈を期せんとするは至難のことに属すと雖も、勇敢、剛胆、堅忍の烈々たる攻撃精神は、……砲艇一体の威力を発揮し、奇襲的効果を挙げ得るものとす」（白井明雄編『『戦訓報』集成　第一巻　一三二頁）と、精神用語に修飾された解説を読むと、最初から神頼みのように思われるが、現地ではこの要領に沿って大発や漁船の武装を行なった。快速を誇る敵魚雷艇を撃破するのは容易ではなかったが、回想記に撃沈を伝える記事があるところをみると、まぐれ以上の戦果があったのかもしれない。なお「第三　戦闘」の第八項に「快速なる敵魚雷艇に対して他に手段なく、而も確実に衝突の公算ある場合の外、無謀なる体当たり戦法を乱用するは、却つて敵の為殲滅的射撃を蒙るものとす」（前掲『戦訓報』一三五頁）と、体当たり戦法を戒めている点は注目される。こうした訓戒の明記は、体当たりが行なわれはじめていたことを暗示する。陸軍が体当たりの特攻に批判的であったことを物語る証左かもしれない。

風光明媚な海岸線もハンサ湾で終りである。湾の正面にマナム山が見えるため、日本兵はこれを「ハンサ富士」とも呼んだ。しかし湾の周辺は水はけが悪く、ハンサ熱という風土病と悪性マラリアが猛威を振るう最悪の場所であった。絶景とは正反対の地獄の入口といってもよく、したがって現地人もあまり近寄らず、地名をつけるべき場所もなかったらしい。湾の周辺に日本軍は第一飛行場（南飛行場）と第二飛行場（北飛行場）の二つを半年近くもかけて建

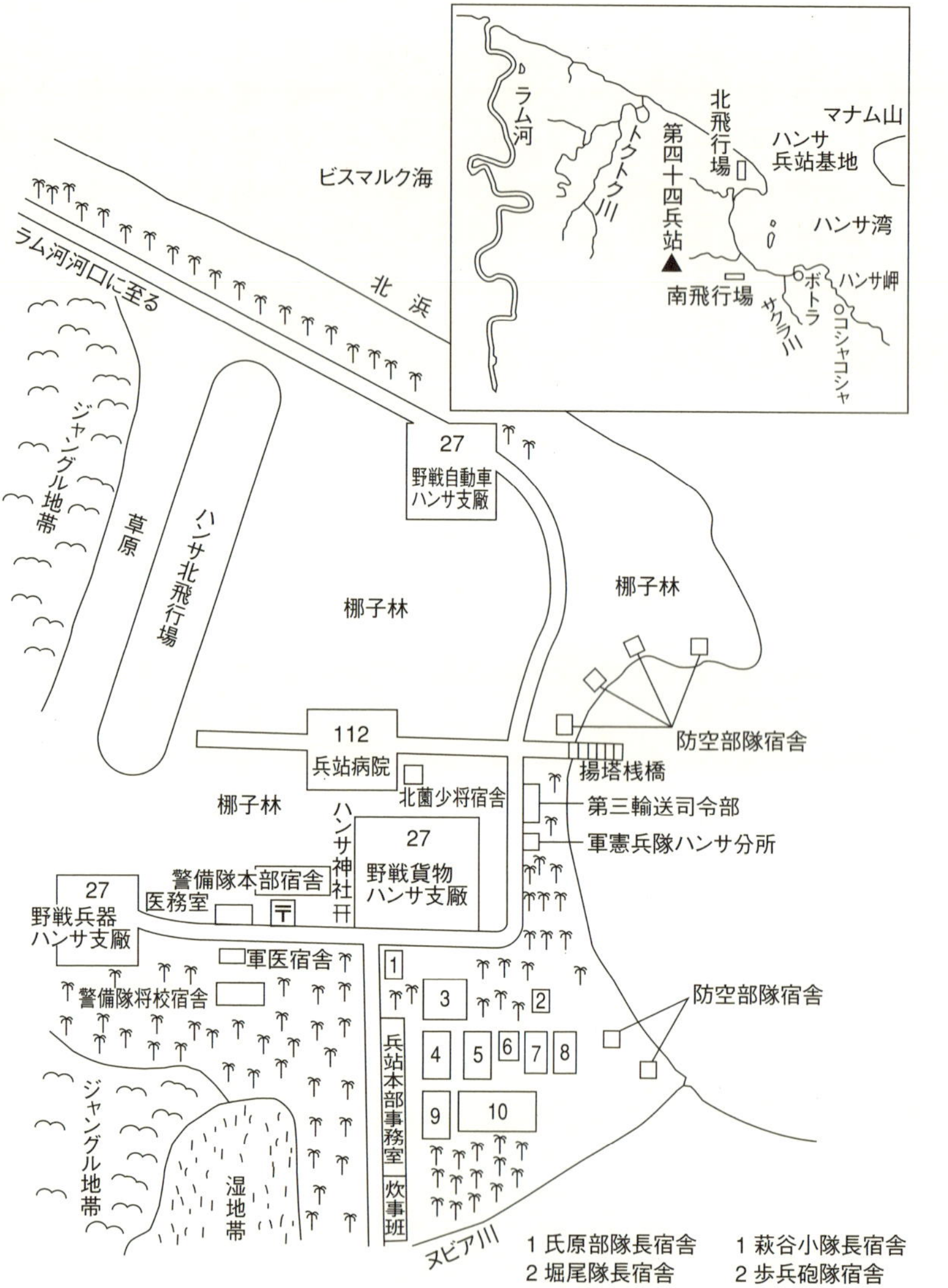

1 氏原部隊長宿舎　1 萩谷小隊長宿舎
2 堀尾隊長宿舎　2 歩兵砲隊宿舎
3 地区隊将校宿舎　3 機関銃中隊宿舎
4 警備隊本部事務所　4 通過部隊のための兵站宿舎
5 第二中隊宿舎　5 勤務中隊宿舎

出典:三田村午之介『第四十四兵站史』p.100

ハンサ兵站本部概略図

設したが、風土病と悪性マラリアのために、夥しい人命を失った（満川元行『塩』一九、六五頁）。

それにもかかわらず、パラオとの交通、ラバウルとの連絡に便利である上に、東部ニューギニア海岸の中間に位置している好立地条件が捨てがたかったため、第三野戦輸送司令官北薗豊蔵少将を指揮官とする兵站基地本部、氏原静英大佐を長とする第四四兵站地区隊を置いたのである。ハンサ基地は湾のすぐ西側の広大な土地に、野戦貨物支廠、野戦兵器支廠、北飛行場、野戦自動車廠支廠、兵站病院、防空部隊、野戦道路隊、飛行場設営隊、海上輸送隊などを配置する大規模なものになった。

ハンサへの輸送はもっぱらラバウルから行われ、第一回から第六次までの輸送内容はつぎのようであった。一方で、駆逐艦、海上トラック、大発等によるラバウルからの緊急輸送が、夜間を利用して行なわれた。糧秣・医薬品・日用品等を集積し周辺諸部隊に供給するのが野戦貨物支廠の役目であり、また弾薬等の集積・供給を担当するのが野戦兵器支廠で、この二つがハンサ基地の基幹業務であった。

ハンサ湾向け船団到着状況

船団	ハンサ到着日	隻数	備考
第一次	十八年三月　十二日	六	帰路、桃山丸が敵機に撃沈される
第二次	十八年四月　十三日	六	一隻擱座
第三次	十八年五月二十八日	三	その他駆逐艦二、二十師団乗船
第四次	十八年六月二十七日	不詳	揚陸成功
第五次	十八年七月二十四日	三	揚陸成功
第六次	十八年八月　八日	不詳	最大規模、戦史叢書に記述なし、第四十四兵站史のみに記述
	十八年八月二十四日	不詳	海上トラック輸送、揚陸後大空襲

（三田村午之介『第四十四兵站史』八五頁）

八月八日が船団輸送の最後になったのは、前述のように十七、八日にウェワクの航空隊が爆撃を受けて壊滅状態になり、東部ニューギニアの制空権を喪失した結果と考えられる。揚陸後の物資は敵機の攻撃を避けるため、動ける者をすべて動員して周辺のジャングルへ散開し隠蔽した。

計画されていたマダン攻防戦が放棄された原因は、前に触れたようにハンサ湾を中心にした補給体制網の崩壊、ハンサ湾と新しい補給基地であるウェワクとの海上輸送の困難、それに伴う糧秣・弾薬等の払底にあったほか、ハンサ湾あるいはウェワクに対する米豪軍の上陸予想であった。その後、米軍がアイタペ、ホーランディアに上陸したため、十八軍はハンサ湾を素通りしてウェワク方面に移動していったが、それがなければハンサ湾に大軍が集結したかもしれない。ウェワク方面に向かった総人員について確たる記録はなく、満川元行は七万五千人と推定しているが（『塩』二一頁）、どう考えても多すぎる。

三月中旬から本格化した西方移動は一ヶ月後には終了し、マダンにはほとんど人影はなくなった。これに合わせるかのようにハンサ基地が、三月一日から三日まで連続して米大型爆撃機B24の大編隊による猛爆を受けた。B24は米軍機の中で最も爆弾搭載量が大きく、この作戦においても五百キロ爆弾の絨毯爆撃を行ない、ハンサ基地を穴だらけにした。さいわい貴重な食糧・軍需物資は郊外に分散してあったので被害が少なく、通過する部隊に補給を行なうことができた。爆撃に対して諫山少佐指揮の高射砲第六五大隊が反撃し、大きな標的のB24に命中弾を与え、相当数を撃墜または撃破と判断された（吉原前掲書　一九四－五頁）。米軍が十八軍の西進を知っていた可能性が十分あり、補給基地に対する爆撃は一種の兵糧責めの狙いがあったと考えられる。

マダンを最後に出たのは第四一師団で、同師団がハンサ基地を通過したのは十九年四月二十三、四日頃で、それから二、三日後の四月二十六日にハンサ基地の閉鎖命令が出た。室崎尚憲の高射砲隊は二十四日に「アイタペに向かって転進せよ」の命令を受けている（室崎『東部ニューギニア　高射砲隊追憶記』一一一頁）。最後尾の第四四兵站地区隊は、二十九日にハンサ基地を閉鎖し撤退の手筈であったが、ラム河の渡河点が部隊で溢れかえっている報が入り、五月五日まで延期された。この数日前にコシヤコシヤ付近から敵の激しい砲声や機銃音が聞こえ、上陸が懸念されたが、さいわい何事もなかったのでゆっくりしたのである（室崎前掲書　一二一頁）。

マダンからハンサ湾までの間には、地形的にむずかしい箇所はない。だがその先は、ラム河、セピック河を渡り、セピック以西は十日間いや二週間以上も続く大沼沢地帯である。乾燥した陸地がほとんどなく、立ったまま眠る日が何日もあり、膝、腰まで泥につかり、時には底なしの沼に飲み込まれこともある。海岸に出て舟艇が利用できれば泥沼地帯を歩かずにすむが、そんな場所には魚雷艇と呼ばれる海のワニが静かに獲物の通過を待ち受けていた。それでも傷病兵の後送と武器弾薬等の軍事物資の輸送には、危険な船便に依存するほかなかった。わずか四ノットで航走する大発は危険な海面にいる時間が長く、その分、危険も比例して大きかった。第二十師団司令部は大発三隻で移動することにし、一番艇に師団長片桐茂中将、小野参謀長、小坂情報主任参謀、高田後方主任参謀、井上軍医部長、二番艇に各部要員、三番艇に重要書類、遺骨を乗せ出発したが、セピック河口を越え、ウェワク間近のテレブ沖で米魚雷艇三隻と遭遇し、重機関銃で撃沈された。海面に浮かんだ者たちは機銃掃射され、師団長はじめ司令部員の大半が戦死し、高田参謀はじめ数名が助かっただけであった（戦史叢書『南太平洋陸軍作戦〈5〉』六二－三頁、鈴木正己前掲書　一七九－一八三頁）。

淡泊な日本兵と違い、米兵は敵の状況などに関係なく機銃掃射を行なった。かってダンピール海峡を航行中、米豪軍爆撃隊のために多数の日本の輸送船が撃沈されたが、その後、海面上を漂っている日本兵に対して、米豪軍機は徹底した銃撃を加えている。武士文化が浸透し、戦いは正々堂々とやるべきであると考えた日本兵ならば、海面に浮かぶ弱い立場の人間になど決して銃撃を加えなかった。ところが欧米人は執念深く、むしろ残酷である。日本兵の戦い方が封建時代のマナーで、こうした米豪兵のやり方が近代的というものなのだろうか。

満川元行の『塩』によれば、つぎのハンサからウェワクの間では補給が期待できないため、一ヶ月分の食糧を背負

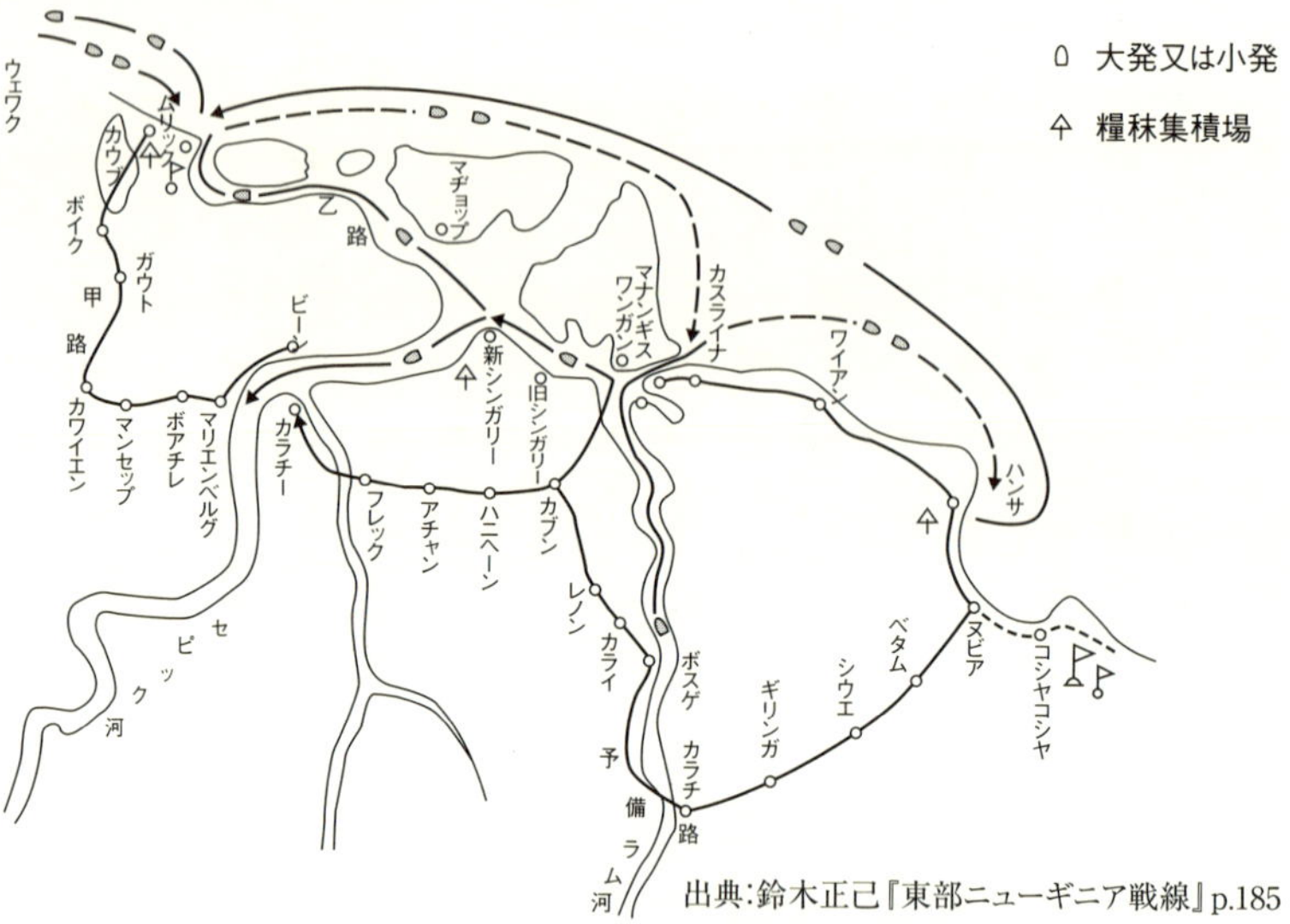

出典:鈴木正己『東部ニューギニア戦線』p.185

ラム、セピック渡河機動作戦概略図

って出発したが、あまりの重さに体がよろめいたという（九一一一頁）。ところが十八軍参謀長吉原矩の『南十字星』に掲載された「ラム・セピック渡河機動作戦要領図」（一八九頁）には、ハンサからコープ間のルートと、その間にある糧秣集積所と集積糧秣量が記載されている。兵站畑の三田寺がまとめた「ラム、セピック渡河機動作戦要領図」（『第四十四兵站史』二二五頁）にも、地名表記に若干の違いがあるものの同じ糧秣集積所と集積糧秣量が見える。三田寺によれば、ビエンにおいて、五月初め頃まで存在していたという糧秣交付所を実見しているが、この交付所については彼が作成した地図にはない（前掲書　二二六－七頁）。

第十八軍の最高幹部の一人である吉原にすれば、補給の準備もなく数万人以上もの将兵を行軍させたとはいえない立場にある。こうした補給体制をいつ準備したか詳細は明かでないが、要所要所で補給を行なう体制を整備した上で部隊の移動を開始したのは明らかである。これと並行して、この大湿地帯を横断するには、どうしてもラム河とセピック河の大河を渡る必要があり、それも一回ずつではなく、とくに蛇行の激しいセピック河の場合、何度も渡る必要があり、経路の要衝に舟艇の配備もしてあった。事前に渡河地点を決め、大湿地帯を方角を見失わずに決められた渡河点に着くためには、あらかじめルート工作がなければならない。西進命令が出され、何もかも初めて未踏の大湿地帯に入ったのではなく、かつてサラワケット越えの前に北本工作隊によるルート工作があったように、この大湿地隊踏破の前にも周到な調査とルート工作があり、渡河点に舟艇配備と要地に糧秣交付所の設置がなされていた。戦史史上に残るべき事前準備だが、これに携わった部隊名も指揮官名も、いつ行なわれたかも何一つ記録されていない。舟艇を動かす部隊には渡河作業隊という呼称があったらしいが（三田寺前掲書　一二六頁）、おそらく陸軍船舶工兵隊に所属する部隊であったと推測される（室崎　一三三頁）。

吉原によれば、出発点であるハンサ湾岸のハンサからコウプ（Kaup）の間には甲路・乙路とヌビアからの予備路があり、予備路はラム・セッピク両河を遠回りして渡河するルートで、道路事情は悪くなかったというが、空から丸見えの箇所が多く、昼間の行動は危険であったといわれている。三路の概略を示すと次のようになる。

甲　路……ハンサ↓ワイアン↓カスライナ↓マナンギス↓ワンガン↓ワタム潟↓旧シンガリ↓新シンガリ↓マヂョップ水道↓ムリック↓コウプ

乙　路……ハンサ↓ワイアン↓カスライナ↓マナンギス↓ワンガン↓カプン↓ビーン↓マリエンブルグ↓マンセップ↓キス↓コウプ

予備路……ヌビア↓カラチ↓カプン↓アチヤン↓フレック↓ビーンで乙路に合流

乙路にはワンガン（Wangan）から新旧シンガリ（Old Singarin, New Singarin）、ビーン（Old Bien, New Bien）を経由するルート以外に、ワンガンからカプンに出て予備路と合流し、さらにビーンで再び乙路に復帰するルートがある。距離は甲路が最も短かったが、マヂョップ水道（Madjop Canal）を舟艇で移動するので、舟艇の便を確保する必要と敵魚雷艇出没の危険があるため、途中から徒歩行程の多い乙路に切り替えられた。空襲を受けやすい予備路は、乙路が利用困難の際にやむをえず選ぶ性格のルートだったようである。本書では、乙路を中心に取り上げることにする。

乙路は甲路とともにハンサを出発し、湾に沿って進み北飛行場の脇から海岸線に沿ってラム河の河口に近いカスライナに着く。河口附近には、海と川の境目が打ち寄せる砂と流れ出る土とで若干高くなっているので、干潮を利用して徒歩で渡るか、舟艇を利用して渡河した（『丸別冊　地獄の戦場』所収　田平正敏「アイタペ作戦」三三二頁）。渡河中に敵機の襲撃を受ける危険があるので、夜を待ち折畳舟艇に乗り込む。舟艇は三隻あり、モーターがついているのは一隻のみで、この一隻がもう一隻を曳航して対岸に渡る。河口附近でも流れが急で、手こぎではマナム島付近まで流された例もあった。モーターつきでも遠く流され、予定地点から大きくずれると道を探すのが大変であった。最後にラム河を渡ったのは第四四兵站警備隊で、渡河終了後に折畳舟艇を鶴嘴を使って底部を打ち壊し、ラム河に流した（三田寺前掲書　二二一頁）。

ラム河の西岸周辺はサゴ椰子の樹林帯で、その下はどこまでも続く泥濘であった（鈴木正己前掲書　一八七頁）。腰まで泥濘につかってワンガンに行くが、すでに諸処に腐乱死体が横たわり、死臭が鼻をついた。泥の中で放尿し用便をし、立ったまま眠る日が続き、病人は次々にやられた。ハンサから数日しかたっていない地点でさえ、こうした惨状を来しているようでは、これから続く大湿地帯でどれだけの人命が失われるか想像もつかいない。サラワケット、フィニステールの踏破で万に近い兵士をのたれ死にさせたが、大湿地帯の横断は、ニューギニアに上陸して二年、三年がたった兵士でマラリアにかかっていない者はなく、さらに栄養状態が悪いために体力が著しく落ちていたこともあり、悲劇的結末を予感させた。

ワンガンはワタム潟（Watam Lagoon）を経由して旧シンガリに向かうルートと、現地人もめったに入らないジャングルを経由してビーンに至るルートの分岐点である。つまり甲路と乙路の分岐点だが、前出の室崎はもう一つのルートを紹介している。甲路は大発によりワタム潟を旧シンガリまで行くルートだが、旧シンガリで降りずにマヂョップ水道に通じる水路を辿ってムリク潟（Mulik Lagoon）に出て、そのまま西進して終点のコウプまで行ってしまう丙路ともいうべき別ルートがあり、重病人や特殊任務員の輸送に使われたという（室崎前掲書　一二六頁）。この丙路を開拓したのは、第二十師団第七十八連隊の第三大隊であった（田平正敏前掲書　三二一頁）。

鈴木正己軍医は小発で一気にムリクまで行っているが、乗船地はセピックに面する新シンガリであった。旧シンガリと新シンガリの間には水路はないはずだから、室崎の記憶違いではないだろうか（鈴木前掲書　一九一頁）。とはいえ地図にも航空写真にもそれらしき水路は見当たらないからといって、旧シンガリと新シンガリの間には水路はないと決めつけるわけにはいかない。セピックはこうした不思議な水路が幾らでもある魔境である。田平正敏の回想によれば、第七八連隊の通信隊が新シンガリに有線基地を設置し、通過部隊の人員報告、順路の指示に当たっていたという（田平前掲書　三二一頁）。なお室崎の部隊がワンガンに着いたときには、米魚雷艇の跳梁のために甲路・丙路はともに閉鎖されていたという。

四四兵站部隊の軍医であった満川は、室崎より若干早めにハンサを出立したごとくだが、甲路をとり新シンガリに出ている。装具を降ろせる乾いた場所を探すのに苦労し、池とも沼とも見分けのつかない水辺を恐る恐る進み、丸太を四つん這いになって底なしの沼を渡り、大木の根と根の間に挟まって眠った。その間、至る所に日本兵の死体が風船のように膨れて水に浮いていたり、水に頭を突っ込んでいるなど、死体が視界に入らない時がなかった。ワタム潟の終点旧シンガリとセピック河に面する新シンガリの間は三、四キロしかないが、泥濘の道や膝下に達する泥水だけの道が延々と続き、ここだけで千人が死亡したといわれる。（満川前掲書　三九－四三頁）

室崎の部隊はワンガンから内陸側に折れ、カプンに至ると予備路に合流し、さらにビーンで乙路に合流する。このルートについて室崎は、「今われわれがこれから進もうとする乙路は、まったく新しいもので、今まで通った経験者はいないという」（前掲書　一二七頁）と、未知かつ未踏であるとしている。しかし吉原の『南十字星』にはこのルートが明記されており、軍司令部もその存在を知っていたことを物語る。室崎がどうしてそう思っていたのか、また最後尾に近い部隊がどうして未知のルートに入らねばならないか、よくわからない。

ワンガンまでは靴も没する泥濘地の連続であった。大きな沼（ワタム潟）に出ると大発に乗り、三十分ほどで簡単な船着き場に着いた。船着き場の存在はすでにルート工作が出来ていたことをうかがわせる。しばらくジャングルが続いたあと草原に出たが、どこまでも水浸しであった。絶えず航空機の爆音が聞こえてくるので、その都度、木陰に身を隠した。再びジャングルに入ると膝あるいは腰までつかる泥濘地が続き、泥水の中に立ったまま眠ることもしばしばだった。こんな場所には、必ず体力尽きた兵士の死体が無数に転がっている。ニューギニアでは、「水漬く屍、草むす屍」よりも「泥に漬かる屍」が圧倒的に多かった。死体の傍らに軍刀を置いてあるのは、死者が将校であることを示し、ここでは体力が尽きれば階級に関係なく死が待っていた。死体には装具類がほとんどなく、生き残った者が剥いでいってしまったのであろう。

セピックの流域は蚊の巣窟でもある。体中にべったりくっつきポンプのように血を吸い出す。前の兵士を見ると、まるで蚊柱が歩いているかのようである。目や鼻だけでなく、耳や口の中に容赦なく入り込んでくる（室崎前掲書一三二頁）。セピックの支流に出ると、間もなく本流に出た。道の泥濘はますますひどくなり、腰まで足が沈むと抜くのに体力を消耗する。川岸に船舶工兵隊の待合所があり、ここで船に乗る申込をする。室崎よればワンガンを出発して八日目であった。

セピックの東岸が旧ビーン、西岸が新ビーンで、待合所のある地点が旧ビーンであろう。最終便と呼ばれた二隻の大発が八十人を乗せて出発し、新ビーンに船をつけた。まだ相当数が船着き場にいたし、途中の道筋にも沢山の兵士が喘ぎあえぎしてセピックに向かっていた。残された者たちは、現地人のカヌーを見つけて送ってもらうしかなく、それで渡河できた兵士も非常に多かった（飯塚栄地『パプアの亡魂』一四三－八頁）。旧シンガリに着くと、甲路と合流するので急に人影の数が増えにぎやかになった。

ここからコウプまで四日間、ウェワクまではさらに三、四日かかる。吉原の概要図によれば、ビーンからマリエンブルグ（Marienberg）までセピック河を舟艇で遡航するように見えるが、実際は川岸の湿地帯を西進したあと、草原地帯に出ることになっている。原住民の家が散在しているが、どこも兵士で一杯で、人気のない家には決まって数人の死体が横たわっていた。ドイツ人の建てた洋館のあるマリエンブルグも身の丈以上の大草原の中にあり、この辺りから新しい死体が目に入るようになってきた。それにしても第一次大戦開戦まで続いたドイツの植民地時代に、このような土地に教会を建設し、プランテーションを切り開いた開拓心には驚くべきものがある。

ハンサを出て二週間以上たち、体力の消耗に加え、持ってきた食糧を食い尽くし飢餓状態に陥る者が出てきたことや、大湿地帯のマラリアの巣窟を通過している間は気力で持ち堪えていたのが、草原地帯に出て気がゆるんだ途端に発熱し歩行困難に陥る者が続出した。石塚卓三も、この辺りから黙って倒れる者、自決した者が増え出したと述べているが、その一因は、病人を担送する兵士も倒れる事態になり、「担送はしない。動けない者は自分で始末せよ」の命令が出たことにあるとしている（石塚卓三『ニューギニア東部最前線』一一一頁）。

谷間に入ったところ、川筋に橋代わりに丸太が並べてあり、滑り落ちれば腰辺りまで泥濘に埋まってしまう。力尽きて起きあがれずに息絶えた死体がある。これから昼なお暗い谷間には死臭が充満し、ここを通り過ぎるまでに数え切れない死体を見なければならなかった。地獄は空想でなく現実に存在した。爆撃や砲撃で多数の兵士が死んでも、その破壊力のために身体は一瞬にバラバラになってしまうから、どうせ死ぬならこの方が幸せかもしれない。しかし戦死者の大半は、病気、飢餓、疲労などで行き倒れになり、朽ち果てて野ざらしになる兵士であった。

マッカーサーの飛び石作戦で攻略された島の背後に取り残された島に待っていたのは、こうした地獄絵図であった。勇ましく戦って死ねたらまだ浮かぶ瀬もあるが、このような死に方を喜ぶ兵士があろうか。兵士らは国の為に命を捨てる覚悟で戦地にやってきたが、こんな死に方は本人も非常な不満であったにちがいない。

草原地帯を過ぎると、つぎは山道であった。腰や胸までつかる泥濘を踏破し、衰弱しきった体では緩やかな坂でもきつい。すでに食糧が尽き、食べられそうな芋の葉や蔓を煮たり、バナナの茎の柔らかい芯やパパイヤの根っこをかじって、空腹を少しでも癒した。バナナの茎は繊維と水だけのレンコンみたいなもの、パパイヤの根は大根のような食感であった（満川前掲書　四六頁）。

石塚卓三の一行は、この山中で、副官と数人の高砂族出身者を従えた中井増太郎少将に追い抜かれた。五尺そこそこの短躯、もう五十歳を越えていたはずだが、兵士達に声をかけながら、もの凄いスピードで追い抜いて行った。中井は二十師団の歩兵団長であったが、前述のように片桐師団長が米魚雷艇による攻撃で戦死したため師団長心得となり、二十師団を率いることになった。陸軍中央は慣例を守り通し、狂気の沙汰であるセピックの渡河を指揮する中井の正式師団長就任を認めず、昭和二十年四月七日に中将に進級するまで師団長心得の肩書きを外さなかった。なお空席となった中井歩兵団長の後任には、内地転補を発令されながら帰還できなかった第八十連隊長三宅貞彦少将がやむなく補された。ニューギニアからの脱出が不可能な三宅に転属命令を出した中央の措置もどうかと思うが、中井の師団長心得というのもおかしい。中央の硬直した体質にも呆れる。

頂上に出ると、眼下に通過してきたセピックの蛇行する緑の魔境が広がり、北に目をやると樹海越しに太平洋の海原を眺めることができた（室崎前掲書　一三九－一四〇頁）。山道をくだって海に出たところがコウプの海岸であった。ウェワクへと続く海岸は起伏に富んだ地形で、合間合間に原住民の部落が点在し、彼らの植え付けたタロイモが日本兵の空腹を和らげた。起伏の多い地形はしばらく続くが、いままで見続けてきた兵士の死体が嘘のようになくなった。行き倒れが少なくなったこともあるが、警備隊が死体を始末したためらしく、警備隊の目が届かない部落の住居の中などには死体が見られた。ウェワクまであと数日というところまで頑張り通した身体も、エネルギーが切れ、あたかも蝋燭の火が少しずつ消えていくように静かに息を引き取ったにちがいない。

ウェワク一帯は米豪軍機の最重要標的になっており、ひっきりなしに超低空飛行しては銃爆撃を繰り返していた。室崎の一行がウェワクの手前に着いたとき、豪軍のビューフォート攻撃機二機に襲われ、この編隊が去ると次の編隊が現れるという激しさであった。米豪軍は、当初ウェワクを航空戦力の一大根拠地ととらえ、次いで日本軍最大の補給兵站基地及び集結地と判断を変え、十八年八月以来、徹底した爆撃を繰り返してきた。この判断は二つとも当たっていたのだが、そのおかげでウェワクは見るも無惨なあばたになってしまった。十八軍の将兵が、セピックの大湿地帯を腰や胸まで泥水に漬かりながら、それでも歩き通してこれたのは、ウェワクがこの世の極楽か花園で、辿りつけば腹一杯食べられ、ゆっくり寝られると思ったからである。それがウェワクに着いてみると、絶えず爆煙が立ちこめる戦場であった。上空に向かって姿を晒せば、たちまち機銃掃射を加えられる危険極まりない戦場であった。

ハンサからウェワクまで、満川は正確に時間まで記しているが、およそ二十七日間であったとしている。野戦照空隊の石塚は、ハンサから途中のコウプまで二十日間、出発点のアレキシスからウェワクまで五十日としているが、これではアレキシスからハンサまで三十日にもなってしまう。途中の描写が詳細な室崎には、日数の記録がない。飯塚栄地は到着を四月十九日としているが、出発を三月とだけしているため日数をつかめない。また鈴木正己は四月末出発、ウェワクより西のボイキンに五月二十三日に到着している。新シンガリからムリクまで小発をつかっているにしては速くない。ハンサを最後に出発した第四四兵站警備隊は六月五日出発、甲路を辿った警備隊長一行は二十日頃に到着しているが、乙路をとった同第二中隊は七月八日に到着している。ハンサを出てセピックの大湿地帯を横断した最後の部隊であった。各部隊は、平均してほぼ一ヶ月間を要してウェワクに到着した計算になる。

「南太平洋方面関係電報綴」所収の四月十七日付の「猛参電第四二五号」の第四項は、セピック渡河作戦における人員の流れを具体的に綴っている。

「セピック」地帯の通過人員は平均日量「ハンサ」「ウェワク」の水路一貫輸送一二〇、「ワンガン」と「マリエンブルグ」又は「ムリック」方面水路利用四五〇、「ワンガン」より「マリエンブルグ」方面陸路二〇〇、以上計　七七〇名にして今後若干増援の見込みなり

目下「セピック」以東人員は約三六、〇〇〇なるを以て全員の渡河完了は六月上旬の予定

尚三月下旬以降、本地帯を通過せる人員は約四、三〇〇にして、日量平均約一七〇名にして近時急激に増加し来れるものなり

この報告を文面通りに読むと、すでにセピックを渡河し終えたか、これからしようとしているのは、三万六千に四千三百を加えた四〇、三〇〇名になる。渡河を終えた四千三百は途中で何人かを失った結果だから、当初はもっと多かったにちがいない。仮に多少多めに六千とすれば、渡河前の兵力と合わせると四万二千になる。前出の満川元行が『塩』（二一一頁）の中で上げた七万五千名とはまだ開きがある。

十八軍参謀長吉原によれば、アイタペ会戦前の兵力は五万四千人であったという（吉原前掲書　二一五頁、針谷和男前掲書　一二五頁）。吉原の数字はセピックを越えてきた将兵と、ウェワクやブーツに駐屯していた将兵を加えた数である。無事に着いた将兵とウェワク等駐屯組を合計して五万四千だから、仮にウェワクに二万いたとすれば、満川の数字に従えば四万人以上がセピック越えからアイタペ戦までに失われたことになり、幾ら大湿地帯の渡河が地獄絵図そのままであったにしても、これは多すぎる。

「南太平洋方面関係電報綴」の三万六千は、これからセピック河を渡ることになるから、当然ウェワクに到着する人数はこれより少なくなる。吉原の五万四千から、先に渡河した四、三〇〇を引いた四九、七〇〇の中に、これからセピックを渡る三六、〇〇〇の生き残りが含まれているはずである。元々ウェワクにどれだけの兵力がいたか不明であるため、セピック渡河に成功した正確な人数がわからない。仮に二万いたとすれば、セピック渡河で亡くなったのは六、三〇〇。二一、〇〇〇であれば八、三〇〇となる。サラワケット、フィニステールの踏破では、犠牲者の概数が記録されているが、セピック渡河には残っていない。それだけセピック渡河が、部隊の掌握もないままずるずると行なわれたことを示すが、見方を変えれば十八軍諸部隊の管理体制が弱体化しつつあったことを物語っているともいえる。

第七章　第四期ニューギニア戦　その一

第十八軍の最終的抵抗と戦線の西進

（一）ウェワクを拠点とするニューギニアの補給体制

「地獄のニューギニア戦」とは、米豪軍機のためにニューギニアへの上陸が極めてむずかしく、どうにか上陸しても、その後の補給に当てがなく、激しい敵の攻撃と飢餓と熱帯病にさいなまれ、何も施す術もなくつぎつぎに息絶えるところから表現された。ポートモレスビー攻略戦開始からすでに二年、戦っては後退する繰り返しの中で、こうした地獄絵がその都度現出した。

日本軍は、ますます激しくなる米豪軍機の攻撃をさけるため、敵飛行場から少しでも遠い地点に増援軍と補給物資を陸揚げし、それから前線に転送した。はじめはマダン、ついでハンサ湾、それから長い間ウェワクが揚陸地になり、武器弾薬・糧食が前線をはじめ東部ニューギニアの各部隊に配給された。制空権を完全に失った十八年八月半ば以降は、ハンサ以東の港湾が敵機の跳梁により輸送船の接岸さえ困難になり、十八軍向けの軍需品はほとんどウェワクに集中輸送され、大発・海トラ・漁船でハンサを経由してナガタ、フィンシュハーヘン方面に転送されるようになった（針谷和男『ウェワク』八三頁）。しかしウェワクを中心とする補給体制の形成は、ウェワクから前線に転送する負担を途中に駐屯する将兵にかける結果になった。

ウェワクは直接太平洋に面し、北の方角に故国日本があることを何となく感じさせる雰囲気を持った地である。ウェワクには西からウォーム岬（Cape Wom）、ウェワクポイント、ボーラム岬（Cape Boram）、モエム岬（Cape Moem）が太平洋に向かって突き出し、この四つの岬に挟まれた三つの湾があるが、いずれも狭い。白砂の浜辺が囲む湾内は、漁村としては申し分ないが、必要な大きな埠頭の建設には不向きであった。しかし北西にムッシュ島とカイリル島を配し、二つの島がビスマルク海の波やうねり、風を遮ってくれるおかげで、停泊に必要な静かな水面を作ってくれる。戦争中、接岸して揚陸できる埠頭が幾つあったのか、関係者の記憶がはっきりしないが、二つ又は三つであったらしい。なおムッシュ島は八つ手の葉かグローブのような形をし、高いところで二十メートルもない平坦な島である。東部ニューギニアで敗戦を迎えた生き残り日本兵はこの島に収容され、故国への帰還船を待った因縁の島である。

日本軍はウェワクに東飛行場と中飛行場の二つ、またブーツにも東飛行場と西飛行場の二つ、合わせて四箇所の飛行場を開いた。ウェワクとブーツの中間にあるダグワにも飛行場があったといわれるが（三田寺前掲書　二三六頁）、日本軍の記録に見当たらないことは前述した。ブーツの東飛行場は最新鋭の三式戦闘機飛燕を装備した第六八戦隊が、ブーツの西飛行場には百式重爆撃機呑龍を擁する第七戦隊等が展開した。Ｂ25が二機、低空飛行でパラシュート爆弾を投下、地上に三式戦闘機「飛燕」が数機たたずむ米側撮影の有名な写真があるが、それがブーツ爆撃の写真である。

戦線がブナ、パサブア、それにワウであった頃は、ウェワクに飛来する敵機もなく安全であったが、サラモア、ラエに移ってくると、ウェワクに飛来する敵機も増加した。それでもウェワクは、東部ニューギニアではもっとも安全で、輸送船が接岸しやすい一大軍事物資集結基地であった。戦線が西へ西へと後退してくるにつれ、補給基地としてのウェワクの重要性はますます高まり、逆に米豪軍も鵜の目鷹の目でウェワクの動向を監視し、物資の集結、部隊の移動が確認されると時間を置かずに波状攻撃をしかけた。昭和十九年前半期、ウェワクは地上戦闘場ではなかったが、ウェワクを中心に戦況が展開したので、この動きを追ってみたい。

前出の針谷和男によれば、昭和十九年二月頃のウェワクにあった諸機関の中で、とくに大きな役割を負っていたのが第二七野戦貨物廠であった。十八年三月に満洲国新京で編成され、五月一日に先遣隊がウェワクに上陸した。糧食、衣服、需品、建築・衛生材料等を集積保管し、適時諸部隊に補給するのが主な任務であった。

［第二七野戦貨物廠組織図］

ウェワク本廠
- 廠本部各科・室
- 衣糧需品部・生産部・水産部等、各班
- ナガタ支廠
  - マダン支廠
  - アレキシス出張所
  - シオ出張所・エリマ出張所（移動中）
- ハンサ支廠
- ボイキン出張所
- アイタペ生産部
- ホーランディア支廠

（針谷前掲書　一〇九－一一〇頁）

十八年六月末、本廠は十八軍司令部のあったマダン近郊猛頭山近くのナガタに設置されたが、米軍機の激しい空爆のためマダンへの輸送船の接岸が困難になり、十月にウェワクに移設された。本廠がウェワクに移った直後に廠長が中村仁次主計中佐に交代したが、中村の乗った飛行機が敵戦闘機に撃墜され、活動が一時停滞した。ウェワクに輸送船団が頻繁に出入りし始めるのは十八年後半からで、マダンやハンサへの接岸が不可能になるにつれ増加した。

右表を見ると、ウェワクを中心とする貨物廠の組織が、東部ニューギニアに展開する第十八軍の全部隊をカバーしていたことがわかる。組織が機能しはじめるのは、ハンサへの揚陸が困難になり始める十八年後半で、ハンサへの揚陸分がウェワクに変更され、ウェワクに揚陸される糧秣・軍需品に第十八軍が依存するようになっていった。

つぎに、主に『第四十四兵站史』（一二〇－四頁）を典拠とし、戦史叢書も参照して、輸送船団のウェワク入港の状況について眺めてみよう。

船団	ウェワク到着日	隻数	備考
外一	十七年十二月　十八日		第五師団歩兵一個大隊上陸
外二	十八年　一月　十九日		海軍高速輸送船、第二十師団上陸
外三	十八年　二月二十六日		海軍高速輸送船、第四一師団上陸
第一次	十八年　三月　十四日	四	ラバウル出港、完全成功
第二次	十八年　四月　十日	三	パラオ出港、帰還時に一隻爆沈
第三次	十八年　五月　一日	五	護衛艦艇四隻、十一連隊帰還
外四	十八年　五月　五日	一	海軍輸送船入港、防空部隊上陸
外五	十八年　五月　十六日	二	海軍輸送船入港、基地関係者上陸
第四次	十八年　五月　十三日	五	四四兵站部隊上陸
第五次	十八年　六月　十日	三	人員二千、軍需品多数揚陸
第六次	十八年　七月　十日	五	四一師団人員四千五百、軍需品
第七次	十八年　九月　一日	五	湾内で三隻爆沈、二隻揚陸未完
第八次	十八年　九月　七日	五	一隻被雷
第九次	十八年　九月二十三日	三	被害なし
第十次	十八年　九月二十八日	三	全軍需品揚陸成功
第十一次	十八年　十月二十二日	二	揚陸成功
第十二次	十八年　十月二十九日	四	揚陸成功
第十三次	十八年十一月　二十日	三	揚陸成功、一隻パラオ付近で雷撃のために沈没

第十四次	十八年十一月二十八日	三	二隻ホーランディア、傷病兵帰還
第十五次	十八年十二月二十一日	五	揚陸作業中空爆、ほぼ揚陸終了
第十六次	十八年十二月二十七日	四	揚陸成功、同行一隻ホーランディアに
外六	十九年　一月　十日	一	パラオ出港、座礁するも揚陸成功
第十七次	十九年　一月　十九日	四	還送患者四百、ドラム缶等後送
第十八次	十九年　一月二十八日	三	高砂義勇隊上陸、還送患者七百
第十九次	十九年　二月　十四日	三	揚陸未済、還送患者六百五十
第二十次	十九年　二月二十六日	三	揚陸未済、ホーランディア回航揚陸
第二一次	十九年　三月　十八日	三	揚陸未済、ホーランディア回航揚陸後、輸送船四・駆潜艇一沈没
第二二次		三	護衛艦四隻、全艦船損傷・沈没

単船によるウェワク突入を外一～六としたが、この他にも、十九年一月八日の「華陽丸」、同十六日の「咸鏡丸」の突入もあった。単船による突入は六次までとする公式論にしたがい、「華陽丸」、「咸鏡丸」を除外した。船団形式の輸送作戦と合わせ、前掲のハンサ湾への輸送規模と比べ、ウェワクへの輸送規模が数倍も大きく、それだけ補給兵站上のウェワクの地位が大きかった実情が察せられる。

米豪航空隊がウェワクの物資揚陸地としての重要性に注目したのは、それほど早くない。米豪軍がウェワクを注目したのは、進出したばかりの第四航空軍隷下の第六、第七航空師団の爆撃機や戦闘機の多くが、ウェワクおよびその周辺の飛行場に配備された時であった。日本軍が制空権を失った十八年八月十六日深夜から行なわれた爆撃についてはすでに論じたが、この空襲の引き金になったのは、進出したばかりの陸軍航空隊が小手調べ的に米豪軍が建設したファブアの飛行場に行なった空襲にあった（戦史叢書『東部ニューギニア方面陸軍航空作戦』三九〇－一頁）。これ以後も、毎日のようにウェワクには戦闘機やB25中爆撃機が飛来し、味方戦闘機が飛び上がってこれを邀撃、また高射砲陣地からも盛んに対空射撃が行なわれた。当然日本軍に損害があり、米豪軍側にも少なからぬ損失があった。

しかし右表を見ても、空襲後ウェワクへの輸送船団の接岸が減っていないところを見ると、米豪軍の空襲の標的が飛行場に集中し、まだウェワクにおける物資の揚陸に高い関心がなく、揚陸施設や物資集積場への攻撃がなかった。米豪軍がウェワクの物資の揚陸、諸部隊への補給等の機能を重視するようになるのは、ウェワクと同時に行なっていたハンサ湾に対する爆撃によって、ハンサ湾の補給機能が落ちると、逆にウェワクの機能が増していく関係を察知したためではないかと考えられる。

記録を見るかぎり、二十次の船団輸送まで米豪軍機の妨害も受けず無事に行われている。単独航行の輸送船に被害が出た可能性があるが、十九年初頭までウェワク輸送は順調に行われた模様である。しかし十九年二月三日、百三十五機もの大空襲があり、ほとんどの建物が破壊され、転送前の集積物資の多くが吹っ飛ばされた。ついで二十五日にはもっと大規模の爆撃があり、ウェワク地区全体が月の表面のように穴だらけになった。二十次船団が入港したのは翌日であったが、葉のついた木が一本もないため、揚陸物資は空から丸見えであった。

十九年三月になると、米豪軍機の爆撃は連日猛烈を極め、マダン方面から移動をはじめた十八軍の将兵にとって、腹一杯飯が食べられる憧れの地であったウェワクは不毛の砂漠と化してしまうのである。三月十一日に戦爆百五十機、翌十二日に百九十機、十三日に百七十機、十四日に百四十機、十五日に二百十機、十六日に二百機、十七日に百七十機、十八日に百六十機、十九日午前・午後に三百五十機、二十日には午前・午後にわたって三百機以上、二十一日に百七十五機、二十二日に百五十機という連続十二日間の言語に絶する爆撃が行われた（戦史叢書『東部ニューギニア方面陸軍航空作戦』六四五－六五一頁）。三月十八日の爆撃の際、第二十一次輸送船団四隻がすべて撃沈され、第二十二次も同じ結果になって、ついに輸送船団のウェワク派遣は中止された。

この猛爆撃は米軍のホーランディア、アイタペ上陸作戦の一環で、日本軍にホーランディア方面上陸作戦の企図をさとらせないための陽動作戦であるとともに、ウェワクの補給機能を破壊して日本軍の反撃を絶つためであった（『マッカーサー戦記』Ⅱ　一二八頁、Thomas E. Griffith Jr. *MacArthur's Airman*　一五八頁）。滑走路は爆撃で穴だらけになり、穴埋め用材料の調達、穴埋め作業時間の確保が困難になった。

三月十一日に陸軍機六十機が迎撃に飛び立ってP47を十六機撃墜、十二日には四十機が迎撃し二十機以上撃墜したが、味方も何機かが帰らなかった。この日の攻撃でウェワク、ブーツの飛行場が使用不能になり、やむなく航空機は三百キロ西方のホーランディアの飛行場に避難した。十三日には四十六機が迎撃し五機を撃墜したが、味方も犠牲者を出した。十四日には敵味方ほぼ同数の損害を出した。十五日には味方の方が多くの犠牲者を出し、日を追うごとに機数が減少し、十六日以降はとうとう迎撃をあきらめた（『幻　ニューギニア航空戦の実相』一九二－四頁）。

第四航空軍隷下の各航空隊は、逐次ホーランディアに本拠地を移した。これに合わせて地上勤務者をホーランディアに移すことになり、飛行場勤務部隊員一千名、第十四野戦航空修理廠及び補給廠の人員と航空機の諸機材、レーダー、電波発信器や通信器、航空オイル等を、爆撃の間隙を衝いて輸送船に乗せ、十九日の明け方までにウェワクを脱出するように出港した。しかし這いずるような速力ではなかなか危険水域を脱出できず、たちまち発見されてアイタペの東方沖合で撃沈された（『幻　ニューギニア航空戦の実相』一九四－五頁）。三月二十五日に第四航空軍は第二方面軍の隷下に編入され、正式にホーランディアに司令部を置いたが、航空機も地上支援部隊も辛うじて最低限の作戦行動ができる程度しかなかった。

第二十次輸送船団までに揚陸した軍需品は分散できたが、二十一次輸送船団の軍需品は、海岸に陸揚げされたばかりのところを爆撃された。四月中旬以降、米軍機は瞬発信管を装着した小型爆弾を散布し、樹木の梢頭部や葉を吹き飛ばした。それまで樹木の陰に隠れて見えなかった建物や軍需品の集積をあぶり出し、しらみつぶしに焼夷弾を使用して焼却していった。海岸近くに積み上げてあった米麦の俵の山が焼夷弾で燻り、燃えさかっていないにもかかわらず放射熱で近寄れなかった（針谷前掲書　一一五頁）。

六月初旬の空襲の際には、ウォーム岬に近い海岸線一帯にあった航空機用爆弾や航空燃料の入ったドラム缶の山が爆撃され、何日にもわたって黒煙を上げて燃え続け、時々ドカンと爆発するので危険この上なかった（室崎前掲書一三一頁）。兵士を総動員し、物資を安全な場所へ避難させたが、それでも海岸部に軍需品が残ったのは、ハンサの数倍に達する集積量があったことと、ハンサ以上に激しい爆撃を繰り返されたために、避難させる時間が取れなかったためである。

ウェワクで野積みされた物資は、物流ネットに載せられ諸部隊に補給されるから、いつまでも滞留していたわけではないが、他所に搬送する前に爆撃に遭ったものも相当量に上った。ウェワクがハンサ湾に代わる一大兵站基地になった昭和十九年初頭には、米豪軍の航空隊の戦力の増強が凄まじく、他方、陸軍航空隊の戦力は急激に減衰し、この覆いがたい懸隔がウェワクの兵站機能の活動をも困難にした。ハンサ湾に入る輸送船がラバウルから来たのに対して、ウェワクに入る輸送船は主にパラオから来たために、ハンサに比して敵機から受ける脅威が少なかった。これをひっくり返したのがアドミラルティー諸島失陥で、ウェワクに入る船も常時監視されることになった。この意味でも同島の失陥が戦局に及ぼした影響は計り知れなく大きかった。

ニューギニアでの沿岸輸送に当たっていたのは、前述した陸軍第一船舶工兵隊司令部麾下の諸部隊であった。主なものは船舶工兵第一連隊、同第五連隊、同第九連隊で、そのほかに第一・三・九揚陸隊、海上輸送第四大隊、第三野戦船舶廠などであった。当初ウェワクよりマダンまでの輸送のうち、ハンサ以西ウェワク方面を織田大佐の率いる船舶工兵第九連隊が、ハンサ以東マダン方面を野崎大佐の率いる船舶工兵第五連隊がそれぞれ担当したが、第二十師団のフィンシュハーヘン方面進出にともない、補給範囲を大きく東に延ばし、マダン以西を第九連隊、マダン以東を第五連隊に改められた。補給線の大幅な延長を補ったのは、静岡県下からはるばる激戦地にやってきた十トン、二十トンの機帆漁船であった（吉原矩前掲書　一四六頁）。三田村もこの漁船群について触れ、四十から五十隻もの徴用漁船が陸軍の補給を助けるために、はるばる千葉県銚子や静岡県焼津からやってきて危険な作業に従事したと称讃している。これらの船に乗っていた漁船員は一応軍属の身分であったが、正規の軍人に劣らない、あるいはそれ以上に危険な任務に従事した（三田村前掲書　二六八頁）。無論、一隻も本土の母港へ帰還しなかったばかりか、漁船員で帰国できたのもほんのわずかであったといわれる。

漁船団の南方派遣については、今日に至るまで明らかになっていないことが多い。陸海軍が総力戦と高唱しておきながら、軍籍にあるものを優遇し、軍属扱いを軽視した。そのため軍籍にある者の記録は比較的残っているが、軍属に関する記録は極めて少ない。佐世保鎮守府隷下において編成された九州の漁船団、朝鮮半島の漁船団を例に見ると、昭和十九年、前者は南方での作戦支援のため、後者は石油を取りにいくために派遣されている。どちらも六十から七十隻の規模であった。前者は台湾を出たあと敵航空機の攻撃を受けて全滅し、後者は無事にボルネオ方面に着いたものの、現地海軍部隊の帰国困難という判断で出港が認められず、ついにはもっと危険な島嶼間輸送に従事させられたが、以後の行動は不明である（佐世保市役所『佐世保市史　軍港編下』二五一－三頁）。ニューギニアで活動した銚子・焼津の漁船団は、陸軍の船舶工兵隊の指揮下で活動しているので、陸軍の手で編成されたものであろう。ところが佐世保の漁船団は海軍鎮守府が編成したもので、陸海軍が別々に漁船団を編成していたことになる。おそらく陸軍船舶工兵隊が編成した漁船団のほかに、呉鎮守府隷下の瀬戸内海、舞鶴鎮守府隷下の山陰、横須賀鎮守府隷下の東海・関東・東北地方で編成された漁船団があり、それぞれ南方方面へ派遣されたものと考えられる。

実際、ニューギニアのホーランディアに根拠地を置いた第九艦隊には、呉鎮守府漁船班、佐世保鎮守府漁船班の所属が記録されているので（『丸別冊　地獄の戦場』所収　高橋孫三郎「第九艦隊が壊滅した日」三八一頁）、海軍独自の漁船団が存在したことは間違いない。陸海軍が別々に漁船団を編成したとすれば、どれほどの漁船と船員が南方に派遣されたのか見当もつかない。陸海軍だけで戦争ができないことや、軍人だけが命を賭けているのでないことを、漁船団の活動が教えてくれる。

大発や漁船による輸送は、成功すれば比較的多くのまとまった物資を輸送できる。しかし昼は航空機のため、夜は魚雷艇のために頼みの沿岸航行がむずかしくなると、残るは陸上の担送しかないが、その輸送力はずっと落ちる。よく整備された道路や橋があり、トラック輸送ができれば、船便の穴をある程度補填することが可能であったろう。太古同然のニューギニアには、自動車道路や橋といった社会資本が皆無に近かった。また日本軍が持ち込んだ国産トラックは低馬力、故障頻出で、ニューギニアのぬかるみには歯が立たなかった。これではさしたる役にも立たず、担送は人力と稀に馬に頼るほかなかった。ポートモレスビー攻略作戦の際に五百頭が担送に使役された記録があり（田中兼五郎『パプアニューギニア地域における旧日本陸海軍部隊の第二次大戦間の諸作戦』一四頁）、初期の頃には馬の背に荷物を振り分けて行われたが、ウェワクが中心になった頃は見られなくなった。人力のよる担送では、背負子のほかにリヤカー、大八車が使われた。日露戦争時代とあまり変わっていないことがよくわかる。

もっとも確実な輸送方法である担送は、兵士が背負子に乗せて担ぐか、二人の兵士が真ん中に荷物を下げた天秤棒の両端を担ぐか、荷物によりけりであった。陸軍報道官が撮影したらしい写真には、ニューギニアの泥濘の中を荷物を載せた大八車を、数人の兵士が泥まみれになって引っ張る一枚がある（『碑なき墓標』毎日新聞社　四四－五頁）。レーダー管制、航空戦、潜水艦戦の時代に、江戸時代や明治時代と変わらない手段が使われていたことに驚かされる。分野間のアンバランスは必ず戦場で弱点となって現われるが、これを補うのが現地の将兵であったことは付言するまでもないだろう。

本来荷物運びは輜重兵の仕事である。消耗戦ともいわれる総力戦では、正面の戦闘部隊に対して数倍以上の輸送部隊が必要であったが、日本軍では、戦闘部隊より輜重兵がずっと少なく、到底消耗戦を遂行する態勢ではなかった。もともと輜重兵だけで前線の必要量を満たせない条件下の第十八軍は、とくに長いニューギニアの兵站線を維持するために所在の部隊から兵士を駆り出し、担送に従事させた。一人当たり約二十キロの荷物を二十キロメートル程度運んでは次の運び手に渡すリレー方法がとられた。

年間降雨量の多いニューギニアでは、道路はすぐ田んぼように泥濘になり、兵士は足を取られて非常な難儀をした。

何度も述べてきたように、海岸から比較的に近いところを山脈が並行しているニューギニアでは、山側から海に幾筋もの川が勢いよく流れ込んでいる。山に雨が降ると、たちまち増水するのが一番の特徴である。懸けてもすぐ流されるから橋もなく、流れが少ないうちに浅いところを探して渡らねばならない。広い河原のある川を渡っているときに敵機に攻撃されたら身を隠す場所もなく、流れの途中で見つかれば万事休すである。そのため日の出前までに渡り切るようにしたが、まだ暗いために深みにはまって溺れた例も少なくなかった。大小河川の渡河が部隊の前途や担送の難題であった。

貨物の揚陸地が、ラエ、フィンシュハーヘン、マダンからハンサ湾、ウェワクへと西に移動するにつれ、担送距離はますます延びた。目的地までの途中に駐屯する部隊にかかる担送の負担はますます重くなった。その負担が、日本軍の攻撃力、反撃力を弱体化させることにつながるのは避けられない。来る日も来る日も繰り返された担送作業、担送にもかかわらず前線でも後方でも食糧が十分に行き渡らない飢餓状態、武器弾薬不足に苦しみながらも、後退できる余地がある限り後退しながら続けられた戦闘、これらがニューギニア戦の特徴をかたちづくった。

はじめにハンサ、つぎにウェワクを基点に、遠くはラエ、サラモアにまで延びた細い細い輸送路によって、第十八軍は、米豪軍を打ち負かすことができないまでも、戦闘を継続することができた。ニューギニア戦が二年以上もの間、太平洋戦争の最前線であり続けたのは、野戦貨物廠による物品管理、物品の集積と備蓄、物品の分配が行われたことにあり、そのためには、中継基地を維持する船舶工兵隊、兵站部隊、貨物廠間の緊密な連携と大発・海上トラック・漁船等による沿岸輸送、人力頼みの担送が機能し続けることが欠かせなかった。東部ニューギニアは、太平洋戦争においで陸軍が組織した兵站機構が機能した数少ない戦場であった。しかし制空権と制海権を完全に失っていては、いつまでも兵站機構及び輸送作業を維持することは困難であった。

（二）　ホーランディア戦と日本軍の壊滅

フィニステール山脈の北側の海岸一帯を制圧し、マダンに圧力をかけはじめた米豪軍の次の目標が、ハンサ湾であろうという日本側の読みがまったく外れていたわけではない。米豪軍は次の攻撃目標をハンサ湾に定め、十九年三月初旬頃まで進攻準備を進めていた。ところがアドミラルティー諸島攻略が予想外に進捗し、ラバウル方面からの攻撃を受ける不安が一掃されると、マッカーサーは急にもっと先に進みたいという気持ちになった（『マッカーサー大戦回顧録』上　二〇五頁）。ニミッツの艦隊がいよいよ本格的に動き出し、ギルバート・マーシャル諸島を北上しはじめたことに対する対抗心、航空隊の強化によって航空援護をずっと先の方までのばせるようになったこと等がマッカーサーの西進意欲を掻き立てたが、何といってもアドミラルティー進攻によりビスマルク海の制海権、制空権を完全に掌握したことが大きく作用した。日本側はハンサ湾でなければウェワクに違いないと予想していたが、それさえもかわしてマッカーサーが選んだのは、「一挙に八百キロ近くを前進し、同時に約四万の日本軍部隊を連合軍の強力なはさみうちで締めつけるような行動計画」（マッカーサー前掲書　二〇五頁）によるホーランディア進攻であった。

ホーランディアは東西ニューギニアの国境線のすぐ西側、すなわちオランダ側にあり、かつてはオランダによる西部ニューギニア経営の拠点であった。ホーランディアの意味は言わずもがなの「オランダの地」である。戦後スカルノのインドネシア独立運動によってジャワを追われたオランダ人は、ホーランディアを新たな植民地経営の拠点とすべく、ジャワ島にいた多数の日本兵捕虜を送り込んで一大都市の建設をはじめたことがあった。その後もこの地を手放そうとしなかったオランダ政府とインドシナ政府の間で、西イリアン問題として国際紛争化している。インドネシア領になったのち、同政府はホーランディアをジャヤプラと改称している。

広大なフンボルト湾、その奥のジャフテファ（ジーテファ）湾、さらにフンボルト湾の西側に広がる半島にしては幅がありすぎるサイクロプス（シクロップ）山系を挟んでタナメラ湾とを擁し、船及び兵員の集結にとってまたとない天然の良港に恵まれ、五ヶ月後マッカーサーはレイテ島進攻の第六軍十数万をここに集結させている。フンボルト湾の港から二十キロ以上離れた高台に琵琶湖の二倍以上もあるセンタニ湖がある。

ホーランディアの難点は、飛行場の適地がセンタニ湖の周辺にしかないことで、どうしてもフンボルト湾とを結ぶ道路が必要であった。しかし土木機械を持たない日本軍にとって、港と湖・飛行場間の道路建設は難事業であった。昭和十八年三月に海軍が飛行場の建設に着手したが、完成させたのは海軍のあとを受け継いだ陸軍航空隊であった。

海軍から引き継いだ陸軍第六飛行師団は、第五野戦飛行場設定隊に命じて第一・二滑走路とフンボルト湾とをつなぐ道路建設にも着手した。海軍が苦心して建設した道路は山道程度のものであったため、拡幅工事を施して本格的な道路にする必要があった。第五設定隊は十一月末には第三滑走路を、さらに十九年二月下旬には第四滑走路をほぼ完成させ、誘導路や掩体の建設にも本腰を入れはじめた。前述のように三月十九日、ウェワクの飛行場勤務部隊員、第十四野戦航空修理廠及び補給廠人員、諸器材及び資材をホーランディアに移そうとしたが、アイタペ東方沖合で撃沈されてしまった。一方ウェワクへの着陸をあきらめた味方機が相継いでホーランディアに避難してきたため、飛行場に飛行機が溢れた。しかし修理要員や修理器材が著しく不足し、飛行できない要修理機が飛行場を占拠することになった（『幻　ニューギニア航空戦の実相』一九五－六頁）。

昭和十八年末までのホーランディアは中継基地にすぎず、第五四兵站地区隊の一部や第三揚陸隊等の人員約一千名が駐屯しているだけであった。しかし米軍のグンビ岬上陸の頃からウェワク以西に本拠を移す準備がはじまり、十九年一月になると、第三一碇泊場司令部、マダンの五四兵站地区隊主力、南洋第六支隊、第十八軍貨物廠等が移動してきた。その総兵力は六、六〇〇名、このほかに第四航空軍関係の約七千名が移ってきた。合計兵力約一三、六〇〇名にのぼったが、後方支援関係が大半を占め、戦闘能力はなかった。第十八軍は、ホーランディア地区警備の指揮官に、かってハンサ湾の司令官であった第四野戦輸送司令官北薗少将を特派し、体制固めを急がせた。西部ニューギニアは第二軍の担当だが、両軍間の内紛は発生していない。

なおこの他に、遠藤喜一中将の率いる第九艦隊と呼ばれる奇妙な海軍部隊もホーランディアに本拠を置いた。第九艦隊の「艦隊」は、組織上の格でいえば陸軍第十八軍の「軍」と同格である。昭和十八年十一月十五日にラバウルの南東方面艦隊下に編成され、三つの部隊と一つの付属機関で構成された。護衛部隊は敷設艦「白鷹」、駆逐艦「不知火」ほか、駆潜艇四隻、特設駆潜艇十二隻、東部警備隊は第七根拠地隊・佐世保第五特別陸戦隊等、西部警備隊は第二特別根拠地隊・第三十一防空隊等、付属機関は第十二防疫班・第八建設部等によって構成されたが、戦力の主力は約一千名の第七根拠地隊と第二特別根拠地隊、駆逐艦一隻と四隻の駆潜艇ぐらいのものであった（前掲『丸別冊　地獄の戦場』三八〇－一頁）。アドミラルティー諸島失陥後、ラバウルの南東方面艦隊との連絡が途切れたため、十九年三月二十五日、南西方面艦隊に編入されている。

十八軍と同格の軍を置かねば海軍の面子がたたないために、わざわざつくったのが第九艦隊と推察される。しかしあまりの小規模で、艦隊と呼ぶのに気恥ずかしさを伴うこと、また司令長官に任じられた遠藤が侍従武官やドイツ駐在武官の経歴を持ち、ニューギニアのような激戦地に向いていないテクノクラート的軍人であったこと（渡辺哲夫『海軍陸戦隊ジャングルに消ゆ』二七八頁）等の理由で、「奇妙な海軍部隊」と呼びたくなる。戦況の改善に対する貢献が期待できる戦力とはいえなかったが、兎にも角にもニューギニア戦を始めた海軍の面子を立てるため、体裁だけの「艦隊」を編成したのではないかと思われる。

十九年三月初頭、アドミラルティー諸島の失陥後にラバウルの第八方面軍と第十八軍の連絡が切れ、第十八軍が第二方面軍隷下に入ったと同じように、第九艦隊もラバウルの草鹿任一中将の南東方面艦隊を離れ、高須四郎中将の南西方面艦隊の指揮下に入った。それとともに担任地域がニューギニア北岸一帯からハルマヘラに及ぶものになった。しかし第九艦隊は、第七根拠地隊と第二特別根拠地隊とを合わせて第二七特別根拠地隊を編成し、ウェワク沖のカイリル島に置いた。司令官は佐藤四郎少将、先任参謀は能登清久大佐であった。

四月十日、第九艦隊司令部は、遠藤司令長官とともにウェワクよりホーランディアに移転し、付属の駆潜艇はパラオに退いている。これで実質的に艦艇のいない艦隊になり、ホーランディアには約千二百人の陸上部隊が残った（戦史叢書『南太平洋陸軍作戦〈5〉』三九頁）。主力の第二七特別根拠地隊がカイリル島に引き籠もってしまったため、遠藤司令長官が直率できたのは第九十警備隊のみという寂しいものであった。なお安達軍司令官は、アイタペ戦の前に第二七特別根拠地隊司令官佐藤少将に対して、カイリル島を出てニューギニア本島でともに戦うことを暗に要請しているが、ろくな武器もないので陸軍の足手まといになるとして断っている。そのため第二七特別根拠地隊は、軽度の空爆を受けただけで、終戦までニューギニア本土の戦いを眺めながら現地自活にいそしんだ（渡辺哲夫前掲書　一四二一―三頁）。ニューギニア戦における海軍の行動は、ミルン湾の戦闘以外、消極的という表現がピッタリであった。

ホーランディアは兵員数だけが多かったが、アイタペ（Aitape）には約二千五百の高射砲や工兵の大隊がいた。三月二十日、第五四兵站地区隊の竹井作市中佐が約百名を率いて進出した。「南太平洋方面関係電報綴」（猛参電第四二五号）第二項に、

「ウ」、「ホ」（ウェワクとホーランディアのこと―筆者注）中間要点の「アイタペ」を急速に強化すべく歩兵第八十連隊を先遣中にして、……五月中旬頃「アイタペ」到着の予定、又歩兵第七十九連隊を五月上旬……「ウ」地区に集結し、邀撃の態勢を保持しつつ「アイタペ」地区に急行す、師団主力（二十師団―筆者注）の「アイタペ」集結可能は六月中旬の予定

と、積極果敢な動きをしているように見えるが、竹井部隊が入った以外、いずれも実施されなかった。吉原によれば北薗少将のあとを追わせたのは、パラオで再建された第五一師団麾下の第六六連隊だけで、それさえ米軍の上陸に間に合わなかった。

ハンサ湾、ウェワクを素通りしてホーランディアに進攻する大胆な作戦計画を準備したマッカーサーであったが、頼みの航空支援について若干の不安を持っていた。というのは、マッカーサーが立案した新作戦は、ハンサ、ウェワクを通過して一気に三百キロも西進するため、航空支援の外に出てしまいかねなかったからである。日本海軍であれば、零戦をラバウルからガダルカナルやミルン湾まで千キロ近く飛ばし、前線上空に十五分か二十分もいれば任務達成としたが、マッカーサーは、これまで地上戦闘の間、つねに戦闘機や攻撃機を上空におき、必要があればいつでも地上作戦に参加させてきた。米軍は、B24やB17を主に飛行場、砲台、塹壕、物資集積場等の地上施設の破壊に当て、B25中型爆撃機、A20攻撃機、P40やP47戦闘機等を地上軍の直接支援に当てた。この方針に沿ってB25や戦闘機用の飛行場を最前線に近い後方に設定し、離発着を繰り返して地上軍との協同作戦を行ってきた。ところがホーランディアでは、センタニ湖近くの日本軍飛行場を奪取するまでこれまでやってきたような近接支援ができないおそれがあったのである。

アイタペ上陸作戦が急浮上した背景にはこうした事情があり、上陸後四十八時間以内に日本軍がアイタペにつくった飛行場を戦闘機用に改修し、これによってホーランディア進攻に側面支援を与えることができると考えた（戦史叢書『南太平洋陸軍作戦〈5〉』一八頁）。上陸後に大急ぎで改修したアイタペ飛行場は、米軍所定のスティールマットが敷き詰められただけの簡単なものだが、しっかりできていたことは、半世紀以上過ぎた今日でも現役の飛行場として使用されていることからもうかがわれる。アイタペの街には離発着を繰り返したB25の当時のままの機体が展示され、出撃基地であった名誉を今にとどめている。

上陸作戦に向かうアラモ軍（第六軍）は日本軍を欺くため、十九年四月二十一日、わざとアドミラルティー諸島の北方を大きく迂回し、さらに西に変針した。この動きに関する情報をラバウルから入手していた第十八軍司令部は、「敵が『ニューギニア』方面に於て新上陸を企図すべきは九分通実施の算あり。軍当面の情勢に於ては『マダン』『ハンサ』間及『カルカル』地区に於ける公算最も大なるものと判断す」（「南太平洋方面関係電報綴」猛参電第四八九号）と各

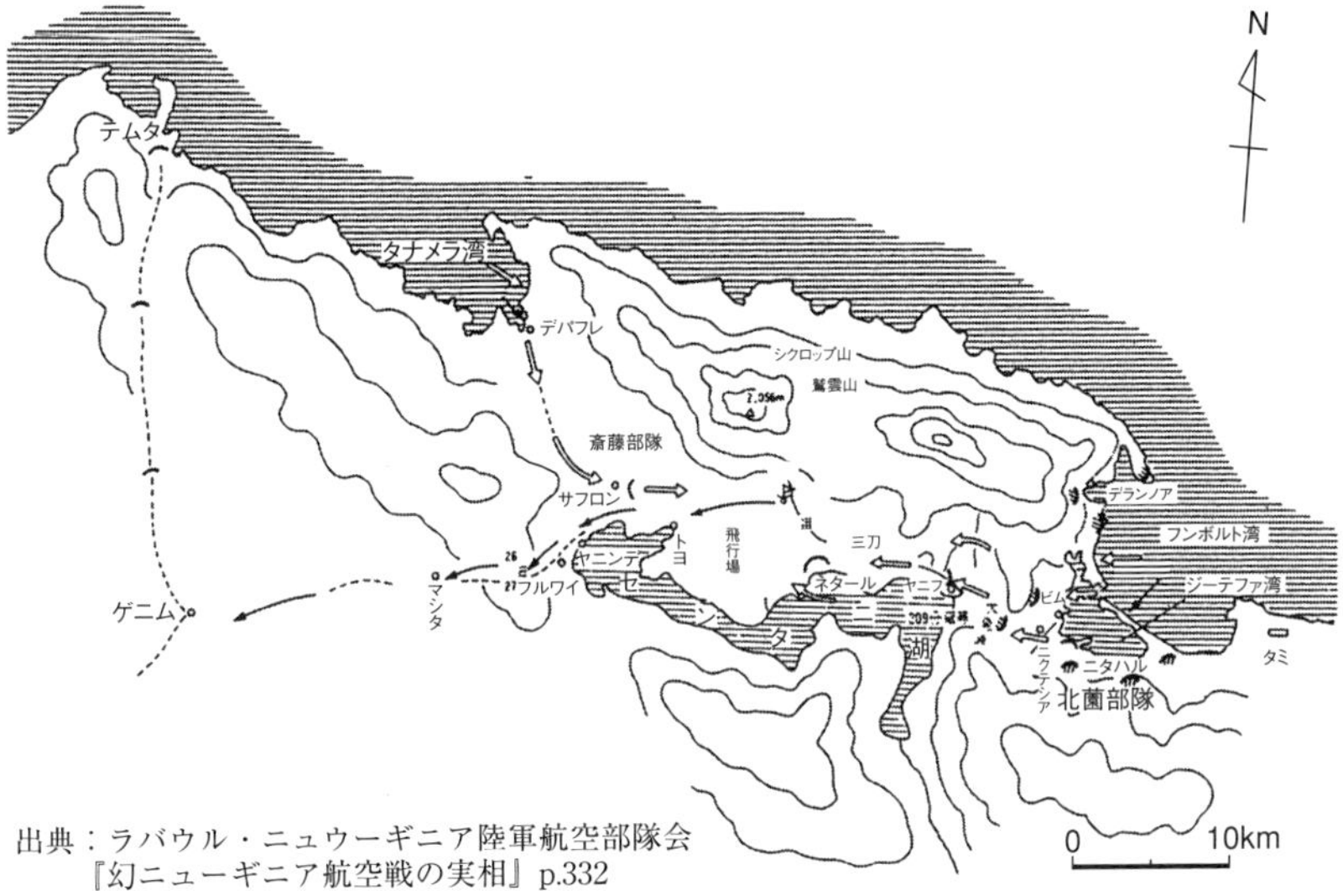

出典：ラバウル・ニュウーギニア陸軍航空部隊会
『幻ニューギニア航空戦の実相』p.332

ホーランディア飛行場地区概略図

方面に通報し、警戒態勢を強めるよう指示している。欺瞞作戦は成功し、米軍はアイタペ、ホーランディア上陸を予想していなかった日本軍の裏を完全にかくことができた。

ニューギニアに近づいた船団は二手に分かれ、一方はアイタペに、他方はホーランディアを目差し、さらに後者の部隊はまた二つに分かれ、一つはタマメラ湾に、もう一つはフンボルト湾へと進行した（『マッカーサー大戦回顧録』上　二〇六－七頁）。実際に米軍が上陸するまで、攻撃目標について読めなかった日本軍にとって完全な奇襲作戦になった。タナメラ湾に米第二四歩兵師団を基幹とする部隊が砲撃の援護を受けて上陸したが、日本側からの反撃はごく小規模であった。フンボルト湾に上陸した米第四一師団にも日本側の応射はなく、午後までに湾に面する地域をすべて押さえることに成功した。

フンボルト湾では、爆撃によって散乱した日本軍の補給品が煙を上げてくすぶり続けていたが、これらを片付ける暇もなく上陸用舟艇がつぎつぎに殺到し、軍需品や糧食類を揚陸したため、海岸一帯は身動きが取れない状態になり、大混雑をきたした（前掲戦史叢書　三四―五頁）。アメリカ製新型上陸用舟艇、オーストラリア製新型舟艇がはじめてニューギニア戦線で使用されたが（ウィロビー『マッカーサー戦記』Ⅱ　一二四頁）、上陸作戦は確かにスピードアップされたものの、上陸した人員や軍需物資の処置に関する課題が残された。

タナメラ湾からセンタニ湖に通じる道は、ぬかるむ湿地と峻険な登りが続き、しかも拡幅できない地形のため、この経路を利用する本格的攻撃は困難であった。これに対してフンボルト湾からセンタニ湖に通じる経路は、途中に百メートル前後の大発峠があるのみで、将来拡幅して主要道路にすることができそうであった。何よりも大規模な攻勢に使えると判断した米軍は、この道路を主進撃路とした。米軍の一部は上陸用舟艇を使ってジャウテフア湾内に進入し、ビム附近に上陸した。すぐ近くのコタラジアには北薗少将の司令部があったが、米軍は北薗隷下の部隊をけちらかしながら、この経路を一気に攻め上り、二十二日夕方六時頃に大発峠を占拠した。

二十二日早朝からの米軍のホーランディア上陸を受けて、阿南第二方面軍司令官は、サルミ方面からの第二軍の派遣を行わない方針を決める一方で、第六航空師団を含む現地軍及び第十八軍に敵撃滅を命じた。第二軍にまだ戦闘能力がないのを理由にしたのはいいとしても、まだセピック渡河中であった第十八軍に敵撃破を命じているのはなぜか。現地軍が戦闘能力のない後方支援部隊であることを知っていたのであろうか。

大発峠は海軍工作隊の血と汗の結晶といわれるほど、非常な苦心を重ねて開鑿した峠である。この戦闘の際、北薗少将隷下の独立自動車第四二大隊の一個中隊は、峠上から火のついたドラム缶を峠下の米軍目がけて転がすなど、中世の戦いさながらの戦法を使って奮戦した。センタニ湖側に後退した北薗少将の率いる残存兵は夜襲を仕掛けることにし、南洋第六支隊と昼間奮戦した独立自動車第四二大隊の一部とで夜襲を敢行した（戦史叢書『南太平洋陸軍作戦〈5〉』三五―六頁）。しかし南洋第六支隊は指揮官ばかりの戦闘能力のない組織であったから、結局また独立自動車大隊の一部だけの攻撃になり、日本軍の夜襲戦法を百も承知していた米軍にはね返された。

フンボルト湾左奥のホーランディア部落にあった第九艦隊司令部、陸軍第五四兵站地区隊司令部、第三一碇泊場司令部等の状況は、もっと深刻であった。さいわい第九艦隊の様子は、発信記録や前掲の渡辺哲夫の労作によってある程度まで明らかにできる。それによれば米軍上陸後、一度玉砕決議がなされたが、昼になってセンタニ湖岸の陸軍飛行場部隊との合同をはかることに変更された（渡辺前掲書所収の「高橋孫三郎通信参謀の回想」二七七頁）。遠藤中将は非戦闘員（おそらく軍属扱いの第八建設部）にサルミへの脱出を命じる一方、午後二時「我ホーランディアを死守す」、二時五十五分「敵上陸軍既に司令部地区に迫る」、三時十五分「謹んで天機竝に御機嫌を奉伺す」と次々に電文を打ったのち、無線機を破壊した（渡辺哲夫前掲書　二七五頁）。

遠藤に従ったのは、参謀長緒方真紀少将、参謀田中半之丞少佐、艦隊軍医長長置盛保大佐、艦隊主計長薄井正蔵中佐ら約三十名で、これを森本兵曹長が率いる約百名が護衛に当たった。彼らは、陸軍第五四兵站地区隊等とともに飛行場方面部隊との合流を策し、二十二日夜行動を開始した。出発後、遠藤らの混合集団は米軍部隊が布陣する間隙をぬい、ジャングルや生い茂る背丈の高い草に身を隠しながら脱出に成功したらしい。しかしサイクロプス（シクロップ）山の南麓沿いに飛行場を目指して西進中、タナメラ湾から上ってきた米軍と遭遇し、護衛の部隊は壊滅的打撃を受け、遠藤中将は副官飯塚信一主計大尉とともに山中に入って自決したと伝えられる。

翌二十三日早朝、和田、高橋、尺長の三参謀が海軍第二通信隊員約百名を率い、遠藤長官の一行を追及したが通過の痕跡を発見することもできず、六月二日にサルミに近いヤムチに到着した（『丸別冊　地獄の戦場』所収　高橋孫三郎「第九艦隊が壊滅した日」三八三－四頁）。和田と尺長は、サルミの第三六師団との連絡のために先行、高橋だけが長官一行を収容するためヤムチに止まった。第三六師団（弘前編成、師団長田上四郎中将）は、中国大陸で数々の戦果を挙げてきた精鋭だが、ニューギニアに入ったばかりで、まだ一度も米軍と戦闘を交えたことがなく、中国軍より幾らか強い軍という程度の認識しかなかった。和田と尺長の一行も行方知れずになり、司令部員のうち、生き残ったのは高橋孫三郎以下十数名、第九十警備隊の数名のみであった（前掲渡辺哲夫　二七六頁）。のちに和田らはトル河直前で糧食が尽き、尺長、和田の順で死亡したことが風聞として伝えられた（前掲高橋孫三郎「第九艦隊が壊滅した日」三八四頁)。なお遠藤の一行とともに出発した第五四兵站地区隊司令の石津大佐以下の三十名は脱出に成功し、第六飛行師団長稲田少将の指揮下に入った(戦史叢書前掲書　三九頁)。

米軍の捕虜にならず、飛行場部隊との合流もかなわなかった者たちは、教えられた通りサルミに脱出をはかった。遠藤にサルミ行きを命じられた第八建設部の吉野信一は、敵機の機銃を受けながらもサルミに着いた一人である。彼がサルミに近づいたとき、ホーランディアに救援に赴くという陸軍部隊が山砲を引っ張って来るのに出会い、敵情を聞かれた。第二軍の第三六師団から派遣された部隊である。こんな貧弱な装備では「とても歯がたたないのではないかと思いました」(渡辺前掲書　二七六‐七頁)と心の中で感じたが、中国戦線ではこれで十分だったのだろうとも思ったという。米軍との戦闘がはじまって二年半もたっていても、どれほどの戦力を準備すればいいのか、派遣部隊に指示されていなかったのである。昭和十八年、十九年の「戦訓報」を見ると、大部分が太平洋戦線での対米軍関係のもので、ビルマ方面が若干、中国戦線は対共産軍関係がわずか一つに過ぎない。「戦訓報」が数例でも中国戦線の部隊に配布されていれば、多少なりとも米軍の実力をうかがい知ることができたかもしれない。何も知らないでいきなり最前線に飛び込むのは無謀である。

センタニ湖畔のコヤブに後退した日本軍はわずかに千名余、それでも米軍の飛行場地区進出を阻止するべく布陣した。四月一日、第四航空軍、第六飛行師団のホーランディア移転にともない、陸軍は第四航空軍参謀長秋山豊次中将、第六飛行師団長板花義一中将、同参謀長山口少将を更迭し、後任に森本軍蔵少将、稲田正純少将、徳永大佐を発令したばかりであった。中心となる司令部人事が実施されたばかりであったので、米軍の進攻に適切な対応ができなかった嫌いがある。

新第六飛行師団長稲田は、コヤブに糧秣の集積があることを知り、これを舟艇でネタールに運び入れる一方で、コタラジアの兵器廠にも参謀を派遣し、兵器を調達しようとしたが、こちらの方は米軍が一足早く占領し、成功しなかった(戦史叢書『南太平洋陸軍作戦〈5〉』三七頁)。稲田少将は、今後の作戦方針について幕僚らと検討し、飛行場で全滅覚悟の戦いをする作戦計画を退け、「デニムに後方連絡線を設定し、飛行場大隊を主とする兵力で、敵の飛行場占領をなるべく妨害する」（前掲戦史叢書　三七頁）方針で臨むこととした。

稲田少将と北薗少将とが連絡を取り合うようになったとき、両少将のどちらに指揮権があるかを明らかにしなければならなかった。稲田は自分が師団長であり、北薗が野戦輸送司令官であることから、職責上自分が上と考え、北薗もこれに反対しなかった。のちに稲田は部下を置き去りにしてフィリピンに逃れたとして、とくに航空部隊関係者から厳しい批判を受けるが、師団長の職責を主張するのは当然としても、このような混乱した状況では統一行動は無理であり、その辺の対処を考慮した方針が必要であった。稲田は北薗の第十八軍所属部隊にコヤブを守備させ、自分の航空部隊をセンタニ湖北岸中部のネタール、西部のサブロンに置いて防御態勢をとることにした。

連日の豪雨で、フンボルト湾から上がってきた米軍の活動が不活発であることがさいわいし、稲田は防禦につかない部隊から順にセンタニ湖西端のヤコンデにさがらせた。だがタナメラ湾から悪路を上ってきた米二四師団の一部が、二十三日の午後にはサブロンの手前まで迫ってきた（『幻　ニューギニア航空戦の実相』三四一頁）。このまま米軍の進出が続くと、コヤブを守備する北薗の部隊とネタールに布陣する稲田の第二二飛行大隊は、フンボルト側から来る米軍との挟み撃ちに合う事態になる。このため第六航空師団の部隊は、二十三日夕刻からに西進を開始し、稲田の司令部も二十四日明け方にはドヨに移動している。ドヨはオランダ系の教会を中心とした十軒ほどの小さな部落で、司令部が休息するには十分であった。二十四日夜、稲田は司令部を第一次集結予定地のヤコンデに移動させた。ヤコンデには海軍が開墾した農場があり、若干の食糧の備蓄があった。

二十四日、フンボルト側の米軍の前進は相変わらず緩慢だったが、二十五日になると急に積極的になり、北薗部隊が展開するコヤブにも圧力をかけはじめ、このため同部隊は数キロの後退を余儀なくされた。この日、ニューギニア特有の泥んこに足を取られて動けなかった米軍は、午前から午後にかけてコヤブ付近から舟艇を出してセンタニ湖を一気に西進し、飛行場南側に上陸してきた。センタニ湖でも飛び石作戦を行なったのである。この思いがけない米軍の動きに虚をつかれた飛行場方面の部隊は抵抗できず、ヤコンデ方面へと後退した（戦史叢書『南太平洋陸軍作戦〈5〉』四一頁）。米軍の飛行場占領を遅滞させるのが稲田の当面の作戦目標だったが、わずかに三日間の時間しか稼ぎ出せなかった。

二十五日の夜か二十六日早朝までに、稲田はホーランディアの破棄、サルミへの後退を決心したと思われる。稲田は、後図をはかるために恩田十四飛行団長に命じて、パイロットをいち早くゲニム方面に後退させる処置をとり、二十六日朝までに第六飛行師団部隊と北薗の第十八軍所属部隊をドヨに集結させた（『幻　ニューギニア航空戦の実相』三五二頁）。なお二十七日にヤコンデで確認された人員は、北薗部隊二千、第六飛行師団五千余に過ぎなかった。米軍進攻前に北薗の隷下にあった十八軍所属人員は約六、六〇〇人、第六飛行師団関係人員が七千人と報告されているから（前掲戦史叢書　二一一二頁）、それがわずか三日間で北薗の部隊は三分の二以上を、第六飛行師団の部隊は三分の一弱を失ったことになる。

鬱蒼たるジャングル内を北薗部隊は約八十キロ、第六飛行師団は約五十キロを行軍したが、この徒歩距離が残存数に直接影響したともみられる（『丸別冊　地獄の戦場』所収　坂本経雄「ホーランジア→サルミ『死の行進』」四〇四頁）。海軍部隊はもっとも悲惨で、遠藤司令長官を失うばかりか約千人が壊滅し、ヤコンデで人員チェックをした際には、通過部隊の中に一人も海軍関係者が混じっていなかった。

稲田は、北薗の部隊約八百人をしてセンタニ湖西端のブルワイを固めて米軍の追撃を阻止させ（『幻　ニューギニア航空戦の実相』三五二―三頁では、五航通連隊長中山大佐に守備させたとあり）、その間に第六飛行師団の部隊をマンダ、ゲニムへと後退させることにした。米軍は二十九日頃から追撃戦を開始し、再び舟艇を駆使して一気にブルワイ付近に部隊を送り込んできた。北薗部隊は最初の攻撃を撃退したが、増援を得た米軍の二度目、三度目の攻撃を支えきれず、後退してゲニムにたどり着いたのは五月一日であった。稲田がゲニムに入ったのは、北薗より一日早い四月三十日であった。

ゲニムに到着した稲田は、サルミ後退への準備に着手し、十個の梯団の編成案を作成した。四月二十六日に出発したパイロットのグループを第一梯団としたため、実際にゲニムで編成されたのは九個梯団ということになる。北薗部隊が到着する前にすでに作成を終えていた模様で、北薗部隊はこの中に組込まれず、後衛部隊とされた。後衛部隊とは単なるしんがり部隊の意味でなく、敵を混乱に陥れるゲリラ戦を任務とし、後退する味方を追撃する敵の目を欺くのが目的であった（前掲戦史叢書　四六頁、『幻　ニューギニア航空戦の実相』三五八－六〇頁には、二〇九飛行大隊が後衛に当たり、敵の追撃を阻んだとしている）。次にサルミ後退の十個梯団と一後衛部隊を紹介する。

梯団	人員	団長	中核部隊
第一梯団	四五〇	恩田大佐	第十四飛行団
第二梯団	四九四	森玉少将	白城子飛行学校教導飛行団
第三梯団	三八七		第十三設定隊
第四梯団	二六五		第四航空情報隊、第七輸送隊
第五梯団	七七一		第四航空軍司令部
第六梯団	六四三		野戦高射砲第六六大隊
第七梯団	七二四		第十四野戦航空修理廠
第八梯団	約一、〇〇〇		第十八軍集成部隊
第九梯団	六四六	斉藤大佐	第十八航空地区司令部
第十梯団	一、〇三〇	陣内大佐	第一一二兵站病院
後衛部隊	八〇〇	北薗少将	貨物廠、兵器廠、自動車廠
合計	七、二一〇		

（戦史叢書「南太平洋陸軍作戦〈5〉」四四－五頁）

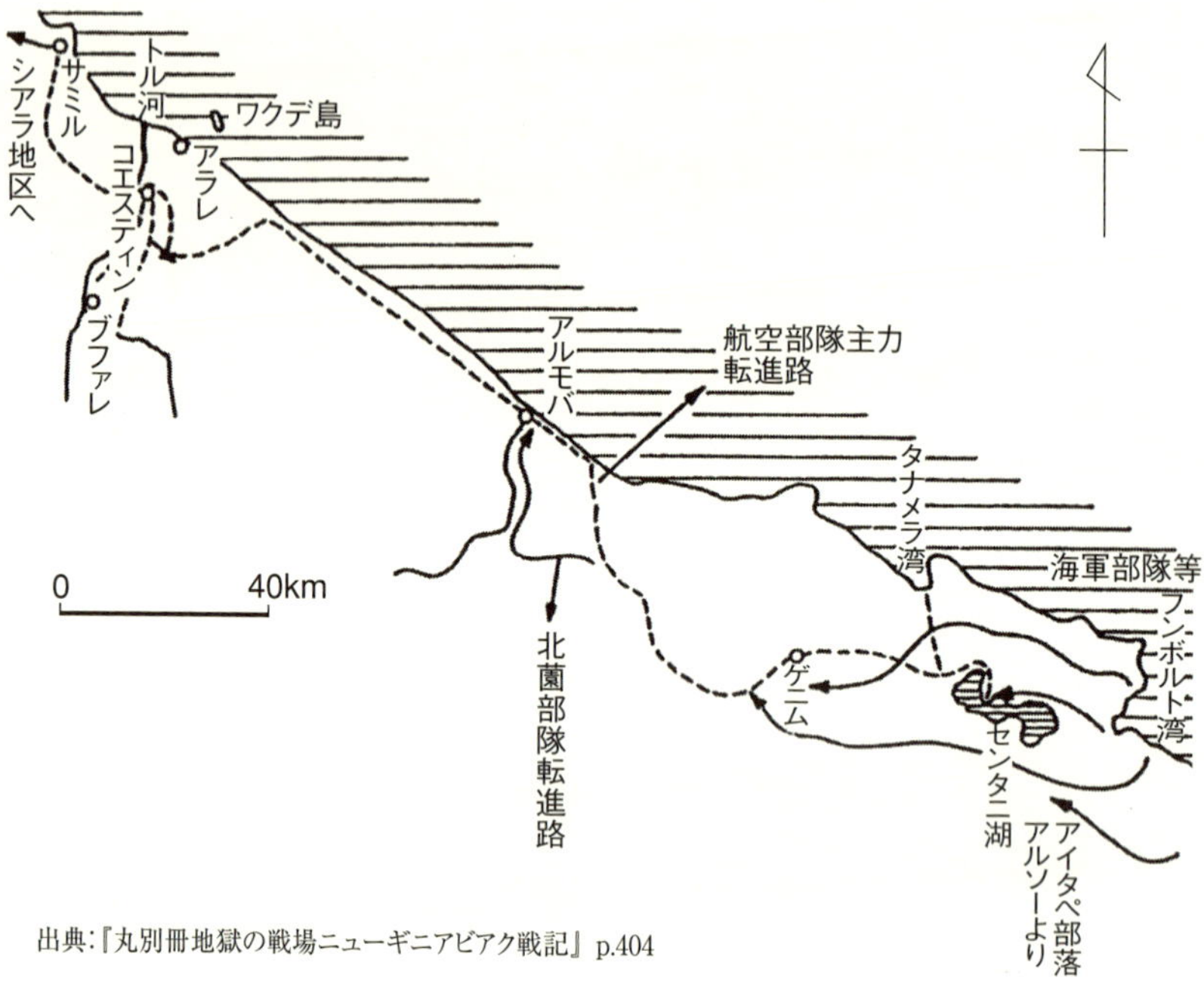

出典：『丸別冊地獄の戦場ニューギニアビアク戦記』p.404

ホーランディア部隊転進路

各梯団の人員に大きなバラツキがあるのは、人数をもとに梯団を組織したでなく、部隊数で組織したからであろう。北薗部隊を八百人としてあるのは、同部隊がブルワイの守備についたときの人数で、まだゲニムに着いていないため、取りあえず当初の人数を入れたためと推測される。なお白城子飛行団坂田准尉が昭和二十年十月に作成した「ゲニム・サルミ間第六飛行師団各部隊の転進人員生死一覧表」（『幻 ニューギニア航空戦の実相』三六五頁所収）では、五、六五四人がゲニムを出発したとしている。右表の合計数七、二二〇人から五、六五四人を差し引いた一、五六六人が北薗部隊ということになろう。北薗部隊はわずか一週間に五千人余を失った計算になる。

　稲田はゲニムに着いた各部隊に、ただちにサルミへの逃避行を命令した。急いだ理由は、四月二十七日にゲニム北方三十キロ北の海岸に面するデムタに米軍が上陸し、平坦な道のりを利してゲニム方面に進撃中という報告が寄せられたためである。サルミ（Sarmi）までの図上距離は二百キロ、実質距離は三百キロはくだらないと思われる。五月一日、第二梯団がまず出発、以後、一日に一個〜二個梯団が出発、師団司令部は第五梯団と一緒に三日に出発した。北薗は七日にゲニムを出発している。

撤退する各部隊はゲニムから西進し、海岸からわずか三、四十キロの山岳地帯を西に進み、五月の半ば頃に海に近いアルモパ川に到着した。五月十七日、米軍はサルミ北東沖合のワクデ（Wakde）島とサルミの東二十キロのトル（Tor）河右岸河口近くに上陸した。サルミ方面からホーランディアに向けて進撃中であった第三六師団の歩兵第二二四連隊とサルミの第三六師団主力が、上陸軍に対する攻撃に当たった。二十七日に梯団主力がトル河畔に達し、稲田は第三六師団長田上中将と食糧の補給や梯団の処遇について会談したが、このあと稲田は軍法会議の一因にもなる行動をとった。

稲田は、田上に主力をトル河畔で停止させ渡河させない、三十六師団から糧食の補給を受ける、などを約束した。それは、事実上のサルミ行き断念であった。飛行師団の救済ではなく、彼らに引導を渡したようなものである。その一方で稲田は発動艇二隻の手配を求めた。発動艇の要求は、第四航空軍司令部からの航空師団に対するハルマヘラ集結命令に基づいているが、彼はたったパイロット十三名と司令部関係者三十七名だけを連れ、サルミを発してヘルビング湾のマンベラモ河口まで徒歩で行き、そこから大発二隻でムミ経由、マノクワリまで行ってしまった。あとで部隊に戻ろうとしたができなかったのであれば言訳もできようが、さっさと先行し、あとは知らん顔というのが事実らしい。

トル河畔にたどり着いた各梯団には、以後の行動を命じる師団長も大半の司令部員もいなくなってしまった。さいわい岡本貞雄参謀だけがサルミに残り、職責を果たした。当然、「稲田師団長は部下を見殺しにして戦場を脱出してしまったのだ。部下の信頼を失うどころか、恨まれ譏られても当然と思われる。」と、第六飛行師団関係者から、戦中から戦後も強い非難を受け続けた（『幻　ニューギニア航空戦の実相』三六六－七頁）。

稲田は軍法会議でわずか二ヶ月の軽い停職処分を受けたが、フィリピン戦でも彼の名がちらつき、その後、十六軍参謀長として九州防衛の任に当たり、復員している。戦後、戦犯になり短期間服役したのち、関係学会や研究会によく顔を出し、日本軍の問題点についてよく発言し、またテレビになどに出演して立派な自説を述べるなどして、九十歳で天寿を全うした。「一将功なりて万骨枯る」とはよくいったものである。

北薗部隊がアルモパ河口に到着したのは、五月二十一日である。アルモパには前出の三六師団第二二四連隊の第一中隊がホーランディア進攻のために待機中で、糧食の支給にありつけたおかげで北薗部隊は体力の回復をはかることができた。第三師団の代わりに西部ニューギニアに入った第三六師団は、東北四県の朴訥な兵を集めた精鋭で、田上八郎中将に率いられ北支で戦功を積んできた。山形で編成された二二四連隊は松山宗右衛門大佐に率いられたため、戦史上、松山支隊と呼ばれることが多い。同連隊の第一中隊が、トル河方面の米軍を攻撃するため、反転してサルミの方向に行くことになった。二十四日、各人乾パン二十食分を支給された北薗部隊も途中までこれに同行し、ワクデ島が目前に見える当たりでトル河中流方向に向きを変え、コエスチェンを通過してサルミを目指した。トル河畔では、足止めを喰い、骨と皮だけになった航空部隊関係者の見るも哀れな姿に出会った（『丸別冊　地獄の戦場』所収　坂本経雄「ホーランジァ→サルミ『死の行進』」四〇七頁）。その後、海に勢いよく流れ込む中小の河川のために、アルモパから続く海岸道で多くの将兵が流れに呑まれていった。三六師団司令部のある作戦山に北薗少将が到達したのは六月五日であった（戦史叢書『豪北方面陸軍作戦』六四七－八頁）。

トル河畔の手前で梯団の組織は完全に崩壊していた。それでも魚や鳥の集団のように群れて行動していたから、第六飛行師団及び第十八軍北薗部隊と呼んでもいいだろう。しかし第三六師団司令部からは「敗軍」と罵倒され、日本兵扱いされなかったから、これまでの戦訓を語っても聞く耳を持たなかった。元来、日本軍の「歴史に学べ」、「戦訓に学べ」というのは、多分にお題目に過ぎないところがあり、本気で思っている軍人はいくらもいなかったであろう。「戦訓」は戦争という歴史から得られた貴重な教訓だが、これを真面目に学んでいれば、同じ失敗を何度も繰り返さずにすんだにちがいない。日露戦争以後、勝ち戦ばかりの戦記物が広く読まれ、こうした士気高揚か景気づけの作品をいくら読んでも、いいことしか書いてないから教訓など学べない。素人が戦記物で有頂天になるのは致し方ないとして、プロの軍人までが同じ現象を起こしては何をか云わんやである。

五月十六日夜半から、ワクデ島、トム、アラレ（Arareh）、マフィン（Maffin）方面が猛烈な艦砲射撃を受け、翌十七日午前五時頃にワクデ島とサルミ附近に、午前七時頃にトム、アラレ、トル河の河口付近にそれぞれ米軍が上陸した。十八日にも、トム、アラレ、トル河の河口、ワクデ島に第二次の上陸があった。ワクデ島は全体が飛行場になっていた小島で、砲撃を受けると備蓄されていた航空燃料や弾薬が激しく燃え、まるで全島が燃えさかっているかのように見えた。同島を守備していたのは海陸兵約六百人の混成で、一度は米第一六三連隊を撃退しているが、二度目の上陸後に寸土を争う戦いが続き、二十六日に全滅している。なお米軍は日本兵の戦死者を七五九人としており、日本側の約六百人を大きく上回っている（戦史叢書『豪北方面陸軍作戦』四六九頁）。具体的な数値の米軍と約の数値の日本軍のどちらを信じるかといえば、一般的には具体的な米軍資料である。日本側の記録は苦しい戦況の中で失われ、戦後復員局や引揚援護局が復員してきた将兵から聞き出してまとめたものが多いことも関係している。

田上師団長はトム、アラレ附近に展開する敵を攻撃するため、五月二十一日、戦闘司令所を作戦山に進めた。この頃、北薗部隊の参謀坂本経雄と同中本が三六師団司令部に食糧や被服の支給を依頼するため向かったところ、トル河畔で前進を阻まれた。付近にたむろするゲニム撤退兵に尋ねてみると、三六師団がこれから行なう本格的攻撃に、敗残兵がいては足手まといになるだけでなく、攻撃部隊の士気にもかかわるため、トル河の渡河を禁止しているということであった。気落ちした撤退兵が、この場でつぎつぎに息絶えていった（前掲書坂本経雄「ホーランジア→サルミ『死の行進』」四〇八頁）。これが「トル河畔の悲劇」といわれる。坂本らは遠回りするルートでトル河を渡って作戦山の辿り着き、司令部に要請したがことごとく拒否された。ついで攻撃上の戦訓を語ったが、やはり取り合ってもらえなかった（同右　四〇九頁）。

吉野直靖大佐隷下の第三六師団第二二三連隊は、二十六日、大きく迂回して夜陰に乗じてトル河をわたり東進した。移動は敵に知られることなく、目標のアラレに迫った。一方、北薗部隊がアルモパから途中まで同道した第二二四連隊（松山連隊）は、五月十八日払暁からトム東側附近の米軍を攻撃したが、隙間なく火砲、重軽機関銃で固めた陣地にはね返され、部隊の七十パーセントを失った。北薗部隊の戦訓に学ぶ意志があれば、犠牲者を大幅に減らすことができたであろうが、後の祭りであった。

しかし第二大隊第五・六中隊、第三大隊で立て直しをはかった松山連隊約八百名は、二十七日薄暮に二度目のトム攻撃を実行し、突然の敵の出現に驚いた米軍は、大発に乗って逃走をはかった。車輛置場に火を放って炎上させ、多くの車輛や大砲類を破壊した（戦史叢書『豪北方面陸軍作戦』四九八－五〇一頁）。本来なら自軍の陣地を構築し、占領地を拡大する態勢に入るのだが、制空権、制海権を有する敵軍の反撃が始まる前に、奪取した敵陣を放棄してジャングルへと退散しなければならなかった。

松山連隊長は、六月三日に第三次トム攻撃を行なうことにした。日本軍の攻撃は攻撃時間に多少の違いがあるが、攻撃方法はいつも突撃に成否をかける白兵戦である。受けて立つ米軍は集音マイクを布設し、機関銃や迫撃砲を増やし、遠くに重砲を配置し、海上に艦艇を配備して二重、三重の反撃態勢を準備し、ほとんど難攻不落に近かった。まだ中国大陸における国民党軍や八路軍との戦いのイメージから完全に抜けきっていない第三六師団の諸部隊は、この感覚で米軍を眺めていた。米軍の圧倒的火力、物量作戦という日本側の印象は、中国軍に慣れた目で米軍の火力戦に遭遇したときに受けた強い衝撃が基であるらしい。第三六師団の指揮官も、米軍の火力がもの凄いという話を聞かされていたが、どうしても中国での戦闘感覚が支配的であった。

第三次トム攻撃は、つぎに述べる第二次アラレ攻撃と同時に決行された。突入点をトム西方の揚搭施設のあるケボン西端に定め、松山連隊長は自らケボン西側に進出してアラレ方面との連絡を断ち、土井第三大隊にケボンを西方から攻略させ、川島第二大隊にトム西方を攻略させることにした。周囲が暗闇に包まれるとともに各部隊は突撃開始の線

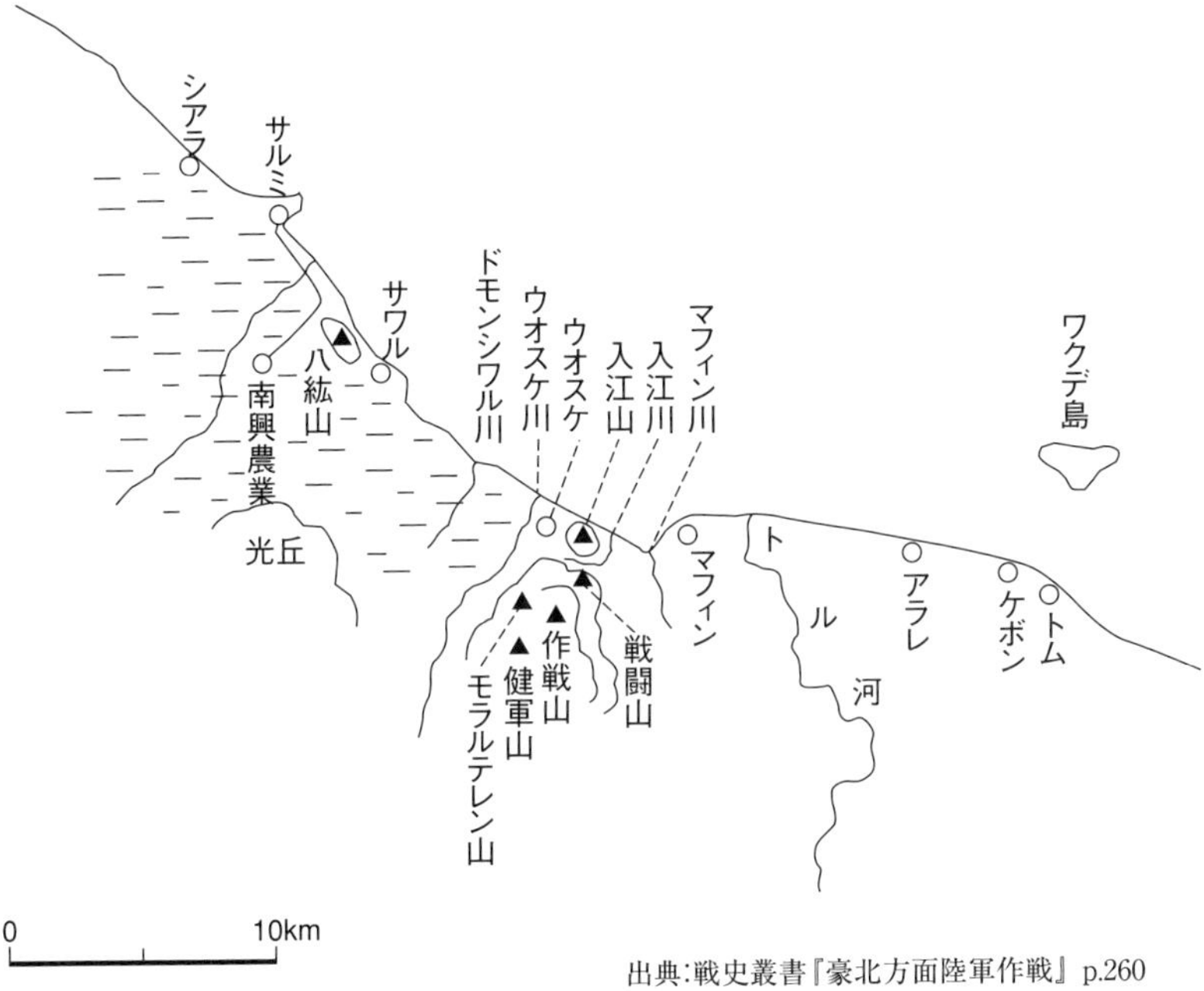

出典:戦史叢書『豪北方面陸軍作戦』p.260

サルミ・トル河間概略図

に移動し、作業隊は先行して米軍の電話線を切断した。攻撃前に砲撃をして敵の反撃力を減殺させるのが常道だが、松山連隊には火砲がないのでいきなり突撃し、同時に援護の擲弾筒と機関銃が火を噴くはずであった（戦史叢書『豪北方面陸軍作戦』六四一－二頁）。米軍は、攻撃を受けるたびに陣地を重・軽機関銃や迫撃砲、各種大砲で強化するから、日本軍はこれをいかにかわすか考慮しておかねばならない。

日本軍の二度目、三度目の突撃は、一度目とほとんど変わらない。突撃一本槍の日本軍は、一度目がだめなら、もっと気迫を込めて二度目をやるだけであった。三度目のトム攻撃が前回と異なるのは攻撃目標だけで、攻撃方法には新しい工夫はなかった。電話線の修理にきた米軍車輌を攻撃したところから戦闘がはじまり、米軍の猛烈な射撃は、闇夜に走る赤い銃砲弾のお椀形の放物線が日本軍を頭上から押さえつけた。その中を勇を鼓して川島大隊第十中隊が突進したが、全員が瞬時に薙ぎ倒された。手も足も出ないとはこうした状況をいう。早々に撤退命令が出され、降雨の中を日本軍は傷兵を収容しながら後退した。

一方、二十七日夕刻にアラレ南西四キロの地点に集結した吉野連隊は、二十九日までアラレ周辺を偵察し、三十日に攻撃を行なうことにした。安田義明大尉の率いる第一大隊はアラレの南東方向から、大木節男少佐の第三大隊は南西方向からアラレに突入する手筈で、どちらも判で押したように夜襲を計画した。二日間の偵察で知り得たことは、道路沿いに陣地があり、その手前は綺麗に開かれて遮蔽物がないというぐらいのことであった。師団の戦闘司令所のある入江山、戦闘山が危険に陥っているために、吉野連隊の突入は準備不十分でもやるほかないと考えられた。

両大隊は、三十日の昼間にジャングルをアラレ方面に移動し、大木部隊は敵前わずか四百メートルまで前進し待機した。攻撃時間は夜九時、白兵突入と定められ、兵士たちは突入に備え束の間の休息をとった。あたりが真っ暗闇になった午後八時頃から部隊は徐々に前進を開始し、九時少し前に突入態勢をとり、ほぼ予定時刻に突入を開始するてはずであったが、突入したのは大木大隊だけであった。安田大隊は、事前のチェックを十分やっているがそれでもジャングル内で方向を見失い、朝までに目標を見つけられなかった。大木隊は、約三五〇名の将兵が白兵戦に参加し、三十名が戦死し、五十名が負傷した。しかし奇襲に成功し、米兵が混乱に陥った隙に二つの砲台を落とし、ワクデ・サルミ補給部隊集積所に突入して火をはなった（前掲戦史叢書　六四二頁）。

この攻撃に気を良くした吉野連隊長は、第二次攻撃を六月三日、つまり前述のトム第三次攻撃と同じ日に行なうことにした。安田大隊を右大隊、大木大隊を左大隊とし、前回迷子になった安田大隊は、細心の注意を払い攻撃開始線に前進した。攻撃開始時間は、午後九時頃であったと思われる。一度攻撃を受けた米軍は必ず火力を強化して待ち構えるから、同じ戦法は通用しない。しかしそれでも同じ戦法を繰り返すのが日本軍たる所以である。猛烈な銃砲火を浴びせられた両大隊は敵陣地の一角に触れることもできず、撤退のやむなきに至った（戦史叢書『豪北方面陸軍作戦』六四〇頁）。

このようにアラレでは、吉野連隊の第一大隊、第三大隊が苦戦したが、他方、戸叶（階級不詳）に率いられた第二大隊は、松岡右地区隊長の指揮下にあり、五月三十一日夜、マフィン攻撃を開始し、六月一日に一部を占領し、二日には完全に占領に成功した（前掲戦史叢書 六三七－八頁）。

六月五日に米第六師団第一連隊がトムに上陸し、指揮官パトリック准将の兵力が七個大隊となると、米上陸軍は西進を開始し、マフィン近傍で激しい陣地の奪い合いになった。松岡右地区隊は、米軍の猛烈な銃砲火にもめげず陣地を死守し、夜になってようやく五百メートル退いた。米軍は七日から戦車を先頭に前進し、九日までにマフィン川に到達し、そのためトル河以東の松山連隊や吉野連隊が取り残されるおそれが出てきた。トル河河口を守る金田秀夫大尉の率いる松山連隊第一大隊もまだトル河東岸にあり、撤収を急がねばならない状況にあった。ついに師団司令部は十日になって撤収を発令し、松山・吉野連隊の作戦山周辺への集結になった。アラレ周辺にあった吉野連隊のトル河渡河は十一日夜、建軍山到着は十三日であったのに対して、トム方面にあった松山連隊の戦闘山到達は十五日になった（前掲戦史叢書 六四七－八頁）。

二十二日になると、トル河を越えた米軍は入江山、作戦山の線に進出、さらに二十四日には有力な米軍がウォスケ川西岸に上陸し、海岸部分をことごとく押さえた。しかしウォスケ飛行場及びサウル飛行場は、依然日本側が確保し、米軍も敢えてこれを奪取しようとしなかった。米軍の主力であった第一五八連隊が、ビアク島に近いヌンホル島攻略に転用されたこと、第六軍司令官と第六師団長の間に齟齬があったことが原因とみられる（前掲戦史叢書 六五一頁）。

この間の六月十八日、田上第三六師団長は集結した諸部隊に対して、概略次のような新しい持久戦を目指した配置を示した。

一、松山連隊を新右地区隊とし、戦闘山、入江山付近に配置し、マフィン方面から来攻する敵に備える。

二、吉野連隊を新中地区隊とし、ウォスケ海岸、ウォスケ河谷に配置し、敵の上陸に備える。

三、山田康平司令部、吉野連隊一部等を左地区隊とし、八紘山方面を防衛する。 （前掲戦史叢書 六五一頁）

北薗部隊は、六月十九日、サルミ西方の北シアラ地区に入って農耕自活をはじめた。稲田師団長に棄てられた第六飛行師団の生き残りは、はじめトル河上流で自活していた。坂本経雄は、ホーランディアから撤退した一万五千のうち、シアラ地区に定住したのは二千人だったとしている（『丸別冊　地獄の戦場』所収「ホーランジア→サルミ『死の行進』」四〇九頁）。つまり北薗部隊と航空隊の合計を一万五千とし、シアラに入ったのが二千というわけである。『幻ニューギニア航空戦の実相』は、ゲニム出発時七千余、二ヶ月後にシハラ地区で自活に入ったときは、わずかに千人に減っていたとしている（三八八頁）。そうなると坂本のいう二千人のうち千人が航空隊で、残ったもう千人が北薗部隊ということになろう。

死の行軍に耐えた航空部隊の兵士たちは、シハラ西方のマルテワルの山中で、稲田師団長に同行せずサルミに留まった岡本貞雄中佐、原田少佐の指導の下に自活態勢に入った。フェルカム川とマルテワル間の三十キロ余の地域に、本部・駒野・立川・菊岡・久田・大島らの隊ごとに分散して、自給自足の農耕生活に入った。タロイモ、キャッサバ、南瓜、小豆、甘藷などを栽培し、製塩にも取り組んだ（前掲『幻　ニューギニア航空戦の実相』四〇一－八頁）。しかし栄養失調患者が常に出たし、マラリヤに罹っていない者は一人としていなかったから、毎日のように死者が出た。戦史叢書は、シアラ地区に定住した者のうち、第六飛行師団関係だけで六月上旬六一二名、中旬に五九六名の合計一、二〇八名が戦病死し、下旬に北薗部隊の指揮下に入ってから少し改善され、一八〇名になったとしている（戦史叢書『豪北方面陸軍作戦』六五二頁）。『幻ニューギニア航空戦の実相』は、岡本貞雄中佐、原田少佐の献身的指導を称讃し、もし岡本中佐らがいなかったならば、犠牲者は間違いなくもっと多くなったであろうとのべている（四〇二頁）。

「ゲニム・サルミ間第六飛行師団各部隊の転進人員生死一覧表」（『幻　ニューギニア航空戦の実相』三六五頁）によれば、二十年十月一日の時点における第六航空師団関係者の生存者はわずかに三四〇人となっている。ゲニムを出るとき五、六五四人いた飛行師団は、シハラ地区にきたときすでに千人以下になり、それから一年三ヶ月後にはわずかに三四〇人に激減してしまったのである。ゲニム以後に九二%、ホーランディア脱出後から九七%以上もの者が途中で草むす屍となったことになる。

一方、北薗部隊の関係者の残存者はどれほどであったろうか。前掲の坂本経雄「ホーランジア→サルミ『死の行進』」（四〇九頁）にある北シハラ入植者二千人のうち、前述のように半分の千人が第六飛行師団関係、残りの千人が北薗部隊関係者であったとみられる。戦史叢書は、「第十八軍作戦記録」に基づき北薗部隊のシハラ到着人数を約五百名としている（前掲戦史叢書　四六－七頁）。米軍のホーランディア上陸前の六、六〇〇人からすると、かれこれ九二・五%が失われたことになる。

前掲戦史叢書が引用する「第十八軍作戦記録」の書き込みにある十八軍の獣医部伍長の談によれば、「サルミまでの転進路はほとんど消え失せ、ただ道しるべとなりたるものは、連続沿道に横たはる白骨なりしと。又、同伍長は海岸に点在する土人家屋は、部屋といはず床下と言はず、多数の白骨折り重なりありて冷汗三斗の思ひせり」（四六頁）と、凄惨な光景が至る所に見られたという。戦死・戦病死者が兵力の九十数パーセントにもなると、こうした地獄絵が現世にも現出することになる。終戦後の昭和二十一年六月に帰還する際、坂本によればシハラ地区からの生還者はわずかに四百人であった。残念ながら北薗部隊と航空部隊の内訳はわからない。

この夥しい死者の中で、敵の弾に当たって死んだ者は少数で、ほとんどは飢餓、栄養失調、マラリヤ等病気が原因の死亡であった。名誉の戦死などという顕彰を、戦病死者は喜んでくれるのであろうか。おびただしい数の餓死というわば犬死にも等しい死者を多数出したのは、日本軍の恥であった。将兵を犬死をさせた戦争指導に関する真相解明の手は、まだいくらも入っていない。すべてを米軍中心の連合軍の圧倒的物量や科学技術力のせいにして、その先にある真の原因に踏み込むのを避けてきた。戦争指導の目標と責任は、兵士一人一人に少しでも活躍の機会を与え、持てる能力を発揮させることだが、犬死は戦争指導したとくに中央の重大な責任である。それは戦争指導に当たる者たちが、軍の管理能力にすぐれていても、軍の指揮能力に欠け、戦略に欠け、歴史的哲学に欠けていたことに原因し、それらの因果応報ともいえる結末をすべて押し付けられるのは現場の兵士たちであった。

六月十八日に田上師団長は諸部隊に対して持久戦を目指す新配置を示したが、シバート少将指揮の米第六師団がこれを粉砕するかのように西進してきた。同師団第二十連隊と第一連隊に対峙したのは、第三六師団の松山連隊である。二十日夕方までに米第二十連隊の各大隊が攻撃開始線である入江川（蛇川）に進出を終え、翌二十一日に入江山に対する攻撃を開始したが、松山連隊が撃退に成功した。

二十二日になると、米軍は爆撃機を出動させ、ガソリンタンクを投下して入江山の樹木を焼き払う焦土作戦に出た。そのあと見通しがよくなった斜面を、戦車を先頭に立てて進攻してきた。松山連隊にはこれを阻止する力がなかった。入江山の北東部を奪取され、中央鞍部東側が占拠された。松山連隊長は、金田大隊に北東部を、土井大隊に中央鞍部を夜襲するように命令し、周囲が暗闇になるとともに、各地で白兵戦が展開された。米第二十連隊の第二・第三大隊は通信線の全部を切断され、孤立状態に陥った（前掲戦史叢書　六五二－五頁）。

二十三日早朝、米軍の増援部隊に偽装した土井大隊が百メートル近くまで気づかれずに米第二大隊の陣地に近づき、肉迫したところで一気に突入した。奇襲の成功であったが、突入部隊の兵力がわずかに七十名では戦力的に弱小すぎた。米軍が第二大隊を撤収させたくらいだから、作戦は一応成功といってよい。この日、川島大隊が戦闘山北麓の松山連隊長のもとに到着、米第三大隊が陣取る入江山北部に夜襲を敢行することになった。突入した川島大隊は、主力が敵の猛烈な銃砲撃のために動けなくなったが、第五中隊が突入に成功し、重機関銃二門等を捕獲し、陣地の一部を奪取した。

翌二十四日も、松山連隊はまだ奪取できていない地点への攻撃を断続的に繰り返した。午前九時頃、米増援軍は入江山西方のウォスケ平地に上陸し、戦車を伴って川島大隊が陣取る入江山に迫り、火炎放射器も使用して攻撃をしかけてきた。松山連隊は増援の吉野連隊の工兵中隊を戦列に加えて防戦につとめる一方、夜を待って襲撃を敢行したが、防備態勢を固めた敵陣にはね返された。二十五日、田上師団長はこれ以上の戦闘は無理と判断し、部隊をモラルテレ

ン山地区に後退させた。（前掲戦史叢書　六五七－九頁）

（三）　ビアク島の陥落

アドミラルティー諸島陥落後のマッカーサーの作戦は大胆かつ迅速であった。他方、日本軍側では、アドミラルティー諸島陥落後、第八方面軍と第十八軍との関係が切れ、大本営と南方軍がニューギニア戦に口を出す機会が多くなり、作戦計画立案を複雑なものにした。それでも後述するように、安達はあくまでアイタペ戦にこだわり実行するが、余計な気遣いが増えたことは間違いない。ところが西部ニューギニアの第二軍は、十八軍のような実績がなく、周囲からの口出しにより作戦遂行がきわめてやりずらくなった。

四月二十二日、ホーランディアに米軍が上陸すると、第二方面軍の阿南と南西方面艦隊の高須四郎は絶対国防圏の維持が困難になるのを恐れて積極作戦に出ようとしたが、大本営がこれを押しとどめた。ついで五月一日、大本営はサルミ、ビアクを絶対国防圏から外した。前述したように大本営の実態は、参謀本部内の大本営陸軍部と軍令部内の大本営海軍部とが、ときどき持たれる会議のことである。実際には両者の会議を開いて話し合う時間のない緊急事態が多く、陸軍関係であれば、大本営陸軍部が参謀本部内の意見をとりまとめて大本営の判断として指示し、これを現地軍は、事実上の大本営命令と受け止めて行動した。参謀本部内の諸々の主張を織り交ぜて作成されるため、判断を下した人物の顔が見えないだけでなく、戦略も哲学も欠如する内容になるのは当然であった。組織や階級、職責の面子や系統にものすごくこだわった日本軍だが、最も明確でなければならない最終的決定を下す頂点の組織や職責が曖昧模糊とし、形式上は天皇であっても、実質は誰が最終決定者かわからない不可解な手続きの過程で中央の意志が出来上がった。

アドミラルティー諸島が陥落してラバウルとの連絡が切れるまで、東部ニューギニアの第十八軍の上にはラバウルの第八方面軍があり、その上に大本営があった。ところが西部ニューギニアでは、昭和十八年末に到着した第二軍の上に第二方面軍があるところまでは東部ニューギニアと同じ系統だが、その上に南方軍があり、さらに大本営があった。つまり南方軍が一つ加わるだけだが、現場の実情に疎い上部構造が二つになったために、現地軍は身動き一つ取れない状態になった。

米豪ではニューギニアを一つの戦場として扱うが、日本ではニューギニアを東部と西部に分けたため、二つの戦場として見なければならなかった。このこと自体すでに中央の戦争指導の誤りだが、戦線が東部から西部に迫っても、当初に決めた担当区域に何ら手を加えようともしなかった怠慢はもっとひどい誤りである。これが間接的原因となって、戦史上、西部ニューギニア戦を専ら阿南惟幾の第二方面軍を中心に語られ、現地の第二軍についてはは折に触れて存在が見える程度にとどまった。東部ニューギニア戦の方は、第十八軍の動きを中心に語られ、今村大将の第八方面軍については必要なときにだけ触れるという正反対の現象を生んだ。西部ニューギニア戦の場合、第二方面軍、大本営、南方軍の三者による調整事項で戦況が変わればともかく、現地軍の頑張りだけが頼みの綱であり、それゆえ現地戦闘部隊である第二軍の作戦行動に焦点が当てられねばならない。

アドミラルティー諸島を攻略後、ビスマルク海の制海権、制空権を絶対化したマッカーサー軍の動きが急に早まり、ほとんど旬日単位で進攻作戦を行なうようになった。十九年四月二十二日にホーランディア・アイタペ上陸、五月十七日にワクデ・サルミ上陸、同二十七日にビアク島上陸という猛烈なペースの西進であった。ニューギニアは西に頭を向けた亀の姿に似ているといわれるが、一番西側の頭の部分がフォーゲルコップ半島、首のくびれた部分の湾がヘルビング湾である。この湾口を塞ぐ島々がスハウテン諸島で、その中で最大の島がビアク島である。逆三角形をした面積千八百平方キロ、淡路島のほぼ三倍、香川県とほぼ同じ広さである。さらに西側のスピオリ島はちょうど淡路島ほどで、干潮時には陸続きになり、地図上ではどうみても一つの島であり、両者を一つに見なせば随分と大きな島になる。

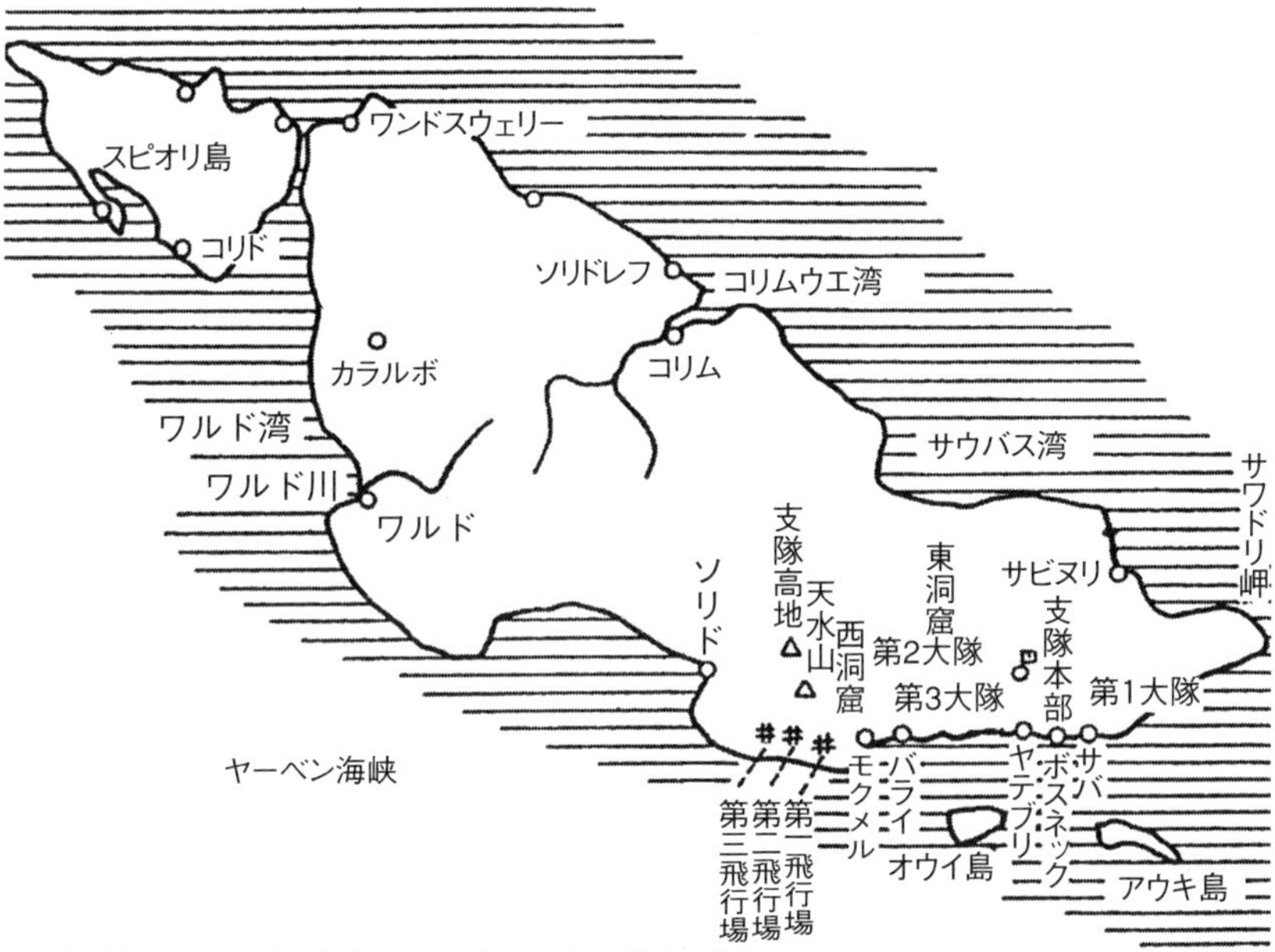

出典:『丸別冊　地獄の戦場　ニューギニア・ビアク戦』p.465

ビアク島概略図

この島が米軍の上陸目標になったのは、この島を使えばフィリピン・ミンダナオ島、パラオ諸島、マリアナ諸島を爆撃可能圏内に収めることができるためであった。十九年になると、米軍の進攻はマッカーサー・ルートとニミッツ・ルートの二つが競争し合って速度を早めたが、ビアク島を確保すれば、フィリピンに進む予定のマッカーサー・ルート上に航空援護の傘を延ばすことができるだけでなく、ニミッツ・ルート上のサイパン、パラオにも延ばすことができると考えられた（アイケルバーガー「東京への血みどろの道」No.・二六「読売新聞」昭和二四・一二・二四）。

日本軍もこの島の航空基地としての有用性を理解していた。十八年末に三つの陸軍飛行場建設部隊（豊橋編成の第一〇七、第一〇八野戦飛行場設定隊、松山編成の第十七野戦飛行場設定隊）が派遣され、南海岸のモクメルに三つの飛行場からなる集団飛行場の建設を進めた。海軍も十九年三月から四月にかけ、第二〇二海軍設営隊が、陸軍の飛行場よりもっと東のボスネック湾に面した台地に二つの飛行場の建設にとりかかった（戦史叢書『豪北方面陸軍作戦』五七一―二頁）。この戦況になっても、陸海共用飛行場建設という計画が持ち上がってこないのが大日本帝国であった。共用にすれば、陸海軍合わせて五飛行場を二、三ぐらいにまで減らせるし、設定隊、設営隊を集中投入すれば完成も早まり、米豪軍来攻前に航空隊を進出させて作戦に当てられるかもしれなかった。

十八年九月にいわゆる絶対国防圏構想が中央で設定されたとき、西部ニューギニアには本格的戦闘部隊はなく、これから兵員の輸送に取り掛かる状態であった。東部ニューギニアで第十八軍が時間稼ぎをしている間に、西部ニューギニアの防備を固めるのが中央の戦争指導というものである。戦線が次第に西部ニューギニアに迫ったところで第二軍、第二方面軍を進出させるようでは、第十八軍及び第八方面軍との間で横の連絡を取りたくても取れない。大きいとはいえ、一つの島を二等分して別の軍を置き、作戦をやりにくくした中央には東西の連携を仲介する責務があったが、これもしなかった。これまでの東部ニューギニアでの戦闘によって、すでに十万以上の戦死・戦病死者を出していた。これだけの犠牲を払って得た戦訓は日本軍にとってかけがえのない財産であったはずだが、横の連携のない体制がその価値を生かし切れなかった。ニューギニア戦で見せた中央の戦争指導は、先見性、計画性に欠けた場当たり的なものが多く、何よりも最も重要な戦略がないだけでなく、現地の実情を無視した管理者的指導が強すぎた。戦争指導は、軍の管理よりも持てる能力を発揮させることが肝要であった。

満洲チチハルの第二方面軍と満洲間島に駐屯する豊島《てしま》房太郎中将麾下の第二軍の西部ニューギニアへの転用が決ったのは、昭和十八年十月十九日であった。第二軍の基幹部隊には、はじめ華南の戦闘で活躍していた第三師団（名古屋編成）を予定していたが、支那派遣軍が強く反対したため、北支にあった第三六師団に変更した。ついで第四師団が加えられることになったが、同師団は中部太平洋方面の戦備増強のために第三一軍に編入され、代わりに第三五師団（東京編成、師団長池田浚吉中将）が第二軍隷下に入った。さらに第三二師団も加えられたが、主力が輸送途上で敵潜水艦のために海没し、残りの同師団はハルマヘラに配置換えになった（『丸別冊　地獄の戦場』所収　了戒次男「西部ニューギニアの全般作戦」四一二―三頁）。

なお亀頭部分には富永信政中将の第十九軍の担当地域がかかっていた。同軍も第二軍と同じ第二方面軍の戦闘序列にあり、西部ニューギニアの一部を担当してもおかしくないが、広大な豪北地域を担当する事情を考慮すれば、何もニューギニアまで伸ばすことはなかった。広大な豪北地方を十九軍隷下の第五師団と第四八師団の二個師団で守備するのは物理的にも困難で、西部ニューギニアにまで担当する余裕がなかったはずである。

結局、西部ニューギニアを守るのは三六師団と三五師団の二つだけになったが、第三五師団が最前線から遥かに遠い亀頭の西端に上陸させられたので、実際に防禦作戦に当たったのはサルミ周辺とビアク島に部隊を展開した三六師団のみであった。日本の面積と同じ東部ニューギニアを三個師団で守る困難について指摘する評者が多いが、西部ニューギニアも日本と同等の面積で、しかも大きな島が遠くまで散在している地理的環境を考えると、二個師団規模で守備するのはもっと困難であった。

第三六師団は、北支から転戦してくる際、上海で山地作戦編成から海洋編制師団に改編され、軽戦車、水陸両用自動車、重擲弾筒、自動砲、山砲、機関砲等の各兵科部隊を取り込み、重装備戦術部隊となった（『丸別冊　地獄の戦場』所収　高田誠「陸軍葛目支隊　もう一つのビアク戦」四六二頁）。基幹部隊は第二二二連隊、第二二三連隊、第二二四連隊で、第二二三連隊、第二二四連隊についてはサルミ周辺の戦闘の中でたびたび触れた。ビアク島に派遣されたのは葛目直幸大佐率いる第二二二連隊で、海上機動反撃編制連隊という物々しい編成であった。日本陸軍では「屈指の優良装備編制」と評され、定員約四千人、三個大隊、一個機関砲中隊、一個戦車中隊、一個工兵中隊等であった。水陸両用自動車や軽戦車のほか自動砲、速射砲、機関砲などを装備し、陸軍としては最新最強部隊であった（前掲戦史叢書　五七四頁）。編成地は青森県弘前、東北四県の出身者で構成される粘りを信条とする精鋭であった。十八年十二月二十四日に第三六師団隷下から第二軍直轄の「ビアク支隊」となり、連隊長の名前をとって「葛目支隊」とも呼ぶ。

これまでマッカーサー軍は、日本軍の手薄な地点や日本軍の退路に上陸して戦局の指導権を握ってきたが、日本側が重要視し防禦態勢を固めたところに上陸する例はなく、その例外がビアク島である。日本軍が合わせて五つもの飛行場の建設に取り掛かっていることが、攻撃目標としての重要性を大きくした。日本軍の戦力の中心となった第二二二連隊の当時の実働兵力は三千八百五十人で、そのほかに前述した三個飛行場設定隊をはじめ、第二開拓勤務隊、通信隊等二十六隊が付随した。この派遣にはじめて登場した開拓勤務隊は、もう召集されることはないと思われた四十代の年輩者を中心に編成され、その任務については後述する。

海軍は第二八特別根拠地隊司令部（司令官千田貞敏少将と若色参謀のみ）、第十九警備隊（司令前田中佐以下）、第三三防空隊、第一〇五防空隊、第二〇二設営隊等一、九四七人であった。主力の第十九警備隊は、機動銃隊、海岸部隊、機銃隊、高角砲部隊、隠顕砲隊などから構成され（前掲戦史叢書　五八一－二頁）、第十九警備隊を中心とする海軍部隊を「ビアク防備部隊」と呼称した。

陸海軍合わせると一一、二六七人にのぼり、陸軍の「ビアク支隊」と海軍の「ビアク防備部隊」を合わせて「ビアク守備隊」とも呼ぶ。このうち戦闘部隊は四、六〇〇人で、総兵力のおよそ三分の一に当り、これまで米軍との戦闘で苦杯をなめてきた諸部隊の中では恵まれた方であろう。

ビアク守備隊も指揮下におく第二方面軍の指示には、最初から奇妙な方針が織り込まれていた。第二方面軍の戦闘序列が定められたのは十八年十月末だが、その際に発せられた「大陸指第千七百六号」の第三項と第五項は次のようである。

三、作戦部隊は部隊装備を含み、………約二ヶ月分の常続補給資材、船腹許容最大限の糧秣を携行する。

五、極力現地自活、人馬の衛生、資材の保全をはかる。

言外に滲み出ているのは、無事に揚陸できたとしても、あとの補充も補給も期待できないので、糧秣や資材を最大限持ち込み自給自足をはかる悲壮な覚悟である。すなわち、まだ特攻作戦ほどの悲壮感はないにしても、現地到着後の補給杜絶を自明のこととし、生きて帰還することなどありえない片道作戦を考え始めていたことを物語る。最初から帰還を諦めた作戦は、特攻作戦に限りなくちかい。ただ航空機による特攻作戦と違うのは、瞬時に散りゆくのではなく、自活して少しでも長く戦い生き続ける点であった。

ビアク派遣に当たり、補給杜絶を前提として野戦根拠地隊司令部の下に、自活に必要な製材班、開拓勤務隊、漁撈班、搾油班、食品加工班を付設させた。聞き慣れない開拓勤務隊は、農地を開墾し家畜を飼って自活を実現する隊で、各中隊は農産小隊、畜産小隊などにわかれていたという。ビアク島のボスネック湾に上陸したのは、京都で編成された第二軍野戦貨物廠第二開拓勤務隊で、一、四八二人にのぼるこの隊は、平均年齢四十歳に垂《なんな》んとする老兵部隊であった。赤道に近い南洋の島で、農業・牧畜に従事するだけでも重労働であったが、いざという時には第一線兵員の補充源になることも決められており、明治初期の屯田兵の南太平洋版といったところであった（前掲戦史叢書　二〇六頁、田村洋三『玉砕ビアク島』　九七－九頁）。開拓勤務隊の派遣は正攻法を放棄し、特攻作戦へと展開していく過渡期の現象であった。

ところで参謀本部は西部ニューギニアに開拓中隊六十個、約四万五千もの編成を計画していたといわれる（前掲戦史叢書　二〇六頁）。開拓中隊をいわば捨て石にすることによって、中央は一体何を得ようと考えていたのであろうか。開拓中隊の生産によって第二軍が死に絶えるまでの一定期間、戦線維持ができるとして、多くの犠牲で生み出された貴重な期間を生かすために、どのような戦略を立てていたか、それに基づく作戦計画を持っていたかである。東部ニューギニアの第十八軍が孤軍奮闘していた昭和十八年、後方である西部ニューギニアやフィリピン等では何も手が打たれなかったと同様に、仮に西部ニューギニアが頑張っても、何も処置されない可能性が大きかった。

米軍には日本本土進攻という明確な戦略目標があった。これを実現する手段として、すでにマッカーサー軍には「レノ計画」があり、明確な戦略とそれを実現する作戦計画があった。しかし日本軍とくに陸軍には、場当たり的・対症療法的な作戦計画があるのみで、また海軍にしても観念論的な米艦隊撃滅の艦隊決戦論があるのみで、戦争の最終目標や戦略、それを実現するための具体的計画がなかった。十七年後半から米豪軍の反撃がはじまり、それでも翌十八年の一年間を、第十八軍の奮闘でマッカーサー軍をニューギニアに釘付けできたにもかかわらず、これを有効に利用して具体策を練り上げることがなかった。

十九年五月二十七日午前、米第一軍団麾下の第一六二連隊、第六軍第四一師団第一八六連隊が、猛烈な艦砲射撃と爆撃の援護を受け、ボスネック海岸に上陸してきた。波打ち際の先には高さ五十メートルの断崖が侵入者の進攻を阻む地形になっていたボスネック海岸への上陸は、一見非常識ともいえる作戦であった。日本軍もこんな場所に上陸してこないと考え、わずかな兵力しか配備していなかった。南西海岸地区にあるモクメル、ボロコエ、ソリドの三飛行場の奪取に都合が良いという立地条件を考慮した米軍は、あえてこの地を上陸地点として選んだが、その裏には日本軍兵力に対する過小見積があった（『マッカーサー戦記』Ⅱ　一三八－九頁）。この時期になると、もう日本軍は怖くないという意識が米軍内に浸透しはじめていた。波打ち際から断崖の上に出るには、一本の狭い坂道「モクメル坂」を登らなければならないが、崖上から撃たれればひとたまりもなかった。しかし敢て実行したのは、日本軍を蹴散らすのはわけないと見下す意識があったためと考えられる。両連隊を指揮したのは第四一師団長のホーレス・ヒューラー少将で、まずモクメル飛行場の奪取に取り掛かるべく、早速戦車を押し立て、一つしかない危険に満ちた狭い通路を登り始めた。

ニューギニアの空を飛ぶのは米豪軍機ばかりで、日本軍の飛行機を見ることはなくなったが、米軍が上陸して間もなく、久しく見なかった日本機が飛来した。ソロンの対岸にあるエフマン島基地からビアク島に向け出撃したのは、第五戦隊長高田勝重少佐の率いるわずか四機の陸軍二式戦であった。四機は乱雲を利用して米艦船団上空に到達することに成功し、駆逐艦二隻を撃沈し、他の艦船にも損傷を与えた（戦史叢書『西部ニューギニア方面陸軍航空作戦』四〇七－四一二頁）。稀に見る大戦果を挙げたのは、対空砲火で損傷したあと、最後の手段として敵艦に突入したことにあった。特攻ではないが、やむえない場合は突入する意志を持っていたにちがいない。戦況が悪化していく中で、日本将兵の意識がせっぱ詰まった段階に追い込まれ、残された手段が突入による自爆のみという瀬戸際に立たされつつあった様子がうかがわれる。

米軍の上陸作戦直前の艦砲射撃と空爆の最中に、第二方面軍参謀長沼田多稼蔵中将一行がソリド飛行場から帰還のため飛び立とうとしていたが、飛行機が破壊され、沼田自身も負傷したため帰還をあきらめた。沼田はビアク支隊に「あ号作戦」と後述する「渾作戦」について説明し、作戦計画の調整を行う目的でたまたまビアク島に来ていた。ビアク脱出が出来なくなった沼田中将は、支隊長の葛目が大佐に過ぎず、支隊の上部機関である第二軍のそのまた上の機関である第二方面軍の参謀長である自分が、ビアク支隊を指揮するのは当然と考えた。

階級の上下で指揮権発動者が決まるとする考えは、戦時における指揮権の順序を定めた「軍人承行令」を根拠にしている。「軍人承行令」は激しい戦闘中に、客人である中将が取り残されるなどという事態を想定していない。本来「軍人承行令」は、部隊の指揮官が倒れたら次の階級の先任が、その彼が倒れたら次の階級の先任が指揮権を引き継ぐことを定めたもので、たまたま帰り損なった将軍の序列まで考えていない。そうなった時には、常識で対処せよという意識が根底にあったはずである。支隊は葛目が育て、彼の戦術眼でビアク島の自然を利用した部隊配置がなされ、防禦態勢ができている。葛目と支隊は一心同体の関係にあり、たまたま帰り損ねた客人に過ぎない沼田は、支隊の将兵との間に何等の精神的絆がない。

沼田のようなエリートは部隊指揮の経験が少ない上に、戦闘指揮の経験がない例が多い。日本軍では参謀と司令官の性格の相違を区別せず、進級できる能力がありさえすれば参謀にも司令官にもなれるとしてきた。しかし参謀に向く性格、指揮官に向く性格があることはうすうす感じていたらしく、補職の任免において二つの性格を考査して人事を行なったが、それを公にすることはなかった。沼田の経歴の多くは参謀・参謀長で、指揮権を有する職に就いたのは台湾駐剳の十二師団長ぐらいであった。陸軍も彼を優秀なエリート参謀と見ていたことは間違いない。沼田が自分の性格、部隊の人間関係をよく知っていたら葛目に任せたであろうが、陸大出のエリートは管理者的意識が身に付き、制度を振り回す癖が抜けない。制度が部隊を動かすと考えるのはエリート軍人に多く、これと対照的なのが将兵との太い絆によって部隊を動かす現地指揮官であった。沼田は明らかに前者の軍人であった。

その沼田が指揮権を発動しようとしていたことに、ビアク支隊の上級機関である第二軍も困惑した。第二軍司令官である豊島房太郎は悩んだ末、葛目の第二大隊と第三大隊、岩佐戦車中隊を沼田の指揮下に、第一大隊と安藤集成大隊を葛目の指揮下に置くこととし、全般の作戦を沼田が指揮することとした（田村洋三『ビアク島』一五六頁）。わかりやすくいえば、西の部隊を沼田が、東の部隊を葛目が指揮することになり、ビアク支隊は二つの集団に分かれて戦う態勢になり、強力な米軍を前に支隊を二分することになってしまった。北支以来の歴戦の指揮官であり、ビアク島をよく調査していた葛目が戦いやすくするためにも、客人である沼田をなんとか脱出させる機会を与えるべきであったろう。優柔不断と評された第二軍司令官豊島、客人という境遇を忘れて中将・参謀長の肩書きを暗に振り回す沼田のために、葛目を中心に堅い団結を誇っていたビアク支隊の半分は、慣れない中将の指揮に従わざるをえなくなった。

米軍は上陸第一日目にモクメル飛行場を奪取できると考え、午前十一時過ぎに戦車を先頭に「モクメル坂」下に達した。左右には牧野第二大隊の第七中隊が巧妙な陣地をつくり、いつでも攻撃できる態勢で待ち構えていた。第七中隊の指揮官横山英雄中尉は、敵をぎりぎりまで引きつけてから一斉に銃砲火を浴びせた。至近距離からの発砲はよく命中しただけでなく、敵に味方への誤射や誤爆を恐れて艦砲射撃や空爆を思い止まらせる効果があった。接近戦は相手の火力を封じるだけでなく、日本軍得意の白兵戦に持ち込める利点があった。米軍も日本軍の火力集中のために一旦後退したが、再び戦車を繰り出して反撃し、夕方まで一進一退の激戦が展開された。

日が暮れると、日本軍は得意と信じ込んでいる夜襲の準備に入った。夜襲は奇襲であるがゆえに効果があるのであって、夜目が効くからではない。米軍は長い日本軍との戦闘の間に、夜襲に備えて集音マイクを随所に設置し、ワイヤーを各所に張って、日本兵の接近を確実に察知する防禦法をつくり上げて、日本軍の戦法をとっくに無効化していた。

陸軍が米豪軍と互角に戦っていた頃は、「戦訓報」で伝えられる戦訓を小バカにしていた話をよく耳にする。海軍でも同じ現象が起こり、これが「奢り症候群」（千早正隆『日本海軍の驕り症候群』三〇一頁）と呼ばれた。「戦訓報」に真剣な目を向けるようになったのは昭和十九年頃からといわれるが、サイパン島やビアク島に対する米軍の比較的容易な上陸作戦の事例を見ると、まだ戦訓が生かされていたとは思えない。近視眼的な日本人は歴史という時間軸に範を取る習慣がなく、時間軸から現在の現象を理解し、将来への動向を推し量ることが苦手だが、これから夜襲を敢行しようとする葛目の各部隊には、「戦訓報」の戦訓による影響を見ることができる。

葛目指揮下の第一大隊は二十七日夕方五時に、沼田の第二大隊、第三大隊、葛目の集成大隊は二十八日午前零時に行動を開始した。音を出さないように銃身に養生を施して敵陣地へと迫ったが、集音マイクに察知されていたらしく、執拗に敵の砲弾に見舞われた。それでも午前四時頃になって攻撃位置に到着、横一線の散兵線となり、養生をはずして着剣し、銃に弾を込め、敵陣まで百メートルを切った辺りで突撃を敢行した。米軍の迎撃態勢は濃密で、とても敵陣に突入できそうになかった。立て続けに打ち上げられる照明弾に照らし出された日本兵を目指して、敵陣の小銃、機関銃、迫撃砲、速射砲が一斉に火を噴き、それに戦車が動き出して戦車砲、機関銃も火を噴く。夜襲は完全な失敗であった。ただ菅原義寛中尉指揮の第二大隊第六中隊が、米第一六二連隊の一部を海に追い落とす戦果を挙げている（田村前掲書　一四八－一五四頁）。

大弐兵太郎の「日録海軍戦記」（『丸別冊　地獄の戦場』所収「海軍部隊・ビアク戦闘日誌」四四二頁）の五月二十七日の記述によれば、「夜に入り陸海部隊数百名が、夜襲斬り込みを敢行した。白ハチ巻に襷がけの友軍は「梅」

「桜」を合い言葉に、敵の幕舎に近づくとともにかん声をあげて突撃、敵は海岸方面に逃げ出し、二十数名を殺傷したという。」と、大戦果を報じている。どうも記述は、日露戦争の二〇三高地の突撃をモデルにして描かれているように思われてならない。

局部的には大弐の記述は正しいが、全般は敗退であった。夜が明けると米第一六二連隊の三個大隊が進撃を開始、モクメル第一飛行場を目指し、台地に通じる谷筋を登り始めた。珊瑚礁の島には至るところに洞窟があり、その中に潜む日本兵が機関銃、迫撃砲、山砲等を米軍に向けて待ちかまえていた。午前十時、日本軍の銃砲が一斉に火を噴き、先頭の米軍第三大隊に多くの死傷者が出る一方、後方との連絡を遮断され孤立した。といっても日本軍も米軍の艦砲射撃を受けてとどめを刺すことができず、薄暮を利用した米軍の後退を見逃した。日本軍の勝利に違いなかった。米軍の損害は、戦死十六人、戦傷八十七人、M四戦車三両破壊であった。米四一師団長ヒューラーは、日本軍兵力に対する当初の見積もりが間違っていたと判断し、第六軍司令官クルーガーに増援部隊の派遣を要請した。クルーガーは第一六三連隊の増派を決める一方、近くのオウイ、アウキ両島の占領を命じた（田村前掲書　一五五－六頁）。

沼田参謀長はこの勝利に気をよくし、さらにモクメルの米軍に一撃を与えるために第二、第三大隊に払暁攻撃を命じる一方、葛目支隊長にも第一大隊を率いて参加するよう要求した。ボスネックにいた葛目は、無傷の米一八六連隊と対峙しており、動くわけにはいかなかったが、「上官」の命令に背くわけにもいかず、やむなくボスネックを開けたのである。二十九日の日本軍の払暁攻撃に対して、米軍は艦砲射撃、戦車の盾によって防禦し、膠着状態に陥った。午前八時、岩佐戦車中隊の軽戦車九両が突入を試み、日米戦史上、はじめての戦車戦が展開された。日本の九五式戦車は重量九トン、三十七ミリ砲一門、これに対する米M四戦車は三十三トン、七十六ミリ砲で、幼児と大人くらいの違いがあり、とくに装甲の厚さが歴然としていた。九五式戦車の砲弾はM四にことごとくはね返されたが、M四の砲弾は簡単に九五式の装甲を貫通した。戦闘中、日本軍戦車七両が破壊されたが、何両かは航空爆撃と艦砲射撃によるもので、戦車でなかったことは一抹の気休めになる。むしろ戦車戦まで繰り広げた日本軍の勢いに米軍側がたじろぎ、浮き足だった米第一六二連隊が後退をはじめた。

米軍の退却を日本軍が知ったのはかなりたった後だったが、この頃には日本軍にも危機が迫りつつあった。沼田の命令を受けた葛目がボスネックの兵力をモクメル方面に進出させたため、がら空きになった好機を捉えて、米第一八六連隊の三個大隊と一六二連隊の第二大隊がサバを経由して大きく迂回し、モクメル飛行場に向かうコースに進入してきたのである。三十一日夕刻、米軍の後退と東進を知った葛目はボスネック方面が不安になり、疲労困憊にもかかわらず取って返した。方面軍参謀長ともあろう沼田が戦闘全般を見渡すことを忘れ、自分が指揮する眼前の戦況にしか目が届かないツケが、こうした形で現れたのである。

日本軍の戦車道を改修しながら西進する米軍に対し、サバから移動した斉藤吾右衛門大尉指揮下の第一大隊がボスネック台地北側に布陣した。六月一日夜襲を計画し、約三百人がガルハイ高地に二方向から迫ったが、米軍のライフル、機関銃、迫撃砲が一斉に火を噴き、それに向かって日本兵が突撃を繰り返し、二日夜明けまで四時間にわたる白兵戦が展開された。斉藤大隊は大隊長以下二百二十人が戦死、八十人余が負傷したが、米軍側記録では斉藤大隊長以下八十五人となっている（Center of Military History U.S. Army. *The Approach to the Philippines* 一五八頁）。葛目支隊長がボスネックから引き返してきたのはその後で、頼みとする斉藤大隊長の全滅を知って愕然とした（田村洋三前掲書 一七四頁）。斉藤大隊が壊滅した日、米軍はボスネック対岸のオウイ島に重砲を揚陸した。ビアク島を海越えに砲撃する陣地を獲得するためだった。

米軍のビアク島上陸の報を受けた南方軍と南西方面艦隊は、五月二十八日、大本営に玉田美郎少将の率いる海上機動第二旅団（歩兵三個大隊、五、四五八人）のビアク島投入を具申した（巡部隊史編纂委員会「運命の海上機動兵団」二二一－三頁）。とくに海軍がこの作戦に熱心であった。「海上機動兵団」は、満洲の諸部隊を寄せ集め、豪北方面兵備用に公主嶺で編成された海洋作戦編成で、戦車、水陸両用自動車などを装備する優秀部隊であった（田村洋三前掲書 一八〇頁）。装備が優秀でも、それを使いこなすには徹底した訓練が必要であったが、十分な訓練を積む余裕のないままの派遣であったため、実際の能力はそれほど高くなかった。

大本営の作戦決定に基づき、連合艦隊は「渾作戦」を発動した。「渾作戦」は海上機動旅団の上陸を目的とした作戦である。ニューギニアにおける作戦に一度も艦隊を出すことがなかった海軍が、久しぶりに決心した艦隊派遣である。海軍が「渾作戦」に熱心であったわけは、これを実施すれば敵機動部隊を誘い出せる可能性が高く、艦隊決戦を目指す「あ号作戦」を発動できると期待されたからである。つまり「あ号作戦」を実現させる誘い水として、「渾作戦」を考えていたのである。「渾作戦」は「あ号作戦」を誘起するという意味で価値があり、「渾作戦」が「あ号作戦」を引き出さないのであれば、優先順位の高い「あ号作戦」に全力を振り向けるというのが海軍の考え方であった。あからさまにいえばムシのいい計画で、海軍にとって「渾作戦」で運ぶ海上機動旅団は、敵機動部隊をおびき寄せる餌のようなものだった。

「渾作戦」指揮官に第十六戦隊司令官左近允尚正少将、間接護衛隊に戦艦「扶桑」・第十駆逐隊、警戒隊に重巡「妙高」「羽黒」・第二十七駆逐隊がつき、海上機動第二旅団を第一・第二梯団に分け、これを乗せた軽巡「青葉」「鬼怒」を含む輸送隊が、ビアク島及びマノクワリに入るというのが「渾作戦」の概要であった。渾部隊は六月二日にダバオを出港し、ビアク島へと向かった。ところが翌三日、四日、陸軍偵察機による敵機動部隊発見の情報を得た連合艦隊司令部から電令があり、「渾作戦」を一時中止、陸兵及び荷物類をニューギニア西端ソロンに揚陸し、艦船はアンボンに避退した。これを第一次渾作戦と呼ぶ（『丸別冊　地獄の戦場』所収　竹下高見「ビアク救援『渾作戦』顛末記」四三一－二頁）。

ところが陸軍機の情報が誤りであることが判明して、南方軍や陸軍各司令部からの強い要請でアンボン到着直後に「渾作戦再興」が発令され（前掲「運命の海上機動兵団」二五頁）、セラム島アンボンにあった艦船はソロンに回航し、七日に陸兵と荷物を搭載してビアク島へと向かった。前回、護衛についた戦艦や重巡、軽巡はどこかに姿を消し、駆逐艦六隻だけの兵力に変わり、左近允少将の旗艦も重巡「青葉」から第十九駆逐隊の駆逐艦「敷波」に代わった。残りは「厳島」「津軽」等で、二、三日遅れで行くことにした。敵の制空権下の海域での危険な任務だけに、足の速い駆逐艦だけで実施することになったらしい（『丸別冊　地獄の戦場』所収　住田充男「ビアク島沖海戦」四五六－七頁）。第十九駆逐隊はソロンで北井大隊四八一名を乗艦させ出港した。

各艦は後部に大発一隻を積み、もう一隻を曳航する艦もあったが、高速で航行したために、索が切れて行方不明になるものがあった。午後零時半頃にＢ25爆撃機十七機、Ｐ38戦闘機七機が襲来し、「春雨」に航空魚雷が当たり、あっという間に垂直になって海中に没していった。激しい対空射撃を行なったが、一機撃墜、一機損傷を与えただけであった（前掲「運命の海上機動兵団」では十二機以上、二八頁）。

六月七日午後十時半、ビアク島の揚陸地点まであと二十五浬に達し、北井大隊は甲板に整列し、大発への移乗準備をはじめたとき、水平線上に巡洋艦を含む十五、六隻からなる敵艦隊が現われた。左近允は揚陸不可能と判断し、ただちに反転した。煙幕を張り、曳航の大発を切り離し、駆逐艦のいわば切り札である魚雷を立て続けに発射しながら、敵艦隊からの離脱をはかった。魚雷をかわすために敵艦隊の艦列が崩れるが、その間に逃走をはかろうというのである。第十九駆逐隊は三十五ノットで航走したにもかかわらず、次第に追いつめられた。それでもどうにか窮地を脱することができたのは幸運としかいいようがなかった。かくて第二次「渾作戦」も失敗に終った。

十日、連合艦隊は早くも第三次「渾作戦」を発令した。急遽作戦が発令された動機は、千早猛彦少佐の搭乗した海軍の偵察機「彩雲」が米艦隊の集結地メジュロ環礁を偵察したところ、一部を除き出撃していることが判明し、どこかを航行中の米艦隊をおびき寄せられると判断されたことにある（戦史叢書「豪北方面陸軍作戦」五三二頁）。第一戦隊司令官宇垣纏を指揮官とする作戦部隊は攻撃部隊と輸送部隊から成り、攻撃部隊は戦艦「大和」「武蔵」「扶桑」に巡洋艦「能代」を加えた陣容であった。しかし第三次「渾作戦」を発令した「連合艦隊電令作第一二七号」の第三項に、

「あ」号作戦決戦用意の令あるも、特令なければ渾作戦を続行、敵情に応じ敵機動部隊を決戦場に誘致する如く行動すべし

とあることから予想されるように、米機動部隊が発見され次第、ただちに「渾作戦」から「あ」号作戦に切り替えられる可能性の下での作戦であった。

「渾作戦」参加艦艇がハルマヘラ島のカウ湾バチャ（バチャン）への集結を終えた十三日午後五時半、マリアナに来襲した米機動部隊がサイパン・テニアン両島に砲撃を開始し、上陸作戦が差し迫ったと判断した連合艦隊は、マリアナ近海において艦隊決戦を決意し、「あ号作戦決戦用意」を発令、同時に「渾作戦」の中止と関係部隊の原隊復帰を発令した（大井篤編「『ニューギニヤ』の作戦」第一次案　昭和二十二年十月　防研所蔵）。これを受けて「大和」らの大型艦は、相次いで出港し、マリアナ海域へと急行した

またまたビアク島の陸軍将兵は、最後の希望であった「連合艦隊」に裏切られることになった。太平洋の島々に棄軍の身の上になった日本軍が、それでも戦いをやめなかった一因は、いつか「連合艦隊」が現れて救い出してくれるという「神話」が浸透していたことである。「神話」の作り主は海軍であり、海軍が拡大した戦線に送り込まれた陸軍兵は、いつか必ず「連合艦隊」が助けに来てくれるという希望を与えられてきたからこそ、不得意な島嶼戦にも耐えてきたのである。ビアク島の洞窟内では「渾作戦」中止を耳にした傷病兵の拳銃による自殺者が相次ぎ、連合艦隊来たらずの報は、陸軍兵士に絶望を与えずにはおかなかった（田村洋三前掲書　一八六頁）。

斉藤大隊を撃破した米軍は、イブディからソアンカラ湾に展開した米第一六二連隊と対峙していた須藤第三大隊の背後を回り、モクメル飛行場に迫ってきた。これに気づいた須藤大隊が急行したが、パライ方面への圧力を食い止められなかった。逆に須藤大隊が敵に包囲され、葛目支隊本部も孤立して、戦況は悪化する一方であった。葛目が率いる東の部隊の窮状を、西の部隊を指揮する沼田は何も知らなかった。支隊を二分した弊害が噴き出たのである。

第二軍司令部からボスネック攻撃命令があり、沼田は牧野賢蔵少佐の率いる第二大隊を所在不明の葛目のもとに差し向けた。現地の沼田でさえ戦況を把握できていないのに、遠方にあってわずかな情報しか入手できない第二軍司令部が、なぜこのような命令を発したのか謎である。モクメル飛行場に危機が迫っているのに、幾らの価値もないボスネックを攻撃して何になるか。遠方にあって現地の事情を知らない上級司令部が具体的命令を出すのは、百害あって一利もない。上級司令部の最も重要な責務は、戦況の大局あるいは枠組みを正しく把握し、これを各部隊に理解させ己の位置・状況を判断させることである。大本営をはじめ日本軍の上級司令部に共通して見られるのは、大局なし、潮流なしの細部にこだわる指示を出すことであった。

牧野大隊が支隊本部に到着したところで、作戦の打ち合わせが行われた。打ち合わせの最大の障害が第二軍のボスネック攻撃命令であった。第二軍の命令がまったく馬鹿げていることは、現地で指揮をとる葛目が最もよくわかっているが、支隊長という立場上、軍命令を無視するわけにはいかなかった。この打ち合わせで牧野は、夜襲突撃は敵の圧倒的火力の下では犠牲が多く、それよりも白昼接近戦は、敵に同士討ちの危険性を与えるため、敵の空爆や艦砲射撃を封ずることができるので有効だ、とこれまでの戦闘で得た戦訓を紹介している（田村洋三前掲書　一九六－七頁）。卓見である。牧野の白昼接近戦法は、ビアク戦において有効性が証明されたもので、長い間、陸軍が金科玉条の如く固執してきた夜襲突撃、白兵主義を否定するものである。連戦連敗をはじめた日本軍には、こうした発想の転換や新しい戦闘法の創造が必要であった。

七日早朝、米一八六連隊と一六二連隊の一部がモクメル第一飛行場の東端に接近した。守備隊も米軍が東方から迂回して来るとは予想していなかったので、反撃したのは飛行場の端に姿を見せた時であった。沼田が米軍の迂回作戦を知ったのは、これよりさらにあとだった。ボスネック夜襲作戦計画を練っていた葛目は、飛行場方面で激しい戦闘が始まると、直ちに夜襲作戦計画を中止し、牧野大隊に反攻を命じた。

八日午前二時、牧野が沼田の司令部に着いてみると、沼田とともにビアクに来ていた第二方面軍参謀重安穐之助大佐を中心に、飛行場に対する夜襲突撃作戦計画が練られていた。夜襲突撃に懐疑的であった牧野は、計画に不安を禁じえなかったが従わざるをえなかった。この日の午後、作戦計画に基づき牧野らの部隊は飛行場西端の攻撃地点に移動した。八日夜、匍匐前進を開始し、九日黎明に突撃開始の予定地点に近づいた。最初に発砲したのは米軍側で、ものの凄い数の銃砲が一斉に火を噴き、一歩も進めない状況になった。午前四時過ぎ、牧野のほか、大隊副官、指揮班らが指揮をとっていた爆撃でできた穴に直撃弾が飛び込み、指揮機能が壊滅した。（田村洋三前掲書　二〇〇－三頁）

牧野大隊を反攻に向かわせたあと、葛目もあとを追って天水山にたどり着いたが、来てみると牧野大隊壊滅の報が待っていた。斉藤第一大隊、牧野第二大隊を失った葛目に残っていたのは、須藤第三大隊のみであったが、須藤大隊も敵の重囲下にあり、じりじりと戦力を失っていた。早速、葛目は、野戦高射砲第四九大隊に対して、高射砲の水平射撃による敵戦車破壊を命じ戦果をあげた。その後、沼田等がいる西洞窟に入り、今後の作戦会議が開かれた。会議では、迅速機動による野戦を主張する葛目と強固な洞窟で戦い続けるべきとする海軍の千田貞敏少将が対立した。千田は生粋のパイロットで、陸戦の経験は皆無であった（田村前掲書　二〇五－二一〇頁）。

会議終了後、突然、葛目が沼田、重安らに是非方面軍司令部に帰ってほしいと切り出した。無論、沼田等を邪魔扱いしたわけでない。第二方面軍司令官阿南からの要望であった。孤島の戦況を司令部に報告し、間もなく全滅するであろうビアク島諸部隊の論功行賞を正しく行い、将兵の敢闘に報いてやってほしいというのが主な理由であった。千田海軍少将もこれを強く支持し、ビアク島北岸のコリムに入る大発があるので、これに乗って脱出をはかることを勧めた。結局沼田らはこの勧めに従い、十日に西洞窟を出発し、十六日にコリムに到着し、大発に乗ってビアク島を脱出した（田村前掲書　二一〇－四頁）。

戦況が行き詰まった一因は、繰り返し述べたように支隊を二つに分けたことにあった。沼田一人に責任があるわけではないが、葛目が単独で指揮していれば、部隊の東奔西走のエネルギー消耗を抑え、もっと米軍を苦しめることができたであろうと思われる。沼田を脱出させる可能性があったのであれば、第二軍及び第二方面軍がもっと早く手段を講じて沼田を脱出させ、葛目のやりやすい環境をつくってやるべきであった。もともと沼田は現場の指揮に向いていなかったし、中将には中将の仕事があり、大佐が担当する支隊の指揮にあたるべきではなかった。

この問題に関連し、田村洋三は第二軍司令官豊島を手厳しく批評している（田村前掲書　一六五頁）。大本営、南方軍、第二方面軍の三つがそれぞれに口を出し、綱を引き合い、豊島にもやりにくい面が多々あったことは容易に想像がつく。わずかな情報しかなく、現地の状況が把握できないときに、豊島は具体的な作戦命令を出す過ちを繰り返した。マッカーサーが回顧録の中で、「日本軍の兵員の素質は依然として最高水準にある。しかし、日本軍の将校は上級ほど素質が落ちる。………日本の息子たちは心身ともにたくましいが、指導者に欠けている。」（上巻　一四四頁）と述べているのは、少し辛辣過ぎるが、戦いの過程をみると、そうした印象を持たざるをえない。日本には参謀の養成教育はあるが、司令官の教育はない。

どういう人物を指導者にするか国家、社会にそれぞれの考え方があるのは理解できるが、どうしても必要な指導者の条件は、歴史の流れ、大局が読めることである。あるいは事態の枠組み、構造に置き換えても構わない。ところが日本軍には、この条件に合わない指揮官が多すぎた。陸大の参謀教育や海軍のハンモックナンバーが、こうした資質を評価しなかったことが災いしている。結局マッカーサーも褒める兵隊さんたちの頑張りによって、指導者の欠落部分を補うしかなかった。

ビアク島戦の特徴の一つは、海軍も増援部隊の輸送に協力したことにある。大規模な増援はガダルカナル島戦以来といっても過言でなかった。それだけビアク島戦を重大視した証左であろう。海軍の応援が入ることによって、大本営、南方軍、第二方面軍、第二軍のほかに、連合艦隊、南西方面艦隊の判断も入り乱れるため、増援作戦を進めるためには各機関、陸軍と海軍とのすり合わせ、意見調整が必要になってくる。米豪軍側が、マッカーサーの一言で決まるのとは大きな違いであった。海軍が実施する「渾作戦」は、前述のような経緯で実施されず、陸軍船舶工兵の大発による人員輸送が行われた。マノクワリまで来ていた第三五師団歩兵第二二一連隊の小沢久平大尉の率いる第三大隊の一部で第一梯隊が編成され、早くも六月二日未明に三隻の大発に分乗してコリム湾上陸に成功している。しかしその後は、戦況と大発の事情とのために第二梯隊はマノクワリに、第三梯隊と引地中隊はヌンホル島にしばし待機することになった（『歩兵第二百二十一連隊史　南方編』二二四－二二三頁）。

八日、小沢大隊第一梯団に続いて引地中隊が出発したものの、その直後に空爆を受けて全員が海に投げ出された。しかし二日後の十日に二度目の航海が無事に行われ、西岸のワルドに上陸した。十二日には小沢第三梯隊が、翌十三日に第二梯隊がコリムに上陸し、西洞窟を目指して南下した（田村前掲書　二二六－八頁）。また第二一九連隊西原第二大隊は十七日にコリムに上陸し、二十一日に第一線に立った。こうした小刻みな増援を兵力の逐次投入ともいうが、ガダルカナル戦でも見られた現象で、戦後、日本軍の敗因にされてしまった。しかし島嶼戦では、制空権と制海権が決定的影響力をもち、両権ともに失った日本軍にできるのは、小刻みな逐次投入しかなかったのである。

米軍はモクメルの第一飛行場を占領し、ついで米第一六二連隊が西洞窟に迫った。他の米軍の連隊は第二飛行場に進撃中で、天水山の西側に砲撃用の観測所を設置し、戦闘の主導権を掌握した。米海兵隊のサイパン島上陸作戦が近づき、マッカーサー軍としては、ビアク島から爆撃機隊を発進させて上陸作戦を援護する手筈であったが、依然日本軍の抵抗が続き、確保した飛行場から飛行機を発進させる状態にほど遠かった。苦境に立っていたのは日本軍だけでなく、攻めるマッカーサー軍も計画から大きく遅れ、苦しい状態にあった。

ヒューラー第四一師団長がさらなる増援を要請してきたことに腹を立てた第六軍司令官クルーガーはヒューラーを更迭し、代わりに第一軍団長アイケルバーガー中将に指揮を執らせるべき旨をマッカーサーに具申した。日本軍にはない厳しさが米軍にはあり、結果を出さない指揮官は作戦中といえどもたびたび更迭された。

早速ビアク島入りしたアイケルバーガーは、西洞窟の周囲に部隊を集めた。この中には、元大統領セオドア・ルーズヴェルトの子息アーチー・ルーズヴェルト大佐が指揮する部隊も含まれていた。二日間、戦闘の様子を見ていたアイケルバーガーは、三日目に戦闘を中止させ、大幅な部隊の配置換えを行なった。ヒューラーが要請した第二四師団第三四連隊がホーランディアから到着した余裕もあり、三個連隊を西洞窟及び天水山の北方に配置してこれを攻略するとともに、全飛行場を奪取する態勢を整えた（アイケルバーガー「東京への血みどろの道」№二九「読売新聞」昭和二四・一二・二九）。

十九日早朝、米軍は西洞窟、天水山、ビアク支隊、第二・三飛行場、東洞窟、須藤大隊を目標とし、一斉に攻撃を開始した。日本軍は至る所で追いつめられたが、とくに西洞窟を守っていた小沢大隊と佐藤部隊はいたたまれずに洞窟内に逃げ込んだ。米軍は火炎放射器、ガソリンの入ったドラム缶に火を付けて放り込むなど、ありとあらゆる方法を試した。追いつめられた日本軍が潜む洞窟内は、まさに阿鼻叫喚の地獄を呈したが、わずかな明かりしか届かない暗さが凄惨な光景を隠してくれた。だが腐乱した死体と糞尿の臭いが混じり合った物凄い臭いが、洞窟内の実相を想像させた。（『丸別冊　地獄の戦場』所収　高田誠「陸軍葛目支隊　もうひとつのビアク戦」四六四－五頁）。

二十一日午前九時、葛目は支隊員全員に集合を命じた。彼は支隊が見捨てられたこと、戦闘が敗北しつつあることを認め、身体の満足な者は洞窟を出て最後の突撃を行うこと、負傷者には自決用の手榴弾を渡すこと、これより連隊旗を奉焼することを指示して、話を終えた。田村によれば、この時、葛目は何度も自分たちは見捨てられたと話したという（田村前掲書　二三五頁）。「渾作戦」中止を指すものと思われるが、いずれにしても陸海軍が約束した援軍を送らなかったことは、葛目をはじめとする支隊の全将兵を失望させたことは疑いない。

太平洋の戦いのはじめから、海軍は陸軍がやる気のなかった南太平洋戦、島嶼戦に引きずり込んできた。これに対する補給・増援には消極的で、自分たちはありもしない艦隊決戦にエネルギーを消耗し、昭和十八年はじめから十九年春まで島嶼戦が最も激しかった時期に傍観者の態度を貫いてきた。にもかかわらず実直な陸軍将兵たちが、絶望的な戦いになっても戦闘を続けたのは、最後には海軍すなわち連合艦隊が必ず助けに来てくれる神話を信じて疑わなかったからである。子供の頃から、様々なメディアを通じて日本海海戦の奇跡を耳に蛸ができるほど教え込まれてきた世代は、太平洋戦争でも、最後には連合艦隊が出現し、米海軍を撃滅して戦局を転換してくれると心のどこかで期待していた（筆者「国史学」第一二六号所収　四六―七頁「忠君愛国的『日露戦争』の伝承と軍国主義の形成」）。葛目の言葉にも、連合艦隊が来てくれなかった、連合艦隊に見捨てられたという意味も含まれていたことはいうまでもない。

最後の突撃は、第二二二連隊に因んで二十二日午前二時と決められた。その前に米戦車に突撃する者、自決を急ぐ者など、すでに部隊は「玉砕」に向かって動き始めた。ところが第二一九連隊西原第二大隊がコリムからすぐ近くまで来ていることを無線で知った千田海軍少将が、突撃を思い止まるように葛目を説得した。葛目が突撃中止を命じた正確な時間はわからない。夜のうちに西洞窟を脱出して、天水山（支隊高地）に移動することになった。周囲を包囲する米軍は、夜になると日本軍の夜襲を恐れて後方にさがるので、これを利用して活路を見出そうというわけであった。満天の星の下、三つの出口から、六百名にも満たなくなった将兵が二、三人にずつに分かれて天水山を目指した。約四キロの行程であったが、音を立てないようにそろりそろりと進むため、まるで蝸牛に近い速度になってしまった。天水山にたどり着いたのは二十四日朝というから、丸々二日間かかったことになる。

日本軍の移動を知った米軍は、二十三日から追撃をはじめた。四個大隊を天水山に差し向け、戦車、大砲、ロケット弾を使って猛烈な攻撃を加えてきた。葛目は第二大隊、長谷川高射砲中隊、西原大隊を駆使して必死に防戦したが、敵の火力には抗しがたく、早晩天水山陣地の放棄も時間の問題になった。二十八日夜、飛行場襲撃が決行されることになり、三十二名の決死隊が編成され、目標を敵機爆破と定めた。米軍にとってサイパン戦には間に合わなかったが、ようやくにして航空機を進出させる段階に達したことを物語っている。米軍は飛行場占領を果たしたものの、日本軍の巧妙に秘匿した大砲による攻撃のために、しばらくの間、航空機の離発着ができなかった。日本軍の火砲が沈黙したのは、二十四、五日頃であったとみられ、決死隊の突入計画は、米軍機が進駐した直後に企図されたことになろう。

決死隊は二、三日間さまよったのち、七月一日夜に攻撃地点に進出したが、猛烈な火網のために三十人が短時間に薙ぎ倒され、二人だけが生き残った。全滅である。二人が翌日に支隊本部に帰り、夜襲失敗を葛目に報告した。葛目はこれを聞いて、最早万策尽きたことを悟り、その直後に頸動脈を切り、手榴弾を爆発させて自決した（田村前掲書二五四－五頁）。すでに第二二二連隊は軍旗を奉焼しており、日本陸軍の「慣行」に従えば、そのあとで連隊長らが自決するのが習わしであった。たまたま西洞窟脱出が行なわれたために延期されたが、打つ手をすべて打ち、葛目に残されたのは自決しかなかったのである。

支隊長代理についたのは大森正夫少佐である。彼は第一〇七野戦飛行場設定隊長で、戦闘部隊の指揮官でなかった。そこで第三大隊長の須藤大尉を連隊長代理とし、実際の指揮を執らせた。沼田中将に見せたい見識である。しかしながら第三大隊は、マンドンとソアンカラ湾の中間に位置するイブディ付近にあり、支隊本部ではその状況をつかんでいなかった。無事に辿り着いた須藤から大隊の様子を知ることができたが、それによれば海岸の米軍と迂回してきた米軍に挟撃され、千人の隊員が半分近くに減っていた。それでも第三大隊を支隊本部と合流させるべく、決死の伝令によって七月八日にこの命令が伝達された（田村前掲書　二五六－二五九頁）。

七月二十二日、大森支隊長代理は、海軍通信隊経由で六月二十七日付けの第二軍命令を受取った。それは「玉砕」を認めず、現地自活をはかりながら攻勢の準備をせよというものであった。米軍との戦闘を中止し戦線から離脱せよ、つまりビアク戦終了、生き残りは島内のどこかで自活して生きながらえよとの命令である。諸外国ならば降伏という選択肢が与えられたが、日本では降伏の選択肢がなく、しかも「玉砕」不承認となれば、残る道は自活して生き延びるしかない。これも残酷な「命令」である。

前述のように農耕には、収穫までの時間が必要である。自活命令が出てからでは間に合わないことが多い。時間がない場合、旧石器時代よろしく狩猟採集経済に踏み切るほかないが、どこでもできるというものではない。千五百人近い生き残り兵は、大隊ごと、連隊ごとに散らばってジャングルで生き延びることになったが、すでに飢餓状態の日本兵が、どうやって生き抜いていけるのか。

ビアク島戦は、米軍の上陸から二ヶ月弱にして終了した。米軍は全島で掃討戦を展開し、多くの日本兵が犠牲になった。日本側から見ると、全島を占領された完全な敗北である。だがアメリカ側から見ると、米軍の上陸目的は、日本軍の飛行場を奪取し、ニミッツ軍が行なうサイパン島上陸作戦にビアク島から航空隊の支援を行なうことであったから、この点では不成功に終ったいうことになる。無論、大局はフィリピン進攻の一環であり、西に向かって大きく前進し、フィリピンまで航空援護の傘を広げられる線まで到達できた収穫は大きい。マッカーサーにとって、ライバル視していたニミッツあるいは米海軍に貸しをつくるはずが、日本軍の激しい抵抗のために実現できなかったことは、誇り高き彼の面子を著しく傷つけたことはまちがいない。

最終的に敗北したにせよ、敵の作戦目的を一つでも阻止できた点は、敗退を繰り返してきた昭和十九年の日本軍にとっては画期的でさえあった。第十八軍の長い戦いでもそうだったが、葛目支隊の敢闘によって生み出された貴重な時間をどのように活用するかが、それが葛目支隊の戦いに対する評価をも左右する。何も利用されなければ、何のために、誰のために戦っているのか説明がつかなくなるばかりでなく、払った犠牲も無駄になってしまう。少なくとも進攻を受けつつある第二軍は、何もしていなかった。何かをしようとしていたのは、すでに戦線の後方に置き去りにされた第十八軍だけであった。

（四）　米軍のヌンホル・サンサポール上陸

米軍は進攻作戦の絶対要件を航空機の傘の存在におき、そのため進攻方向に飛行場を獲得する作戦を繰り返し行ってきた。見方を変えれば、進行方向からはずれ、飛行場の適地がない島には上陸してくることはなかったともいえる。ビアク島攻略に手間取ったため、米軍はすぐ東隣のオウイ島に上陸し、ビアク島を砲撃する砲台を設置するとともに、直ちに飛行場建設に着手した。完成するや進出した航空隊がビアク島攻撃に参加し、日本軍を苦しめた。この頃には、日本軍をさんざん悩ませてきた第五空軍のほかに、第十三空軍も編成され、ますます米軍の航空戦力が拡大し、痩せ

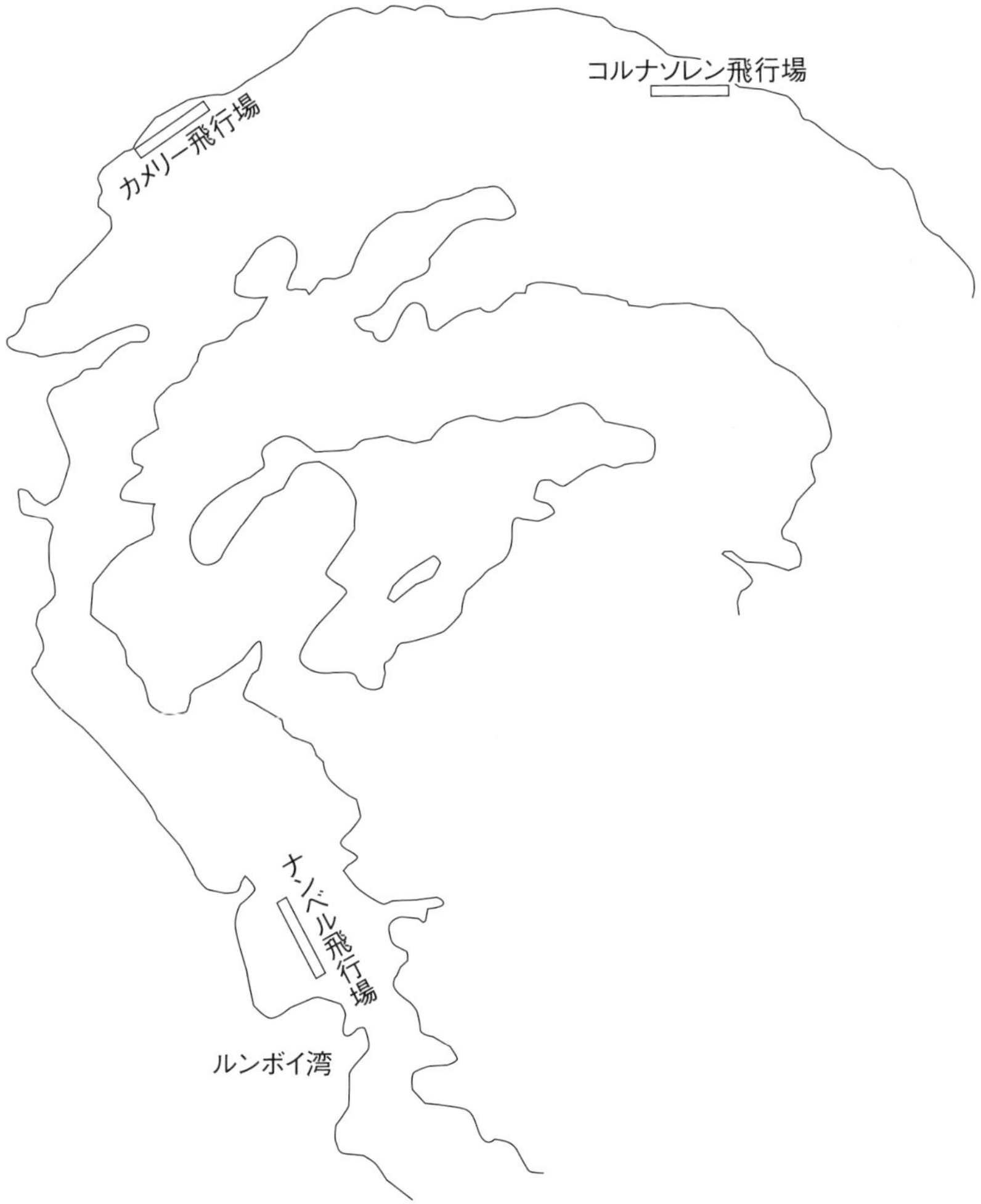
コルナソレン飛行場
カメリー飛行場
ナンベル飛行場
ルンボイ湾

ヌンホル島概略図

細る一方であった日本軍との航空戦力の格差は天と地ほどに拡大し、ニューギニア戦の終末とフィリピン戦への進展を早めることになった。

ビアク島の戦いが終わりに近づいた昭和十九年六月下旬、米軍の空襲がビアク島とマノクワリの間にあるヌンホル島に集中的に行われた。この島も飛行場設置に向いていた。日本軍はカメリーに飛行場を建設し、東部ニューギニア方面への中継連絡、船団援護、ホーランディア作戦の前進基地として、よく利用した。ほかにも二箇所の飛行場が建設途上であったが、完成にはまだ相当の時間が必要であった（戦史叢書『西部ニューギニア方面陸軍航空作戦』五〇一－二頁）。

ヌンホルの守備隊は、一個大隊規模の第三五師団歩兵第二一九連隊が主力で、指揮官は清水季貞大佐であった。このほかに第一〇二・第一一七・第一一九野戦飛行場設定隊、第四七飛行場大隊、第三六飛行場中隊、第八航空情報隊、第十三野戦気象隊の各一部が駐屯し、合計約千五百名といわれる（前掲戦史叢書　五〇二頁）。すでにマリアナ海戦の敗北が伝えられ、戦況のさらなる悪化を承知していたはずである。

七月二日午前八時、四隻の輸送船に分乗したパトリック准将麾下の混成連隊約七千四百名が、カメリー飛行場を目指してすぐ近くの海岸に上陸してきた。日本軍をずいぶんと小バカにした作戦である。森甚六少佐が率いる第一〇二野戦飛行場設定隊が水際と飛行場を守備していたが、水陸両用戦車を先頭にした攻撃を阻止できず、短時間のうちに全滅した。カメリー南方のカンサルにあった清水大佐は、森大隊による夜襲を試みたが失敗し、多数の損害を出した。その間、米軍は落下傘による千四百名の降下を行い、滑走路の占領を急いだ（前掲戦史叢書　五二六－七頁）。七日夜、清水大佐は再び夜襲を準備した。これに対してマノクワリにあった第三五師団長は、清水大佐に「玉砕」を避けて敵の航空基地建設を妨害し続けるように命令したが、自身は第二軍の命令によってマノクワリ南方一八〇キロのヴィンデシに逃れるように移動した。いくつもの上部機関をもつ西部ニューギニア戦の複雑な構成の反映である。

米軍の資料によれば、五日に日本軍の組織的抵抗は終わったとされる。一方、第二方面軍が得た情報によれば、ゲリラ戦を展開しているらしかった。ヌンホルとの連絡が途絶えたため、第二軍は七月下旬になって無線機を携行する挺進連絡隊を潜入させ、残存兵との連絡を試みている（前掲戦史叢書　五〇六頁）。なお米軍の掃討作戦は八月末までかかり、この時期まで戦闘が続いていたとみられる（同戦史叢書　五二七頁）。

ヌンホル攻略を果たした米軍は、大車輪で飛行場の改修を進めた。日本軍の軽量機体用の滑走路は、重量の大きな米軍機には堪えられないため、大掛かりな改修作業が必要であった。三箇所あった滑走路のうち、次の作戦に間に合わせるためカメリーとコルナソレンの二つだけが改修された。次の作戦とはサンサポール占領であった。サンサポール占領は、ハルマヘラ進攻に必要な飛行場を獲得するためで、滑走路の適地が数カ所見つかったためであった（同戦史叢書　五二七－八頁）。

サンサポールに進攻する米第六師団の主力はバーンズ准将を指揮官とし、七月二十六日、サルミ近郊を出発し、三十一日朝、上陸を開始した。監視隊規模の日本軍は、それにもめげず反撃を続け、八月末まで小戦闘が繰り返された。米軍の記録によれば日本兵三八〇名を倒したといわれる。飛行場の建設を急ぎ、対岸のミッテルバーグ島に戦闘機用の、マル地区に中爆用の飛行場が九月初旬までに完成し、離発着が可能になった（前掲戦史叢書　五二八－九頁）。

（五）　アイタペ決戦　第十八軍の最後の大攻勢

豪軍一部も加わったアイタペ上陸は、ホーランディア上陸作戦の付録のようなものであった。ホーランディア上陸は、日本軍の意外に少ない兵力、弱体戦力、不徹底な作戦指揮によって、一週間もかからないうちに片が付いた。アイタペの方も、通過中の部隊は多かったが、陣地には僅かしか配備されていなかった日本軍は一撃で敗走してしまった。その後、米軍は十八軍を置き去りにしてビアク島、サンサポールへと西進し、ニューギニア戦は間もなく終了する気配であった。ところがウェワクを目指していた第十八軍が、残余の全力すなわち戦闘可能な七個連隊を振り絞り、アイタペを目指して進攻してきたのである。戦闘は一ヶ月にわたる激戦となった。これをアイタペ戦と呼ぶ。

アイタペ戦は、昭和十七年夏から繰り返されてきた南西太平洋戦域における戦いの最後の大会戦で、第十八軍は余力をすべて使い果たし、ニューギニアだけでなく南西太平洋（南東戦域）において日本の敗北が確定する歴史的意義を有する。それゆえ、この戦いを「アイタペ戦」というより「アイタペ決戦」と呼ぶ方がふさわしい。勝利を得たマッカーサーは、いよいよ念願のフィリピン奪還に向けた準備に着手し、アイタペ勝利からわずか二ヶ月余後にレイテ島に上陸している。アイタペ決戦の日本軍敗退にともなう米軍のフィリピン進攻により、日本は敗戦に向かって一直線に転がり落ちていく。

日本と戦火を交える連合軍の中で、日本本土を目指し、本土上陸作戦及び本土占領ができるのはマッカーサー軍だけだった。長い間、ニューギニアで足止めを余儀なくされたマッカーサー軍は、アイタペ勝利によって本土進攻をタイムスケジュールに組込むところまできた。この意味で、アイタペ決戦は本土決戦の幕開けであったといえる。一方、マッカーサー軍のフィリピン進攻を二年有余にわたって食い止めてきた第十八軍は、二度と戦う戦力も体力も失い、自給自活の態勢に転換した。しかし農耕自活の実現には長期間の定住が必要だが、米軍に代わる豪軍の掃討作戦によって移動と後退を強いられ、飢餓と病気、豪軍の銃砲火とにより急速に消滅していく。

これまで太平洋戦争史の中でニューギニア戦の位置づけができていなかったように、アイタペ決戦の評価もされてこなかった。寿命を終える星が最後に爆発するように、第十八軍もアイタペで乾坤一擲の大爆発を起こして散った。二年有余に及ぶすさまじい戦い振りと、負けはしたが残る力を振り絞ったアイタペ決戦は、日本軍と日本民族の誇りでもある。戦後、日本では敵艦に突入して散った特攻を評価する傾向が強いが、アイタペ決戦で見せた日本兵のすさまじい戦いぶり、国家のための犠牲心は、日本人として大いなる誇りであると同時に、永く記録に留めねばならない民族の叙事詩である。これほど正々堂々と、ねばり強く戦い抜く将兵が、昭和十九年七月から八月になっても、「地獄のニューギニア」に存在したことを是非知ってほしい。

四月二十二日、アイタペ東方十キロのネギル川に近いコロコ飛行場附近に上陸した米軍は、第四一師団の第一六三連隊と第三二師団の第一二七連隊であった。付近にいた日本軍は約二千人にのぼるが、配備されていたというよりホーランディアに向けて移動中であったというのが正しい。戦闘力を持っていたのは二十師団の安部大尉指揮の補充員四五〇人程度で、米軍上陸を知ると、敵の警戒線を突破しウェワク方面へと後退をはかり、マルジップで二十師団に合流し、アイタペの地形、戦況等の情報を十八軍にもたらしたが、その時は二百名に減じていた（吉原矩『南十字星』二〇八頁）。

アイタペ兵站支部長竹井中佐は、同地の警備隊を併せた約千人を率い、ホーランディアの石津大佐と連絡をとり、バニモ、ホーランディア方面へと後退をはかった。アイタペ以西には、ホーランディアに向け移動中の十八軍の二千五百人がおり、合わせて四千人以上の兵士がアイタペとホーランディアの米軍に挟まれた。彼らはバニモ附近から山道に入り、ホーランディアの稲田隊や北薗隊が集結したゲニムを通ってサルミを目指したが、九九・九パーセントの損害を出し、文字通りジャングルの中で消滅してしまった（戦史叢書『南太平洋陸軍作戦〈５〉』五一頁）。

米軍のホーランディア、アイタペ上陸の報をウェワクで接した安達は、直ちにアイタペ攻撃を決断したといわれる。マダンから移動中の部隊がまだ半ばに達していなかった。その辺の事情を伝える伝聞は少なく、比較的詳しいのが十八軍司令部付軍医鈴木正己の『東部ニューギニア戦線』である。それによれば、米軍上陸の報を受けて、安達は吉原参謀長と長時間話し合い、「最後の力をふりしぼってアイタペの敵に決戦をいどむしかないのだ。第十八軍の最後の華を咲かせたあとは玉砕もやむをえない」（鈴木前掲書　二〇六頁）との結論に達し、小幡参謀を軍の特使として阿南の第二方面軍司令部に派遣したとある。

五月十四日と十五日、重爆各一機がウェワクに着陸に成功、十四日の便で操縦者八名が脱出、十五日の便で小幡が操縦者五名とともに離陸に成功した（戦史叢書『豪北方面作戦』四五五頁）。小幡から作戦計画を聞いた阿南は卓を叩いて慨嘆し、参謀達に「第十八軍はこれほどまでの苦労を味わっているのだ。お前たちはかかる苦労と悲愴な決意を無にしてはならん。絶対に十八軍を見殺しにすることはせんぞ」（鈴木前掲書　二〇六頁）と、興奮気味に叫んだという。阿南は第二軍に命じて、第三六師団の二個大隊をホーランディアに派遣し、奪回をはかろうと企図した。前述のトル河方面に進出した第二二三連隊、第二二四連隊のことを指しているにちがいない。

なお第十八軍司令部には、第二方面軍から別電でホーランディア方面派兵と、連合艦隊及び第四航空軍の出撃が報じられた。「連合艦隊および第四航空軍もまた敵空軍のホーランジア基地利用の開始に先立って、機動部隊や輸送船団を攻撃するよう準備中である旨が伝えられた。第十八軍がこの報を得て、勇気百倍したことはもちろんである。」（戦史叢書『南太平洋陸軍作戦〈5〉』五三頁）とあるように、待ちに待った連合艦隊出撃の報は、第十八軍の将兵を欣喜雀躍させた。連合艦隊についてビアク島でもそうであったように、海軍が国民に流布した「無敵連合艦隊」の神話によって、陸軍兵も連合艦隊が必ず敵を撃退し、苦境を救ってくれることを信じて疑わなかった。連合艦隊の責任の範囲は、海軍内に留まらなかったのである。

一年半以上も何もしなかった連合艦隊は、十九年春頃から米機動部隊が活動を再開し、トラック島、マーシャル諸島に猛襲をかけて来るに及び、ようやく目が覚めた。米艦隊がニューギニアに来るらしい情報を得た連合艦隊は、宿願の艦隊決戦ができるものと期待し、ボルネオ島東北岸のタウイタウイ泊地に第一機動艦隊の空母九隻を集結させた。しかし五月九日の上奏では、機動部隊を西ニューギニアの戦いに使わないことを明らかにしている。タウイタウイに大機動部隊が集結すると、現地陸軍部隊が「渾作戦」にも機動部隊が出動すると思うのは自然である。九日の上奏はこれを否定したわけである。「渾作戦」の目的は、既述のように陸軍の海上機動兵団をビアク島に輸送することであり、艦隊決戦の起きる可能性が低ければ、機動部隊を投入するつもりがなかったのである。

タウイタウイ泊地に集結した第一機動艦隊は、一ヶ月近くを泊地内で無為に過ごした。泊地の外には米潜水艦が待ち構えているため外洋に出て訓練も出来ず、新米パイロットの技量はさらに低下した（淵田美津雄・奥宮正武『機動部隊』二八二－三頁）。それでも米機動部隊のマリアナ方面出現の報を得ると、艦隊決戦ができると勇んで出て行ってしまった。最後の最後までニューギニア戦、ブーゲンビル戦、モロタイ戦等の南西太平洋の戦いに、連合艦隊は手を貸さずじまいになってしまうのである。

さて小幡の方は、第二方面軍のつぎにマニラの南方軍へ飛んで説明をしたが、寺内寿一大将は十八軍の玉砕を許さず（鈴木前掲書 二〇七頁）、「ニューギニアの一角に健在し全般作戦に寄与すべし」（吉原前掲書 二一五頁）と、これまでの苦労をねぎらい、十八軍はゆっくり休養しながら存在感を示せとのニュアンスの命令を出した。

大本営にしても南方軍にしても、阿南のホーランディア奪回に懐疑的で、とくに大本営は、四月二十六日の戦況上奏（「作戦関係重要書類綴」前掲戦史叢書所収 八〇頁）に

……アイタペ、ホルランヂヤ等を確保して持久作戦を遂行することは至難と判断せられます。……目下ウェワクには相当の軍需品の集荷が御座いますので、同地を根拠と致しまして作戦を継続致しますれば、その可能性は多分にあるものと存じます。

といいながら、最後に

従って今日迄の研究に於きましては、ホルランジャ、ウェワク方面を確保して持久を策しまする、第二方面軍の任務はこれを解除せられ、第十八軍に要すれば随処に敵を撃破しつつ極力ニューギニア西端方面に転進せしめ、今後成るべく速に既定方針たる同方面の作戦準備を促進致しますことが肝要と存じます。

と述べ、明らかに前文とは矛盾する西部ニューギニア方面への移動を希望していた。中央は、まだジャングルを転戦できると考えていたのである。

五月五日、六日に南方軍主催の兵団長会同に出席した阿南が、この問題について「第十八軍には、潜水艦、潜水輸送艇、空輸機等を十分に与えられたい。」と希望を述べたのは（前掲戦史叢書　八二頁）、中央に対する痛烈な皮肉である。ジャングルに覆われた南洋では、沿岸を舟艇によって移動するほかなく、制空権と制海権を喪失している日本軍にはそれができない。十八軍の西部ニューギニアへの特動を考える大本営に対して、阿南は、潜水艦や飛行機の輸送手段もないのであれば、不可能なジャングル踏破など持ち出すな、と反駁しているのである。開戦から三年近くたっても、机上に地図を広げ、ジャングルの上に直線を引いた距離数から移動が可能などという中央に辟易していたのであろう。

第十八軍のすぐ上に第二方面軍が、またその上には南方総軍が、さらにその上に大本営があり、それぞれが同じような目線で十八軍に指示を出すことが頻繁になり、まさに「船頭多くして、船山を登る」の状況にあった。五月十七日に、小幡参謀の報告を聞いた阿南が日記に、

ニューギニアにおける当方面軍の活動其物が中部太平洋に於ける敵主力海軍力の大部を牽制し得る力大なるを思ふとき、徒らに消極退嬰なるを得ず。大局的着眼を失せる大本営及び南方軍の覚醒を緊要とす。

（戦史叢書『南太平洋陸軍作戦〈5〉』八七頁、傍点筆者）

とあるように、大局を見るのが大本営や南方軍の本務でありながら、それができない実情に強い苛立ちを感じていたことがうかがわれる。

日本では、物事の大局、背景、趨勢を的確に捉えるが、細かい点に頭が回らない人物は疎んぜられる傾向が強い。逆に大局や趨勢についてはともかく、細部によく気がつき対症療法を打ち出せる能吏的人物が高く評価される。軍人も後者のような人物が出世し、司令部、戦争指導部を構成するため、戦争の骨組み、戦況の大局を理解せず、どうし

ても戦略不在の戦争指導になる傾向が強かった。

陸大教育の本質は参謀教育であり、司令官の育成を目指した教育ではなかった。陸大に於ける参謀教育を優秀な成績で卒業した軍刀組も、所詮参謀として優秀と判定されたに過ぎない。日本では参謀として優秀であれば、指揮官・司令官としても優秀であると考えられたが、それは理屈にすぎない。司令官は大局を俯瞰できる器であり、参謀は細分化した分野の専門家であって、求められる能力と性格がまったく違う。最高司令部たる大本営は参謀の寄り合い所帯で、どこにも大局を見据えて参謀を指導する最高指揮官が存在しなかった。これこそが日本軍の最大の弱点であった。

こうした中枢機関をいただく軍、わけても第十八軍は不幸であった。マッカーサー軍との二年近い戦闘によって、彼等の西進に対するあくなき執念から見て、連合軍の反攻の主力がマッカーサー軍であり、その矛先は間違いなく日本本土に向けられることすらも分析できず、大本営は相も変わらず兵力をばらまき続けていた。仮に大陸でどれほど戦績を上げたとしても、その間に米軍の本土進攻を許してしまったら、戦績は何の意味も持たなくなる。本土進攻の危機が迫ったならば、直接関係のない戦線を切り捨て、本土に部隊を結集して進攻軍に備えるのが中央の戦争指導というものだ。大本営が阿南から大局的着眼点を持てと指摘されるようでは、大本営は最高指導機関に求められる最低限の責任を果たしていないことになる。中央の体たらくを、現場の将兵達がどれほど頑張って補っても努力には限界がある。

南方軍の寺内の命令にしたがい、健在振りを示して微少なりとも脅威を与えればよいという行き方もあったが、つねに最前線に立ってきた十八軍のプライドと、これとは次元が違いすぎる食糧の残量の問題が、安達に拱手傍観していることを許さなかった。小幡が備蓄食糧の逼迫を説明しなかったはずがないが、他方、豊かな常識人である寺内には、口が裂けても「玉砕」をやむなしとはいえなかった（寺内寿一刊行会『寺内寿一』三七、二〇三頁）。農耕自活でも狩猟採集でも何でもして、「健在」を誇示してくれるだけでよいというのは、寺内の本心であったにちがいない。

南太平洋の各地に散在する日本軍には、ラバウルのように農耕による自給自足を達成したところがあったが、二年間も戦い続けてきた十八軍には、定着して農耕に取り掛かるきっかけがなかった。すでに体力の限界にある十八軍の将兵に、熱帯における開墾と農耕ができる見通しがなかった。しかし早まった行動に出てはならないとする寺内の命令は安達に伝わり、玉砕戦を正規戦に変更せざるをえなくなった。なお特使として赴いた小幡参謀は、十八軍への帰還の道を探したが果たさず、そのまま南方軍参謀として止まることになった。

十九年四月末から五月初旬の頃、安達が下した状況判断が「第十八軍作戦記録」に収められている。それによれば

ウェワク周辺に蟠踞する案は、わが軍の所在地を超越して海上を機動し、はるか西方に要点に跳躍する敵に対しては、なんらの影響を与えることができない。敵がもし進んでわれを相手としなければ、軍は単に孤島に徒食して遊兵化し、国軍の健闘にこたえることはできない。

とあるのは、南方総軍の寺内の意見に対する反論的意味を持っている。つまり海上を機動する敵に対して、ニューギニアの一角に健在したところで何の価値も持たない、それが嫌だから決戦に出る、というのである。

寺内が「玉砕」を禁じウェワクで生き延びろと命じても、安達は「健在」しても遊兵化するだけだとして承服しない。安達には、十八軍に「孤島に徒食」させる気など微塵もなく、このままだと間もなく残存十八軍将兵が餓死するに至る現実があり、これまで最前線で戦い続けてきた第十八軍には、最後まで堂々と戦って散らねばならないという死生観とプライドがあった。吉原参謀長は、戦後この辺の事情を包み隠さず明らかにしている。

軍は当初十数万の南方随一の大軍ではあったが、打重なる大転進で、今や見る影もなき支離滅裂の姿になってはいるが而も当時の軍の総兵力は五万四千を算していたのである。而して一方当時の保有糧食はと見れば、僅かに

二ヶ月に満たぬ。
……農耕開始と言うても、先づジャングルを伐採焼却せねばならぬ。如何に早熟なる物と雖も三ヶ月を要す。
……然らばアイタペ攻撃を敢行せば軍の運命を開拓し得べきや。これまた至難と言わざるべからず。……果して然りとせば、アイタペ攻撃もまた、一の限定目的即ち敵を当面に抑留し、比島への進撃を遅緩せしむるが、唯一無二の限度である。

（吉原前掲書　二二五－六頁）

ウェワクに健在したところで食糧確保の時間はなく、早晩餓死するのは目に見えている。そうなると、このまま野垂れ死んで国軍史上に不名誉な記録を残すか、敵に向かって突っ込むか、の二つに一つしか道はないのではないか。とすればこのままアイタペに突っ込んで、米軍を釘付けにし、フィリピンに行かせるのを遅らせるしかないではないか、というのである。

四月二十六日、安達は参謀長会同を行い、右の考えに基づく「ア号作戦戦闘教令」（のち猛号作戦と呼称）と今後の方針を示達した。参謀長会同に示されたのは、「作戦指導に関する軍の方策」「兵站運用の大綱」「道路構築計画」の三つであった。「作戦指導に関する軍の方策」の第一項に、「軍はウェワク地区を確保しつつ軍戦力の主力を以て、アイタペ附近の敵を撃滅す」と軍の目標を掲げるが、ウェワクを確保しつつアイタペを攻撃する、という二つの目標を掲げているように受け取れるところがよく理解できない。はじめからアイタペ攻撃の失敗を予想し、逃げ帰る場所としてウェワクの確保をはかるつもりであったわけではあるまいが、十八軍の根拠地がウェワクであり、長期作戦の策源地として保持し続け、たまたま今回はアイタペ攻撃を企図したという意味であろうが、アイタペ戦の覚悟について揣摩《しま》憶測の余地を残したことはまちがいない。

第一項の「ウェワク地区は軍作戦の根拠として確保す」の続きには、自給自足地としてセピック流域、アレキサンダー山系南麓、ムッシュ・カイリル島等の確保を取り上げており、アイタペ攻撃と農耕持久の二目標を追求していたように思わせる。安達は吉原参謀長に命じ、ウェワク南方の山南地域を偵察して自活態勢の準備に着手しており、二兎を追っていたのは間違いない。つまりアイタペ戦において米軍に一矢を報いるのはむずかしく、さりとて全滅必須の「玉砕戦」ではないから、戦死する者と生き残る者とに分かれるであろう。そこで生き残り将兵らが持久態勢をとれるように、ウェワクから東・南側地域の確保をはかっておきたいという配慮であったらしい。

アイタペ攻撃を六月上旬とし、この時までに攻撃師団の展開を終え、必要な武器弾薬、食糧の輸送を終えるスケジュールが示された。攻撃師団は、五一師団が長期の戦闘とサラワケット越え及びフィニステール山脈横断で損耗甚だしく、作戦計画を立てた時点では第四一師団がまだハンサにあり、したがって五一師団より幾分ましな二十師団にアイタペ攻撃を担当させることにした。戦闘法は、狭正面に戦力を集中して敵を打破する縦深突破戦法を採用することにした。続いて「作戦指導に関する軍の方策」第二項では、作戦の目的が明らかにされ、

　本攻撃は、ホルランヂャ奪回の根基として軍戦闘力の大部を使用し、周到なる準備を整へ、鉄槌主義により、一挙に敵を覆滅するを以て戦闘指導の主眼とし、不屈の信念を以て飽く迄之を完遂す

と、ホーランディア奪回を最終目的に位置づけているものの、突撃して敵を粉砕し、自軍も果てるのだというニュアンスが行間に満ち満ちている。ホーランディアを目標とするといいながら、アイタペから先のことに一切触れていないのは、敵と差し違え、この地で討ち死にすることを間接的に意思表示している印象を受ける。

物的戦力は、小銃一三、一四二丁、軽機五〇二丁、重機二二四丁、歩兵砲二三門、四一式山砲一九門、九四式山砲三八門、軽迫撃砲二二門、榴弾砲三門、高射砲二二門、高射機関銃四一丁等にのぼり、相継ぐ後退、ウェワクに対する猛爆撃にもかかわらず、広範囲に分散したおかげで、まだこれだけの火器が残ったのであろう。この火器の量からして、あとで紹介する攻撃兵力が二万という数が出てくるが、火器数は担送に当たる部隊の保有数まで含んでいるの

は間違いなく、全部がアイタペ戦に投入されたと考えるべきではない。この火力で、米航空隊の猛襲と米艦艇による凄まじい砲撃に耐えながら、装甲の厚い戦車を前面に立てて迫る米地上部隊にも対抗しなければならず、苦戦が必至であることは誰の目にも明らかであった。

肝心なのは小銃・機関銃・大砲用の弾薬の備蓄がどれだけあり、前線に輸送して何発ずつ撃てるかであった。糧秣は一人当たりの基準を半分に下げても、八月末までしかもたない計算結果が出ていた。一方で、トラック二百両、大発二七隻、小発十隻が消費する燃料の備蓄も必要であった。問題は、直線距離にして百二十キロ、実質二百キロのウエワク〜アイタペ間の兵站にあった。「兵站運用の大綱」では、海岸道が自動車輸送、山麓道が人力による担送、ウエワク・マルジップ間が舟艇輸送とされたが、とくに海路利用はむずかしかった。完全に制海権、制空権を失い、日本軍のすべての動きが米軍機の監視活動によって封じられている状態では舟艇輸送は非常に困難で、二百台ほどあったトラックによる輸送も昼間は航空攻撃を受ける恐れがあり、結局輸送の大部分を一番攻撃されにくい兵士の肩に頼るほかなかった（戦史叢書『南太平洋陸軍作戦〈5〉』五八頁）。

「道路構築計画」によれば、所要人員の換算結果が紹介され、一日につきソナム―マルジップ間自動車道の改修に一万三千人、ブーツ―マリン―マルジップ間一万二千人、マルジップ―チナベリ間二万人、マルジップ―ヤカムル間約二万人、合計六万五千人を投入して、やっと作戦開始に間に合うとしている。総兵力が五万人台まで落ち込んだ第十八軍全軍を投入しても、必要人員数を賄うことができない。作戦準備には様々な作業を伴うので、道路改修にだけ従事させられない。実際にできもしない計算を机上の空論というが、せっぱ詰まった戦場にこんな空論を立てる参謀がいるようでは、先が思いやられる。兵站の事情について吉原参謀長は次のように述べている。

アイタペ攻撃において最も苦慮せし所は、前例に漏れず、実に補給であった。補給基地ウエワクと、アイタペは約四十五里の距離がある。ウエワクよりの舟艇輸送は諸般の関係上、約十五里のソナム河口迄が限度である。ソナムより西に自動車道を構築したが急造のものの上に折からの雨期で使いものにならぬ。従ってソナム河口よりは、全部担送に依らねばならぬ。一日の担送距離は、片道二里往復四里を以て当時の体力としては限度である。従って十五担送区に区分せねばならぬ。担送量又二十瓩が限度であるから、第一線に十名の兵員を養うとすれば、糧食弾薬の一日最小限所要量は約六瓩で、担送員の食料を加算すれば、十名に補給するためには六十名を要することとなる。正に六対一である。然しこれは単なる計算で、担送部隊は患者その他勤務員は担送に任ずる訳には参らぬ。これに反し、第一線消費は患者であれ、その他の将兵であれ、悉くを前送に仰がねばならぬ。従って後方補給要員は、更に増大するのである。特にニューギニアの特性上、マラリヤの発生は実働兵員を弥が上にも減少せしめ、最良の場合においても、三分の一は就寝、普通連続行動の場合には二分の一と概算せねばならぬ。然る時は実に十二対一と言うことになるのである。仮りに一万の兵員を以てしても、第一線戦闘員は七百七十名内外に過ぎぬ。

（吉原矩『南十字星』一二二―一二三頁）

また『昭和二十年度　情報綴』（防研所蔵）所収の「東部『ニューギニア』派遣〇〇部隊長談」は、アイタペ戦の後方担送に関する迫真の懐旧である。「〇〇部隊長」は、二十一年一月二十四日に神奈川県横須賀の浦賀沖に着いた「氷川丸」で帰国した右引用の吉原であったと思われる（拙著「横須賀復員と田川日記」、『横須賀史研究』巻二）。船中でしたためた報告書で、談話調の内容ではない。これによれば次のようである。

実に「アイタベ《ママ》」作戦は東部「ニューギニア」の陸海空の全軍一体敢行せるものにして、第一線連隊長或は全中隊長戦死して小隊長四名となり、或は僅か十九挺餘すに至る迄の死闘は固より、長延なる後方補給に任ずる各部隊の活躍は困苦真に言語に絶せり。即ち連日熾烈なる空爆と艦砲魚雷艇射撃を浴びつつ、霖雨にぬかるむ「ジャングル」湿地を部隊長以下病兵に至る迄、其の悉くが背負子に三十キロの糧弾を担送し連綿尽きず。而も其の大部分が本来の輸送部隊は勿論、航空部隊、高砂義勇隊等にして、之等機動に慣れさる部隊の血のにじむ担送の姿には、自ず尊き涙を禁する能はさるものありて、第一線と後方部隊が真に渾然一体、勇戦敢闘せる姿は、上海戦を初め連戦八年第一線部隊長たる軍司令官が生来初めて見るところと感激せられありしにも明かなり。

（筆者句点）

平均身長一メートル六十センチにも届かず、しかも長い間の栄養不良で全身の肉がすっかり落ちた小柄な日本兵が、雨と泥濘の中、肩に食い込む装具・弾薬合わせて三十キロを担ぎ、黙々と前線方面へ歩き続ける姿に、司令官、参謀長ともに感激して声もなかった。安達、吉原らの司令部首脳が、ウェワク西方三十キロ程にあった猛錦山の司令部を出発したのが六月二十三日、ヤカムル東南方の木浦村戦闘司令所に到着したのは七月一日であったことからみて、右の記録は六月下旬頃に海岸からかなり離れた担送路上の光景を記したものであろう。というのは六月十四日から十日間、豪海軍ジョーン・コリンズ代将麾下の豪重巡二、豪軽巡二、米駆逐艦二、米魚雷艇十四が、日本軍の兵站線を遮断すべくソナム西方のマルジョップ附近の海岸線に連日激しい砲撃を加えていたからである（針谷『ウェワク』一三〇－一頁）。

アイタペ戦の前線補給基地と見なされたのがヤカムルである。ウェワクからヤカムルまで、海岸道を利用すると約一三〇キロといわれる。ヤカムルからアイタペまではおよそ三十キロ、したがってウェワク・アイタペ間一六〇キロ前後と計算していたと推測される。ウェワクを出ると、すぐに道は海岸道と山間道に分かれ、海岸道を取れば、常に敵機や魚雷艇の脅威にさらされる。他方アレキサンダー山系の山間道を取れば、敵の攻撃を受ける恐れは少なくなるが、アップダウンが何日も続き、体力のないものはジャングルに取り残され、草むす屍になるほかない。

アレキサンダー山系はスタンレー山脈のように高くも峻険でもないが、延々と続くアップダウンが体力を喪失させる険しさがある。山間道を踏破して最初に出る平地がブーツである。かつて百式重爆撃機、九九式軽爆撃機の編隊が出撃を繰り返した爆撃機基地で、ウェワクの飛行場と合わせて陸軍第四航空軍の中核を形成していた。十八年八月十七日のパラシュート爆撃によって大きな被害を受け、以後戦力を以前のように回復することなく、次第に爆撃機基地の機能を弱めていった。

アイタペ戦を目指し、十九年六月半ばの深夜、第四四兵站地区隊第四四中隊が重い荷物を背負い、周辺を背の高い草に覆われたブーツ飛行場の滑走路を月明かりを頼りに横切っているが、飛行場は完全に廃墟になり、まったく人の気配がない荒涼たる草原と化していた（満川元行『塩』八〇頁）。ついこの間まで離発着を繰り返していた空の艨艟たちの名残は、月光の下で寂しく横たわっている十機程度の飛行機の残骸だけであった。飛行場は海のすぐ横だから、担送の部隊は、海からの艦砲射撃を警戒して物音一つしないように静かに通過しなければならなかった。

吉原の説明にあるように、数理的に考えれば「十名に補給するためには六十名を要する」ことになるが、兵力が激減している第十八軍では理屈を度外視し、米軍と一戦を交えることを優先して戦闘員を増やし、兵站兵力を削るほかなかった。第十八軍の担送計画は、第一線に参加しない兵士七千人を三つに分けて担送部隊として編成し、それぞれの担当区間を決め、順送りの担送をするというものであった。

ブーツ・ソナム間第一輸送促進隊（指揮官・第一船舶団長）
ソナム・マルジップ間第二輸送促進隊（指揮官・第三十航空地区司令官）
マルジップ以西第三輸送促進隊（指揮官・第四野戦輸送司令官）

（前掲戦史叢書　一一二頁）

第一輸送促進隊のウェワク・ソナム間七十キロ、第二輸送促進隊のソナム・マルジップ間十五キロ、第三輸送促進隊のマルジョップ以西ウラウ間十五キロと、各担当区間に大きな差があり、とくに第一輸送促進隊が全距離の半分以

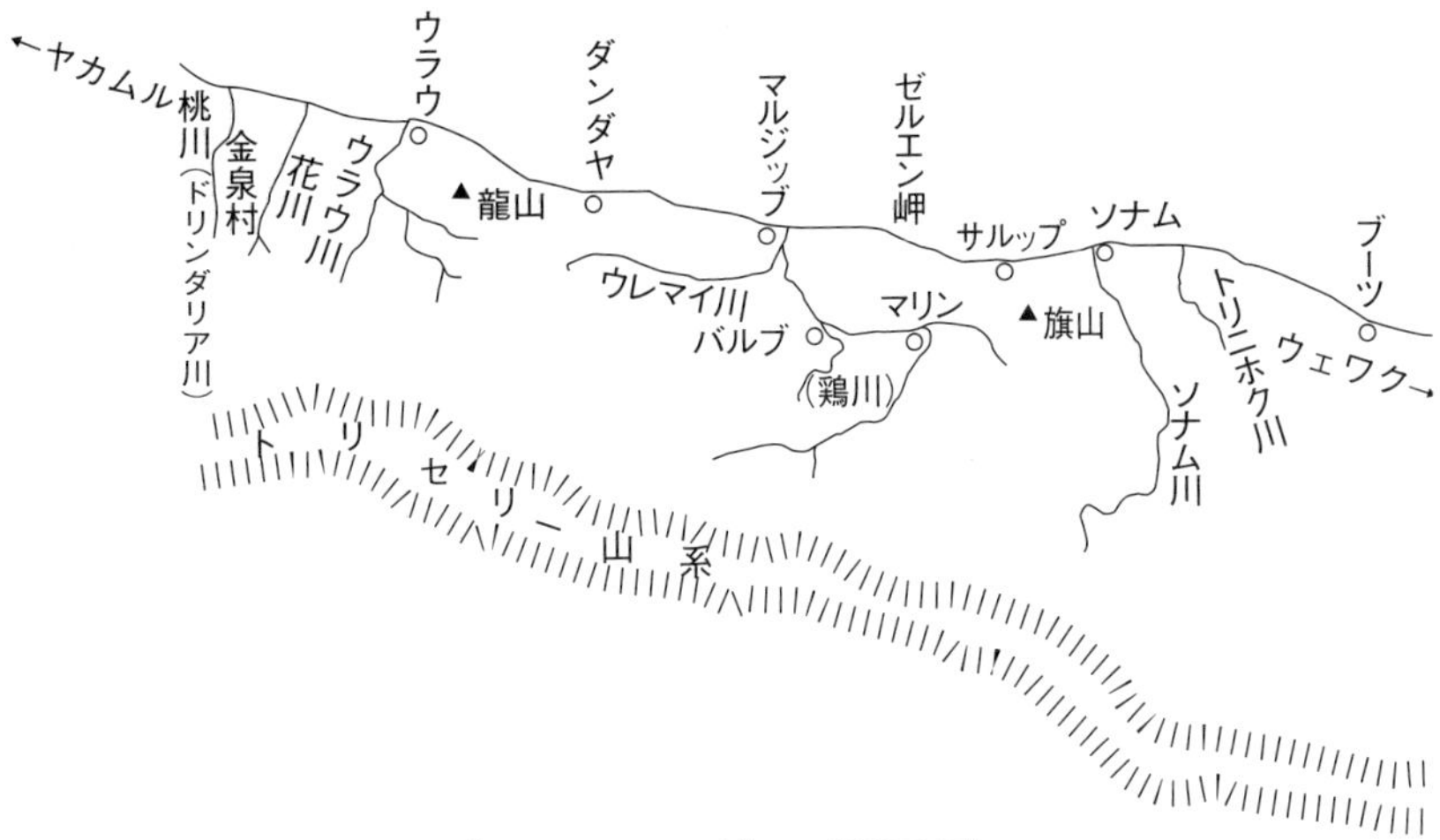

ブーツ・マルジップ概略図

上も占めるのは、この区間を舟艇輸送で賄う予定であったためである。実際には、米豪軍の航空機や魚雷艇の脅威に晒され、手前のブーツに揚陸地点を変更したため、第一輸送促進隊の担当区はブーツからソナムまでの十五キロになり、担送の終点をヤカムルとした場合、陸路による全担送距離約四十五キロになる。ウラウから最前線までは、各戦闘部隊が人を出して受領に来て搬送する仕組みであった（針谷前掲書　一三二頁図）。

　これとは別に、前掲戦史叢書は第四一師団の軍需品担送区分を紹介している（一三八頁）。それによれば次のようである。

ブーツ―サルブ間　輜重兵第四一連隊、衛生隊、野戦病院
サルブ―マルジップ間　歩兵第二三八連隊
マルジップ―ダンダヤ間　独立工兵第八連隊主力
ダンダヤ―ウラウ間　山砲兵第四一連隊主力
ウラウ―ヤカムル間　歩兵第二三七連隊主力

　第十八軍の担送計画と第四一師団の担送区分とが対象にする地域は同じである。第四四兵站地区隊も担送作戦に参加しているが、担当地域はソナム以西―ヤカムル間であり（『第四十四兵站史』

三六〇頁）、この区間を約十日かかって担送している（「塩」八三頁）。担送は強制割当ではなく、それぞれが自己に見合った担送計画を立て、やりやすい方法で担送に従事していたとみられる。なお第四一師団は、アイタペ攻撃作戦の一翼を担うことが予定され、担送作戦に従事できる期間は限られていた。

各担当区間では、吉原がいうように、将兵が一日に担送できるのは僅かに片道二里（八キロ）が限度で、ブーツ・ウラウ間四十五キロを八キロで区分すると五～六区になり、したがって五～六日かかってウラウに到着する計算になる。吉原の説明に従って実行可能なシュミレーションを行なってみると、担送要員を七千人とし、これを六担送区に配分すると一担送区間約一、一六六人になり、うち三分の一に当たる三九〇人が担送に従事するとして、一人当たりの担送力二〇キロとすれば、一日に七・八トンとなる。将兵の体力からみて連日従事するのは無理であり、二日置きに従事すると仮定して、一日の平均担送量は三トンにも満たないことになる。兵一人の弾薬・糧食の消費量は一日当たり約六キロとされているから、一日平均担送量を三トンとしても、五百人しか維持できないことになる。

「第十八軍作戦記録」が記す第十八軍の攻撃部隊の兵力約二万人、後方約一万五千人がいわば通説化しているが、この記録を見たと思えない鈴木正己も、『東部ニューギニア戦線』の中で同じ数字を上げている（二一二頁）。すでにみてきたように、ブーツ・ウラウ間の一日当たりの担送能力はわずかに三トンしかなく、無理を覚悟して七千人の三個輸送促進隊が毎日担送したとしても、八トンを越えることは不可能であった。前線の将兵が一日の消耗を五キロに抑制しても千六百人分に過ぎず、人力の担送だけで二万の攻撃部隊を展開するのは、机上計算上、不可能という答えしか出てこない。担送従事者が一万五千とすると、残る八千人が担送に当たったとして一日最大四トン弱、三トンと合わせて七トンになるが、さらに二千人を養うのが限度であった。この担送作戦には、祖国独立に燃え日本軍についてきたインド兵やネパール兵までが参加し、連続二ヶ月間の艱難辛苦に耐えて作業に従事した（吉原『南十字星』二三六頁）。

戦後になって、アイタペ決戦は集団自殺作戦ではなかったかという疑念が出された。安達や吉原の意図は、食糧がある間に総攻撃を仕掛けることであって、最後まで最前線の部隊の地位を貫徹することであった。最後まで最前線の部隊らしく戦い続けたかっただけでなく、マッカーサーがフィリピン、さらには日本本土へと行ってしまうのを、何とか制止しなければならなかった。安達が最も恐れたのは戦わずして朽ち果てることで、日本の軍人らしく勝敗に関係なく最後まで戦い抜きたかったのではあるまいか。

攻撃の主力となる第二十師団は、前述のごとくウェワク移動中、米魚雷艇攻撃により片桐茂師団長以下の司令部を失い、兵団長の中井増太郎少将が師団長心得、高橋澄次中佐が参謀長、園田赳夫中佐が参謀になった。一個師団の兵力が約一万三千のこの時期に、第二十師団の総兵力は約半分の六、六二二人、内訳は第七八連隊が約一、三〇〇人、第七九連隊が約七百人、第八十連隊が一、〇一〇人、野砲兵第二六連隊が約九九〇人、その他二、六二二人であった。フィニステール山脈を横断した師団だが、予想外に高い生存率である。もっとも高い戦力を保有していたのは第七八連隊で、その第一大隊は戦闘可能兵力が四百人で、攻撃の中心になることが期待された（前掲戦史叢書 一二二頁）。しかしマダン到着後、セピック湿地帯を踏破し、ウェワクに到着したのも束の間、アイタペ前進を命じられ、休みなく行軍しているため、体力が著しく落ちていた（『丸別冊 地獄の戦場』所収「アイタペ作戦」田平政敏 三二一―二二頁）。

つぎに第四一師団は、水戸の第二三七連隊が三、二四〇人、高崎の第二三八連隊が約一、四〇〇人、宇都宮の第二三九連隊が一、八四二人で、歩兵連隊だけでも六千四百人を越え、兵力面で第二十師団を上回っていたが、まだウェワクに向かって移動中である上に、疲労と疾病が多く戦力的に劣るとして、前線への糧秣や弾薬の担送の後方任務に従事した。第二三七連隊は、フィンシュハーヘン戦ののち、マダン危険の報を得てウェワクから派遣され、アレキシスファーヘンよりムギル、カルカル島、バカバグ島に展開した。しかしウェワクやホーランディアの方が危ないとして、再びウェワク方面に引き返したが、セピックの大湿地帯通過中に多くの兵士を失った。

サラワケット越え、フィニステール山脈踏破（ガリ転進）で兵力を消耗した第五一師団は、もっとも有力といわれる宇都宮の第六六連隊でも千人前後で、師団全体でも二千数百人に過ぎなかった。そのためアイタペ方面には行かず、もっぱらウェワク方面にあって警備や搬送に当たったが、中でも状態が良かった第六六連隊だけがアイタペ攻撃作戦に参加することになり、六月十八日にウェワクを発っている。

しかし第六六連隊を除く五一師団がウェワクに止まり、第二十師団と第四一師団の全軍が攻撃部隊を編成したとしても、アイタペの最前線に展開する兵力は、いくら辻褄合わせをやっても二万にはならない。多くても一万二、三千人程度、もっとも現実的な見積もりは一万人内外であったと推定される。ただし日本軍には、戦闘部隊と担送部隊に明確な任務分担の境界がなく、状況次第で担送部隊が戦闘部隊に加わる例は幾らでもあるから、この推定兵力数を基に多寡を論じるのはあまり意味がない。

これに対する米軍の勢力はどうなっていただろうか。最初にアイタペに進攻したのは、米第四一師団第一六三連隊戦闘団と第三二師団第一二七連隊戦闘団の二個連隊戦闘団であった。その後、第一六三連隊戦闘団はサルミ方面作戦のために移動し、かわって五月四日、第三二師団長ギル少将とその隷下の第一二六連隊戦闘団が進出した。十五日には、第三二師団第一二八連隊戦闘団も到着し、アイタペ地区は第三二師団の全勢力で固められることになった。前述したようにフィンシュハーヘンの戦いまでは、連合軍の地上部隊は豪陸軍が先鋒をつとめたが、グンビ上陸作戦の頃から米陸軍が前面立ち、アイタペやホーランディアに上陸したのも米陸軍であった。ギル少将は、日本軍の行動を探る目的で偵察部隊を東方へ派遣し、そのためこれから述べる日本軍との小戦闘がしばしば生起したが、六月五日までにドリニモール河まで後退させた（戦史叢書『南太平洋陸軍作戦〈５〉』一二三頁）。

五月末、クルーガーの第六軍（アラモ軍）内で行動していたＡＴＩＳは、日本軍がアイタペとホーランディアを攻撃する作戦計画のあることを示す文書を入手し、六月末頃に準備完了と判断した。マッカーサーとクルーガーの話し合いで、第一一二騎兵連隊のアイタペ派遣を決定したほか、第三一師団第一二四連隊戦闘団、ニュージーランドの第四三師団の増援も決めた。これらの部隊がアイタペに集結すると二個師団以上になるため、これらを指揮するため第十一軍団司令部をアイタペに派遣し、ホール少将が軍団長として作戦全体の指揮に当たることになった（前掲戦史叢書 一三三－四頁）。

第十八軍が装備も劣る一万余の兵力であったのに対して、米軍側はニュージーランドの師団を加えると、三倍近い兵力で待ち構えていたと推測される。いつも豪陸軍に依存していたマッカーサーが、ニュージーランド軍を加えていたとはいえ、米陸軍の戦力だけで日本軍を撃破できるまでになったことが、みてとれる。しかも米軍側には強力な航空戦力と海上戦力とがあり、一年の間に急速に変貌したのがわかる。

第十八軍の先遣隊として、第二十師団の第七八連隊第三大隊の一五〇名は、小池正夫少佐に率いられてウラウ方面の捜索に出た。この部隊は小池捜索隊と呼ばれ、五月一日、マルジップに到着した。三日後に第八十連隊の一部も到着し、両部隊は連繋した行動を取ることになった。米軍がウラウ附近に進出していることをつかんだ第二十師団は、小池捜索隊と第八十連隊が東西から挟撃する計画を立て、五月十四日黎明に攻撃を開始することに決した。

十一日、十二日に小池捜索隊が迫撃砲で攻撃されたが撃退し、予定通り十四日から攻撃を開始した。十五日朝、ウラウ東方四キロの海岸で、上陸作業中の上陸用舟艇五隻からなる米軍に対して、二十師団の部隊が攻撃を加えて遁走させ、遺棄死体七十九、二六〇以上の負傷者を出した模様という報告が入った。だが実際は撤退作業中の米軍を師団砲兵が攻撃したものの、散開した魚雷艇の機関砲射撃を受けて、戦果を得る前に攻撃をやめている（前掲戦史叢書七〇－一頁）。

ウラウを撤退した米軍はヤカムルに移動し、これを追尾する形で二十師団もヤカムルに兵力を前進させ、二十五日黎明に攻撃開始と定めた。しかし米軍は、これをあざ笑うかのように前日の二十四日に戸里川以東地区から撤退し、板東川（ドリニモール河・Driniumor River）西岸に移動した。だが戸里川河口のパラコピオ附近では、二十師団と米三二師団偵察隊・歩兵一個中隊からなるニヤバレーク支隊とが遭遇し、同支隊はヤカムルへと退却し、二十師団の部隊は二十四日までにヤカムル村を占領している。

米軍はウラウ放棄後に逆上陸を試みたが、たまたま進撃中の日本軍四一師団と遭遇し、自動車や機関砲などの装備を置き去りにして逃走する一幕もあった（鈴木正巳前掲書　二一一頁）。ウィロビーによれば、無線傍受、押収文書、捕虜訊問、魚雷艇や航空機による偵察等で日本軍の動きを手に取るように知ることができるようになったといっているが、（『マッカーサー戦記』Ⅱ　一四二頁）ことにＡＴＩＳの活動が成果を上げ、押収文書による情報分析が一段と進捗していたことを伺わせる（井村哲朗「ＧＨＱによる日本の接収資料とその後（１）」『図書館雑誌』１９８０・３号）。おそらく米軍は、押収文書からアイタペに進攻する日本軍の長期作戦計画を知り、集結しつつあった日本軍を刺激しないように後退したのではないかと思われる。

ドリニモール河（板東川）に後退した米第三二師団は歩兵一個大隊を派出し、桃川（ドリンダリア川・Drindaria Creek）の線で日本軍の進出を阻止しようとはかった。日本側の記録では、二十四日以降も日本軍の攻勢が続き、ヤカムル西方で数次の戦闘があり、いずれも日本側が米軍を後退させたとなっているが、米軍側にはこの時期の戦闘について触れるところがない（前掲戦史叢書　七三頁）。

中井二十師団長心得はヤカムル西方に進攻する作戦を進める決意で、六月二日に攻撃を開始した。米軍陣地は掩蓋を施し、障害物で保護する構造になっていたため、二十師団の攻撃ははかどらなかった。中井は戦い上手で知られ、四日から火力を集中する攻撃方法を採用し、ようやく掩蓋陣地の奪取に成功し、六日に至りやっとヤカムル西方地域を占領した。吉原の『南十字星』に米軍が残したバター、チーズを捕獲し、「遙々後方の戦友まで送り届け、その喜びを分った」（二二五頁）とあるのは、この時の戦果を指すのであろう。中井は第八十連隊を海岸道とその南側に、第七八連隊を戸里川上流に集め、さらに西進する準備に入るとともに、遠距離斥候隊を派遣して敵情の調査と作戦計画の立案に着手した。日米双方に百名近い死傷者を出しており、体力、装備に劣るにもかかわらずよく健闘した。

二十師団の前進は格別に早いわけではなかったが、十八軍の担送能力では、前進する二十師団を追求できなかった。連日の降雨と河川の氾濫、米軍機の銃爆撃が輸送活動を極めて困難にし、ますます担送能力が低下した。四一師団兵器部の中尉が弾薬集積の遅延に深く責任を感じ、ヤカムルで自決する悲劇を引き起こしているが、誰かに責を求めたがる周囲の視線に耐えられなかったのであろう。

糧食不足も深刻で、第八十連隊第三大隊の一日当たりの食糧消費は一人二合以内という状態で、最前線にいた部隊はやむなく作戦を一時中止し、サゴ椰子から澱粉を採取する仕事に取り組んでいる。すでに第一線部隊の将兵の中には、体力低下のため地上から十センチ程度出た木の根を越えるのに難渋してつまずく者が続出し、アイタペ決戦を目前にして、すでに限界が露呈していた。アイタペ戦の成功も失敗も、補給ができるか否かにかかっていたが、計画通りにできないことを誰もが知っていた。

（六） ニューギニア戦の勝敗確定

先鋒をつとめる第二十師団の各部隊は、日米両軍が激突するドリニモール河（坂東川）に近づきつつあった。十八軍司令部は、昭和十九年七月三日午後三時、軍命令「猛戦作命甲第五号」を下達した。その趣旨は、第二十師団、第四一師団を並列し、十日夜からドリニモール河西岸の米軍を攻撃するものであった。戦闘はアイタペ村より東に三十キロほどのドリニモール河を挟んだ地域で行なわれたが、これをアイタペ決戦と呼ぶ。激戦地はドリニモール河に面した小高い丘の上にあるアフア（Afua）部落であった。

米軍の防禦体制は、下流域を東地区とし、これを担当する東部防禦部隊、その上流に第三二師団を配して日本軍の進攻に備えた。この戦線から後方地域を西地区とし、第四三師団の工兵と防空部隊を配備した。もう少し詳しく内訳を見ると、河口附近から川中島にかけて第一二八連隊第一大隊、川中島から少し上流が同連隊第二大隊、さらに上流が第一二七連隊第三大隊、最大の激戦地になるアフアの丘付近が第一一二騎兵連隊第二大隊という布陣で、東部防禦部隊指揮官のマーチン准将の司令部と砲兵二個大隊は、ドリニモール河口西方の坂西川河口附近の海岸地帯に置かれた。

アファ近くのドリニモール河は、日本の河川の中流辺りの様子に似ている。草木が茂り石が散らばる広い河原に、広くなったり狭くなったりする流れが左右に蛇行している。流れが広いところでは深さが膝以下で、流れもそう速くない。だが川底は玉石ばかりで、靴を履いたままであれば歩けるが、裸足では足裏にくる痛みに歩けたものではない。作戦中の将兵は軍靴のまま渡河するから、さほど困難ではなかったはずだ。

十八軍の作戦概要は、「猛戦作命甲第五号」の第二項で明らかにされている。

軍は自今第二十師団及第四十一師団を併列し、七月十日夜坂東川左岸の敵に対する攻撃を開始し、先づ「パウプ」及「アファ」附近の敵を捕捉撃滅したる後、速に第一線を以て長連河河口附近及「チナベリ」附近の線に進出して爾後の本格的攻撃を準備せんとす

最初に攻撃目標とされたパウプ（paup group）は、ドリニモール河の川中島付近から枝分かれした坂西川の河口附近の海に面した部落のある地域であり、アファはドリニモール河の河口から七キロほど遡った地点にある。命令の第三項には、二十師団にアファを攻撃させ、同所を落としたのちはチナベリ附近にまで進攻するとし、第四項で四一師団にパウプを攻撃させ、これを攻略したのちは長連川河口附近まで進攻させるとしている。

七月四日には、十八軍司令部はドリニモール河の敵軍を撃破したあとの方針として、「猛戦作命甲第一〇号」（「第十八軍作命綴」）を下達した。その第一項に

軍は「ネギル」河右岸の線進出後速に後方準備を完整し、概ね七月下旬中頃より「アイタペ」附近敵本拠に対する攻撃を企図す。之か為め、第一線兵団主力及軍直各輸送促進隊の全能力を発揚し、七月二十五日迄に本格的攻

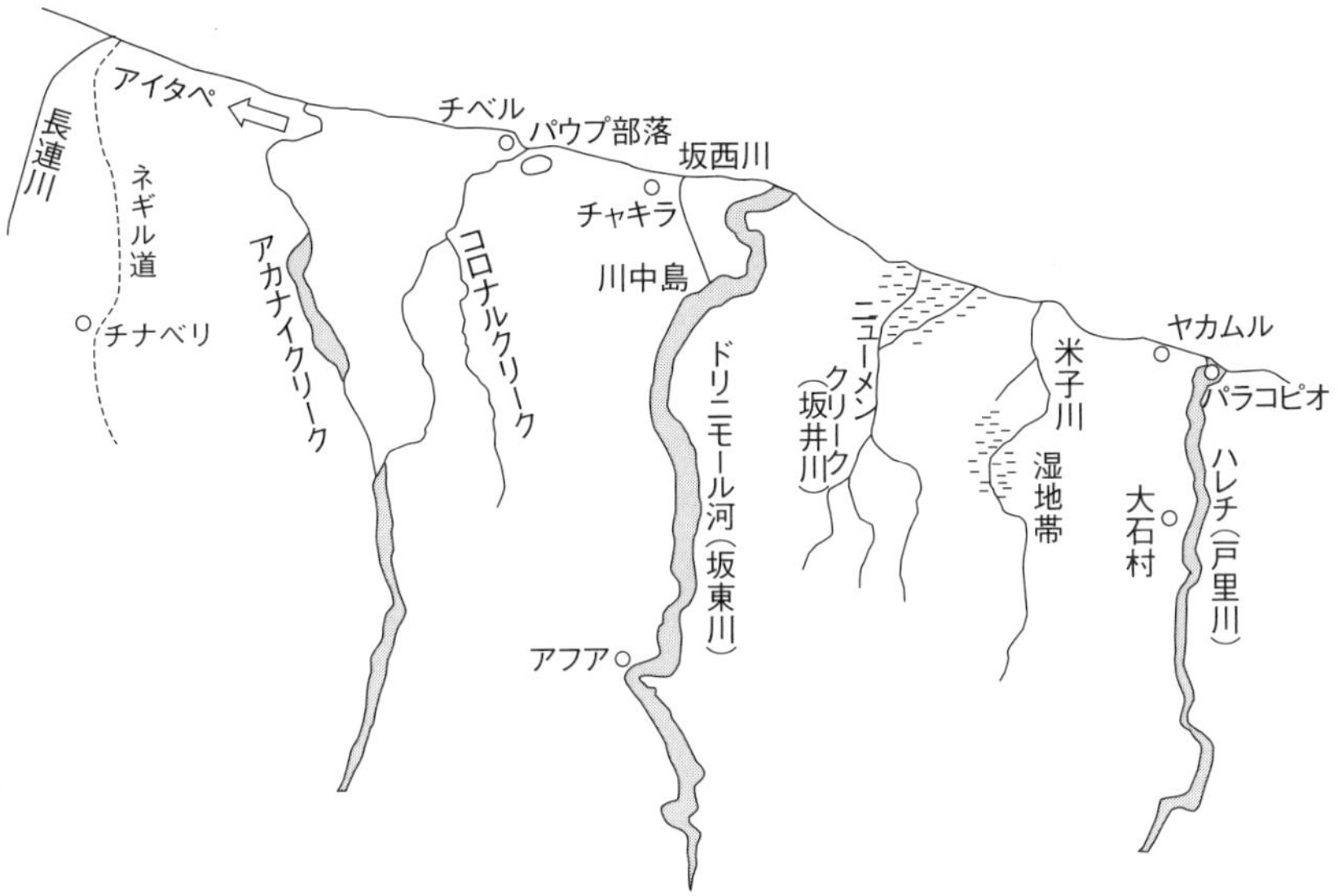

ヤカムル・アイタペ概略図

撃の為めの後方準備を完整せんとす

七月三日の「猛戦作命甲第五号」が、ドリニモール河の敵陣を突破したのち長連川までの進撃を指示しただけであったが、甲第一〇号はその先にあるアイタペ進攻の準備を七月二十五日までに終らせ、ただちに進攻に着手することを予定したものであった。第一段作戦がドリニモール河突破、第二段がアイタペ攻略、という計画を提示したわけだが、部隊の移動状況、補給能力等からみて、第二段計画まで指し示すのが精一杯だったにちがいない。鬱蒼としたジャングルが広がる戦場に各部隊が散在したため、通信能力が作戦遂行に大きく影響したが、無線・有線ともに器材の補充整備が追いつかず、やむなく古代中世と何等かわらない伝令による命令伝達に頼り、とても大規模な近代戦を行える状態になかった（前掲戦史叢書　一四四－五頁）。

七月三日の命令が下達されたとき、四一師団司令部はまだマルジップにあり、また同師団の攻撃の主力であった第二三七連隊は、奈良大佐に率いられ、まだヤカムルに近い大石村にあった。命令が部隊に届くまでに二、三日もかかり、それから移動を急ぎ、銃座や掩体の設置等の施設を整備して、十日までに攻撃位置につくのは至難であった。とくに四一師団が攻撃態勢に着くまでには相当の日時が必要と見込まれたため、軍司令部は五一師団も攻撃戦力として使用せざるを得なくなり、前述の同師団第六六連隊に海軍高砂義勇隊、独立工兵第三七連隊、同三十連隊等を配属して戦力の強化をはかった（前掲戦史叢書　一四七頁）。

七月十日、十八軍司令部は四一師団の態勢が不十分であることを知りつつ、「猛戦作命甲第十六号」を発し、攻撃開始を命じた。おそらく準備が整った二十師団の力で米軍を敗走させて長連川まで突進し、その隙にあとからくる第四一師団がパウプを陥れればよいと考えたのであろう。この命令を受けた中井第二十師団長心得は、攻撃部隊を八十連隊を主力とする右翼隊と、第二十歩兵団長が率いる第七八連隊主力の左翼隊とに分け、十日夜十一時に川中島付近からドリニモール西岸（対岸）に渡河突入して、敵陣地を粉砕することにした。

その後、右翼隊は四三高地を経てチナベリに向かって前進し、一方左翼隊はドリニモール対岸を上流方向に敵を席巻しながらアフアに進撃する計画を決めた。なお攻撃開始時間が、夜九時五十分射撃開始、十分後の十時に突入に変更された。また第四一師団の第二三七連隊海岸攻撃部隊が攻撃開始に間に合うようであれば、二十師団の攻撃開始に合わせて進撃を開始し、パウプを攻略するとしたが、同連隊の準備状況は二十師団の攻撃作戦に影響を与えないとされた。

攻撃は、当初奇襲作戦で行なう予定であったが、直前に砲撃・銃撃を加えたのち突入する強襲作戦に切り替えた。ところが計画より二十分早い午後九時三十分、一斉に砲撃と機銃が開始され（『丸部冊　地獄の戦場』所収　中村福一「川中島の攻防戦」三四三頁）、間もなく日本軍歩兵の常として、大きな喊声を上げながら渡河し突撃した。これに対して米軍側はすぐさま照明弾を連続して打ち上げ、すさまじい砲撃を加えてきた。米軍の砲撃はまるで機関砲のような早さで行なわれ、また機関銃の曳光弾が日本軍のいる辺りに集中し、ジャングルの木々が空中で吹っ飛ぶ下を突進中の日本兵もばたばたと薙ぎ倒された。のちになぜ強襲を行ったのか、奇襲をすべきだったという批判が出ることになった（前掲戦史叢書　一四九－一五〇頁）。

それでも夜半過ぎには突撃隊は渡河に成功し、五十高地北側の米軍陣地に到達して部隊を整理した。突然、敵の砲兵の弾幕と敵の機関銃の火線が作り出すドームが部隊を覆い被さった。第七八連隊第一大隊は逃げ場を失い、瞬時に壊滅し、四百名の隊員がわずか三十数名にまで激減する甚大な被害を受けた（前掲戦史叢書　一五五頁）。米軍側は陣地を棄てたあとに必ず日本軍が進出するものと確信し、その到着時間を計算し、照準を定め、火砲を斉射するタイミングをはかっていたのである。後方に残っていた者を合わせてもわずか九十数名になった第一大隊は、作戦参加が不可能になり、渡河を取りやめて師団直轄扱いとなった。

二十師団の頼みの綱であった七八連隊第一大隊が、大打撃を受けたにもかかわらず渡河に成功したのは、同連隊第三大隊と第八十連隊、それに攻撃開始に間に合った第四一師団の第二三七連隊が渡河作戦を応援したことに負っていた。第二三七連隊は、ほとんど作戦実施の準備時間もないまま、二十師団の砲撃と突撃につられるかのように渡河し、予想外に少ない反撃に助けられて渡河に成功した。米軍陣地の突破にも成功し、ついで坂西川の線まで進出した。四一師団参謀増成正一中佐の回想は、「もしこの時に師団が第二線の部隊なり予備隊なりを持っておったとしたら、其後の戦局は全く様相を異にしたものになったに違いない。」（前掲戦史叢書　一六〇頁）と、落ち着く暇もなく作戦に取り掛かり、そのため第一段階の成功を次の段階に生かせなかった口惜しさをにじませている。

ドリニモール渡河の際、先渡した第三大隊を休止させ、あとから軍旗を捧持した第一大隊を先に行かせた。このことが第一大隊が壊滅し、第三隊が助かることにつながったのである。軍旗を連隊団結の象徴としたのは創軍以来の伝統で、そのため軍旗を捧持した第一大隊が、他大隊を停止させて先に行くことになった。広範囲に部隊が展開する近代戦においては、通信手段の進歩によって、司令部、指揮官と部隊、兵は互いに遠く離れていても、一体化して戦うことができるようになった。軍旗を見ながら戦う時代ではなくなっていた。だが日本軍は、精神的団結をはかるために、いかなる時であれ軍旗を連隊の中心に置き続けた。

戦線を突破された米軍側には、どう反撃するのか、方策がすぐに見つからなかった。後退、集中砲火で日本軍の消耗をはかる間に、反撃の糸口をつかもうと考えていたのであろう。第三二師団副師団長マーチン准将は、捜索活動からアナモ部落に帰ってきた第一二八連隊第一大隊を、アナモ（Anamo）—アファ道に派遣し、他方で第一一二騎兵連隊の第一大隊をアファアに派遣した。しかし前者が途中で日本軍に前後を挟まれ、窮地を脱出すると、マーチン准将はこれを江東川河口のチベル（Tiver）に退却させるとともに、日本軍の西進を阻止するため、江東川（コロナルクリーク＝Koronal Ck.）に第二線陣地を設ける決心をした。分散していた第一二八連隊第二大隊も第二線に再配置され、さらに第一一二騎兵連隊のカニンガム准将にも第二線への後退が命令された。米軍部隊の再配備によって、コロナルクリークの第二線陣地が強化され、この線で日本軍との激戦が行われるはずであった。マーチン准将は、ドリニモールとアイタペの中間辺りにある飛行場を何としても守る決意だったのである。

ところが第六軍（アラモ軍）司令官のクルーガー中将が、マーチン准将の計画に待ったをかけた。アラモ軍団を率いたクルーガーは、マッカーサーがニューギニア戦全体の指揮を執り始めてしばらくしてのち数々の作戦を指揮し、マッカーサーの最も信頼する指揮官になった。フィリピン進攻の先陣を切ったレイテ上陸作戦を指揮し、本土上陸作戦の第一段であるオリンピック作戦も彼が指揮する予定であった。遅れて着任したアイケルバーガー中将とともに、南西太平洋方面における米陸軍を代表する猛将であった。アイケルバーガーは新たに編成された第八軍の指揮をまかされ、第六軍と第八軍はマッカーサーの両輪となってフィリピン戦を戦い、日本本土占領も両軍が担当した。

そのクルーガーが、コロナルクリークまでさがる必要はない、あくまでドリニモールの線で防禦せよと命じたのである。クルーガーは航空兵力と海軍兵力を投入すれば、現有の陸軍兵力でもドリニモール河西岸を回復できると判断し、第一二四連隊を急派してドリニモール河を突破した日本軍の撃退を命じた。この命令によって、日米軍の最前線がコロナルクリークからドリニモール河に戻り、この河がニューギニア戦の最終決戦場として歴史に名を止めることになった。

援護部隊指揮官で第三二師団長のギル少将は、隷下部隊をつぎのように編成した。

北部隊　指揮官　第四三師団副師団長スターク准将
　第一二四連隊、第一二八連隊（おもに海岸に近い左岸を掃討）

南部隊　指揮官　第一一二連隊戦闘団長カニンガム准将
　第一一二騎兵連隊、第一二七連隊第三大隊（アファ方面の掃討）

（戦史叢書『南太平洋陸軍作戦〈5〉』一六四頁）

米軍の反攻は七月十三日早朝より開始された。第一二八連隊がコロナルクリークの河口にあるチベルから、海岸部のアノパピ、アナモを抵抗を受けずに突破して、午前十時頃にはドリニモールの河口に近いチャキラに進んだ。だがそこには、日本軍第四一師団第二三七連隊の海岸攻撃部隊が、星野少佐の指揮下に山砲兵第四一連隊（山砲連隊と呼称）とともに伏兵陣地を構築していた。この山砲連隊の激しい砲撃によって装甲車を仕立てた米一二八連隊は後退を余儀なくされ、またこの援護に来ていた海上舟艇も砲撃を受けて退却せざるをえなかった。

間もなく、砲撃位置についた米野戦砲兵大隊による砲撃、航空機による爆撃と銃撃、魚雷艇の機関砲射撃がはじまり、山砲連隊の火砲はすべて破壊された。日本軍火砲の鎮圧を確認した米第一二八連隊が攻勢に転じると、星野部隊は頑強に抵抗し、夕方まで現在地を死守して全滅した（『丸別冊　地獄の戦場』所収　中村福一「川中島の攻防戦」三四四頁）。わずかに生き残った兵は近くのジャングルに敗走、他の海岸部隊は事前の計画に基づき、十六日夜から翌日の朝にかけてアナモの米軍を襲い始めた（前掲「川中島の攻防戦」三四五頁）。何度も経路を変えて突入を試み、攻撃はその都度米軍の猛烈な火網にはね返された。残余が三十名あまりになり、ちりぢりバラバラになったところで自然に終了した（前掲戦史叢書　一六五頁）。

第二三七連隊が海岸道方面の作戦を中止したのは翌十七日で、ドリニモール河を西岸から東岸に渡って四一師団主力のところまで戻らねばならなかった。同夜から渡河点を見つけようと突撃を繰り返したが、強固な敵陣に突破口をつくることができなかった。明け方まで第一から第三大隊による突撃が繰り返され、渡河に成功したのは第一大隊の西川中隊のみであった。しかし東岸に陣を構えた直後に集中砲火と爆撃を受けて、同中隊は十八日正午頃に全滅した（前掲「川中島の攻防戦」三四七頁）。

日本軍が取り敢えず目指したのは、戦線からアイタペ寄りにわずか十数キロ離れたところにある敵飛行場であった。米軍上陸後、一週間足らずでアイアンマットを敷き詰めて完成したが、基礎がしっかりしているため、今日でも定期便が離発着している。この飛行場からB25中型爆撃機が反復攻撃して日本軍を苦しめた。戦闘開始の通報を受けてから、数分後にはもう戦場上空に現れ、地上からの指示を受けて日本軍に激しい銃爆撃を繰り返し、身動きできない状態にした。日本側の記録に、米軍は日本軍の動きを監視するためにグライダーをさかんに使ったとあるが、当時の技術力からみて無人機ではない。おそらく完成した飛行場から爆撃機に曳航されて戦場上空で切り離され、監視に当ったのではないかと思われる。

右に述べたように、十三日早朝から米軍のドリニモール河を目指す反撃がはじまったが、この作戦も捕獲した作戦文書から日本側の行動予定を知り、計画されたものである。ジャングル内に潜んだ日本側の第二三七連隊の各部隊には、少数の機関銃と小銃しかなく、攻撃をしかけると、数倍、数十倍のお返しがやってくる。そのためどうしても攻撃は消極的にならざるをえなかった。これが影響して、十三日の夕方までに米軍のドリニモール河到達を許し、二三七連隊はドリニモールの東岸に位置する師団司令部との連絡を遮断されることになった。

十四日になると、十八軍司令部も敵がドリニモールに達して渡河点を奪取し、上流方面にも迫りつつあることを確認した。これを踏まえ、この日、「猛戦作命甲第十七号」を発した。まず第一項で「第二十師団正面五六高地及『アファア』附近には今尚一部の敵固執しあり、且海岸方面『パウプ』にも一部の敵進出しありて同方面に於て一部の決戦生起の公算尠からざる形勢にあり」という観測を述べたあと、第二十師団に対して、「先づ速に五六高地及『アファ』附近の敵を撃滅したる後、主力を以て第四十一師団方面の戦闘に参加し得る如く準備すべし」とする具体的行動を指示した。

中井師団長心得は、兵力が著しく消耗していた左右両翼隊を一つにまとめ、これを第二十歩兵団長三宅貞彦少将の指揮下に置いて三宅部隊とし、七八高地附近からアファに向けて敵を圧迫し、撃破する命令を下した。三宅少将は、七月十八日、第七八連隊第三大隊と八十連隊第二連隊によってアファに対する攻撃を開始した。翌十九日まで一進一退の戦闘を続け、十七日以来何も食べていない三宅部隊の方が先に精根尽き果てた。中井師団長心得は連絡が取れになくなった三宅部隊のあとを追って、ドリニモール西岸をアファに接近する一方で、第七九連隊をアファの南に布陣するように指示した。

こうした情勢を観望していた十八軍司令部は、第五一師団の第六六連隊を中井師団長心得の指揮下に置く一方、三宅部隊への糧食の緊急輸送を命じた。援軍を得た三宅部隊は、七月二十一日夕方、第七九連隊とともに再び攻撃前進を開始した。七九連隊は米軍陣地の西側を通ってその背後に回り、三宅部隊はさらに西側を回って米軍の背後に迫った。日米軍はわずか約五十メートルの距離で死闘を演じたが、糧食の補給を得たとはいえ、降りしきる雨の中では炊飯もできず、わずかの生米をかじりながら戦闘を続ける日本軍と、絶えず輸送機から糧食や弾薬の投下を受けていた米軍との持続力や耐久力の差が、戦闘開始から二、三日たつと徐々に出始めた。

七月二十三日、海岸部の西進を担当していた第四一師団に対して、第十八軍司令部は「猛戦作命甲第二九号」を発した。命令には、同月二十七日夜、川中島附近を渡河してこの地点を確保し、江東川以東地区の敵を撃滅せよとあり、これを受けてただちに作戦準備に着手した。命令を出した翌々日の二十五日、安達軍司令官が自ら四一師団司令部を訪問し、準備の進捗状況に満足して帰った。ところがこの直後の二十六日に「猛戦作命甲第三四号」が発せられた。その第三項に、第四十一師団長は親島附近に於ける渡河を中止し、新に第二十師団と連繫を緊密にしつつ敵陣地の右翼より戦況を発展せしむる目的を以て、先づ速に有力なる一部を「アファ」附近に先遣し、第二十師団と協力し「ツル」及「サギ」の陣地を奪取せしむると共になるべく速に主力を同方面に転用する如く準備すべし

とあり、命令を急遽変更し、二十七日の攻撃を中止し、四一師団をアファに転用するというのである。これには真野五郎師団長以下、攻撃準備をほぼ終了していただけに言葉を失った。前掲戦史叢書は、その理由を「敵情その他からみて同師団の攻撃の成功が危ぶまれたことと、これをアファ方面に転用して、第二十師団の攻撃戦力を増強すれば、同方面で成功の算が大であると判断されたこと」（一八〇頁）の二点をあげている。組織の手続きにはスジが必要だが、このどんでん返しは説明がつかない。このため四一師団将兵と軍司令部の関係がギクシャクした。軍司令部が、四一師団よりも二十師団を信頼していた心理が突然の変更の根底にあったとする見方もある。

四一師団の第二三七連隊は、十六日から十八日の戦闘ののち所在不明であったが、十八軍及び二十師団の努力の結果、二十五日になってようやく連絡がついた。前出の「川中島の攻防戦」で、中村福一は二十師団との連絡がとれたのは八月一日であったとしている（三四八頁）。同連隊は、二十師団がすでにアイタペ方面に前進していると思い込み、連絡斥候をその方面にばかり送っていたため連絡がつかず、やむなくアファ方面に移動したところ、運良く接触できたのであった。同連隊には、十六、七日の戦闘で全滅した中隊もあり、ほかの部隊も武器弾薬を使い果たし、糧食もほとんど尽きていた（前掲戦史叢書　一七七頁、一八七頁）。

十八軍司令部の命令は、第二三七連隊も含めた四一師団のアファ転用である。二十六日午後に「猛戦作命甲第三十六号」の第四項に、「第二十師団長は自今第二百三十七連隊を指揮し、同部隊をして先づ速に『アファ』附近に集結せしむべし。集結時迄の補給は第二十師団長の担任とす」と、二十師団長心得はこの手負いの四一師団隷下の連隊を

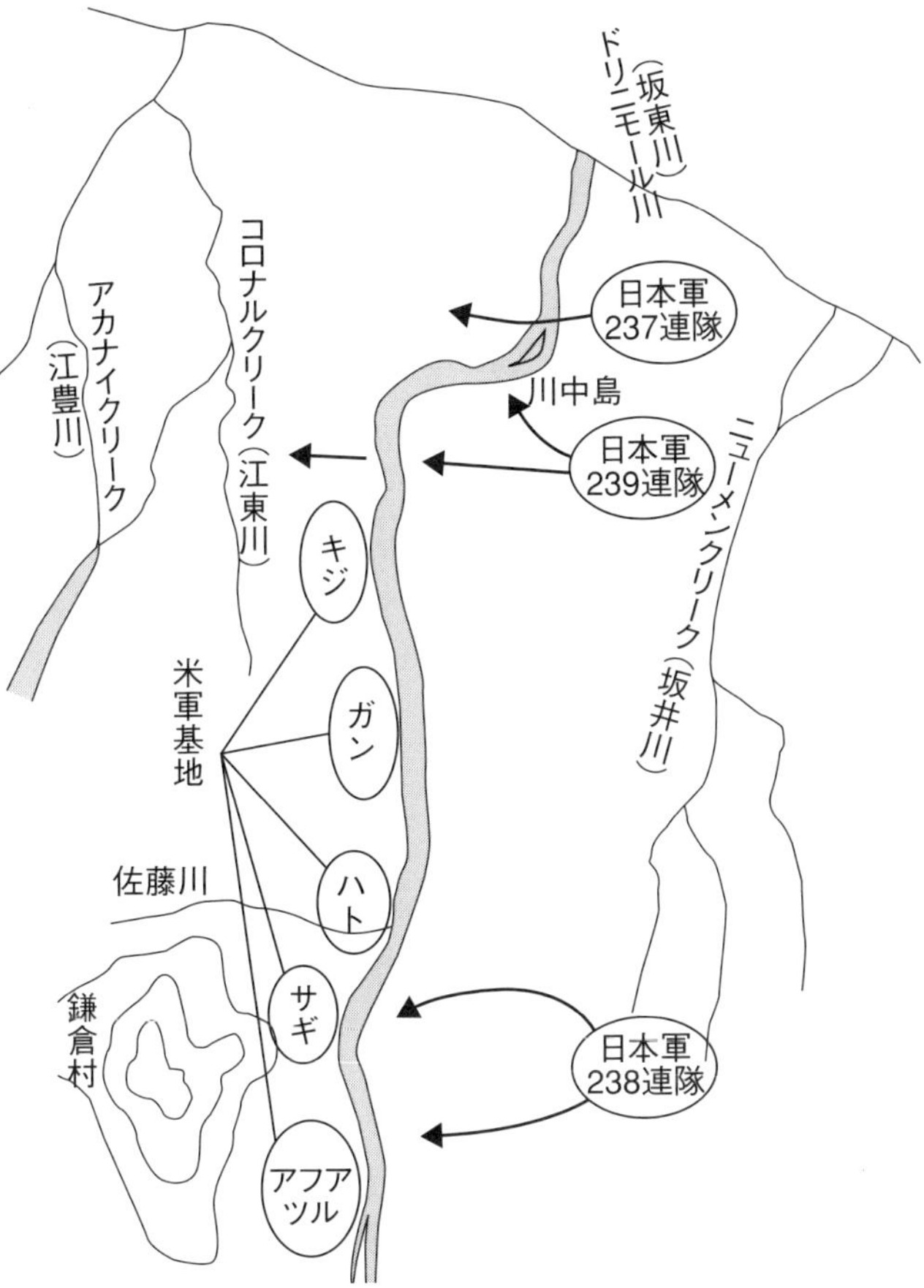

出典：戦史叢書『南太平洋陸軍作戦〈5〉』p.135, 143

ドリニモール戦要図

指揮下に置くだけでなく、これへの補給の任も引き受けることになった。四一師団のアファ転用は、中井師団長心得の一言が遠因であったともいわれるが（前掲戦史叢書　一八五頁）、中井隷下の三宅部隊が糧秣尽き草をはんでいるところに、同じように腹をすかした四一師団第二三七連隊をアファ攻略に投入することが、果たして中井師団長心得にとって、戦力のプラスになったといえるか検討を要するところである。

武器弾薬は無論のこ

とだが、兵士が人間である以上、糧食が尽きたら戦闘継続は不可能である。戦国時代に、城を守る兵士が兵糧攻めに遭い、悲惨な結末になった事例には事欠かないが、アイタペ戦では、攻める側が飢餓状態に陥いるという珍しい現象が生じた。この稀な情勢を見た安達軍司令官は、次の作戦を急ぐことにした。二十六日夕刻、「猛戦作命甲第三十七号」を発し、第二十師団には「ツル」「サギ」陣地を攻略してアフア附近の渡河点を確保すること、四一師団には第二十師団の右翼について「ガン」「キジ」陣地の攻略を準備する一方、先遣部隊は「ツル」陣地攻略に参加したのち「ハト」陣地を攻略することを命じた。

だが二十師団の「ツル」「サギ」攻撃が進展しないため、軍司令部は、二十八日午後の「猛戦作命甲第四十三号」により、四一師団主力にも「ツル」「サギ」攻撃に加わるよう命令した。さいわい二十九日の二十師団の攻撃で「ツル」の米軍が退却したため、二十師団には「ツル」陣地掃討後に「サギ」陣地攻略を、四一師団には「ハト」陣地攻撃を命じた。三十日、今村秀少佐に率いられた四一師団第二三八連隊が糧秣・弾薬の担送任務を終えてドリニモール東岸に到着した。同連隊十一中隊長賀来敬次中尉の後日談によれば、その場で「サギ」陣地攻略を命じられたという（『丸別冊　地獄の戦場』所収　賀来敬次「アファの総攻撃」三五二頁）。三十一日には行方知れずだった第二三九連隊とも連絡が取れ、兵力がわずかに回復したのは朗報であった。

二三九連隊の行方不明は、数メートル先の様子もわからないジャングル戦における無線通信の重要性と、日本のこの分野の著しい立ち遅れを露呈した。無線通信が満足に取れないため、やむなく前近代的な伝令による連絡に頼ったが、伝令が途中で撃たれたり道に迷ったりして連絡に時間がかかり、部隊を効率的に駆使する組織戦を行なうのがむずかしくなった。米軍側が積極的攻勢をとらなかったからいいようなものの、米軍がジャングルでの機動戦を本格化してくれれば、通信能力のない日本軍はバラバラに分断され、各個撃破される終末が目に見えていた。

七月三十一日、「猛戦作命甲第四十九号」を発し、軍司令部は攻撃続行を指示した。第三項で第二十師団に対して、「サギ」陣地、五十高地を奪取して爾後の作戦に備えること、第四項で四一師団に対して、五六高地及び「ハト」「ガン」「キジ」を奪取して爾後の作戦に備えることとされた。二十六日の「第三四号」命令以来、鳥の名をつけた陣地名が次の攻撃目標から落ちていないということは、空きっ腹に耐え、夥しい犠牲にもめげずに攻勢をかけ続けてきた作戦が、ほとんど進捗していないことを意味する。米軍の動きについて戦史叢書は、「固定した陣地によって防禦したものでなく、しばしば防禦線を変更し、部隊の交代、局部的な攻撃」などを織り交ぜた「密林内の機動戦」というべきものであったとしている（前掲書　二〇一頁）。

米軍は日本軍を引きつけて激しく応戦したあと、陣地を放棄して後退する。そこへ日本軍が喊声を挙げ進出してくると、米砲兵部隊がすでに測量済みの座標目がけて砲撃を開始、ものすごい量の砲弾を日本軍に落とし、瞬く間に兵士の肢体や肉片が散乱し、全滅に近い打撃を与えた。そのため何度、陣地を落としても、すぐに米軍に取り返された。この間に激しい損耗が続き、気づいてみると二十師団も四一師団も見る影もない兵力に追い込まれていたのである。連絡の困難から戦訓を各部隊に教え合うシステムが破壊されたため、同じ失敗を繰り返すことになった。

命令を受けて最初に行動したのは第二三八連隊第一大隊であった。三十一日薄暮に行動を開始し、第四中隊が「サギ」陣地の奪取に成功し、置き去りにされたバター、チーズ、ビスケット等のご馳走を捕獲した（前掲「アファの総攻撃」三五三頁）。しかも集中砲火のお返しもなかった。翌朝、重機関銃の援護を受けて「ハト」陣地に近づいたが、陣地の周囲を約百メートル巾（前掲「アファの総攻撃」では百五十メートルとしている。三五四頁）で伐開してあり、これに踏み込んで姿を晒すと猛烈な射撃があり、兵士がつぎつぎに倒れた。やむなく倒木等の陰に隠れて隙をうかがったが、そこに迫撃砲弾が落下し、何もできない間に味方が次々にやられ、加来大隊長も戦死した。仕方なく後方のジャングルに逃げ込むことにし、徐々に後退した。無事にジャングルにさがったところで人数を確認してみると、半分に減っていた。機関銃中隊長の石原中尉は、この夜、責任をとって自決した。

八月一日夜、第一大隊の無念を晴らすべく、西岡大隊長の率いる第二大隊がドリニモールの東岸から渡河し、「ハト」近くにやってきた。二日夜、突撃を開始したが、計ったように砲弾が集中した。それでも三日午前二時、突入して白兵戦が展開され、「ハト」は陥落した。もっとも危険なのは、米軍撤退後に日本軍が陣地に入った時である。何度も同じ轍を踏むことは褒められはしない。たちまち第二大隊は猛烈な弾幕に覆われ、逃げる間もなく数名を残して全滅した。この戦闘を含め、二三八連隊のアイタペ決戦での戦死者は約七百名にのぼった（前掲「アファの総攻撃」三五六－七頁）。

この戦闘について米軍は、「日本軍は明らかに自殺を決意して密集攻撃を続けた」（前掲戦史叢書　二〇四頁）と評している。やられても攻撃を繰り返す日本軍を理解できないので、このような判断を下したものであろう。山砲を使って貴重な砲弾数発を敵陣に打ち込み、わずかに出来た突破口を目指して兵士が突撃を繰り返すのが日本軍の常套戦法で、やられてもやられても同じ突撃戦法を繰り返すのは、米軍には自殺としか映らなかったのである。勝利を目的にした作戦であれば、犠牲が多ければ、より効果的戦法に切り替えるのが常識的対応である。日本軍は、目的達成を急ぐとき何度失敗しても同じ戦法で攻め込もうとし、どれほどの犠牲も顧みない。そのため相手は、目的が別のところにあるのではないかと疑るのである。

フィリピン戦から始まる特攻作戦は、陸海軍の教範・操典類にない超常行為である。これに対してアファの戦いは、軍事的合理性の範囲内で行なわれ、米軍は、「この日の攻撃は自己の生存を全く無視して実施された」と評しているが、この分析の方が正しい。命を捨てた戦いというのは捨て身の戦い、死にものぐるいの戦いの意味であり、死ぬことを前提にした敵艦突入の特攻とは根本的に違う。

必死に戦う日本軍の攻勢も終末に近づいていた。ウェワク周辺に散在する糧食や弾薬をかき集めて補給し続けてきたが、それも底を尽きんとしていた。前線の戦況報告が入らないため焦燥していた吉原軍参謀長は、七月十五日、間もなく補給停止を伝える意図を携え、サルブの後方司令部から安達軍司令官がいる戦闘司令所に向かった。途中、インド兵やネパール人が二ヶ月間連続して担送に従事している姿に胸をふさがれ、またニッパハウスの中で死者とともに仮眠しながら、ようやく戦闘司令所にたどり着いた。四周の惨状を目の当たりにしてすべてを理解したが、こうした苦境を打破するためにも、吉原は「補給の見地より七月尽日までにアイタペ攻撃を終止し、軍を自活邀撃態勢に班す」ことを力説した。（吉原矩『南十字星』一三五－七頁）

安達は軍の置かれた深刻な実情を理解しながらも、二十六日夕刻に発した「猛戦作命甲第三十七号」によるアファに対する攻撃が、いま一歩のところにきており、ここで引き下がることはできないと考えていた。米軍の機動戦に翻弄され、一進一退を繰り返してきたように錯覚し、戦局の判断がむずかしかったのである。攻撃を仕掛けるたびに多数の死傷者を出し、アイタペ戦全体に投入された歩兵七個連隊が、すでにそれぞれ四、五十名という小隊並みになり、全部を集めても一個大隊程度になってしまっていた（鈴木正己前掲書　二一五頁）。二十師団の七八連隊は三％に、八十連隊は五％に激減、また四一師団の第二三八連隊第三大隊は生存者九名、第二三九連隊は全滅という惨憺たるもので、とても戦闘を継続できる状態ではなかった。しかし不思議なことに七八連隊も八十連隊も軍旗を奉戴し、依然として連隊長を中心に固い団結力を保持して、戦闘継続の意欲をみなぎらせていたのである（前掲戦史叢書　二〇七－八頁）。

吉原の戦闘司令部到着、作戦中止と撤退について安達と話し合った情報を、米軍が得ていたとは思えない。しかし日本軍の戦闘が最終章に入ったぐらいは、攻撃力の低下、痩せて骸骨同然の死体を見て、察知したであろう。そろそろ戦闘に決着をつける頃と判断した米軍指揮官は、日本軍をドリニモール西岸に釘付けにしている間に反攻軍を海岸伝いに渡河させ、坂井川まで東進したのち、ジャングル地帯を半周してアファ方面に進撃させようという大胆な作戦を企てた。攻撃部隊は、スター大佐の率いる第一二四連隊と第一六九連隊第二大隊とで構成されるＴＥＤ部隊で、ドリニモール河口に設置された砲兵が無線で連絡を取りながら援護するという計画であった。

七月三十一日早朝進撃を開始し、早速、日本軍第二三九連隊第一大隊の頑強な抵抗にあった（前掲戦史叢書　二一三－四頁）。翌八月一日、ＴＥＤ部隊は、ギル軍団長から坂井川に沿って南下してアファ方面の日本軍の背後を襲うように命令された。しかし二日は、終日、日本軍との銃撃戦が続いたこと、補給とジャングル内の集結に難渋したこと等によって、進撃を開始したのは三日午前にずれ込んだ。この日は激しい豪雨で、わずかな距離を進撃できただけであった。

正面の敵だけでなく、背後にも敵軍が迫りつつあったことを、この敵との交戦の報告を受けていた十八軍司令部が、知らなかったとは考えにくい。前後に敵をかかえた司令部が情勢判断に混乱し、後ろの敵すなわちＴＥＤ部隊の出現を前の敵と混同してしまったのかもしれいない。ＴＥＤ部隊が背後に迫っているとは考えない司令部は、何等の対策もとらなかった。結局、米軍の攻撃は奇襲作戦となり、日本軍のお株を奪う形になった。しかし事態は、米軍の奇襲に関係なく急転回していくのである。八月二日夕方に出されたのが、十八軍司令部の最後の攻撃命令である。その第一項によれば、

敵は「ハト」陣地を西方に延長して新なる抵抗を企図しあるものの如く、渡島方面の敵は若干増加せるの疑あり。第二十師団及第四十一師団は主力を以て「サギ」陣地を攻略し、引続き「ハト」陣地に対し攻撃を準備中にして第二十師団の一部は集峰台を占領せり。

（「第十八軍作戦記録」）

相も変わらずドリニモール河沿いの米軍陣地をめぐる攻防戦である。戦線がドリニモール河周辺から少しも移動していないことがわかる。戦闘ごとに猛烈な砲火を浴びせられ、その都度、兵力を消耗するという悪循環に陥り、米軍を少しもアイタペ側に押していない。いくら押しても叩いても米軍を後退させられないのであれば、残るは戦術の転換か戦闘の中止であったが、実情を把握できていなかった軍指令部は、これを事実上、放置していた。補給線を延ばす余力もなく、補給品そのものも底を尽き、通信能力も機動力もない状態では、戦術の転換など実現できなかった。

最後の総攻撃が、八月二日の夕方から翌三日の午前中にかけて行なわれた。この攻撃で、各連隊、大隊は右に述べたような全滅に近い打撃を受けた。米軍側の記録では四日も日本軍の攻撃があったされているが、日本側の記録には

ない。三日午後一時三十分、ついに安達司令官は「猛戦作命甲第五十四号」による作戦中止を命じているが、その第二項の但し書きに、「目下実施中の『ハト』陣地攻撃は依然強行するものとし、X日は別命す」とあるので、「ハト」陣地の攻防戦だけは四日も続いていたことをうかがわせる。この命令を入手した米軍側は四日も攻勢をとったと判断したのだろう。

つぎに作戦中止を命じた「猛戦作命甲第五十四号」を引用する。その第一項は以下の通りである。

我第一線両師団は依然攻撃を続行し、今や「ハト」陣地の大部を攻略し佐藤川の線に肉薄し、坂東川左岸地区敵陣地の全面的崩壊の機は迫りつつありと雖も、軍全般の補給は著しく逼迫し今後一両日の外長期に亙る攻撃の継続を許さざるに至れり。惟ふに軍が当初企図せる「アイタペ」附近敵本拠覆滅の目的を達成し得ざりしは真に遺憾に堪へずと雖も、我第一線部隊及後方部隊共に堅忍不屈、遺憾なく陸海空挙軍一体の実を挙げ、且克く不撓の攻撃精神を発揮せるは予の深く感謝するところにして、当方面に有力なる敵を牽制し西部「ニューギニア」方面に於ける友軍の作戦を容易ならしめ得たるは又以て聊か満足するところなり

しかし三日になっても、米軍が背後に迫りつつある危機についてまったく触れていないのはなぜだろうか。これまでの経緯からして、作戦中止は吉原参謀長の説得に安達がついに折れたことが主因であり、敵に挟撃される最悪の事態が切迫している事実を知ったからではない。一ヶ月間に及ぶ戦闘で兵員の損耗が激しく、補給も底をつき、組織的作戦が困難になった厳粛な事実を安達も受け入れ、これ以上の継戦の不可能を悟り、ついに作戦の中止を命じたのだといわれている。補給逼迫により作戦の継続が不可能になったこと、作戦目的を達することができなかったとはいえ、全将兵が一体となって戦い、敵を牽制することができた結果、西部ニューギニア作戦を容易にしたと、安達はアイタペ戦を意味づけている。西部ニューギニアのために役立ったと謙虚だが、東部ニューギニア戦の意義は、フィリピン

のために時間も確保したことであり、さらに本土のために時間も稼いだことにあった。

米軍を長い間ニューギニアに牽制し、フィリピン戦や本土防衛戦に必要な時間が生み出されたものの、残念ながらそのように中央が認識していたことをうかがわせる材料は見当たらない。この二年を後方の陸海軍が有効に使ってくれていれば、十八軍にとっても意義ある戦いであったと胸を張れるが、当時もこの意義をわかっていた指導者はいなかった。西部ニューギニア戦における部隊の展開と防禦体制の整備が遅々として進捗していなかった実情を見ると、十八軍の敢闘によって得られた時間を有効に利用しようとする動きはかけらもなかった。現地各部隊指揮官の問題ではなく、大本営に大局を見据えた戦争指導がなかったことが、何よりも大きな問題であった。この意義がまったく理解されてこなかったゆえに、ニューギニア戦の位置づけができないまま、今日に至っているのであろう。

右の「第五十四号」の第二項において、

軍は全般の状況に鑑み猛号作戦を自主的に打ち切り、新に『ウエワク』地区を核心とする邀撃作戦を企図す。之が為八月X日当面の敵に対する攻撃を中止し、攻撃部隊を戸里川以東地区に集結せんとす。

と、安達ははじめて具体的撤退方針を明らかにした。「猛号作戦を自主的に打ち切り」というのは、まだ戦いの決着がついていないが、諸事情のゆえにこちらから戦闘を打ち切ることにしたという理屈だが、こうした中に敗戦への悔しさが滲み出ている。

四日午前八時半、撤退開始時機の命令を受けて、まず二十師団、続いて四一師団から撤退を開始した。ところが正武台の東方、坂井川渡河点で第二三七連隊が三百人内外の米軍部隊と衝突し、激しい撃合いを展開した（前掲戦史叢書　二一五頁）。米軍の実際の規模はこれより遙かに多く、三個大隊規模であったといわれる。米軍の動きは、明らかに日本軍の退路遮断を意図していた（同　二一六頁）。

アフアの丘からドリニモール河の上流を眺めると、遠くにうっすらとトリセリー山系が見えるが、東岸の方向はジャングルが広がり、どこに丘あるのかわからないほど平坦である。実際にジャングル内を歩いてみると、高い木々の下には起伏がないではないが、丘といえるほどの小高い地点はほとんどない。平坦な地形だから本流から取り残された蛇行が方々にあり、本流との区別がつけにくく、正武台と思われる地点に近い坂井川の渡河点もどこを指すのかよくわからない。このような退避する場所が少ない地形を利用して米軍は歩兵を臨機に機動させ、かつ強力な砲撃力で日本軍に打撃を与え、日本軍を見る影もなく消耗させた。

それにもかかわらず二三七連隊は、よく米軍の圧力を食い止めた。八月六日の「猛戦作命甲第六五号」の第一項には、

板東川左岸方面の敵の追躡は目下のところ急ならずして、我両師団の行動は概ね順調に進捗中なり。歩兵第二三七連隊は引続き攻撃を続行中なるも敵は逐次増強しあるものの如く頑強に抵抗しあり。

と、さいわいドリニモール河西岸からの追撃はなく、脅威は二三七連隊が阻止している米ＴＥＤ部隊の南下だけであった。第三項では

第二十師団長は有力なる一部を迅速に坂井川右岸地区の戦闘に参加せしめ、歩兵第二百三十七連隊の右翼と密接に協同して当面の敵を攻撃し、坂井川渡河点及同川以東山麓伐開道を開設確保して第四十一師団爾後の機動を容易ならしめつつ、主力を以て現山麓道南側に迅速に伐開道を新設しつつまづ米子川上流地区に進出し、同地及戸里川渡河点附近を確保すると共に米子川下流地区及「ヤカムル」方面に対する攻勢を準備すべし。

と、二三七連隊に二十師団を応援させ、その間にトリセリー山系の山麓に伐開道を新設し、ヤカムルへの撤退を急ぐ方針を明らかにした。実際は撤退でありながら、機動、進出、攻勢といった積極的意味を持つ言葉で表現する日本軍の面子にこだわる姿勢が面白い。防禦に向かない平坦な地形であるだけに、計画通りに撤退作戦を進めるには、米軍がどこまで追撃に執着するかにかかっていた。

米ＴＥＤ部隊は六日午後から行動を起こし、日本軍の伐開道に沿って西進した。半円形で日本軍を包囲する当初の作戦計画に沿って行動していたため、伐開道では日本軍と反対方向に進んだのである。七日には、さらに南方につくられた伐開道に進撃したので、撤退中の日本軍と遭遇、主力部隊についていけなかった負傷者や落伍者合わせて千八百人以上が戦死または自決した（前掲戦史叢書　二一八頁）。なお右の「第六五号」で、日本軍の後退に間接的に手を貸すことになったドリニモール西岸の米軍が六日午後から動きはじめたが行動開始が鈍く、さらに日本軍の後退を助けることになった。この米軍部隊がもう少し早く西進していれば、撤退する十八軍の捕捉に成功したかもしれないが、間一髪のところで日本軍は逃れることができた。この後、十八軍は山麓の伐開道を利用して東へと撤退し、米ＴＥＤ部隊がさらに西進したため、十八軍との距離はますます開くことになった。二三七連隊も窮地を脱し、ヤカムル経由で桃川へと後退した。

以上が、アイタペ決戦の概要である。日本軍は二個師団七個連隊を投入し、突撃につぐ突撃によってドリニモール河の戦線を突破し、アイタペ方面への進撃を目指した。十七年夏のミルン湾及びポートモレスビー攻略、十八年のワウ戦で攻勢をとって以来、マッカーサーの飛び石作戦に翻弄されて守勢ばかりの戦闘が続いてきたが、久方ぶりに攻勢に出たのがアイタペ決戦であった。日本軍にあるのは火の玉のような敢闘精神だけで、援護する航空機及び艦艇なしという条件そのものが、すでに勝利とは縁遠いことを意味したが、それにもめげず日本軍は果敢に米軍に攻め込んだ。

数発の砲撃が切り開いた小さな突破口に向かって波状突撃を繰り返し、米軍を防戦に立たしめたことは称讃に値する。だが日本軍が突撃し米軍が後退すると、必ずそこに米軍の「砲兵、迫撃砲の組織的集中使用」があり、「我が損害の大部分は砲火に因るものなり」（猛戦電第二一一号の第四第三項）の結果を来した。突撃による占領ばかりを狙い、機動に消極的な体質が無益な犠牲をもたらした（前掲戦史叢書　二二二－三頁）。

戦後、復員省時代にまとめられた報告書である「第十八軍作戦記録」によると、的確なる資料を欠いていることをことわった上で、次のようなアイタペ決戦前後の二十師団と四一師団の減耗状況を紹介している。

	五月末現在	八月末現在	減耗数
第二十師団	六、六一二人	三、〇四〇人	三、五七二人
第四一師団	一〇、七二〇人	六、二二四人	四、四九六人
合計	一七、三三二人	九、二六四人	八、〇六八人

この表からは作戦中だけの損耗数を引き出せないが、五月末現在から八月末現在を差引いた八、〇六八人のうち、大部分が七月のアイタペ戦による減耗と推定されている。両師団ともに大きな犠牲を出しているが、攻撃の主力となって激しい戦闘を繰り返し、十八軍司令部の評価も四一師団よりも高かった第二十師団の方が、戦死者数が少ない。「第十八軍作戦記録」はとくに二十師団の各連隊の損耗数を紹介している。

	開始時	撤退時	損耗数	損耗率
歩兵第七八連隊	一、三〇〇人	三五〇人	九五〇人	七三％
歩兵第七九連隊	七〇〇人	三五〇人	三五〇人	五〇％
歩兵第八十連隊	一、〇一〇人	三二〇人	六九〇人	六九％
砲兵第二六連隊	九九〇人	四五〇人	五四〇人	五六％
その他	二、六一二人	一、五七〇人	一、〇四二人	四〇％
合計	六、六一二人	三、〇四〇人	三、五七二人	五五％

これを見ても明らかな通り、二十師団の各部隊には戦闘を継続する余力が残されていなかった。なお最も損耗率の高かった第七八連隊は傷病兵も多く、右表の撤退時兵力の半分近い兵士を置き去りにしなければならない状況にあり（『丸別冊　地獄の戦場』所収　斉藤顕「山南地区の邀撃決戦」三五八頁）、ほかの連隊も似た実情にあったと思われる。

前出の「猛戦電第二一一号」の第二第五項には、「第二十師団攻撃部隊は概ね二十五日間一日一合の生米を齧り喰ひ延ばしたるも、攻撃中止時平均三合を余すのみにして後方よりの補給余力な」しの状況にあり、補給の限界点を越えた作戦のために、すべての将兵が飢餓に苦しみながら戦闘に従事した。飢餓地獄のために、ここでも兵士による兵士の人食いの噂が絶えなかった（鈴木正己前掲書　二四二頁）。ドリニモールからの撤退時には元気でも、撤退行の後半になって絶命するもの、ウェワクから自活地に赴く道中で倒れるものが多く、こうした死亡者は右の表の中には加算されていない。ウェワクを出発してアイタペ戦に赴き、そしてウェワクに帰ってくるまでの損耗数は右表よりずっと多く、戦闘で受けたダメージは計り知れなく大きかった。

味方の損害がどれほどひどくても、相手がそれ以上の損害を出していれば目的の一つを達したことになるが、「猛戦電第二一一号」の第四の第二項に、「敵に与へたる損害は目下調査中にして不詳なるも概ね二、〇〇〇と判断す。」

とする推定値が紹介されている（前掲戦史叢書　二二三頁）。実際、米軍の損害がどれほどであったというと、詳しい資料がなく、もっとも近いのが「米陸軍公刊戦史」の四月十二日から八月二十五日までのアイタペ方面での戦傷死者の概数である。それによれば、戦死四四〇人、負傷者二、五五〇人、行方不明十人、合計三千人としている（前掲戦史叢書二二五頁）。

仮にアイタペ戦における米軍の戦死者を四百人とすれば、日本軍の推定戦死者数八千余人のわずか二十分の一にしかならない。「猛戦電第二二一号」に「損害に比し戦果小なるは誠に汗顔の至りなり」と、敵の損害に比べ味方のそれがあまりに大きかったことを嘆じており、作戦目的を達成できなかったことより、味方に甚大な犠牲を出したことを悔やんでいる。作戦に投入した軽・重機七百丁以上、歩兵砲・四一式山砲・九四式山砲・軽迫撃砲・榴弾砲等百門以上の重火器は、

今次作戦に於ける敵砲火の集中は、過去ラエ、サラモア、フインシの比に非らず、熾烈にして、戦場にありとし凡有ものは粉砕せらるる状況にして、個人装備の小銃、軽機、擲弾筒の如き迄粉砕飛散して、蒐集の余地なく残存通信材料特に通信線の如きも極力回収に努力せしも、之が輸送能力なく……

（「第十八軍作戦記録」、句読点筆者）

とある報告からして、ほとんどを失ったと考えるべきであろう。兵力の激減も痛かったが、本国からの補給が途絶している状況下において、攻勢に必要な火力のほとんどを失い、完全に作戦能力を喪失したことの方がもっと痛手であった。武器弾薬のないこれからは、敵の集結を発見しても、敵の隙をうかがっても、手をこまねいて傍観するしかなく、万一敵に見つかったら巧妙に逃げるほかないのである。

東を目指して撤退を続ける日本軍めがけて、海上から敵の巡洋艦や駆逐艦の砲弾が注がれた。砲弾が届かない奥地

を歩けばいいではないかと考えがちである。大本営の軍人官僚は、そう考えていた。しかし幾ら大きな島でも、細長い海岸線一帯のみが人間の行動を許してくれるにすぎない。敗走する日本軍は疲労困憊し、かってのサラワケット越え、フィニステール横断をした体力は最早なかった。海岸からいくらも離れていない場所を通ることを知っていた米軍は、これに艦砲射撃を加えたのである。

食料を食べ尽くした兵士はやむなく逃避行を中止し、サゴ椰子から澱粉を取り、サクサクを作って食いつないだ。自給しながらの撤退であった。『塩』の執筆者の軍医満川元行氏は、撤退の途中、アメリカ道に出たところで、偶然にもウェワク方面に退く安達司令官の一行の通過を見送ったときの光景を記している。

突然、「敬礼」という号令がかかった。私は答礼を返すべくそちらを振り向くと、驚いたことに誰も私の方を向いていない。そこに姿を現わした将校は、どう見ても階級は私より上、私も急いで不動の姿勢をとって、その将校に挙手の敬礼をした。……率いる兵五名ということから戦闘部隊の師団長であるはずはない。寸時にして軍司令官その人に違いないと直感した。

……軍司令官と狙いを定めた瞬間、挙手の敬礼をしている最中、私には突如腹の底から怒りが突き上げてき、激情は喉元で爆発せんばかりであった。（一五七－八頁）

ほとんどの日本兵士は、アイタペ決戦がまるで大火事に効果のない無益な水（兵士）をかけ、そのため多くの将兵を死なせたと考えていた。それが軍司令官に対する不満をつのらせ、満川のようにいまにも突っかからんばかりの怒りへと発展していたのである。しかし満川の怒りは急速に静まっていった。

軍司令官は兵僅かに五名を率いるのみ、私よりやや軽そうな兵隊用ズック製の背嚢を背負い、その背嚢の上には、私のハンサよりウェワクへの転進行軍のときのように軍刀を横にしっかり縛りつけていた。将校用戦闘帽には防暑や防蚊用に頂部を覆うひらひらした淡緑色の三角巾より作る短冊様の布をさげ、兵隊と同じ長袖開襟シャツに兵用軍袴、巻脚絆、そして四尺の杖、みな軍医見習士官である私と同じ姿であった。ただ私は衛生材料を入れる雑嚢を肩より下げるに対し、軍司令官は作戦用資料収納のためか、革製図嚢をさげていた。水筒と飯盒も私と同じ、所要の生活用具は五名の兵隊が分ち持っているのであろうか、私と同じような巻脚絆の下半部は泥にまみれ、兵用ズボンの大腿部下半分は、吸い上げられた水気で濡れていた。いつでも兵をいたわり、小休止できるように、腰には私と同じくゴム張り布地をぶら下げていた。

私はやはり………この戦場の唯事でないのを感知した。私の怒りは急速に沈静していった。……今見るこの司令官の姿は、さすが現役職業軍人であるだけ私よりずっと長身威躯ではあるが、雑役使役中隊の一介の隊付軍医、既に階級章を失った陸軍衛生部見習士官と全く同じ姿、格好であっことであった。ただ兵五名のみを率いて――。（一五八－九頁）

満川は、第十八軍司令官が自分たちとまったく同じ服装で、おそらく同じものを食べ、同じように野外で寝起きし、同じように雨に打たれながら指揮を取ったに違いないことを知って、安達への怒りはみるみる尊敬の念へと急変した。作戦目的を達することができず、八千人近い将兵を失い、重火器類の大半を破壊され、落胆し憔悴していてもおかしくないが、安達の顔はごく自然であった。指揮官が泣いた部隊は戦えない。あらん限りの力を振り絞り、全知全能を傾けて戦った充実感もあったろうし、これだけやっても駄目なら仕方がないという潔い諦めもあったであろう。ほかにもっとよい戦術があったのか、もっと効果的な戦法があったのか、すべては後世の歴史家が判断してくれるだろう、後悔することは何もない、という心境が、その顔に表われていた。まだ彼の隷下には、ウェワクに残った五一師団も含めると二万人以上もの将兵がおり、これからも戦いながら生きていかなければならなかった。残った将兵の希望として、安達は絶望などしておれなかったのである。

しかし安達の願いも空しく、今日に至るまで歴史家による評価がないに等しい。それ故、太平洋戦争におけるアイタペ戦の占める位置も不問に付されたままである。戦後、日本人のニューギニア戦に対する関心が、海軍が深く関係したガダルカナル島、サイパン島、アッツ・キスカ島、レイテ島、硫黄島、沖縄等の島の戦いに偏重し、陸軍関係者の関心は、インパール作戦や大陸での作戦の方ばかりに目が向けられている。

二年半も続いたニューギニア戦の特徴は、作戦目的を持たない「玉砕」がなかったことである。崇高な戦死を美化するのは人間として自然な感情だが、戦史研究、歴史研究としては、できるだけ客観化して分析しなければならない。ニューギニア戦でも、作戦方針に基づき突撃を繰り返して自滅した例が少なくなかったが、これと最初から突撃をすると決めた突撃による自滅とでは意味は大きく異なる。安達が、マッカーサー軍と二年間、その後、豪軍とさらに一年間も戦闘を続けることができたのは、常に作戦方針に基づいて行動し、「玉砕」を慎んだことことによるが、それがニューギニア戦における日本軍の特徴の一つになった。このために後世においてないがしろにされてきたとすれば、何をかいわんや、である。

太平洋戦争において劣勢になった日本軍にとって、後方の防禦態勢を固めるために、最前線の部隊ができる限り時間稼ぎをしてくれることが何よりも緊要であったが、ニューギニアの第十八軍はこの要請を実現した模範的前線部隊であった。残念ながら後方であるフィリピンでも本土でも防禦態勢強化がほとんど進められなかったため、マッカーサー軍を二年間も食い止めた比類のない戦績は水泡に近いものとなってしまった。「玉砕」した部隊以上に、飢餓、病魔、自然障碍を乗り越え、軍本来の任務を全うしたこうした部隊は、戦績にふさわしい高い評価を受けなければならない。

第八章　第四期ニューギニア戦　その二

豪軍の掃討戦と米軍のフィリピン進攻

（一）豪軍の追撃と山南地区戦

古来の兵法でも、攻めるよりも追っ手を払いながら退却する方がむずかしいといわれる。ポートモレスビー進攻作戦もそうであった。サラワケット越えやフィニステール横断では、想像を絶する峻険な嶺々と千尋の峡谷にさすがの追っ手も二の足を踏み、追われる苦しさを味わわずにすんだが、一万をはるかに越える生命がニューギニアの土と化した。アイタペ決戦後の撤退では、サラワケットやフィニステールのような魔境がないかわり、米軍に追い回される苦しさを味った。

日本軍も今度は追撃があるものとして、二段階の邀撃（迎撃）態勢をとった。第一段階は、とにかく敵から離脱しマルジップ・鶏川（ニワトリ川）以西に逃げ込むことであった。マルジップは、現在のダンマップ川（Danmap River）河口西岸のルイアン部落（Luain）か、そのすぐ西のスイアン修道院（Suain Mission）の辺りのことと思われる。

各部隊は、その健康度に応じ、速い者はより速く、遅い者はできるだけ速く、マルジップを目指した。このため行軍に追いつけないマラリアやチフスを発症した兵士、戦闘で負傷した兵士たちは、やむなく置き去りにされた。いやこうした兵士の方が足手まといになるのを嫌い同行を拒絶したのだが、本心はどれほど一緒に逃げたかったたか。健兵にしても飢餓で痩せこけ、仲間を担架に乗せて歩き続ける体力などなく、置いていってくれという要求を聞き入れるほかなかった。置き去りにされたのは傷病兵だけでなく、飢餓地獄のために歩行困難になった者も含まれる。だが一人にされたとき、いいようのない恐怖が襲ってきた。

人食い兵の噂も、アイタペ撤退行が最も多いのは飢餓状態のひどさの反映であろう。補給が途絶えて一年以上、腹が空くのを我慢して食いつなぎ、備蓄がなくなる直前にアイタペで激しく動き回って戦った兵士たちは、まるで動く骸骨となり、肌の色は死人と同じ土色、生きているのが不思議であった。食物に対する理性を失い、本能的に食べられると感じたものには手が出て、何でも口に放り込む。餓鬼とは、こうした状態に陥った人間をいうのであろう。餓鬼道とは、理性も道徳も、もちろん規則も通用しない畜生道の下にある世界のことをいうが、まさしく獲物を求めて徘徊する兵士は人間の顔をした動物同然の生き物であった。他人の戒めも軍の命令も、食べられさえすれば人間でも構わない、食べて生き残りたいという渇望を抑制する力にはなりえなかった（三田村午之介『第四十四兵站史』所収「草むす屍」三七六−七頁）。餓鬼はグループをつくって行軍路周辺をうろつき、群れから取り残され、一人になった味方兵士を襲った。部隊によっては被害者を出さぬため、単独行動を禁止し、どこへに行く場合でも隊伍を組むことが命令された（坪内健治郎手記『最後の一兵』二一六−二二〇頁）。

近代戦争では補給が重視され、補給体制の整備が戦争遂行の前提にされた。だが日本では、前近代的な忠誠心や愛国心が何よりも重んじられ、これより発する精神力があれば、補給杜絶も克服できると兵士達に言い含めた。こんな空想めいた思想をつくった者たちは、餓鬼道がどれほどおぞましいことか、どんな境遇でも人間は生きたいと願うものかを考えたこともないのであろう。現実の世界に餓鬼が出現したのは、紛れもなく精神主義と降伏禁止の副産物であった。

味方の艦隊も飛行機も寄りつけず、補給が遮断され、棄軍の境遇になった現地軍にとって、無線通信だけが唯一の連絡手段であった。こうした状態が長期化すれば、本国の命令を無視するのが自然な動きである。だが日本軍の場合、こうした気配はまったくなかった。遺棄されても見放されても、本国に対する忠誠心は微塵も揺り動かなかった。ニューギニアにおいても、天皇、本国に対する忠誠心にはまったく翳《かげ》りがなかった。サラワケットの山中にもセピックの泥沼にも憲兵が張り付いて監視を怠らなかったのも、離反的動きが起きなかった原因だが（全国憲友会『日本憲兵正史』一〇六〇、一〇七三―七六頁）、徹底した皇軍教育が成果をあげたものと見るべきだろう。

第二段階は、マルジップへの脱出に成功した部隊を配置し、邀撃態勢をとることであった。だがこれが予想外にむずかしかった。というのは兵士達に支給された食糧はすでになく、備蓄も底を尽き、兵士がまずやらねばならないことは食糧の獲得であり、その次に塹壕を掘る、銃座を構える順であった。ニューギニアで一番確実な食糧源は、前述したサゴ椰子で、現地人はこれから採れる澱粉でくず餅に似たサクサクをつくり、主食としていた。サゴ椰子の多くは人の手で植樹されたものであり、日本兵の採取はニューギニア人の食糧を奪うことであった。サゴ椰子から澱粉を採取できるようになるまでには数十年以上かかるといわれ、戦後、現地人は食糧難に陥ったが、その原因は日本軍の採取にあった。やむなく現地人はオーストラリア政府から支給される食糧に依存するようになり、同国の影響力が増した。

十八軍の概略方針は、第四一師団をウラウからマルジップにかけて配置して通過する部隊を援護し、第二十師団をブーツからボイキン一帯に後退させて展開することであった。真野四一師団長が掌握した二三七～九連隊の兵力は約六千人、また中井二十師団長心得が掌握したのはわずか三千人であったが、アイタペ作戦に参加したすべての部隊が通過したあとに展開した四一師団はサゴ椰子を見つけることができず、このため九月から十月にかけて毎日数人から十人の餓死者を出した。師団では山砲兵連隊や衛生隊等を解隊して邀撃態勢の主力である三個連隊に分散編入させ、野戦機関銃隊、揚陸隊等も分散して配属させた（戦史叢書『南太平洋陸軍作戦〈5〉』三四八―九頁）。

八月下旬、新邀撃態勢がだいたい出来上がった。この態勢は、敵の追撃を阻止する目的で形成されたもので、そのため農耕自活の生活には不便であった。そこで移動可能な部隊から、漸次アレキサンダー山系の南麓（山南地区と呼称）へと移駐させ、適地を見つけて自活態勢へと移行させた。山南地域での自活態勢についてはあとで述べる。

第四一師団では、マルジップ周辺に配備されていた第二三八連隊を山南に移駐させ、マルジップにはもっともアイ

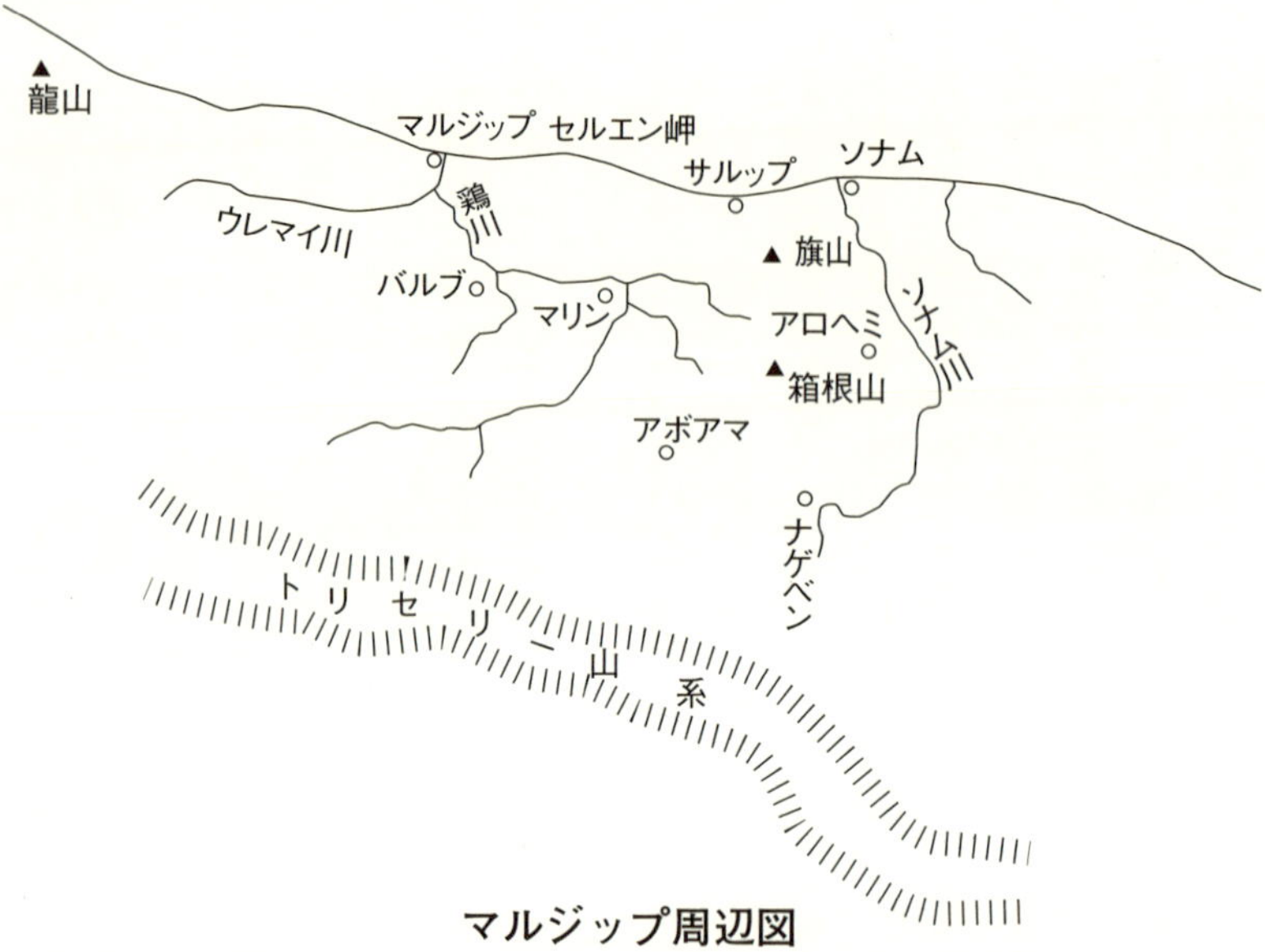

マルジップ周辺図

タペ寄りに配備されていた第二三七連隊を下げて配置することにした。この配置換えの間、敵魚雷艇の出没及び敵偵察部隊の上陸、あるいはトリセリー山系南麓での敵との遭遇が報じられたが、計画に変更はなかった。マルジップに移動した二三七連隊ほか、二三八連隊連隊砲中隊・二三九連隊第九中隊らをまとめて支隊とし、これを第四一歩兵団長青津喜久太郎少将が指揮することとなり、青津支隊と呼んだ。青津支隊長は五一師団参謀長から第四一歩兵団長に異動した経歴をもち、一貫してニューギニアで戦ってきた象徴的指揮官の一人であった。山南に移動して長期自給態勢に転換しようとする第十八軍の防人としてマルジップ方面に展開し、戦闘を繰り広げることになる。

　青津支隊の兵力がどれほどのものであったかはっきりしない。二十年一月初旬の可動兵力がわずかに二百五十人であったところからみて、十九年九月頃の兵力もおそらく三、四百人程度ではなかったかと推定される（前掲戦史叢書三六五頁）。敵との遭遇が予想され、支隊の戦闘態勢を解くわけにいかないため、軍司令部は、ソナム川（Anumb River、河口の東岸にSowam Villageがあり、以前はSowam Riverと呼ばれたらしい）東岸に展開した第二十師団から五百名ほどを抽出させ、これにサゴ椰子の採取とサクサク製造に当たらせて青津支隊に補給させた（吉原前掲書　二四五頁）。

十月に入り、海岸道から前進を強めてきた連合軍は、月末になるとマルジップ附近に出現するに至った。連合軍は豪軍第六師団で、米軍の姿はなかった。十月十七日にマッカーサー軍隷下の第六軍によるレイテ島上陸作戦が行われ、これに連動して十月から十一月にニューギニアやブーゲンビル島から米軍の姿が消え、代わって豪軍が再び姿を現した。再びといったのは、前述のようにブナ・パサブア戦、ラエ戦、フィンシュハーヘン戦までマッカーサー軍の攻勢は豪軍主体で行なわれてきたが、グンビ上陸作戦の頃から米軍が前面に出るようになり、ホーランディア戦、アイタペ戦まで米軍の手で行なわれ、しばらくの間、豪軍の姿が見えなかった。しかし米軍のフィリピン進攻を境に、ニューギニアやブーゲンビル島に豪軍が改めて出てきたのである。

これまで日本軍を苦しめてきたのは豪第九師団であった。新たに豪軍主力として攻勢をかけてきた豪第六師団は、各所に散らばった日本兵を掃討するのを主任務とした。二年間にわたり、南下をはかる日本軍と、西進してフィリピンを目指す米豪連合軍との間で展開されてきたニューギニア戦は、陸海空の戦力を見事に束ねたマッカーサーの率いる米豪連合軍の勝利に決し、米軍はそのままフィリピンに突き進み、豪軍が日本軍に対する掃討に当たることになったのである。つまり米豪軍の西進を食い止めてきた第十八軍は、アイタペ戦を契機として掃討される対象に転落したことを意味するとともに、その掃討が豪第六師団にまかされた。

マルジップに迫った豪軍に対し、これを守る青津支隊はわずかに三十人に過ぎず、しばらく抵抗したあと、十二月までにゼルエン岬とバルブを結ぶ線まで後退した。軍は第九揚陸隊や大高捜索隊を支隊増援のため派遣、さらに第四一師団の第二三九連隊一個大隊、第二十師団の一個中隊、第五一師団の第一一五連隊も支隊の指揮下に入れる一方で、支隊を十八軍の直轄とした。増強された青津支隊は、二十年一月初旬からサルップ、旗山地区、マリン、アロヘミ等において攻勢に出るが、それでも可動兵力はわずかに二百五十人に過ぎず、しかも戦闘兵力は六分の一以下の四十人

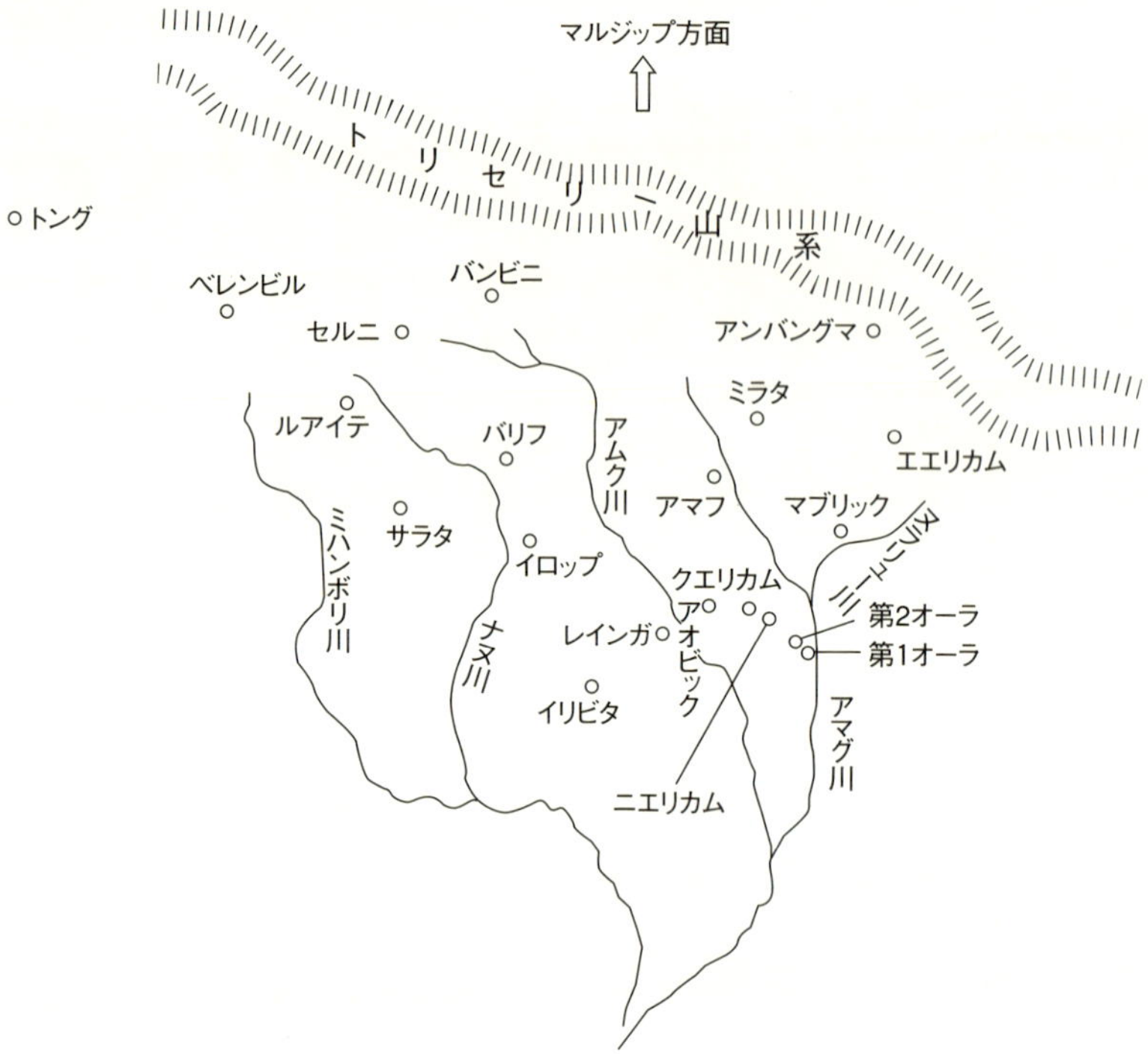

バリフ・イロップ方面概略図

程度でしかなかったと推測される。これでは優勢な豪軍の圧力に抗しきれず、一月十四日にはソナム川河口西方のザルップに後退せざるをえなくなった（前掲戦史叢書三六五－六頁）。豪第六師団はここで二手に分かれ、一方は海岸道をブーツ方面を目指し、他方は山南を目指し南下した（*An Atlas of Australias Wars*　一〇六頁）。

青津支隊は、二十師団及び第五一師団からの増援を得て、二十年一月二十八日にゼルエン岬方面から反攻を開始した。当初、豪軍を後退させるほどの戦果をあげたが、優勢な豪軍のために次第に劣勢に立たされ、さらに豪軍は鶏川の上流マリン方面から青津支隊を包囲する形成を示したため、支隊は攻撃を中止して敵の前進を食い止める策に転換した。二月十日頃には、ソナム川に近いサラップ、マリン、アポアマ附近に進出し、日本側の邀撃態勢は総崩れになりかかった。

昭和二十年二月十七日、第二三九連隊第三大隊（森永大隊）がアロヘミに到着し、アロヘミ、ナゲベン、箱根山の防備を固め、二十三日からはじまった豪軍の本格的攻撃を阻止することに成功した。三月四、六、八日には、豪軍はナゲベン地区に猛攻を加えてきたが、果敢にこれに反撃し、兵力の三分の一を失っても陣地を譲らず、逆に豪軍をサラップ河谷に圧迫し痛打を与えている（吉原前掲書　二四六頁）。だが二月二十八日、第一一五連隊第三大隊はソナム川河口渡河点附近で全滅している。

旗山地区でも、第一一五連隊第二大隊（？）＝青木大隊が二月十六、七、十九日の豪軍の猛攻を撃退し、数キロの稜線を数人で守る事態になっても譲ろうとしなかった。二十日にはこれまでで最も激しい攻撃があったが、これにも耐えている。海岸方面で戦うどの部隊も食糧が尽き、野草や樹皮を腹に入れて空腹をこらえて戦ったが、弾薬が尽きては戦うことができない。各部隊は三月十日にソナム川東岸まで後退せざるをえなくなった（吉原前掲書　二五二－三頁）。

トリセリー山系南麓のベレンビルに配置されていた第二三八連隊も豪軍の攻撃を受け、爆撃により設営した陣地が破壊され、豪軍の一部はナヌ川（Nanu River）に近いベレンビル南東のルアイテにも迫り、退路を脅かされるに至った。やむなく十九年十二月二十九日に同地を撤退することに決し、翌年一月十二日にはナヌ川東岸のバリフまで後退した（前掲戦史叢書はバリフだが、吉原前掲書はペレナンドとしている。二四八頁）。バリフは二十師団の担任地域で、四一師団と二十師団の境界をめぐるいざこざをふせぐため軍直轄とし、第四四兵站地区長氏原静英大佐を同地区隊長に任じた（前掲『第四十四兵站史』四二五頁、前掲戦史叢書　三六七－八頁）。

バリフに後退した第四一師団第二三九連隊は、一月三十日にサラタを出撃したが、これと入れ替わるように豪軍がナヌ川沿いに南下してバリフを攻撃したこともあり、やむなく途中で引き返し、ナヌ川を越えたイロップに集結し、陣を構えた（前掲戦史叢書　三六九頁）。しかしバリフは、二月十日に陥落している。戦況を注視する十八軍には、敵の重点が青津支隊が守る海岸部（山北地区）よりも、むしろ山南地区を守る四一師団方面にあるように判断され、そのため五一師団から特殊挺進攻撃隊などを投入し、防禦態勢の強化につとめた。

十八軍が海岸地区を重視してきた一因は、ブーツの飛行場を敵に奪取されるのを恐れたことにあったが、どんなジャングルも一週間や十日で飛行場に変えてしまう連合軍の能力を勘案すれば、更地から飛行場をつくるのと、日本軍の飛行場を奪取するのとの時間的違いは、飛行機の離発着が数日早まるだけのことで、それならば日本軍が海岸地区の防禦に多大の犠牲を払う意味はあまり大きいとはいえなかった。これに対して山南地区は、山北地区（海岸地区を含む）に比べ食糧等の物資が比較的豊かで、長期自活を計らなければならないアイタペ戦後の日本軍にとって、生命線ならぬ生命地域であった（前掲戦史叢書　三六九－三七〇頁）。なお二十年三月二十一日、有力な豪軍がダグア地区に迫り、二十師団第七九連隊がよく防禦したが、四月になると戦力が尽き、やむなく南東方面に後退した。

こうした事情から従来の方針を変換し、山南地区に重点を置く必要性に迫られた。二十年二月六日に発令された十八軍の新方針は、つぎの通りであった。まず海岸地区をすべて二十師団の担任とし、青津支隊及び第二一飛行場大隊を指揮下に入れ、一方山南地区は第四一師団の担任とし、マブリックを中心にするとした。いわば従来の方針がニューギニアを縦割りし各師団の担任とする形であったのに対して、横割りして担当地区を決める方式に改めたのである。この変更は、従来の山北地区重視から山南地区重視に転換したことを意味し、二十師団主力部隊の山北地区移動の禁止と、四一師団による山南地区確保を強固ならしめ、重要性を増してきた資源確保につとめることになった（吉原前掲書　二五一頁）。

なおその後の変更で山南地区にも二十師団の一部を配備し、二十歩兵団長三宅貞彦少将がこれを指揮することになり、マブリック南のミカウ、オーラ、イリビタを結んで邀撃線及び予備邀撃線を設定した。三宅部隊に軍の将来を託した軍司令部は、三宅部隊の強化策として軍司令部から柴崎保三中佐、堀江正夫少佐を配属した（前掲戦史叢書　三七〇頁）。なお堀江少佐が三宅部隊に所属していたのはごく短期間で、吉原参謀長が率いる吉原部隊に配属替えになっている（前掲戦史叢書　三七四－五頁）。四一師団はマブリック方面を三宅部隊に譲ったあと、南西地区で邀撃態

ダグア・ボイキン周辺図

勢に移った（堀江正夫『留魂の詩』二八五頁）。

二十年三月十五日、三宅支隊長は二十師団のブーツ地区隊を併せブーツ地区隊長となった。その三日前の十二日、豪軍はソナム川を渡って深く東進したが、葛西大隊と森永大隊の痛打を浴び撃退された。しかし二日後の十四日、リニホク川（現在名Ninahau Riv.）を渡った豪軍は、一気にバラム（Balam）まで突き進んだ。翌十五日、第二一飛行場大隊梶原中隊がバラムに急行し、敵兵を駆逐することに成功した。しかし十六日早朝、梶原中隊は豪軍陣地に対して攻勢をかけ敵陣突破を試みたが、猛烈な集中砲火を受けて壊滅状態になり、午後には豪軍の包囲攻撃を受けて全滅した。

バラム以東は、アレキサンダー山系の低い山々が連なっているものの、開けた平坦部が多くなり、防禦陣地に向く自然の要害が少なくなる。ブーツを奪取されると、ウェワクの防禦体制が崩壊する恐れが出てくるだけでなく、山南地区における自活態勢の形成にも深刻な影響が避けられなかった。二十師団では、青津支隊長に第八十連隊基幹のブーツ地区隊の指揮をも委ね、ブーツ地区隊長として豪軍を阻止させた。しかし十七日、豪軍部隊がブーツ桟橋付近に上陸し、海岸地区を進む部隊と連携して、ブーツの西飛行場に急迫した。一つの飛行場を東と西に分けたブーツ飛行場は、輾圧がかかった土地では樹木が成長しないために現在も飛行場の輪郭を止めている。なおオーストラリア側の記録には、豪軍のブーツ上陸に関する記述がない。

青津は第八十連隊とソナム地区隊とをもって敵の進出を阻み、ソナム地区隊主力を以ってリニホク川上流のロアンの確保を試みた。また二三七連隊と一一五連隊青木大隊にリニホク川河谷を押さえて敵の後方連絡線を遮断させた（吉原前掲書　二五六頁）。海岸を進む部隊とは別の豪軍がソナム川上流方面から飛行場付近に進出した。猛烈な爆撃と砲撃を繰り返し、このため日本軍陣地はほとんど破壊され、飛行場周辺のジャングルはすっかり薙ぎ倒され、清野《せいや》と化してしまった。ブーツ地区隊は豪軍を阻止できず、やむなくブーツを放棄し、南東方向へと後退した。ブーツを奪取したのは豪軍第十六旅団の一部で、同部隊はそのまま海岸地区を東進し、ダグア（Dagua）へと迫った。

青津支隊長は隷下部隊をブーツ南東のサブリマンに集結させ、ここに新防禦線を形成することにしたが、ダグアに進攻する豪軍に対する牽制ぐらいしかできなかった。三月二十六日、別の豪軍部隊は、ダグア南方の十国峠に近い大和山を突破し、翌二十七日にはアワイノ川（Hawain Riv.）の支流マバム川（Mabam Riv.）のオクナール渡河点に進出したが、ここで第七九連隊を基幹とし、独立野戦高射砲第四二中隊、第二一飛行場大隊等から成るダグア地区隊の反撃に直面し、二週間にわたり周囲の稜線の奪い合いを続けた。対岸のクブレンには第二十師団司令部があり、四月二日に襲撃を受けたが、さいわい司令部には被害がなく、師団長以下はさらに南方のニブリハーフェンに後退した。

ダグアを突破した豪軍は、四月末になるとボイキン（Boiken）に迫った。ここまではアレキサンダー山系から延びる山稜が海まで達しているが、これを過ぎるとウェワクに連なる平野部が広がる。したがってボイキンが落ちると、豪軍にとってウェワクまで地形上の障碍がなくなる。五月になると豪軍は平野部に進出し、四日には山側のラインボ（Ranimboa）を奪取し、日本軍の注意を山側に引きつけた。陽動作戦ともいえるこの豪軍の動きによって、新手の豪軍部隊を上陸用舟艇でウェワクと目と鼻の先のオーム岬（Cape Wom）に難なく上陸させることができた。上陸軍は直ちに砲陣地を構築し、十日からウェワクの日本軍に激しい砲撃を開始した。さらに十一日には、東方のテレブ岬

出典：戦史叢書『南太平洋陸軍作戦〈5〉』P.389

ウェワク後背地概略図

（Cape Terebu）に近いナイチンゲール湾（Nightingale Bay）に六百名を越える豪軍部隊が上陸した。ウェワクは東西の豪軍第十六旅団、十九旅団に挟撃される態勢となり、いよいよ絶体絶命の窮地に立たされた（前掲戦史叢書　三八三－四頁）。

ウェワク防禦の任に当たっていたのは第五一師団である。ウェワクを三地区に区分し、それぞれを西地区、中地区、東地区と呼び、少ない兵力と火器を苦心して配備していた。五月十二日、戦車を先頭に豪軍は広大な中飛行場地区に進入して、ウェワク半島（Wewak Point）を占領し、ついで滑走路のある飛行場に進出した。第二五飛行場大隊がこれに反撃を加え、数回にわたり撃退に成功したが、ますます攻撃力を増す敵を阻止することは不可能であった。

飛行場の南の小高い丘には、ドイツ人が建てた修道院や付随農場を含む広大な教会施設があり、日本軍はこれを洋天台と名付け、陸軍航空隊の第六飛行師団が司令部を置き、丘の斜面には独立高射砲第三八大隊の高射砲陣地が配備された。同大隊は高射砲を地上射撃に使えるように工夫し、一時敵戦車の前進を食い止めるのに大きな効果をあげた。しかし敵の火炎放射器攻撃のために高射砲大隊は壊滅的打撃を受け、十五日までに洋天台はついに奪取された（前掲戦史叢書　三八八―三九二頁）。

二十年五月末までにウェワク平野部の大部分は豪軍の占領するところとなったが、まだ日本軍はあきらめていなかった。六月に入っても、五一師団の林部隊、柿内部隊によるボイキン方面への潜入攻撃、青津支隊によるウェワク方面潜入攻撃を敢行し、日本軍がまだ組織的作戦を遂行する能力のあることを示した。五一師団はアレキサンダー山系方面へと後退し、ジブラングを拠点に反撃に転じたが、七月十四日に猛烈な砲爆撃を受け、ジプラングは陥落した。この前後に、アレキサンダー山系の尾根をめぐる戦闘へと発展し、奪われた尾根を取り返し、また奪い返されるといった激戦が展開され、もともと少ない兵力がまたたく間に消滅状態になってしまった。尾根を突破されたのちは、山南地区へと戦線が後退していった。

ここで再び二月十日のバリフ陥落後とマブリック方面の戦闘に話を戻そう。四一師団長は第四野戦輸送司令官岩城少将をアミ地区隊長とし、ミラタ、アミ、アマフ地区守備を担当させ、第五四兵站警備隊長をイロップ、マロップ地区の担当とした。またサラタ附近に第二三八連隊を置き、イロップに四一師団司令部を、また前述のように第二三九連隊もイロップを拠点とし、夜襲、潜入斬込み等によって相当な戦果を上げた。豪軍は、二月末、ニナフ川流域への進出を強め、マブリック北西の要地ミラタに進入し、そのため所在の日本軍はニナフ川の対岸アマフ附近に退いた。この危機的状況を憂慮した軍司令官は、マブリック南東のマルンバまで出向き、第四一師団と三宅部隊を督戦激励した。

セピック地区より船舶工兵第五連隊主力をマブリック方面に、また第十二野戦気象隊及び飛行第六三連隊をマルイ方面に派遣し、さらに特設水上第十六及び第十九中隊にはカラカウ地区に後退を指示した。この中にあった特設中隊というのは、インド兵から編成された部隊で、軍司令部では戦闘に巻き込まれないように遠くカラカウに移動させた（前掲吉原書　二五〇頁）。第四一師団に対しては、アムク川とナヌ川の間のレインガ、イリビタ、アオビックの線の確保を指示、また三宅部隊には、ヌラリュー川上流のジャメの確保と、できるだけ西方で敵の進攻を阻止することと

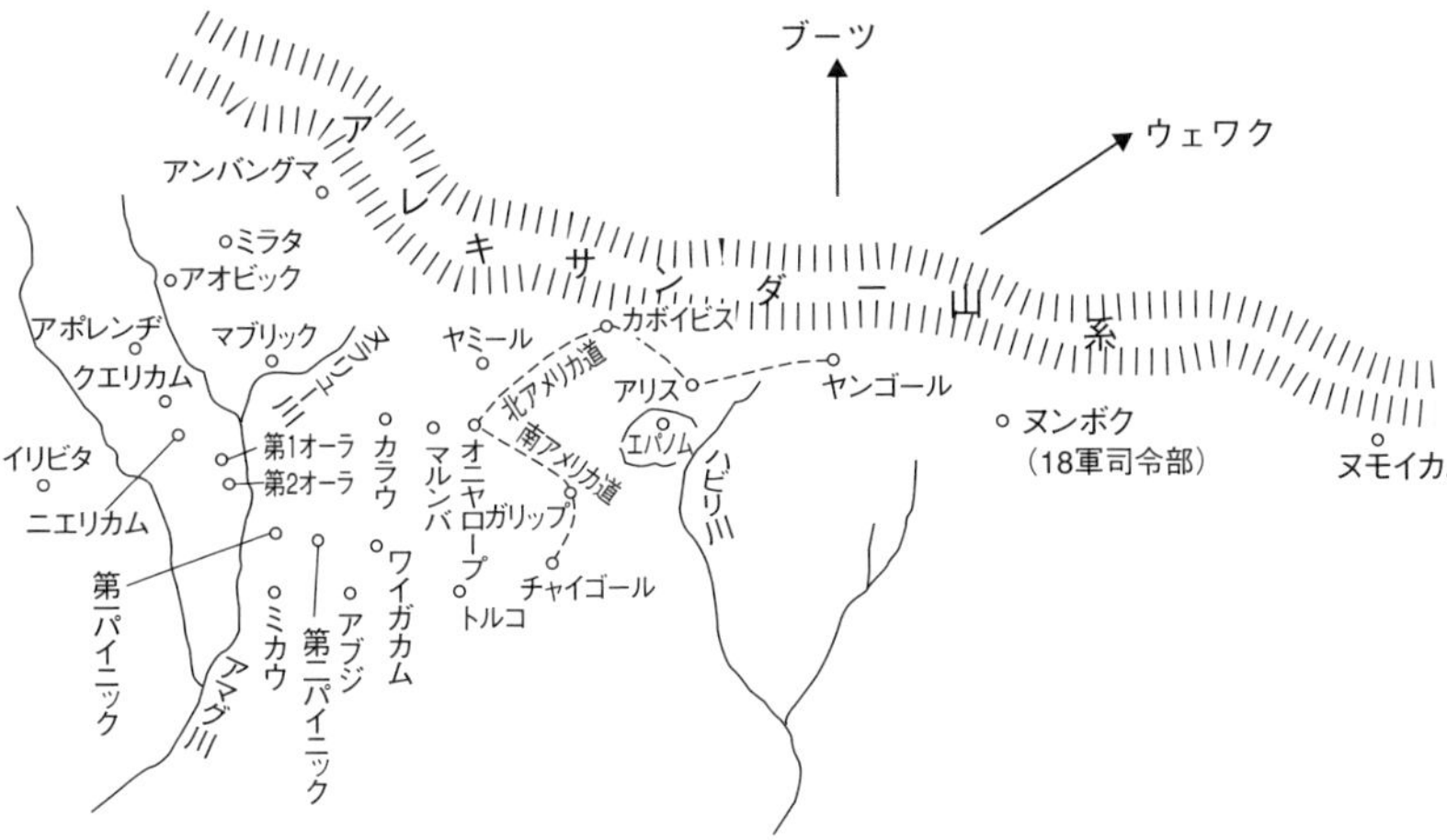

ワイガカム・オニヤロープ方面図

指示した。これを受け第四一師団は、輜重兵第四一連隊などを投入して防禦態勢を強化した。

その後、三宅部隊には、一挙にミラタを攻略し、次いでアンバングマを奪取して、西方面の防禦態勢の強化をはかるよう指示した。三宅部隊は兵力約千人で、山南地区における最大兵力であり、いわば日本軍の最後の切り札的戦力であった（吉原前掲書　二六三－四頁、堀江正夫『留魂の詩』二八二頁）。吉原と堀江によれば三宅部隊は、第七八連隊主力（三五〇名）、第五一師団柳川挺進攻撃隊（一〇〇名）、海軍柿内部隊主力（三〇〇名）、野戦照空第二六大隊・北本工作隊（二五〇名）などから編成されていたが、三月中旬に行なわれたミラタ攻撃は成功しなかった。急峻な山頂が攻撃目標であった上に、その周囲が鉄条網に囲まれ、これの処理に手間取っているうちに激しい銃火を浴びせられ、しかもアンバングマ方面にも敵の出現が報じられたため、十九日、やむなくミラタ攻撃が断念された（吉原前掲書　二六四頁）。

三月中旬頃より下旬にかけ、豪軍はレインガ、イリビタに迫ってきた。イリビタでこれに対抗したのは輜重兵第四一連隊で、よく敢闘したが防禦線を確保できなかった。レインガには第二三九連隊を投入したが、これも確保できなかった。アオビックに対する攻撃が激しくなったのは三月下旬からだが、近くにあった四一師団司令部は大急ぎでニエリカムに移動した。師団長はこれを拠点とし、アオビックの第一線をクエリカムに収縮し、第一オーラから第二オーラに反撃する作戦方針を立てた。だが第二オーラの敵は頑強で、計画を変更してモサッポ附近に退いた。

この頃、山南地区では大きな改編があった。それは十八軍参謀長の吉原矩中将が軍司令部の要員三十名、第二十師団参謀園田赳夫中佐と一部部隊、佐藤土人工作隊、第二七野戦貨物廠、独立工兵第三六連隊等を率いて、セピック河の支流ブンブン川の中流域オニヤロープに進出した。この集団を吉原部隊と呼び、第十八軍の分割とも受け取れる動きであった。

戦後、この分離行動について吉原参謀長と安達軍司令官の不仲が原因ではなかったかと噂された。筆者もニューギニア帰還者に対する聞き取りで噂の真偽を確かめたことがあるが、こうした噂が流れていたことは事実らしい。きっかけはアイタペ戦にあり、吉原は最初からこの作戦目的に懐疑的で、前述のように戦いの末期の七月末、安達の司令部まで吉原が赴いて作戦中止を強く主張し、ついに安達が折れて作戦中止に至った経緯がある。爾来、二人の対立は深まり、吉原部隊の編成と独自行動へと発展したというのである。もとより人間関係の葛藤を客観かつ正確に伝えることは当事者でもむずかしく、まして両者に日々接触していなかった人の伝聞は俄に信じがたい。

吉原は自著の『南十字星』の中で、

第二十、第四十一師団のこの苦境特に糧食の補給を円滑にし、各師団長の後方即ち自活、患者の療養、土民工作、兵力の応急移動等の繁累を軽減せしむる目的で、新に軍参謀以下の要員を以って吉原機関を編成し、三月三日オニヤロープに進出し所在部隊を指揮することとなった。（二五九頁）

と、きわめて簡単である。司令部要員を分けて機関を編成した事実からして、無論安達との協議の上でなされたことは明白である。この思い切った処置は、豪軍がセピック上流域の現地人に対する懐柔工作を強め、そのため日本軍から離反する原住民が相次ぎ、豪軍の手先となって日本軍を脅かすチンプンケ事件のごとき危険が増大したことに原因があった。そのため原住民に対する宣撫工作に専従し、豪軍の懐柔工作を封ずる一方、比較的豊かな山南の食糧を調達して、邀撃作戦に従事する部隊に供給するという意図の下で実施された。

吉原に同行した参謀堀江正夫は、調査の結果「セピック方面は八月末までには四、〇〇〇名、九月末までには六、〇〇〇名程度を収容するに足る食料資源がある」と軍司令部に報告したとし、続いて吉原部隊を編成した理由について、

軍が先にセピック地域に移って二段決戦を行うことを考慮したのは、一つは現最終地帯では軍が先に玉砕して潔くその最後を飾ることが、実行上あるいは困難ではないかと考えたためであり、さらには戦況が玉砕に至るに先立って糧秣が皆無となる場合、残存兵力を無為に玉砕させまいという配慮からであった。（『留魂の詩』一九三頁）

とあり、早晩「玉砕」は不可避であり、その前に食糧が尽きて餓死するのは避けたいと考え、山南地区で食糧を確保するため吉原部隊の編成に至ったとしている。

安達と吉原の間に考え方の相違があったとしても不思議ではない。二年半以上も戦い続けていれば、二人の間に齟齬が生じても少しも驚くに当たらない。軍が最後に「玉砕」して果てる点では帝国軍人である両者の考えは一致しており、その時期が切迫していれば二人もあれこれ思案することもなかった。しかしその時期はまだ先のことと推測され、そうなると広範囲に散在した部隊の糧秣が尽き、「玉砕」前に自滅する不名誉な事態を防がねばならなかった。こうして部隊を二分し、一方の吉原部隊を食糧の確保に専従させることにしたものと考えられる。軍の二分ともなれば、噂が立たない方がむしろ不思議で、あれこれ原因を究明したがる兵士たちが辿り着いた憶測が、二人の不仲説になったのではないだろうか。

吉原機関の設置を受けて軍司令部は、三月十七日に「第十八軍作戦計画に基づく指導の大綱」を定め、つづいて翌十八日に「邀撃決戦開始に方り隷下各部隊に与ふる訓示」を配布した。その序に当たる冒頭に、

比島及び硫黄島方面戦局の推移を鑑みるに、帝国軍の主力は堅確にして且つ壮烈なる決意を以て、日満支を基盤とする最後的決戦態勢を整へ、今や虎視眈々として米軍主力の来攻を待ちつつあり。又南海ニューブリテン島、及びブーゲンビル島に濠軍の来攻あり、……処は南北遙かに隔つと雖も、殆んど時を同じくして日米濠全般の戦局は、愈々最後の決戦段階に立到れり。（前掲戦史叢書　三八〇頁）

と、ニューギニアの山南地区に圧迫され、全滅が時間の問題になりつつありながら、太平洋における全般的戦局を比較的正確に紹介しているのが驚きである。海軍部隊の無線機が最後まで確実に本土からの通信を受けていたというから、おそらくこれによって戦局を的確に把握していたことがうかがわれる。連合軍が本土に迫りつつある事態に直面しながらも、ニューギニアでの戦いを最早無益と考えず、戦いを棄てようとしない態度は驚異である。

なお訓示中の「日満支を基盤」は、陸軍が早くから考えていた最後の決戦態勢のことを指す。状況によっては天皇を大陸に迎えて決戦する計画が検討されていたが、制海権、制空権を完全に失えば、目と鼻の先にある朝鮮半島や中国大陸に渡ることも不可能になり、日本と大陸は分断されて日満支一体化による決戦も絵空事になりかねない。日本の都市部を廃墟にしつつあったB29が、日本の沿岸水域に機雷の敷設をはじめると、本土と大陸との交通が遮断され、次第に通航が命がけになるのを身を以て知るのは、この直後からである。

右の訓示の第一項では、「現地自活の基礎樹立の観念を一擲し、邀撃決戦敢行の心構へに急速転換するを要す」（前掲戦史叢書　三八〇頁）と、現地自活方針から邀撃決戦態勢への転換が謳われている。アイタペ戦後、現地自活態勢の確立を目指して部隊を広く散開させたものの、予想外に豪軍の追求が激しく、現地自活方針を放擲して大急ぎで邀

撃態勢の確立に迫られた窮状を反映したものである。だがこの方針への転換は、吉原機関の設置が前提になっていたにちがいない。つまり現地自活に欠かせない食糧調達を吉原機関に託し、それ以外のすべての部隊を邀撃決戦態勢に入らせる方針であったとみられる。

昭和二十年三月、四月になると、アイタペ戦後、まだ数百名の兵力を有した部隊が、消耗の末に数十名、数名と、いよいよ消滅間近になる例が珍しくなくなった。あたかも蝋燭が燃え尽き、最後の焔が静かに消えかかる様に似ていた。それでもニューギニアの日本軍は戦いを止めようとはしなかった。ずっと以前に補給が停止したまま最前線のはるか後方に捨て置かれ、彼らがいくら奮戦しても、マッカーサー軍のフィリピン進攻戦、本土進攻作戦をいささかも邪魔できないことは明々白々であったが、それでも戦いを止めようとしなかった。戦う目的も失い、勝利の可能性が絶無であっても、降伏という選択肢が存在しない日本兵は戦い続けるしかなかった。

ニューギニアに残された若い将兵達がこの世に生を受けた大正時代の半ばからから、国家は国防の危機、ついで戦争による生命線の確保を叫ぶようになった。国民に戦争協力や戦費調達への協力ばかりを要求し、豊かで行き届いた福祉とは縁遠い生活しか与えなかった国家に対して、なぜこれほどまでに忠誠を尽くすのか、義理立てするのか。二、三ヶ月の苦難であればまだしも、二年半以上もの間、これほど過酷な戦闘をさせられ、挙げ句に見捨てられ、棄軍化されたにもかかわらず国家への忠誠は些かも変わりなかった。

天皇の赤子たる日本軍将兵は、天皇中心の国体・国家を守るのが使命とされ、そのためには身命を賭して戦わねばならないと繰り返し教育された。天皇の赤子としての使命を十分以上に果たしたのち、戦況の変化にともない前線から置き去りにされ、国家に対して直接的に貢献できなくなったとき、兵士に選択の自由を与える道もあったはずである。だがどんな境遇に至っても、命が尽きるまで天皇と国家のために戦いつづけなければならなかった。あまりに残酷であり、むごい掟である。死に方は餓死、病死、ニューギニアで多かった転落死や溺死のような無駄死でも、何でもかまわなかった。

明治時代にも大正時代にもなかったこんな不条理な戦争の仕方をいつ思いついたのか、従容として死を受け入れる将兵をどのようにつくったのか、日本軍はこうしたことに精力を使いすぎ、勝利を得る作戦の研究を怠ったにちがいない。合理性も科学性もなく、道理も常識もない戦いでは、将兵の戦死という代償によって、後世の歴史に「よく頑張った戦い」と書かれることがあっても、決して勝者の位置に立てることはなかったであろう。戦後の日本には、「よく頑張った戦い」をした日本軍を褒め称える人が少なくないが、それが目的でなかったことを思い起こすべきである。もし真の開戦理由が「よく頑張った戦い」をして日本人の心意気を示したかったのであれば、日本兵は感傷で国家の進路を決めるとんでもない指導者をいただいたことになる。

山南に戦闘が拡大し、第十八軍はジリジリと後退しながら消耗した。軍は各部隊の小銃弾の量を厳しく統制し、最後の決戦に一銃につき二十五発が残るように指導した。手榴弾はほとんど枯渇していたが、砲弾や飛行機爆弾の炸薬を抽出して手製の手榴弾を製造して各部隊に配布した。しかしニューギニアの高温多湿の気候のために、どうしても不発弾が多くなった。食糧については、豪軍が進攻するまでは、ウェワクが一大生産地かつ集積場であった。沖合のムッシュ島でコブラと椰子油が生産され、舟艇でウェワク周辺に散在する各部隊に支給された。ウェワクの海岸では食塩生産が行なわれ、煮沸作業時の焔や煙を見つけられるたびに空爆を受け、少なからぬ犠牲者を出した。それでも生産された食塩は、遠くセピック流域の部隊にまで届けられた。なお山南地区には塩分を含んだ湧き水があり、ウェワクに豪軍が上陸し製塩できなくなったあとは、もっぱらこの水で塩分の補給が行なわれた（吉原前掲書　二六六－七頁）。

ミラタ攻撃に失敗した三宅部隊に対する豪軍の追撃は激しく、四月中旬、マブリックに攻撃を加えてきた。豪軍は原住民工作を強め、そのため強い信頼関係にあった原住民にも裏切り者が出てきた。間断ない戦闘のために、三宅部隊等の戦闘部隊には農耕作業に当たる時間がなく、やむなく原住民が隠匿した蓄えを探し出しては空腹を満たす毎日であった。これがために原住民の憎悪がつのったことは当然である。やむなく三宅部隊は所在の部隊を支隊長の近くに集め、原住民との軋轢の種をなくし、防禦態勢の強化につとめた。

五月中旬、第二三九連隊が守備するワイガカムが奇襲を受けて陥落し、さらに第二ワイガカム、カラウ、ローネムを立て続けに喪失した。ワイガカムは三宅部隊と第四一師団との連接点に位置し、オニヤロープ、ガリツプ、トルコ方面への進出、マルンバ、ウルプ方面への進出にも便利な要地であり、これを失うことは周囲の邀撃作戦に重大な影響を与えずにはおかなかった。そのため四一師団長は、モサッポに後退させた部隊をさらに縮小し、その一方でトルコ方面に輜重兵第四一連隊を派遣して、ゲシャノブ、ツワビコム地区の防禦に当たらせた。また二三九連隊をワイガカムに近いクインボに進出させて、敵の進攻路に配置し、第二三八連隊にはミカウ、トカイカム、アブジ地区の確保を担当させた（吉原前掲書　二六七－九頁）。

この頃の三宅部隊の総兵力は千人を大きく割り込み、八百人前後に減少していたものと思われる。これだけの兵力を幅九キロ、深さ八キロの地域に割り振ると、どの陣地も十五人程度のわずかな兵力になり、連日行なわれる猛烈な砲撃や爆撃が運悪く陣地を直撃でもすれば、たちまち敵に突破口を与えることになりかねなかった。四一師団は辛うじて千三百人程度の兵力を有していたとみられるが、分散した守備隊の実情は三宅部隊と大差なかった（堀江正夫『留魂の詩』二九一－二頁）。日本軍は原住民の生活圏に無断で居候を決め込んだために、彼らの厳しい監視を受け、陣地の位置、兵力などの情報が敵に筒抜けになっていたらしい。五月末の時点で、新しい陣地を構築し防禦態勢を固めつつあった各部隊は、作業終了の目途を八月に置いたが、それ以降については見通しを持たなかった。つまり現状の消耗率から考えて、二十年八月頃に各部隊の兵力がゼロになるはずで、そうなると八月以降の戦いはありえなかった。

交通の要衝であったワイガムカは、四一師団と二十師団の担当地域の接際部であった。同所が陥落して、たちまち二十師団が守備する北アメリカ道に通じるマルンバ、ウルプ、オニヤロープが危険に瀕する一方、別の敵が一気にヤミール方面に迫り、善戦空しく占領された。地上の砲兵と航空隊とが連携して攻撃を加えてくる敵の戦法のために、時間の経過とともに兵力が消耗し、反撃が次第に衰え、かぼそくなった。六月三十日にマルンバが、七月九日にはウルプが陥落し、南アメリカ道と北アメリカ道の接点であるオニヤロープを残すのみとなった。

豪軍の攻勢について吉原は、「先ず我が守備地点に対し猛射を浴せ、空中よりの爆撃にてこれを粉砕し、守兵の死滅を待って攻撃を開始するの戦法に出て、我が抵抗に会するや更に砲爆撃を復行する」（前掲書　二七二頁）と、米軍もどきの火力集中戦法で日本軍を歩一歩と追いつめてきたと述べている。火力戦は必然的に武器弾薬を大量消費する戦闘になるが、これが日本人のいう物量戦である。豪軍は戦闘について、火力を集中して行なうものであると考えるがゆえに物量を投入するのであり、物量が豊富にあったから消耗戦を採用したというのは、戦後日本人が犯した大きな考え違いである。

豪軍には、物量が足りなければ時間をかけて辛抱強く備蓄し、必要量に達したところではじめて物量戦、火力戦を実施する思想があった。米軍の援助があったとはいえ、日本より生産力で劣るオーストラリアが苦心しながらも火力戦を進めた事実をみると、生産力が低く物量がないというのは、必ずしも火力戦をやらなかった理由にならない。要は火力戦を行なう思想があったか、それを実施するための教育・訓練を行なってきたか、これに対応する人事制度・部隊組織・補給体制等が整備されていたか、作戦計画立案の過程でこうした考えが採用されていたか、などが問題なのである。

弾薬を大量投入する火力戦と継続的補給とは表裏の関係にあり、輸送力、補給力なしには成立しなかった。戦後、日本は補給・兵站を軽視したとか、ないがしろにしたと批判されるが、補給軽視の思想が独立してあったわけでない。火力戦の思想がないから、補給・兵站を重視する発想が生まれてこなかったというだけのことではないだろうか。突撃中心の白兵戦を優先すれば、補給・兵站よりも兵士の精神力が重大視される。換言すれば、火力集中による攻撃で突破口を開く火力主義は、武器弾薬を大量に消耗する物量戦に発展し、どうしても補給・兵站線の確保が不可欠になる。突撃による敵陣突破をはかる白兵主義は、物量より突撃を敢行する兵士の精神と突撃力が重視され、そのために弾薬の補給に対する扱いはどうしても軽くなった。

先に論じた如く、仮に有り余る物量が日本軍にあったならば、日本軍も物量戦、火力戦を実施したか否かを推論するのは興味深い問題である。質素倹約を至高の美徳と考え、物量の無駄遣いを悪徳として批判してきた日本軍は、おそらく物量を消耗する火力戦を否定したにちがいない。日本軍がはぐくんだ質素倹約の思想と火力戦にともなう物量戦とは相容れない文化であり、短期間に変わることはなかったであろう。日本には物を大切にする伝統的精神風土があり、明治以来この精神の体現者が日本軍とくに陸軍であったことからみて、陸軍が率先して物量戦をやることなどありえなかった。

近代戦が物量戦、火力戦であることを一番よく知っていたのは、外国の戦争をつぶさに見学し、多くの資料を回覧した陸海軍の高級将校たちである。（「偕行社記事」第五九三号所収　烟霞生「火力戦闘の主体は歩兵火なりや砲兵火なりや」一二二頁）。一方で下級将校、下士官、兵士たちは、指導されるがままに突撃力に磨きをかけ、突撃力を高める工夫と訓練に日夜励んでいた。軍の指導者、高級将校たちは世界の趨勢を知りながら、伝統的な白兵主義、突撃戦法を踏襲し続けるのを黙認していた。開戦後、連合軍のもの凄い火力、物量にびっくり仰天したというが、それは世界の趨勢を教えられなかった下士官や兵士たちの話で、中央の指導者や高級将校は、昭和十四年のノモンハン事件でもその威力を見せつけられ、その凄さを知らなかったとは考えにくい。

太平洋戦争における敗因の一つは、時代錯誤の白兵主義に固執した軍指導者の頭脳にあったというべきである。物量が決して豊かでなかった豪軍や英軍も火力集中主義で日本軍に打ち勝ったように、その国家に生産力があるがゆえに、弾薬を大量に消耗する火力戦を行なうのだという戦後の日本人の解釈は不適切である。明治時代から続いた白兵主義を変えず、火力戦が世界の常識になったことを知りながら、あくまで質素倹約の精神を正しいとかたくなに信じ続け、世界の趨勢に背を向けて精神主義及びそれに基づく戦法を兵士達に押し付けた軍の指導者、その機構に問題があった（荒木紫乃「日本陸軍における火力主義と白兵主義の相克」六三頁）。言い換えると、軍の指導者たちが世界の趨勢、常識を知りながら、軍の組織制度、戦術思想にも一切手をつけないまま太平洋戦争に突入し、事前にわかっていた連合軍の火力戦、物量戦にはね返されたことが問題なのである。

二十年七月二十五日付の「猛作命甲第三七一号別紙」は、安達司令官の「玉砕命令」といわれるものである。「軍主力決戦計画の大綱」に基づき、「状況極度に逼迫し各種戦力亦尽くるに至らば、軍司令部を中心とし、概ねヌンボク周辺の地区に於て玉砕し、以て軍に負荷せられたる具体的任務の大部を達成し、祖国の難局に殉じて真に軍の本領を発揮顕現す」と、戦力が尽き、任務を達成し、いよいよ「玉砕」の時が来たと結ぶ。ヌンボクは十八軍司令部のある場所であり、最後の死に場所になるはずであった。ついで三項からなる「指導要領」を明らかにするが、ここでは、その中の（二）、（三）を引用する。

（二）　最後線前方及最後線の邀撃は弾薬糧食の存続する限り極力永く敢行するものとし九月末迄を以て最小限の目標とす。

（三）　最後線の戦闘に於て状況極度に逼迫し且各種戦力亦尽きんとするに至らば、軍主力を現軍司令部位置たるヌンボク周辺の地区に集結して一団となり、最後の決戦を敢行し玉砕す。

九月末までのあと二ヶ月を堪え、最後は軍司令部のあるヌンボクにおいて決戦を敢行して果てるというのが、軍の最終作戦計画であった。これまでの消耗率から推算して、九月頃が最後になるものの、また敵のヌンボク接近もその頃になると見積り、立てられた計画であろう。しかし豪軍の進撃速度は予想を大幅に上回り、八月初旬にはヌンボクに対する包囲網の締めつけがはじまり、到底九月までは持ちこたえられない戦況であった。

ヤミールを攻略した豪軍は北アメリカ道を進攻し、イルペン、カボイビスに進み、八月一日、工兵第二十連隊及び船舶工兵第五連隊と豪軍との間で猛烈な戦闘がはじまった。この時、セピック方面より持ち込んだたった一門の迫撃砲が、それもたった五発の砲弾を豪軍の上から打ち込んだ。ウェワク及び山南での戦闘で、日本軍がはじめて使った火砲であった。日本軍の火砲による攻撃が絶えて久しく、日本軍にはもう小銃しかないものと決めてかかっていた豪軍は、びっくり仰天したことであろう。迫撃砲一門の登場が大ニュースということは、いかに日本軍が劣悪な条件で戦っていたかを物語る。同じ頃、斉藤義勇隊が、残された唯一の戦法である遊撃戦によってグルマネーブ、イリベン、アラカンヘットの豪軍幕舎を相次いで爆破し、豪軍を大いに恐怖させた（吉原前掲書　二七三頁）。

エパノム方面では、七月二十日頃から砲爆撃が激しくなり、二十八日にはアエグリン陣地が白兵戦ののちに陥落、八月十日には、エパノム高地一帯が敵の手に落ちた。またヌンビーフ地区を守る第七八連隊は、兵力が百名前後にまで落ち込んでいたが、（『丸別冊　地獄の戦場』所収　斉藤顕「山南地区の邀撃決戦」三五八頁）ミラタ方面から押寄せる敵に陥落一歩手前まで追いつめられたものの、北アメリカ道のアリス、クラクモン附近を確保したまま終戦の日まで持ち堪えた。豪軍は追いつめた日本軍に砲弾をぶち込む必要もあるまいと考えたのか、連日スピーカーによる食欲を刺激する投降を勧告し、飢餓状態の日本兵はこれに堪えなければならなくなった。

第二三八連隊は、二十年五月には主力がアブジに、先鋒の第二中隊がミカウの陣地に立て籠もった。その後、徐々に後退して七月になると、カリップ、ツワノフ、ブキワラに散開した。同月下旬、トルコが陥落し、八月一日にパン高地を取られると、ジャメ、タケも相継いで奪取された。豪軍は自軍に無用の犠牲者を出さないため、激しい砲爆撃を浴びせるものの、日本軍が頑強に抵抗すると、決して無理な進撃をしてこなかった。ここでもスピーカーによる投降勧告があり、兵士達はこれを聞かないではいられなかった。「ライスカレー、ビフテキ、みそ汁を用意して待っています」と呼びかけられると、兵士達の喉が音を立て、腹の虫がグーグーと賑やかに鳴り、精神的に動揺するのを止められなかった。

八月十日、軍司令部は大本営に向けて全員玉砕を打電し、送信機を破壊している。モダンガイにいた第六六連隊は、その西南方のヌモイカムを玉砕地と指定された（飯塚栄地『パプアの亡魂』二五八－六〇頁）。十四日、各地に散在している生き残り兵は、最後の地とされたヌモイカムに向けて移動を開始、これを見た豪軍が激しく攻撃してきた。

死ぬと決めていたので、誰も匍匐もせずそのまま歩き続けたが、不思議と当たらなかった。第四一師団第二三八連隊の一部も十四日に豪軍と遭遇し、こちらはメチャクチャに撃たれている（『丸別冊　地獄の戦場』所収　梶塚喜久雄「山南複郭陣地の防禦戦」三七九頁）。日本政府がポツダム宣言を受諾する十四日までニューギニアでは戦闘が続き、いつもと変わるところがなかった。あと数日、戦闘が続いていたとすれば「玉砕」が敢行され、山南地区には、間違いなく原住民の両手と両足の指で数えられるほどのごく一握りの生き残りに過ぎなくなっていたであろう。

（二）米軍のモロタイ島上陸と飛行場建設

昭和十七年半ばからはじまったニューギニア戦は、丸二年後の十九年八月に勝敗がついたが、これだけの長期戦になると、はじめと終りでは、両者の兵力や勢い、使用される兵器、戦法などが大きく様変わりしている。

米陸軍省編『日本陸軍便覧』（Handbook on Japanese Military Forces, War Department.1 October　一二四頁）が認めているように、ニューギニア戦のはじめの頃、日本軍は著しい成功をおさめた。しかし終りの時期になるとすっかり勢いをなくし、制海権、制空権を握って立場を変えた連合軍に一方的に押しまくられるに至った。ことに後退する日本軍の先回りをして上陸して追いつめる飛び石作戦のために、日本軍は多くの将兵と貴重な兵器を失った。また「零戦」や「隼」といった軽快戦闘機の活躍で優勢を誇っていた航空部隊も、頑丈で故障知らずの重量米軍機との連日繰り返される航空戦の過程で見る影もなく弱体化していった。米軍のP47やP38の高速戦闘機が制空権をがっちり固め、圧倒的爆弾搭載量を誇るB24や超低空爆撃を得意とするB25が我が者顔に飛び回って、日本軍に大量の爆弾を投下した。米軍は、高い稼働率によって連日百機、二百機の飛行機を飛ばすことができたが、低い稼働率の日本機は数十機が限界で、あとになるにつれ機数が減って、数機で出撃というのも珍しくなくなった。

十八年前半までは、陸上兵力も航空兵力も戦場によっては日本軍の方がまさり、連合軍の地上軍の主力も豪軍であ

南東方面地図

った。十八年後半から米陸軍が前面に出はじめ、これ以後、アメリカ本国からの増援部隊がつぎつぎと到着し、日本軍を圧倒しはじめた。ブナ・バサブア戦の頃はＭ２戦車であったが、そのうちに厚い装甲と七六ミリ砲を持ったＭ４戦車に変わった。火砲については、連合軍側の保有が日増しに増え、消費弾薬量と着弾観測体制の充実とが相俟って、日本軍をして「敵の圧倒的火力」と呼ばせるまでになった。連合軍の火炎放射器の多用も見逃すことができない要素で、守勢に回り洞窟に立て籠もりはじめた日本軍にはとくに有効であった。

沿岸補給は、米軍の魚雷艇に手も足も出なかった。陸上輸送が困難なニューギニアにおいては、大発や漁船を使う海上輸送に多くを託したが、大量に配備された米魚雷艇によって先細りとなって、陸上部隊の飢餓を加速した。マッカーサー麾下の海軍はキンケイドによって指揮され、主力は駆逐艦と潜水艦であったが、これでもニューギニアでは十分すぎる戦力であった。キンケイドの艦隊は十八年三月に第七艦隊へと発展するが、以後も駆逐艦を主力とし、小回りの能力と高速性を生かして陸上戦に参加した。

ニューギニア戦期間中に米軍の戦力が日増しに増強され、逆に日本軍の力が日に日に弱体化し、アイタペ戦で勝敗がついた十九年八月初旬の頃には、日米の戦力には途方もないほど大きな差がついた。それを実感させられたのがモロタイ島戦であった。

西部ニューギニアを席巻したマッカーサー軍は、フィリピン進攻準備の総仕上げとして、フィリピン・ミンダナオ島とニューギニア西端との中間より若干ニューギニア寄りにあるモロタイ島に飛行場建設を企図した。航空機の傘を重視するマッカーサーは、ニューギニアからでは遠すぎるとして、モロタイ島に飛行場を設置し、これを基地とする航空隊が、フィリピン各地に進攻する米地上軍を援護する態勢をつくり出そうと考えた。足の長いB24重爆撃機やP38戦闘機をモロタイ島に配備し、これによって形成される航空隊の傘をフィリピンにまで張りめぐらそうというのである。

十九年五月五日に参謀本部が出した「十一号作戦準備要綱」の第一項に、「三角地帯（ハルマヘラと西北部ニューギニアを一地区としたもの）の戦備を重視しつつ比島の戦備を整える」（戦史叢書『捷号陸軍作戦〈1〉』四七頁）とあるように、日本側もモロタイ・ハルマヘラの争奪戦がフィリピン戦の前哨戦になると考えた。両島防衛に当たる予定であった石井嘉穂中将の第三二師団は、満洲から派遣された部隊だが、航行の途中で二度も敵潜水艦攻撃を受け、とくに基幹部隊であった第二一二連隊が多くの将兵と重火器を失い、そのまま五月九日にハルマヘラのワシレ湾に辿りついた（ハルマヘラ戦記編纂委員会編『ハルマヘラ戦記』一五頁）。このため最初から不十分な兵力と火力とで、両島防衛を行うことになった。十二日に石井師団長は、部隊の担当地区を定めて指示した。その概要は以下の通りである。

東地区	隊長　宮内大佐	歩兵第二二二連隊一個大隊基幹
モロタイ地区	隊長　守田大佐	歩兵第二一一連隊一個大隊基幹
タラウド地区	隊長　木場大佐	歩兵第二一一連隊一個大隊基幹
トペロ地区	隊長　三田村中佐	歩兵第二二二連隊一個大隊基幹
根拠地区	隊長　武田少将	第一野戦根拠地隊
直轄部隊		歩兵第二二二連隊二個中隊

（モロタイ戦友会編『あゝモロタイ』五頁）

モロタイ島は、狭い水路を挟んでハルマヘラ島と対置している。そのため、日本軍は両島を一つとして捉え、防備態勢も一括して考えた。米軍がニューギニアの次にハルマヘラかモロタイに来攻するものと予想した第二方面軍の阿南は、七月四日、「艦隊及び航空部隊の協力は期待しえず、師団は主力を以て重点的にワシレ、ガレラ、トペロ地区を確保、東海岸及びモロタイ地区は監視警戒地帯とす」（昭和一九年七月四日作成「ハルマヘラ会敵作戦計画」）と、部隊主力をハルマヘラ島に配備して要地の確保につとめ、モロタイとハルマヘラ東北半島には部隊を置かず、単に監視警戒のみを行なうこととして部隊配置の変更を行った（モロタイ戦友会編前掲書　八－九頁、前掲戦史叢書　一七七頁）。その概要は次の通りである。

東地区	隊長　田中大尉	歩兵第二二二連隊一個大隊基幹
モロタイ地区	警戒隊長　先任中隊長	歩兵第二一一連隊の二個中隊

タラウド地区	隊長　木場大佐	歩兵第二一一連隊一個大隊基幹
トベロ地区	隊長　守田大佐	歩兵第二一一連隊主力
ガレラ地区	隊長　能島大佐	第十派遣部隊
ワシレ地区	隊長　大内大佐	歩兵第二一〇連隊主力
ダル地区	隊長　三田村中佐	歩兵第二二二連隊二個中隊
根拠地隊	隊長　武田少将	第一野戦根拠地隊

この方針に基づき、モロタイ島の第二一一連隊はハルマヘラ島トベロ地区に後退し、モロタイ島には、川島威伸少佐を指揮官とする四五〇名から成る第二遊撃隊（モロタイ戦友会編前掲書　一三－一九頁、四箇中隊編制、幹部は陸軍中野学校出身者主体、兵は台湾高砂特別志願兵。なお台湾高砂特別志願兵については、モロタイ戦友会編前掲書二一－二七頁を見よ）と、同島北部の電探警備隊一個小隊が置かれるだけになった（前掲戦史叢書　一七八頁）。もし米軍がモロタイ島に上陸した場合には、ハルマヘラから部隊を派遣して逆上陸作戦を行ない、上陸した米軍に対する遊撃戦を計画した。だが、いみじくも艦隊と航空の支援が期待できないとする阿南の明言は、モロタイ島への逆上陸が不可能であることを間接的に認めたに等しかった。戦史叢書が「その根本方針はモロタイ島を確保する意志のものではなく、極力、敵の飛行場使用を妨害する持久目的」（前掲戦史叢書　五七三頁）であったとしているのは、至当な解釈であろう。

　ビアク島戦が十九年七月二十二日の持久戦転換命令により事実上終了し、米軍の飛行場整備も急速に進んだ。サルミ対岸のワクデ島の戦いも終わり、米軍の飛行場建設は急速に進んだ。二十六日頃からビアク島対岸のオウイ島も含めた飛行場群が本格的に稼働し、二十七日にハルマヘラのワシレ湾に延百八十機、ハテタバコにB24重爆撃機七十機が来襲した。八月八日にB25中爆撃機数十機が、十一日には機数不明の同型機がワシレ湾及びヘヤホール地区に来襲した。大量の航空燃料、武器弾薬、医薬品を失い、機帆船、大発、漁船十二隻を喪失、十三日に四十機のB24がワシレに来襲した（モロタイ戦友会編前掲書四〇－四三頁）。二十一日、ワシレにある三二師団司令部に直撃弾が命中し、吉田参謀長、山本参謀、司令部将校以下九名が戦死した（モロタイ戦友会編前掲書　三八頁）。このような攻撃を受けて陸軍第七飛行団の航空隊は、八月初旬にハルマヘラからアンボン島のラハ飛行場、メナドのランゴアン飛行場に退避して作戦に従事した。実動戦力は戦闘機、爆撃機、偵察機合わせて五十機前後に過ぎず（戦史叢書『捷号陸軍作戦〈1〉』一七七頁では五十二機、『西部ニューギニア方面　陸軍航空作戦』五五九頁では五十機、五八一頁では八月下旬の出動可能機数を四十六としている）、米軍の航空攻撃に対してほとんど無抵抗に近かったといえる。二年に及ぶニューギニア戦を通して陸軍航空隊は消耗し続け、ビアク島戦においてきわめて低調な活動であったが、モロタイ島ではさらに鈍くなった。

ハルマヘラ島・モロタイ島概略図

米軍機の攻撃はハルマヘラに執拗に行われ、モロタイ島への襲撃は少なかった。上陸地点を暗示させない欺瞞作為であったことが、間もなく明らかになる。第七飛行師団第七十中隊の司偵は実動

モロタイ島の米軍飛行場

わずかに一、二機で、米軍の動きを察知するには少なすぎた。サルミ近くのマフィン、アイタペ、ワクデ島に集結した上陸船団が、指揮官チャールズ・ハル少将麾下の米第六軍所属の第三一歩兵師団を乗せ、九月十日前後に出港したが、これを捉えることができなかった。船団は、米海軍第七七戦隊（空母六、重巡二、軽巡三、駆逐艦十）に守られてモロタイ島に近づいた。同島上陸兵力は、戦闘部隊が二七、九〇七人、補給等に当たるサービス部隊が一二、一九八人、合計四万人余という大部隊であった（ハルマヘラ戦記編纂委員会『ハルマヘラ戦記』一一七頁）。

九月十五日午前六時半頃、モロタイ島上空に見慣れない米海軍艦載機グラマンが現れ、激しい銃撃を加えてきた。ニューギニア戦は日米（豪）陸軍が激突した戦場であり、いつも飛んでいたのは双方の陸軍機であった。日本側ではラバウルの海軍機がしばしば登場したが、米軍側は爆撃機主体の陸軍航空隊が制空権・制海権を完璧にしていたから、海軍機が登場することは稀であった。六月のマリアナ海戦で米海軍が日本海軍に圧勝し、機動部隊をマッカーサーの作戦に参加させる余裕ができたのであろう。その後、モロタイ島だけでなく、陽動作戦としてハルマヘラのガレラ、トベロ地区にも激しい艦砲射撃を加えている。

米軍部隊は、八時半過ぎ、日本側の予想を裏切ってモロタイ島に上陸作戦を開始したが、何等の抵抗も受けなかった。五百人に満たない遊撃隊しか置いていなかった日本軍は、はじめから水際での阻止を捨てていた。しかし二箇所から上陸した米軍は幅五十メートルにも満たない複雑な暗礁に苦しみ、肩まで水没して溺れそうになる兵士、穴に落ち、動きが取れない車両が続出した。それでも飛行場獲得を目的とする作戦は推進され、日本軍の抵抗がないことにも助けられ、午後までにピトー飛行場を占領し、直ちに実地調査を行っている。

この結果、日本軍の軽量な飛行機用の滑走路では、重い米軍機の使用は無理と判断され、ほかに適地を探すことになった。その結果、ギラ岬に近い南海岸のワマ付近に適地を見つけ、ブルトーザーなどの土木機械を陸揚げして工事に取り掛かった。十六日間で樹木の伐開、表面土石のはぎ取り、珊瑚礁を輾圧して形を整える成形作業を終えた。二日間で米軍独特のスティールマットを敷き詰めて、工事開始から十九日目の十月四日に離発着が可能になった。米軍の工事とすれば、長期の部類に属する。滑走路は千五百メートルと米軍の基準からすれば短く、戦闘機用として使うことにした。周囲に百前後の航空機用掩体を建設し、米軍とすれば中規模の飛行場であった。これがワマ飛行場である。

爆撃機用の滑走路は、日本軍が建設したピトー飛行場より東側の台地に新たに建設することになり、九月二十三日から工事が開始された。この飛行場もピトー飛行場と呼ばれた。二千百メートルの滑走路が二本、B24爆撃機が収まる掩体が百五十以上もあるとてつもなく巨大な飛行場になり、米軍がレイテ湾口に位置するスルアン島に上陸する十月十七日に完成した。フィリピン進攻作戦には、大航空戦力の投入が必要であると考えていたマッカーサーの企図を具現化したものである（戦史叢書『西部ニューギニア方面陸軍航空作戦』六〇八頁）。爆撃機用飛行場からは、連日B24爆撃機隊が、戦闘機用飛行場からは護衛の改良P38戦闘機隊が飛び立ち、フィリピンの日本軍飛行場や地上部隊の集結地に猛爆を加えた。日本軍もB24の爆撃がよほどこたえたのか、再三再四、百式重爆撃機隊をモロタイ爆撃に派遣したが、分厚い防空態勢に阻まれ、首尾良く飛行場に爆撃を加えることができた機は少なかった。

米軍の上陸時、ほとんど何もできなかった日本軍だが、間もなく島に残った川島少佐の第二遊撃隊が活動をはじめた。激しい斬込を何度も実施し、四度も感状を授与されているが（ハルマヘラ戦記編纂委員会前掲書　三五頁）、米軍側にこの遊撃隊に手を焼いた記録がなく、それほどの打撃を与えていなかった。一方、ハルマヘラ島の本隊も、飛行場建設が本格化した九月二十日頃から、当初の作戦計画通りにモロタイ島に逆上陸し、遊撃戦を展開することになった。九月二十二日の逆上陸作戦を手始めに、都合十一回にわたって実施されたが、その戦果はお世辞にもはかばかしいとはいえなかった。以下に作戦経過の概略を紹介する。

モロタイ逆上陸作戦経過

次別	期間	兵員	指揮官	備考
一	一九、九、二二－一〇.七	三六〇	中島、岩崎、丸茂中尉	上陸成功
二	一九、一〇、五－一一、四	一五三	大内大佐（二一〇連隊長）	二一〇連隊主力失敗・一五三名成功
三	一九、一一、三－一二、五	四四五	守田大佐（二一一連隊長）	二一一連隊主力成功
四	一九、一一、二四－一二、五	一七五	有本大尉	第一〇派遣隊成功
五	一九、一二、一四－一八	五六	飯田中尉	二一一連隊第一二中隊、一部失敗

六	一九、一二、二〇－二三	四九	坂本少尉	二一一連隊第一一、一二中隊一部成功
七	二〇、一、七－一一	六七	大内大佐（二一一連隊長）	二一一連隊第三大隊一部成功
八	二〇、二、八－一一	四一	一井中尉	二一一連隊第一〇中隊・一〇派遣隊
九	二〇、二、二三－二六	不明	遠部少尉	糧食欠乏のための輸送失敗
十	二〇、四、一〇－一八	不明	武尾少尉	糧食欠乏のための輸送失敗
十一	二〇、五、九－一二	三八	小谷勇少尉	二一一連隊第一〇中隊、糧秣一一屯

（『あ、モロタイ』七四－二五〇、五四八頁より作成）

逆上陸部隊の主力であった第二一一連隊は連隊長以下九六三名、その他に上陸した者や川島少佐の第二遊撃隊を合わせ、遊撃戦に従事した部隊の総称をモロタイ支隊と呼び、合計二、四九四名にのぼる。第九回上陸作戦の頃から、支隊は兵員よりも糧食の輸送を強く要請するようになった。第十一次逆上陸作戦が行われた二十年五月下旬から降伏までの三ヶ月間に飢餓状態が悪化した。作戦に従事した支隊は、モロタイ島上陸後、農耕に従事しながら遊撃作戦を遂行する方針になっていたが、そのようなのんきな行動ができるわけもなく、しかも後続部隊が次々にやってくるため、備蓄食糧が底を尽き、ハルマヘラ島からの糧食輸送もうまくいかなかったために、ついには餓死者を出す結果になった（『あ、モロタイ』二五〇頁）。上陸部隊を斬込隊とも呼んだように、悲壮な覚悟で遊撃戦に臨んだが、米軍陣地への接近も猛烈な火網に遮られ、それがかえって兵力の損耗を抑制し、備蓄食糧の消耗を早める原因になった。

モロタイ島での戦没者は合計一、六九三名（『あ、モロタイ』では一、七一二名、五五一頁）で、その内訳は三二師団が一、〇一九名、三六師団が一三一名、第二軍直轄部隊が四三一名、その他が一一〇名である。前述のモロタイ支隊の総計である二、四九四名から戦没者総計を引くと、終戦時まで生き残ったのは八〇一名になり、三十二%の生存率となる（『ハルマヘラ戦記』八三頁）。ニューギニア戦を見続けてきた目からは、比較的高い生存率として映るが、その原因は米軍の出方にあった。

モロタイ支隊が農耕自活に取り組みはじめたのは二十年二月末のことで、まずサゴ椰子から澱粉の採取を試みている。また三月二日には各隊間で農地の使用協定を取り決めている。それ以前にも農園の名称の存在が伝えられているので、農耕が行なわれていたのは間違いない（前掲『あゝモロタイ』四九八－九頁）。

モロタイ支隊の幹部には陸軍中野学校出身者が多く、また兵員のほとんどは台湾高砂特別志願兵の精鋭であり、戦闘が巧みであったことや現地の実情に明るかったことが、終戦までに高い生存率を維持する一因になった（戦史叢書『捷号陸軍作戦〈1〉』一七八頁）。しかし最も大きな理由は、米軍がフィリピン作戦に対する航空支援だけにモロタイ島の使用を決めていたことにある。上陸するや否や、米軍は飛行場建設に取り掛かり、これを取り囲むように「蟻のはい入るすきもない濃密」（前掲戦史叢書　一七八頁）な陣地線を構築して防禦態勢を固め、あとはフィリピン進攻への作戦機の円滑な離発着の維持だけにつとめた。言い換えると、陣地線を固守する米軍は、これを越えた掃討戦をほとんどしなかったために、モロタイ支隊が斬込突撃をしないかぎり、日本側に戦死者が出ることはなかった。日本軍がおとなしくしてさえいれば、米軍は放置してくれたのである。

ところがそれまで日本軍の斬込みをあしらうが如くはね返すだけであった米軍が、二十年一月末頃から日本軍陣地に砲撃を加えはじめた。フィリピン戦の進展にともない、米軍はモロタイの航空部隊や地上部隊をフィリピンに移しはじめた。兵力の比島移転にともない基地防禦力が低下する以前に、日本軍を徹底的に叩いておく必要から、それまでなかった砲撃を日本軍陣地に加えたものと思われる。こうした日本軍を無視し相手にしない態度は、フィリピン戦に全戦力を集中し、これ以外の戦場での人命や弾薬、わけても時間の消耗は無駄であるというアメリカらしいやり方である。やると決めれば、自己の能力を顧みず、ガ島でも、インパールでも、中国大陸でも戦闘を起こしてきた日本軍の指導者には、到底真似のできない合理的戦争指導であった。

モロタイ支隊は、大掛かりな作戦を行わなず、少人数による斬込を盛んに行ったが、それが中野学校の方式なのであろう。だがこの方式では、米軍側の猛烈な火力には歯が立たず、文字通り火の壁に針金もあけられずにはね返された。米軍はピトー飛行場が運用を始めた日にレイテ湾口に上陸し、早速ワマ及びピトーの両飛行場からＰ38戦闘機、Ｂ24爆撃機が出撃して作戦を行なった。レイテ島に米軍の前線飛行場が開設されると、モロタイの二つの飛行場は航空機や弾薬、部品類の補給基地となる一方、前述のようにモロタイの航空隊が次々にフィリピンに移動していった。モロタイ島の飛行場がフル稼働したのは、せいぜい一、二ヶ月に過ぎない。それゆえに米軍にすれば、飛行場とその周辺を固めるだけで十分であり、犠牲者を出してまで同島全体を占領するのは無駄骨と考えたのであろう。

東部ニューギニア戦の頃と比べ、戦闘場が西へと移動してくるにつれ、米軍の戦力が日増しに巨大化し、逆に日本軍の戦力が急速に縮小して勝敗を決着する時間がどんどん短縮されてきた。フィリピン進攻のためには、すでに大きな脅威でなくなった日本軍との無益な戦闘、余計な作戦を避ける合理的な作戦が、西進を加速させた。

モロタイ戦では、日本軍の航空隊の中に米軍に突入し自爆を試みる機が何例か見られた。必死を承知の上で行なっていることからみて、「特攻」と見なしてもおかしくない。両軍の戦力格差が隔絶した状況が、「特攻」という最後の手段を実行させたのであろう。モロタイ戦で行なわれた「特攻」は、つづくフィリピン戦では組織的に行なわれるようになり、これを「特攻作戦」と呼ぶ。地上軍の「玉砕」が航空隊にも伝染するのは不可避だが、「玉砕」が早くから行なわれていたのに比し、「特攻」がこれほど遅くなったのは、貴重なパイロットを失いたくないという意識が働いていたためと考えられる。

（三）　米軍のフィリピン進攻

昭和十九年七月、ホノルルに呼ばれたマッカーサーは、ワシントンからきたルーズベルト大統領、太平洋方面最高司令官のニミッツらと話し合い、次の進攻路問題に決着をつけなければならなかった。ニミッツは、マッカーサーから二個師団と若干の飛行中隊を出してもらえば海軍の力で台湾を攻略できると主張したが、どう見ても無謀な計画としか思えなかった。台湾をグアムやサイパンの延長ぐらいにしか考えず、陸軍の援軍は最低限という見積りに呆れている。内陸部に入ったら戦艦の大砲は届かず、空母搭載の火力の小さな艦載機だけが地上軍を支援できる唯一の手段になる。

米海軍作戦部長キングやニミッツの考えは、中部太平洋の島々から台湾を席巻して中国に上陸し、日本と大陸との連絡を遮断すれば、戦争を早期に終わらせることができるというものであった。だが米海軍が行った上陸作戦の戦死者が意外に多く、時間もかかったことからみて、中央の山岳地帯に避難地のある台湾に対する作戦では、どれほど犠牲者が出るか想像もつかなかった。ことに台湾には、百万以上といわれる日本人、三百万と推計される親日的な高砂系・中国系現地人がおり、これら住民がどのような行動をとるか予断を許さなかった。台湾出身の高砂族義勇兵が、南方戦線でいかに勇敢に日本兵とともに戦ったか改めて述べるまでもあるまい。自分たちを日本人と信じ、日本兵以上に忠義に厚く、死を恐れない勇敢さには、どれほど多くの日本兵が助けられたかわからない。こうした高砂族兵士の家族、部族が住む台湾には、中国系住民も多くいたが、日本人との関係もよく、連合軍が来たからといって寝返るような可能性はなかった。ニミッツは海軍軍人らしく、上陸後に相まみえる日本軍だけでなく台湾現地人との戦いについては関心を持っていなかった（マッカーサー前掲書　二三〇頁）。

一方マッカーサーは、ニューギニアで勝利してフィリピンに直進すれば、日本本土と南方資源地帯の通航を完全に遮断できると考えた。そうすれば資源の入手が困難になった日本の戦争継続は早晩不可能になるという、戦略的合理性を重視するマッカーサーらしい発想である。日本を戦争に駆り立てたのは日本陸軍の好戦的エネルギーだが、マッカーサーとニミッツの戦略で、どちらがこのエネルギーを吸い上げられるかという観点からみれば、すでに長期のニューギニア戦を通じてフィリピンに日本陸軍を集めたマッカーサーの主張に分があった。

陸軍軍人であるマッカーサーは、ニミッツと違って住民の動向に関心があった。彼はフィリピン人千七百万人はすべてアメリカに忠誠を誓い、米軍の来るのを待っているとルーズヴェルトを説いているが、忠誠はともかく親米であり、反日であったことは間違いない（マッカーサー前掲書 二三二頁）。また元フィリピン将校、米軍将校に率いられたゲリラ部隊が全土で活動を逞しくし、日本軍の占領支配は事実上点と線に限られるだけになっていた。日本軍の行動はゲリラに常に監視され、情報は逐次米軍にもたらされた。米軍の比島上陸は現地人の歓迎を受け、その協力の下で作戦の大いなる進捗が期待されたことは、台湾上陸案と決定的に違っており、マッカーサーのフィリピン進攻案に分があった（『マッカーサー大戦回顧録』上 二三〇－一頁）。

マッカーサーがこれまでの作戦指導で見せたのは、ニミッツのやり方にくらべて戦死者が著しく少ない点に特徴があった。豪陸軍に代わって前面に出るようになったグンビ上陸作戦からサンサポールまでの米軍戦死者数は僅かに一、九七二人、戦傷者一万四千余人に過ぎなかった。ウィロビーによれば、「海軍の島伝い戦法は正面衝突となって多大な人命の犠牲を出したのだが、マッカーサーの戦法は側面を機動進撃するというものであった」（『マッカーサー戦記』Ⅱ 一六三－四頁、Ⅲ 五三頁）から、犠牲者を非常に少なくすることができたとしている。ニミッツ麾下の米海軍が担当したタラワからアンガウルまでの攻略作戦において、戦死者数八、六九一人、戦傷者二万八千余人にのぼり、飛び石作戦を採用したマッカーサーがいかに出血の少ない効率的作戦を行ってきたかがわかる。このあとニミッツは硫黄島、沖縄戦においてさらに多くの犠牲を出したが、フィリピンに進んだマッカーサー軍の犠牲者は驚くほど少なかった。

ニミッツの米海軍が昭和二十年夏に台湾に進攻する計画では、マッカーサーの役割は若干の兵力の提供だけであった。しかしサイパン島やグアム島の戦闘でも多くの犠牲者（戦死四千八百余人、戦傷一万八千七百余人）を出した米海軍のやり方では、台湾のような大きな戦場ともなれば、はるかに多くの出血は避けられなかったにちがいないし（『マッカーサー大戦回顧録』上 二三四頁）、何より海軍が台湾のような広い陸上での戦闘ができるとはとても思えなかった。マッカーサーは、台湾に進攻した場合、フィリピンの日本軍三十万をどうやって押さえ込むのかをニミッツに訊ねているが、明瞭な回答がなかった。しかも米軍はフィリピンの日本軍を三十万と計算しているが、実際は倍以上の六十六万もいたのである。

ルーズベルトも海軍の説明に不安を感じていたらしく、次第にマッカーサーの言い分に耳を傾けるようになった。マッカーサーはフィリピンを攻略した場合の利点を述べ、南方資源地帯との通航を完全に遮断することが可能で、そうなれば資源の輸入を断たれた日本の産業は生産麻痺に陥り、戦争遂行が不能となって、早期に降伏するしかなくなるであろうと結んだ。ニミッツに比べると戦略的考証がしっかりできており、その論点は現実的である上に飛躍がなかった。ニミッツが海軍の力だけで台湾進攻をやろうとしていたのに対して、マッカーサーの計画は海軍や航空隊の支援を受けながら、陸軍部隊がフィリピンに進攻するもので、堅実で成功の確率の高いことが看取された。結局、ルーズベルトはマッカーサーの計画を承認した（『マッカーサー戦記』Ⅲ　四六－七頁）。

マッカーサーはフィリピン進攻作戦計画に「レノ作戦計画第Ⅴ号」からとった「マスケティア（小銃兵）」と名付け、三つの作戦段階を取るように設定した。第一がミンダナオを、第二はレイテを、第三はルソンを攻略目標とするものであった（『マッカーサー戦記』Ⅲ　四九－五〇頁）。マッカーサーのこれまでの作戦をみると、航空機の傘を広げられる範囲内にしか、決して陸上部隊を進めなかった。ニューギニアを事実上席巻し終えたマッカーサーにとって、来たるべきフィリピン進攻上の懸案は、ニューギニアを離発着する航空機が確実に傘をフィリピンまで広げられるかにあった。

こうした懸念をよそにケニーの航空隊は、飛行機の基本性能の向上のお陰で、ニューギニア西端のサンサポールを発進し、フィリピンを爆撃して元の基地に戻る作戦を連日行っていた（『マッカーサー大戦回顧録』下　一六頁）。だがマッカーサーは、サンサポールだけでは不十分と考えたのか、ニューギニアとフィリピンの中間に飛行場を確保できる島を探し、前述のモロタイ島に目をつけたのである。モロタイからフィリピン南端のミンダナオまで約四百七十キロ、飛行機にすれば一時間余の距離である。こうした理由でモロタイ島上陸作戦が発動され、上陸の成功とともに大規模な飛行場建設が行なわれたのである。

アイタペ戦後、フィリピン進攻計画が具体化してくると、日本軍に対する掃討作戦を豪軍に交代させることになった。アイタペ戦後における豪第六師団によるウェワク周辺の第十八軍に対する作戦は、フィリピン作戦準備を急ぐ米軍から豪軍が引き継いだものである。豪軍がブーゲンビル島でも米軍に代わり、またボルネオのバリクパパンやタラカンに対する上陸作戦を自力で行うことになったのも(宮地喬『タラカン島奮戦記』九六－一〇八頁)、フィリピン進攻を急ぐ米軍がいわば残務処理を豪軍に委ねた結果である。

マッカーサーは、高速機動部隊で偵察行動したハルゼーの助言に従い、ミンダナオ島からレイテ島に最初の上陸目標を変えた。事実は、南西太平洋方面軍参謀長のサザーランド中将がケベックに集合中の統合参謀本部に独断で変更を報告し、あとでマッカーサーが追認したものである(『鷲と太陽』下 一八二－三頁)。いよいよ比島作戦の準備を下達したのは、モロタイ島上陸作戦が完全成功と判断された九月二十一日であった。ミンダナオを飛び越してレイテに進攻することは、無数の島の集団であるビサヤ地区に楔を打ち込み、フィリピン社会の中心である首都マニラ及びルソン島への圧力を直ちに与えることができる大きな利点があった。

レイテ島上陸作戦に当たるクルーガー中将麾下の第六軍は、二箇所に集結を開始した。一つはニューギニア本島のホーランディアのフンボルト湾、もう一箇所はアドミラルティー諸島のマヌス島とロスネグロス島に面するシアドラー湾である。フィリピン進攻軍の集結地を見れば、ニューギニア戦の終結なしではフィリピン進攻作戦が実施できないこと、ニューギニアがフィリピン進攻にもっとも好都合な発進基地であったことが首肯されよう。フンボルト湾には大小合わせて四七一隻の艦艇が、またシアドラー湾には二六七隻が集結したから、とても湾内には収まらず、湾外の水平線に至る海面をすべて埋め尽くしているかのように見えた。

アドミラルティー諸島ロスネグロス島に住む古老の話によると、兵士達は上陸してジャングル内の下草を刈り、そこに無数のテントを張って出撃の時を待っていた。彼らの間では、気持ちが高ぶるのか暴力沙汰が絶えず、島の住民も怖がって近づかないようにした。ある朝、テントがすべて撤収され、一人もいなくなっているのに驚かされた。湾内に碇泊していた艦艇が人や物資を満載し、列をなして湾外へと去って行くのを、何時間も見続けていたという。フンボルト湾からは約十一万四千、古老が漁撈を営んでいたシアドラー湾からは、約六万の部隊が、レイテを目指して出撃していった。彼らは第一陣であり、続いて第二陣がまた集結する計画になっていた。古老は、第一陣の出発後、船団が盛んに出入りを繰り返していたのを覚えていたが、第二陣となるアイケルバーガー麾下の第八軍の集結については記憶していなかった。

このようにニューギニアがフィリピン進攻軍の発進、後方基地となり、米軍のフィリピン戦が遂行された。マッカーサー軍にとってみれば、ニューギニア戦に勝利してこの地を確保しなければ、フィリピンに向かうことはできなかったのである。第一陣と第二陣を合わせると実に三十五万にもなる大部隊はニューギニアを集結地とし、編成を整えてフィリピンに向けて出撃していった。フィリピンに飛行場を獲得すると、モロタイ島だけでなくニューギニアからも航空隊が直ちに進出し、地上部隊との協同作戦態勢に入った。

戦後日本では、マリアナ海戦における米軍の勝利によって、フィリピン進攻のお膳立てができたごとく論じられ、ニューギニア戦との関係で論じたものはほとんどない。つまり日米海軍の戦いの中で、フィリピン戦も論じられているわけである。日本ではニューギニア戦そのものが、太平洋戦争史の中で論じられることも少ないが、この理由を詮索することもない。太平洋戦争の凱旋将軍になったマッカーサーは、戦争期間中の大半をニューギニア戦で過ごし、他の戦場に足をのばすこともなかった。というのもニューギニア戦で勝利し、これを獲得しなければ、彼が念願する「フィリピン復帰」ができなかったからである。マッカーサーにすれば、たとえ米海軍が進めるギルバート諸島・マーシャル諸島・マリアナ諸島の攻略が成功してもしなくても、彼のフィリピン進攻計画に直接影響を与えなかった。ニューギニア作戦が成功しなければフィリピン進攻は不可能であり、フィリピン進攻作戦の実現はニューギニア作戦次第であったのである。

日本軍も、小磯国昭首相の言を俟つまでもなくフィリピン戦を太平洋の戦いにおける天王山と位置づけ、この戦で太平洋戦争の勝敗が決定的になると認識していた。しかしレイテに上陸したあとの米軍の進撃は、西部ニューギニア、モロタイ島の戦いにおける勢いをそのまま継承し、日本軍は到底これを食い止めることも、進撃を遅滞させることもできなかった。日本軍は、陸軍も海軍も、ともに持ち込める限りの兵力を投入した。長い間休眠状態にあった主力艦が総出動し、複雑な計画に基づく囮作戦が成功し、レイテのマッカーサー軍に一泡吹かせそうな場面もあったが、所詮航空戦力のない艦隊では、決定打を相手に与えることはできなかった。陸軍は大陸や台湾から部隊をかき集めた大兵力で迎え撃ったが、劣悪な武器、大本営や南方軍からの混乱させるだけの口出し、無いに等しい航空支援等の諸原因が重なって敗退し続け、翌二十年二月三日には米軍のマニラ市内入城を許し、わずか三ヶ月半で大勢が決した。

戦闘の諸相を見ると、とても天下分目の決戦という戦いではなかった。米豪軍を二年間もニューギニアに釘付けにした第十八軍と比較すると、在比日本軍の戦闘振りにはふがいなさを感じないではいられない。そうした印象を持たせる一因は、ニューギニア戦を前哨戦とし、フィリピン戦を決戦場と解釈することにある。結果からみると、日本軍にとって太平洋戦争における天王山は、米軍に破竹の勢いを許したフィリピン戦でなく、日本軍に兵力や将兵の気力・体力、武器弾薬がある程度備わっていたニューギニア戦であった。日・米（豪）両軍が二年間も一進一退を繰り返し、最前線の位置を譲ることのなかったニューギニア戦こそ、太平洋戦争の主戦場、決戦場であり、これに対してフィリピン戦は、戦略的にみてたしかに最重要の位置にあったが、日米の隔絶した戦力比の下では、天王山でも決戦場でもなくなっていた。

二年間にわたるニューギニア戦の過程で、日本軍は、陸軍の航空機、レーダーや通信設備、高射砲や大砲、大発や海トラ・漁船弾薬類といった兵器、歩兵連隊、船舶工兵、飛行場設定隊等の部隊の多くを失った。ニューギニア戦だけでなく、ニューギニアに向かう海上でも、敵潜水艦のために失ったものも少なくない。失った量だけでなく、失ったものが最新の兵器や精鋭の部隊であったことも大きな痛手であった。また海軍は艦艇を幾らも出さなかったにせよ、多くの航空隊や特別根拠地隊を繰り出し、多数の飛行機や地上要員が失われたことにより深手を負った。ニューギニア戦に陸海軍が投入した部隊や兵器の量と質は、おそらく日本軍が太平洋方面に回すことができた精一杯であったことは疑いない。それだけに二年にわたる長期戦で敗北に終った影響は想像以上に深刻で、その後遺症がフィリピン戦に直接出たのである。

このようにニューギニア戦を位置づけてみると、なぜマッカーサーが太平洋戦争における凱旋将軍になったか理解できる。マッカーサーはコレヒドールを脱出し、オーストラリア軍を率い、米南西太平洋軍の最高司令官になった時点から、ニューギニア戦に没頭してきた。昭和十九年十月にフィリピンの地に戻って以来、終戦まで同地にいたが、彼の戦歴の三分の二以上はニューギニア戦であり、それ以外の戦闘に関係したことはなかった。無論、彼が念願したフィリピン奪回を果たすためには、どうしてもニューギニアで勝利することが必要であったからだが、日本陸軍も第十八軍と第四航空軍を投入し、マッカーサー軍に寸土も譲らぬ決意で臨んだため、三年八ヶ月に及ぶ太平洋戦争のうちの丸二年も、ニューギニアが最前線になった。こうした位置づけのニューギニア戦において勝利を収めたことが、マッカーサーをして凱旋将軍にさせたのである。一方、マッカーサーに凱旋将軍の栄誉をもたらした第十八軍司令官の安達二十三中将にはいくらも国民的評価が与えられていないが、太平洋戦争における日本軍の中で最もよく戦い抜いた将軍として評価すべきであろう。勝敗を抜きにして、日本人が好きな「よく戦った」ことを基準にするならば、安達が最高の評価を受けるにふさわしい。歴史のいたずらというより、太平洋戦争を海軍中心に描くようにした大きな力が、安達から名誉を剥奪したままに今日に至っているが、早急に見直す必要がある。

第九章　第四期ニューギニア戦　その三
自給自活つきの降伏と復員

(一) ラバウルの自給自活

開戦当初から、輸送力に限界があることは戦争指導部に認識されていた。それを補う方法として、現地調達が占領地施策の重要項目に上がっていたが、対原住民政策を誤ると果てしない抗日運動につながる中国戦線での苦い体験から、太平洋戦争においては強引な現地調達に慎重になっていた。したがって現地調達も現地社会が認める適正な商行為の一環として行い、無節操な行為によって原住民との対立を深めることは強く戒められた。

現地調達ができる前提は、現地の社会経済がある程度の発展を遂げ、多少とも余剰農産物をかかえていることである。長い歴史を有する社会であれば、こうした条件を満たしている場合が多かったが、太平洋戦線が島嶼戦へと推移すると、社会的発展を知らない原始状態そのままの島々が多くなった。そうした島々では必要以上のものが生産されないから、調達可能な余剰農産物はほとんど存在しない。理論的にみて現地調達は不可能であり、外部からの補給を仰がねばならなかった。言い換えると、社会経済が未発達な島嶼域への進出は、補給の見込みが立たないかぎり大きな困難がつきまとった。

現地調達不可能、補給も当てに出来ない地域での戦闘において直面した食糧確保は、ニューギニアの例を見るまでもなく想像を越える苦難をともなった。日本軍は、部隊派遣の段階で、戦地への輸送負担を減らすため現地自活に努めることを暗に督励し、これを受け派遣部隊は、鋤や鍬、各種種子を武器弾薬とともに船に積み込んだ。だが農具や種子を積み込んで行っても、必ず自活農耕にいそしめるわけでない。

便宜上、農業ができるのをラバウル型、したくてもできないのをニューギニア型の二つがあるとして、両者の特色を描いてみよう。ラバウル型は、連日激しい空爆を受けるが、敵進攻部隊の上陸がないため地上戦がなく、定住に近い生活を営むことができた。ハルマヘラやニューアイルランドがこれに該当する。空爆さえ避ければ農作業を行うことが可能で、野生動物や害虫の被害を食い止めながら、どうにか自給自足することできた。

これに対してニューギニア型は、激しい空爆があるだけでなく、陸上戦闘によってつねに敵の圧力を受け、陣地を転々と移動するため、一箇所に留まって収穫まで農作業する時間がなく、そのため自活態勢が成立しにくかった。ガダルカナル島、ブーゲンビル島がこれに当たる。なお米軍が来攻しなかったところはラバウル型と考えがちだが、珊瑚礁の島では土壌がないため農耕も困難で、メレヨン島のように海藻と若干の魚だけで生きながらえたところもあった。

将兵は戦いをするために戦地に行くのであって、農耕が目的ではない。しかし海上輸送に頼る南太平洋戦線では、制海権と制空権の喪失にともない補給が遮断される危険性があり、備蓄食糧が尽きるとともに飢餓状態に陥った。こうした戦地では、どの時点で農耕に着手するか、その判断が将兵の生死を左右した。戦闘から農耕への転換は、第一線から取り残されること、すなわち棄軍の身となったことを意味し、戦場で戦うことを生き甲斐としてきた指揮官としてはつらい決断であった。本章では、自給自足の経緯を明らかにできるラバウルを主にして論じることにしたい。

米軍がニュージョージア島、コロンバンガラ島、ショートランド島、そしてブーゲンビル島へと迫り、一方米軍爆撃機がラバウルに対する爆撃を繰り返し、さらに米潜水艦の活動が活発になって、本国から来る輸送船の喪失が増加し、大軍が展開するラバウル自身の生存も危ぶむ見方が出てくるのはやむをえない（ラバウル経友会『ラバウル　最悪に処して最善を尽くす』一七–四四頁、六八–七一頁、二四八–九頁）。ソロモン及びニューギニア戦の指揮中枢、補給兵站センターとして重きをなしてきたラバウルは、どこよりも早く補給線に迫る危機を予測できた。またガダルカナル島やニューギニアのブナから餓死寸前の将兵が運び込まれてくると、補給寸断にみまわれた島嶼部の脆弱性をどこよりも早く痛感した。

南太平洋戦域における補給業務を采配する第八方面軍経理部は、職務上、この事態をもっとも深刻に受け止めていたはずである。両戦場から撤退した十八年初頭には、すでに経理部の手で試験的ながら野菜の栽培がはじまり、三月十八日、東京から坪島侍従武官長が聖旨伝達のため出張してきた頃には、司令部の回りは一面の野菜畑になっていた（「戦後復興はラバウルで始まった南の島の自給自足戦争」『This is 読売』第九巻第二号　通巻一〇九号　二三四－二四一頁）。当時第八方面軍は、第十七軍と第十八軍を主力とする総勢十八万を超える兵力を有し、ラバウルだけでも十万人を擁していた。参謀長加藤鑰平は、十七年十二月二十四日に森田経理部長を呼び、十万人の自活の方途を調査研究するよう命令しているので、加藤の命令が自活着手の第一歩といっていいだろう。

十八年一月にサイパン島の熱帯産業研究所長の山中一郎を招聘し、方面軍参謀太田庄次、貨物廠長広田明、兵站司令官松久らと協議して骨子案が固められた。

（一）　主食は陸稲と甘藷とし、野戦貨物廠が農場を開拓して生産する。
（二）　野菜、養鶏、海水塩、椰子油は各部隊ごとに生産する。
（三）　現地自活班を設置して自活作業を指導する。

この実現には、農事指導員の招聘、労働力の確保、種子・農具の調達が欠かせず、早速手配が行われた。三月初旬には、九州八ヶ嶽で訓練された農業報国連盟所属の青年団、台湾奉公団を併せて二百二十名が農事指導員として来島、広東クーリー・インド兵・インドネシア兵など合計四千名も農業労働者として到着し、種子・農具も本土から農具修理班をとともに到着した。

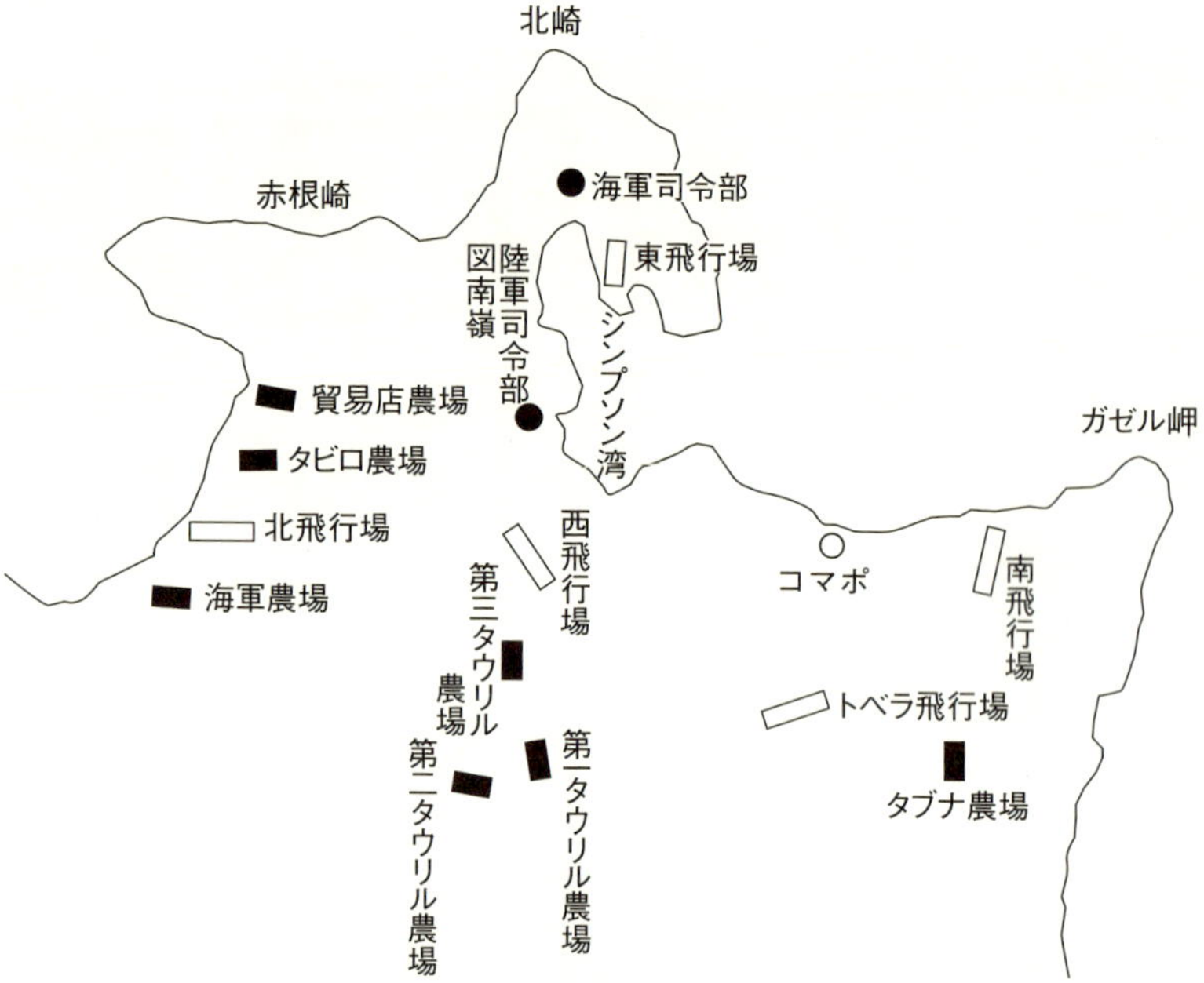

ラバウルの飛行場と農場

これにより開墾と農作業に必要な条件はすべて揃ったが、外国人労働者だけで農業をやるわけでない。計画の細部によれば、貨物廠と兵站司令部が主体となり、外国人労働者の手でタブナ、タウリル、ウルブナ等六ヶ所の農場を開き、主食とする陸稲や甘藷を栽培、他方部隊は宿営地周辺に一人当たり野菜用六十五坪の耕作を割り当てるとした。養鶏は蛋白源取得を目的に、まず鶏を中国人、白人、現地人から合わせて三百羽ほど入手し、一年後にはこれを一万五千羽に増やす計画であった。

海軍の同調も欠かせないとする今村司令官の意を体して、森田経理部長が海軍側に共同行動を取るよう働きかけたが、米豪軍の攻勢が強まっていたものの、まだ敗色濃厚という段階ではなかった上に、連合艦隊の反攻に期待をかけていたため、陸軍の働きかけに嘲笑気味の対応をするだけであった。海軍軍人の方が、日本軍が置かれた窮状を理解していなかったことがうかがわれる。

第三次ソロモン海戦後、連合艦隊及び艦船は最前線から撤退し、待機、修理、荷物輸送といった後方勤務につくだけになった。再建期といえば聞こえがいいが、米海軍と比較すると、戦いをあきらめたのではないかと勘ぐりたくなるほど船艇建造も低調になった。こんな連合艦隊の状況を南東方面艦隊司令部が知らないはずはなかったが、海軍自らがつくった連合艦隊の神話にすっかり染まっていたために、正しく現実を認識できなかったといわれても仕方がない。やむなく陸軍だけで進めることになり、十八年五月一日、自活農業は第八方面軍の正式事業に格上げされた。

自活農耕がはじまると、問題がつぎつぎと出てきた。主食として期待された陸稲、甘藷が病気や害虫に犯されやすく、南洋植物であるタピオカを増やすことにした。タピオカの外見は麻に似た灌木で根に芋ができる。これを茹でて食べることもできるし、澱粉を取ってビスケットやパンにする。茎を差すだけで根がつき、肥料は不要、栽培はいたって簡単であった。またトウモロコシも発育がよく、主食の補助として栽培された。活火山がいくつかあるラバウルの土は、火山灰土のためにさらさらして水はけがよいだけでなく、予想以上に腐植土が堆積して肥料なしでも作物がよく育ち、農業をやる上で幾つもの好条件が揃っていた（二〇四空戦史刊行会『ラバウル　第二〇四海軍航空隊戦記』三〇一－三〇五頁）。

最初の二、三ヶ月間、栽培そのものは順調に進捗した。しかし部隊側に障碍があった。海軍が時期尚早を理由に陸軍の提案を断ったように、陸軍の中にも戦況を楽観視し、反攻のために訓練時間を増やすべきで、農作業に時間が取られるのは問題だとして、強い不満を口にする指揮官が出てきた。そのため今村司令官は、自ら鍬を持ち、雑草を取り、鶏を飼って範を示す一方、部隊を回り、竹内主計少尉が編纂した『現地自活必携』を配布するなどして督励した。

当初の計画では、農場以外で一人当たり野菜栽培に六十五坪があてがわれることになっていたが、これを部隊の宿営地の実情を勘案し、適切と思われる規模に修正した。戦線がラバウルから遠のくにしたがい、農耕に従事する時間が増え、一人当たりの耕作面積を二百から二百八十坪、これを主食栽培用二百三十坪、野菜栽培用五十坪といった具合に分ける部隊も出てきた。方面軍では、将校兵士の区別なく平等に耕作に従事することを原則とし、一週間を、おおよそ訓練二日、築城二日、自活作業二日、休養一日の割合に区分したが、作物の世話をする農作業は数日おきでいいというわけにはいかないため、毎日、午前二時間、午後二時間程度を当てた（オーストラリア戦争記念館所蔵「AWM八二文書」所収「集団現地自活計画案」「農耕計画に関する文書」）。

築城は要塞構築のことで、ラバウルでは縦横に張り巡らされた地下通路の建設を意味した。その長さは、数百キロに及ぶと豪語された。ラバウルの生活を「戦耕一如」と呼ぶ体験者がいるが、毎日欠かさず米豪軍機が飛来し、爆弾の雨を降らして帰っていくため、その間は近くの壕に身を隠し、飛び去ると同時に再び耕作をはじめるといった日々を、「戦耕」という二文字に集約したのであろう。

火山の地熱や温泉の熱を利用した製塩が行われ、味噌や醤油などの調味料、砂糖、食用油、豆腐、納豆、酒、佃煮、菓子等の副食物を、日本とは違う材料を使って作り出した。農家出身の兵士が多く、熱帯気候作物の性質を飲み込みさえすれば、熱帯地の農業もそれほど困難ではなかった。また各種職人が多かったことも多彩な食品を作り出すことにさいわいした。しかし日本とは違う信じられない現象がいくつもあった。たとえば異常に早い雑草の成長、害虫である芋虫の大量発生、大型鳥や野生豚の来襲によって一夜にして収穫直前の野菜をすべて食い荒らされてしまうことなどである。ラバウルほど長期間にわたり米豪軍の爆撃を受け続けた場所はほかになく、爆撃の間の農作業の中断、爆撃により農作物がフイになるのも日本では考えられなかった。もし敵が上陸し、砲撃戦が展開されでもしたら、農場はたちまち灰燼に帰してしまうが、それがなかっただけでも非常な幸運であった。

ラバウルで驚かされるのは、紙、マッチ、インク、鉛筆、衣服、電池といった日用品まで生産されたことで、南太平洋戦域における補給センターとして修理修繕の施設と、多種多様な器材・原料を持ち、持ち前の工夫と器用さによって現地生産を実現した。規模の大きな製材所や工作所、通信所や地下施設が必要とする電力を供給する発電所もあり、ニューギニアやソロモンの戦いからラバウルに立ち寄ってみると、大都会に来たようだったという元兵士の回想も誇張ではなかった。

すべての将兵が、割り当てられた農地を耕作するとなると、膨大な数の鍬、鋤、鎌、鉈、円ぴといった農耕器具が必要になり、内地から持参した数ではとても足りなかった。だがラバウルでは、スプリング、鉄管、ドラム缶などから何でも作り、たちまち必要量を揃えてしまう。自給自足といえば、食糧だけ自給できればよいと考えがちだが、それでは農業がはじまった太古の新石器時代と変わるところがない。その時代の一般的生活に近い水準に自力で到達することが自給自足の本義である。それには農具だけでなく、日用品類まで作り出す生産設備と技術を保有していなければならなかったが、それが可能であったのはラバウルぐらいであろう（草鹿任一『ラバウル戦線異状なし』一三四－五頁）。

戦後、自給自足を成し遂げ、領土を保持し続けたラバウルを「まるで独立国のようであった」とする懐旧談があるが、けだし実態に即した表現といえよう。百年戦争を合い言葉に、見事なまでに開墾された農地、生活必需品万般を自給できた生産力と技術力、米豪軍がラバウル進攻をあきらめたがゆえに実現できたとしても、武力で全うできた主権保持、今村陸軍大将や草鹿海軍中将の下で維持された軍団としての秩序は、小さいながらも独立国家の条件を満たしていた。次世代を養育する婦女子不在の未来のない国家だが、十三世紀にエジプトに成立したマムルーク朝も男だけの集団であったから、歴史上の前例がないわけでない。日本人の勤勉さ、器用さ、秩序を重んじる性格が遺憾なく発揮されて実現したものだが、その前提は棄軍の身の上になったことにある。棄軍の原因はあまりの無為無策、無能な中央の戦争指導に一因あり、自給自足ができたからといって、日本人を優秀などと褒めるわけにもいかない。

いち早く開墾に着手した陸軍は、補給が滞りはじめた昭和十八年半ばには、二千五百ヘクタールもの農耕地を造り上げ、その年の末には、自給率がおよそ五十パーセントに達した。この時期はまだ備蓄食糧が豊富にあったころで、自給食糧を加えれば、二、三年先までは必要な食糧を確保できそうな状況であった。十九年から二十年になると自給率はもっと高くなり、南太平洋戦域で最大規模の兵力をかかえながら、飢餓の心配をしないですむ希有な境遇となったのである（前掲『This is 読売』）。

これに対して農作業の着手に遅れた海軍はどうなったのであろうか。十九年二月十七日のトラック島大空襲直後にラバウルの航空隊がトラック島に移駐し、連合艦隊に起死回生の反撃力がないことが明らかになった。ここに至って海軍側もようやく自活の必要を認め、陸軍に甘藷やタピオカの栽培法の指導、種子農具の提供を要請し、農作業に取り組みはじめた。いくら南洋とはいえ、開墾して植え付けしても収穫できるまでには三、四ヶ月はかかる。備蓄食糧がなくなってから開墾に着手したのでは間に合わないわけで、備蓄食糧を食い尽くす前に収穫を終え、食べられるように作付けしていなければならない。陸軍がすでに自活態勢に入っていたからいいようなものの、海軍だけで自活するには遅すぎる方針の転換であった。

転換当時、備蓄の米麦食から、ラバウルで栽培された芋類への切り替えをした海軍兵には、急に慣れない食物に胃腸をこわし、体調を崩す者が続出した。また部隊によっては現地自給の手遅れから備蓄が底を尽き、ネズミ、蛇、コウモリまで捕まえて食べ、栄養失調で倒れる者が出た。陸軍に融通してもらえば解決できることであったが、張り合ってきた自尊心、陸軍の共同作業の申し出を断ってきた気まずさが、援助を頼みにくくしたのであろう。ラバウルで活躍した海軍航空隊関係者の回想によれば、戦闘のないときは整備兵も搭乗員も畑を耕し、野菜を栽培したと述べており、十九年二月になるまで海軍は何もしなかったというわけではなさそうだ。しかし陸軍とは歴然とした差が生じ、海軍兵からは餓死者を何人も出す事態が発生している。陸軍兵と海軍兵の個人的関係の中で、陸軍兵から海軍兵に「海軍とちがって陸軍はじゅうぶんな食糧を確保していたらしく、小谷野たちの苦しい食糧事情を知った（陸軍の）市川伍長は、その翌日一升ほどの米をとどけてくれた」（前掲『ラバウル　第二〇四海軍航空隊戦記』三〇二頁）如きエピソードも生まれている。

昭和二十年八月末、豪第一軍司令官スタディー中将は、ラバウルの降伏手順について調整するため、洋上の豪軍艦艇に今村大将を呼んだ。スタディーがラバウルの兵力を尋ねたところ、米豪軍が予想したより遥かに多い兵力がおり、二十年でも三十年でも戦っていけるだけの食糧が用意されていると聞かされて驚き、今更ながらマッカーサーがラバウルを素通りした炯眼に感服している。今村が二、三十年でも戦うだけの食糧の備蓄があると豪語しているのは風呂敷の広げすぎだが、当分の間、食糧の心配をしないですみそうな見通しが立っていたのは事実である。さらに今村は、ニューギニアの第十八軍が飢餓のため全滅しかかっている実情を深く懸念して、備蓄食糧を輸送するための艦艇の提供を要請し、自給自足体制の確立を豪軍側に強く印象づけている（『今村均回顧録』平成三年十月）。

輸送力不足に直面していた豪軍は、彼の申し出をすぐには聞き届けなかったが、空船が生じたとき今村の要請に応えた。終戦をウェワクで迎えた海軍第二十七特別根拠地隊副官の海軍主計大尉川田浩二は、部下と共にムッシュ島に送られ、捕虜生活を始めたが、しばらくしてラバウルからの救援物資が来たことを覚えていた。彼の回想によれば、

その後、ラバウルの日本軍から、ムッシュ島の陸海軍部隊に被服、軍靴が大量に補給された。ほとんど傷んで襤褸のようなものを身にまとっていた将兵には、うれしい贈り物だった。十万に近い兵力を集めていたラバウルから、しかもその数少ない手持ちの中から分けて下さったその温情にたいして、満腔の感謝の意を表する次第である。

（『丸別冊　地獄の戦場』所収　川田浩二「カイリル島に立てこもった海軍部隊」三九六頁）

と、感謝の気持ちを一杯に懐旧している。今村が最も送りたかったのは食糧だが、川田の回想には出てこない。送らなかったとは考えにくく、川田がたまたま失念したのかもしれない。降伏後、ラバウルの日本軍は戦時中に開墾した農地を捨て、収容所近隣の新農地への移転と開墾を命ぜられ、一時的に食糧が底をついた時期があり、この時期に物資を積んだ船が出た可能性もある。

（二）　東部ニューギニアの「自活」

東部ニューギニアだけで十数万人の戦死者が出たといわれるが、その半分以上は飢餓から餓死に至ったり、衰弱した体力とマラリア等の熱帯病が絡んだ戦病死であった。東部ニューギニアが「地獄の戦場」と恐れられたのは、こうした実情に起因していた。狩猟採集や農耕で食いつなぎたくとも、一度に数万、十数万の将兵が食えるほどジャングルは豊かな産物を生まないし、部隊の移動が早すぎて収穫を待てなかった。

一時的だが、現実に地獄絵図が繰り広げられて無数の将兵が死に絶えた。しかし、米豪軍に戦いを挑む戦闘能力を失い、戦線の後方に放置されたとき、はじめて自活する条件がそろった。人間一人が生きて行くに必要な土地、自活に必要な時間が、わずかに生き残った日本兵にもたらされた。つまり敗色濃厚というより敗北が決定し、米豪軍に無視されてジャングル内に取り残されたとき、自活（陸軍では「持久戦」とよぶ）に転換する条件が、短期間ながら成立した。

「自給自足」には、農耕によって生活を立てるニュアンスの意味が強い。これに対して「自活」は、農耕だけでなく、木の実の採集、野豚などの狩猟、漁撈などの方法、あるいは現地人からの搾取や強奪等の手段も使って生きることまで含む広い意味を持っている。ここでは様々な理由で農耕ができず、旧石器時代のような狩猟採集生活を主に指す言葉として使うことにしたい。

ニューギニアに関する地誌類をろくに参照しないままニューギニア戦をはじめた海軍や陸軍は、日本よりずっと大きな南洋の大きな島が、これほど不毛の地であることを予想しなかった。日本人は、南洋にはバナナ、マンゴー、パパイア、椰子など南洋植物が自生し、どこにでもたわわに実っているかのように現像しているが、とんでもない間違いである。甘い果実のなる樹木は、大部分、人間の手で植えられたものである。無論野生品種が稀に自生していることもあるが、人間が手がけた改良種とは比較にならないほど貧弱な実しかつけない。

　原住民は焼畑農業をするために、数年置きに居場所を変える。しばらく居着く場所の周囲に果実のなる樹木を植える。果実を何度か収穫するぐらいの間はその地に定着するが、地味が痩せるとその地を捨てて他所へと移動していく。やがて部落も畑もジャングルに飲み込まれていくが、果実のなる樹木はジャングルの中で生き残り、それを近くを通る現地人や日本兵が見つけて大喜びするというわけである。

　ニューギニアは人口が少なく、原住民の生活水準は原始時代に近かった。人類の経済活動は、余剰品を売って利益を得るごとに拡大し、近現代の資本主義経済にまで進化してきたが、その間、ニューギニア等の南洋の島々に居住する原住民は、焼畑農業、漁撈、狩猟採集等で必要なだけの食糧を取得し、物々交換もやるが必要最小限の範囲内で満足し、基本的には太古と変わっていなかった。焼畑農業ではもっぱらタピオカを植えたが、家族や部族の消費量をまかなうほどしか植えず、その規模はしれたものである。ニューギニアは荒れ果てた不毛の地ではないが、住民が必要最小限の糧を得る程度しか自然に手をかけないため、余剰農産物は期待できない。

　こうした実情を調査しなかった日本軍は、上陸後にニューギニアでは食糧調達ができないことをはじめて知った。どこにもあるはずの果実のなる樹木がないだけでなく、食べられそうな哺乳動物や爬虫類も少なかった。ニューギニアを緑の魔境という呼ぶ者がいたが、食糧の現地調達の観点からみると、ここは緑がいっぱいあっても砂漠にも等しかった。軍中央はこうした実情に頓着せず、その上、補給の問題をろくに考えもせずに、部隊を次から次へと不毛の大地に押し込んだのである。

　昭和十九年七月から八月にかけて展開されたアイタペ戦に敗北したあと、安達司令官は部隊をウェワク方面（山北とも呼称）に後退させ、豪軍の追撃に備える一方、各部隊に担当地をあてがい持久自活を命じた。この自活が、狩猟採集であったのか、農耕による自給自足を目指したものか、この命令だけでは真意を読みとれない。おそらく農耕による自給自足であったと考えられるが、収穫までに三、四ヶ月を必要とする農耕では着手が遅すぎ、狩猟採集を合わせて行なう必要があった。

第十八軍の自活計画では、邀撃態勢をとり後方部隊のために時間を稼ぐ部隊と、自活の方途を探しながら前線部隊を支援する部隊、さらにアレキサンダー山系を越えた山南地域からセピック上流域に広がる比較的乾燥した地域で農耕に専念する部隊とに分れ、これらがそれぞれの任務にいそしみ、軍全体で自給自足体制を確立することになっていた。長年、安達司令官の下で参謀長をつとめ、十八軍を支えてきた吉原矩中将は、前述のごとく司令官と別れていわゆる吉原機関を設置した。同機関は、アレキサンダー山系に配置された第二十師団、第四一師団の後方支援を目的に、セピック流域に散開した部隊を指揮して自給自足の促進をはかりながら、傷病兵の療養、ゲリラ戦に欠かせない原住民工作を任務とした。つまり山南の部隊を、アレキサンダー山系（山南北半とす）とセピック流域の二つに分け、吉原がセピック流域部隊を指揮したが、のちにこれを桜兵団と呼ぶようになる（吉原矩『南十字星』）。

ウェワクからアレキサンダー山系までの山北地域での自活は、もっぱら自生のサゴ椰子から澱粉を採取し、この粉末でてくる餅状のサクサクに依存していた。これが唯一自主生産できた食物であったのである。だがサゴ椰子だけでは生命の維持が困難であるため、現地人との物々交換によって豚、トカゲ、ネズミ、芋類、果物等の獲得につとめた。これでも足りないから、原住民の留守を狙い、彼等の畑からタピオカやタロイモを掘り出す不法行為も働いたが、それだけ日本兵が追いつめられていたことを示している。食べられるものを手当たり次第に口に入れても栄養失調で倒れる者があとを断たず、マラリアやアメーバ赤痢などの病気が重なって餓死者が続出した。

山南北半地域の自活は、予想に反して山北地域とあまり変わらなかった。自給自足農業のためには、作物の収穫まで食いつなぐ食糧の備蓄が必要だが、山南でもこの準備がなかった。この結果、今日明日の食糧確保のために原住民の協力を得てサゴ椰子を探し回ることに忙しく、開墾と耕作にまで手が回らない部隊が多かった。山北の部隊を支援する軍命令も、農作業に専念できない要因になり、農耕による食糧確保が困難になった。それでも軍事圧力がかからない比較的平穏な地域に住み着いた部隊では、甘藷やトウモロコシ、若干の野菜の収穫に成功しているので、時間をかければ自活農業が定着する可能性が見えていた。

満川によれば、トウモロコシ、甘藷、カボチャ、芥子菜、茄子、胡瓜の種子の配送があり、原住民の協力を得て栽培を試みたという。しかし昭和十九年十月以降、刻苦して農作業を続けたが、二十年四月になっても十分な収穫を得ることができず、やむなく原住民のサクサク供出に頼った（『塩』三二九－三三一頁）。つまり居候である。主食のサクサクは原住民の供出に全面的に依存していたが、原料のサゴ椰子が次第に近場になくなり、数時間あるいは半日以上も歩いてようやく探し当てるようになると、自ずと供出量に影響が出てきた。原住民の供出は、日本軍への服従という前提があってはじめて実現するので、豪軍が迫るにしたがって前提が崩れる危険が増し、いつまでも原住民に期待をかけられなかった（『塩』三二八－三三〇頁）。

日本軍にとって大きな誤算であったのは、アイタペ戦で勝利を収めた米軍がフィリピンへと西進していったが、居残った豪軍が休みも入れず、ウェワク、山南北半方面にさがった日本軍の掃討に向かってきたことである。耕作から収穫までの数ヶ月間のモラトリアムが必要な農耕自活が、これによって困難になった。豪軍第六師団は、前述のようにまずマルジップの青津支隊に圧力をかけてきた。青津支隊の奮戦にもかかわらず、豪軍はソナム川を渡って進攻してきたため、第二十師団のブーツ地区における自活基盤の維持が早くも困難になった。軍司令部は猛虎挺身隊、歩兵第二三七連隊第一大隊や歩兵第二三九連隊の一個大隊を繰り出して防戦につとめ、一時期サルップ付近まで押し返すことに成功している。しかし海上からの攻撃、トリセリー山系からの豪軍の進出によって、戦線の維持がむずかしくなり、間もなく後退を余儀なくされた。しかししばらくの間、ブーツ自活地区はどうにか確保されていた。

山南北半地域では、マブリックを中心とした西部に第四一師団、ヤンゴールの中部に第二十師団、ヌンボクの東部に第五一師団が展開していたが、真っ先に第四一師団が豪軍の攻勢を受けはじめた。十八軍は、マブリックで豪軍の進出を食い止めるため、第二十師団及び第五一師団から援軍を出して反撃を試みた。豪軍の進撃はきわめて緩慢で、自軍の出血を極力を押さえながら日本軍をじりじり圧迫する作戦で、一日あるいは週単位ではあまり変化がないが、月単位でみると確実に日本軍を駆逐し、自己の支配領域を広げていた。昭和二十年五月から六月になると、豪軍は、第四一師団及び二十師団を迂回して、軍司令部のあるヌンボク周辺に進出し、司令部近くにも砲弾が落下するようになった。七月になると二十師団の本拠であるヤンゴール飛行場周辺にも進入し、第十八軍の最後が確実に近づきつつあった。

こうした山南の戦況では、一定期間の定住を必要とする自給農業は成り立たなくなった。目まぐるしい戦況は、頼みのサゴ椰子からの澱粉作りを困難にし、現地人からの入手にも限度があり、木の芽、カタツムリ、ミミズ、バッタ等昆虫など、食べられそうなものは何でも口に入れる動物的狩猟採集生活へと、日本兵を追いやった。司令官安達も大柄の体をピンと伸ばし、外見は威厳を保っていたが、栄養不足は随所に現れ、終戦までに自前の歯が全部抜け落ちたといわれている。『塩』の作者の満川もつぎつぎに歯が欠け、そのうちに一本もなくなるのではないかと心配したという。

安達司令官の全軍に対する「玉砕」方針が下達されたのは、昭和二十年七月二十五日である。飢餓地獄で死に絶えるか、「玉砕」戦法で死滅するか、最後の時が刻々と迫っていたのである。図ったように八月十六日に停戦が訪れ、「玉砕」を免れたが、第十八軍にとって奇跡としかいいようがなかった。もしあと三、四日、停戦が遅ければ、東部ニューギニアの第十八軍は消滅していたであろう。

(三)　西部ニューギニアの自活

第十八軍は豪軍の攻勢と飢餓の中でゆっくりと消えていったが、マノクワリにあった第二軍の主力は、自ら選んだ方針によって一気に消え失せた。ホーランディアを攻略したあとのマッカーサー軍の動きは台風の襲来を思わせ、十九年五月にワクデ、サルミ、ビアク島を襲い、七月にはヌンホル島、サンサポールに上陸した。この中にあって、第二軍の本拠地マノクワリにも上陸があると予想するのは当然である。マノクワリには、ヘルビング湾作戦を重視する阿南第二方面軍司令官の方針に沿って、第二軍の指令部、兵器廠、貨物廠、船舶部隊などの後方部隊、航空通信連隊、航空情報隊、野戦気象隊、野戦航空修理廠、飛行場設定隊、飛行場大隊などの航空関係部隊が駐屯し、戦闘部隊は第三五師団の一部がいたに過ぎなかったが、兵力は二万を超えていた。このほか、ムミに七千人余いたと伝えられる（戦史叢書『西部ニューギニア方面陸軍航空作戦』五一五－六頁）。

第二軍司令官豊島《てしま》房太郎は、ビアク島戦が苦境に陥った十九年六月末までに米軍の上陸に対する防備を固める一方で、非戦闘部隊を自活態勢に転換させるため安全な場所に移動させる方針を決めた。豊島はビアク島戦でも誤判断をしたが、マノクワリでも誤った指導をした。彼が下した移動命令は、米軍のマノクワリ上陸の可能性が高いことのほかに、備蓄食糧が三ヶ月ほどしかないというのが、その大きな理由であった。輸送途絶への対応策が甘かっただけでなく、マノクワリの郊外に散開した部隊に対して、種子や農具の調達、開墾等の指示をまったく出していなかったことは責められても仕方がない。農耕の着手は、司令官や司令部の判断に全面的に依存している。米豪軍と間断のない戦闘を続けてきた第十八軍には農耕自活に着手する余裕などなかったが、十九年四月頃になってはじめて敵機の爆撃を受け、遠方に艦砲射撃の音を聞いた第二軍には、農耕自活態勢を準備する十分な時間があったが、具体的計画もなく指示も出されなかった。

第二軍の計画は、マノクワリに戦闘部隊を中心に八千名を残して防備を固め、これを除く一万二千名はマノクワリ南方百七十キロのベラウ地狭のイドレに移動させ、ここで開墾を行わせ、可能ならばサルミやマノクワリに食糧補給をさせるというものであった（前掲戦史叢書　五一六頁）。イドレ転進命令が下ったのは十九年七月一日である。十日もあれば目的地に着ける、途中に大した障碍などないという楽観的雰囲気の中で移動が開始された。

イドレ転進の問題点は、目的地までの行程についてほとんど調査が行われていなかったことだ。途中のムミまでは海岸線を歩くが、米魚雷艇の奇襲だけが脅威だった。ムミを出たあと、ジャングルに入り、道なき道を南下することになっていた。簡単な目印を記入した程度の要図さえもなかったため、同じ場所をぐるぐる回ったり、幾つもの河に行く手を阻まれ、いたずらに日数を重ね、携帯した食糧が尽きる部隊が相次いだ。サラワケット越えやフィニステール山脈横断が、事前に工兵隊、北本工作隊等によるルート工作に基づき行なわれ、道に迷うことがほとんどなかったのと比べると、大きな違いである。移動する部隊は、食糧調達をするため一ヶ所に何日間か仮泊しながら、徐々に進むほかなかった（植松仁作『地の果てに死す』八〇－八二頁）。

食糧調達はもっぱらサゴ椰子に依存した。サゴ椰子の一抱え以上もある幹を倒し、堅い幹の皮をはいで柔らかい部分を取り出し、これを細かく木くずにし、これから数日をかけて澱粉を取り出す手間のかかる作業がつきものだった。出来のよいサゴ椰子であれば、数人の一ヶ月分に当たる澱粉が採取できる。東部のアレキサンダー山系には大きなサゴ椰子があったが、イドレに向かう途中で採取されたサゴ椰子は小振りで質も落ちる上に、一日中サゴの幹を叩き続けても、澱粉が飯盒の蓋に半分も満たせないことも珍しくなかった。さらにここでも蛋白質の摂取に役立ちそうな爬虫類も鳥類もめったに見かけず、飢餓状態は日増しに深刻になった。

第二軍司令部の参謀が、途中のヤカチにサゴ椰子が無尽蔵にあり、そこで英気を養い命令を待てといったが、サゴ椰子のあるところは湿地帯で、それが無尽蔵であるとすれば湿地帯も無限に広がっている意味でもあり、人間の衛生や健康にとって甚だ悪い環境といわねばならない。実際に予想通りの湿地帯であったが、サゴ椰子は幾らもなく、無尽蔵というのはでたらめであった。この地でさらに栄養失調が重くなって衰弱し、マラリア、赤痢、チフスの病魔にも犯され、不本意な形で国家に命を差し出す者が続出した。ムミ以後の行程で落伍者がぼちぼち出はじめたが、ヤカチで大量の死亡者を出し、八割がヤカチ出発までに失われたといわれる（植松前掲書　一七〇頁）。

途中、行ったり来たりを繰り返したために、無事に着いた将兵は、地図上行程の三倍にあたる五百キロ以上も歩いたのではないかと推測されている。死線を越えて辿りついたイドレも極楽ではなかった。移動計画がこのような杜撰極まりないものであったくらいだから、イドレにおける開墾や農耕もしっかりした計画性をもっているはずもなかった。また前もって食糧備蓄をしていたとも考えられない。残念ながらイドレ転進に関する実情については、関係者が語り継いでくれたが、イドレにおける自活農業については何も伝承されていない。食うや食わずの狩猟採集生活に近かったのではないかと推察される。というのはイドレに入った二割の生き残りも、つぎつぎと飢餓と病気が原因で死亡し、昭和二十一年一月九日、復員船がニューギニアを離れるとき、イドレから生還し、乗船したのが八百名にも満たなかったという事実が克明に物語っている。マノクワリを発った一万二千名は、イドレに辿り着くまでに九十％近い餓死、病死者を出し、さらにイドレでも数％の死者を出し、結局、故国に帰還できたのはわずか六％強の運命のいたずらに助けられた者だけであった。

これに対してマノクワリに残留を命じられた部隊はどうなったであろうか。同地で農耕に着手したのはイドレ転進部隊が去った九月頃で、マノクワリ支隊長になった深堀游亀少将が命令してはじめられたというからかなり遅かった。そのため若干の餓死者を出したが、生きながらえた将兵は深堀を命の恩人と讃えている（内藤勝次『東西総説　ニューギニア戦』一〇二－三頁）。一人当たり二百坪を目標に開墾に励み、陸稲、甘藷、カボチャ、トウモロコシなどを植え付け、まずまずの収穫を上げることができた。茎を差すだけのタピオカやタロイモの栽培になぜか消極的で、甘藷の作付けに重点を置いていたのがマノクワリの特徴であった。この問題も含めて自活の事情について、復員時に作成された報告書に概要が綴ってある。

> 昭和十九年八月、支隊総力を以て現地自活のため農耕を開始し、爾後幾多の障害を打破し、昭和二十年三月に至り甘藷を以て主食とし、概ね最低所要熱量を充足するを得、同年七月には自活体制確立し、現地生産品により所要熱量を概ね完全に充足し……
>
> （マノクワリ支隊「西部ニューギニア復員前後状況」）

マノクワリのように自活に成功したのは、ニューギニア全土でも稀な例であった。あとは米豪軍の上陸作戦に追われ、ジャングルの中で狩猟採集の自活を試み、終戦までに多くが飢餓と病気でニューギニアの土になった。西部ニューギニアの他の例として、ソロンの対岸にあったワイゲオ島をはじめとする陸軍海上機動第二旅団（玉田旅団）の自活に関する奥村明光の記述がある。同島のカバレーに上陸したのは同旅団第一大隊で、北井少佐以下七百二十名の自活について、比較的詳細に紹介している。北井大隊が同島に上陸したのは、昭和十九年六月二十六日で、半年分の食糧を後送の予定にして、取り敢えず戦闘資材と半月分の食糧を携行して行った。後送の食糧を積んだ機帆船が敵機に撃沈され、以後、待てど暮らせど代わりの船は来なかった。

上陸後一ヶ月で携行食糧も尽きた。この間、陣地の構築に没頭し、農耕に着手するのは後回しになり、食糧が尽きるまでまったく対策がとられなかった。農耕自活をはじめるにはタイムオーバーとなっているので、狩猟採集の原始生活にもどるほかなかった。ジャングル内に切り出した荒丸太を使って小屋を建てて生活の場としているが、寝起きの床が丸太のため、みな背中の痛みを訴えている。ラバウルには製材所があり、板を自給できたが、そんな設備のないワイゲオ島では、板に対する渇望が非常に強かった（奥村明光『南太平洋最前線』二〇二頁）。

南洋の島であればすぐに椰子の実をとればいいと考えがちだが、植えてから十八年もたたないと実をつけない。生まれた子のために親が植えておくと、その子が成人した頃に実をつけ、その子の財産になるのである。家族間で連綿と継承される貴重な財産であり、他人が黙って実を失敬でもしようものなら、刃傷沙汰に発展した。

兵士たちは、木の芽、雑草、シダの芽、竹の子を塩で茹でて食べ、ヤドカリや小魚を生食して飢えをしのいだが、みるみる痩せ細っていった。現地人の畑の作物は葉まで食べ尽くし、当然現地人との関係は悪化した。蛙、鼠、トカゲ、蛇、ワニ、コウモリなどは貴重な蛋白源で、見つけ次第、兵士たちが寄ってたかって食糧にした。狩猟採集は、自然がはぐくんだ動植物を取って食糧にすることだが、再生産に時間がかかるので、沢山の人間が貪り食べればすぐに枯渇する。飢餓状態の兵士の中に餓死者が出始め、栄養も偏っているために体調を崩して熱帯病にかかる兵士もつぎつぎに出た（マノクワリ支隊「西部ニューギニア復員前後状況」、奥村前掲書　二三七－二四〇頁）。

ウェワク・ムッシュ・カイリル位置図

ワイゲオ島で本格的な農耕が開始されたのは、上陸後三ヶ月を経た十月初め頃であったと推測される。北井大隊長が率先してジャングルを開墾し、耕作をはじめた。しかし全員が飢餓状態の上にマラリヤにもかかり、さらに農耕に必要な農具の持参もなかったので、大変な重労働になった。それでも二十年一月頃には、芋の収穫ができるようになったが、野豚のために一夜にして全滅した（奥村前掲書　二四七頁）。ソロン東方のマビに駐屯した同じ第一大隊の第二中隊も、進出後一ヶ月で食糧が尽きたのを契機に農耕を着手している。ここでは南瓜（とうなす）を植え、人工交配するとよく実り、のちになると毎日食べられるようになったという。この頃、海軍部隊が芋のツルを運んできてくれたので、芋も食べられるようになったが、何も持参して行かなかったワイゲオの芋作も、海軍がツルを提供してはじまったのかもしれない。

玉田旅団の本隊（本部・第二大隊・第三大隊）二千七百人が上陸したのが、西部ニューギニアの突先のサラワティ島であった。サラワティとは「死の島」の意味で、石灰岩質の痩せた土壌のため農耕には適さなかった。もっぱら狩猟採集で食糧を探し、動植物を何でも食べた。農耕に着手したのが遅く、ワイゲオ島と大差なかったらしい。しかし収穫に関する記述がないところをみると、うまくいかなかったのであろう。獲物がなかなか見つからない狩猟採集で空腹を満たすことは稀で、どの部隊も飢餓が進行した。餓死者、体力衰退にともなう病死者が相次ぎ、兵力は急速に萎んでいった。

奥村がまとめたワイゲオ島をはじめとする餓死・病死者の統計をみると、概ね以下のようである（奥村前掲書　二〇五頁）。

各月死者（昭和十九年七月〜昭和二十年十月）

月	七	九	十	十一	十二	一	二	三	四	五	六	七	八	九	十
人	一	十八	十七	百二十	九十七	七十六	三百四十三	四十三	十九	八	六	二	三	二	二

七百二十名中、死亡五百四十八名で死亡率七十六％になる。他の状況をみると、マビは百九十七名中、七十二名死亡、死亡率三十七％、サラワティ島は二千四百人で死亡率約七十％、エフマン島は約二百名中、死亡率約五十％であった。この結果だけで即断できないが、いつ農耕自活に着手したかによって死亡率に差が出たとみれなくもない。エフマン島では、飛行場すらも芋畑に変え、害虫や野豚の被害もなく、よく成育したおかげで、兵士たちも体力を回復し、いつでも出動できるようになったといわれ、農耕への転換がかなり早かったことをうかがわせる（奥村前掲書　一七五頁）。指揮官が部隊の置かれた境遇をいつ理解し、農耕着手の指示を早く出すか遅く出すかによって、結果が

栽培にも乗りだし、場所によっては大成功を収めている。

隣のムッシュ島は平坦な地形で、しかも肥沃な土壌でもあったので、海軍根拠地隊の司令部は大きな農場を開いて、主食や野菜を大々的に栽培し、これをカイリル島の本隊に供給する案を考えた。同島を守る富井部隊は、十九年二月に進出する際、自活のために鋸、斧、鎌、スコップ、鍬、鶴嘴等の器具を整えて上陸している（渡辺前掲書　一七三頁）。さらに東大農学部出身の千野知長大尉の指導の下で、第八建設部軍属、高砂義勇隊、現地人の協力を得ながら農園の建設を急ピッチで進めた。しかしこの島でも、当初、藤平直忠主計少尉が現地人と交渉して得ることになったサクサクが命綱であり、完全な自給自足を達成するには、相応の時間が必要であった。

このようにカイリル島及びムッシュ島の農耕自活は、自然条件、指揮官の判断等の条件に恵まれ、さらに米豪軍が上陸しなかったこともあって、ニューギニア本島に比べるとはるかにうまくいった。しかし両島とも、ある時期、現地人が納入するサクサクに依存していた面があり、海軍部隊もやはり現地人の居候的存在であった。それでも他地域に比べてはるかに恵まれており、マラリヤやデング熱等の南洋特有の病気で死亡する将兵が多かったのはやむえないとして、餓死者は少なかった。これについて渡辺哲夫は、「二十七特根が編成された当時は千四、五百名だった兵員が、約一年半後の終戦時には半数に減っていた」（『海軍陸戦隊ジャングルに消ゆ』一三八頁）と、生存率が五十％程度であったとする言い方をしている。死亡率が九十、九十五％も珍しくなかったニューギニアでは、半数が生き残るのは非常に高い生存率になる。なおカイリル島やムッシュ島以外の海軍兵は、柿内明夫大尉が率いて第十八軍指揮下に入ったボイキン海軍派遣隊だけで、停戦後、ムッシュ島で合流できたのは数十名もいなかった。やはりニューギニア本島にいた者の生存率は極めて低い。

戦後、昭和二十二年末に第二復員省在外部隊調査班がまとめた「在外部隊情報綴」（防研所蔵）は、帰還船「鹿島」が南東方面からの帰還兵を乗せて帰港したあと、二十年十一月二十六日に帰還兵から提出された報告を紹介している。それによれば、アイタペ以東の日本軍は、九月中旬からムッシュ島に送り込まれ、十一月に移動を終了した後の陸海軍それぞれの兵員数を集計している。それによると、陸軍関係九、三五五人（この中には朝鮮兵約四〇〇、台湾義勇隊約二〇〇、勤労団約三五〇を含むが、第一次帰還部隊陸軍一、一三〇を除く）、海軍関係一、二四六人（台湾義勇隊約三〇〇を含む）とある。第一次帰還部隊も含めると、一一、七三一人になる。「鹿島」が豪軍の係り官から得た最新のデータで、おそらくもっとも確実なものであろう。朝鮮兵、台湾義勇隊等の兵数を「約」としているのは、ムッシュ島に入った陸海軍の人員数は正確に数えたが、彼らの正確な名簿を作成しておかなかったためだろう。

（五）収容所生活と故国帰還

敗戦後、戦場になった地域の処理に関する連合国の基本方針は、歴史をずっと遡って明治二十七、八年の日清戦争以前の状態に日本を戻すことであった。しかし終戦時、南西太平洋や東南アジアの地域に展開していた連合国軍は米軍、豪軍、英軍だけで、開戦前まで東南アジアに植民地を保有していたオランダやフランスは、ドイツが降伏し、本国の戦災の後片付けを始めて間もない時期でもあり、この方面にまだまとまった軍を派遣していなかった。

このため所在の日本軍の降伏受入れは、米・英・豪の三国の軍が行うことになり、東西ニューギニアで生き残った日本兵は豪軍に降伏した。東部ニューギニアでは、九月十三日、ウェワクの海岸近くで安達二十三中将と豪軍第六師団長との間で日本軍の降伏文書が調印された。調印された場所は、戦後メモリアルパークとして整備されている。その後、豪軍の指示に従って武装解除され、指定された収容地に移動して捕虜生活をすることになった。英軍は戦闘中の捕虜を「Prisoner」、降伏後の日本兵を「降伏日本人＝Japanese Surrendered Personel」と呼んで区別したが、ニューギニアの日本兵を労働力として利用する意志の薄かった豪軍は、英軍の処置に追随しなかった。

オランダ軍が進出したあと、豪軍が担当した区域は、東部ニューギニア、ソロモン諸島、南北ボルネオ、南太平洋諸島の一部などであった。この区域で豪軍が降伏を受け入れた日本兵は、合計二〇七、一三一名にのぼった（第二復員省在外部隊調査班「在外部隊情報綴」戦史部所蔵）。日本政府が現地部隊と直接連絡がとれず、情報が錯綜していた時期であったために異説が多い。たとえばラバウルなどは、同地だけで一一二、九二三名を数えるが、九万名前後の情報も何例か散見される（総務局艦船通航課「復員輸送関係」昭和二一年四月　戦史部所蔵）。この一因は、日本軍とともに行動した台湾、朝鮮、インド出身者を含めているためらしく、この人々を除くと九万名程度の員数に落ち着く。したがって総計二十万余の対豪降伏者数も、日本兵だけの降伏数は二、三万名少なかったと推定してもよさそうである。

戦争中、人口七百万人のオーストラリアは、総動員して約一〇〇万人（AWMの計算値）の陸海軍を作り上げたが、これだけの高い比率だと、社会生活だけでなく、軍の運用にも相当の無理があったであろう。日本軍のニューギニア、ソロモンへの進出がオーストラリアの国土防衛戦に変質したために、このような過大な動員につながったことは説明するまでもない。大きな農業生産力を有するがゆえに、食うには困らなかったとしても、すべての面に大きな不便が生じたにちがいない。こうした国情のオーストラリアが、豪軍の二割弱にもなる降伏兵を受け入れると、これの管理のほかに、食糧・衣服・日用品等を供給する重い負担に苦しまなければならなくなる。

本国に降伏兵に食べさせる食糧が十分あっても、各地に散在する降伏兵のところまで輸送する船舶の確保がむずかしく、計画通り運べないのがオーストラリアの悩みであった。限界を越えた動員をしてきたオーストラリアにとって、戦争が終わるとともに復員を早め、平常への復帰を急ぎたかったにちがいない。また捕虜管理のために夫や息子を取り上げたままにし、豪軍兵の復員が遅れると、英国の総選挙でチャーチル内閣が敗北しアトリー内閣に代わったように、オーストラリアでも選挙で内閣交代に陥るとも限らなかった。こうした事情から豪軍が講じた方法は、日本軍に農耕自活を継続させて輸送の負担を軽減させること、脱出不可能な洋上の小島を収容所とし警備の負担を軽減させることであったと思われる（AWM編『From a hostile shore　過酷なる岸辺から』所収　筆者「戦後ラバウルでの日本軍」一四一－三頁）。

しかしラバウルの九万人もの捕虜については、どこかに移動させるには多すぎ、やむなくラバウル地域内でわずかに移動させ、新設の十二箇所の収容所に収容することにした。東部ニューギニアやソロモンでは、適当な小島に捕虜を押し込むことにし、東部ニューギニアの第十八軍や海軍の生き残りは、前述のムッシュ島に送られた。ソロモン諸島やナウル諸島の兵士たちは、ブーゲンビル島からほど近いファウロ島に収容された。ファウロ島は悪性マラリアの棲息地で、帰国までに三割以上の死者を出し、地獄島などと呼ばれた（南東方面艦隊、第八艦隊、第十八、第六十七警備隊編「ソロモン地区終戦処理概要」防研所蔵）。それまでポナペでは無傷であった部隊が、この島で全滅したものさえある（大槻巌『ソロモン収容所』二二七－二三五頁）。

ムッシュ島は、前述のようにウェワクの浜辺から十キロも離れていない距離にある平べったい島である。山南地区のセピック流域に散在した兵士は、溯航してきた豪軍の上陸用舟艇に収容されてムッシュ島に送られ、その他の地で降伏した者は、ウェワクに一旦集結し、それから舟艇でムッシュ島に送られた。送られた人数については諸説あり、第一復員局資料課の「外地情報（南方）―濠北、ニューギニア、濠州、外務省」所収の「参考情報甲第二号『ニューギニア』事情」（昭和二十年十一月二十六日付）は、前述した一一、七三一名で、これが最も信頼に足る人員数と思われる。「『ニューギニア』事情」の注記に「第十八軍は『ニューギニア』上陸以来其の損耗実に九十四％に達しあり」と結んであるのは、第一復員省の係官があまりの死亡率に付言しないではいられなかった衝撃を物語っている。このほか安達の代理として第四一歩兵団長青津喜久太郎少将がまとめた「第十八軍ノ状況報告」（昭和二十一年一月七日付）では、「昭和十九年四月補給途絶下に於ける作戦により兵力著しく損耗し、現在は『ニューギニア』上陸兵力の約十％弱にして、其の数一〇、二〇〇（別に海軍一、二二〇）……」（防研所蔵文書）と、幾分少ない員数を記述している。第十八軍の参謀であった堀江正夫の『留魂の詩』（三〇一頁）には、右の二つの記録の間に当たる一一、五二四名としている。

第一復員局資料課がいう損耗率九十四％、青津がいう十％弱にどれほどの根拠があるか検証が必要だが、取り敢えず第一復員局資料課の「参考情報甲第二号、『ニューギニア』事情」にある損耗率九十四％に基づくと、初期の兵力は一九五、五一六人になる。また青津の「第十八軍ノ状況報告」にある上陸軍十％弱に基づくと、上陸軍は陸軍だけで一〇二、〇〇〇人余になる。なぜこれほど大きな開きがあるのかといえば、青津の計算には、陸軍航空部隊すなわち第四航空軍と、第九艦隊、二十七特根、海軍陸戦隊等からなる海軍部隊が加算されていないからだ。

実際にどれだけの兵員がニューギニアに入り、移動の激しい軍の常として、戦争中、どれだけの兵員が他所に移動していったのか、正確な数字を出すのは不可能に近い。部隊の異動に関して、編成時人員、補充人員、転属人員、内還、死没、現地除隊、残留、生死不明などの項目があり、ある月の総兵力とその月の戦死の比率を計算するのは容易ではない。そこで取り敢えず編成時兵力をニューギニアの兵力と見なし、終戦時にその兵力のうちどれほど生き残ったかという考え方で割り切ることにした。

昭和二十五年七月、第一・第二復員省時代から調査活動を続けてきた史実調査部が、米軍の命令でまとめたと思われる「南東地区日本地上兵力量及組織調査報告」（防研所蔵）が、もっとも広く調査し客観化して集計されている。それによれば

第十八軍に転属した兵力	一〇五、四六八人
南東地区に行動した陸軍航空部隊	四八、三五四人
合　計	一五三、八二二人

となる。青津の計算も第十八軍に関する限り、しっかりした調査に基づいているといえよう。しかし航空軍を加えた合計数と第一復員局資料課の損耗率から割り出した兵力数との間には四万もの開きがある。海軍部隊が四万人にも達したとは思えず、損耗率九十四％の根拠が怪しくなる。統計上の問題点として、軍属や台湾・朝鮮出身者を含めたり

含めなかったり、基準がはっきりしていない。青津のように部隊に身を置く者は軍人のみを数え、他方、復員業務に当たる者は軍の隷下にあった者をすべて含めて計算した可能性が高い。

それでは西部ニューギニアの状況はどうであったろうか。総務局艦船運航課がまとめた昭和二十一年四月一日現在の「復員輸送関係」によれば、ソロン地区で陸海軍八、五〇〇名、マノクワリ地区で七、七〇〇名、サルミ地区で五、四〇〇名、合計二一、六〇〇名である。また第一復員局資料課編の「外地情報（南方一般）」の「参考情報甲第二四号南方各地状況一覧表（昭二一、三、十）」によれば二一、四六〇名とあり、これに近い人員が生き残ったと考えてよさそうだ。

ところが昭和二十一年一月から翌年一月までの情報を編綴した第二復員省在外部隊調査班がまとめた「在外部隊情報綴」によれば、次のようになる。

地　区	陸軍関係	海軍関係	計
マノクワリ地区	六、四一〇	一、〇六八	七、四七八
ソロン地区	七、七一六	一、〇〇四	八、七二〇
ムミ地区	一、三二五	〇	一、三二五
サルミ地区	五、三〇〇	二七四	五、三七四
バボ	八四五	〇	八四五
コカス	七二五	一〇九	八三四
ファクファク	三二二	〇	三二二
カイマナ	九三〇	一八七	一、〇一七
合　計	二三、五七三	二、六四二	二六、二一五

この集計では、各集結地の収容人員数まで具体的に紹介している。どちらが正確で、他方が誤差が大きいかという問題ではなく、軍属と台湾出身者を含めるか含まないかの範囲の違いにあるのではないかと思われる。この二六、二一五人が、上陸した全兵力のどのくらいの割合になるのか、少ないデータを参考に計算してみよう。

昭和二十五年七月に復員局が作成した「自一九四一年　至一九四四年南東方面部隊の兵力及編制の資料　南東地区日本地上兵力量及組織調査報告」の「第二軍に属せられた兵力、編成竝に配置」に、司令部以下、主力の第三六師団等の隷下部隊の兵力数が列記されている。配置の項目に輸送中とか内地、支那駐屯とかが半分近くを占め、実際にニューギニアに上陸できなかった部隊まで含んでいるが、取り敢えずこれら部隊がニューギニアに到達したものと仮定し、第二軍隷下の全兵力量を計算すると五九、二四四人になる。「南東地区日本地上兵力量及組織調査報告」から西部ニューギニア戦に関する記録を広い集めると、第三六師団一五、九九四人、ビアク支隊一一、三一二人、ヌンホル部隊三、六一〇人、サンサポール五〇人になる。またマノクワリに駐屯した経験を持つ内藤勝次の「ニューギニア戦」（八八－九頁）、飯田氏の「終りなき戦後」（四九頁）には、いずれもマノクワリの兵力を二万としている。これ以外には、二十年にソロンに進出した第三五師団一部が含まれておらず、これらを合わせると陸軍だけで六万近い人員が西部ニューギニアに派遣されたとみて間違いないのではないか。いずれにしても戦備を固める時期が十九年になった西部ニューギニアには、東部ニューギニアに比べてかなり少ない人員しか送り込まれなかった。

以上の人員数を利用して推論を建てると、東部・西部ニューギニアの合計陸軍人員数は二一万余、これに海軍部隊を一万五千人ぐらいと見積もると、二十二万五千人余になる。この推測値は低く見積もっているので、実際はこれよりも多いはずである。終戦時に東西ニューギニアで生き残ったのが三七、九〇〇人余とすれば、総兵力の推測値二二五、〇〇〇人から生存者三七、九〇〇人を差引いた一八七、一〇〇人余が戦死者数ということになろう。実際の戦死者数は十九万を越えるのではないかと考えている。

米軍側の戦死者数は一般に一万八千人余といわれてきたが（富永謙吾『定本・太平洋戦争』下　四八七頁）、ウィロビーの『マッカーサー戦記』では、グンビ以降の主要な作戦での日米戦死者数を比較している。なお日本兵の中には若干の捕虜がおり、それを含めて戦死者数として表示している。

作戦地	日本軍戦死者	米軍戦死者
グンビ	一、二七五	五五
アドミラルティー諸島	四、一四三	一五五
ホーランディア	四、四四一	八七
アイタペ	八、三七〇	四四〇
ワクデ	三、八九九	六四〇
ビアク	五、〇九三	五二四
ヌンホル	二、三二八	六三
サンサポール	三七四	二
合計	二九、九二三	一、九六六

表中のグンビ、アドミラルティー諸島、アイタペは東部ニューギニアだから、これを削除すると、日本軍戦死者一六、一三五人、米軍戦死者一、三一六人になる。米軍の統計は日本軍との会戦で確認された戦死者であり（『マッカーサー戦記』Ⅱ　一六四頁）、フィニステール山脈やセピックの沼沢を撤退中の死者、ホーランディアからサルミまでの撤退行やマノクワリからイドレまでの途中で餓死、病死した兵員数は含まれていない。

それにしても米軍の戦死者数は驚くほど少なく、日本軍の十五分の一程度にしかならない。飛び石作戦の効果、航空戦力を最大限に活用した作戦の効果がよく現われていると考えられる。マッカーサーは海軍・海兵隊の上陸作戦は犠牲者が多すぎると批判したが、いうだけのことはあると感心させられる。マッカーサーが兵力不十分な条件を爆弾や砲弾を集中して日本軍を圧迫し、日本軍は補給不足の条件を文字通り肉弾で対抗した実態を、この数値が表わしているとみていいだろう。

以上の計算は筆者が入手可能な資料に基づき、推測を織り込んではじき出したものである。言い方を変えると、政府による公式な数値の発表がないまま、戦後六十年以上がたってしまった。戦争史に踏み込むと、歴史に学ばない、歴史（過去の経緯）を尊重しない日本軍・日本人の姿がよく見えてくるが、ニューギニアへの派遣員数、そこでの死者数さえ頓着しないのも、その現われの一端であろう。

こうしてわずかに生き残った日本兵は、連合軍が指定する逃げようがない島かキャンプに収容された。前述のように第十八軍はムッシュ島に、また西部ニューギニアの主に第二軍の陸軍兵員は、前引した「在外部隊情報綴」によれば、マノクワリ、ソロン、モミ、サルミに、ホーランディア方面から来た海軍部隊はサルミ西方十二マイルのマッテール部落に、そのほか陸海軍混在部隊がバボ、コカス、ファクファク、カイマナに散在した。西部ニューギニアを担当するオランダ軍が、なぜこのように日本軍を散在させ、面倒を厭わなかったのだろうか。しかし日本への帰還が近くなると、ソロン、マノクワリ、サルミに集結が命じられている。

終戦によって豪軍やオランダ軍は、日本軍の維持管理という重い負担を背負い込んだ。ムッシュ島暮らしをした日本兵は豪軍の給養が十分でなく、やむなく農耕自活を続けたと一様に語っている。軍医であった満川元行は、さすがに注意深く給養を観察し、豪軍は一週間毎に一週間分の食糧を配給し、品目と量、そして一日当りのカロリーを記録していることに驚いた。それによれば一日当り千三百カロリー前後になり、「正に生かさず殺さずの成人基礎代謝熱量ぎりぎりの食糧に過ぎなかった」（満川元行『塩』四〇四－五頁）と分析し、体力の限界を越えた将兵は毎日数十人ずつ絶命していった。一方、西部ニューギニアの方は自給自足態勢が完成し、食糧備蓄も不安がない程度に進み、驚くべきことにオランダ軍から食糧供給を受けた記録がない。オランダ軍管理下の死者も、九十九％はマラリアが原因であった。オランダ軍が日本軍を散在させたのも、自給自足できる農耕地に居住させたことに理由があったと思われる。

帰還業務はGHQの業務であり、占領軍の方針、計画に基づき、日本政府もその下で命じられた業務を請負う体制の中で進められた。GHQ参謀部第三部引揚課を中心に、同第二部日本連絡部、米太平洋艦隊日本船舶管理部が協力する態勢で、帰還が遂行された（引揚援護庁『引揚援護の記録』四頁）。米政府の早期帰還方針に基づき、食糧事情、健康状態、補給条件等が考慮されて帰還船が送られた。

ニューギニアについて見ると、ムッシュ島では、毎日十名以上の死者を出す状況にあり、GHQとしても早期の帰還が必要と判断したと考えられる。最初の帰還船である元巡洋艦「鹿島」がウェワク沖合に現われ、衰弱の激しい者を優先して乗船させた。輸送指揮官に堀尾中佐、軍司令部から鈴木正己軍医少佐が乗り込んだが、資料により人員数に違いがある。鈴木は帰還に際し一片の資料の持ち帰りも許されなかったと断った上で、同行した第一次帰還者を一、三〇〇人としているとしているが（『東部ニューギニア戦線』三二一頁）、安達軍司令官の代理青津少将がまとめた「第十八軍の状況報告」（昭和二十一年一月七日）によれば、一、一三〇人である。

第一次帰還は二十年十一月二十五日（二十七日説あり）に出航、沖縄経由で十二月八日に広島県大竹港に入港した。牡丹雪が降りしきる寒い日であった。長い間の熱帯暮らし、その上、半袖しか着ていない痩せ細った帰還兵にはひどくこたえた（鈴木正己前掲書　三二四頁）。第二次帰還の病院船「高栄丸」は二十一年一月九日に入港、台湾経由で十八日に横須賀浦賀に帰還した（針谷和男『ウェワク』三三〇頁）。第三次も同じ「鹿島」によって行なわれ、十一日に乗船し、十九日に広島県大竹港に着いた。『塩』の著書である満川元行軍医も第三次で帰還している。第四次は元巡洋艦「酒匂」によって行なわれ、第三次船「鹿島」と同じ日にムッシュ島に入港し、少し遅れて出航、二十四日に同じ大竹港に帰着した。

第六次が病院船になっていた「氷川丸」である。一月十四日に入港、さすがに大型船だけに二、五〇六人を乗せたが、ほとんどが病人で、患者数一、八九八人におよんだという（郵船OB氷川丸研究会『氷川丸とその時代』三〇二頁）。二十四日に横須賀浦賀に帰港している。この船で第十八軍参謀長吉原矩も帰還しているが、のちに自治大臣をつとめる田川誠一が朝日新聞記者として「氷川丸」に吉原を訪ね取材している（拙稿「浦賀引揚と田川日記」、『横須賀市史研究』第二巻）。最後の第六次帰還のしんがりを受け持ったのが元空母「鳳翔」で、一月二十四日にウェワク沖を出航しているが、いつ、どこに帰着した不明である。

以上が、ムッシュ島に収容された主に第十八軍の帰還状況である。わずか二ヶ月半で終えたことになるが、この間に千人近い死者を出している厳しい現実を見ると、これでも遅すぎた。安達軍司令官はおそらく第二次帰還まで乗船場に見送りに来て、惜別の辞を噛みしめながら帰還兵に語っている。この直後に戦犯容疑者としてラバウルに連行されたが、その際も同じ趣旨の訓示を行なっている。「お前たち」を繰り返すことに満川などは少々不満を持ったが、その内容は返す言葉もない感動に満ちたものであったと伝えている。記録に止めているはずもないので、みなその趣意を覚えているだけである。いつも安達の近くにいた鈴木正己軍医少佐が文章化した訓辞が秀逸と思われるので、その一部を引用したい。

お前たちはいよいよ本日、第一回の帰還者として故国日本に帰ることになった。思えば、わが第十八軍は、およそ人として経験しうる限りの、あらゆる言語を絶する労苦をなめつくして、この瘴癘不毛の島で戦いを続けてきた。このような軍は、全陸海軍の中でも古来歴史にないと思う。その作戦三年余りの間、諸子および戦没した諸子の上官、戦友、部下は、よく力を合わせて、人間として耐えうる限度をはるかに越えた最悪の条件に耐えぬき、あらゆる困難の中に悪戦苦闘を続け、瘴癘不毛のこの地でよく戦い抜いてくれた。………本職はこのニューギニアにおける第十八軍の決死敢闘は、日本の存在する限り、大和民族の真価を発揮したものとして、永遠に歴史

に残るものであることを確信する。（鈴木正己前掲書三一四－五頁）

安達のいう通り、これほど頑張り抜いた軍は史上希有であろう。だが「永遠の歴史」として残るどころか、まったくその意義を歴史に位置づけられることもなく、すでに六十年以上が過ぎ去ってしまった。無用の長物であった戦艦を顕彰する動きは盛んだが、戦争を直視し、多くの戦闘の意義について検証し、何が問題であり、何がよく働いたか、何が少しも働かなかったのか、ろくに考えもせず過ぎてきた。

安達はこのあと、慈父が子供に諭すように、「このような不毛の島で、極度の食糧不足を耐えしのび、マラリア等の悪疫におかされながら、ろくな治療もできないまま、悪戦苦闘を続けてきたのであるから、諸子は外見は丈夫そうに見えても、体力ははなはだしく低下している。………みなは自分が丈夫だと思っても、直ちに病院に入院し、すっかりマラリア等の病気を治療して、丈夫な体になった上で家に帰るようにしなければならぬ。決して帰宅を急ぐではないぞ」と、三年も戦い続け、一分一秒でも早く家に帰りたいとはやる兵員の気持ちを抑制した。

彼らを見送った安達は、翌年一月十一日、帰還船を待つ将兵に別れを告げ、戦犯容疑を掛けられた部下一三四人とともにラバウルに向かった。すべての責任は司令官たる自分にあると主張したが、何人かが絞首刑になり、自分は無期禁固刑になった。裁判が終った二十二年九月十日、安達は自決した。切れない刃物を使った自決だけに、絶命するまでに壮絶な苦しみや痛みとの戦いがあったと推測されるが、十数万の戦死者の断末魔に思いを馳せながら耐えたにちがいない。遺書の一節に

……打ち続く作戦に疲憊の極に達せる将兵に対し、さらに人として堪え得る限度をはるかに超越せる克難敢闘を要求致候、之に対し黙黙之を遂行し力竭きて花吹雪の如く散り行く若き将兵を眺むる時、君国のためとは申しながら、其断腸の思は唯神のみぞ知ると存候、当時小生の心中堅く誓ひし処は、必之等若き将兵と運命を共にし南

海の土となるべく縦令凱陣の場合と雖、渝らじとのことに候

（田中兼五郎編『第十八軍司令官安達二十三中将に関する資料集』ニューギニア戦友会事務局）

と、若き部下を死なせた慚愧の念を吐露した上で、「若き将兵と運命を共にし南海の土」となる言葉は、三年間も部下と共にニューギニア戦を戦った司令官らしい。部下を置き去りにして後退してしまった将軍は、ニューギニアにもインパールにもいたが、安達ほど誠実に部下と戦陣をともにした将軍はいなかった。このように上下一体であったがゆえに第十八軍は、三年間も一糸乱れることなく、米豪軍と戦うことができたにちがいない。

西部ニューギニアにおける帰還はどのように進められたのであろうか。東部のムッシュ島より帰還者が三倍近く多かったはずだが、記録した人は少ない。田村洋三はビアク島で終戦を迎えた将兵について触れ、それによれば、収容所の管理が米軍からオランダ軍にかわり待遇が落ちたこと、一旦、ソリドの収容所に入ったあと、二十年十月にマノクワリに移送され、第二軍将兵八千人もの出迎えを受けたことなどを記している（『ビアク島』三三六－七頁）。歩兵二二一連隊関係者がまとめた『歩兵第二百二十一連隊史　南方編』は、オランダ軍がＧＨＱの早期復員方針を様々な口実を設けて引き延ばし、ホーランディア建設計画を進める模様を描き出している（五〇五－五一三頁）。

引揚援護庁がまとめた『引揚援護の記録』によれば、西部ニューギニアの陸軍兵の引揚は昭和二十一年五月十七日にはじまり七月八日をもって終了、サルミ西方にあった海軍兵は二十一年六月十一日から十七日かけて行なわれたとなっている（一八五－六頁）。

前掲『歩兵第二百二十一連隊史』によれば、第一帰還船は米リバティ第六十号で、二二一連隊はじめ三、六三〇人が乗込み、五月十七日にマノクワリ沖を出航した（五一五頁）。第二次帰還船リバティ「ジョウシャロイス」号は五月二十九日にマノクワリ沖に入港、帰還兵を収容し同夜出航した（五一六頁）。

なお五月半ばに行なわれた陸軍兵の引揚げの準備について、戦後マノクワリ支隊がまとめた「西部ニューギニア復

おわりに

江田島の海軍兵学校や私が長く努めた防衛大学校には、名物の棒倒し競技がある。グランドの左右から相手の棒を目指して攻撃軍が突入し、これを防禦軍が棒に近づけまいとして防戦する。棒をめぐる戦いだから、棒の周囲で激しい攻防戦が繰り広げられるのが当然だが、よく見ると、棒からはるか離れたところで一対一、二対二で取っ組み合いをしている。いつしか戦いの本流から、はぐれてしまったのであろう。

扇を広げるように軍を散在させた日本軍の指導者たちには、本土という棒に向かってくる敵を防ぐ戦略を思いめぐらせなかった。棒に手をかけ、引倒す実力を持っていたのは、陸軍と航空隊を持ち、海軍も使えるマッカーサーしかいなかった。ニューギニア戦と並行してはじめたインパール作戦や中国打通作戦は、棒から離れたところで取っ組み合いをしている光景に似ている。中央の指導者には戦争の本流が見えないから、棒に手をかける相手と戦っている戦場以外に、棒の防戦に関係しない戦場に兵力や武器弾薬を送り込んだのである。

日本兵は優秀だが、司令官には人物はいなかった。マッカーサーの手厳しい日本軍批判である。米軍のマーシャル参謀長に相当するのが杉山元参謀総長、マッカーサーに相当するのが南方軍司令官の寺内寿一だが、二人とも立派な人物には違いないが、戦争に対する経綸、展望において、天と地ほどの開きがある。人の上に立つには人格者であることも大切だが、それだけではつとまらない。陸海軍は戦争を遂行するための人事よりも、軍を治めることに重点を置いた人事をしていたとしか思えて仕方がない。優秀な下士官や兵士がいても、勝つ指揮官がいなくては、よく戦うだけに終ってしまう。

戦争指導の中核は大本営であったが、所詮顔の見えない官僚機構である。大本営は、大佐・中佐のエリート佐官が作戦計画を起案し、これに将官クラスの部長・次長の合議《あいぎ》を経て、総長の決裁を得ると参謀本部作戦命令になり、天皇の裁下を得て大本営作戦命令になる構造であった。詰まるところ大佐・中佐のアイデアが実行されたのである。佐官クラスの視野は、どう頑張ってもマーシャルやマッカーサーの世界的、アジア的視野には遠く及ばない。太平洋戦争における日本軍の戦争指導は、参謀総長や次長が、戦争哲学や世界戦略を示さなかったために、佐官クラスの限られた「世界観」に取り込まれて行なわれたように思われてならない。戦争哲学を示さない指導者の下で、持てる戦力を棒をめぐる戦いに収斂できない佐官クラスの戦争指導が、棒から離れた戦いを容認し、太平洋から東南アジア、中国大陸、満州にわたって意味のない戦いが行なわれた。

戦前の日本社会は、それぞれの組織においてボトムアップ構造で、平時にはそれで障碍はなかった。だが戦争になっても同じことをしていた。日本軍には、優秀な幕僚を育てる教育体制があったが、司令官を育てる教育はなかった。ボトムアップ構造を前提にすれば、優秀な幕僚機構があれば、司令官の優劣はさしたる問題ではないと思われたのかもしれない。航空機が戦場の主役になると、戦闘の展開は驚くほどスピーディーになり、時間のかかる日本式ボトムアップ構造では対処しにくくなった。

さて戦後の太平洋戦争史は、戦争の本流不在の構成になっている。ガダルカナル戦の取扱いは、ニューギニア戦よりはるかに大きく重い。マキン・タラワ戦、アッツ島戦、サイパンやグアムの戦い、インパール戦、硫黄島戦も然りである。軍も軍人もよく戦うことは大切だが、それには目的がなくてはならない。一番の目的は国土を守り、国民を守ることである。だが日本の戦争指導はそうではなかった。海外の戦地で終戦を迎えた将兵が、故国の家族の無事を心配する光景は、軍がこの目的に添って配置されていなかった何よりの表われである（AWM文書2／138）。愚かしい戦争指導が残した逆転現象である。日本兵士はよく戦う立派な戦士であったと、敵である米兵も豪兵も等しく認めている。しかし稚拙な戦争指導のために無駄、無益な戦いに投入され、国土も国民も家族も守ることができなかった。

それならばニューギニア戦をどう解釈するか。太平洋戦争の特徴は、艦隊が戦う海洋戦から、島嶼戦に転換したことである。数多の島をめぐる島嶼戦のうち、最大規模、最長期間がニューギニア戦だが、日・米豪軍が真正面から激突したために、夥しい量の兵力、武器弾薬が投入され、戦闘規模、戦闘期間のいずれも太平洋戦争で最大になった。島嶼戦は陸軍だけでなく、海軍も空軍も参加できる、いやしなければならない戦いであった。陸海空の三戦力が自在に連携し、一元的指揮の下で戦力を集中する必要があったが、中央の指導部は、何一つできなかった。

明治時代につくられた統帥権制度では統一司令部の設置はむずかしく、陸海空三戦力の連携に大きな障碍になった。とくに自在に陸海軍の担当域を飛び越える航空機が戦力の中核になるにつれ、統帥権は時代遅れの制度になった。しかし日本が劣勢になっても、「国体」を大きく変えることにつながるかもしれない統帥権の変更を誰も言い出さなかった。明治時代における天皇制と戦争指導とは見事に調和し、日本の勝利をもたらしたが、戦争形態が大きく変わった昭和時代には、旧来の体制のままでは戦争に勝つことは困難になった。とくに顕著に現われたのが統帥権制度で、これがあるかぎり、スピーディーに動く現代戦に対応できなかった。にもかかわらず敗色濃厚になっても統帥権体制を見直すことができなかったのは、天皇制および陸海軍の独立が揺らぐことを恐れたためであろう。

安達の第十八軍がマッカーサー麾下の米豪軍と戦ったのは丸二年、その後の一年間は豪軍とだけ戦った。初期のマッカーサーは兵力の不足に苦しみながらも、陸海空の戦力を巧みに駆使して第十八軍の攻勢を押し返したが、安達の軍には陸と空の部隊があるのみで海軍艦艇の戦力がなかった。米軍がフィリピンに進む頃になると、第十八軍は陸上戦力だけで米豪軍と戦った。海軍なしで三年間も戦わなければならなかったのは統帥権体制に一因があり、いわば安達も第十八軍も統帥権体制の大きな被害者であった。

マッカーサーは制空権を奪取しないうちは絶対に陸兵を進めなかったが、その手法は、攻略した地点に飛行場を設けて制空権を拡張し、その下で戦線を敵側に進め、また新たに飛行場を設営、を繰り返すもので、ニューギニアを出発してフィリピン、沖縄、九州に沿って北上し、最後に東京に踏み込む戦略であった。とはいえ出発点のニューギニアを攻略するのに、これほど時間がかかるとは予想していなかったにちがいない。ひとえに安達の第十八軍の頑張りのためであった。

第十八軍は、ラエで包囲されたとき、フィンシュハーヘンで挟撃されたとき、マダンに追撃されたとき、信じられない跳躍をした。たとえ万全の装備を施した探検隊でも、日本軍と同じルートを歩けといわれたら躊躇するだろう。戦時という非常事態ゆえにできたことだが、二度も三度も繰り返す精神力には敬服するほかない。いくら追い詰めても屈服しないために、マッカーサーもなかなかニューギニア戦から脱却できなかった。補給・補充が先細りする第十八軍が、戦力を日増しに強大化する米豪軍に対して劣勢になるのはやむえない。それでも頑張り通し、マッカーサー軍を十九年九月までニューギニアで食い止めた功績は、太平洋戦争の中で最大のものと評価できよう。

指揮官としての安達を、忘れるままにしておいていい人物ではない。丸二年間もマッカーサーとやり合った指揮官は安達のみである。部下を放置してニューギニアを逃げ出す将軍もいる中で、安達は最後まで将兵と寝食を共にし、マッカーサー軍との戦いを最後の瞬間まで諦めなかった。惜しむらくは、中央の戦争指導者がニューギニア戦の位置づけができず、安達と十八軍が稼ぎ出した貴重な時間をどう使うべきか一片の戦略さえ描くこともできず、その時間はドブに捨てられてしまった。

安達が永遠に残ると確信した十八軍の死闘も功績も、中央に評価する能力がなく、「玉砕」した戦場ばかりを称讃し、大きな戦績を上げた部隊よりも、よく戦い散った部隊だけを取り上げてきたために、評価される対象にもならなかった。その煽りを受けて、戦後に成立した太平洋戦争の通史でも、ニューギニア戦がその中に占める位置は極めて小さい。終戦の日まで戦い続けた第十八軍に「玉砕」という華がないために評価されないとしたら、日本は戦争を理解できない特種な社会といわねばならない。ある努力が与えた影響やその結果の意義を客観化し科学的に評価する能力が、戦後の日本社会にも欠けていたといわざるをえない。

戦後、ニューギニア戦に対する国民の関心が薄いわけは、「死人に口なし」も関係している。東部ニューギニアから帰還できたのは一万にも満たない。ビルマ、ソロモン、中国、シベリア、フィリピン等から帰還した人員の十分の一から数十分の一に過ぎない帰還者では、幾ら声高に叫んだところで競争にならない。帰還兵は誰しも、自分の戦場が一番重要で、厳しい戦いをしたと叫ぶものである。伝聞や話題が多いほど、重要な戦闘であったとは限らない。激戦ほど生き残り兵が少なく、情報が少ない、しかし伝聞が少ない方が、むしろ戦史上の位置が高い場合があることを忘れてはならない。

あとがき

調査をはじめて十年、執筆をはじめて三年半近くたってしまったが、執筆を中断しなくてはならない出来事が相次ぎ、実際に執筆した期間は正味二年ほどになるだろうか。書いてわかったことは、とにかくニューギニア戦は長いことである。戦いの華とでもいうべき山が幾つもあり、全部を取り上げるのは容易でない。一時は筆者の能力では不可能とも考えたが、とにかくコツコツやるほかないと頑張った。

我が国には、戦史は作戦戦闘を取り上げるものという伝統があり、軍歴を有する読者は、戦闘の微細な点に強い関心を持つ傾向がつよい。三年も続いたニューギニア戦でも微細な点にこだわったら、本書の何倍、十数倍も必要になる。本書の目的は、三年にわたるニューギニア戦の通史をまとめること、太平洋戦争の中に占めるニューギニア戦の位置、役割、意義を論じることで、各地点の作戦戦闘の推移を描写することでない。

書いている間に、ニューギニア戦の生き残りの方々の訃報を何度も聞いた。一日も早く完成させたいと念じながらも、どうして筆者の周囲にはトラブルが絶えず、いつも何か起こり、長期間執筆が止まった。それにもめげず最後まで筆を置かなかったのは、言語を絶する苦闘の末に果てた二十万近い戦死者の無念さ、あの戦いの意味、意義が、六十年以上もの間、明らかにもされず放置されてきた事実を、日本人として見逃すことができなかったからである。

しかしこうした感情に拘泥して筆を執るとしたら、歴史家として失格かもしれない。とはいえ調査してみると、ニューギニア戦は太平洋戦争の一部というより、太平洋戦争の凝縮であり、「ミニ太平洋戦争」と呼ぶべきではないかと考えるようになった。近代日本人の誇りの源泉でもある日露戦争よりも規模も大きく期間も長く、戦死者数もずっと多い事実を顧みると、あながち暴論ではないだろう。それはともかくニューギニア戦で負けた方が太平洋戦争に負けるという事実関係から、ニューギニア戦の太平洋戦争の位置づけがどうにかできたことで、筆を置くことができそうである。しかし三年も戦いが続くと、日本および陸海軍がもつ矛盾がすべてニューギニア戦に反映する。呆れる問題がいくつもあり、つい当事者に近い気持ちになって批判する立場に立ってしまった。ご寛恕を乞う次第である。

最後に、日本人は歴史的手法つまり時間軸に基づき方針や対策を考えない傾向がある。戦争中、一回の戦闘があると幾つもの戦訓（教訓）が出るが、これに基づき必要な対策を講じ、次の戦闘で同じ轍を踏まないのが戦理である。米軍の徹底した事後検証、戦訓に基づく迅速な対策実施に対して、日本軍には、戦闘結果を精神力の強弱のせいにして戦訓無視の例が多すぎる。国家に歴史があるから歴史の教訓を尊重するとは限らないし、歴史がなくてもその教訓を重視することもある。戦訓という経験則を検証し、有効な対策を講じるのが戦争での科学主義である。日本の場合、歴史に学ぶ姿勢が弱い上に、教典・教科書至上主義が、常識的な科学主義や合理主義を踏みにじった。日本軍は呆れるほど同じ轍を踏み、同じ結果を連ねた。戦後も、日本社会は時間軸的思考、即ち時間的思考を疎かにしている。これでは国家、社会のために死んでいった兵士たちが浮かばれない。

主要参照資料一覧

【単行本】

『戦争史概観』四手井綱正　岩波書店　昭和十八年
『ニューギニア戦記』小岩井光夫　日本出版協同株式会社　昭和二十八年
『基地設営戦の全貌　太平洋戦争海軍築城の真相と反省』佐用泰司・森茂　鹿島建設技術研究所出版部　昭和二十八年
『南十字星　東部ニューギニア戦の追憶』吉原矩　私家版　東部ニューギニア会　昭和三十年
『最後の一兵　ニューギニアで消えた十万人』坪内健治郎手記　三好貢編　教材社　昭和三十二年
『パプアの亡魂　東部ニューギニア玉砕秘録』飯塚栄地　日本週報社　昭和三十七年
『大東亜戦争全史』服部卓四郎　原書房　昭和四十年
『ニューギニア・マラソン戦記』北本正路　にれの木出版　昭和四十三年
『駆逐艦　その技術的回顧』堀元美　原書房　昭和四十四年
『タラカン島奮戦記』宮地喬　私家版　昭和四十四年
『杉山元帥伝』明治百年史叢書八七　杉山元帥伝記刊行会編　原書房　昭和四十四年
『タラカン島奮戦記』宮地喬　私家版　昭和四十四年
『地の果てに死す　西部ニューギニア戦記』植松仁作　原書房　昭和四十四年
『太平洋戦争　私観』高木惣吉　文藝春秋　昭和四十四年（なお本書では以下を使用した。同文庫版『私観太平洋戦争　和平工作に奔走した一提督の手記』光人社　平成十一年）
『碑なき墓標　ガダルカナル・ラバウル・ニューギニア』奥村芳太郎編　毎日新聞社　昭和四十五年
『ニューギニア日記』金子正義　栄光出版社　昭和四十五年
『日本郵船戦時船史　太平洋戦争下の社船挽歌』日本郵船　昭和四十六年
『海軍施設系技術官の記録』同刊行委員会　限定版　昭和四十七年

『機動部隊　日本海軍海上航空戦史』淵田美津雄・奥宮正武　朝日ソノラマ　昭和四十九年
『運命の海上機動兵団　海上機動第二旅団機動第一大隊・関東軍第五独立守備隊歩兵第二十七大隊』巡部隊史編纂委員会　非売品　昭和四十九年
『ニューギニア鎮魂歌』田中広美　非売品　昭和四十九年
『海上護衛参謀の回想　太平洋戦争の戦略批判』大井篤　原書房　昭和五十年
『日本憲兵正史』全国憲友会連合会編纂委員会　全国憲友会連合会本部　昭和五十一年
『提督草鹿任一』草鹿提督伝記刊行会編　光和堂　昭和五十一年
『ラバウル　第二〇四海軍航空隊戦記』二〇四空戦史刊行会編　静和堂出版局　昭和五十一年
『ハルマヘラ戦記』同編纂委員会編　ハルマヘラ会　第二版　昭和五十一年
『ラバウル戦線異状なし　我等かく生きかく戦えり』草鹿任一　光和堂　昭和五十一年
『生と死と　ニューギニアの一兵卒』佐藤俊男　日本基督教団出版局　昭和五十二年
『東部ニューギニア戦　人間の記録』前編・後編　御田重宝　現代史出版会　昭和五十二年
『あゝモロタイ　春島戦記』モロタイ戦友会編　非売品　昭和五十三年
『元帥寺内寿一』寺内寿一刊行会・上法快男編　芙蓉書房　昭和五十三年
『連合艦隊参謀長の回想』草鹿龍之介　光和堂　昭和五十四年
『作戦日誌で綴る大東亜戦争』井本熊男　芙蓉書房　昭和五十四年
『南太平洋最前線』奥村明光　叢文社　昭和五十五年
『パプアニューギニア地域における旧日本陸海軍部隊の第二次大戦間の諸作戦』田中兼五郎　日本パプアニューギニア友好協会　昭和五十五年
『ラバウル　最悪に処して最善を尽す　経理部文集』ラバウル経友会　昭和五十五年
『一死、大罪を謝す　陸軍大臣阿南惟幾』角田房子　新潮社　昭和五十五年
『東部ニューギニア戦線　地獄の戦場を生きた一軍医の記録』鈴木正己　戦誌刊行会　昭和五十六年

『ニューギニア東部最前線』石塚卓三　叢文社　昭和五十六年
『ニューギニア空中戦の果てに』上木利正　戦誌刊行会　昭和五十七年
『陸軍航空戦史　マレー作戦から沖縄特攻まで』木俣滋郎　経済往来社　昭和五十七年
『海軍陸戦隊ジャングルに消ゆ　海軍東部ニューギニア戦記』渡辺哲夫　戦誌刊行会　昭和五十七年
『歩兵第二百二十一聯隊史　南方編』歩二二一会　非売品　昭和五十七年
『留魂の詩　東部ニューギニア戦記』堀江正夫　朝雲新聞社　昭和五十七年
『大本営海軍部』山本親雄　朝日ソノラマ　昭和五十七年
『船舶太平洋戦争　一日八四時間ナリ』新装版　三岡健次郎　原書房　昭和五十八年
『ウェワク　補給杜絶二年間、東部ニューギニア第二十七野戦貨物廠かく戦へり』針谷和男　非売品　昭和五十八年
『東部ニューギニア高射砲隊追憶記』室崎尚憲　戦誌刊行会　昭和五十九年
『戦記塩　東部ニューギニア戦線・ある隊付軍医の回想』満川元行　戦誌刊行会　昭和五十九年
『護衛なき輸送船団　知られざる船舶砲兵死闘記』神波賀人　戦誌刊行会　昭和五十九年
『暁　濠北派遣（西部ニューギニア）第五揚陸隊戦史』第五揚陸隊戦史編集委員会　マノクワリ会　昭和五十九年
『横五特　海軍安田部隊ブナ玉砕の顛末』山本清編　戦誌刊行会　昭和六十年
『ソロモン収容所』大槻巌編　図書出版社　昭和六十年
『日本近代と戦争六　軍事技術の立遅れと不均衡』近代戦史研究会　ＰＨＰ研究所　昭和六十一年
『丸別冊二号　地獄の戦場　ニューギニア・ビアク戦記』出口範樹編　潮書房　昭和六十一年
『幻　ニューギニア航空戦の実相』ラバウル・ニューギニア陸軍航空部隊会　昭和六十一年
『定本・太平洋戦争』上・下　富永謙吾　国書刊行会　昭和六十一年
『東西総説ニューギニア戦　日本の現代史に思う』内藤勝次　ヒューマンドキュメント社　昭和六十一年
『歩兵第百四十四連隊戦記』歩兵第百四十四連隊戦記編纂委員会　昭和六十一年
『ハルマヘラ貨物廠』ハルマヘラ貨物廠戦友会事務局　非売品　昭和六十二年

『太平洋戦争秘史　海軍は何故開戦に同意したか』保科善四郎・太井篤・末国正雄　日本国防協会　昭和六十二年
『陸軍航空隊全史』木俣滋郎　朝日ソノラマ　昭和六十二年
『カンルーバン収容所物語　最悪の戦場残置部隊ルソン戦記』山中明　光人社　昭和六十二年
『飛行第七戦（連）隊のあゆみ』飛行第七戦隊戦友会　非売品　昭和六十二年
『丸別冊九号　ソロモンの死闘　ガダルカナルをめぐる海空戦記』出口範樹編　潮書房　昭和六十三年
『日本海軍の驕り症候群』千早正隆　プレジデント社　平成二年
『痛恨の東部ニューギニア戦　知られざる地獄の戦場　絆と縁と奇跡に生かされて』福家隆　戦誌刊行会　平成五年
『日本海防艦戦史』木俣滋郎　図書出版社　平成六年
『地獄の戦場ニューギニア戦記　山岳密林に消えた非運の軍団』間島満　光人社　平成六年
『ラエの石』佐藤弘正　光人社　平成七年
『大本営機密日誌』新装版　種村佐孝　芙蓉書房出版　平成七年
『米軍が記録したニューギニアの戦い』森山康平編　草思社　平成七年
『東部ニューギニア猛第四八一七部隊第四十四兵站地区隊・行動の実録　第四十四兵站史』三田村午之介　猛四八一七部隊第四十四兵站史刊行委員会　平成七年
『海軍設営隊の太平洋戦争　航空基地築城の展開と活躍』佐用泰司　光人社　平成八年
『あゝ飛燕戦闘隊　少年飛行兵ニューギニア空戦記』小山進　光人社　平成八年
『戦場の将器木村昌福　連合艦隊・名指揮官の生涯』生出寿　光人社　平成九年
『ニューギニアの墓標』岡田徹也　創栄出版　平成十年
『「死の島」ニューギニア　極限のなかの人間』尾川正二　光人社　平成十年
『玉砕ビアク島　「学ばざる軍隊」帝国陸軍の戦争』田村洋三　光人社　平成十二年
『ニューギニア兵隊戦記』佐藤弘正　光人社　平成十二年
『日本兵捕虜は何をしゃべったか』山本武利　文藝春秋　平成十三年

『日本海軍の歴史』野村実　吉川弘文館　平成十四年
「一下士官の戦地での想い出」加来磯満　文芸社　平成十四年
『日本魚雷艇物語　日本海軍高速艇の技術と戦歴』今村好信　光人社　平成十五年
『佐世保市史　軍港史編』下巻　佐世保市編さん委員会　佐世保市　平成十五年
『天皇と太平洋戦争　開戦の真相から真相の決意まで』土門周平　ＰＨＰ研究所　平成十五年
『日本海軍戦場の教訓　太平洋戦争』半藤一利・横山恵一・秦郁彦　ＰＨＰ研究所　平成十五年
『マクロ経営学から見た太平洋戦争』森本忠夫　ＰＨＰ研究所　平成十七年
『氷川丸とその時代』優先ＯＢ氷川丸研究会・海文堂出版　平成二十年
『空の戦争史』田中利幸　講談社　平成二十年
「血みどろの記」アイケルバーガー　読売新聞社　昭和二十二年から二十三年にかけ連載

【英文・翻訳単行本】

『マッカーサー戦記』Ⅰ・Ⅱ・Ⅲ（Major General Charles A. Willoughby and John Chamberlain, *MacArthur, 1941-1951*, McGrawll Book Co., New York）C・ウィロビー　大井篤訳　時事通信社　昭和三十一年
Samuel Milner, *Victory in Papua*, United States Army in WW II, 1957.
『マッカーサー大戦回顧録』上・下（Douglas MacArthur, *Reminiscences*, 1964）津島一夫訳　中公文庫　平成十五年
『太平洋戦争秘史米戦時指導者の回想』毎日新聞社図書編集部訳編　毎日新聞社　昭和四十年
Gerorge Odgers, *Air War against Japan, 1943-1945*, Australia War Memorial, Canberra, 1968.
『鷲と太陽　太平洋戦争　勝利と敗北の全貌』上・下　ロナルド・H・スペクター　毎日新聞外信グループ訳　ティビーエス　ブリタニカ　昭和六十年
Lex McAulay, *Battle of the Bismarck Sea*, Burbank's Books, South Australia, 1991.
Edward J. Drea, *MacArthur's ULTRA: codebreaking and the war against Japan, 1942-1945, Modern war studies*, University

主要関係年表

年	月日	ニューギニア・その周辺地域
昭和十六年		
昭和十七年	一・二三	カビエン・ラバウル占領
	一・二九	大本営、連合艦隊に東部ニューギニア・ソロモン群島攻略指示
	一・三一	海軍戦闘機、ラバウル進出
	二・〇三	海軍航空戦隊、ポートモレスビー空襲
	二・〇九	R方面部隊、スルミ・ガスマタ上陸
	二・二〇	南洋部隊、SR作戦（ラエ・サラモア攻略）、敵機動部隊出現の方で中止
	三・〇八	ラエ・サラモア占領、十日、米軍機の攻撃で輸送船に被害大
	四・〇五	ブーゲンビル・アドミラルティー諸島攻略
	五・〇二	大本営、第一七軍司令部編成発令
	五・〇七	八日まで珊瑚海海戦、MO作戦中止

年	月日	太平洋戦争・第二次大戦全般
昭和十六年	一二・〇八	日本機動部隊、真珠湾奇襲
	一二・一〇	グアム島上陸、マレー沖海戦
	一二・二三	ウェーク島占領
	一二・二五	第二三軍、香港占領
	一二・二九	海軍防衛班、タラカン上陸
昭和十七年	一・〇二	第一四軍、マニラ市占領
	一・二五	坂口支隊、バリクパパン占領
	一・三一	海軍部隊、アンボン島上陸
	二・〇一	米機動部隊、マーシャルに初反攻
	二・一九	第二五軍、シンガポール占領
	二・二七	スラバヤ沖海戦、二八日、バタビア沖海戦
	三・〇五	バタビア占領
	三・三〇	ショートランド・ブカ島占領
	四・〇一	船舶運営会設置
	四・〇九	比バターン半島の米比軍降伏
	四・一八	米機動部隊、日本本土空襲
	五・〇七	比コレヒドールの米軍降伏
	五・三一	特潜、マダガスカル・シドニー攻撃
	六・〇五	ミッドウェー海戦で大敗、四空母・全搭載機喪失

昭和十七年	
七・一八	第一七軍、ポートモレスビー攻略命令
七・二九	ココダ占領、三十日、第八艦隊、ラバウル進出
八・一八	南海支隊主力、バサブア上陸
八・二五	海軍特別陸戦隊、ミルン湾上陸
八・二七	南海支隊先遣隊、イスラバ付近進出
八・三一	ミルン湾ラビ攻撃失敗、九月五日、撤退
九・〇五	南海支隊、スタンレー山系頂上線到達
九・一六	南海支隊、イオリバイワ占領、二四日、撤退開始
一〇・二一	南海支隊スタンレー支隊、ギャップに後退
一一・〇三	南海支隊、オイビ付近で戦闘、十日、オイビ付近より後退
一一・一四	南海支隊、クムシ河右岸後退
一一・一六	大本営、第八方面軍・第一七軍・第一八軍の戦闘序列発令 米豪軍、ブナ南東オロ湾上陸
一一・一九	ブナ付近で戦闘開始
一一・二六	第一八軍、統帥を発動

六・〇六	アッツ島占領、八日キスカ島占領
七・一六	海軍設営隊、ガダルカナル島飛行場建設開始（以後ガ島とす）
八・〇七	米海兵隊、ガ島・ツラギ等へ上陸
八・〇八	第一次ソロモン海戦
八・一九	ガ島の一木支隊全滅
八・二四	第二次ソロモン海戦
九・〇三	海軍陸戦隊、タラワ占領
九・一二	川口支隊、ガ島飛行場夜襲失敗
九・二八	ガ島蟻輸送開始
一〇・一一	サボ島沖夜戦
一〇・一三	第三戦隊（戦艦二隻）、ガ島飛行場砲撃
一〇・二四	第二師団、ガ島飛行場総攻撃失敗
一〇・二六	南太平洋海戦、米空母一隻撃沈
一〇・三〇	北千島要塞歩兵隊、アッツ島上陸
一一・一二	第三次ソロモン海戦

年	月日	事項
	一二・〇八	バサブア守備隊全滅
	一二・一八	ウェワクとマダン占領、一九日、フィンシュハーヘン占領
昭和十八年	一・〇二	ブナ守備隊全滅
	一・二〇	ブナ支隊、陸路撤退開始
	一・二三	第二〇師団、ウェワク上陸
	一・三〇	岡部支隊、ワウ飛行場攻撃
	二・一九	第五師団、西部ニューギニア進出
	二・二〇	第四一師団、ウェワク上陸
	三・〇三	第八一号船団、ダンピール海峡で全滅
	三・一二	ハンサ輸送作戦開始
	三・二四	第一八軍司令部、重爆でマダン進出
	四・〇三	山本連艦司令長官、「い」号作戦指導のためラバウル進出、一六日まで
	四・一二	第六飛行師団、ウェワク・マダン進出
	四・一八	山本連艦長官、ブーゲンビル島で戦死
	四・二〇	大本営航空通信保安長官、東部ニューギニア方面放棄具申
	五・〇一	ウェワク輸送作戦開始
	六・三〇	米豪軍、ナッソウ湾上陸
	七・〇七	第六飛行師団、ラバウルよりニューギニアに移転

年	月日	事項
	一二・二八	大本営、ガ島撤退準備指示
昭和十八年	一・〇四	大本営、ガ島戦兵力撤収下令
	一・三〇	レンネル島沖海戦
	二・〇一	ガ島第一次撤収作戦成功、四日、第二次作戦、七日、第三次作戦
	二・一四	英ウィンゲート旅団、北部ビルマ平原進攻
	四・〇七	フロリダ沖海戦
	四・二一	新連合艦隊司令長官に古賀峯一
	五・一二	米軍アッツ島上陸、二十日、守備隊全滅
	五・一八	バー・モウのビルマ独立委員会発足
	六・三〇	米軍、レンドバ島上陸
	七・〇三	米軍、ニュージョージア島上陸
	七・一二	コロンバンガラ沖夜戦

昭和十八年

七・〇九	第七飛行師団、ブーツ進出
八・一六	米豪航空部隊、ウェワク・ブーツ夜間爆撃、第四航空軍壊滅的被害
八中旬	サラモア方面戦況苦境
九・〇四	豪軍、ラエ東方上陸、五日米豪軍ナザブ降下、六日、サラモア部隊後退
九・一二	第五一師団、サラワケット越え開始
九・二二	豪軍、フィンシュハーヘン上陸
一〇・一〇	第二〇師団、フィンシュハーヘン移動 一七日、杉野舟艇隊逆上陸作戦
一〇・一四	サラワケット越え部隊、シオ到着開始
一〇・一六	第二〇師団、フィンシュハーヘンで攻勢開始
一一・〇一	米軍、ブーゲンビル島タロキナ上陸
一二・〇一	第二方面軍・第二軍、統帥発動
一二・〇八	中井支隊、ボガジン渓谷で攻勢作戦
一二・一五	米軍、ニューブリテン島マーカス上陸
一二・一七	第一八軍、フィンシュハーヘン奪回作戦放棄
一二・二六	米軍、ニューブリテン島ツルブ上陸
一・〇二	米軍、グンビ岬上陸

七・二九	キスカ島撤収作戦成功
八・〇六	ベラ海夜戦
八・一五	米軍、ベララベラ島上陸
九・〇八	イタリア降伏
九・一九	米機動部隊、ギルバート諸島来襲
九・三〇	御前会議、絶対国防圏設定
一〇・一五	全国で学徒徴兵検査
一〇・一六	インド・デリーに東南アジア連合軍司令部設置
一〇・二五	泰緬鉄道工事完成
一〇・二七	米軍、チョイセル島・モノ島上陸
一一・〇二	支那派遣軍、常徳作戦開始
一一・二一	米軍、マキン・タラワ島上陸
一一・二二	米英中首脳カイロ会談、二七日、カイロ宣言決定
一一・二八	米英ソ首脳テヘラン会議
一二・〇五	陸海軍航空部隊、カルカッタ爆撃
一二・二一	政府、「都市疎開実施要綱」決定

昭和十九年

一・〇六	第二〇・五一師団にフィニステール山脈横断命令
一・二〇	松本支隊、歓喜嶺で豪軍進出阻止
一月	ウェワクに対する猛爆撃連続
二・一五	米軍、グリーン島上陸
二・一八	ラバウル航空隊、トラック移転開始
二・二一	第二〇・五一師団、マダン到着開始
二・二九	米軍、ロスネグロス島上陸
三・〇九	米軍、マヌス島上陸
三・一四	第一八軍・第四航空軍、第二方面軍隷下に入る
三・二五	第四航空軍司令部、ホーランディア後退
四・二二	米豪軍、ホーランディア・アイタペ上陸、二五日、ホーランディア飛行場占領
五・〇二	大本営、第一八軍を西部ニューギニアに転移命令
五・一七	米軍、ワクデ島・トム・アラレ上陸
五・二七	米軍、ビアク島上陸
六・〇三	連合艦隊、渾作戦延期
一・三一	米軍、マーシャル諸島ルオット上陸
二・〇一	米軍、クェゼリン環礁上陸
二・一七	米機動部隊、トラック島大空襲
二・一九	米軍、ブラウン環礁上陸
二・二一	東條陸相・嶋田海相、参謀総長・軍令部総長兼務
三・〇五	英ウィンゲート兵団、ビルマ北部降下
三・〇八	第一五軍、インパール作戦開始
三・一五	第一五軍、チンドウィン河渡河
三・三一	連合艦隊司令長官古賀峯一殉職
四・〇六	第一五軍、コヒマ占領
四・一七	支那派遣軍大陸打通作戦開始
五・二一	南方軍総司令官寺内元帥、マニラ進出
六・〇六	米英軍、ノルマンディー上陸
六・一五	米軍サイパン島上陸、連合艦隊あ号作戦決戦発動

田 中 宏 巳（たなか・ひろみ）

■1943年、長野県松本市生まれ。1968年、早稲田大学文学部史学科卒。1974年、同大学大学院博士課程満期退学。1977年防衛大学校専任講師。1993年同大学校教授。2008年、同大学校定年退職。

■主要著書『オーストラリア国立戦争記念館所蔵旧陸海軍資料目録』（緑蔭書房）、『東郷平八郎』（ちくま新書）、『BC級戦犯』（同）、『秋山真之』（吉川弘文館）など。

マッカーサーと戦《たたか》った日本軍《にほんぐん》

――ニューギニア戦《せん》の記録《きろく》

印刷　平成二十一年八月　七日

発行　平成二十一年八月十五日

著者　田中《たなか》　宏巳《ひろみ》

発行者　荒井　秀夫

発行所　株式会社ゆまに書房

〒一〇一―〇〇四七

東京都千代田区内神田二―七―六

電話〇三―五二九六―〇四九一

印刷・製本　新灯印刷株式会社

定価・本体三、八〇〇円＋税

ISBN978-4-8433-3229-0 C3031

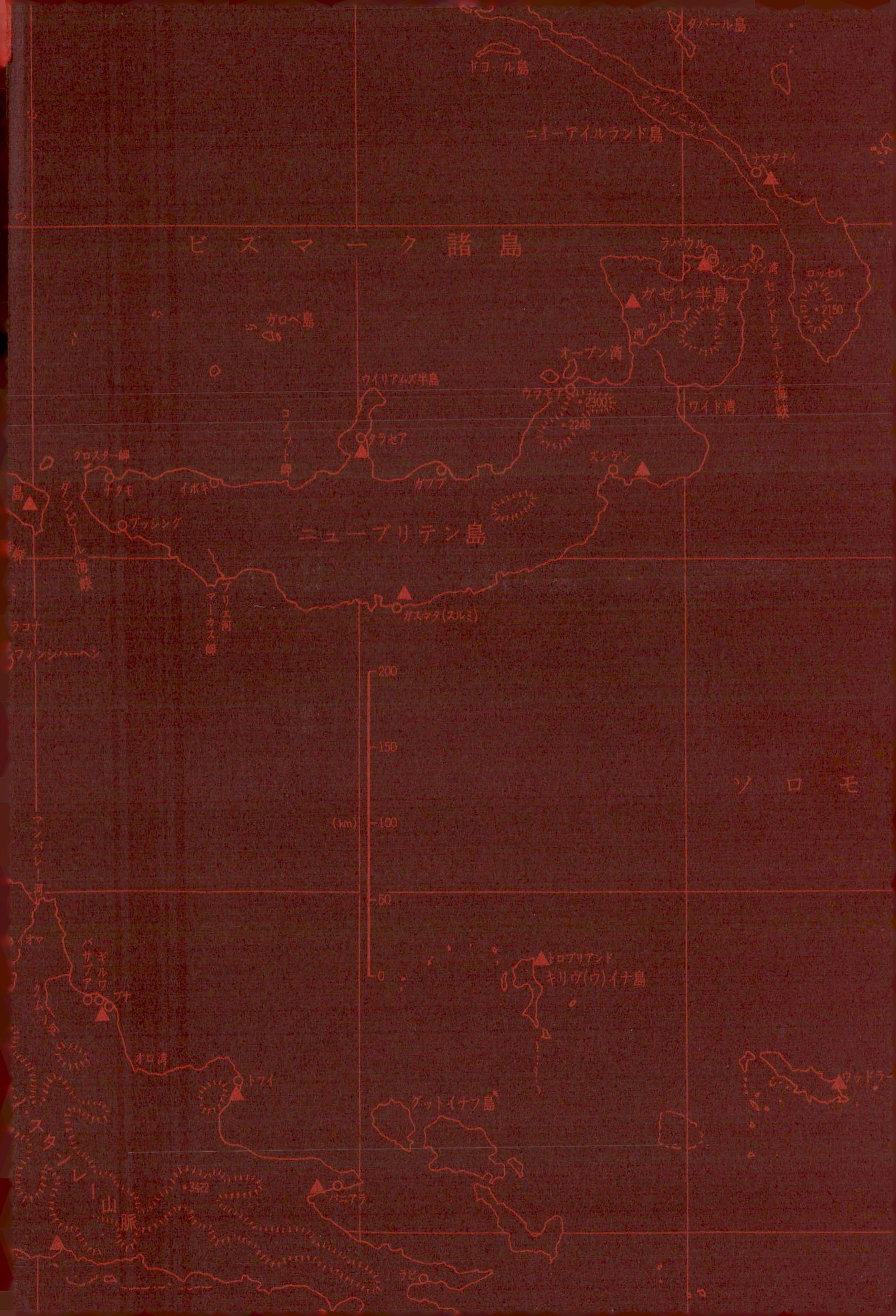

タバール島
ドコール島
シュタインニッツ
ニューアイルランド島
ナマタナイ
ビスマーク諸島
ラバウル
シンプソン湾
ロッセル
2150
ガゼレ半島
セントジョージ海峡
ガロベ島
オープン湾
ウイリアムズ半島
ウラミア
2300
2248
ワイド湾
コメット岬
タラセア
グロスター岬
ナタモ
イボキ
ガブブ
ズンゲン
ダンピール海峡
アッシング
ニューブリテン島
アリエ河
マーカス岬
ガスマタ(スルミ)
ラコナ
フィンシハーヘン
200
150
(km)
100
50
0
ソロモ
マンバレー河
イオマ
ギルワ
バサブア
ブナ
クムシ河
オロ湾
トフイ
トロブリアンド
キリウ(ウ)イナ島
グッドイナフ島
ウッドラーク
スタンレー山脈
3422
バニアラ
ラビ